本书列入
《2013—2025年国家辞书编纂出版规划》

图解建筑词典

［第二版］

A Visual Dictionary of Architecture

[Second Edition]

程大锦
Francis Dai-Kim Ching
著

徐皓｜马崑
译

WILEY　天津大学出版社
TIANJIN UNIVERSITY PRESS

版权合同：天津市版权局著作权合同登记图字第02-2007-129号

本书中文简体字版由约翰·威利父子公司授权天津大学出版社独家出版。

图解建筑词典［第二版］ | TUJIE JIANZHU CIDIAN[DIERBAN]

组稿编辑：刘大馨　　　　技术设计：杨　瑜

责任编辑：刘大馨　　　　封面设计：张志奇　帅映清

图书在版编目（CIP）数据

图解建筑词典：第二版 /（美）程大锦著；徐皓, 马崑译. — 天津：天津大学出版社，2021.1（2021.2重印）

书名原文：A Visual Dictionary of Architecture

ISBN 978-7-5618-6699-3

Ⅰ. ①图⋯ Ⅱ. ①程⋯ ②徐⋯ ③马⋯ Ⅲ. ①建筑工程－图解词典 Ⅳ. ①TU-61

中国版本图书馆CIP数据核字(2020)第112404号

出版发行　　天津大学出版社

地　　址　　天津市卫津路92号天津大学内（邮编：300072）

电　　话　　发行部：022-27403647

网　　址　　publish.tju.edu.cn

印　　刷　　廊坊市瑞德印刷有限公司

经　　销　　全国各地新华书店

开　　本　　230mm×305mm

印　　张　　46.25

字　　数　　920千

版　　次　　2021年1月第1版

印　　次　　2021年2月第2次

定　　价　　188.00元

凡购本书如有缺页、倒页、脱页等质量问题，烦请向我社发行部门联系调换

版权所有　　　　　侵权必究

A VISUAL DICTIONARY OF ARCHITECTURE

[Second Edition]

Preface to Chinese Edition

As always, I am extremely grateful to Liu Daxin of the Tianjin University Press for offering me the opportunity to address architecture and design students and faculty in the People's Republic of China through his publication of my works. Special thanks go to Mr. Xu Hao, Foster + Partners, for his expert and sympathetic translation of my text.

Following on *Architecture: Form, Space and Order, Interior Design Illustrated*, and *Architectural Graphics*, this Chinese edition of *A Visual Dictionary of Architecture* embodies the same approach that I have taken in all of my works—outlining the fundamental elements of an essential subject in architectural education and illustrating the principles and concepts that govern their use in practice. In this particular case, we are concerned with the important terms comprising the language of architectural design and construction, richly illustrated along with their definitions, and hierarchically arranged by subject matters and relationships.

I am privileged and honored to be able to offer this text and I hope it not only teaches but also inspires the readers to achieve the highest success in their future endeavors.

Francis Dai-Kam Ching

Professor Emeritus
University of Washington
Seattle, Washington
USA

图解建筑词典

[第二版]

中文版序言

我一如既往地衷心感谢天津大学出版社刘大馨编辑出版我的作品，让我有机会向中国建筑与设计专业的学生传授知识。同时，特别感谢福斯特建筑事务所的徐皓先生精准专业的中文译稿。

继《建筑：形式、空间和秩序》《图解室内设计》和《建筑绘图》之后，这本中文版的《图解建筑词典》继续遵循了以往我所有著述中业已采用的相同方法——在建筑教育中揭示本质性主题的基础要素，并以图解形式阐释统御实践用途的原则与概念。在此种情况下，我们关注的是：组成建筑设计与构建语言的那些重要术语，书中除了对名词加以定义还附有丰富的插图解释，并且依据主题及其相互关系按等级有序排列。

我很荣幸地奉献此书，并且期盼它不仅仅服务于教学目的，而且能够激励读者通过自己未来的努力取得最大的成功。

程大锦

华盛顿大学荣誉教授

华盛顿州，西雅图

美国

翻译说明

2005年9月的某个下午，我在弗吉尼亚大学建筑学院的图书馆第一次读到程大锦先生所著《图解建筑构造》(*Building Construction Illustrated*)，喜爱之余，萌生了将之翻译为中文的设想。2010年回国后通过多方联系找到了因出版程先生另一名作《建筑：形式、空间和秩序》(*Architecture: Form, Space and Order*)而在中国建筑图书读者中小有名气的天津大学出版社的编辑老刘。一番交谈之后，竟然承接了老刘托付的翻译《图解建筑词典》(*A Visual Dictionary of Architecture*)的重任。当初自己也确实没想到翻译词典会如此艰巨，一干便是十年，额前陡增了好几缕白发，髫齿幼子都已成少年，历经十年终铸一剑。

在本书翻译过程中，我遇到了以下几种比较复杂的情况：一、中英名词含义包括的范围是稍有不同的，二、有些英语名词尚没有恰当的对应中文词汇，三、中文可能有多个名词对应同一个英语名词。第一种情况我通常会在译注中对中英名词含义上的区别进行简单说明，例如第114页中的安全玻璃；第二种情况采用音译或短语作为中文对应词汇，例如第49页中的尤尼格式；第三种情况大体上按照以下顺序选用中文名词：全国科学技术名词审定委员会发布的中英对照术语表、国家标准建筑规范、国标图集、地方或行业规范、学术专著、专业工具书、专业网站以及个人判断。翻译中涉猎的参考文献均列于书末，在此向这些文献的作者致谢。

从文法上来讲，英语使用从句较多，名词较为强调单复数的区别。为了使译文更加符合中文表达习惯，译者在不改变原意的前提下做了细微的语句调整，这自然是翻译应有的题中之意。

书中有时会增加译注，这部分内容是原书没有的。添加译注大多出于以下两种情况之一：一种是解释对中国读者而言不太熟悉的内容；另一种是针对建筑师等行业专家所做的简单介绍。

我的导师天津大学彭一刚先生在翻译中给予了宝贵的指教，同济大学郑时龄先生也给以了很多鼓励。关于日本建筑、柬埔寨建筑和可持续建筑的名词翻译，日兴设计总建筑师王兴田先生、天津大学建筑历史与理论博士伍沙女士及深圳大学袁磊教授都提供了宝贵的意见，在此一并致谢。本书翻译历时数年，全部利用工作之余的时间完成，没有爱妻的付出这是无法做到的，很庆幸拥有这份来自家庭的暖心支持。

原著部分插图为CAD绘制，与程先生铅笔草图相比殊失美观。除了与电脑制图和渲染有关的内容，为全书统一风格计，译者不揣谫陋，补做了第39、51、58、59、159～162、191、252、261、263和264页的草图并替换。续貂之处，尚希读者海涵。

本书的系统翻译工作始于2011年初，好友马崑女士高质量地完成了接近一半的翻译初稿，其余部分的初稿翻译和全部补图、索引编写、统稿、校核及排版工作皆由我完成。需要特别说明的是，由于本人学识和精力有限，书中的疏忽、谬误之处完全归咎于我，欢迎读者指正，并留待后续版本订正。

徐皓　于上海

作者简介

程大锦（1943年—），美国注册建筑师、西雅图华盛顿大学建筑系荣誉教授，他曾出版过多部阐释建筑与设计方面基础知识的畅销书，其中包括：《世界建筑史》（*A Global History of Architecture*）《图解建筑辞典》（*A Visual Dictionary of Architecture*）《建筑：形式、空间和秩序》（*Architecture: Form, Space and Order*）《建筑绘图》（*Architecture Graphics*）《图解绿色建筑》（*Green Building Illustrated*）《图解室内设计》（*Interior Design Illustrated*）《图解建筑构造》（*Building Construction Illustrated*）等。他的英文著述被翻译成中、法、德、俄、意、日、韩、西班牙、葡萄牙、挪威、希腊、土耳其、泰国、印尼、马来等16种语言，在世界各地广为传播。

译者简介

徐皓，中国一级注册建筑师、美国弗吉尼亚州注册建筑师、美国注册建筑师学会会员。徐皓毕业于天津大学和美国弗吉尼亚大学，获建筑学学士和硕士学位。他曾先后在北京市规划院、上海日兴设计、美国 Shalom Baranes Associates、RTKL、MG2、英国 Foster + Partners 等设计公司工作，拥有在中、美两国的长期学习、生活经历与执业经验，熟悉跨国建筑设计实务。目前在蔚来汽车担任空间设计总监职务。

马崑，清华大学建筑学院学士学位、美国宾夕法尼亚大学建筑学硕士学位，先后在中、美多个城市从事十余年的综合性设计工作。作为睦方建筑的初创者，她一直致力于研究建筑如何以合理的方式介入生活，并运用国内外专业学习和实践经验探索出一套诠释中西方文化有机融合的设计模式。

目录　CONTENTS

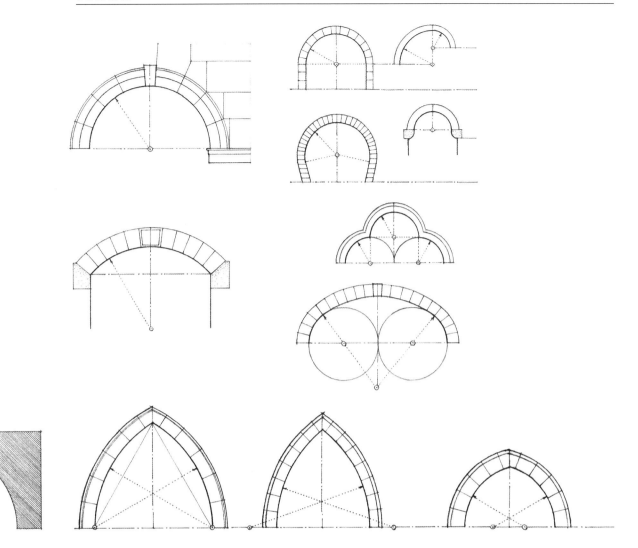

一图胜千言……

如果说一幅图像胜过千言万语，那么一个名词也可能使人联想起千百幅图像。然而无论单一的语言或图像有多么大的说服力，把两者结合在一起进行表达总会更具效率。图文并茂正是这本《图解建筑词典》的一大特色。

与大多数按字母顺序排列词条的词典不同，本书的信息，正如目录中所列，是紧密围绕建筑学的各个基本方面集结成章的。在各章节中，在对名词进行解释、澄清以及完整陈述其含义时，总会配有相关的图解。

读者可以按照多种方法使用本书：如果准确知道某个名词术语需要了解其含义时，可在索引中找到该名词所在的页码。在浏览该名词时围绕着插图往往可以发现多个相关术语。

如果不知道准确的名词术语，可从目录或索引中查找大致的主题，而后读者可以参照相关的章节，浏览插图进行查找。在浏览过程中，如果遇到不熟悉的条目，或对词条解释中使用的术语不熟悉，可在索引中查找。

本词典包括与建筑设计、建筑历史和建筑技术有关的基本术语。因为建筑学是一门视觉艺术，所以大多数条目自然而然地用图像来表述。书中收录了某些较抽象的条目，是为了澄清相关术语或是为了完善某个主题。还有一些条目是因其在建筑历史上的重要性而加以收录的。

此次第二版中的修订着重反映了数字化设计取得的成就所带来的变化以及对人类因设计和构建活动给环境所造成影响的与日俱增的关注。

即便没有这些增补，这也是一本可供钟爱建筑学的读者浏览研读的书，也是建筑学专业学生必备的案头参考书。汇编这些词汇和定义时固然难免百密一疏，然而这恰恰体现出建筑学博大精深与复杂多维的特点。

建筑学是供所有人学习的技艺，因为所有人都与之有关。——约翰·拉斯金（John Ruskin，1819—1900，英国艺术评论家）

建筑取决于秩序、布局、和谐、对称、恰当得体与经济实用，所有这些都必须充分地以耐久性、方便以及美观为准则。当把建筑的基础建造在坚实的土地上而且明智地选择建筑材料时，耐久性便可得到保证；方便——建筑的布局完美无缺，对于使用没有丝毫的阻碍，而且房屋的各个部分都恰当得体并具有合适的朝向；美观——建筑作品的外观令人愉悦，具备很高的品位，构件根据正确的对称原则拥有适当的比例。——维特鲁威（Marcus Vitruvius Pollio，公元前80年—公元前15年，古罗马建筑师）

建筑是体块在阳光下巧妙、恰当并优雅地组合在一起。——勒·柯布西耶（Le Corbusier，1887—1965，瑞士—法国建筑师）

每个参与**建筑学**研究的人必须懂得，尽管建筑平面可能在纸面上具有抽象的美，四个建筑立面看起来可能非常均衡，整个体积比例协调，但其建筑物本身却可能是槽糕的**建筑**。建筑物的内部空间才是**建筑艺术**的主角，任何其他形式都不可能完整地表达空间，只有通过直接的体验才能领会和感知。懂得解读才能领会和感知空间，这是理解建筑物的关键。——布鲁诺·赛维（Bruno Zevi，1918—2000，意大利建筑师）

建筑、绘画和雕刻被称为艺术，它们能够吸引人们的眼球，正如美妙的音乐对耳朵有感染力一样。但**建筑学**不能仅根据直观的视觉感染来判断，建筑对人的所有感觉——听觉、嗅觉、触觉、味觉和视觉都有影响。——罗伯特·福瑞斯特·威尔逊（Robert Forrest Wilson，1883—1942，美国作家）

对我们来说，显而易见人们普遍认为**建筑**是高度专业化的体系，带有一组预先设定的技术目标，而不是服从于人们的真实需求及感受的大众艺术。令人不安的是，这种局限性表现为人们对二维图纸的严重依赖，二维图纸重视建筑物组织构造方式的可量化特性，而不是强调能反映建筑整体感受的多彩属性及三维的特质。——肯特·布鲁默与查尔斯·摩尔（Kent Bloomer，美国当代建筑师；Charles Moore，1925—1993，美国建筑师）

你能进行建造并能将**建筑**建成的唯一途径是利用可度量的手段。你必须遵循自然法则，充分利用大量的砖瓦石块、施工方法及工程技术。但最后当建筑物变成生活的一部分时，它会引发不可度量的特点，它的存在精神随即成为主宰。——路易·康（Louis Kahn，1901—1974，美国建筑师）

人造环境有各种目的：为人及其活动和其所拥有的财产遮风挡雨、提供庇护、免遭他人及动物的破坏以及超自然力量的威胁；为了建立场所；为了在世俗的、充满潜在危险的世界中创造人性化的安全区域；为了强调身份及表明社会地位，等等。因此，如果从更宽泛的视角，从更重要的、更广阔的意义上考虑到社会文化因素，而不仅仅基于气候、技术、材料和经济等因素，我们便可更好地理解**建筑**的起源。在任何情况下，这些因素的相互作用是对建筑形式的最好诠释。任何一种单一的解释都是不充分的，因为所有建筑物——即使是最寒酸的陋室，也不只是建筑材料或简单的结构。它们属于社会风俗，是基本的文化现象。人们在建造之前会思考环境。思维指导空间、时间、活动、地位、角色及行为，而给予思维以实体的表现是具有价值的。将构思解码使之成为宝贵的记忆内容；通过提醒人们该如何行动、如何行为举止以及对它们抱有哪些期望、构思，从而会对行为有所帮助。非常重要、需要强调的是：所有的人工建成环境——建筑物、居民点和景观，是通过可见的有序体系来实现世界有序化的一个途径，因此根本步骤是使环境组织有序。——阿莫斯·拉普卜特（Amos Rapaport，1929—，美国建筑家）

约翰·拉斯金说："伟大的民族以三部著作撰写他们的自传，即他们的功绩、他们的语言以及他们的艺术。我们除非读了其他两部著作，否则不可能读解另外任何一本。但这三部著作中唯一值得信任的是最后一本。"总体而言，我相信这是真实的。如果我必须从中辨识哪一个是社会的真实情况——一个是住房部长的演讲，另一个是当时兴建的建筑物，我还是宁愿相信建筑物。——肯尼斯·克拉克（Kenneth Clark，1903—1983，英国艺术史家）

我们要求所有的建筑物很好地发挥作用，并以最佳的方式去完成预定要做的事；我们要求所有的建筑物用语言很好地表达自己，并以最佳的言词表达出预定要说的内容；不管它们必须说什么或做什么，我们还要求所有的建筑物外形都要美观，形态令人愉悦。——约翰·拉斯金

无须建筑师的协助，**建筑艺术**也可能存在；而有时建筑师所创造的建筑物并算不上是**建筑艺术**。 ——诺瓦尔·怀特（Norval White，1926—2009，美国建筑师）

建筑由大众建造，为大众服务，因此它必须易于被所有人理解。——斯坦·埃勒·拉斯穆森（Steen Eiler Rasmussen，1889—1990，丹麦建筑师）

建 筑 学

建 筑 艺 术

建筑是所有房屋的总称，即建筑工程活动的产物或结果。

建 筑 科 学

某一种族、场所或时代建筑物特点的风格或方式。

建 筑 设 计

设计建筑物及其他居住环境的职业。

建 筑 构 建

一种有意识地组建事物的行为，它催生了统一或连续的结构。

建筑学是设计与构建建筑物的艺术和科学。

art 艺术
将技艺、工艺及创造力有意识地运用于生产美丽的、引人入胜的或者非同一般的产品的过程之中。

aesthetics 美学
是关于艺术、审美及品位等诸方面特点的哲学门类，目的是确立关于艺术品评判的意义与有效性。又称为：esthetics。

beauty 美
某人或某物所具有的综合特质，这种特质会由于形式或颜色的和谐、精湛的技艺、真实性、原创性或其他难以言表的特点给人的感官以强烈的愉悦感，或是令心灵或精神深刻满足。

taste 品位
在主流文化或个体经验背景下，对于什么是恰当、和谐或者美的评判、识别或审视。

delight 欢愉
高度的愉快及享受。

commodity 商品
具有某种价值、用途或能提供某种便利的东西。

environmental design 环境设计
利用建筑、工程、构建、景观、城市设计及城市规划的方法对自然环境的整理排布。

urban design 城市设计
在城市结构和城市空间的设计中，所涉及的建筑与城市规划。

interior design 室内设计
与建筑室内设计规划及实施监督检查有关的艺术、实务或职业，包括室内的色彩设计、家具、陈设、装修，有时也包括建筑小品。

city planning 城市规划
决策社区未来实体布局与条件的活动或职业，涉及对现状的评价、对未来要求的预测、落实这些要求的计划以及为了执行此计划，在法律、财政及构建计划等方面的建议。又称为：urban planning 或城镇规划（town planning）。

space planning 空间设计
在计划修建的或现有的建筑中，建筑及室内设计方面涉及规划、布局、设计及空间陈设的内容。

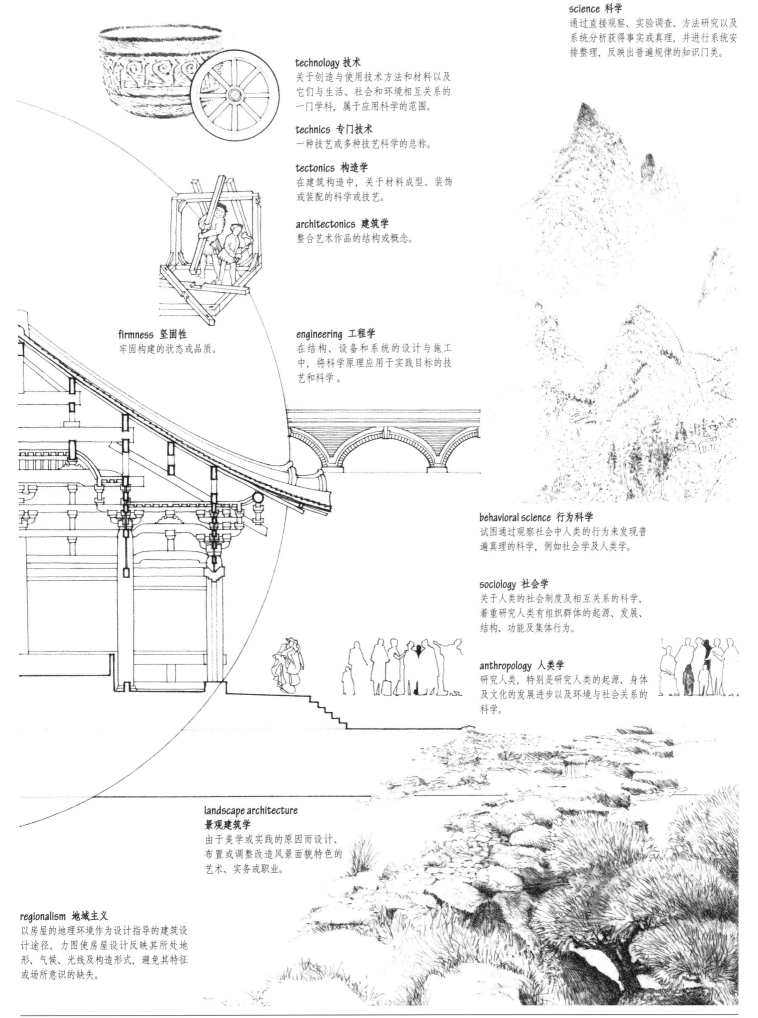

science 科学
通过直接观察、实验调查、方法研究以及系统分析获得事实或真理，并进行系统安排整理，反映出普遍规律的知识门类。

technology 技术
关于创造与使用技术方法和材料以及它们与生活、社会和环境相互关系的一门学科，属于应用科学的范围。

technics 专门技术
一种技艺或多种技艺科学的总称。

tectonics 构造学
在建筑构造中，关于材料成型、装饰或装配的科学或技艺。

architectonics 建筑学
整合艺术作品的结构或概念。

firmness 坚固性
牢固构建的状态或品质。

engineering 工程学
在结构、设备和系统的设计与施工中，将科学原理应用于实践目标的技艺和科学。

behavioral science 行为科学
试图通过观察社会中人类的行为来发现普遍真理的科学，例如社会学及人类学。

sociology 社会学
关于人类的社会制度及相互关系的科学，着重研究人类有组织群体的起源、发展、结构、功能及集体行为。

anthropology 人类学
研究人类，特别是研究人类的起源、身体及文化的发展进步以及环境与社会关系的科学。

landscape architecture 景观建筑学
由于美学或实践的原因而设计、布置或调整改造风景面貌特色的艺术、实务或职业。

regionalism 地域主义
以房屋的地理环境作为设计指导的建筑设计途径，力图使房屋设计反映其所处地形、气候、光线及构造形式，避免其特征或场所意识的缺失。

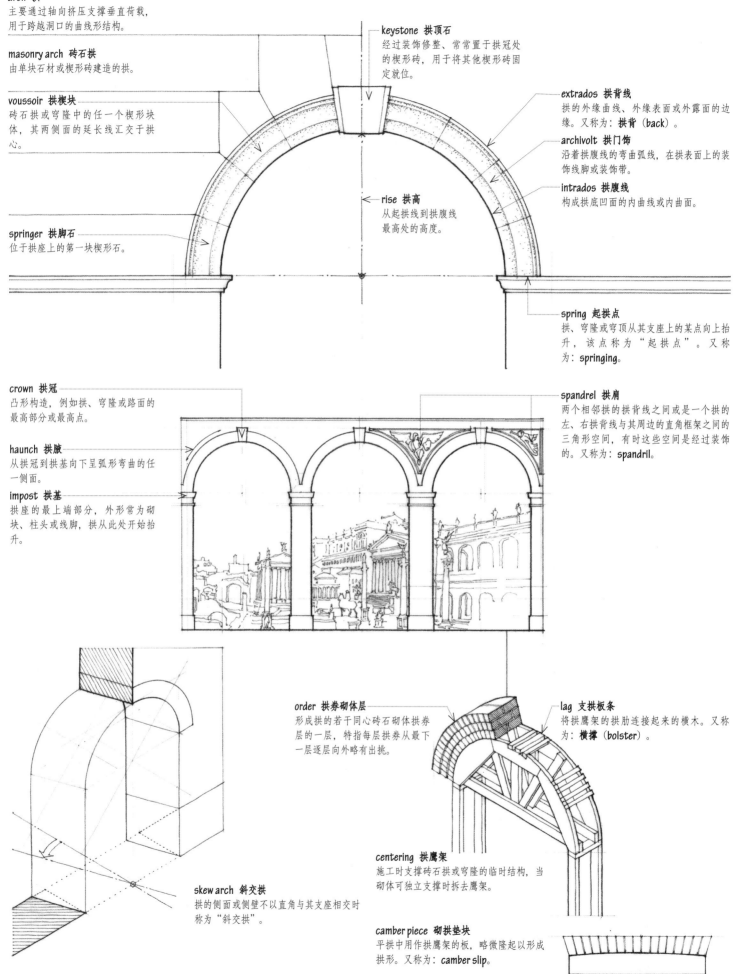

arch 拱
主要通过轴向挤压支撑垂直荷载，用于跨越洞口的曲线形结构。

masonry arch 砖石拱
由单块石材或楔形砖建造的拱。

voussoir 拱楔块
砖石拱或穹隆中的任一个楔形块体，其两侧面的延长线汇交于拱心。

springer 拱脚石
位于拱座上的第一块楔形石。

keystone 拱顶石
经过装饰修整、常常置于拱冠处的楔形砖，用于将其他楔形砖固定就位。

extrados 拱背线
拱的外缘曲线、外缘表面或外露面的边缘。又称为：拱背（back）。

archivolt 拱门饰
沿着拱腹线的弯曲弧线，在拱表面上的装饰线脚或装饰带。

intrados 拱腹线
构成拱底凹面的内曲线或内曲面。

rise 拱高
从起拱线到拱腹线最高处的高度。

spring 起拱点
拱、穹隆或穹顶从其支座上的某点向上抬升，该点称为"起拱点"。又称为：springing。

crown 拱冠
凸形构造，例如拱、穹隆或路面的最高部分或最高点。

haunch 拱腋
从拱冠到拱基向下呈弧形弯曲的任一侧面。

impost 拱基
拱座的最上端部分，外形常为砌块、柱头或线脚，拱从此处开始抬升。

spandrel 拱肩
两个相邻拱的拱背线之间或是一个拱的左、右拱背线与其周边的直角框架之间的三角形空间，有时这些空间是经过装饰的。又称为：spandril。

order 拱券砌体层
形成拱的若干同心砖石砌体拱券层的一层，特指每层拱券从最下一层逐层向外略有出挑。

lag 支拱板条
将拱鹰架的拱肋连接起来的横木。又称为：横撑（bolster）。

skew arch 斜交拱
拱的侧面或侧壁不以直角与其支座相交时称为"斜交拱"。

centering 拱鹰架
施工时支撑砖石拱或穹隆的临时结构，当砌体可独立支撑时拆去鹰架。

camber piece 砌拱垫块
平拱中用作拱鹰架的板，略微隆起以形成拱形。又称为：camber slip。

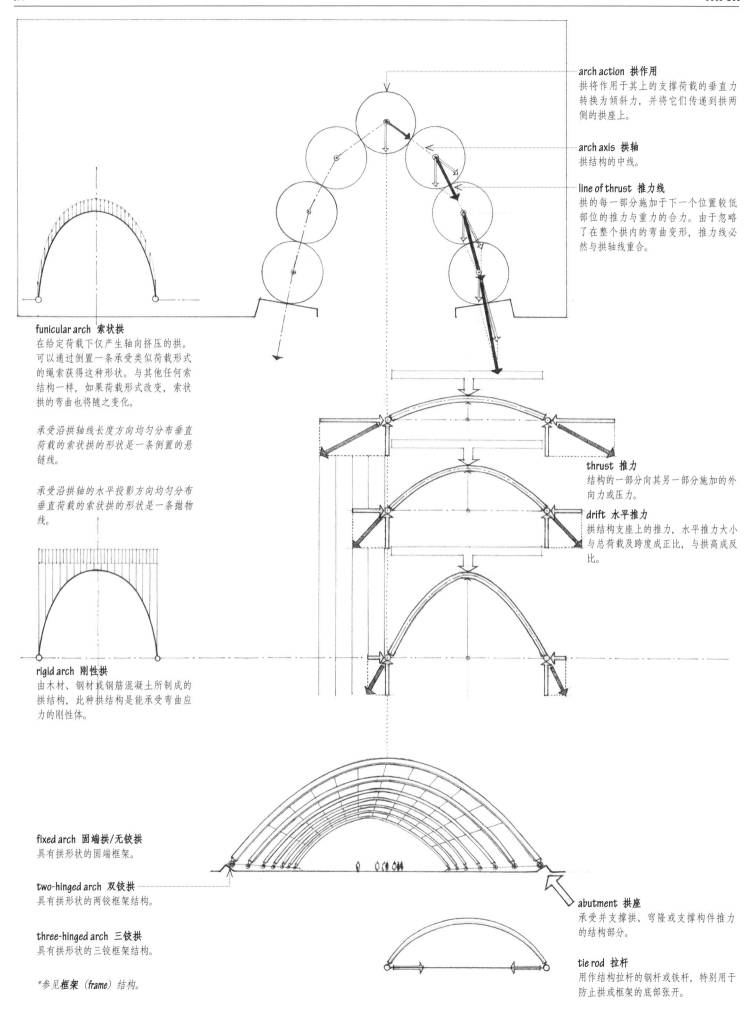

arch action 拱作用
拱将作用于其上的支撑荷载的垂直力转换为倾斜力，并将它们传递到拱两侧的拱座上。

arch axis 拱轴
拱结构的中线。

line of thrust 推力线
拱的每一部分施加于下一个位置较低部位的推力与重力的合力。由于忽略了在整个拱内的弯曲变形，推力线必然与拱轴线重合。

funicular arch 索状拱
在给定荷载下仅产生轴向挤压的拱。可以通过倒置一条承受类似荷载形式的绳索获得这种形状。与其他任何索结构一样，如果荷载形式改变，索状拱的弯曲也将随之变化。

承受沿拱轴线长度方向均匀分布垂直荷载的索状拱的形状是一条倒置的悬链线。

承受沿拱轴的水平投影方向均匀分布垂直荷载的索状拱的形状是一条抛物线。

thrust 推力
结构的一部分向其另一部分施加的外向力或压力。

drift 水平推力
拱结构支座上的推力，水平推力大小与总荷载及跨度成正比，与拱高成反比。

rigid arch 刚性拱
由木材、钢材或钢筋混凝土所制成的拱结构，此种拱结构是能承受弯曲应力的刚性体。

fixed arch 固端拱/无铰拱
具有拱形状的固端框架。

two-hinged arch 双铰拱
具有拱形状的两铰框架结构。

three-hinged arch 三铰拱
具有拱形状的三铰框架结构。

*参见**框架**（frame）结构。

abutment 拱座
承受并支撑拱、穹隆或支撑构件推力的结构部分。

tie rod 拉杆
用作结构拉杆的钢杆或铁杆，特别用于防止拱或框架的底部张开。

flat arch 平拱
从拱心下方辐射出楔形石、具有水平拱腹线的拱。平拱建造时常略微隆起，以容许下沉。又称为：jack arch。

French arch 法式拱
在拱中心两侧，楔形砖以同样角度倾斜的平拱。

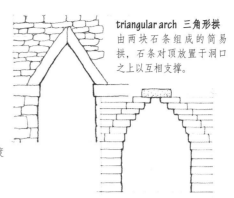

triangular arch 三角形拱
由两块石条组成的简易拱，石条对顶放置于洞口之上以相互支撑。

corbel arch 突拱
从洞口两侧逐层挑砌砖块建成的假拱，挑砌的砖块在拱中点交会，在中点处安放拱顶石。阶梯状的侧壁外形尽管可能光滑，但并不产生拱券作用。

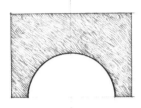

round arch 圆拱
具有连续曲线状拱腹线的拱，特指半圆形拱腹的拱。

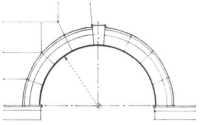

Roman arch 罗马拱
具有半圆拱腹线的拱。

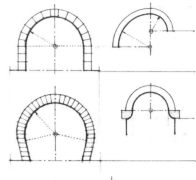

rampant arch 高低脚拱
一个基座高于另一个基座的拱。

stilted arch 上心拱
拱坐落在拱基上，并把支撑拱的拱基视为拱门的向下延续。

bell arch 钟状拱
支承在两个大的曲面托座上的圆拱。

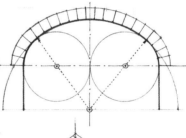

segmental arch 弧形拱
一个或多个拱心在起拱线以下的拱。

skewback 斜块拱座
安放弧形拱端部的带斜面的石块或砖石砌体。

horseshoe arch 马蹄形拱
拱的拱腹线从起拱点以上逐渐加宽，然后收窄成圆形拱冠。又称为：摩尔式拱（Moorish arch）。

trefoil arch 三叶拱
由三个圆形或带尖的叶状曲线组成的带尖角的拱腹线所构成的拱。

basket-handle arch 三心拱
拱冠半径比外侧两条曲线的半径大得多的三心拱。又称为：anse de panier。

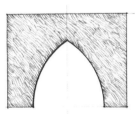

pointed arch 尖拱
具有尖形拱冠的拱。

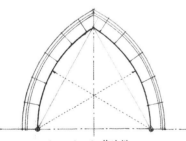

equilateral arch 等边拱
具有两个拱心并且拱径等于拱跨的尖拱。

Gothic arch 哥特式拱
尖拱，特指有两个拱心并且拱径相等的尖拱。

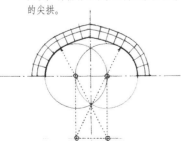

Tudor arch 都铎式拱
有四个拱心的拱，其中内侧一对拱腹线的拱径比外侧一对拱腹线的拱径要大得多。

lancet arch 桃尖拱
拱径大于拱跨的两心尖拱。

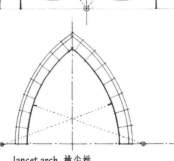

drop arch 垂拱
具有两个拱心，并且拱径小于拱跨的尖拱。

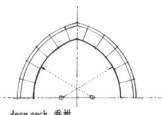

surbased arch 矮矢拱
拱高小于拱跨一半的拱。

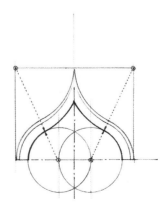

ogee arch 葱形拱
这种尖拱的特点是拱的每个拱背是双重曲面，而且顶部的曲面是凹面。

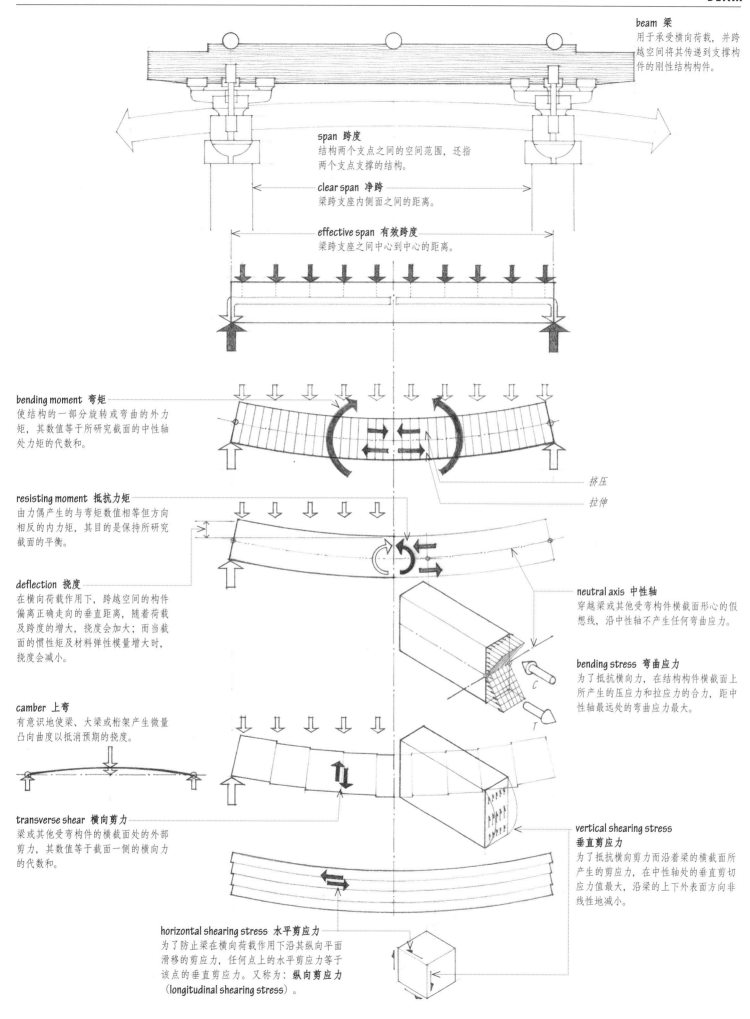

beam 梁
用于承受横向荷载，并跨越空间将其传递到支撑构件的刚性结构构件。

span 跨度
结构两个支点之间的空间范围，还指两个支点支撑的结构。

clear span 净跨
梁跨支座内侧面之间的距离。

effective span 有效跨度
梁跨支座之间中心到中心的距离。

bending moment 弯矩
使结构的一部分旋转或弯曲的外力矩，其数值等于所研究截面的中性轴处力矩的代数和。

挤压
拉伸

resisting moment 抵抗力矩
由力偶产生的与弯矩数值相等但方向相反的内力矩，其目的是保持所研究截面的平衡。

deflection 挠度
在横向荷载作用下，跨越空间的构件偏离正确走向的垂直距离，随着荷载及跨度的增大，挠度会加大；而当截面的惯性矩及材料弹性模量增大时，挠度会减小。

neutral axis 中性轴
穿越梁或其他受弯构件横截面形心的假想线，沿中性轴不产生任何弯曲应力。

bending stress 弯曲应力
为了抵抗横向力，在结构构件横截面上所产生的压应力和拉应力的合力，距中性轴最远处的弯曲应力最大。

camber 上弯
有意识地使梁、大梁或桁架产生微量凸向曲度以抵消预期的挠度。

transverse shear 横向剪力
梁或其他受弯构件的横截面处的外部剪力，其数值等于截面一侧的横向力的代数和。

vertical shearing stress 垂直剪应力
为了抵抗横向剪力而沿着梁的横截面所产生的剪应力，在中性轴处的垂直剪应力值最大，沿梁的上下外表面方向非线性地减小。

horizontal shearing stress 水平剪应力
为了防止梁在横向荷载作用下沿其纵向平面滑移的剪应力，任何点上的水平剪应力等于该点的垂直剪应力。又称为：**纵向剪应力**（longitudinal shearing stress）。

flexure formula 弯曲公式

定义梁的弯矩、弯曲应力及截面特性之间关系的公式。弯曲应力与弯矩成正比，而与梁截面的惯性矩成反比。

$$f_b = Mc/I$$

式中

$f_b = $ 纤维的最大弯曲应力

$M = $ 弯矩

$c = $ 从中性轴到受弯构件最外侧面的距离

如果

$$I/c = S$$

则

$$f_b = M/S$$

moment of inertia 惯性矩

截面中各个微元的面积与该微元同共面旋转轴距离平方的乘积之和。惯性矩反映结构构件截面面积如何分布的几何特性，并不反映材料的内在物理特性。

section modulus 截面模量

横截面的几何特性，其定义是截面的惯性矩除以中性轴至最远面的距离。

当梁的跨度减半或梁宽加倍时，弯曲应力减少一半；梁的高度增加1倍时，弯曲应力降低为原来的1/4。

设计梁的横截面形式，在最小截面条件下获得需要的惯性矩或截面模量以提高梁的效率。通常是加大梁截面的高度，将最多的材料分布在端部位置最大弯曲应力处。

4 x 10 木梁

33.25 英寸² = 截面面积[译注]

250 英寸⁴ = x-x轴惯性矩（I）

52.6 英寸³ = 截面模量（S）

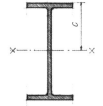

W 14 x 38 钢梁

11.20 英寸² = 截面面积

386英寸⁴ = x-x轴惯性矩（I）

54.7 英寸³ = 截面模量（S）

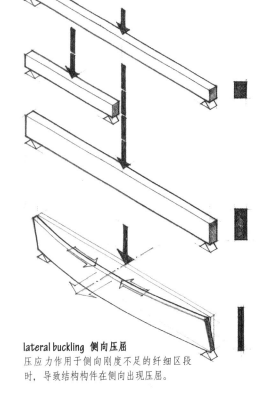

lateral buckling 侧向压屈

压应力作用于侧向刚度不足的纤细区段时，导致结构构件在侧向出现压屈。

principal stresses 主应力

梁截面处的弯曲应力和剪切应力相互作用而产生的拉应力与压应力。

在梁的最外表面（顶面及底面）仅存在弯曲应力，因此主应力等于因弯曲而产生的拉应力与压应力。

在梁截面的中性轴处仅存在剪应力，而剪应力可分解为作用于与中性轴成45°的拉应力与压应力。

对于既承受弯曲应力又承受剪切应力的中间微元，主应力的倾斜角由弯曲应力和剪切应力的相对大小决定。

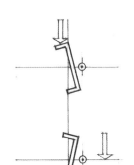

shear center 剪力中心

横向荷载必须通过的结构构件横截面平面上的一点，防止构件在纵轴方向扭转及扭曲。

挤压

拉伸

stress trajectories 应力轨迹

描绘梁中主应力线的方向而非应力大小的轨迹线。

[译注] 在进行构件的受力分析时，应采用其实际尺寸。注意4×10木梁的尺寸为标称尺寸，二者区别主要是构造所需的间隙，参见第11页标称尺寸相关内容。

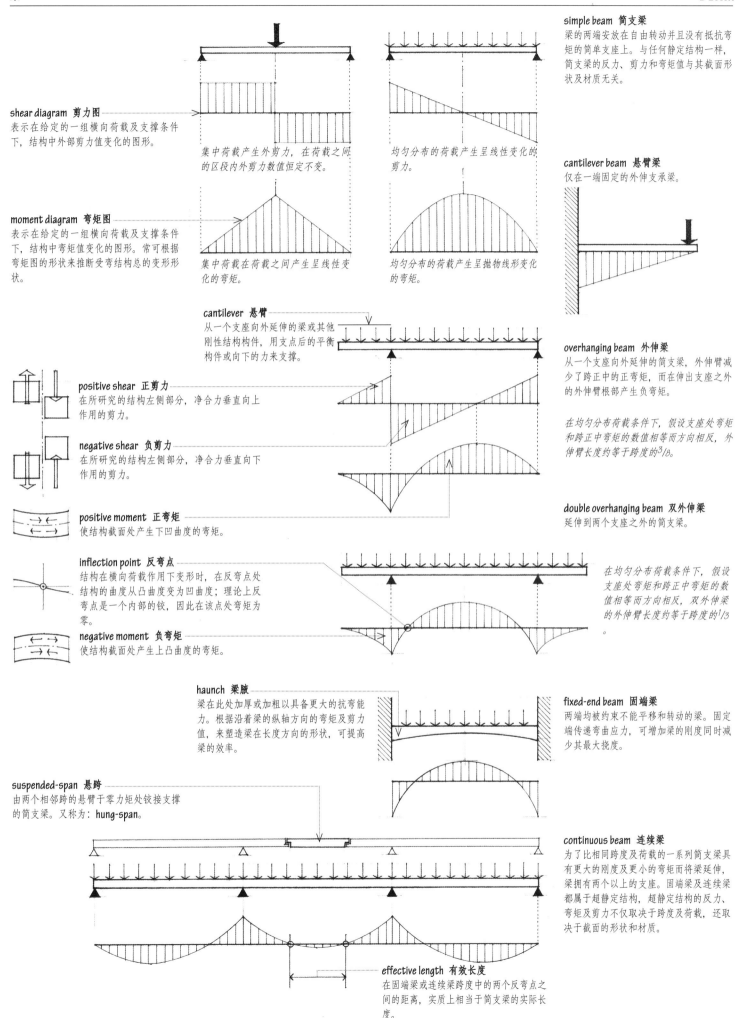

shear diagram 剪力图
表示在给定的一组横向荷载及支撑条件下，结构中外部剪力值变化的图形。

集中荷载产生外剪力，在荷载之间的区段内外剪力数值恒定不变。

均匀分布的荷载产生呈线性变化的剪力。

moment diagram 弯矩图
表示在给定的一组横向荷载及支撑条件下，结构中弯矩值变化的图形。常可根据弯矩图的形状来推断受弯结构总的变形形状。

集中荷载在荷载之间产生呈线性变化的弯矩。

均匀分布的荷载产生呈抛物线形变化的弯矩。

simple beam 简支梁
梁的两端安放在自由转动并且没有抵抗弯矩的简单支座上。与任何静定结构一样，简支梁的反力、剪力和弯矩值与其截面形状及材质无关。

cantilever beam 悬臂梁
仅在一端固定的外伸支承梁。

cantilever 悬臂
从一个支座向外延伸的梁或其他刚性结构构件，用支点后的平衡构件或向下的力来支撑。

positive shear 正剪力
在所研究的结构左侧部分，净合力垂直向上作用的剪力。

negative shear 负剪力
在所研究的结构左侧部分，净合力垂直向下作用的剪力。

positive moment 正弯矩
使结构截面处产生下凹曲度的弯矩。

inflection point 反弯点
结构在横向荷载作用下变形时，在反弯点处结构的曲度从凸曲度变为凹曲度；理论上反弯点是一个内部的铰，因此在该点处弯矩为零。

negative moment 负弯矩
使结构截面处产生上凸曲度的弯矩。

overhanging beam 外伸梁
从一个支座向外延伸的简支梁，外伸臂减少了跨正中的正弯矩，而在伸出支座之外的外伸臂根部产生负弯矩。

在均匀分布荷载条件下，假设支座处弯矩和跨正中弯矩的数值相等而方向相反，外伸臂长度约等于跨度的3/8。

double overhanging beam 双外伸梁
延伸到两个支座之外的简支梁。

在均匀分布荷载条件下，假设支座处弯矩和跨正中弯矩的数值相等而方向相反，双外伸梁的外伸臂长度约等于跨度的1/3。

haunch 梁腋
梁在此处加厚或加粗以具备更大的抗弯能力。根据沿着梁的纵轴方向的弯矩及剪力值，来塑造梁在长度方向的形状，可提高梁的效率。

suspended-span 悬跨
由两个相邻跨的悬臂于零力矩处铰接支撑的简支梁。又称为：hung-span。

fixed-end beam 固端梁
两端均被约束不能平移和转动的梁。固定端传递弯曲应力，可增加梁的刚度同时减少其最大挠度。

continuous beam 连续梁
为了比相同跨度及荷载的一系列简支梁具有更大的刚度及更小的弯矩而将梁延伸，梁拥有两个以上的支座。固端梁及连续梁都属于超静定结构，超静定结构的反力、弯矩及剪力不仅取决于跨度及荷载，还取决于截面的形状和材质。

effective length 有效长度
在固端梁或连续梁跨度中的两个反弯点之间的距离，实质上相当于简支梁的实际长度。

brick 砖
将可塑黏土制成矩形棱柱体，然后在日光下干燥或在窑中烧结硬化。

common brick 普通砖
为建造普通建筑物而制作的砖，在色彩及纹理上未作处理。又称为：**建筑用砖**（building brick）。

facing brick 饰面砖
由特殊黏土制成、用作墙体饰面的砖，往往经过特殊处理以产生需要的色彩及纹理。又称为：**面砖**（face brick）。

brick type 面砖类型
标明面砖块体在尺寸、颜色、砖面碎裂及扭曲等特性方面允许存在差异的规定。

FBX(Face Brick Extra) 精细面砖
精细面砖适用于要求尺寸偏差最小、颜色差异很小而且力学性能高度完美的场所。

FBS(Face Brick Standard) 标准面砖
标准面砖适用于色差范围及尺寸偏差方面比精细面砖稍大的场所。

FBA(Face Brick Aesthetic) 美观面砖
美观面砖适用于要求由单块面砖在尺寸、颜色及纹理等方面的不一致性产生特定效果的场所。

brick grade 砖材等级
是指明砖块暴露在户外气候条件下耐久性的标志。美国根据每年冬季降雨量及年冰冻天数，将全国划分为三个风化区域——严重区、中等区及轻微区。砖材按抗压强度、最大吸水量及最大饱和系数来划分等级并用于不同区域。

MW(Moderate Weathering) 中等风化砖
适于暴露在温和气候区域的砖材等级，例如铺装在冰点以下气温条件下，不太会发生渗水现象的地面以上的墙面上。

SW(Severe Weathering) 严重风化用砖
适于暴露在严重风化区域的砖材等级，例如与地面相接触区域，或在冰点以下气温条件下有可能发生渗水现象的墙面上。

NW(Negligible Weathering) 轻微风化用砖
适于暴露在轻微风化区域的砖材等级，例如用于墙面内衬砖或室内砌件。

absorption 吸水率
将黏土砖浸入冷水或沸水中，在规定时间段内砖块吸收水分的重量，以其所占干砖重量的百分数表示。

saturation coefficient 饱和系数
黏土砖浸入冷水中所吸收的水重与浸入沸水中所吸收的水重的比值，表示砖对于冻融作用可能的抵抗能力。

suction 吸水力
黏土砖部分地浸水1分钟所吸收的水重，以克/分钟或盎司/分钟表示。又称为：**初始吸水率**（initial rate of absorption）。

efflorescence 泛碱
外露的砌体或混凝土表面上形成的白色粉末状沉积物，粉末是由于材料内的可溶性盐分渗出并结晶而产生的。

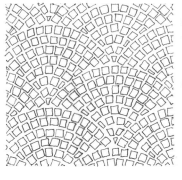

soft-mud process 软泥制砖法
把含水率20%~30%的相对湿黏土模制成砖块的过程。

sand-struck brick 砂脱坯砖
采用软泥制砖法制作坯砖，模具内铺垫砂内衬，防止砖坯黏结在模具上，从而使砖块形成具有磨砂质感的表面。

water-struck brick 水脱坯砖
采用软泥制砖法制作坯砖，使用由水润滑的模具，防止砖坯黏结在模具上，从而制作出表面光滑密实的砖块。

stiff-mud process 硬泥制砖法
将含水率12%~15%的硬实可塑的黏土通过挤压冲模形成砖坯或结构面砖坯，然后在焙烧前用钢丝将砖坯切割成需要长度的制砖方法。

dry-press process 干压法
在高压下将含水率5%~7%的较干黏土模制成砖坯的方法，制成的砖轮廓清晰、表面光滑。

kiln 窑
焙烧、烘烤或干燥某些物品的加热炉或烤炉，特别是用于制陶、烧砖或干燥木材的炉窑。

flashing 彩砖工艺
焙烧砖的过程中交替使用过多或过少的空气，从而改变砖块的表面颜色。

cull 废料
由于质量不佳被废弃的砖材或木材。

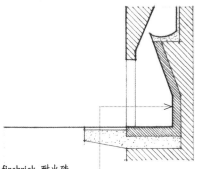

firebrick 耐火砖
用耐火黏土制成并用于加热炉和壁炉内衬的砖。

fire clay 耐火黏土
用于制作耐火砖、坩埚及其他承受高温物品的耐热黏土。

refractory 耐火材料
在承受高温时，具有保持其物理外形及化学属性能力的材料。

clinker 缸砖
致密的、经高温焙烧的砖，特指用作铺砌路面的炼砖。

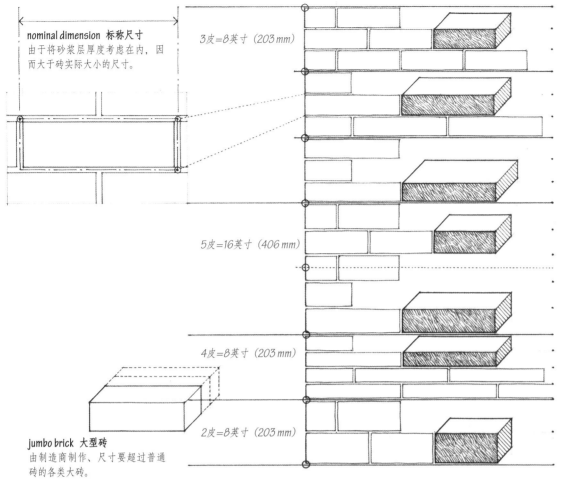

nominal dimension 标称尺寸
由于将砂浆层厚度考虑在内，因而大于砖实际大小的尺寸。

3皮=8英寸 (203 mm)

5皮=16英寸 (406 mm)

4皮=8英寸 (203 mm)

2皮=8英寸 (203 mm)

jumbo brick 大型砖
由制造商制作、尺寸要超过普通砖的各类大砖。

modular brick 模数砖
标称尺寸为 4 x 2 2/3 x 8 英寸 (102 x 68 x 203 mm) 的砖。

Norman brick 诺曼砖
标称尺寸为 4 x 2 2/3 x 12 英寸 (102 x 68 x 305 mm) 的砖。

SCR brick SCR砖
标称尺寸为 6 x 2 2/3 x 12 英寸 (152 x 68 x 305 mm) 的砖。SCR是结构性黏土研究 (structural clay research) 的英文缩写，也是美砖研究所 (the Brick Institute of America) 的注册商标。

engineered brick 工程砖
标称尺寸为 4 x 3 1/5 x 8 英寸 (102 x 81 x 203 mm) 的砖。

Norwegian brick 挪威砖
标称尺寸为 4 x 3 1/5 x 12 英寸 (102 x 81 x 305 mm) 的砖。

Roman brick 罗马砖
标称尺寸为 4 x 2 x 12 英寸 (102 x 51 x 305 mm) 的砖。

economy brick 经济砖
标称尺寸为 4 x 4 x 8 英寸 (102 x 102 x 203 mm) 的砖。

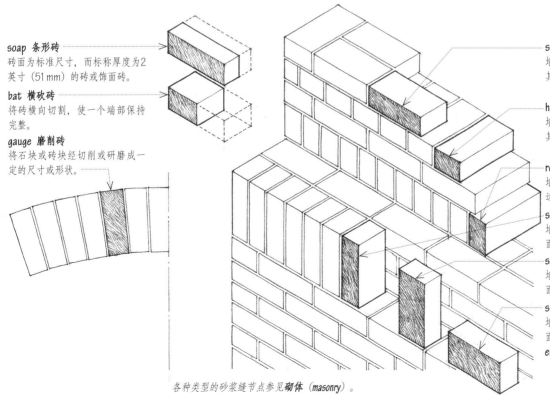

soap 条形砖
砖面为标准尺寸，而标称厚度为2英寸 (51 mm) 的砖或饰面砖。

bat 横砍砖
将砖横向切割，使一个端部保持完整。

gauge 磨削砖
将石块或砖块经切削或研磨成一定的尺寸或形状。

stretcher 顺砖
墙体上水平铺砌的砖或其他砌筑块体，其长边外露或平行于墙面。

header 丁砖
墙体上水平铺砌的砖或其他砌筑块体，其短边外露或平行于墙面。

rowlock 侧砌丁砖
墙体上沿砖的长边水平铺砌的砖，其短边外露于墙面。又称为：rollock。

soldier 立砖
墙体上垂直铺砌的砖，其长面外露于墙面。

sailor 立砖宽放
墙体上垂直铺砌的砖，其宽面外露于墙面。

shiner 斗砖
墙体上沿砖的长边水平铺砌的砖，其宽面外露于墙面。又称为：bull stretcher。

各种类型的砂浆缝节点参见**砌体**（*masonry*）。

brickwork 砌砖工程
砌砖施工，特指有效地砌合砖块的工艺。

bond 砌式
将砖块排列成有规则的、易于识别的图案，通常将砖块搭接以提高砌体强度并改善构筑物的外观。

running bond 顺砖砌式
由搭接的顺砖组成砌体的砌式。又称为：stretcher bond。

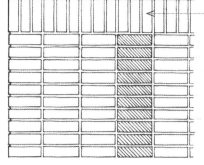

soldier course 立砌砖层
砌体中连续的立砌砖层。

stack bond 通缝砌式
连续砌筑顺砖层的砖石层构成的砌体，所有端部接缝垂直对齐。又称为：stacked bond。

common bond 普通砌式
每隔五至六皮顺砖有一皮丁砖的砌式。又称为：美国砌式（American bond）。

closer 封口砖
为了砌完一层砖块或在墙角完成砌体的砌合而特殊定制或切割的砖块。又称为：填塞砖（closure）。

stretching course 顺砖层
砌体中连续的顺砖层。

heading course 丁砖层
砌体中连续铺砌的丁砖层。

bond course 砌合层
交错搭接在多排砖石层上的连续丁砖层或砌合石。

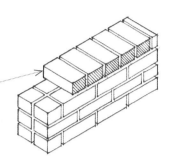

English bond 英国砌式/上下皮一顺一丁
交替进行顺砖层和丁砖层铺砌的砌式。每层丁砖铺于上下层顺砖的中心，每层顺砖的浆缝都垂直齐平。

queen closer 纵向半砖
正常宽度一半的砖，用于完成一层砖的砌筑或使正常砖分隔开。又称为：queen closure。

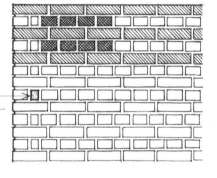

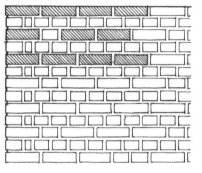

English cross bond 英国交叉砌式
英国砌式的改进型，在这种砌法中顺砖层的端缝与另一顺砖层的端缝错开1/2砖长。又称为：荷兰砌式（Dutch bond）。

Flemish bond 佛兰德砌式/每皮一顺一丁
每层中交替使用顺砖及丁砖的砌式，使每块丁砖铺于上一层和下一层顺砖的中心。

king closer 七分头
为了完成一皮砖的砌筑或为了把规则砖块隔开而使用的四分之三砖块。又称为：king closure。

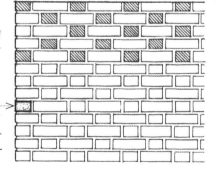

Flemish cross bond 佛兰德交叉砌式
佛兰德砌式的改进型，一顺一丁层与顺砖层交替铺砌的砌合法。

flare header 过火丁砖
在带图案的砌体中用暗黑色端头的砖作为丁砖并外露于砌体表面。

Flemish diagonal bond 佛兰德对角砌式
佛兰德交错砌式的一种形式，这种砌合法中每层有一些砖块错位从而形成菱形图案。

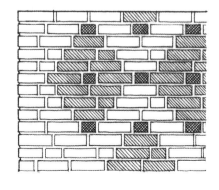

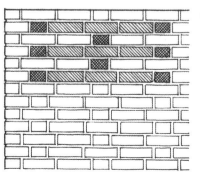

garden-wall bond 花园围墙砌式/三顺一丁砌式
用于承担轻度荷载的围墙砌体，每一砌合层中依次铺砌一块丁砖、三块顺砖，并使每块丁砖位于隔层丁砖的正上方。

建筑物是遮蔽风雨日晒的蔽护所，这意味着需要屋顶和墙体来支撑建筑物。如果墙体将建筑物内部空间完全包围起来，则需要供出入的门以及用于采光的窗。屋顶、墙体、门和窗是建筑物的主要部件。

屋顶可以是平的、有坡度的或曲线的。一面坡的屋顶称为单坡屋顶（*Lean-to*），当两个坡屋顶安放在平行的墙体上并互相对靠时，它们在顶部以水平脊相交并构成两端的山墙。如两面墙体形成凸角，其屋顶以斜线相交，称为斜脊（*Hip*）。如两面墙体形成凹角，屋顶相交斜线称为天沟（*Valley*）。圆形墙体支撑圆锥形或穹隆式屋顶。

如建筑物为多层，下一层的平屋顶则变为上层的楼板。如屋顶延伸到支撑墙之外，突出部分称屋檐（*Eaves*）。如墙体也外挑以支撑屋顶的外伸部分，该外挑墙体称檐口（*Cornice*）。檐口主要部件称泪石（*Corona*），泪石像撑架一样外伸成为墙顶冠。

通常墙体底部加宽，以便更好地支撑于土地上，墙体的加宽部分称墙基（*Base*）。类似地，将墙的顶部加宽，称为压顶（*Cap*）。如前所述，如墙的顶部外伸尺寸较大，则称檐口（*Cornice*）。如墙体的高度不大，称女儿墙（*Parapet*）。如果短墙的宽度和厚度大致相同则称立柱（*Post*）；如立柱支撑某些构件则称为基座（*Pedestal*）；基座顶部到底部之间的部分称为座身（*Die*）。高大的立柱如果呈方形，称为方柱（*Pier*）；如果是圆形，称为圆柱（*Column*）。方柱及圆柱的压顶称为柱头（*Capital*），柱头和底座之间的部分称为柱身（*Shaft*），柱头之上的扁平构件称为冠板（*Abacus*）。

跨越两个方柱或圆柱之间的空间，或者方柱、圆柱与墙体之间空间的梁称为额枋（*Architrave*或*Epistyle*）。在其上，于柱顶过梁和挑檐之间通常有一小条墙体，称为檐壁（*Frieze*）。额枋、檐壁及檐口组成檐部（*Entablature*）。一系列圆柱称为柱廊（*Colonnade*）。方柱或圆柱之间的空间有时使用拱（*Arch*）来跨越，一系列的拱称为拱廊（*Arcade*）。

除使用楼板或屋顶板，两面平行的墙体之间的空间，有时用被称为穹顶（*Vault*）的连续拱所覆盖。

不论有无基座，墙体、方柱及圆柱组成建筑物的主要支撑构件。檐壁、檐口以及安放于其上的屋顶成为墙体、方柱及圆柱的主要荷载。柱顶过梁、拱以及拱肩（*Spandrel*）对于在其下的构件来说是荷载的一部分，而对于在其上的构件则是支撑构件。

建筑物的价值，除了作为遮蔽风雨的保护所，它本身也可能就是雄伟壮观、令人喜爱的对象。作为建造者的建筑师使建筑物具有良好的比例、精致的细部，通过运用美观的材料使建筑物在功能用途之外，还具有了自身的价值。

威廉·罗伯特·韦尔
（William Robert Ware, 1832—1915, 美国建筑师）
《美利坚的维尼奥拉》（*The American Vignola*）

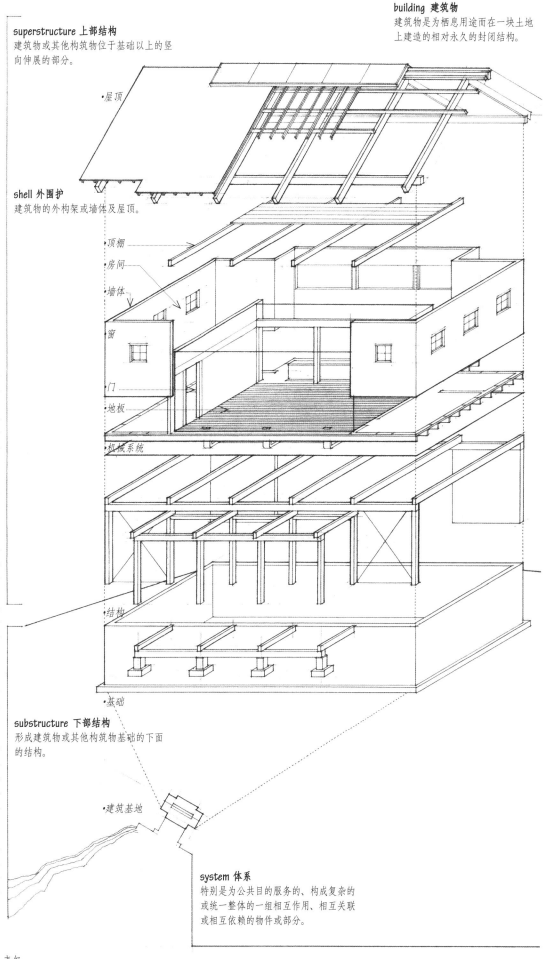

building 建筑物
建筑物是为栖息用途而在一块土地上建造的相对永久的封闭结构。

superstructure 上部结构
建筑物或其他构筑物位于基础以上的竖向伸展的部分。

shell 外围护
建筑物的外构架或墙体及屋顶。

·屋顶

·顶棚
·房间
·墙体

·窗

·门
·地板

·机械系统

·结构

·基础

substructure 下部结构
形成建筑物或其他构筑物基础的下面的结构。

·建筑基地

system 体系
特别是为公共目的服务的、构成复杂的或统一整体的一组相互作用、相互关联或相互依赖的物件或部分。

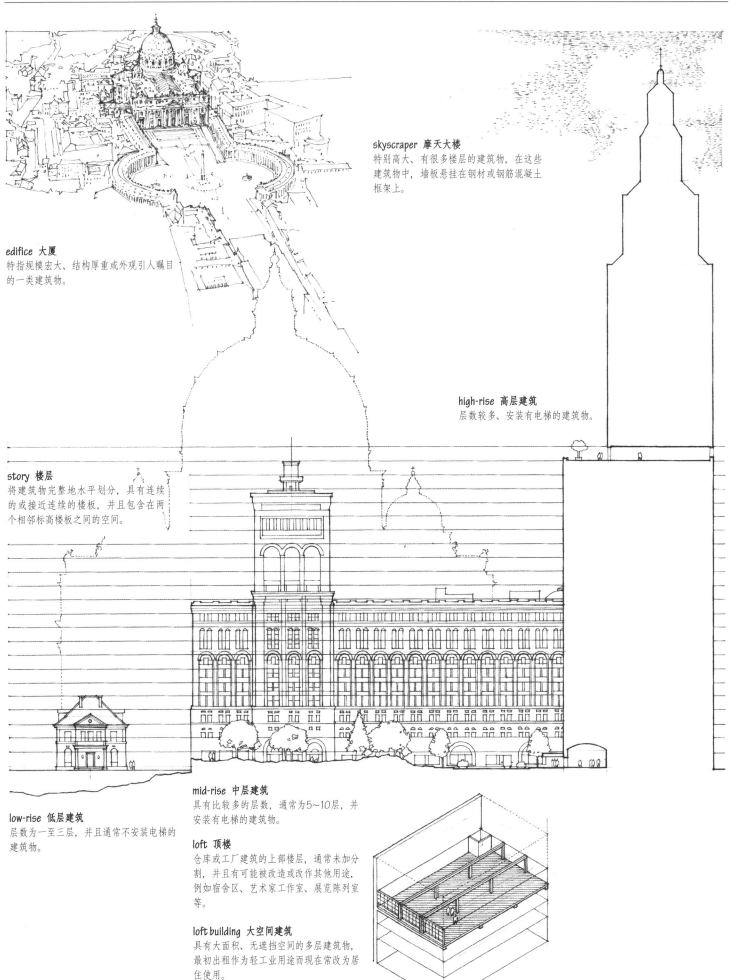

edifice 大厦
特指规模宏大、结构厚重或外观引人瞩目的一类建筑物。

skyscraper 摩天大楼
特别高大、有很多楼层的建筑物，在这些建筑物中，墙板悬挂在钢材或钢筋混凝土框架上。

high-rise 高层建筑
层数较多、安装有电梯的建筑物。

story 楼层
将建筑物完整地水平划分，具有连续的或接近连续的楼板，并且包含在两个相邻标高楼板之间的空间。

low-rise 低层建筑
层数为一至三层，并且通常不安装电梯的建筑物。

mid-rise 中层建筑
具有比较多的层数，通常为5～10层，并安装有电梯的建筑物。

loft 顶楼
仓库或工厂建筑的上部楼层，通常未加分割，并且有可能被改造或改作其他用途，例如宿舍区、艺术家工作室、展览陈列室等。

loft building 大空间建筑
具有大面积、无遮挡空间的多层建筑物，最初出租作为轻工业用途而现在常改为居住使用。

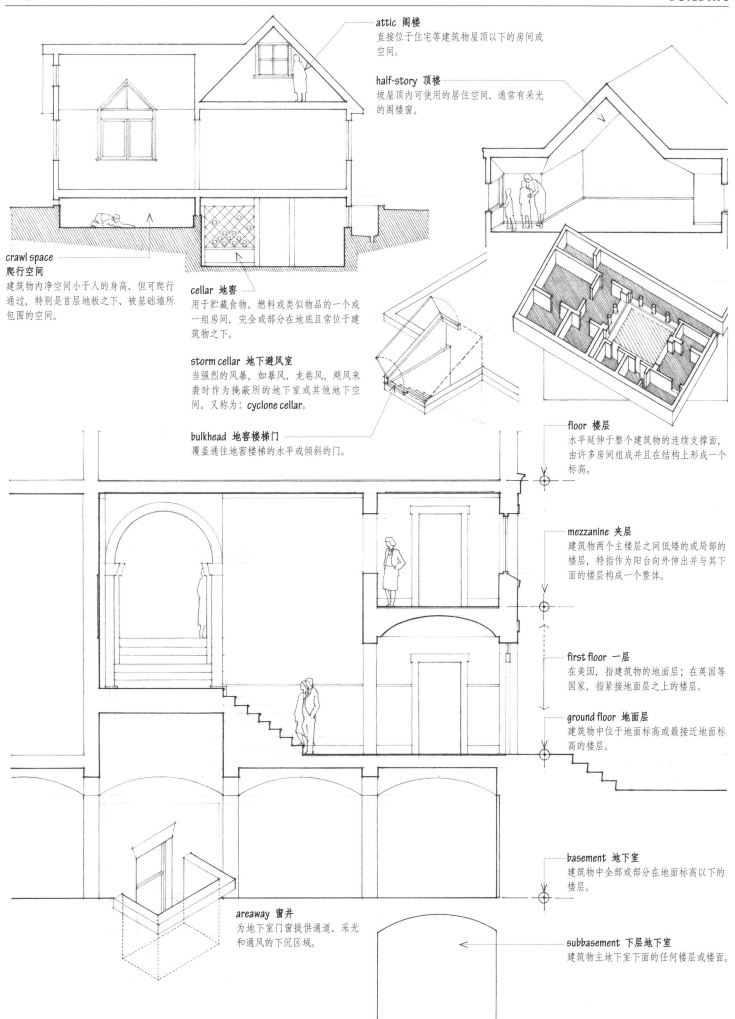

attic 阁楼
直接位于住宅等建筑物屋顶以下的房间或空间。

half-story 顶楼
坡屋顶内可使用的居住空间，通常有采光的阁楼窗。

crawl space 爬行空间
建筑物内净空间小于人的身高、但可爬行通过，特别是首层地板之下、被基础墙所包围的空间。

cellar 地窖
用于贮藏食物、燃料或类似物品的一个或一组房间，完全或部分在地底且常位于建筑物之下。

storm cellar 地下避风室
当强烈的风暴，如暴风、龙卷风、飓风来袭时作为掩蔽所的地下室或其他地下空间。又称为：cyclone cellar。

bulkhead 地窖楼梯门
覆盖通往地窖楼梯的水平或倾斜的门。

floor 楼层
水平延伸于整个建筑物的连续支撑面，由许多房间组成并且在结构上形成一个标高。

mezzanine 夹层
建筑物两个主楼层之间低矮的或局部的楼层，特指作为阳台向外伸出并与其下面的楼层构成一个整体。

first floor 一层
在美国，指建筑物的地面层；在英国等国家，指紧接地面层之上的楼层。

ground floor 地面层
建筑物中位于地面标高或最接近地面标高的楼层。

basement 地下室
建筑物中全部或部分在地面标高以下的楼层。

areaway 窗井
为地下室门窗提供通道、采光和通风的下沉区域。

subbasement 下层地下室
建筑物主地下室下面的任何楼层或楼面。

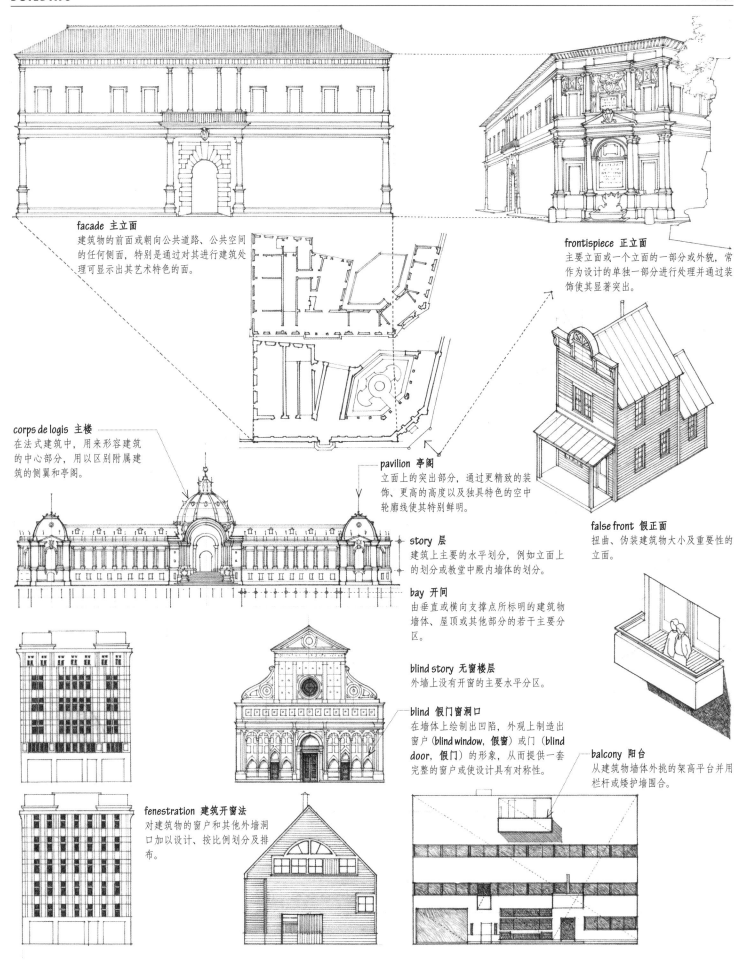

facade 主立面
建筑物的前面或朝向公共道路、公共空间的任何侧面，特别是通过对其进行建筑处理可显示出其艺术特色的面。

frontispiece 正立面
主要立面或一个立面的一部分或外貌，常作为设计的单独一部分进行处理并通过装饰使其显著突出。

corps de logis 主楼
在法式建筑中，用来形容建筑的中心部分，用以区别附属建筑的侧翼和亭阁。

pavilion 亭阁
立面上的突出部分，通过更精致的装饰、更高的高度以及独具特色的空中轮廓线使其特别鲜明。

story 层
建筑上主要的水平划分，例如立面上的划分或教堂中殿内墙体的划分。

false front 假正面
扭曲、伪装建筑物大小及重要性的立面。

bay 开间
由垂直或横向支撑点所标明的建筑物墙体、屋顶或其他部分的若干主要分区。

blind story 无窗楼层
外墙上没有开窗的主要水平分区。

blind 假门窗洞口
在墙体上绘制出凹陷，外观上制造出窗户（blind window, 假窗）或门（blind door, 假门）的形象，从而提供一套完整的窗户或使设计具有对称性。

balcony 阳台
从建筑物墙体外挑的架高平台并用栏杆或矮护墙围合。

fenestration 建筑开窗法
对建筑物的窗户和其他外墙洞口加以设计、按比例划分及排布。

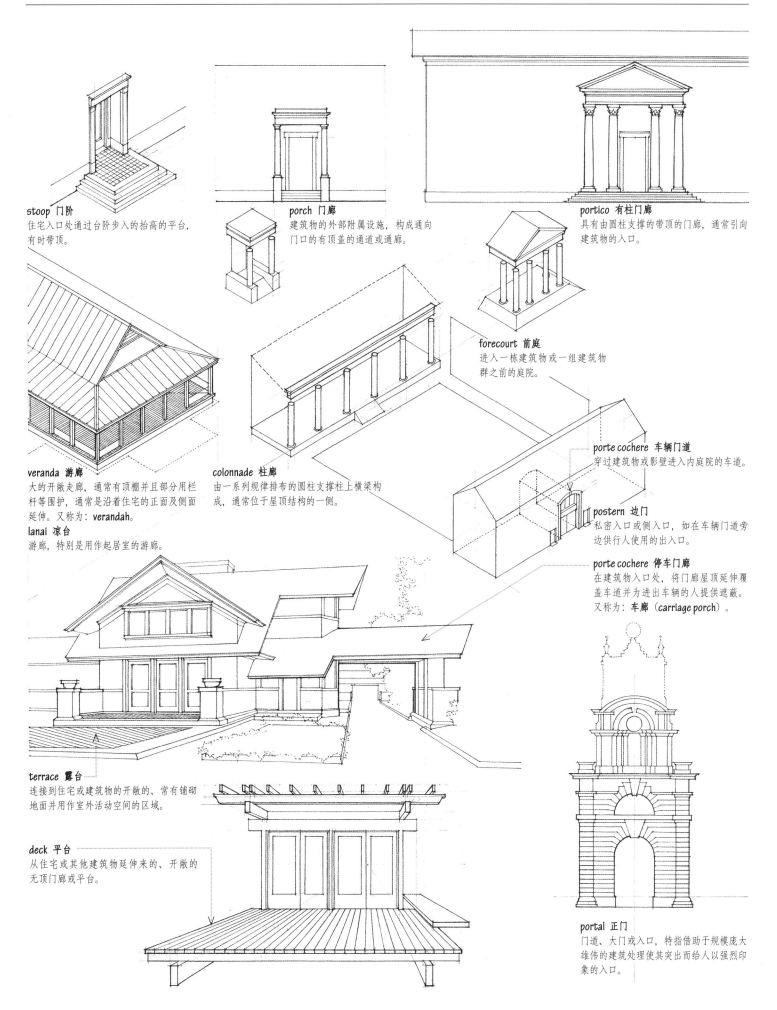

stoop 门阶
住宅入口处通过台阶步入的抬高的平台，有时带顶。

porch 门廊
建筑物的外部附属设施，构成通向门口的有顶盖的通道或通廊。

portico 有柱门廊
具有由圆柱支撑的带顶的门廊，通常引向建筑物的入口。

veranda 游廊
大的开敞走廊，通常有顶棚并且部分用栏杆等围护，通常是沿着住宅的正面及侧面延伸。又称为：verandah。

lanai 凉台
游廊，特别是用作起居室的游廊。

colonnade 柱廊
由一系列规律排布的圆柱支撑柱上横梁构成，通常位于屋顶结构的一侧。

forecourt 前庭
进入一栋建筑物或一组建筑物群之前的庭院。

porte cochere 车辆门道
穿过建筑物或影壁进入内庭院的车道。

postern 边门
私密入口或侧入口，如在车辆门道旁边供行人使用的出入口。

porte cochere 停车门廊
在建筑物入口处，将门廊屋顶延伸覆盖车道并为进出车辆的人提供遮蔽。又称为：车廊（carriage porch）。

terrace 露台
连接到住宅或建筑物的开敞的、常有铺砌地面并用作室外活动空间的区域。

deck 平台
从住宅或其他建筑物延伸来的、开敞的无顶门廊或平台。

portal 正门
门道、大门或入口，特指借助于规模庞大雄伟的建筑处理使其突出而给人以强烈印象的入口。

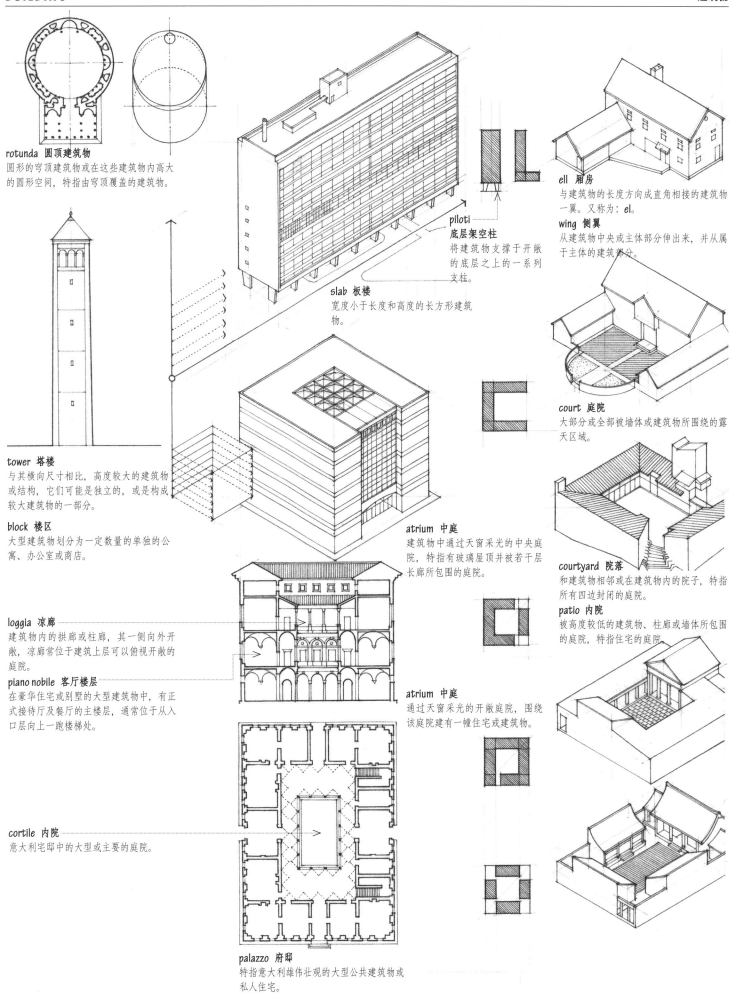

rotunda 圆顶建筑物
圆形的穹顶建筑物或在这些建筑物内高大的圆形空间，特指由穹顶覆盖的建筑物。

tower 塔楼
与其横向尺寸相比，高度较大的建筑物或结构，它们可能是独立的，或是构成较大建筑物的一部分。

block 楼区
大型建筑物划分为一定数量的单独的公寓、办公室或商店。

loggia 凉廊
建筑物内的拱廊或柱廊，其一侧向外开敞，凉廊常位于建筑上层可以俯视开敞的庭院。

piano nobile 客厅楼层
在豪华住宅或别墅的大型建筑物中，有正式接待厅及餐厅的主楼层，通常位于从入口层向上一跑楼梯处。

cortile 内院
意大利宅邸中的大型或主要的庭院。

piloti 底层架空柱
将建筑物支撑于开敞的底层之上的一系列支柱。

slab 板楼
宽度小于长度和高度的长方形建筑物。

atrium 中庭
建筑物中通过天窗采光的中央庭院，特指有玻璃屋顶并被若干层长廊所包围的庭院。

atrium 中庭
通过天窗采光的开敞庭院，围绕该庭院建有一幢住宅或建筑物。

palazzo 府邸
特指意大利雄伟壮观的大型公共建筑物或私人住宅。

ell 厢房
与建筑物的长度方向成直角相接的建筑物一翼。又称为：el。

wing 侧翼
从建筑物中央或主体部分伸出来，并从属于主体的建筑部分。

court 庭院
大部分或全部被墙体或建筑物所围绕的露天区域。

courtyard 院落
和建筑物相邻或在建筑物内的院子，特指所有四边封闭的庭院。

patio 内院
被高度较低的建筑物、柱廊或墙体所包围的庭院，特指住宅的庭院。

claim 声索
宣称或要求承认或占有。

front 面对
面对或朝向一个特定方向。

orientation 朝向
场地上建筑物的位置，与真北方向、指南针读数、特定的场所或地形、当地的日照、风向及排水情况有关。

folly 华而不实的建筑
特指出现于18世纪的英国，为了作为某个话题、引发观感兴趣、纪念某人或某事而建造的奇思怪想或极度奢华的建筑。

merge 融合
逐步地、分阶段地综合、混合或联合从而模糊个性或差别。

surround 环绕
四周包围或围绕。

pavilion 亭榭
花园中小型的而且经常是装饰性的建筑物。

bagh 巴格
印度建筑中围合的花园。

plaza 广场
城市与城镇中的公共广场或对外开放的空间。

piazza 广场
城市或城镇中的对外开放广场或公共场所，意大利较常用。

quadrangle 方院
被一幢建筑物或若干建筑物所包围的广场、四方形空间或庭院，例如大学校园。又称为：quad。

gazebo 凉亭
公园或花园中提供阴凉和休息的场所，通常为四周开敞的独立式带顶结构。

mall 林荫步道
一条街道的其中一部分，通常为城市中心区的部分。此段街道禁行机动车，用于公共步行或漫步。又称为：pedestrian mall。

promenade 漫步走廊
特指在公共场所用于娱乐或表演的漫步或步行的区域。

alameda 林荫步道
特指在拉丁美洲，带有树荫长廊的大道、公园或公共园林。

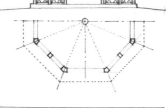

belvedere 观景楼
为了能够眺望令人愉悦的景色而设计和选址的建筑物或其建筑风格特色。

galleria 拱廊商业街
宽敞的散步走廊、庭院或室内商场，常具有穹顶且设有商业设施。

allée 林荫宽步道
法语对两侧植树的宽阔人行步道的称呼。

topiary 造型修剪
修剪或修整成装饰性的或奇异的形状，或这类修饰的工作或技艺。

arbor 花架凉亭
由灌木树枝或攀爬藤蔓和花朵盘绕的格架构成的遮蔽处所。

parterre 图案花坛群
不同形状及大小的花坛组成的装饰性安排布置。

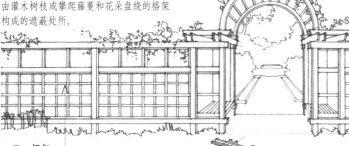

trellis 棚架
支撑屏障或生长藤蔓或植物支架的开敞格架。

lattice 格架
为了形成开敞空间有规则的图案而用交叉枝条编成的结构。

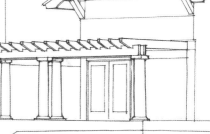

pergola 藤架
支撑由梁与交叉椽或棚架所组成的开敞屋顶的平行柱廊结构，用以引导攀爬植物在其上生长。

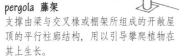

cable structure 悬索结构
使用缆索作为主要支撑手段的结构体系。

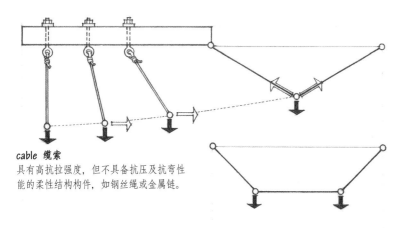

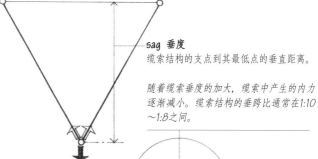

cable 缆索
具有高抗拉强度，但不具备抗压及抗弯性能的柔性结构构件，如钢丝绳或金属链。

sag 垂度
缆索结构的支点到其最低点的垂直距离。

随着缆索垂度的加大，缆索中产生的内力逐渐减小。缆索结构的垂跨比通常在1:10～1:8之间。

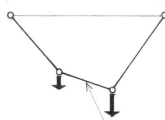

funicular shape 索形状
在不同位置以一定大小的外力直接作用下缆索自由变形所显现的外形。在施加外力荷载的作用下缆索始终保持其形状，处于纯受拉状态。

funicular polygon 索状多边形
在一组集中荷载的直接作用下缆索自由变形所呈现的形状。

funicular curve 索状曲线
在均匀分布荷载的直接作用下缆索自由变形所呈现的形状。

catenary 悬链线
不在同一垂直线上的两点之间，自由悬挂的完全柔软的匀质缆索所呈现的曲线。当缆索所承受的荷载为在水平投影方向均匀分布的荷载时，此曲线接近于一条抛物线。

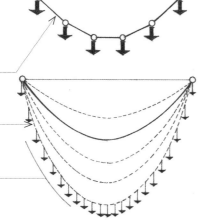

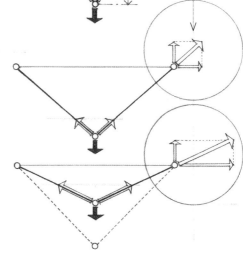

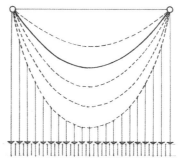

funicular structure 索结构
结构设计为承受或支撑由轴向拉力或压力产生的给定荷载。对于任何给定荷载条件，仅有一种索形状。如果荷载图形改变，在结构上会产生弯矩。

支墩
压杆
或其他类似构件，要求构件能够承受并吸收缆索拉力的水平分力。

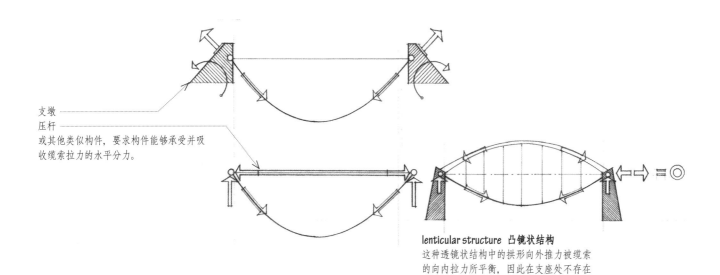

lenticular structure 凸镜状结构
这种透镜状结构中的拱形向外推力被缆索的向内拉力所平衡，因此在支座处不存在侧向力。

suspension structure 悬挂结构
在承压构件之间悬挂并被施加预应力的缆索结构，用以直接承受所施加的荷载。

suspension bridge 悬索桥
桥塔举升的缆索悬吊着悬索桥的桥面，缆索端部坚实地锚固在桥台上。

guy cable 拉索
用以吸收悬挂结构或斜拉结构中拉力的水平分力并把该力传递到地面基础的缆索。

mast 支杆
悬挂结构或斜拉结构中的垂直或倾斜的受压构件，用以支撑主索和支索中垂直力的合力。将支杆倾斜可使它能够承受缆索的一部分水平拉力并减小支索的受力。

double-cable structure 双索结构
具有不同曲率的上下两组缆索的悬挂结构，用压杆或拉杆对缆索进行预张拉，使该系统具有更大的刚度与抗颤振能力。

single-curvature structure 单曲率结构
这种悬挂结构是利用一系列平行的缆索来支撑形成面层的梁或板。单曲率结构易受风力引发的空气动力效应导致的颤振影响，可以通过增加结构静载，或用横向支索将主索锚固在地面解决颤振问题。

primary cable 主索
直接支撑悬挂结构上荷载的预张拉缆索。

secondary cable 副索
用以防止颤振、稳定悬挂结构的预张拉缆索，其曲率通常与主索曲率相反。

double-curvature structure 双曲率结构
由不同曲率，往往是相反曲率的交叉缆索组成索网，每组缆索有不同的自振周期，从而形成能更好地抵抗颤振的自阻尼体系。

boundary cable 边索
悬挂结构中用于锚固一组副索的缆索。

cable-stayed structure 斜拉结构
该种结构具有垂直或倾斜的支杆，缆索从支杆向外延伸用来支撑以平行或辐射方式排列的水平悬跨构件。

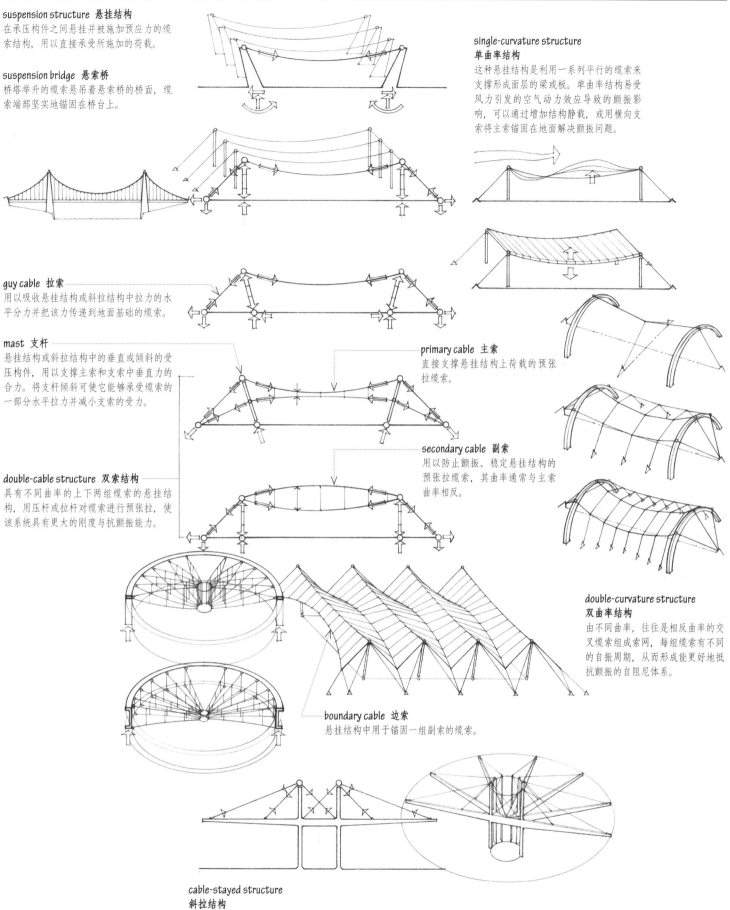

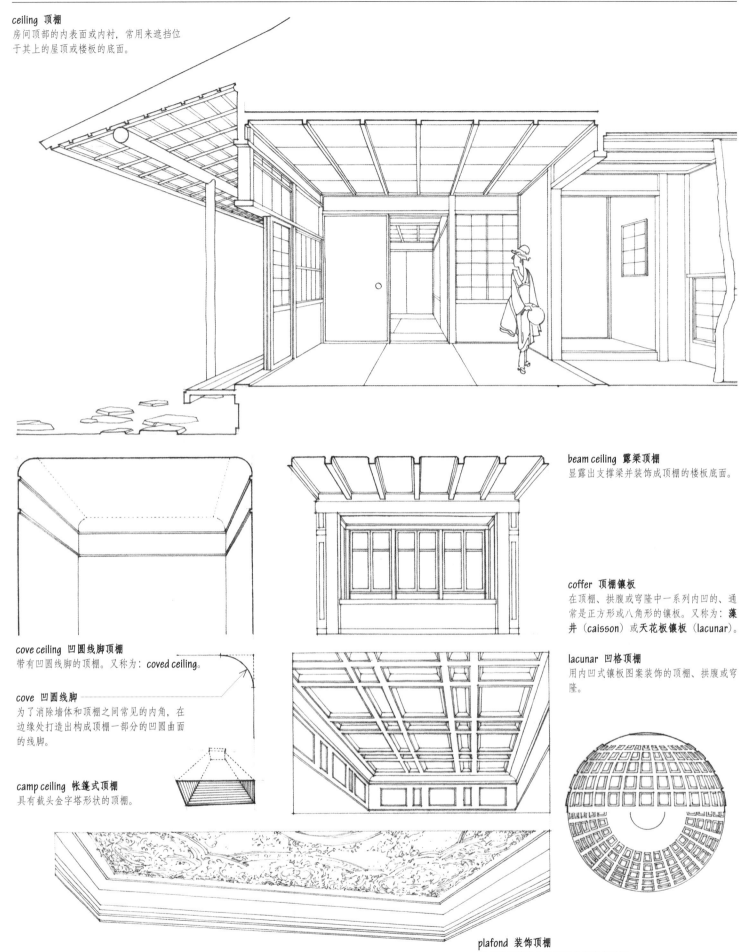

ceiling 顶棚
房间顶部的内表面或内衬，常用来遮挡位于其上的屋顶或楼板的底面。

cove ceiling 凹圆线脚顶棚
带有凹圆线脚的顶棚。又称为：coved ceiling。

cove 凹圆线脚
为了消除墙体和顶棚之间常见的内角，在边缘处打造出构成顶棚一部分的凹圆曲面的线脚。

camp ceiling 帐篷式顶棚
具有截头金字塔形状的顶棚。

beam ceiling 露梁顶棚
显露出支撑梁并装饰成顶棚的楼板底面。

coffer 顶棚镶板
在顶棚、拱腹或穹隆中一系列内凹的、通常是正方形或八角形的镶板。又称为：藻井（caisson）或天花板镶板（lacunar）。

lacunar 凹格顶棚
用内凹式镶板图案装饰的顶棚、拱腹或穹隆。

plafond 装饰顶棚
具有装饰特色的平屋顶或穹隆式顶棚。

drop ceiling 吊顶
为了给管道系统提供空间，或为了改变房间的比例而制作的第二层顶棚。又称为：dropped ceiling。

suspended ceiling 吊顶
从顶部楼板或屋顶结构向下悬吊的顶棚，以提供管道、照明灯具或其他辅助设备所需的空间。

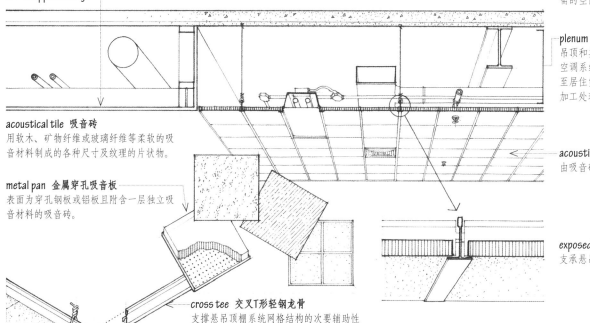

plenum 吊顶集气室
吊顶和其上的楼板结构之间的空间，特指空调系统的空气收集室，用于将空调风送至居住空间，或将回风回送中央设备进行加工处理。

acoustical tile 吸音砖
用软木、矿物纤维或玻璃纤维等柔软的吸音材料制成的各种尺寸及纹理的片状物。

acoustical ceiling 吸音顶棚
由吸音砖或其他吸音材料构成的顶棚。

metal pan 金属穿孔吸音板
表面为穿孔钢板或铝板且附含一层独立吸音材料的吸音砖。

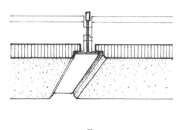

exposed grid 明装龙骨
支承悬吊顶棚中吸音砖的倒T形金属网格。

cross tee 交叉T形轻钢龙骨
支撑悬吊顶棚系统网格结构的次要辅助性构件，通常由薄钢板制成T形龙骨并由主龙骨支撑。

main runner 主龙骨
支撑悬吊顶棚系统网格结构的主要构件，通常由薄钢板制成槽形或T形构件并用吊索从上部结构吊挂下来。

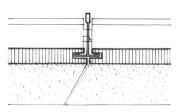

recessed grid 嵌入式龙骨
用以支撑带半槽接缝的吸声板悬吊顶棚的金属网格。

spline 塞缝条
塞入两块吸音砖边缘中的薄金属条，在吸音砖之间形成对接接头。

kerf 开槽
切入吸音砖边缘的凹槽，以便放置塞缝条或安装支撑性网格结构的T形构件。

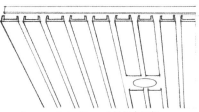

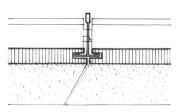

concealed grid 暗装龙骨
隐藏在吸声板材边缘槽口内，用以支撑悬吊顶棚吸声板材的金属网格。

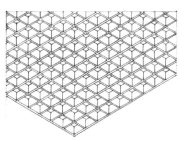

linear metal ceiling 金属板条顶棚
通常与模块式照明部件和空调设备部件配合使用的由窄金属板条组成的吊顶系统。

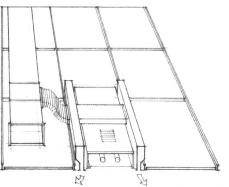

integrated ceiling 整体式顶棚
将吸声、照明、空气等部件组合成为整体的悬吊顶棚系统。

linear diffuser 条形散流器
整体式顶棚系统板块之间狭槽状的长条空气散流器。又称为：slot diffuser。

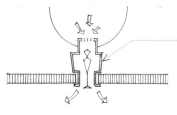

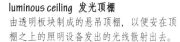

luminous ceiling 发光顶棚
由透明板块制成的悬吊顶棚，以便安在顶棚之上的照明设备发出的光线散射出去。

louvered ceiling 方格顶棚
由蜂窝状遮光栅组成的吊顶，用来遮蔽安装在顶棚上方的光源。

ceramic 陶瓷
金属和非金属材质，如砖、混凝土等以及天然石料，通过离子键结合而成的各种硬质、脆性、耐腐蚀且绝缘的材料。

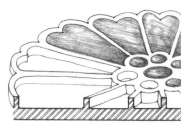

ceramic ware 陶瓷制品
在窑中焙烧黏土或类似材料而制成的各种产品，如砖、面砖和陶器等。

earthenware 陶器
低温焙烧、不透明、非玻化的陶瓷制品。

stoneware 炻器
高温焙烧、不透明、玻化的陶瓷制品。

porcelain 瓷器
主要由高岭土、长石和石英组成的黏土，经极高温焙烧而制成的硬质、玻化的半透明陶瓷材料。

china 瓷器
先以高温烧成素瓷，再以低温上釉焙烧而制成的半透明陶瓷材料。

kaolin 高岭土
用于制作瓷器及白水泥的细白黏土。又称为：瓷土（china clay）。

enamel 釉面
敷于金属、玻璃或陶瓷表面的熔化不透明玻化装饰性或保护性罩面。

porcelain enamel 搪瓷
将不透明的玻璃状罩面材料高温熔化黏结在金属表面。又称为：vitreous enamel。

firing 焙烧
在窑中加热到特定温度使陶瓷制品硬化并具有光泽的过程。

vitrify 玻化
在特定温度下，焙烧使黏土制品玻化。

ceramic bond 陶瓷结合
由于达到接近于混合材料熔点的温度而在材料之间发生热化学结合。

body 坯料
陶瓷制品或是制造这类器皿的黏土材料或混合材料的结构部分。

hard-burned 高温焙烧
以高温焙烧黏土坯到接近玻璃化，从而使其具备低吸水性及高抗压强度。

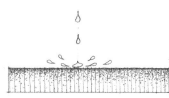

vitreous 玻化的
在透明度、硬度、脆性、光泽度、少气孔或无气孔等方面类似于玻璃。

bisque-fired 素烧
通过焙烧使黏土体硬化。

bisque 素瓷
已焙烧一次但尚未上釉的陶器或瓷器。又称为：biscuit。

soft-burned 低温焙烧
以低温焙烧黏土坯，使其具备高吸水性及低抗压强度。

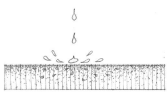

semivitreous 半玻化的
略低于6%的中等吸水率。

glaze-fired 釉烧
通过焙烧使釉料熔附到黏土坯上。

glaze 釉料
熔附到黏土坯料上的玻化涂层或罩面，给坯料表面上色、装饰、防水或增加强度。

nonvitreous 非玻化的
高于7%的吸水率。

frit 玻璃料
将磨细的材料熔化或半熔化，从而将可溶的或不稳定的成分渗入釉料或瓷釉中。

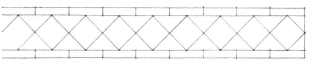

trimmer 异形瓷砖

用以修饰边或角的各种
特殊形状的瓷砖。

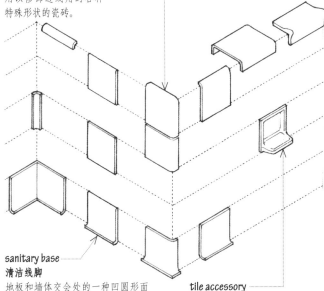

sanitary base
清洁线脚

地板和墙体交会处的一种凹圆形面
砖，以避免在该处积聚污物而且便
于清洗。

tile accessory
瓷砖饰面附件

设计用来固定于或镶入面砖层中的任何陶
瓷制品或非陶瓷制品，如毛巾杆、肥皂盒
等。

ceramic tile 瓷砖

用于铺覆墙面、地面或柜台顶面的各种焙
烧过的黏土面砖。

glazed wall tile 釉面墙砖

材质为非玻化坯料、明亮的、哑光或结晶
釉面的瓷砖，用于铺贴内墙面及轻荷载的
地面。

ceramic mosaic tile 陶瓷锦砖

材质为瓷土或天然黏土坯料的小块瓷砖。
用于墙面时采用挂釉面砖，如同时用于墙
面及地面时则采用不挂釉面砖。并且通常
其背面或表面黏结在牛皮纸上以便于操作
并加快铺设速度。

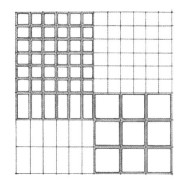

quarry tile 缸砖

天然黏土坯的无釉陶瓷地面砖。又称为：
铺面缸砖（promenade tile）。

paver tile 铺路面砖

构造类似于陶瓷锦砖，但厚度和面积较大
的无釉陶瓷地砖。

thick-set process 厚贴法

铺贴面砖的一种方法，该法把面砖贴在
3/4~1 1/2英寸（19~38mm）厚的水泥砂浆
层上，此法可使完工的面砖层具有准确的
坡度及平整的表面。

Portland cement mortar
硅酸盐水泥砂浆

用水泥、砂子和水，有时还有熟石灰，在
现场搅拌而成的混合料，用于厚贴法以整
平及铺贴面砖。

bond coat 结合层

用以将面砖粘贴到垫层上的薄层砂浆。

thin-bed process 薄底法

铺贴面砖的一种方法，此种方法用厚度为
1/32~1/8英寸（0.8~3.2mm）的薄层干
硬砂浆、乳胶硅酸盐水泥砂浆、环氧树脂
砂浆或有机黏结剂，把面砖铺贴到连续的
稳定垫层上。

tile grout 面砖灌浆材料

用于填充面砖接缝的水泥基或树脂基混合
料。

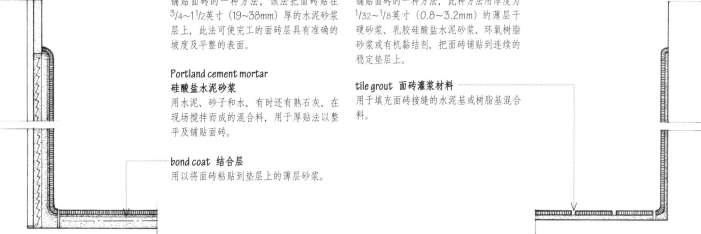

structural clay tile 结构黏土空心砖
由黏土制成的带有平行的空格或孔洞的焙烧过的空心砖, 用于建筑物的墙体及隔墙。

LB 承重黏土空心砖
承重结构用的黏土空心砖, 适用于不会遭受霜冻破坏的砌筑墙体或用于贴有厚度为3英寸（76.2mm）以上石、砖、陶土砖或其他砌体保护覆盖层的外露墙体。

LBX 外露承重空心砖
适用于会遭受风化霜冻破坏的外露砌筑墙体的承重结构用的黏土空心砖。

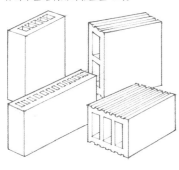

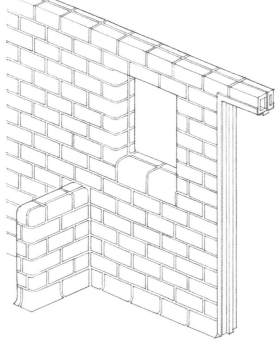

hollow tile 空心砖
由焙烧黏土、混凝土或石膏制成的各种蜂窝状建筑砌块, 用于建筑物墙体、地面和屋面, 或用于钢结构防火。

structural facing tile 结构面砖
用于墙体和隔墙的挂釉面的结构性黏土面砖, 尤其适用于严重磨损、潮湿以及有严格环境卫生要求的地方。

FTS 普通结构面砖
适用于具有中等吸水性、规格尺寸偏差不大、表面瑕疵微小、中等色差范畴的外露的室内外砌筑墙体及隔墙的结构面砖。

FTX 优质结构面砖
适用于要求低吸水性、耐污染腐蚀、力学性能高度完美、尺寸偏差微小、色差细小的外露的室内外砌筑墙体及隔墙的光滑结构面砖。

terra cotta 赤陶
坚硬的经焙烧的黏土, 当不上釉时为红棕色, 用于建筑饰面及装饰、面砖和陶器。

architectural terra cotta 建筑陶砖
经高温焙烧, 挂釉或不挂釉的陶砖, 手工成型或机械模压成型, 订制用作墙体的陶瓷护面或装饰。

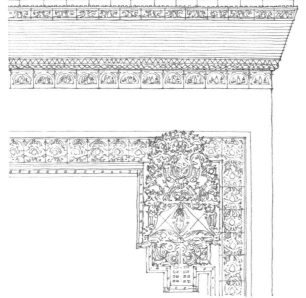

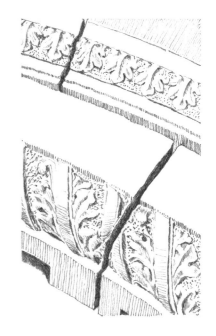

adobe 土坯
用黏土及草制成、利用阳光晒干的砖, 通常用于降雨量小的乡村。

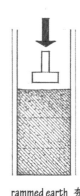

rammed earth 夯土墙
黏土、砂子及其他骨料的干硬混合物, 加水搅拌后在模具内压实并干燥, 用作墙体结构。又称为: pisé, pisay 或 pisé de terre。

Christianity 基督教
根据耶稣教导而创立的宗教，包括天主教、新教和东正教。

basilica 巴西利卡
早期的基督教教堂，其特点是：长矩形平面，高柱廊中厅覆盖有三角形木屋顶，通过高侧窗采光，带有两个或四个较低的侧廊，一端为半圆形厅室，另一端为前厅。此外常有其他特点，例如：前院、讲坛、侧廊尽端的小半圆室。

atrium 前院
早期基督教教堂的前庭，两侧有柱廊或被柱廊所包围。

ambulatory 回廊
前厅或回廊的带顶盖的走道。

cantharus 喷水池
早期基督教教堂前院中为了洗礼仪式使用的水池。

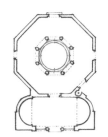

baptistery 洗礼堂
教堂的一部分或单独的建筑物，在其中举行洗礼。又称为：**baptistry**。

baptism 洗礼
皈依基督教的圣礼，通过浸礼仪式或施用圣水作为精神新生的象征。

font 洗礼盆
盛放用于洗礼圣水的盆，通常为石制。

icon 圣像
描绘基督教圣人，如基督、圣徒或天使的画像，通常画在木板上。圣像也被敬重为圣物，尤见于东正教教堂的传统。

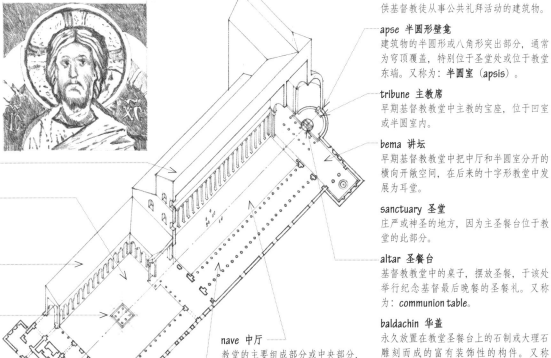

nave 中厅
教堂的主要组成部分或中央部分，从前厅延伸到唱诗班座席或圣坛，并且两侧常为侧廊。

aisle 侧廊
教堂内划分出的纵向区域，用一排圆柱或方柱使其与中厅分割开。

ambo 诵经台
早期基督教教堂中宣读或背诵福音（the Gospels）或使徒书信（the Epistles）的两个高台。又称为：**ambon**。

narthex 前厅
早期基督教或拜占庭教堂的中厅前的柱廊或前厅，用来容纳未受洗的人。

esonarthex 内前厅
当有两个前厅时的内侧门廊。

exonarthex 外前厅
位于内前厅前的有屋顶的走道或外侧门廊。

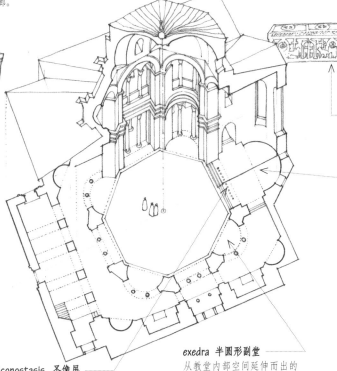

iconostasis 圣像屏
东正教教堂中用放置圣像的屏障或隔断把讲坛与中厅隔开。又称为：**iconostas**。

exedra 半圆形副堂
从教堂内部空间延伸而出的半圆室。又称为：**exhedra**。

church 教堂
供基督教徒从事公共礼拜活动的建筑物。

apse 半圆形壁龛
建筑物的半圆形或八角形突出部分，通常为穹顶覆盖，特别位于圣堂处或位于教堂东端。又称为：**半圆室（apsis）**。

tribune 主教席
早期基督教教堂中主教的宝座，位于凹室或半圆室内。

bema 讲坛
早期基督教教堂中把中厅和半圆室分开的横向开敞空间，在后来的十字形教堂中发展为耳堂。

sanctuary 圣堂
庄严或神圣的地方，因为主圣餐台位于教堂的此部分。

altar 圣餐台
基督教教堂中的桌子，摆放圣餐，于该处举行纪念基督最后晚餐的圣餐礼。又称为：**communion table**。

baldachin 华盖
永久放置在教堂圣餐台上的石制或大理石雕刻而成的富有装饰性的构件。又称为：**baldachino, baldaquin**或称**祭坛华盖（ciborium）**。

cancelli 围屏
早期基督教教堂中低矮的隔断，把神职人员，有时还有唱诗班与教徒信众分开。

sarcophagus 石棺
石头棺材，特指带有雕刻或铭文作为纪念物的石棺，供人瞻仰。

bema 圣台
东正教教堂中环绕圣餐台的神圣空间。

diaconicon 圣器室
早期基督教教堂或东正教教堂中的圣器室，通常在圣台南侧。

sacristy 圣器室
教堂中用于存放神圣容器及圣衣的房间。又称为：**法衣室（vestry）**。

prothesis 圣餐室
东正教教堂中准备圣餐仪式用具的小房间，通常位于圣台北侧。

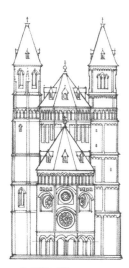

transept 耳堂/袖廊
十字形教堂的主要横向部分，在中厅和唱诗班席之间与主轴线以90°角十字交叉。

crossing 交叉口
十字形教堂内部中厅与耳堂交会处。

spire 尖顶
在尖塔或塔楼之上高耸的逐渐尖细的棱锥形结构。

westwork 西侧工程
罗曼风格（Romanesque）教堂有纪念性意义的西侧正面，处理成一座塔楼或几座塔楼，包含下面一个低矮的入口大厅及上面一个对中厅敞开的礼拜堂。

campanile 钟楼
通常和教堂主体接近，但不相连的钟塔。

steeple 尖塔
教堂或其他公共建筑物顶上的高耸的装饰性结构，通常最高处为尖顶。

wheel window 轮形窗
具有鲜明放射形窗棂或横杆的玫瑰窗。又称为：Catherine wheel 或 marigold window。

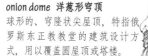

onion dome 洋葱形穹顶
球形的、穹隆状尖屋顶，特指俄罗斯东正教教堂的建筑设计方式，用以覆盖圆屋顶或塔楼。

tympanum 门楣
拱券和拱券下的门或窗的水平上槛之间的空间，常以雕刻装饰。

trumeau 门中柱
在门中间支承门楣的柱。

stave church 木构教堂
12世纪及13世纪斯堪的纳维亚风土教堂形式，具有多层木构架、木板墙、陡峭的坡屋顶及少量窗户。

tabernacle 神龛
放置宗教肖像或神像的带遮篷的凹处。

gallery 走廊
带有屋顶的走廊，特指沿建筑物外墙体的内侧或外侧的廊。

hermitage 修道院
修道士的居所，泛指信徒的隐居场所。

loft 顶楼
教堂或大厅中的长廊或顶层。

arcade 拱廊
由方柱和圆柱支撑的一系列拱。

arcuate 拱式的
像弓一样的曲线形或拱形，用来描述罗曼风格教堂或哥特式大教堂的拱式或穹隆式结构的术语，用以区别于埃及的多柱厅或希腊的多立克式神庙。又称为：arcuated。

respond 承拱壁柱
从墙体内伸出来的柱或壁柱，以支撑拱或过梁，特指位于拱廊或柱廊尽端的壁柱。

dosseret 副柱头
安在柱头上的加厚柱冠或附加的柱头以承受拱的推力。又称为：拱端托块（impost block）。

interlacing arcade 交叉拱廊
由安放在交替支座上并在其交叉处连续搭接的拱券所组成的拱廊，特指壁上拱廊。又称为：intersecting arcade。

blind arcade 壁上拱廊
为了装饰目的而叠置在墙面上的一系列拱券。又称为：实心连拱（arcature）。

flèche 尖顶塔
从屋脊升起的细长尖塔，特指哥特式教堂的十字交叉处之上的尖塔。

cathedral 大教堂
主教教区的主教堂，安设有称为"主教座"的主教宝座。

martyrium 殉道堂
修建于殉道者坟墓上的教堂等建筑物。

cross-in-square 套方十字
典型的拜占庭教堂平面，由九个开间组成。中央开间是穹顶覆盖的大正方形，四个角落的开间是穹顶或拱顶覆盖的较小正方形，四个长方形的侧边开间则由筒拱覆盖。

finial 顶端饰
安放在尖顶或小尖塔尖上的相对较小的装饰物，通常为叶片状。

chapel 小教堂
教堂中单独专辟场所供私人祷告、冥想或小型宗教活动使用。

crocket 卷叶饰
向外突出的装饰物，其形状通常为曲线形的叶饰，常用于哥特式建筑以装饰小尖塔、尖塔及山墙的外角。

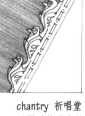

chancel 圣坛
教堂圣餐台附近的空间，供神职人员及唱诗班使用。圣坛的高度往往高于中厅地面，并用栏杆或屏风与中厅分隔开。

chevet 半圆形后堂
哥特式教堂的东端圆形建筑，包括半圆室及曲廊。

ambulatory 曲廊
教堂中环绕唱诗班座席或圣坛端部的侧廊。又称为：回廊（deambulatory）。

gargoyle 滴水兽
奇形怪状的人形或动物形雕塑，特指从沟槽中伸出张开嘴巴喷水的怪兽形象，用作作为建筑物的雨水排出口。

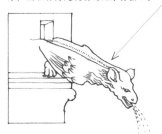

chantry 祈唱堂
以捐助修建者的名字命名的礼拜堂，诵读弥撒曲为修建者的灵魂祈祷。

choir 唱诗班座席
教堂唱诗班人员占用的教堂空间，通常是圣坛的一部分。

retrochoir 后堂区
大教堂中唱诗班座席或高圣餐台后面的单独区域。

labyrinth 迷宫
中世纪教堂中镶嵌的迷宫式铺地图案。

Lady chapel 圣母院
专门奉献给圣母玛利亚（the Virgin Mary）的礼拜堂，通常位于大教堂高圣餐台之后，在半圆室的尽端。

rose window 玫瑰窗
通常采用彩色玻璃、围绕中心用花格对称装饰的圆窗。

high altar 高圣餐台
教堂的主圣餐台。

stained glass 彩色玻璃
将颜料焙烧于玻璃表面使玻璃上色，或当玻璃处于熔化状态时将各种金属氧化物熔入玻璃。

presbytery 司祭席
教堂中为神职人员划出的一部分区域。

close 围区
一块封闭的区域，特指大教堂的周围或旁边的地块。

slype 有顶走廊
有顶通道，特指在大教堂耳堂和教士大会堂之间的通道。又称为：slip。

triforium 拱廊
中厅拱和高侧窗之间的拱廊楼层，与穹顶及侧廊屋顶之间的空间相对应。

chapter house 圣堂参事会室
大教堂或修道院的教士集会的地点，通常是与大厅相连或附属于大厅的一个建筑物并构成大教堂或修道院的一部分。

chapter 教士会
修道院教士或宗教群体和教派成员组成的团体。

abbey 大修道院
分别由男女修道院院长主持的男女修道院，在同类修道院中级别最高。

crypt 教堂地下室
用作墓穴的地下室或地窖，特指在教堂主地板之下的地下室。

galilee 门廊
位于一些中世纪英国教堂西端、用作忏悔者私人礼拜堂的小门廊。又称为：galilee porch。

paradise 教堂前院
教堂旁的前院或回廊。

rood 十字架
象征耶稣被钉死于其上的十字架，特指中世纪教堂中安设在唱诗班席或圣坛入口上方的大十字架。

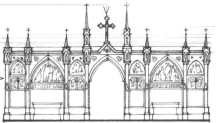

garth 内院
回廊所包围的庭院或四方院落。又称为：回廊中庭（cloister garth）。

cloister 回廊
一侧为拱廊或柱廊、向庭院开敞的有顶走道。

alure 院廊
沿回廊或在城堡胸墙后面的走道或通道。又称为：allure。

rood screen 十字架围屏
中世纪教堂中把圣坛或唱诗班座席与中厅分开的屏风，通常对屏风精心装饰并将十字架端正地安放在上面。

ambulatory 步廊
类似回廊那样的有顶走道。

color 色彩
可根据个人对物体对象的色相、饱和度和亮度的感知以及光源的色相、饱和度及亮度来描述光线和视觉的现象。

pale 浅淡的
表示具有高亮度及弱饱和度的颜色。

brilliant 明艳的
表示具有高亮度及强饱和度的颜色。

Munsell System 孟塞尔体系
阿尔伯特·亨利·孟塞尔（Albert Henry Munsell, 1858—1918, 美国画家）于1898年提出的根据色相、彩度和明度的变化，通过三个均匀有序的视觉等级详细阐释说明颜色的体系。色相通过5个主色相及5个次要色相的光谱沿围绕中心轴旋转的方向拓展。明度从底部的黑色沿垂直方向经过一系列的灰度延伸到顶部的白色。彩度从饱和度为0的中心轴以辐射状向外延伸到每种颜色的色相及明度的最强饱和度。

spectrum 光谱
由辐射源按波长顺序发射的能量分布，特指当日光被棱镜折射和散射时产生的色带，包括红、橙、黄、绿、蓝、靛、紫。

紫
靛
蓝
绿
黄
橙
红

hue 色调/色相
色彩三属性之一，根据光的性质特点，物体的颜色划分为红、黄、绿或蓝，或在这些颜色的任一相邻一对之间的中间色。

dark 暗淡的
表示具有低亮度及弱饱和度，并且仅反射出少部分入射光的颜色。

deep 浓重的
表示具有低亮度及强饱和度的颜色。

saturation 饱和度
色彩三属性之一，指色相的纯粹性或鲜艳情况。又称为：**强弱**（intensity）。

chroma 彩度
被感知色彩与相同明度或亮度的灰色相比，与饱和度相对应的差异程度。

lightness 明暗
色彩的一个属性，表现物体反射多少入射光。对于表面色而言是从黑到白不等，对于透明体积色而言是从黑到无色不等。

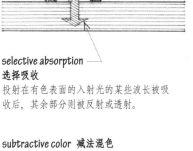

reflected color 反射色
物体表面选择性吸收入射光的某些波长后，其余波长的反射光所决定的物体的知觉色。

value 明度
色彩表现出的反射入射光与明暗相对应的程度。

selective absorption 选择吸收
投射在有色表面的入射光的某些波长被吸收后，其余部分则被反射或透射。

gray scale 灰度标尺
非彩色的标度，从白到黑有数个等级，通常为10级。

brightness 亮度
与照明相关的色彩属性，从异常暗淡到异常明亮地连续排列的视觉刺激。纯白色的亮度最大，纯黑色的亮度最小。

subtractive color 减法混色
混合深蓝色、黄色和深红色颜料所产生的颜色，这些颜料中的每一种颜色吸收一定的波长。理论上，这些色彩的均衡混合或基色相减产生了黑色，因为它吸收了所有可见光的波长。

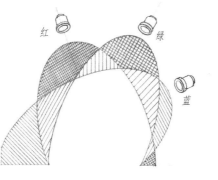

品红色

黄色

深蓝色

additive color 加法混色
混合红、绿和蓝色波长的光所产生的颜色。这些光或基色的相加包含了产生无色光或白色光所需的波长。

红   绿

蓝

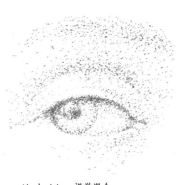

optical mixing 视觉混合
从一定距离观看并置的纯色点或笔画的合并，其所产生的色调常比预混颜料的色调更明亮。

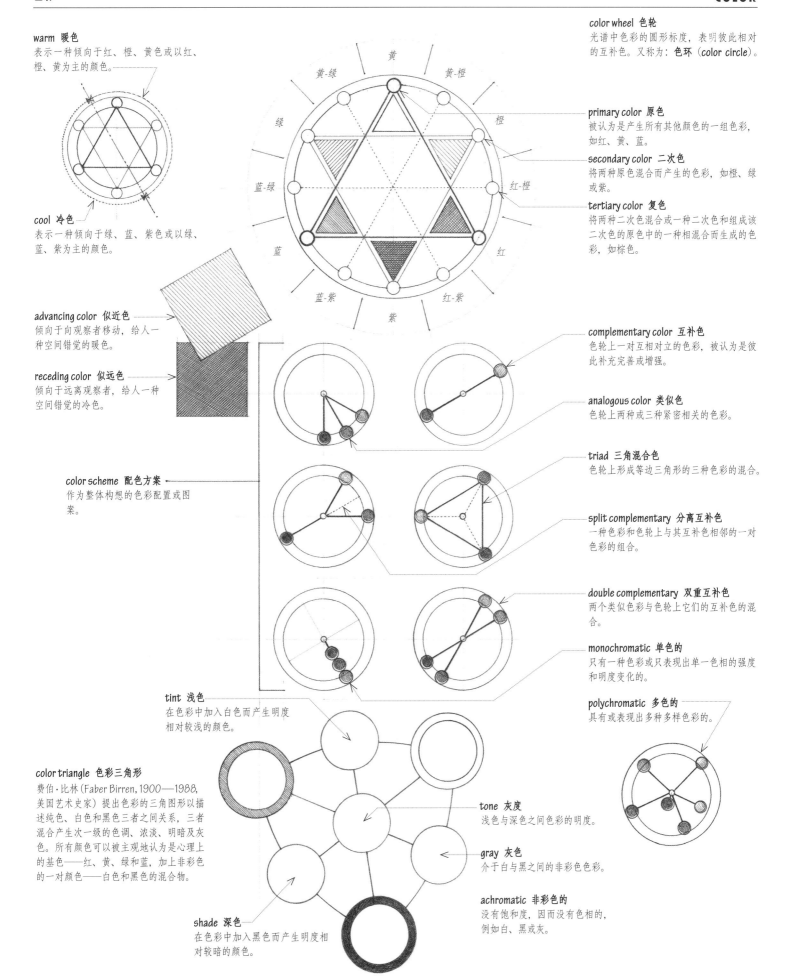

warm 暖色
表示一种倾向于红、橙、黄色或以红、橙、黄为主的颜色。

cool 冷色
表示一种倾向于绿、蓝、紫色或以绿、蓝、紫为主的颜色。

advancing color 似近色
倾向于向观察者移动，给人一种空间错觉的暖色。

receding color 似远色
倾向于远离观察者，给人一种空间错觉的冷色。

color scheme 配色方案
作为整体构想的色彩配置或图案。

color triangle 色彩三角形
费伯·比林（Faber Birren, 1900—1988, 美国艺术史家）提出色彩的三角图形以描述纯色、白色和黑色三者之间关系，三者混合产生次一级的色调、浓淡、明暗及灰色。所有颜色可以被主观地认为是心理上的基色——红、黄、绿和蓝，加上非彩色的一对颜色——白色和黑色的混合物。

tint 浅色
在色彩中加入白色而产生明度相对较浅的颜色。

shade 深色
在色彩中加入黑色而产生明度相对较暗的颜色。

color wheel 色轮
光谱中色彩的圆形标度，表明彼此相对的互补色。又称为：色环（color circle）。

primary color 原色
被认为是产生所有其他颜色的一组色彩，如红、黄、蓝。

secondary color 二次色
将两种原色混合而产生的色彩，如橙、绿或紫。

tertiary color 复色
将两种二次色混合或一种二次色和组成该二次色的原色中的一种相混合而生成的色彩，如棕色。

complementary color 互补色
色轮上一对互相对立的色彩，被认为是彼此补充完善或增强。

analogous color 类似色
色轮上两种或三种紧密相关的色彩。

triad 三角混合色
色轮上形成等边三角形的三种色彩的混合。

split complementary 分离互补色
一种色彩和色轮上与其互补色相邻的一对色彩的组合。

double complementary 双重互补色
两个类似色彩与色轮上它们的互补色的混合。

monochromatic 单色的
只有一种色彩或只表现出单一色相的强度和明度变化的。

polychromatic 多色的
具有或表现出多种多样色彩的。

tone 灰度
浅色与深色之间色彩的明度。

gray 灰色
介于白与黑之间的非彩色色彩。

achromatic 非彩色的
没有饱和度，因而没有色相的，例如白、黑或灰。

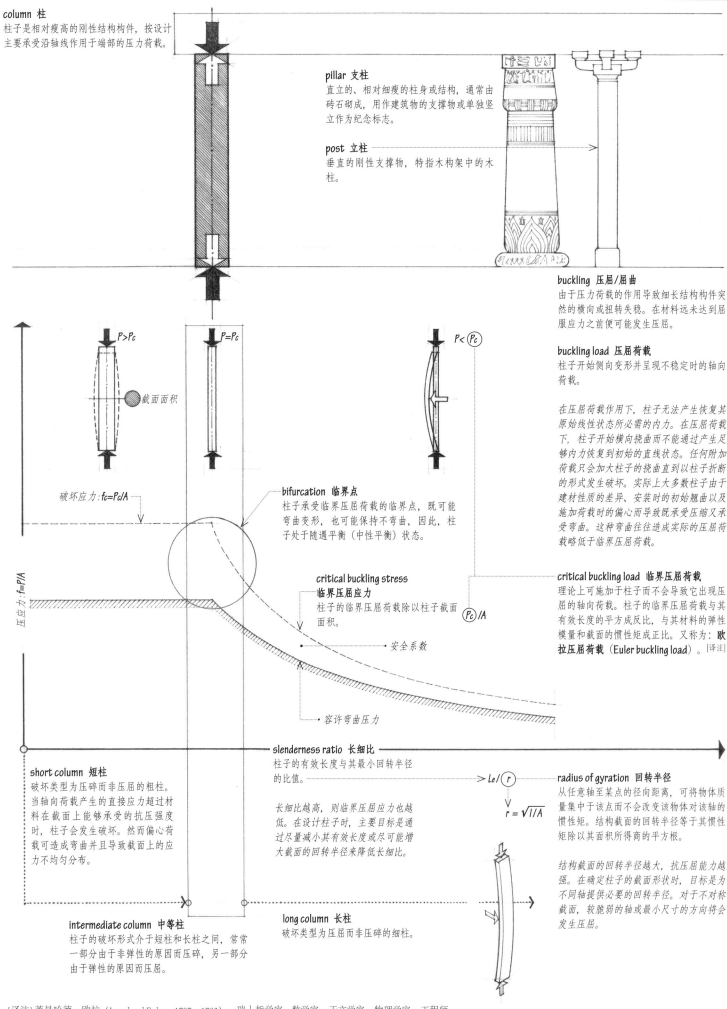

column 柱
柱子是相对瘦高的刚性结构构件，按设计主要承受沿轴线作用于端部的压力荷载。

pillar 支柱
直立的、相对细瘦的柱身或结构，通常由砖石砌成，用作建筑物的支撑物或单独竖立作为纪念标志。

post 立柱
垂直的刚性支撑物，特指木构架中的木柱。

buckling 压屈/屈曲
由于压力荷载的作用导致细长结构构件突然的横向或扭转失稳。在材料远未达到屈服应力之前便可能发生压屈。

buckling load 压屈荷载
柱子开始侧向变形并呈现不稳定时的轴向荷载。

在压屈荷载作用下，柱子无法产生恢复其原始线性状态所必需的内力。在压屈荷载下，柱子开始横向挠曲而不能通过产生足够内力恢复到初始的直线状态。任何附加荷载只会加大柱子的挠曲直到以柱子折断的形式发生破坏。实际上大多数柱子由于建材性质的差异、安装时的初始翘曲以及施加荷载时的偏心而导致承受压缩又承受弯曲。这种弯曲往往造成实际的压屈荷载略低于临界压屈荷载。

critical buckling load 临界压屈荷载
理论上可施加于柱子而不会导致它出现压屈的轴向荷载。柱子的临界压屈荷载与其有效长度的平方成反比，与其材料的弹性模量和截面的惯性矩成正比。又称为：**欧拉压屈荷载**（Euler buckling load）。[译注]

$P > P_c$

$P = P_c$

$P < P_c$

截面面积

破坏应力：$f_c = P_c/A$

压应力：$f = P/A$

bifurcation 临界点
柱子承受临界压屈荷载的临界点，既可能弯曲变形，也可能保持不弯曲，因此，柱子处于随遇平衡（中性平衡）状态。

critical buckling stress 临界压屈应力
柱子的临界压屈荷载除以柱子截面面积。

P_c / A

安全系数

容许弯曲压力

slenderness ratio 长细比
柱子的有效长度与其最小回转半径的比值。

长细比越高，则临界压屈应力也越低。在设计柱子时，主要目标是通过尽量减小其有效长度或尽可能增大截面的回转半径来降低长细比。

L_e / r

$r = \sqrt{I/A}$

radius of gyration 回转半径
从任意轴至某点的径向距离，可将物体质量集中于该点而不会改变该物体对该轴的惯性矩。结构截面的回转半径等于其惯性矩除以其面积所得商的平方根。

结构截面的回转半径越大，抗压屈能力越强。在确定柱子的截面形状时，目标是为不同轴提供必要的回转半径。对于不对称截面，较脆弱的轴或最小尺寸的方向将会发生压屈。

short column 短柱
破坏类型为压碎而非压屈的粗柱。当轴向荷载产生的直接应力超过材料在截面上能够承受的抗压强度时，柱子会发生破坏。然而偏心荷载可造成弯曲并且导致截面上的应力不均匀分布。

intermediate column 中等柱
柱子的破坏形式介于短柱和长柱之间，常常一部分由于非弹性的原因而压碎，另一部分由于弹性的原因而压屈。

long column 长柱
破坏类型为压屈而非压碎的细柱。

[译注] 莱昂哈德·欧拉（Leonhard Euler，1707—1783），瑞士哲学家、数学家、天文学家、物理学家、工程师。

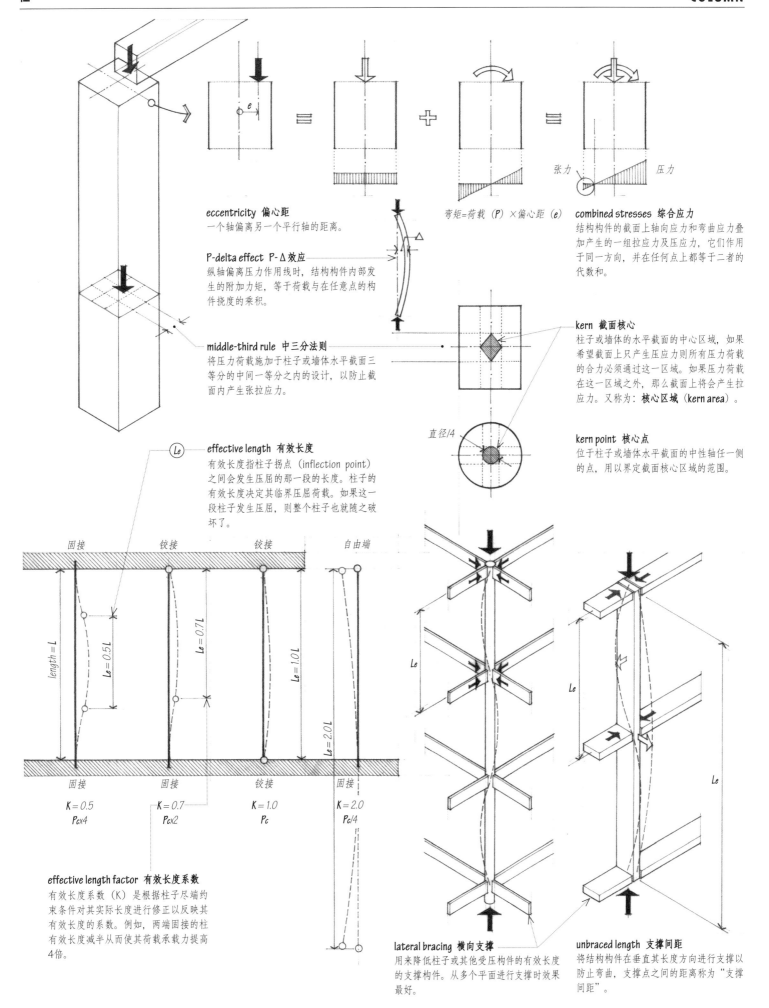

eccentricity 偏心距
一个轴偏离另一个平行轴的距离。

弯矩=荷载（P）×偏心距（e）

combined stresses 综合应力
结构构件的截面上轴向应力和弯曲应力叠加产生的一组拉应力及压应力，它们作用于同一方向，并在任何点上都等于二者的代数和。

P-delta effect P-Δ效应
纵轴偏离压力作用线时，结构构件内部发生的附加力矩，等于荷载与在任意点的构件挠度的乘积。

middle-third rule 中三分法则
将压力荷载施加于柱子或墙体水平截面三等分的中间一等分之内的设计，以防止截面内产生张拉应力。

张力   压力

kern 截面核心
柱子或墙体的水平截面的中心区域，如果希望截面上只产生压应力则所有压力荷载的合力必须通过这一区域。如果压力荷载在这一区域之外，那么截面上将会产生拉应力。又称为：**核心区域（kern area）**。

直径/4

kern point 核心点
位于柱子或墙体水平截面的中性轴任一侧的点，用以界定截面核心区域的范围。

effective length 有效长度
有效长度指柱子拐点（inflection point）之间会发生压屈的那一段的长度。柱子的有效长度决定其临界压屈荷载。如果这一段柱子发生压屈，则整个柱子也就随之破坏了。

固接   铰接   铰接   自由端

length = L

$L_e = 0.5L$ $L_e = 0.7L$ $L_e = 1.0L$ $L_e = 2.0L$

固接   固接   铰接   固接

$K = 0.5$ $K = 0.7$ $K = 1.0$ $K = 2.0$

$P_c \times 4$ $P_c \times 2$ P_c $P_c/4$

effective length factor 有效长度系数
有效长度系数（K）是根据柱子尽端约束条件对其实际长度进行修正以反映其有效长度的系数。例如，两端固接的柱有效长度减半从而使其荷载承载力提高4倍。

lateral bracing 横向支撑
用来降低柱子或其他受压构件的有效长度的支撑构件。从多个平面进行支撑时效果最好。

unbraced length 支撑间距
将结构构件在垂直其长度方向进行支撑以防止弯曲，支撑点之间的距离称为"支撑间距"。

computer graphics 计算机图形
研究用计算机技术创造、描绘和操作图像
数据的计算机科学领域；数字图像由此产
生。计算机图形在建筑方面的应用包括从
二维建筑制图、三维建模以至建筑运转的
能耗、采光和声学仿真模拟。

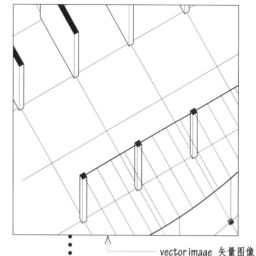

raster image 光栅图像
包含一系列网格状紧密排列像素的数字图
像。又称为：**位图**（bitmap image）。

光栅图像通常由像素宽度、高度以及像
素位数来分类。光栅图像可以储存为不
同的文件格式，可以通过显示器、投影
仪或打印方式进行观看。光栅图像的主
要实例就是数码照片。

光栅图像与其分辨率密切相关。像素越
小、距离越近，图像的质量就越高、数
据结构文件也越大。当相同数量的像素
分布到更大的区域，每个像素也会更
大，图形会呈现锯齿状或颗粒化，甚至
肉眼也可以分辨出单独的像素。

vector image 矢量图像
由基于数学的软件程序所创造和定义的数
字图像，程序可以创造点、直线、曲线、
形状等基本几何图形以及由此产生的更复
杂的图形元素。

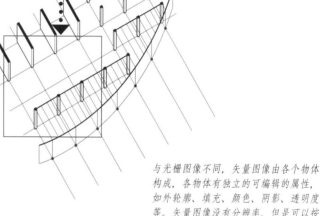

bitmap 位图
代表大体呈正方形或矩形网格状分布的像
素的数据结构。

pixel 像素/图元
图像（picture）和元素（element）两个
英语单词的合写，指显示器上点亮的最小
可寻址区域。

与光栅图像不同，矢量图像由各个物体
构成，各物体有独立的可编辑的属性，
如外轮廓、填充、颜色、阴影、透明度
等。矢量图像没有分辨率，但是可以按
照显示或打印设备的分辨率进行缩放。

bit 数位/比特
二进制（binary）和数字（digit）两个
英语单词的合写，指只有两个可能值的计
算机变量，例如二进制数字0和1，或者逻
辑值如真/假、是/否，或者开/关。

矢量图像可以转化为位图，这一过程称为
格栅化（rasterizing）。

bit depth 数位深度
在光栅图像或位图中，可以表示单一像素
颜色的数位的数量。每个像素的数位越
多，可以显示的颜色就越多。又称为：**色
彩深度**（color depth）。

Bézier curve 贝塞尔曲线
由法国工程师皮埃尔·贝塞尔（Pierre
Bézier，1910—1999）为计算机辅助设
计和建模操作开发出的数学曲线。

一段简单贝塞尔曲线有两个定义曲线端
点的定位点，以及两个位于曲线外控制
曲率的控制点。若干条简单贝塞尔曲线
可以连接成更复杂的曲线。通过同一个
控制点的两条控制线的共线可以保证曲
率变化处曲线的平滑。

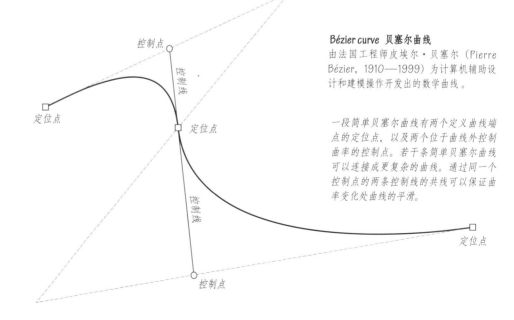

控制点

控制线

定位点

控制线

定位点

控制线

定位点

控制点

RGB color model RGB色彩模式

这一色彩模式中，白色是红、绿、蓝三原色光线的叠加色，而黑色是无光线的颜色。红、绿、蓝色的光线可以按照不同方式叠加从而再现我们可以看到的光谱中的颜色。RGB色彩模式主要用于数码相机、计算机显示器、电视机等电子显示系统中图像的感知、表现与显示。

RGB色彩模式是一种取决于设备的色彩空间——对于给定的RGB色彩数值，不同设备的读数或再现会不同。这是因为不同生产商使用的呈色元素（例如荧光粉或染料）对同一RGB色彩数值反应不一，甚至同一台设备的反应随着时间流逝也会发生变化。因此，如果没有某种色彩管理系统，一个RGB色彩数值不能跨设备地定义同一颜色。

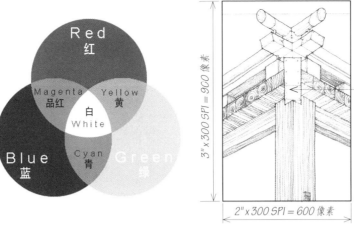

true color 真彩色

表现和储存图像信息的一种方法，这一方法使用24位色彩深度，由此可以使用超过1600万种颜色显示数字图像。

在24位RGB色彩模式中，每一个像素其红、绿、蓝色彩分量均为8位，256个强度值，按照0～255校准。0代表最低强度，255代表最高强度。RGB值0,0,0代表黑色（红、绿、蓝均为最低值），而RGB值255,255,255则为白色（红、绿、蓝均为最大值）。当三个颜色组合时，共有256×256×256种可能的搭配，也就是16777216种可能的颜色，每一种都对应特定的RGB值。

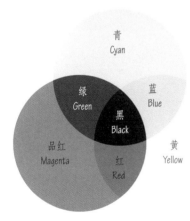

CMYK 青品黄黑

印刷过程中四种油墨颜色名称的英文缩写——青色（cyan）、品红色（magenta）、黄色（yellow）和黑色（black）。

CMYK color model CMYK色彩模式

彩色印刷中使用的一种色彩模式。在通常是白色纸张的背景上通过黄、品、青、黑四色油墨的减色方式实现，彩色油墨满印时结果是黑色。每一种颜色都可以吸收特定波长的光线，我们所见到的颜色是那些未被吸收的光线所产生。通过对每种颜色使用半调网点，可以产生印刷颜色的完整色谱。

3" x 300 SPI = 900 像素

2" x 300 SPI = 600 像素

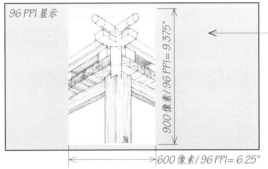

96 PPI 显示

900 像素 / 96 PPI = 9.375"

600 像素 / 96 PPI = 6.25"

7百万像素

5百万像素

3百万像素

2百万像素

50 DPI

300 DPI

resolution 分辨率

打印出的或计算机显示器显示的图像的可视细节程度。一幅图像的分辨率不仅取决于它是如何生成的，也取决于其尺寸大小与观看的距离。

scanner resolution 扫描仪分辨率

使用电荷耦合元件（charge-coupled device，缩写为：CCD）或其他传感器的扫描仪的取样精度，通常表示为每英寸样本数（samples per inch，缩写为：SPI）。制造商通常使用每英寸点数（dots per inch，缩写为：DPI）来描述扫描仪的分辨率性能。不过严格说来扫描得到的图像在打印之前是没有点的。扫描得到的图像分辨率越高，就越忠实于原图像。

display resolution 显示分辨率

计算机显示器显示图像的分辨率，可能是纵横两个方向的每英寸像素数（pixels per inch，缩写为：PPI），例如像素密度96PPI；也有可能是显示器像素的列数和行数，例如像素尺寸1280×800。

camera resolution 相机分辨率

数码相机的电子传感器捕获一幅图像时的分辨率，常用百万像素数来表达。例如，一部相机可以捕获1600×1200个像素，生成1.92百万像素分辨率的图像，为了市场宣传会取整为2百万像素。

如果一幅图像只可通过显示器或投影仪观看，那么在制作或扫描该图像时使用超过显示器或投影仪的分辨率只是浪费图像数据、不必要地增加图像大小以及下载时间。同时需要注意，同一幅图像在低分辨率显示器上看起来比起在高分辨率显示器上更大，这是因为相同数量的像素被摊开到更大的面积里。

print resolution 打印分辨率

喷墨打印机、激光打印机等文字和图像打印设备的分辨率，常用每英寸墨水或墨粉点数来衡量（dots of ink or toner per inch，缩写为：DPI）。大多数打印机在水平和垂直方向上打印点数相同。例如，一部600DPI的打印机在水平和垂直方向上都可以在每英寸上打印出600个点。

computer-aided design 计算机辅助设计

计算机技术在设计实际或虚拟物体与环境中的应用。这一术语内容涵盖多种软硬件技术，从二维空间中矢量绘图和线段与图形绘制（2D CAD）到三维空间面与体的建模和动画（3D CAD）。缩写为：CAD。

CADD 计算机辅助设计与绘图

计算机辅助设计与绘图（computer-aided design and drafting）的英文缩写。

computer modeling 计算机建模

计算机技术与数学算法在创造系统抽象模型并模拟其行为中的应用。就建筑领域的应用而言，计算机建模软件让我们可以创造和操作已有或待建建筑以及环境的三维虚拟模型，并用来分析、检测和鉴定。

wireframe modeling 线架模型

通过显示所有数学上连续的面的顶点和棱，包括通常看不到的背面和物体内部的部分，来表达三维物体形状的一种计算机模型。

surface modeling 表面模型

通过外表面而不是内部体积来显示建筑或三维物体的几何结构的计算机模型。常包括由顶点、边和面构成的多边形，组成的多边形网格可以通过细分、剪切、交叉、拉伸、挤出等方法编辑。由于多边形网格只能近似地表达曲面，诸如非统一均匀有理B样条（NURBS）这样的数学运算常被用来建立真曲线和复杂表面。建立的表面可以用贴图增加颜色和纹理，还可以为了仿真而赋予重量并给定重心。

blobitecture 坨建筑

来自坨+建筑（blob+architecture）：由格雷格·林（Greg Lynn, 1964—，美国建筑师）创造的词汇，用以描述数字设计中非确定性形式的试验。现在成了描述任何含有无规律曲线或圆形的形状与形式的贬义词。不过实际上似乎自相矛盾的是，许多自由形式的曲面是依靠计算机模型计算得出的。

solid modeling 实体模型

通过几何结构和内部体积来显示三维物体或建筑的计算机模型。实体模型使赋予模型物理性质、计算实体行为、检验物体间相互影响成为可能。

parametric modeling 参数化模型

使用规则与限制条件来定义和表达三维物体或建筑的属性与行为，并且维持其构件与元素之间连贯一致关系和相互作用的计算机模型。又称为：**特性模型**（feature-based modeling）。

传统数字模型创造的是详细准确的几何体模型，修改的规则是不明确的，必须由设计者理解并实施。对于参数化模型来说，规则是明确的而几何形体是不明确的。参数化模型的程序环境让使用者可以定义规则和限制条件从而控制诸如几何体型、位置、朝向、材料性质、建筑性能等方面的内容。当调整任何元素时，软件的参数改变机制会决定哪些其他相关元素也应进行调整以及进行怎样的调整。

Boolean operations 布尔运算

在计算机建模软件中运用布尔运算可以通过一组简单的几何元素实体，如立方体、圆柱体、球体、棱锥体或圆锥体，建立比较复杂的模型。

以下所有操作都是破坏性的，因为每个操作完成之后都去除了原本实体。

• 布尔合集（Boolean union）是一个添加的过程，将两个或更多单一独立的个体结合到一个新实体，新实体包含了所选实体共有和非共有的体量。

• 布尔差集（Boolean difference）是一个消减的过程，从一个或其他选定的实体中去除或剔出共有的体积。注意消减形态也可以通过直接操纵原始形态的点或表面来创建。

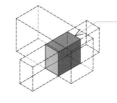

• 布尔交集（Boolean intersection）是基于两个或更多选定实体的共有体量来创建一个新实体的过程。

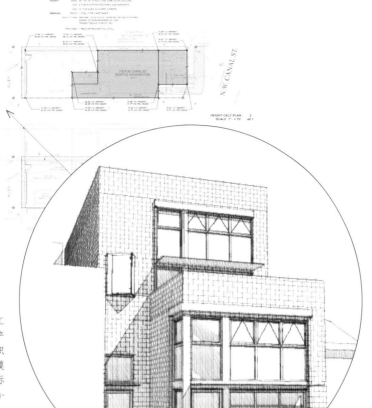

building information modeling
建筑信息模型

用来创建、管理、协调、优化建筑数据的数字技术，使用项目信息数据库和三维动态模型软件来方便建筑信息的交换与交互操作，包括建筑形体、空间关系、照明分析、地理信息、建筑材料和构件的数量与属性等。建筑信息模型软件可以在建筑全生命周期中得到应用：包括从建筑设计到可视化研究、合同文件编制、建筑性能仿真分析、建筑施工协调、设备运行管理等。英文缩写为：BIM。

4D modeling 四维模型

将三维CAD图纸与作为第四维的时间结合起来的建筑信息模型。能够将施工顺序可视化，并指出进度限制条件、矛盾冲突及优化的机会。

5D modeling 五维模型

将三维CAD图纸与时间维、造价维结合起来的建筑信息模型。可以在设计、设备预算、人工、材料之间建立可视化的链接并制订工期。五维模型使用用户可以分析一个变化对项目其他部分的影响以及这一变化可能会怎样影响造价与工期。

buildingSMART International
智能建模国际

由北美、欧洲、亚洲和澳洲的建筑师、工程师、承包商、设备管理商、建材生产商、软件供应商共同组建的一个国际组织的注册商标名称。这一组织对建筑信息模型的数据交换进行定义并开发开放的国际标准，其前身为国际协同联盟（International Alliance for Interoperability）。

buildingSMART alliance
智能建模联盟

美国国家建筑标准学会（National Institute of Building Standards，英文缩写为：NIBS）一个下属委员会的注册名称，致力于开发和推广为建筑、施工、设备行业和实施于全生命周期的单一国家建筑信息模型标准进行收集、维护、交流技术信息的开放式标准。

National Building Information Model Standard
国家建筑信息模型标准

智能建模联盟的工作项目，旨在为建筑、工程、施工、设施管理行业中建筑信息模型的所有方面开发一系列开源的国家标准与导则。英文缩写为：NBIMS。

Industry Foundation Classes
行业基础分类

面向对象的文件格式的开放规程，为建筑信息模型服务，由智能建模国际（前身为国际协同联盟）开发与维护，其目的是方便建筑业软件平台之间的互通性。英文缩写为：IFC。

OmniClass 奥姆尼分类

为电子数据库建立的施工分类结构的商标名称，合并了其他现在使用的系统，例如马斯特格式（MasterFormat）和尤尼格式（UniFormat）。

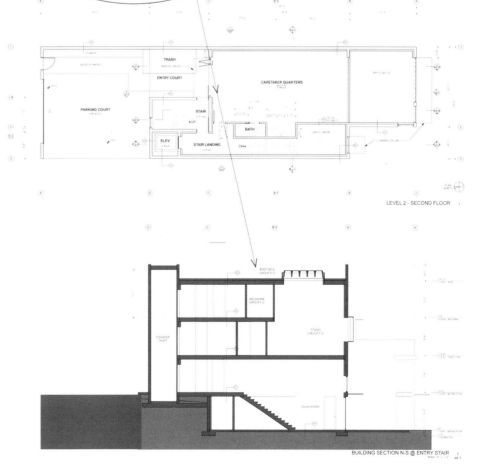

computer simulation 计算机模拟

通过建立对自然、人体或工程系统的计算机模型来预测和评估其行为与表现，特别是在出现采用传统分析方法过于复杂的情况时。

在建筑学中，模拟程序通过计算来展示和分析现有建筑或设计方案在基于初始界限和预设参数的周边环境中的性能。计算机模拟可以在建筑设计的全过程中应用，从最开始的概念设计到施工图文件再到实际施工。可以通过创建模型进行模拟分析的部分包括结构性能、保温性能、节能效率、水的使用、太阳辐射影响范围、自然采光、声学性能等。

digital lighting 数字照明

应用于三维形体与空间的建模与照明模拟的各种数字技术。

ray casting 投光

一种基于假设光源的位置和朝向来分析三维几何形体并判断其表面照明与阴影状况的数字技术。投光并不考虑光线遇到物体表面后的去向，因此不能准确地渲染出光线的反射、折射和阴影自然褪浅。

local illumination 局部照明

局限于直射光和环境光线的一种基本的光影追踪。局部照明不考虑光线在三维空间或场景中各个面之间的漫反射。

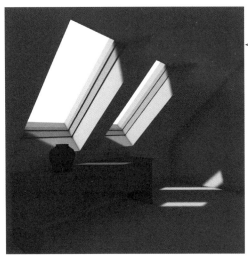

global illumination 全局照明

为了更加准确地模拟空间或环境照明而采用复杂计算的高强度电脑数字技术，不仅考虑光源直接发射出的光线，还要追踪从一个面到另一个面的反射或折射光线，特别是空间或场景中表面之间的漫反射。

ray tracing 光影追踪

通过追踪光线从光源到一个中断其继续前进的表面的路径来模拟照明视觉效果的一项全局照明技术。光线在路径中断处可能被吸收、反射、折射到一个或多个方向，这取决于表面的材料、颜色和肌理。

radiosity 辐射算法

基于对表面间辐射能量传递比率的详细分析，为渲染场景中漫反射表面发出和反射的照明能量所做的全局照明运算。考虑到辐射算法比光线追踪更加准确但计算量也更大，辐射算法假设全部表面都均匀地发散并反射能量，并且环境中所有纳入考虑的能量都来自吸收与反射。

computer simulation 计算机模拟

通过建立对自然、人体或工程系统的计算机模型来预测和评估其行为与表现，特别是在出现采用传统分析方法过于复杂的情况时。

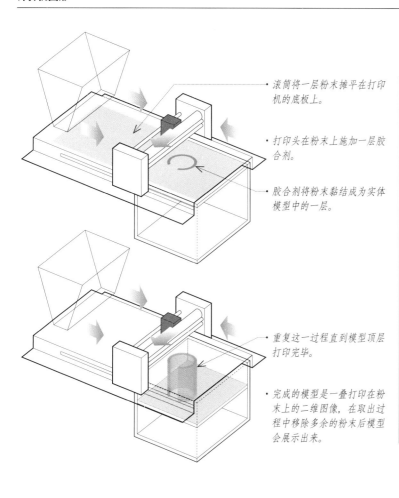

· 滚筒将一层粉末摊平在打印机的底板上。

· 打印头在粉末上施加一层胶合剂。

· 胶合剂将粉末黏结成为实体模型中的一层。

· 重复这一过程直到模型顶层打印完毕。

· 完成的模型是一叠打印在粉末上的二维图像，在取出过程中移除多余的粉末后模型会展示出来。

computer-aided manufacturing
计算机辅助制造
计算机技术在制造工厂的操作中，特别是机械工具控制中的应用。计算机辅助制造的优势包括精度更好、效率更高、材料连续一致、减少能源消耗和浪费。英文缩写为：CAM。

3D printing 三维打印
计算机驱动的使用打印机从三维CAD数据直接生成实体模型的快速成型技术。

rapid prototyping 快速成型
应用CAD图纸或虚拟三维模型的数据，采用累加性的制造技术将液态、粉末状或片状材料逐层固化、黏贴或焊接在一起制造最终实体模型的技术。

stereolithography 光固化
一种累加性的实物或模型制作技术，用容器中液态的紫外光敏固化聚合树脂和紫外激光，每次逐层生成设计物体。

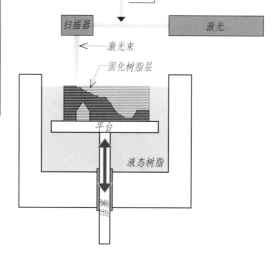

扫描器   激光

← 激光束

固化树脂层

平台

液态树脂

CNC router 数控雕刻机
计算机数字控制雕刻机（computer numerical control router）的缩写，指由用来制造部件的电脑程序驱动并控制的机械工具或其他电动机械装置，特别是那些加工胶合板和其他片状材料的设备。

digital fabrication 数字成型
使用三维模型软件和数控雕刻机、激光切割机、Z打印机来制作实体物体或部件。这一过程的本质是鼓励生成性策略。

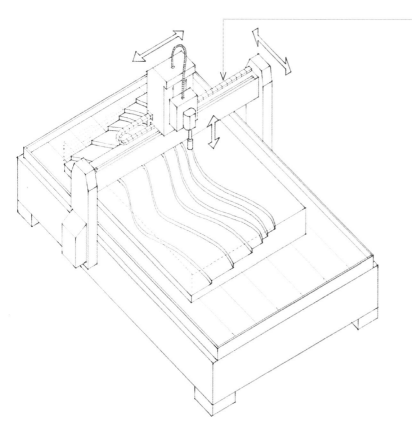

laser cutter 激光切割机
使用电脑控制的激光束在卡纸、椴木板、有机玻璃板等片状材料上切割、钻孔或刻画的机器。工业级激光切割机还可用于结构和管线材料加工。

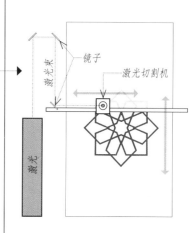

镜子

激光束   激光切割机

激光

Z plotter Z打印机
电脑控制的使用累加性制造技术来打印体现三维数据成果的机器。

concrete 混凝土
用充足的水与水泥以及各种矿物骨料搅拌，使水泥凝结并使混凝土黏结成整体从而形成人造的类似石料的建筑材料。

natural cement 天然水泥
天然存在的黏土质石灰石，当被煅烧及磨细时，生成水硬性水泥。

pozzolan 波佐利火山灰
在含有水分时能与熟化石灰反应而生成可以缓慢硬化的水泥的硅质天然火山灰、粉煤灰等材料，以当时位于古罗马维苏威火山附近的波佐利城（Pozzuoli）的名字来命名。又称为：*pozzolona*或*pozzuolana*。

siliceous 硅质的
含二氧化硅或硅酸盐的。

fly ash 粉煤灰
从固体燃料炉的废气中回收的细颗粒灰。

cement 水泥
将经过煅烧的黏土和石灰石的混合物充分磨细用作混凝土和砂浆的组成成分。该词常常被误用来表达混凝土。

tricalcium silicate 硅酸三钙
约构成波特兰水泥一半体积的化合物，可使水泥硬化或增强其早期强度。

dicalcium silicate 硅酸二钙
约构成波特兰水泥1/4体积的化合物，起到时效作用［译注］或使混凝土长久地获得强度。

tricalcium aluminate 铝酸三钙
约构成波特兰水泥1/10体积的化合物，其作用是使水泥初凝。

Portland cement 波特兰水泥
通过在回转窑中煅烧黏土及石灰石混合物并把得到的熟料研磨成极细的粉末而制成的水硬性水泥。采用"波特兰水泥"的名称是因为它与英国波特兰小岛上开采的石灰石很相似。

hydraulic cement 水硬性水泥
能与水反应并凝结和硬化的水泥。

Type I: normal
I型：普通水泥
用于一般工程的波特兰水泥，不具备其他类型波特兰水泥的特殊性质。

Type II: moderate
II型：中等水泥
减少铝酸三钙含量的波特兰水泥。能较好地抵御硫酸盐的侵蚀，并且产生的水合热较小。用于要求抵御中等程度硫酸盐侵蚀或热积聚可能造成损坏的一般工程。例如用于建造大直径柱或重型挡土墙。

Type III: high early strength
III型：早强水泥
增加硅酸三钙含量的磨得极细的波特兰水泥。可以快速凝结硬化并比普通波特兰水泥更早地获得强度，用于要求较早拆除模板以及在寒冷气候下施工的场合，以减少防护低温所需时间。

Type IV: low heat
IV型：低热水泥
减少硅酸三钙含量、增加硅酸二钙含量的波特兰水泥。用于大体积混凝土施工，例如大量热聚集可造成损害的重力坝。

Type V: sulfate resisting
V型：耐硫水泥
减少了铝酸三钙含量的波特兰水泥。用于需要抵御严重的硫酸盐作用的场合。普通水泥中因含有铝酸三钙成分通常需要加入石膏这种硫酸盐以延缓其凝结时间。

air-entraining Portland cement
加气水泥
制作时在研磨过程中放入少量加气剂的I型、II型或III型波特兰水泥。在型号后加A来标明，例如IA型、IIA型、IIIA型。

white Portland cement
白水泥
一种减少了氧化铁及氧化锰含量从而降低其灰色色调的波特兰水泥。白色波特兰水泥用于预制混凝土构件制作以及水磨石、拉毛抹灰和面砖勾缝。

抗压强度（纵轴）
养护时间（横轴）

sulfate action 硫酸盐作用
混凝土或砂浆中的水泥成分与溶解在地下水或土壤中的硫酸盐作用时产生的膨胀反应。

entrained air 含气
在混凝土或砂浆中加入加气剂而产生的扩散到混凝土或砂浆中的极微小的圆形气泡，典型为直径0.004～0.04英寸（0.1～1.0毫米）。

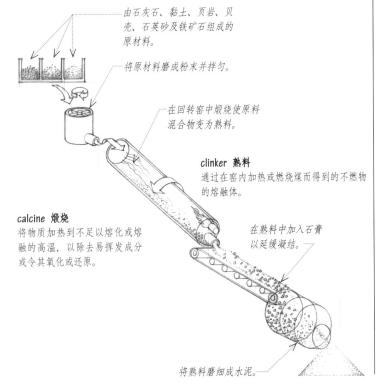

由石灰石、黏土、页岩、贝壳、石英砂及铁矿石组成的原材料。

将原材料磨成粉末并拌匀。

在回转窑中煅烧使原料混合物变为熟料。

calcine 煅烧
将物质加热到不足以熔化或熔融的高温，以除去易挥发成分或令其氧化或还原。

clinker 熟料
通过在窑内加热或燃烧煤而得到的不燃物的熔融体。

在熟料中加入石膏以延缓凝结。

将熟料磨细成水泥。

［译注］晶体随时间流逝而产生的强度提高、塑性下降的现象称为"时效"（aging）。

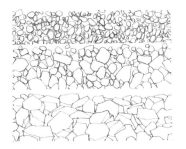

fine aggregate　细骨料
由粒径小于1/4英寸（6.4毫米）的砂所组成的骨料；具体地说，是那些首先通过筛径3/8英寸（筛径9.5毫米）的筛子[译注3]，而后几乎全部通过4号筛（No. 4 sieve，筛径4.8毫米）且绝大多数留在200号筛（No.200 sieve，筛径74微米）上的骨料。

coarse aggregate　粗骨料
由碎石、卵石、高炉矿碴等组成的骨料，粒径大于1/4英寸（6.4毫米）；具体地说，是那些留在4号筛（筛径4.8毫米）上的骨料。钢筋混凝土中的粗骨料最大尺寸被骨料截面尺寸及配筋间距所限制。

mixing water　拌和水
用于混凝土或砂浆混合物的水，不包括被骨料吸收的水分，拌和水中不得含有有机物、黏土、盐分等有害物质。适于饮用的水通常可用作拌和水。

cement paste　水泥浆
水泥和水的混合物，包覆、凝结、黏合混凝土或砂浆混合物中的骨料颗粒。

aggregate　骨料
硬质、惰性的矿物材料，例如砂或砾石，加入水泥浆以制成混凝土或砂浆。因为骨料占混凝土体积的60%～80%，其性能对于硬化后混凝土的强度、重量和耐火性能非常重要。骨料应坚硬，尺寸稳定，不含会妨碍水泥性基质[译注2]与骨料黏合的黏土、淤泥及有机物。

graded aggregate　级配骨料
具有粒径尺寸均匀分布特点的骨料。采用级配骨料所需要的填充骨料空隙以及包裹骨料的水泥浆用量最少。

particle-size distribution　粒径分布
颗料材料中粒径尺寸的范围，有两种表达方式：用小于或大于一个特定筛孔的颗粒重量累计百分比来表示，或者用在特定筛孔尺寸范围之间的颗粒重量百分比来表示。

uniform grading　均匀级配
骨料颗粒由小到大均匀变化，而不存在任一尺寸或一组尺寸占优势的粒径尺寸分布。

expanded shale　膨胀泥板岩/膨胀油页岩
通过剥落黏土或油页岩而得到的高强度轻骨料。又称为：膨胀黏土（expanded clay）。

expanded slate　膨胀页岩
通过剥落页岩而得到的高强度轻骨料。

exfoliation　剥落
对某些矿物材料加热使其分裂或膨胀，成为鳞状骨料。

perlite　珍珠岩
火山玻璃通过加热膨胀而形成轻质球状颗粒，用于非结构轻混凝土，也用作松散填充的隔热材料。又称为：pearlite。

vermiculite　蛭石
云母通过加热膨胀成为非常轻的蚯蚓形丝状物，用于非结构轻混凝土，也用作松散填充的隔热材料。

admixture　外加剂
除了水泥、水和骨料之外，加在混凝土或砂浆的混合物中以改变其性能或硬化后构件性能的物质。又称为：additive。

air-entraining agent　加气剂
使混凝土或砂浆混合物中产生分散含气的添加物，用以改善混凝土或砂浆混合物的和易性，提高养护后产品抵御冻融循环引起的开裂或除冰剂造成的起鳞的能力。

accelerator　促凝剂
加快混凝土、砂浆、灰浆混合物的凝结速度并增强强度的添加剂。

retarder　缓凝剂
减慢混凝土、砂浆、灰浆混合物的凝结速度以便有更多的时间来浇筑混合物或对其进行加工的添加剂。

surface-active agent　表面活化剂
降低混凝土混合物中水的表面张力，从而促进水的浸润与渗透作用，或有助于其他添加物在混凝土混合物中乳化和扩散的外加剂。又称为：表面活性剂（surfactant）。

water-reducing agent　减水剂
用于减少混凝土和砂浆混合物中为了达到所需和易性所要的拌和水量的外加剂，这样降低水灰比一般而言会提高强度。又称为：超级塑化剂（superplasticizer）。

coloring agent　染色剂
加入混凝土混合物中用以改变或控制其颜色的颜料或染料。

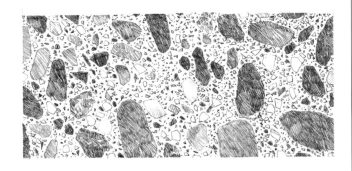

lightweight concrete　轻骨料混凝土[译注1]
使用低比重骨料并且重量低于单位体积重量为150磅/立方英尺（2400千克/立方米）的普通混凝土。

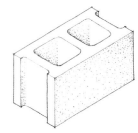

structural lightweight concrete　结构轻混凝土
用膨胀页岩、膨胀板岩等高强度轻骨料制成的具有单位体积重量85~115磅/立方英尺（1362~1840千克/立方米）而抗压强度和普通混凝土相似的混凝土。

insulating concrete　隔热混凝土
使用珍珠岩等轻骨料或添加泡沫剂、加气剂使混合物具有均匀的多孔结构，制成的单位体积重量少于60磅/立方英尺（960千克/立方米）并且导热性低的轻混凝土。

[译注1] 读者请勿将lightweight concrete解读为轻质混凝土。轻质混凝土一般指发泡混凝土，读者要注意与轻骨料混凝土相区别。
[译注2] 水泥性基质（cementing matrix）指混凝土或砂浆中连续分布的水合水泥细粒，其中镶嵌着更大的骨具颗粒。基质（matrix）为地质学术语，指岩石中包裹较大颗粒的连续分布的小型颗粒，又称为：groundmass。
[译注3] 这是为了高效去除明显大颗粒并在一定程度上保护细筛，并非多余步骤。

mix design 配合比设计
最经济地选择与配比水泥、水和骨料，以生产出在和易性、强度、耐久性及抗渗性等性能方面满足要求的混凝土。

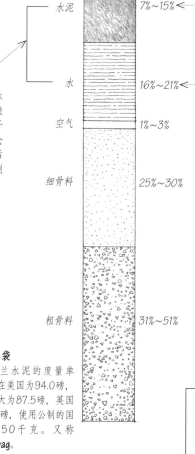

水泥 — 7%~15% ← **cement content 水泥含量**
单位体积混凝土或砂浆的水泥数量，最好以每立方码（0.76立方米）混凝土混合物的水泥重量磅数表示，但往往以每立方码混凝土混合物的水泥袋数表示。

Abrams' law 艾布拉姆斯定律
达夫·安德鲁·艾布拉姆斯（Duff Andrew Abrams, 1880—1965, 美国工程师）根据1919年在芝加哥路易斯研究所（Lewis Institute）的试验而提出的定律，该定律认为在给定的混凝土材料、养护和试验条件下，混凝土的抗压强度和水灰比成反比。

water-cement ratio 水灰比
单位体积的混凝土或砂浆混合物中拌和水和水泥的比值，最好按重量比以小数表示，但是常以94磅/袋（1磅≈0.45千克）的水泥所需水的加仑数（1加仑≈3.785升）来表示。水灰比对于硬化后的混凝土强度、耐久性及抗渗性能起控制作用。

水 — 16%~21% ← **water content 水含量**
单位体积混凝土或砂浆的用水量，最好以每立方码混凝土混合物的用水量磅数表示，但往往以每立方码混凝土混合物的用水量加仑数表示。

空气 — 1%~3%

细骨料 — 25%~30%

粗骨料 — 31%~51%

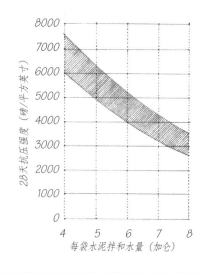

（图表纵轴：28天抗压强度（磅/平方英寸），数值 8000 7000 6000 5000 4000 3000 2000 1000 0；横轴：每袋水泥拌和水量（加仑），数值 4 5 6 7 8）

sack 袋
波特兰水泥的度量单位，在美国为94.0磅，加拿大为87.5磅，英国为112磅，使用公制的国家为50千克。又称为：**bag**。

consistency 稠度
新鲜拌和混凝土混合物或砂浆流动的相对能力，混凝土混合物通过坍落度来度量，砂浆或灰浆通过流动性试验来度量。稠度在很大程度上取决于混合物中水泥浆和骨料的比例。

slump test 坍落度试验
一种通过测量取样的坍落度以确定新拌混凝土的稠度与和易性的方法。

slump 坍落度
新鲜拌和的混凝土稠度及和易性的度量方法。将试样放入坍落度筒中并按规定方法压实，提起坍落度筒测量表示坍落度的试样垂直下沉量，以英寸表示。

workability 和易性
新鲜拌和的混凝土混合物或砂浆的运送、浇筑入模、密实或修饰的容易程度。和易性部分取决于水灰比，部分取决于混合物中的骨料级配。

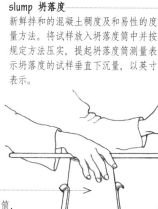

slump cone 坍落度圆锥筒
铁皮制成两端开口的截头圆锥筒，高12英寸（305毫米），下部直径8英寸（203毫米），顶部直径4英寸（102毫米），用做坍落度试验所需新拌混凝土试样的模具。

plastic mix 塑性混合物
流动缓慢、不离析且易于成型的混凝土或砂浆混合物。

dry mix 干混合物
含水量过少或与其他成分相比骨料含量过多，坍落度很小或无坍落度的混凝土或砂浆混合物。又称为：**干硬混合物**（**stiff mix**）。

wet mix 湿混合物
含水量较高、稠度太稀的混凝土或砂浆混合物，其所制成的产品的强度、耐久性及抗渗性差。

compression test 抗压试验
确定批量混凝土抗压强度的试验，用液压机来测量圆柱体试件在轴向压缩下于破坏前可支持的最大荷载。

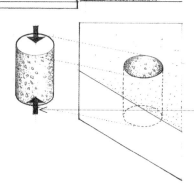

test cylinder 圆柱体试件
从具有代表性的混凝土批次中取出部分试样浇筑成直径6英寸（152毫米）、高12英寸（305毫米）的混凝土圆柱体，并在实验室或现场的可控条件下养护。

core test 取芯实验
用取芯水钻从已硬化的混凝土结构中切割出圆柱体进行抗压试验。

form liner 模板贴料
经过专门选择的衬垫模板的衬料，赋予混凝土光滑或有图案的表面。

release agent 脱模剂
油和硅酮等防止混凝土表面黏连的材料。又称为：隔离剂（parting compound）。

bulkhead 堵头板
封闭模板端部，或防止新浇混凝土从施工缝处渗漏的隔板。

keyway 键槽
在已凝固混凝土基础或其他构件中成型的纵向凹形沟槽，用以为新浇的混凝土提供抗剪键。

yoke 卡箍
保护柱或墙模板的顶部在新浇筑混凝土的流体压力下不至于胀开的压紧装置。

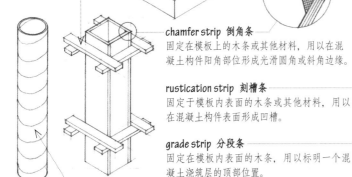

Sonotube 索诺管
层压树脂浸渍纸制成的圆柱形柱模板的品牌商标。

chair 铁板凳
浇筑混凝土前及浇筑期间支撑并保持钢筋处于正确位置的装置。

high chair 钢筋支座
支持混凝土梁板顶部钢筋的较高的铁板凳。

bolster 铁马凳
支持、分隔混凝土梁板底部钢筋的宽板凳。

climbing form 滑升模板
多层建筑施工中可以垂直提升以继续进行随后混凝土浇筑层施工的模板。

lift 浇筑层
混凝土一次浇筑量在模板内的高度。

slip form 滑动模板
混凝土路面或建筑物施工时，混凝土浇筑后可缓慢及连续移动的模板。

spreader 横撑
通常是木制的支撑物，用以分隔并保持墙体或基础的两侧模板位置。又称为：定位器（spacer）。

waler 模板横挡
用于加强各种垂直构件的水平钢梁或木梁，例如在模板中或钢板桩中，或在坝体边缘用于挡土。又称为：ranger、腰梁（breast timber）或横挡（wale）。

strongback 加强撑架
用于排列对齐及加强横梁的垂直支撑。又称为：刚性托架（stiff-back）。

chamfer strip 倒角条
固定在模板上的木条或其他材料，用以在混凝土构件阳角部位形成光滑圆角或斜角边缘。

rustication strip 刻槽条
固定于模板内表面的木条或其他材料，用以在混凝土构件表面形成凹槽。

grade strip 分段条
固定在模板内表面的木条，用以标明一个混凝土浇筑层的顶部位置。

wedge 楔块
用于紧固模板并把模板拉杆中的力传递到水平横梁的插入装置。

formwork 模板工程
为了支持新浇筑的混凝土所需的临时结构，包括模板以及所有必需的支撑构件、拉条和金属构件。

form 模板
在混凝土凝固并获得自支撑所需的足够强度前，用以容纳新浇混凝土并赋予其所需形状的木材、金属、塑料或玻璃纤维板。

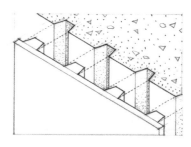

form tie 模板拉杆
保持墙模板在新浇筑混凝土的液体压力下不至于胀开的金属拉杆。

snap tie 可折断拉杆
有凹口或褶痕的模板拉杆，拆模后可在混凝土表面下的凹口部位将拉杆折断。

cone bolt 锥体螺栓
模板内侧两端有锥体作为模板定位器的模板拉杆。

cone 圆锥体
木制、钢制或塑料制的截头圆锥小块，固定在模板拉杆上以分开模板并使其定位，拆模后在混凝土表面留下光滑的凹陷，可对凹陷处进行填塞或者任其外露。

she bolt 凹孔螺栓拉杆
由横撑所组成的模板拉杆，横撑穿过模板并通过螺丝拧在内杆两端上，拆模后取出横撑杆而将内杆留在混凝土内。

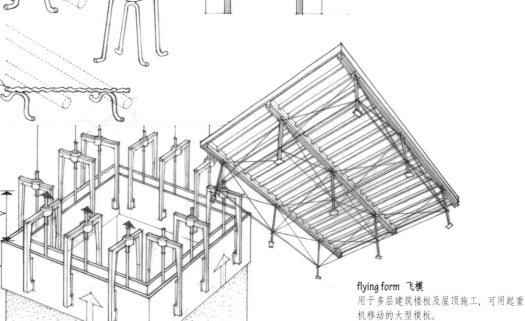

flying form 飞模
用于多层建筑楼板及屋顶施工，可用起重机移动的大型模板。

cast-in-place concrete 现浇混凝土
在其最终位置浇筑、成型、养护、修饰，
成为结构一部分的混凝土。又称
为：cast-in-situ concrete。

time of haul 运输时限/搅运时间
从拌和水与水泥首次接触开始，到车载搅
拌机卸光新搅混凝土为止的时间段。

ready-mixed concrete 预拌混凝土
在混凝土搅拌厂拌和好，用搅拌运输车运
送到工地的混凝土。

shrink-mixed concrete 缩拌混凝土
在混凝土搅拌厂先部分拌和，然后用车载
式搅拌机在去往工地途中进行更充分拌和
的混凝土。

transit-mixed concrete 运拌混凝土
在混凝土搅拌厂先进行干拌和，然后用车
载式搅拌机在去工地途中拌和的混凝土。

agitator truck 搅拌运输车
装有回转鼓筒以防止运送到工地的预
拌混凝土离析或塑性降低的卡车。

placement 浇筑
将新拌混凝土逐渐放入模板或最终
位置并固结的过程。

truck mixer 车载式搅拌机
装有回转鼓筒及单独水箱的汽车，用
于在驶往工地途中搅拌混凝土。

direct placement 直接浇筑
把新拌混凝土从混凝土搅拌机、推
车或起重机吊斗直接卸入模板。

concrete mixer 混凝土搅拌机
有转动鼓筒的常由电动机驱动的机
械，用以搅拌水泥、骨料和水以制
备混凝土。

buggy 小斗车
常是电动机驱动的小车，用以在工
地上短距离运送新拌混凝土等沉重
材料。

free fall 自由降落
新拌混凝土不借助于溜槽直接落入
模板。

pneumatic placement 气动浇筑
用管线或软管运送混凝土、水泥浆或灰浆
到工地上的浇筑点，这些材料或以塑性状
态现场浇筑或以干拌状态运送而在喷嘴处
使干料加水混合后自喷嘴喷出。

drop chute 溜槽
容纳、引导新浇筑混凝土下滑以避
免离析的槽。

chute 斜槽
通过重力输送自由流动材料到低处
的倾斜的沟槽或管道。

shotcrete 喷射混凝土
轻混凝土的施工方法，通过软管输送
水泥、砂或碎炉渣及水的混合物，并
以高速喷射在钢筋上，直到达到所需
厚度为止。又称为：喷射法
（gunite）。

consolidation 捣固
消除新浇混凝土中含气以外的空
隙，以保证混凝土与模板、埋筋紧
密接触的过程。

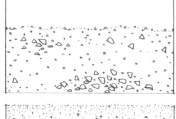

segregation 离析
新拌混凝土中粗骨料与砂浆，或者水与其
他成分的分离。其原因包括过度地水平运
动、自由下落或浇筑后的过度振捣。

spading 捣固铲捣固
通过反复插拔捣固铲使新浇混凝土
固结。

stratification 分层
水灰比过高或过度振捣的混凝土混合物
中，材料越轻越向顶部浮聚形成的水平层
状分离。

rodding 捣固棒捣固
通过反复插拔捣固棒使新浇混凝土
固结。

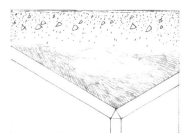

vibration 振捣
通过振捣器适度的高频振动使新浇
混凝土固结。

bleeding 泌浆
由于混凝土体内固体下沉，新浇混凝土表
面呈现出过量拌和水。又称为：泌水
（water gain）。

vibrator 振捣器
用来拌和与固结新浇混凝土的电动
或气动振动工具。

laitance 浮浆皮
在新混凝土表面上出现的含有水泥和细砂
的奶白色堆积物，这种现象是由于过量拌
和水的泌水、对混凝土混合物的过分搅拌
或不正确的修整操作造成的。

finishing 修整
为了做出所需纹理和外观，对新浇混凝土表面进行找平、抹光、压实及加工处理的过程。

screed 刮板
木料或金属制成的直板，在新浇混凝土板上拉动，以便将其刮平至正确的标高。

screed rails 刮板杠尺
作为标尺的稳固安放的标准板条或边模板，以使新浇混凝土板形成真正平整的表面。

float 抹子
用于摊铺及抹光新浇混凝土、砂浆或灰浆表面的一种扁平状工具。

bull float 混凝土刮平器
固定在长手柄上具有大号平刮片的抹子。

trowel 镘刀
各种用以涂抹、摊铺、压紧或抹光混凝土、砂浆和灰浆等塑性材料的具有平刮片的手工工具。

power trowel 抹平机
在可围绕垂直轴旋转的旋臂上安装有钢抹平器的可移动机械，用于抹光、压实和修饰新浇混凝土表面。

edger 修边器
具有长的曲线型边缘的镘刀，用以把开始凝固的新浇混凝土板的边缘倒成圆角。

pavement saw 路面锯
装上脚轮安有碳化硅或金钢石锯片的圆盘锯，用以在已硬化的混凝土板上切割伸缩缝。

set 凝固
混凝土、砂浆、灰浆或胶水因物理及化学变化而呈现出刚硬状态。

cure 养护
使新浇混凝土或砂浆在浇筑或修饰后七天内保持所需的温、湿度，以保证水泥基材料得到令人满意的水化及恰当的硬化。

heat of hydration 水化热
在诸如混凝土混合物凝固、养护等水化过程中所产生的热。

hydration 水化作用
物质与水化合的过程，例如当水泥与水拌和时所发生的作用。

darby 镘尺
新浇混凝土表面刮平后随即将其抹光的木制或金属制成的长直板。

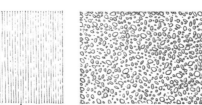

dry-shake finish 干撒饰面
在新浇混凝土表面喷洒水泥、砂及颜料的干混合物后，用刮板刮平，在所有自由水分蒸发后，用抹子将混合物压入混凝土表面所形成的彩色饰面。

float finish 抹面
在新浇混凝土、砂浆或灰浆表面上用木抹子抹光所得到的细纹理修饰面。

broom finish 拉毛饰面
在刚抹平的混凝土表面上用刮刷或硬刷刮划而形成的条纹图形修饰面。

trowel finish 光面
在新浇混凝土或砂浆表面上用铁抹子抹压而得到的密实光滑的修饰面。

swirl finish 旋涡形抹灰饰面
使用抹子在新浇灰浆或混凝土表面进行圆周重叠运动得到的有纹理的修饰面。

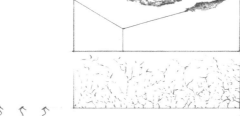

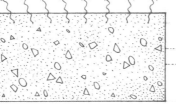

architectural concrete 装饰用混凝土
需要精心选择材料、模板、浇筑及饰面以获得所需外观的外露混凝土工程。

béton brut 未修饰混凝土
拆模后处于自然状态，尤其是表面保持木模板的纹理、接缝和紧固件的混凝土。

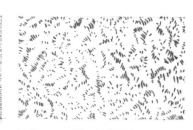

exposed aggregate finish 水洗石饰面
混凝土初凝后对其表面喷砂、酸洗、擦洗以去掉外层水泥浆并露出骨料所产生的饰面。

bushhammered finish 剁斧面
用具有波纹、锯齿或齿状面的方头电锤将混凝土或石材表面击碎而获得的粗糙纹理修饰面。

honeycomb 蜂窝
由于浇筑时离析或固化不充分而在模板浇筑混凝土表面上形成的孔隙。

spalling 剥落
由于冻融循环或使用去冰盐在已硬化的混凝土或砌体表面上出现的小片脱落或起皮。又称为：脱皮（scaling）。

crazing 裂纹
因快速干缩而在新硬化的混凝土板表面上出现的大量发丝状裂缝。

drying shrinkage 干缩
因失水造成的混凝土、砂浆或灰浆体积的减少。

setting shrinkage 凝固收缩
因水泥浆水化造成的终凝前混凝土体积的减少。

construction 建造
营造的艺术、科学或事务。

owner 业主
对某一物业具有法定权益或所有权的个人或组织，通常是建筑师的客户，也是业主—建筑师双方合作协议的一方。

developer 开发商
投资并开发房地产潜在利益，尤其是以占有、管理或转卖目的而启动并实施建设项目的个人或组织。

lending institution 贷款机构
为建设项目提供长期资金的机构，一般指商业银行。

architect 建筑师
从事建筑设计职业的个人，一般经过培训并具备建筑设计及施工方面的经验。

engineer 工程师
接受过培训，能够熟练或专业地从事工程等某一分支工作的个人。

consultant 顾问
受雇用在项目的声学、照明等特定方面，提供专业的或专家建议的个人或组织。

contractor 承包商
通过合同约定以特定的时间和费用为建设项目提供材料及实施施工建设的个人或机构。

general contractor 总承包商
直接和业主签订合同来管理并监督项目建设，包括由分承包商所实施的工作。[译注]

subcontractor 分承包商
与总承包商签订合同，为建筑项目提供一部分施工服务的个人或组织。

licensed 领有执照的
由政府或其他合法的权力机构从法律上授权可从事某项业务或某种职业。又称为：注册的（registered）。

insurance 保险
保证财产、生命或某人的身体容貌免受由于某些特定事件所导致的损失或伤害，并根据风险程度支付相应的投保费用。

bonded 保证金担保
将一笔押金搁置起来不动，以此来保证合同中规定的所有的义务均能实现。

construction manager 施工经理
与业主签订合同，在建筑物项目的所有阶段，包括从估算建设成本和设计决策的可行性到管理项目的投标、签订合同和施工，提出建议并进行协调的个人或组织。

Owner 业主

Architect 建筑师

Engineers 工程师

Contractor 承包商

Contractor 承包商

Contractor 承包商

Owner 业主

speculative builder 投机建造者
为随后出售、出租目的而开发并建造楼宇的个人或组织。

design-build 设计施工总包
属于或关于一个约定，在该约定下个人或机构直接与业主签订合同来从事一个项目或建筑物的设计与施工。

turn-key 交钥匙
属于或关于一项约定，在该约定中个人或机构从事建筑物的设计与施工，当达到使用条件时供出售或出租。

Architect 建筑师

Engineers 工程师

Subcontractor 分承包商

Subcontractor 分承包商

Subcontractor 分承包商

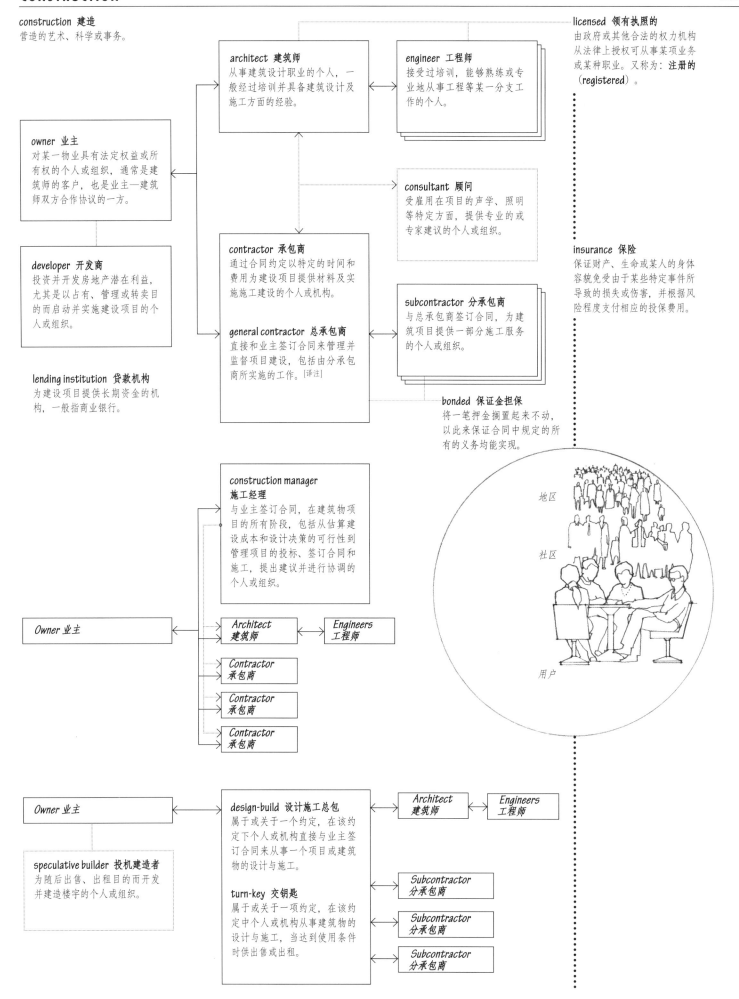

地区

社区

用户

[译注] 与中国不同，在美国和大部分西方国家不设项目监理。大部分监理的职能由施工总承包商承担。

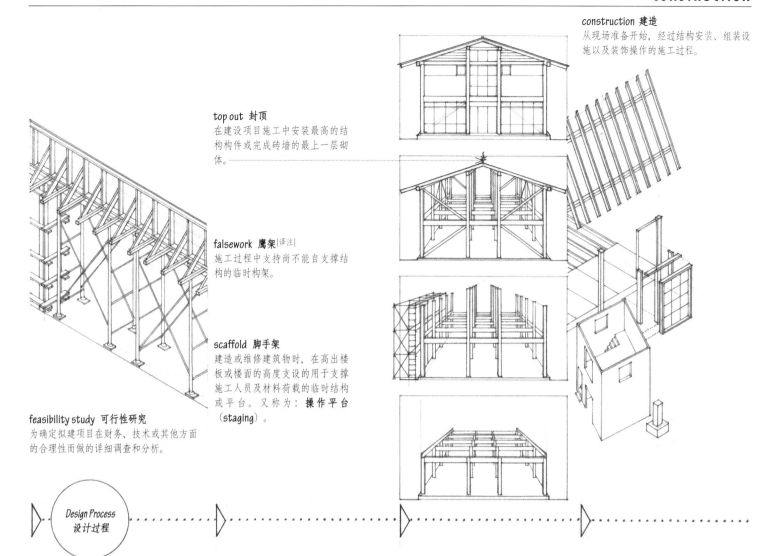

construction 建造
从现场准备开始，经过结构安装、组装设施以及装饰操作的施工过程。

top out 封顶
在建设项目施工中安装最高的结构构件或完成砖墙的最上一层砌体。

falsework 鹰架[译注]
施工过程中支持尚不能自支撑结构的临时构架。

scaffold 脚手架
建造或维修建筑物时，在高出楼板或楼面的高度支设的用于支撑施工人员及材料荷载的临时结构或平台。又称为：**操作平台**（**staging**）。

feasibility study 可行性研究
为确定拟建项目在财务、技术或其他方面的合理性而做的详细调查和分析。

Design Process 设计过程

bidding 投标
针对实施合同所描述的工作提出特定报价的竞争过程。

award 中标
对投标或谈判提案的正式接受。

contract 合同
具有法律效力的协议，一般为书面形式，规定在双方或多方之间应做或不应做的特定事项。

notice to proceed 开工令
业主发出的书面通知，授权承包商作业并确定开工日期。

building permit 施工许可证
地方政府有关主管机构经过对设计文件进行存档并审查后发布的书面文件，批准建筑工程根据已批准的图纸及规程开展作业。

building official 规范验收员
政府相关机构任命的管理实施建筑规范的人员。

erect 安装
通过对材料或部件提升、定位、装配、固定来进行的施工。

certificate of occupancy 使用许可证
由规范验收员发布的文件，证明建筑物的全部或特定部分符合建筑规范的条文并允许按其指定用途使用。

postoccupancy evaluation 用后评估
为了给将来的计划及设计工作积累信息，对已建成建筑物的技术、功能、性能等方面进行分析的过程。

设计

交付使用

施工阶段4

施工阶段3

施工阶段2

施工阶段1

fast-track 快轨模式
属于或关于项目计划，在该计划中建筑项目的设计过程与施工过程有所重合以压缩完工所需要的总时间。

CPM 关键路线法
CPM是**Critical Path Method**的英文缩写，是一种用来规划、制定时间计划和管理项目的方法，把所有的相关信息综合在流程图中，包括优化顺序及活动持续时间、每个事件的相对重要性以及为了及时完成项目所需要的协调工作。

[译注] 据台湾工程界专家傅家齐推测，该词本译作"赝架"（简体字"赝架"）。赝者伪也，这原本对falsework是一个很好的中文翻译，但笔误成"鹰架"（简体字"鹰架"）后逐渐流行。更有人考证出"鹰架"一词中国古已有之，称做"鹰架木"，是施工中用来垂直吊运重物的临时构架。笔误的鹰架与原有的鹰架木进一步混淆使鹰架最终取代了赝架。鹰架在台湾多与施工脚手架一词混用。

construction 建造
订购建筑材料，将其组装并连为一体的方法，例如框架的施工。

systems building 体系化施工
为加快建筑物的组装及安装而使用高度预制标准构件的建造过程。又称为：**工业化建筑方法**（industrialized building）。

panel 板材
楼板、墙、顶棚或屋顶的预制构件，在建筑物的组装、安装中作为一个单元。

sandwich panel 夹芯板
由两片高强度材料封装较轻材料芯板所组成的结构板，一般具备较高的刚度重量比。

stressed-skin panel 外层受力板
由黏结到木纵梁上的胶合板面层所组成的结构板，用作楼板、屋顶和墙体等受弯构件，胶合板面层和纵梁像一组工字梁那样发挥作用，胶合板承受几乎全部的弯曲应力。为支撑面层边缘并帮助分配集中荷载，可以设置剪刀撑。

prefabricate 预制
预先进行的制造或装配，尤其指为了快速组装或安装而采用标准化的单元部件。

fabricate 装配
通过组装各种各样并且通常是标准化的部件来进行施工。

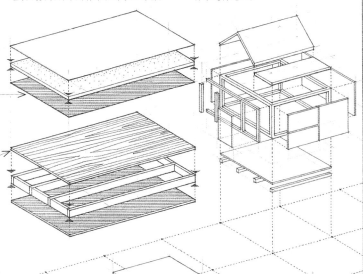

contract documents 合同文件
构成施工合同的法律文件，包括业主—承包商协议、合同条件、项目的施工图和技术规格书（包括所有附录和设计变更）以及其他指定包括的规定事项。

construction documents 施工文件
对项目施工做出详细要求的施工图纸和技术规格书。

specifications 技术规格书
合同文件的一部分，包括详细描述材料技术性质、标准及合同中所包括工作的实施质量。

performance specification 性能技术规格书
对特定部件或系统必须达到的性能提出要求，但是并不指定实现目标方法的技术规格书。

descriptive specification 描述性技术规格书
对材料提出精确的数量和质量要求，并规定其如何在施工中组装的技术规格书。

reference specification 引用性技术规格书
引用其他技术规格书，标明材料或组件所需要的性质以及用来证实产品成效的测试方法的技术规格书。

proprietary specification 指定性技术规格书[译注2]
指定使用某种特定产品、体系、过程而没有提供其他替代方案的技术规格书。

modular design 模数化设计
为了实现简化安装、灵活组织或多种用途，利用预制组件或模数协调方法进行的规划和设计。

module 模块
一系列标准化的可频繁替换的部件，用于组装不同尺寸、复杂度或功能的单元。

modular coordination 模数协调
使结构尺寸和其部件的单元大小相关联，通常借助基于4英寸或100毫米的三维模数的设计网格。[译注1]

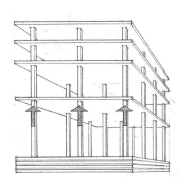

lift-slab construction 升板法
用于多层建筑物的一种施工工艺，在地面上浇筑全部水平楼板，经过养护后用液压千斤顶提升就位。

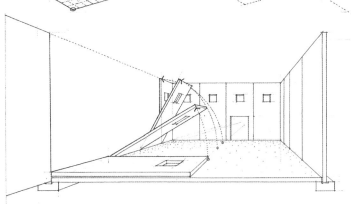

tilt-up construction 立墙平浇法
在施工现场水平浇筑钢筋混凝土墙板，然后把墙板竖立于其最终位置的一种方法。

[译注1] 中国国家标准规定建筑基本模数值为100毫米，以M表示。在此基础上有扩大模数和分模数用于不同部位。4英寸建筑模数目前仅用于部分美国非政府投资的工程项目。
[译注2] 中国建设主管部门规定政府投资项目的设计中不能指定厂家或产品。

UNIFORMAT II 尤尼格式2

为建筑部件和相关场地工作分类所建立的一套系统（ASTM标准E1557）。该系统为建筑物在其全生命周期包括规划、拟定设计任务书、设计、施工、运营和报废中的描述、经济分析和物业管理提供了前后一致的参考。这一格式立足于对大多数建筑物而言都很常见并发挥着特定作用的建筑部件的归类，与技术规格书、建造方法或使用材料无关。

尤尼格式2（ASTM E1557）将建筑部件划分为三个层次，并用字母和数字命名。右边是第一个层次，一共包括7个组（group）。 ....▶

每一个大组中，建筑部件又被分为第二个层次组构件（Group Elements，编号为B10，B20等）和第三个层次单独构件（Individual Elements，编号为B1010，B1020，B2010，B2020等）。第四个层次可以将单独部件进一步细分为零部件（Sub-elements，编号为B1011，B1012，B1013等）。

尤尼格式2与马斯特格式分类系统不同，并完善了后者。马斯特格式分类系统基于产品和建筑材料，主要用于与建筑施工、运营、维护相关的材料与工作任务的详细数量统计。

UniFormat 尤尼格式

统一分类系统（Uniform Classification System）是由建筑技术规格学会（Construction Specifications Institute，英文缩写为：CSI）和加拿大建筑技术规格组织（Construction Specifications Canada，英文缩写为：CSC）开发。尤尼格式的组织方法与尤尼格式2相似，但是增加了一个新的组，Z组：总说明。其内容包括一般要求、投标要求、合同形式与不可预见事项、项目成本概算。另外一个较大不同是，尤尼格式在第五级或第四级（有时）构件中使用马斯特格式编号的方法。

MasterFormat 马斯特格式

由建筑技术规格学会建立的一套格式，用于协调技术规格书、记录技术数据和产品资料、施工成本入账等。最初基于位置、行业、功能或材料分为16部类（division），在2004年扩展为50部类以反映建筑施工行业的变化。..........▶

B组（Group B）：
外壳，包括地上结构、外围护和屋面

C组（Group C）：
室内，包括室内施工、楼梯和室内装修面

E组（Group E）：
设备与家具

D组（Group D）：
运输、给排水、供热通风与空气调节、消防设施和电力系统

F组（Group F）：
特殊施工与拆除

A组（Group A）：
地下结构，包括基础和地下室施工

G组（Group G）：
建筑场地工程

部类14——运输设备
部类15——未来扩展预留
部类16——未来扩展预留
部类17——未来扩展预留
部类18——未来扩展预留
部类19——未来扩展预留

服务设施分组
部类20——未来扩展预留
部类21——火灾扑救
部类22——管道工程
部类23——供热通风与空气调节
部类24——未来扩展预留
部类25——自动化集成
部类26——电气
部类27——通信
部类28——电子安全与保护
部类29——未来扩展预留

场地与基础设施分组
部类30——未来扩展预留
部类31——土方工程
部类32——室外改善
部类33——设施
部类34——交通
部类35——河道与海洋施工
部类36——未来扩展预留
部类37——未来扩展预留
部类38——未来扩展预留
部类39——未来扩展预留

加工设备分组
部类40——一体化加工
部类41——材料加工处理设备
部类42——加热、冷却、干燥设备
部类43——气液体处理、提纯与存储设备
部类44——污染控制设备
部类45——特种工业生产设备
部类46——水与废水设备
部类47——未来扩展预留
部类48——发电
部类49——未来扩展预留

项目获取与合同要求组
部类00——项目获取与合同要求

技术规格组
总要求分组
部类01——总要求
设施施工分组
部类02——现状条件
部类03——混凝土
部类04——砌体
部类05——金属

部类06——木材、塑料与复合材料
部类07——保温与防潮
部类08——建筑开口
部类09——完成面
部类10——专门项目
部类11——设备
部类12——陈设
部类13——特殊构造

construction type 建筑耐火分类 [译注]

根据建筑主要构件如结构框架、承重和非承重外墙、承重内墙、地板与天花、屋顶、消防疏散以及竖向井道外壁等的耐火性能对建筑物进行分类。虽然每种建筑物类型的典型规范有不同的具体要求，但都按其分类及预定的设计用途对建筑物的面积及高度做出限制。又称为：**建筑耐火级别**（construction class）。

building code 建筑规范

为了保护公共安全、健康及福利，由地方政府管理机构所采用并强制实施的控制建筑设计、施工、改建及维修的规范。

建筑法规通常规定材料及施工方法、结构技术规格书及防火安全、其他基于建筑分类和用途要求的最低标准。通常使用美国试验及材料学会（ASTM, American Society for Testing and Materials）、美国国家标准协会（ANSI, American National Standards Institute）及各种技术学会和行业协会所制定的标准。

zoning ordinance 区划法规

规定土地分区的法规，用以限制建筑物的高度、体量、覆盖度及用途，规定停车场等辅助设施的条文。分区法规是实施总体规划的主要手段。又称为：**分区规范**（zoning code）。

restrictive covenant 限制性契约

包含限制签约方行为条款的契约，例如多位业主就物业允许用途所达成的协议。种族及宗教上的限制依法无效。

energy code 节能规范

设定节能最低标准及建筑节能设计的规范。

nonconforming 违规

属于或关于下列情况，即材料、建筑类型、人数或用途不符合建筑规范和分区法规所提出的要求。

variance 特许证书

官方同意通常按法规应予禁止的某些做法的许可证，尤其通常被建筑规范或分区法规禁止的通过某方法或为某目的所做的事。特许证书一般按照建筑物颁发。

noncombustible construction 不燃建筑

采用钢材、混凝土或砌体结构，而且墙体、地板、屋顶使用不燃材料的建筑物。

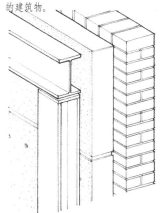

combustible construction 可燃建筑

违反不燃建筑要求的任何建筑物。

protected noncombustible construction 防护型不燃建筑

结构和主要构件的耐火极限不小于有关机构规定的不燃建筑。

unprotected noncombustible construction 非防护型不燃建筑

仅对防火墙、消防疏散与竖井壁做出耐火极限要求的不燃建筑。

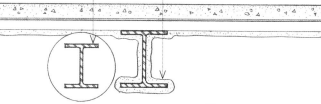

ordinary construction 普通建筑

具有不燃外墙，而且内部结构的全部或部分为轻型木构架的建筑物。

protected ordinary construction 防护型普通建筑

结构及主要部件的耐火极限不小于有关机构规定的普通建筑。

unprotected ordinary construction 非防护型普通建筑

仅对防火墙、消防疏散和竖井壁做出耐火极限要求的普通建筑。

heavy-timber construction 重木结构

具有不燃外墙，而且所有内部木结构和木板材均符合最小尺寸规定的建筑类型。又称为：**耐火木结构建筑**（mill construction）。

light-frame construction 轻型构架建筑

主要由重复的木材或轻钢构件组成，而且构件不符合重型木结构要求的建筑类型。

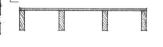

protected light-frame construction 防护型轻型构架建筑

结构及主要部件的耐火极限不小于有关机构规定的轻型构架建筑。

unprotected light-frame construction 非防护型轻型构架建筑

仅对防火墙、消防疏散和竖井壁做出耐火极限要求的轻型构架建筑。

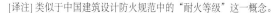

[译注] 类似于中国建筑设计防火规范中的"耐火等级"这一概念。

model code 典型规范
供各地采用，由美国各州的机构、专业学会及行业协会制定的建筑规范。

International Building Code
国际建筑规范
由总部位于华盛顿哥伦比亚特区的国际规范委员会（International Code Council，英文缩写为：ICC）编写、出版并修订的一部综合协调、全美通用的建筑用典型规范，英文缩写为：IBC。该委员会由此前三大建筑典型规范制定单位的代表组成，分别是规范验收员与法规管理员国际公司（Building Officials and Code Administrators International, Inc.，英文缩写为：BOCA）、规范验收员国际会议（International Conference of Building Officials，英文缩写为：ICBO）、南方建筑规范国际会议（Southern Building Code Congress International，英文缩写为：SBCCI）。

BOCA National Building Code
BOCA国家建筑规范
由规范验收员与法规管理员国际公司（BOCA）制定并颁布的建筑规范，主要用于美国东北部。

Uniform Building Code 统一建筑规范
由规范验收员国际会议（ICBO）制定并颁布的建筑规范，主要用于美国中部及西部地区。

Standard Building Code 标准建筑规范
由南方建筑规范会议（Southern Building Code Conference，英文缩写为：SBCC）制定并颁布的建筑规范，主要用于美国南部地区。

story height 层高
从楼面的完成面到上一层楼面完成面的垂直距离。顶层的层高为楼面完成面至吊顶龙骨或屋顶木椽最高点的距离。

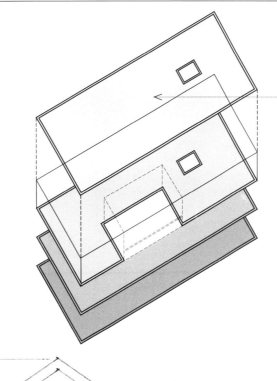

building area 建筑面积
建筑物周边外墙之内，扣除井道和中庭，但是包括其水平投影范围内上部楼板或屋顶的独立区域的面积。

building height 建筑高度
从室外地平面至最高屋面平均高度处的垂直距离。

story above grade plane 地上楼层
地面完成面高于室外地平面的楼层。如果地下室楼层的上一层的地面完成面高于室外地平面6英尺（1.8米），则该地下室楼层应计入地上楼层。

grade plane 室外地平面
用来确定建筑高度和地上楼层数的水平参考平面，其标高等于建筑外墙处室外地面标高的平均值。当室外地面远离建筑方向下坡时，这一参考水平面由建筑与地块线之间或建筑周边6英尺（1.8米）范围内的地面最低点来确立。

mall 购物中心
包括多种商铺、餐馆、娱乐和其他商业业态，位于一系列相邻或相连建筑或同一栋大型建筑之内的商业综合体。又称为：shopping mall。

mall 购物中心走道
建筑规范术语。指室内购物中心建筑中通往众多租户的步行通道，其高度不应超过三个开敞楼层。

covered mall 有顶的购物中心
围合通往一个或多个购物中心走道的诸多租户（如零售商铺、餐厅、娱乐设施）的单一建筑。

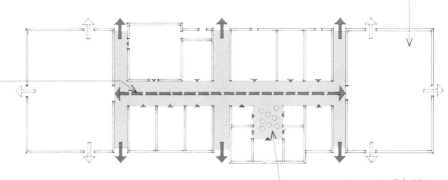

anchor building 主力店建筑
与室内购物中心直接相连，按规范设置有独立于购物中心的疏散设施的室外建筑物。

food court 美食广场
为购物中心内相邻餐饮租户所共同使用的用餐区。

design 设计
艺术作品中形式要件的创造与组织。

form 形式
物体的形状与结构，有别于其构成物质或
材料。

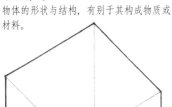

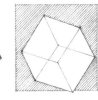
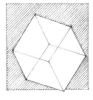

line 周线
形状的边缘或轮廓。

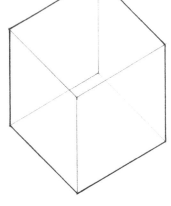

shape 形状
特定形式或图像的外形或表面轮廓。形式
通常给予整体以统一的意向，其中往往包
括体量或体积的感受，而形状则使人想到
外轮廓以及对其封闭区域或体量的强调。

texture 质感
物体表面除了色彩或形式以外的视觉和触
觉，尤其是触觉上的质地。

visual texture 视觉质感
由于颜色及色调的结合及其相互联系所造
成的外观质感。

tactile texture 触觉质感
物体表面除了颜色和形状之外的物质的或
尺寸的结构。

organic 有机的
属于或关于类似活体动植物的不规则轮廓
线的形状和形式的。

nonobjective 非具象的
属于或关于不代表自然真实物体的形状和
形式的。又称为：nonrepresentational。

geometric 几何的
属于或关于类似或使用简单几何直线或曲
线元素的形状和形式的。

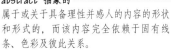

abstract 抽象的
属于或关于具备理性并感人的内容的形状
和形式的，而该内容完全依赖于固有线
条、色彩及彼此关系。

symbol 符号
通过联想、类比或惯例使某物象征或代表
别的东西，其含义主要得自其呈现出的结
构。

sign 标志
带有习惯含义并用来代替字词、短语或表
示复杂概念的标记或图形。

massing 体量
由二维形状或三维体积构成的统一整体，
尤其是当其具有或使人感受到重量、密度
和块头时。

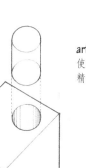

articulation 精巧连接
使被合并的各部分彼此之间清晰、明显、
精确地结合的方法或方式。

additive 累加的
以相加、累积或合并为特点的或由此产生
的，常导致形成新的个体。

subtractive 扣减的
在不破坏整体感觉的前提下，去掉一部分
或局部，从而赋予或产生新的特征。

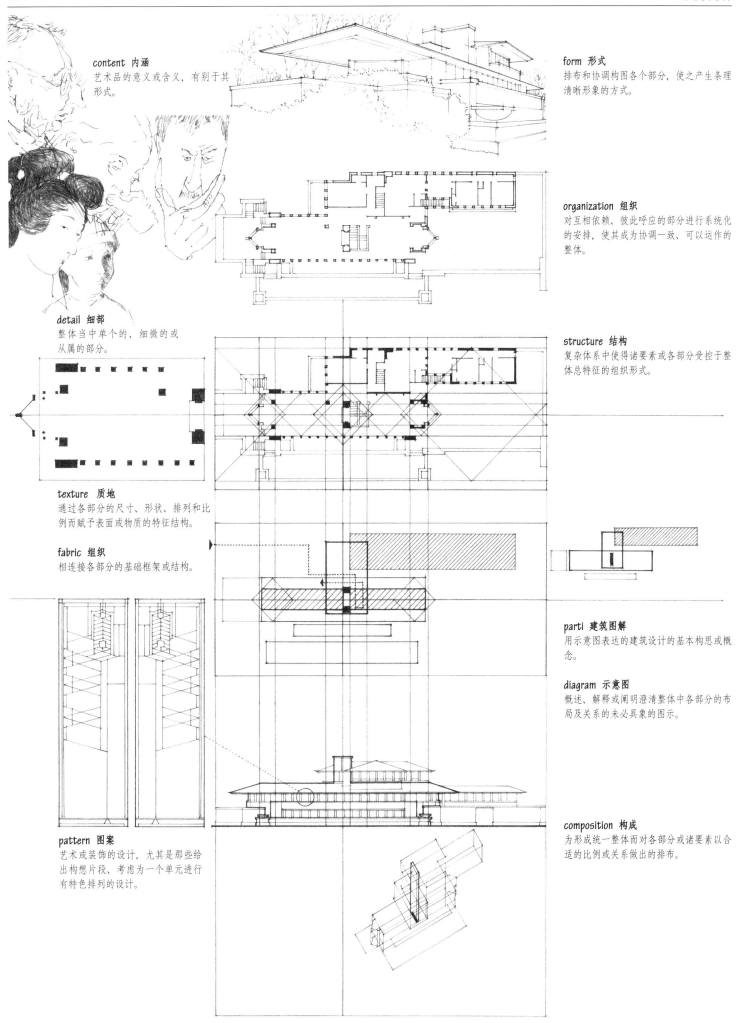

content 内涵
艺术品的意义或含义，有别于其形式。

detail 细部
整体当中单个的、细微的或从属的部分。

texture 质地
通过各部分的尺寸、形状、排列和比例而赋予表面或物质的特征结构。

fabric 组织
相连接各部分的基础框架或结构。

pattern 图案
艺术或装饰的设计，尤其是那些给出构想片段、考虑为一个单元进行有特色排列的设计。

form 形式
排布和协调构图各个部分，使之产生条理清晰形象的方式。

organization 组织
对互相依赖、彼此呼应的部分进行系统化的安排，使其成为协调一致、可以运作的整体。

structure 结构
复杂体系中使得诸要素或各部分受控于整体总特征的组织形式。

parti 建筑图解
用示意图表达的建筑设计的基本构思或概念。

diagram 示意图
概述、解释或阐明澄清整体中各部分的布局及关系的未必具象的图示。

composition 构成
为形成统一整体而对各部分或诸要素以合适的比例或关系做出的排布。

design principle 设计原则
构筑具有美学价值构成的视觉感知方面的基础性综合概念。

order 秩序
符合逻辑、和谐融洽或易于解读的排列情形。在此情形里，群组中的要素每一个都彼此参照，按其用途得到恰当的处置。

harmony 和谐
一个艺术整体中诸要素或各部分的有序、愉悦或适合的排列。

repose 安宁
使眼睛平静放松的各组成部分或诸色彩的排列所产生的和谐感。

unity 统一性
整合成一体的状态或性质，例如使艺术品构成和谐整体或提升某一效果的诸要素的秩序。

coherent 连贯的
为便于理解或识别而合乎逻辑或遵循美学原则地排序或整合过的。

agreement 一致
作品或艺术中诸要素的大小、形状或色彩的相互对应。

similarity 相似性
实质、本质或特征类似的状态或性质。

uniformity 一致性
同一的、同类的或规则的状态或性质。

homogeneous 同质的
结构完全一致或由性质、种类相同的组成部分所构成。

regular 规律的
统一地或者均匀地形成或排列。

monotony 单调性
缺乏多样化的状态或性质。

proximity 接近
地点、顺序或关系上相近。

continuity 连续性
如线条、边缘或方向所展示的那种连续的状态或性质。

alignment 对齐
按直线排列或调整。

complexity 复杂性
作为一个整体由错综复杂、互相关连的部分所构成的状态或性质。

collage 拼贴
将相异的要素以不太可能或出人预料的方式并置的艺术构图布局。

variety 多样性
具有变化多端或多种多样的形式、种类或特征的状态或性质。

emphasis 重点
通过对比、差异或对照而赋予构图布局中某一要素重要性或显著性。

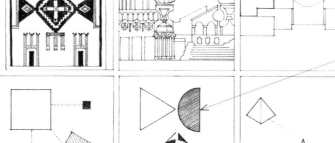

hierarchy 等级
按照重要性或意义进行上下排位、分类和组织的诸要素的体系。

opposition 对立
被放到与另一状态或位置相反的状态或位置，或处于所介入空间或物体对应位置的状态或位置。

contrast 对比
将艺术作品中相异的要素对立或并列，以强化每个要素的性质并产生更具动感的表现力。

juxtaposition 并置
为了便于比较或对照而紧挨着布置或并列的状态或位置。

tension 张力
艺术作品中两个对立的力量或要素之间所维持的微弱平衡，常常引起焦虑或激动。

anomaly 差异
偏离正常的或期望的形式、次序或排列。

point 要点
陈述或者概念中的主要想法、关键部分或突出特点。

salient 突出的
显著的或明显的。

counterpoint 对应物
陈述或者概念中平行的、但是相互对比的要素或主题。

chaos 混乱
彻底无序或杂乱的状态。

contradiction 矛盾
处于对立、不协调或逻辑上不一致的状态或情形。

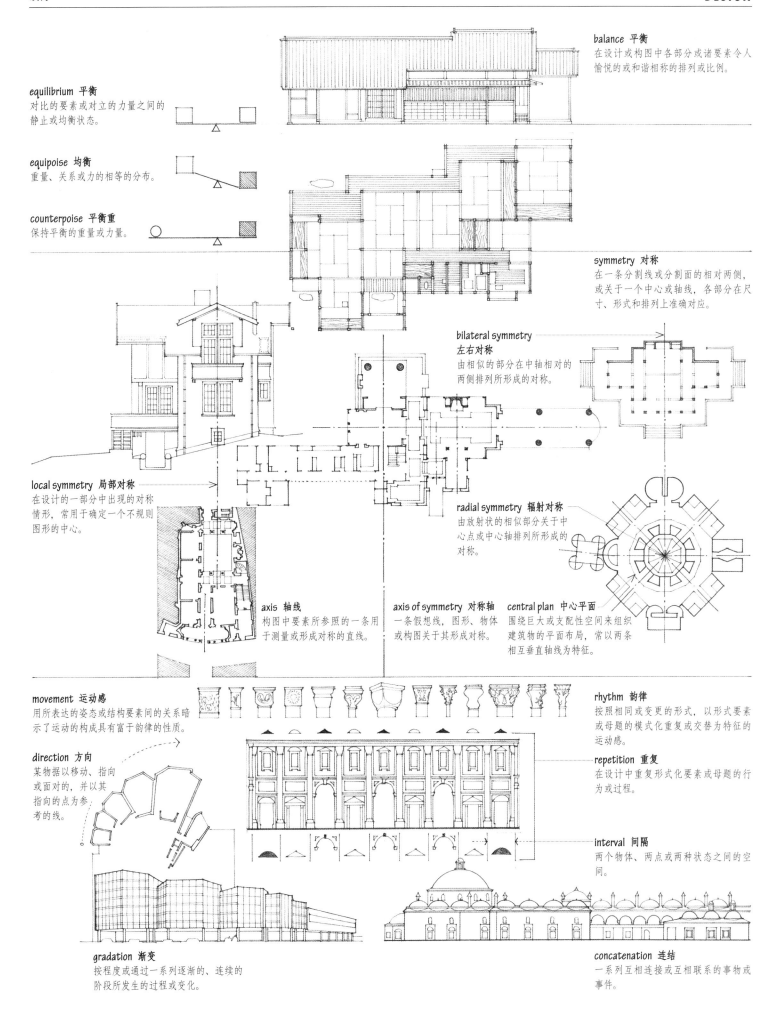

balance 平衡
在设计或构图中各部分或诸要素令人愉悦的或和谐相称的排列或比例。

equilibrium 平衡
对比的要素或对立的力量之间的静止或均衡状态。

equipoise 均衡
重量、关系或力的相等的分布。

counterpoise 平衡重
保持平衡的重量或力量。

symmetry 对称
在一条分割线或分割面的相对两侧，或关于一个中心或轴线，各部分在尺寸、形式和排列上准确对应。

bilateral symmetry 左右对称
由相似的部分在中轴相对的两侧排列所形成的对称。

local symmetry 局部对称
在设计的一部分中出现的对称情形，常用于确定一个不规则图形的中心。

radial symmetry 辐射对称
由放射状的相似部分关于中心点或中心轴排列所形成的对称。

axis 轴线
构图中要素所参照的一条用于测量或形成对称的直线。

axis of symmetry 对称轴
一条假想线，图形、物体或构图关于其形成对称。

central plan 中心平面
围绕巨大或支配性空间来组织建筑物的平面布局，常以两条相互垂直轴线为特征。

movement 运动感
用所表达的姿态或结构要素间的关系暗示了运动的构成具有富于韵律的性质。

direction 方向
某物据以移动、指向或面对的，并以其指向的点为参考的线。

rhythm 韵律
按照相同或变更的形式，以形式要素或母题的模式化重复或交替为特征的运动感。

repetition 重复
在设计中重复形式化要素或母题的行为或过程。

interval 间隔
两个物体、两点或两种状态之间的空间。

gradation 渐变
按程度或通过一系列逐渐的、连续的阶段所发生的过程或变化。

concatenation 连结
一系列互相连接或互相联系的事物或事件。

proportion 成比例
一部分对另一部分或对整体关于大小、数量或程度上的相对的、恰当的或协调的关系。

proportion 比例
两个比率之间的等式。在此等式中，四项中的第一项除以第二项等于第三项除以第四项。

golden section 黄金分割
平面图形的两边尺寸或一条线的两段之间的比例，其中较小尺寸对较大尺寸的比值和较大尺寸对整体的比值相等，比率大致为：0.618/1.000。又称为：golden mean。

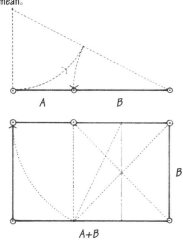

eurythmy 和谐/优律诗美
比例或运动的协调融洽。

ratio
比率 两个或更多的类似事物之间在大小、数量或程度上的关系。

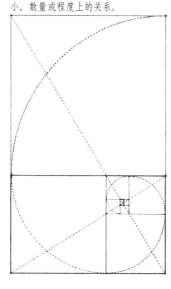

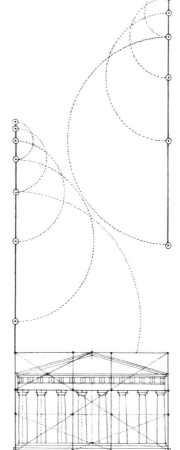

1, 1, 2, 3, 5, 8, 13, 21...

¹/1, ¹/2, ²/3, ³/5, ⁵/8, ⁸/13...

Fibonacci series 斐波那契数列 [译注]
数列中第一和第二项是1和1，而以后每项是前两项之和的无穷数列。又称为：Fibonacci sequence。

harmonic series 调和数列
其各项均在调和级数中的数列。

1, ¹/3, ¹/5, ¹/7, ¹/9 ...

harmonic progression 调和级数
倒数形成等差数列的一系列数字。

scale 尺度
成一定比例的大小、范围或程度，常与某个标准或参照点相比较而评判。

human scale 人体尺度
与人体的结构尺寸或功能尺寸相比较，建筑物构件、空间或家具的大小或比例。

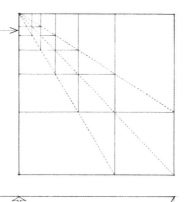

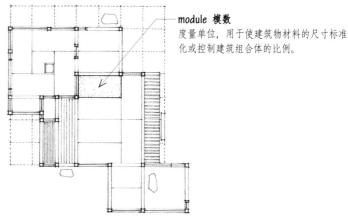

module 模数
度量单位，用于使建筑物材料的尺寸标准化或控制建筑组合体的比例。

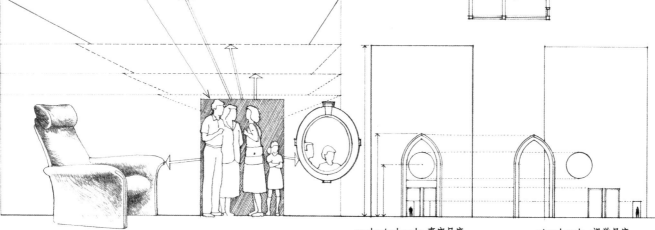

mechanical scale 真实尺度
某物相对于公认度量标准的大小或比例。

visual scale 视觉尺度
相对已知或已假定大小的其他构件或部件，某一构件所呈现的大小或比例。

[译注] 莱昂纳多·斐波纳契（Leonardo Fibonacci），1170—1250，意大利数学家。

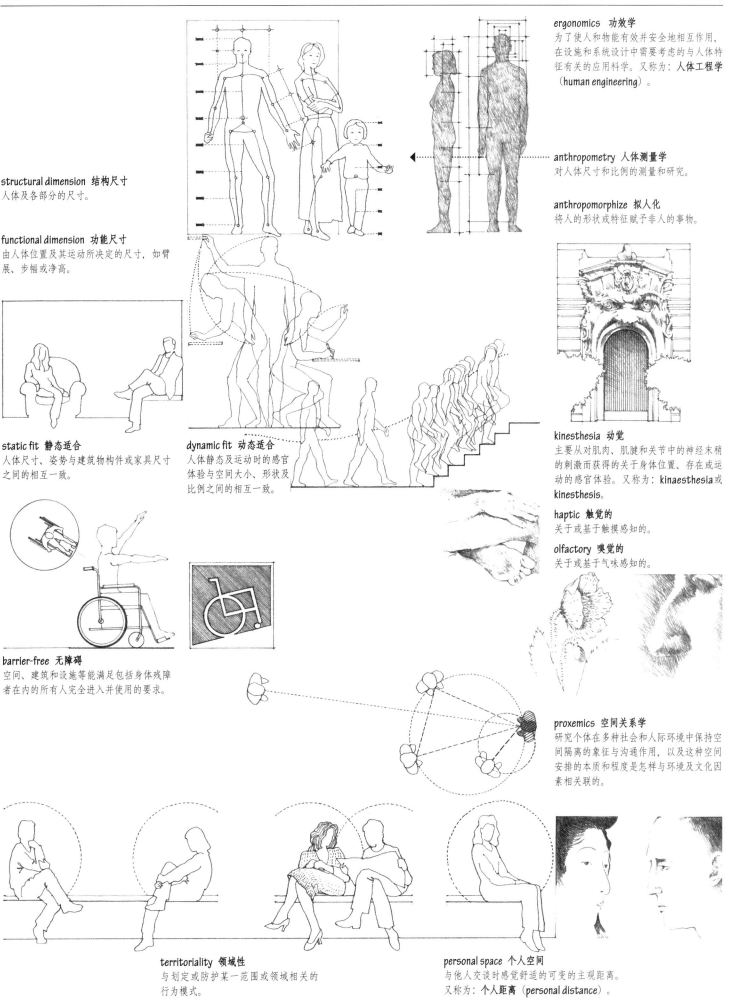

ergonomics 功效学
为了使人和物能有效并安全地相互作用，在设施和系统设计中需要考虑的与人体特征有关的应用科学。又称为：**人体工程学**（human engineering）。

structural dimension 结构尺寸
人体及各部分的尺寸。

functional dimension 功能尺寸
由人体位置及其运动所决定的尺寸，如臂展、步幅或净高。

anthropometry 人体测量学
对人体尺寸和比例的测量和研究。

anthropomorphize 拟人化
将人的形状或特征赋予非人的事物。

static fit 静态适合
人体尺寸、姿势与建筑物构件或家具尺寸之间的相互一致。

dynamic fit 动态适合
人体静态及运动时的感官体验与空间大小、形状及比例之间的相互一致。

kinesthesia 动觉
主要从对肌肉、肌腱和关节中的神经末稍的刺激而获得的关于身体位置、存在或运动的感官体验。又称为：kinaesthesia或kinesthesis。

haptic 触觉的
关于或基于触摸感知的。

olfactory 嗅觉的
关于或基于气味感知的。

barrier-free 无障碍
空间、建筑和设施等能满足包括身体残障者在内的所有人完全进入并使用的要求。

proxemics 空间关系学
研究个体在多种社会和人际环境中保持空间隔离的象征与沟通作用，以及这种空间安排的本质和程度是怎样与环境及文化因素相关联的。

territoriality 领域性
与划定或防护某一范围或领域相关的行为模式。

personal space 个人空间
与他人交谈时感觉舒适的可变的主观距离。
又称为：**个人距离**（personal distance）。

Americans with Disabilities Act
《美国残疾人法案》
一项国会法案，在1992年成为法律，设
定除独户住宅之外的所有建筑对残障人士
无障碍的设计标准及要求。

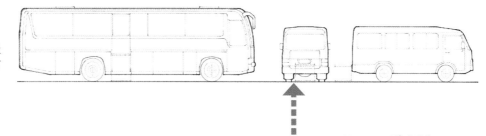

universal design 通用设计
运用现有材料、技术和知识条件，规划、
设计以及创造产品、建筑和环境，使其最
大可能限度地对所有个体（包括残障和有
特殊需求人士）无障碍的过程。

accessible route 无障碍通道
在一个场地内，从场地到达点开始连接
所有无障碍建筑和设施的连续、通畅的
路径。

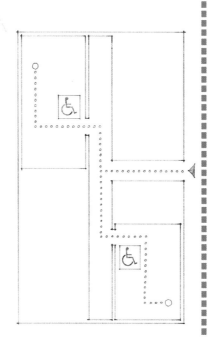

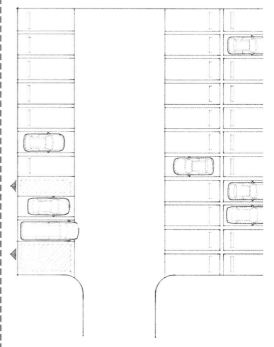

access 可及
接近、进入或使用的能力、自由或许可。

accessibility 可达性
产品、设施、服务或环境对残障或有特殊
需求人士的可及程度。

accessible 无障碍的
描述遵从《美国残疾人法案无障碍指南》
（Americans with Disabilities Act Accessibil-
ity Guidelines，英文缩写为：ADAAG）设计
并建造的场地、建筑或设施。

accessible parking 无障碍停车
位于无障碍通道上并遵从《美国残疾人法
案无障碍指南》的停车位及落客区。

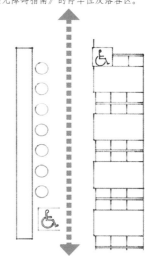

access aisle 通径
一块位于诸如停车位、座位及书桌等组成
部分之间的无障碍人行空间。

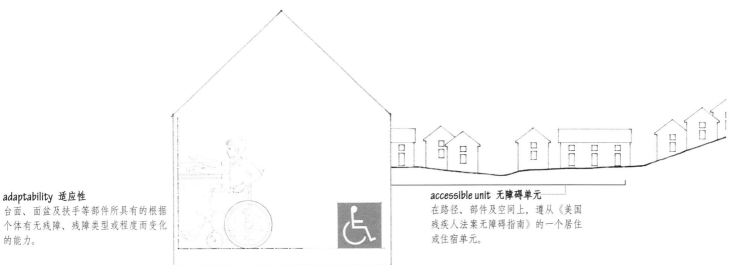

adaptability 适应性
台面、面盆及扶手等部件所具有的根据个体有无残障、残障类型或程度而变化的能力。

accessible unit 无障碍单元
在路径、部件及空间上，遵从《美国残疾人法案无障碍指南》的一个居住或住宿单元。

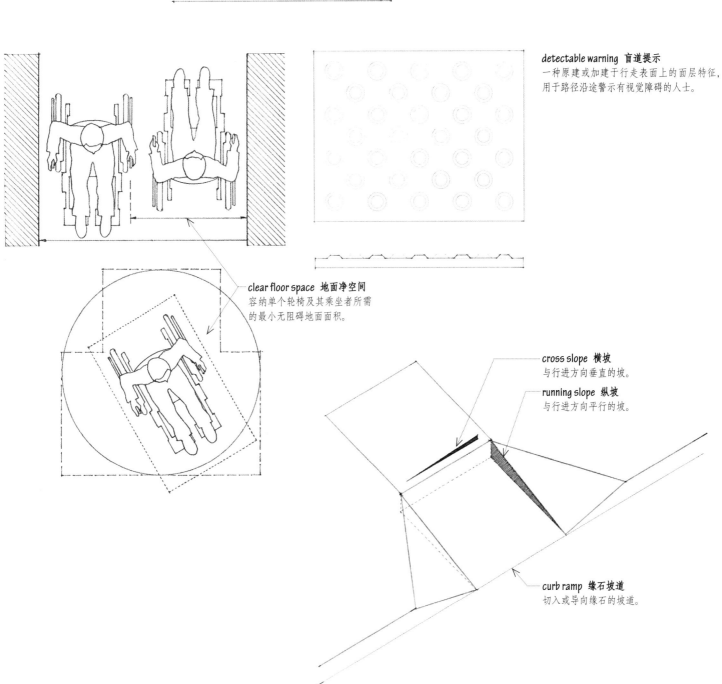

detectable warning 盲道提示
一种原建或加建于行走表面上的面层特征，用于路径沿途警示有视觉障碍的人士。

clear floor space 地面净空间
容纳单个轮椅及其乘坐者所需的最小无阻碍地面面积。

cross slope 横坡
与行进方向垂直的坡。

running slope 纵坡
与行进方向平行的坡。

curb ramp 缘石坡道
切入或导向缘石的坡道。

design 设计
构思、策划或设想一幢建筑或构筑物的形式和结构。

design process 设计过程
以制定将现状改变成为未来优化状态的计划为目的的有意行为，尤其是包含下列循环互动阶段的过程。

process 过程
导向或朝向特定终点的一系列系统的行动或操作。

phase 阶段
变化或发展过程中的一个特定时期。

program 任务书
解决问题的流程，例如一份阐明设计项目来龙去脉、条件、要求及目标的陈述书。

dynamics 动态
物体或现象的变化、成长或发展的模式。

charrette 研讨会
高强度工作以在特定时间内完成一个设计项目。又称为：charette。

reevaluation 再评估
评价已实施的解决方案满足特定目标和标准的程度。

implement 实施
通过明确的计划或流程确保目标实现。

feedback 反馈
促使行动或过程返回到前一阶段以便调整或更正评价信息。

action 行动
对最适合解决方案的选择和实施。

communicate 交流
通过写、说或标志、符号等通用系统，尤其是用清晰易懂的方法，来表述、传达或交流思想、信息等。

proposal 提案
提供用来考虑、接受或行动的计划。

conceive 构想
在头脑中形成构思或概念。

contrive 策划
以艺术的或创造性的方式构思。

devise 设计
在头脑中形成对现有思想或原理的新的组合或应用。

initiation 启动
辨识一个问题及其社会的、经济的、物质的背景条件。

preparation 准备
收集、分析有关信息，并为可接受的解决方案确定目标和标准。

synthesis 综合
探索约束条件及机遇，并猜想可能的备选解决方案。

hypothesis 假说
构想一个试验性的假设，以便提取并验证该假设的逻辑推论或实证后果。

alternative 备选方案
从一组包含两个或多个彼此互斥的可能性中所选择出的一项提案或一种做法。

draft 草案
计划或设计的初期版本。

evaluation 评价
根据特定目标或标准模拟、试验和修改可接受的备选方案。

analysis 分析
把整体分解为它的组成部分或要素，尤其是在作为研究整体的性质并确定其本质特征及特征间关系的方法时。

synthesis 综合
把独立的、常常是性质不同的部分或要素组合起来，以形成单一的或连贯的整体。

develop 开发
找到、拓展或实现潜能或可能性，以便逐步地带来更充分、更先进或更有效的状态。

modify 改变
改变形式、特征或品质，以便赋予新的方向或提供新的目标。

refine 完善
精心钻研或改善以便做得更好或更精确。

inflection 弯曲
形状或轮廓的弯曲、折角或类似的改变，由此表明了某些背景或条件关系的变化。

transformation 转化
针对特定背景或一组条件，通过一系列独立的置换和微调，在不损失自身特征或概念的情况下实现形式或结构的改变过程。

select 选择
在众多备选方案中根据适合度或偏好进行挑选。

judgment 判断力
感知不同之处、理解相互关系或区分备选方案的思维能力。

function 功能
成为某物设计、应用或存在原因的自然或适当的行为。

purpose 目的
完成、制造、应用某物或其存在的理由。

amenity 舒适
提供或提高舒适度、便捷性或愉悦感的特征。

economy 经济
小心、节俭和有效地使用及管理资源。

evaluate 评估
通常通过仔细评价和研究来确定或估计行动的重要性、价值或品质。

criterion 准则
据以进行判断或决策的标准、规则或原理。

datum 资料
假定的、给定的或其他确定的事实或命题，作为得出结论或做出决策的依据。

simulate 模拟
制造某物的相似物或模型用以测试或评估。

model 模型
通常按比例建立，反映某物外观或构造的缩小版。

mock-up 样板
准确地按全尺寸建造的建筑物或结构模型，用以从事研究、测试或教学。

test 试验
使体系或流程经受致对其能力或性能进行临界评估的条件或操作，并随即决定接受或拒绝。

reason 理性
以有序的、合理的方式来理解、推理或思考的本领或能力。

visualize 想象
形成或回忆起头脑中某物的影像。

reproductive imagination 回想
在相关图像的暗示下再现贮存在记忆中影像的能力。

project 形象化
将概念或观念视为头脑之外某种形式的客观存在。

inform 感染
用特定的形式、物质、品质或特点来散布或渗透。

address 致力于
引导努力或注意力的方向。

engage 从事
用影响或能力来吸引并坚持。

practice 实践
不同于理论的对原则的实际执行或应用。

real 真实
与假冒或虚幻相对立的，具有客观的、可验证的和独立性质的存在。

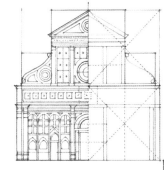

typology 类型学
按照结构特征对类型进行系统地区分及研究。

type 类型
依据事物的共同属性或特征而归纳的组别。

archetype 范式
被同一种类的所有事物所依据或拷贝的初始的模型或模式。

ectype 复制品
原始物的再现。

prototype 原型
用于展示某类或某组事物基本特征的早期典型范例，作为后续阶段的基础或判断依据。

fancy 幻想
头脑的作用，通过该作用激发想象力，特别是激发起异想天开的、顽皮有趣的和典型地脱离现实的创造力。

envision 设想
形成未来可能发生事物在脑海中的图景。

creative imagination 创造性的想象力
重组之前经验，创造针对特定目标或帮助解决问题的新设想的能力。

vision 远见
预料将来是怎样或会怎样的行为或能力。

perspective 洞察力
在其真实关系中观察事物或评估其相对重要性的本领或能力。

view 观察
注视或看待某些事物的特定的方式或模式。

aspect 方面
某物可能被观察或看待的某一方向。

theory 理论
源自假说或原理体系的抽象思维或推测，该体系用于现象分析、解读或预测并作为行动提出或遵循的基础。

abstract 抽象
与具体现实或特定场合无关的思维。

principle 原理
控制行动、过程或排列的基础和综合性的定律、真理或假说。

metaphor 隐喻
用物体、活动或概念取代另一个物体、活动或概念，以暗示它们之间的相似性。

analogy 类推
其他方面不同的事物之间在某些特点上的相似，特指根据以下假设而得到的逻辑推断：如已知两事物在某方面相似，则它们可能在其他方面也相似。

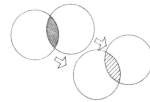

connection 联系
被观察或想象的某些事物的前后、因果或逻辑的关系或相关性。

model 模型
创造某物时作为供模仿或仿照形式的范例。

image 印象
在最初刺激缺失的情况下，以前感知的某些事物在意识中的再现。

creativity 创造力
超越传统的观念、模式或关系开创有意义的新概念、形式或解释的能力。

originality 原创力
以独立的、个人的方式来想象或表达的创造能力。

imagination 想象力
头脑中形成在感官中未曾出现的、或现实中未觉察的影像或概念的能力。

idea 观念
由于大脑的认知、理解或能动性而得到的想法或见解。

concept 概念
头脑中对于某些事物是什么或应该是什么的想象或表述，尤其指来自不寻常的特征或情况的观念。

design concept 设计概念
用图表、平面图或其他绘画来图形化表现的建筑物或构筑物的形式、结构和特点的概念。

scheme 方案
设计的根本组织模式或结构。

projet 草案
设计的原始方案图，以草图形式概述其特点，并在之后的研究中开发细节。

synectics 集思广益法
创意过程的研究，特指用于一小组多样化个体，通过自由使用隐喻和类推非正式地交换意见来描述和解决问题。

intuition 直觉
没有明显的理性思考和推断而知晓的能力或本领。

speculation 臆测
导致根据不完整或无定论的论据做出论断的，对事物或概念的冥想或沉思。

ambiguity 歧义
容易导致含义不定或多种解读的状态或性质。

serendipity 机缘
偶然中做出合乎心意而又出乎预料发现的天资。

accident 偶然
偶而发生的情况、性质或特征。

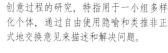

dome 穹顶

具有圆形平面并且通常其形状为球面一部分的穹隆式结构，如此建造是为了在所有方向施加相等的推力。

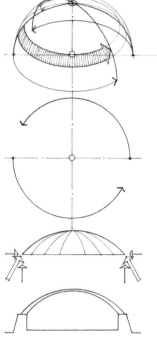

saucer dome 碟形穹顶

形状为球面的一部分，其球心远在起拱线之下。碟形穹顶对于外力荷载作用下的压屈特别敏感。

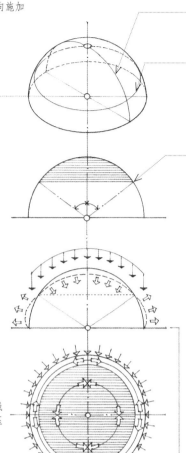

meridional line 子午线

用于描述通过旋转曲面的轴切割出的垂直截面的一条曲线。

hoop line 环线

用于描述通过垂直于旋转曲面的轴切割的水平截面的一条圆弧线。

semicircular dome 半圆穹顶

具有半球形状的穹顶。

对于大多数荷载条件，与垂直轴成45°～60°的交角开始从子午向力过渡到环向力。

hoop force 环向力

沿着穹顶结构的环向作用力，与子午向力垂直。在穹顶的壳中环向力约束子午带平面外的运动，在上部区域是压力而下部区域是拉力。

meridional force 子午向力

沿着穹顶结构的子午线方向的作用力，在全垂直荷载作用下总是表现为压力。

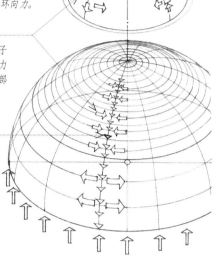

tension ring 拉力环

穹顶中围绕穹顶底部的一个环带，它抑制子午向力向外的分力。对混凝土穹顶，拉力环部位加厚并且配筋以应对由于拉力环和壳体的不同弹性变形而产生的弯曲应力。

great circle 大圆

球面上可以画出的最大直径的圆。

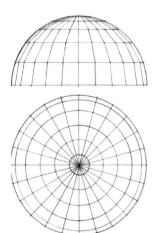

radial dome 辐射穹顶

用钢材或木桁架建造的穹顶，桁架以辐射状排列并在不同高度以多边形环连接。

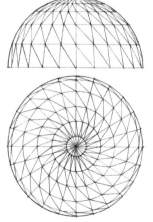

Schwedler dome 施魏特勒穹顶 [译注]

一种钢穹顶结构，具有分别遵循经向线及纬向线布置的构件，此外还有第三组对角线构件与经向和纬向构件共同完成三角形格构。

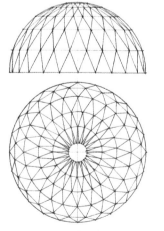

lattice dome 格构式穹顶

一种钢穹顶结构，拥有沿着纬向圆周的构件以及用来代替经线的两组对角线，从而形成一系列等腰三角形。

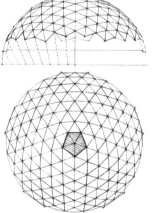

geodesic dome 短程线穹顶

一种钢穹顶结构，具有相交成60°的顺着三组主要的大圆面而设置的构件，把穹顶分割为一系列等边球面三角形。

[译注] 约翰·威尔海姆·施魏特勒（Johann Wilhelm Schwedler），1823—1894，德国结构工程师，首先将网架结构应用于穹顶。

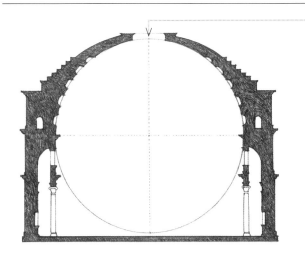

oculus 眼形窗
圆形洞口，尤其是位于穹顶冠上的洞口。

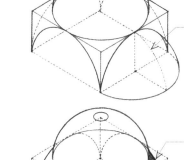

lantern 穹顶塔
隆起于屋顶或穹顶之上的上部结构，有洞口或开窗的墙体以引入光线及空气。

cupola 小穹顶
穹顶或屋顶上的轻型结构，用作钟楼、穹顶塔或瞭望塔。

tambour 穹顶座圈
小穹顶的垂直部分。

interdome 穹顶夹层
介于穹顶内壳和外壳之间的空间。

lucarne 屋顶窗
屋顶或尖塔上的屋顶窗。

whispering gallery 回音廊
穹顶或穹隆下的空间或长廊，在此空间中任何特定点产生的微小声音可以在远处的其他特定点清楚地听到。

semidome 半穹顶
由垂直截面形成的半个穹顶，例如覆盖半圆室的物体。

cul-de-four 半穹隆
半穹顶或1/4球形穹隆，例如覆盖半圆室或壁龛的物体。

pendentive 帆拱
从穹顶的圆形平面过渡到其支撑结构的多边形平面所形成的球面三角形。

lunette 半月拱
以拱或穹隆作为边框的墙体平面上一块包含有窗户、绘画或雕刻的区域。

pendentive dome 帆拱穹顶
切去四块后与帆拱融合形成的球形穹顶，其平面为正方形。

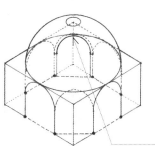

squinch 交角券
与方塔的上内角相切而建造的拱或托臂，以支撑在其上的八角形结构的边。

drum 鼓座
支持穹顶的圆柱形或多面柱体结构，常开有窗户。

tholobate 穹顶底座
支持穹顶或小穹顶的下部结构。

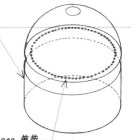

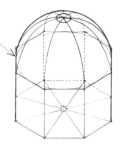

bandage 箍带
为了将其部件拉紧并固定在一起而环绕结构安放的带、环或链，例如围绕穹顶的拱座。

door 门
用木料、金属、玻璃制成的铰接、滑动或折叠的屏障，用以开启或关闭进入建筑物、房间或小室的入口。

swinging door 平开门
推或拉时依靠铰链或枢轴围绕直线而转动的门。

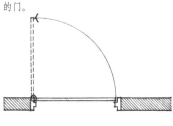

pivoted door 枢轴门
安装在居中或偏置的枢轴上而非铰链之上并围绕其旋转的门。

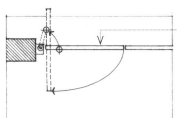

folding door 折叠门
装有铰链连结的部件，开启时各部件可互相靠紧折平的门。

sliding door 推拉门
常平行于墙体，通过在轨道上滑动以开启或移动的门。

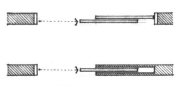

rolling door 卷帘门
由互相连锁的水平金属板组成的大门，两侧有导轨引导，通过围绕安在门洞顶部的卷筒卷起。

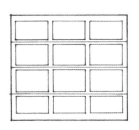

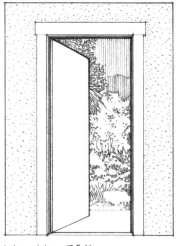

balanced door 平衡门
为了便于开关而使其部分平衡的枢轴门。

automatic door 自动门
人或汽车接近时自动开启的门。

door opener 开门装置
在无线电波发射器、电子眼或其他装置驱使下自动开启门的机械装置。

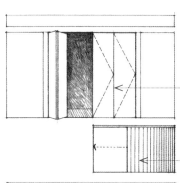

bifold door 双折门
分为两页的折叠门，每页的内缘悬挂在上部轨道上而外缘在门框上转动。

accordion door 折门
悬挂在上方轨道内的多页式门，用类似手风琴方式展开而开启。

pocket door 暗推拉门
可沿墙体内的暗槽滑进、滑出的门。

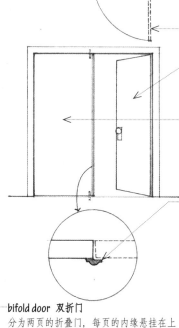

overhead door 上升卷门
通过转动或卷起到门洞以上的水平位置而开启的、由一个或数个门页组成的大门。

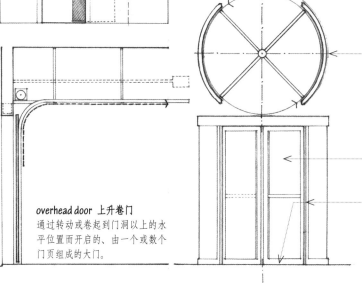

single-acting door 单向门
悬挂在铰链上只允许向一个方向开启的门。

double-acting door 双向门
悬挂在铰链上，允许其从关闭位置向两个方向开启的门。

double doors 双扇门
悬挂在同一门框上的一对门扇。

leaf 门扇
门或百叶的悬挂或推拉部分。

active leaf 主动门扇
双扇门中安装有门闩或门锁的一扇门。又称为：开启门扇（opening leaf）。[译注]

inactive leaf 固定门扇
双扇门中安装有锁扣板的门扇，以便接纳活动门扇的门锁或插销，该门扇常通过固定在顶部及底部的插销固定在关闭位置。又称为：standing leaf。

astragal 盖缝条
固定在双扇门的一个或两个掩合门梃上的压条，防止穿堂风或光线、声音、烟气通过。

mullion 竖框
把双扇门的门洞分开的细长垂直构件，有时做成可拆卸的，以便大物件通过。

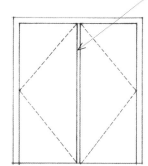

revolving door 旋转门
用于阻挡穿堂风进入建筑物内部的入口门，由四个门扇组成十字形，并围绕中间的垂直枢轴在圆柱状的门斗内旋转。某些转门当施加压力时会沿疏散方向自动折叠，以在枢轴两侧形成符合法规的通道。

wing 门扇
双扇门或旋转门的门扇中的一个。

sweep 门刷
沿转门边缘的柔软密封条。

air curtain 气幕
向下通过门口的一股压缩空气流，用以形成阻挡穿堂风的屏障。

[译注] 主动门扇不仅可以开启，而且在双扇门中是首先开启的那一个门扇。

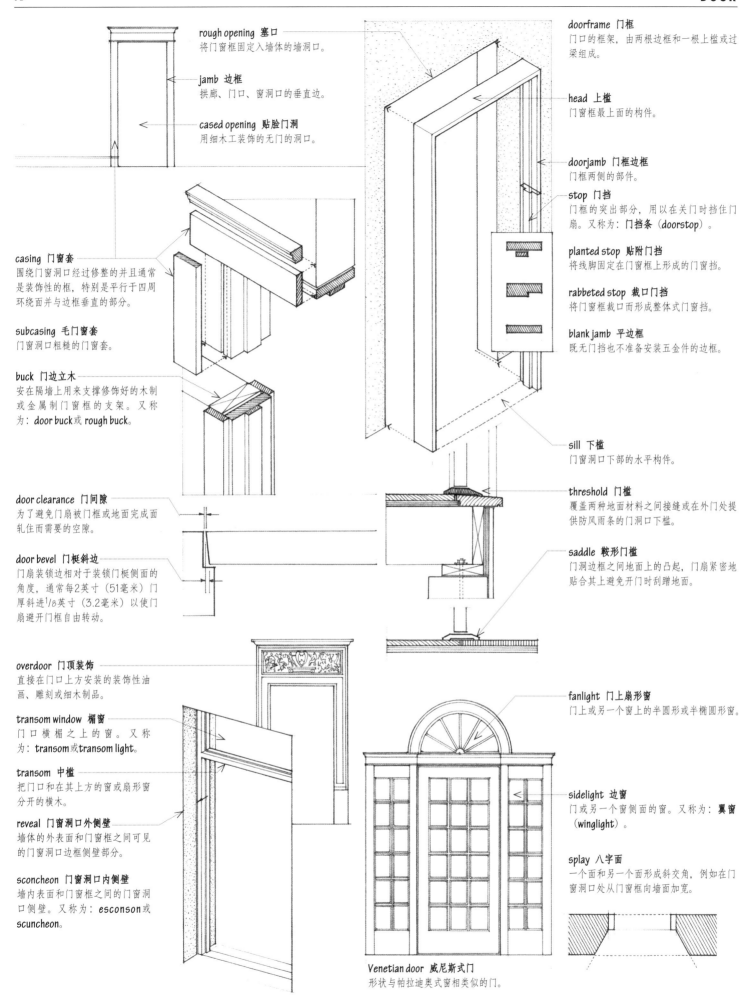

rough opening 塞口
将门窗框固定入墙体的墙洞口。

jamb 边框
拱廊、门口、窗洞口的垂直边。

cased opening 贴脸门洞
用细木工装饰的无门的洞口。

casing 门窗套
围绕门窗洞口经过修整的并且通常
是装饰性的框，特别是平行于四周
环绕面并与边框垂直的部分。

subcasing 毛门窗套
门窗洞口粗糙的门窗套。

buck 门边立木
安在隔墙上用来支撑修饰好的木制
或金属制门窗框的支架。又称
为：door buck或rough buck。

door clearance 门间隙
为了避免门扇被门框或地面完成面
轧住而需要的空隙。

door bevel 门框斜边
门扇装锁边相对于装锁门框侧面的
角度，通常每2英寸（51毫米）门
厚斜进1/8英寸（3.2毫米）以使门
扇避开门框自由转动。

overdoor 门顶装饰
直接在门口上方安装的装饰性油
画、雕刻或细木制品。

transom window 楣窗
门口横楣之上的窗。又称
为：transom或transom light。

transom 中楣
把门口和在其上方的窗或扇形窗
分开的横木。

reveal 门窗洞口外侧壁
墙体的外表面和门窗框之间可见
的门窗洞口边框侧壁部分。

sconcheon 门窗洞口内侧壁
墙内表面和门窗框之间的门窗洞
口侧壁。又称为：esconson或
scuncheon。

doorframe 门框
门口的框架，由两根边框和一根上楣或过
梁组成。

head 上楣
门窗框最上面的构件。

doorjamb 门框边框
门框两侧的部件。

stop 门挡
门框的突出部分，用以在关门时挡住门
扇。又称为：门挡条（doorstop）。

planted stop 贴附门挡
将线脚固定在门窗框上形成的门窗挡。

rabbeted stop 裁口门挡
将门窗框裁口而形成整体式门窗挡。

blank jamb 平边框
既无门挡也不准备安装五金件的边框。

sill 下槛
门窗洞口下部的水平构件。

threshold 门槛
覆盖两种地面材料之间接缝或在外门处提
供防风雨条的门洞口下槛。

saddle 鞍形门槛
门洞边框之间地面上的凸起，门扇紧密地
贴合其上避免开门时刮蹭地面。

fanlight 门上扇形窗
门上或另一个窗上的半圆形或半椭圆形窗。

sidelight 边窗
门或另一个窗侧面的窗。又称为：翼窗
（winglight）。

splay 八字面
一个面和另一个面形成斜交角，例如在门
窗洞口处从门窗框向墙面加宽。

Venetian door 威尼斯式门
形状与帕拉迪奥式窗相类似的门。

paneled door 镶板门
具有由边梃、冒头、有时还有中梃组成木框，填以较薄材料的镶板门。

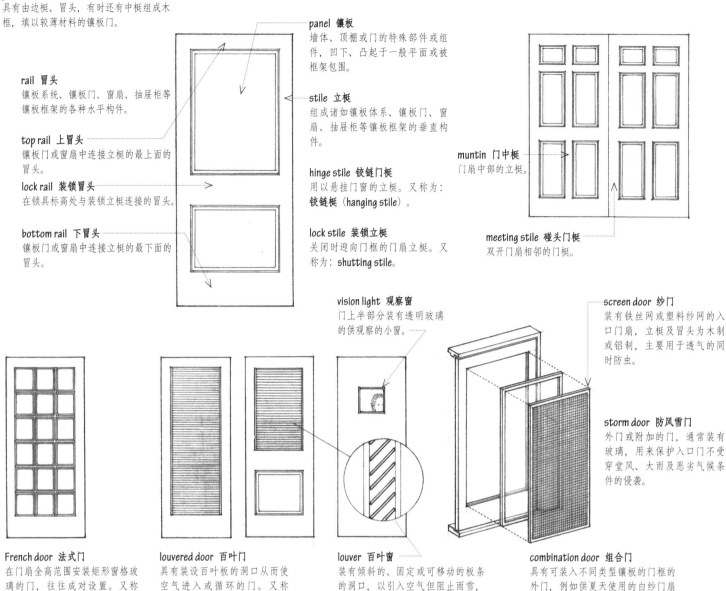

rail 冒头
镶板系统、镶板门、窗扇、抽屉柜等镶板框架的各种水平构件。

top rail 上冒头
镶板门或窗扇中连接立梃的最上面的冒头。

lock rail 装锁冒头
在锁具标高处与装锁立梃连接的冒头。

bottom rail 下冒头
镶板门或窗扇中连接立梃的最下面的冒头。

panel 镶板
墙体、顶棚或门的特殊部件或组件，凹下、凸起于一般平面或被框架包围。

stile 立梃
组成诸如镶板体系、镶板门、窗扇、抽屉柜等镶板框架的垂直构件。

hinge stile 铰链门梃
用以悬挂门窗的立梃。又称为：**铰链梃**（hanging stile）。

lock stile 装锁立梃
关闭时迎向门框的门扇立梃。又称为：**shutting stile**。

muntin 门中梃
门扇中部的立梃。

meeting stile 碰头门梃
双开门扇相邻的门梃。

vision light 观察窗
门上半部分装有透明玻璃的供观察的小窗。

screen door 纱门
装有铁丝网或塑料纱网的入口门扇，立梃及冒头为木制或铝制，主要用于透气的同时防虫。

storm door 防风雪门
外门或附加的门，通常装有玻璃，用来保护入口门不受穿堂风、大雨及恶劣气候条件的侵袭。

French door 法式门
在门扇全高范围内安装矩形窗格玻璃的门，往往成对设置。又称为：**玻璃门扉**（casement door）。

louvered door 百叶门
具有装设百叶板的洞口从而使空气进入或循环的门。又称为：blind door。

louver 百叶窗
装有倾斜的、固定或可移动的板条的洞口，以引入空气但阻止雨雪，或用来保护隐私。又称为：louvre。

combination door 组合门
具有可装入不同类型镶板的门框的外门，例如供夏天使用的白纱门扇或供冬天使用的防风雪门扇。

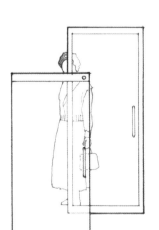

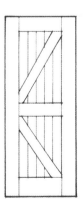

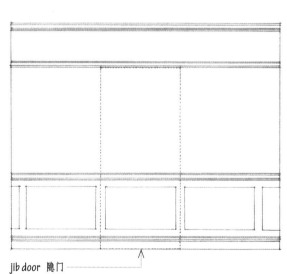

glass door 玻璃门
装有或没有边梃和冒头的半钢化玻璃或钢化玻璃的门，主要用作入口门。

Dutch door 荷兰式门
横向分割开的门，以使门的上半部分和下半部分可以分别开关。

batten door 板条门
由垂直板组成的门，并用横板条和对角斜撑进行固定。

jib door 隐门
用铰链固定在墙上并在两侧与墙齐平的门，该门经处理后在关闭时难以辨别。又称为：gib door。

adjustable doorframe 可调节门框
具有拼合的上槛及边框的门框，用于在不同厚度的墙体上安装。

flush door 光面门
有光滑表面的门。

core 门芯
一种木质结构，就门而言它是罩面板片的衬板。

crossbanding 横纹板层
紧贴平板门罩板片之下的胶合板或硬木板。又称为：垫层板（crossband）。

doorskin 门外层板
黏结到平板门的垫层板或门芯上的，由胶合板、硬木板、塑料层压板或中密度贴面板等组成的面层板。

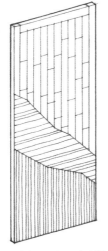
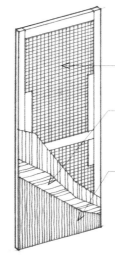

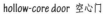

prehung door 预装门
在安装入墙前已经吊挂在门框上的门，有时会预先装修并安装所有必需的五金件和贴脸条。

solid-core door 实心门
由拼合木料、刨花板或矿物混合物等制成的木质实心平板门。

hollow-core door 空心门
由立梃及冒头组成门框，将波形纤维板制成的膨胀蜂窝芯或水平垂直卡条互锁组成的格栅包在框内的木平板门。

throat 门框背槽
金属门框外缘镶带之间的开口。

backbend 折边
折回墙面的金属门框外边缘表面。

acoustical door 隔音门
有吸音芯料、沿门顶部及两侧设有密封门挡并在门底部有自动下落封闭装置的门。又称为：sound-insulating door。

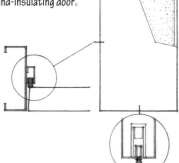
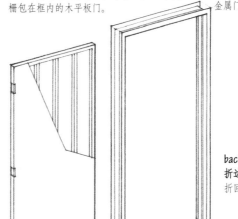
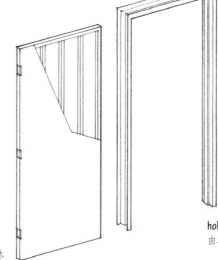
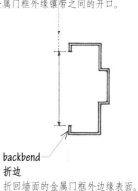

kalamein door 铁皮包门
用镀锌钢板外包结构性木芯的门扇。

hollow metal door 空心金属门
将薄钢板焊在槽钢框上，并用槽钢、牛皮纸蜂窝结构或硬泡沫塑料芯强化的门。

hollow metal frame 空心金属门框
由单片金属制成的有上槛及边框的门框。

knockdown frame 组装式门框
由三个或更多部件组成并在现场装配的金属门框。

welded frame 焊接门框
完全在工厂拼装并焊接的金属门框。

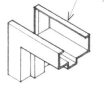

flush frame 平门框 [译注2]
在砖砌体或立筋隔墙施工时安装的金属门框。

drywall frame 石膏板隔墙门框
石膏板隔墙完工后安装，具有二次折边的组装式门框。

cutoff stop 医院门挡 [译注1]
门挡下端不接触地面，且下端与地面成45°或90°角。又称为：hospital stop或sanitary stop。

spat 护板
安装于门框底部的通常用不锈钢制成的保护衬板。

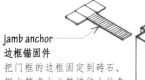
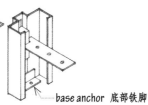

jamb anchor 边框锚固件
把门框的边框固定到砖石、钢立筋或木立筋墙体上的各种金属部件。

anchor 铁脚
把结构的一部分连接到另一部分的金属部件。

base anchor 底部铁脚
把门框底部固定在楼面上的金属卡掭或部件。

grouted frame 灌浆门框
完全用灰浆或砂浆填塞，以便提高结构刚度及耐火性能的金属门框。

double egress frame 双向开门框 [译注3]
用来安装一对朝相反方向开启的单向门的钢门框。

[译注1] 这种门挡实际上是正常门挡下部截去一小段，目的是消除卫生死角并防止卡住医疗推车轮子。
[译注2] 平门框因与墙体厚度相等而命名。
[译注3] 在中国通常使用防火隔间而不是双向疏散门来满足双向疏散的需要。

drawing 绘图
在平面上用线条表现物体、场景或思想的艺术、过程或技巧。

technique 技巧
达成所想要目标或任务的方法或流程，常被艺术家用来展示对基本技能的高超把握能力。

contour drawing 白描
不借助阴影或造型，只以线条表现物体轮廓的技巧。

contour 轮廓
二维形状的边缘线或是三维形体的边界。

analytical drawing 分析图
用线条表现事物的三维结构和几何形状，通常从整体入手再到局部。

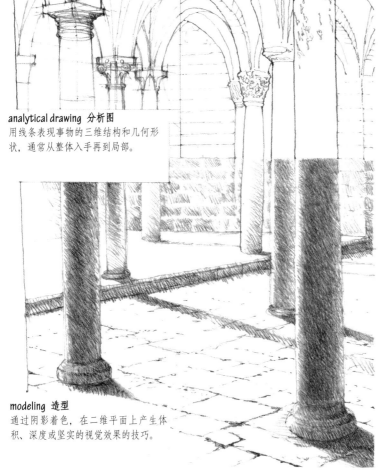

modeling 造型
通过阴影着色，在二维平面上产生体积、深度或坚实的视觉效果的技巧。

grisaille 纯灰色画
用灰色阴影产生三维效果的单色图。

line 线
用铅笔、钢笔或笔刷在平面画出的连续痕迹，区别于阴影或颜色。

outline 边缘线
勾勒出人物或物体外边界的线条。

profile 侧影
从侧面观察到或表现出的形体结构的边缘线。

cross-contour drawing 结构素描
用线条表现出事物的一组截面而非外边缘的技巧。

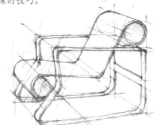

regulating line 调节线
用来衡量或表示对齐、比例或尺度的线条。

trace 描线
用来记录对齐或测距的浅线条。

high-key 高色调
画面主色偏浅且对比小的效果。

image 图像
通过雕塑、摄影或绘画对事物的形体或外观的再现。

观看

感知/想象

绘制

gesture drawing 速写
自由快速地运用单线条或多线条，扫视主体，并将感知的体积、质量、运动及其他重要细节表现到图画中的技巧。与白描不同的是，速写通常从整体入手，再到局部。

gesture 姿势
手、臂、头、脸或身体的运动，用来表现某种思想、意见或情感。

movement 动作
设计或创作中，结构元素的相对位置发生移动而产生的结果或视觉效果。

shading 阴影
在图画中用深浅色产生三维的视觉幻象，用以表现光影或颜色的效果。

hatching 影线
用致密的细线表现阴影。

crosshatching 交叉影线
用两组或更多组的交叉平行影线表现阴影。

scribbling 乱线
用随机各向的交叉线条表现阴影。

stippling 点绘
用实心点或短划表现阴影。

key 色调
画面的主要调性。

low-key 低色调
画面主色调偏深且对比小的效果。

freehand drawing 徒手画
是指不借助工具或是其他器械进行绘图的艺术、过程或技巧，常用于对感觉的表达或对观念的视觉化。

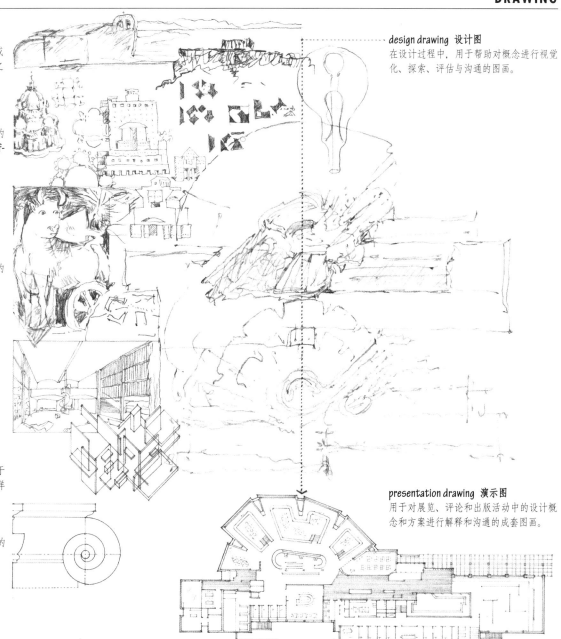

sketch 素描
简单随意地作画，略去细节来表现物体或
场景的关键特征，通常作为初步研究之
用。

study 研究图
用于教学练习的图画，多作为最终作品的
底稿或观察记录。又称为：**参考图**（ref-
erential drawing）。

conception 概念图
尚不存在事物的图画。

draft 草案
设计或规划的草图，特指尚需修改调整的
图纸。

esquisse 草拟图稿
展示设计和规划总体特性的草图。

design drawing 设计图
在设计过程中，用于帮助对概念进行视觉
化、探索、评估与沟通的图画。

épure 足尺样板
从中描拓出各种建筑构件的式样，放置于
墙上、地面或者其他大型表面的全尺寸详
图。

cartoon 足尺大样图
转而为制作壁画、马赛克或挂毯作准备的
母题或设计的全尺寸图画。

rendering 渲染图
建筑物或室内空间的图画（多为透视
图），艺术性地对材质和光影进行勾
勒，通常用于演示和推介。

presentation drawing 演示图
用于对展览、评论和出版活动中的设计概
念和方案进行解释和沟通的成套图画。

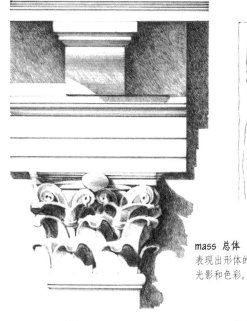

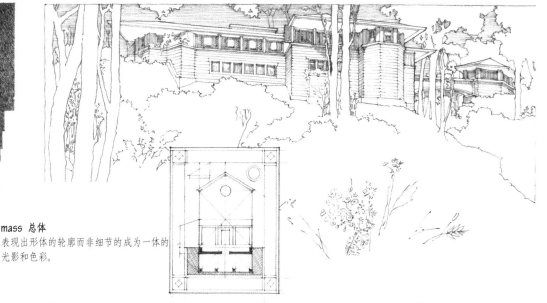

mass 总体
表现出形体的轮廓而非细节的成为一体的
光影和色彩。

trompe l'oeil 错视画
对物体细节进行极度渲染，以营造出以假
乱真的质感和空间感的图画。

passage 片段
作品的区域、局部或细节，尤其是那些与
作品的完成质量相关的部分。

analytique 立面分析
正面的立面图，周围用重要的细部详图加
以装饰，有时还配以相关的平面和剖面。

vignette 渐晕
图画的四周逐渐褪去，与画纸空白处没有
明确边界。

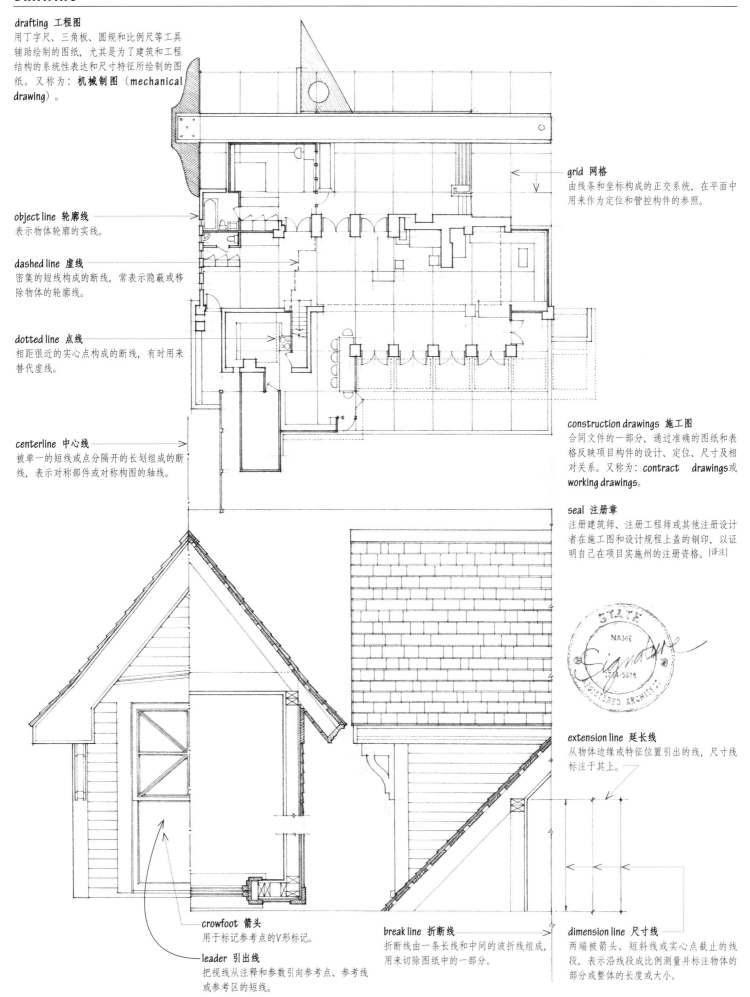

drafting 工程图
用丁字尺、三角板、圆规和比例尺等工具辅助绘制的图纸，尤其是为了建筑和工程结构的系统性表达和尺寸特征所绘制的图纸。又称为：**机械制图**（mechanical drawing）。

object line 轮廓线
表示物体轮廓的实线。

dashed line 虚线
密集的短线构成的断线，常表示隐蔽或移除物体的轮廓线。

dotted line 点线
相距很近的实心点构成的断线，有时用来替代虚线。

centerline 中心线
被单一的短线或点分隔开的长划组成的断线，表示对称部件或对称构图的轴线。

grid 网格
由线条和坐标构成的正交系统，在平面中用来作为定位和管控构件的参照。

construction drawings 施工图
合同文件的一部分，通过准确的图纸和表格反映项目构件的设计、定位、尺寸及相对关系。又称为：**contract drawings**或**working drawings**。

seal 注册章
注册建筑师、注册工程师或其他注册设计者在施工图和设计规程上盖的钢印，以证明自己在项目实施州的注册资格。[译注]

extension line 延长线
从物体边缘或特征位置引出的线，尺寸线标注于其上。

crowfoot 箭头
用于标记参考点的V形标记。

leader 引出线
把视线从注释和参数引向参考点、参考线或参考区的短线。

break line 折断线
折断线由一条长线和中间的波折线组成，用来切除图纸中的一部分。

dimension line 尺寸线
两端被箭头、短斜线或实心点截止的线段，表示沿线段成比例测量并标注物体的部分或整体的长度或大小。

[译注] 美国的注册建筑师图章由各州规定式样，有些州采用原子印章而非钢印，例如弗吉尼亚州和华盛顿哥伦比亚特区。

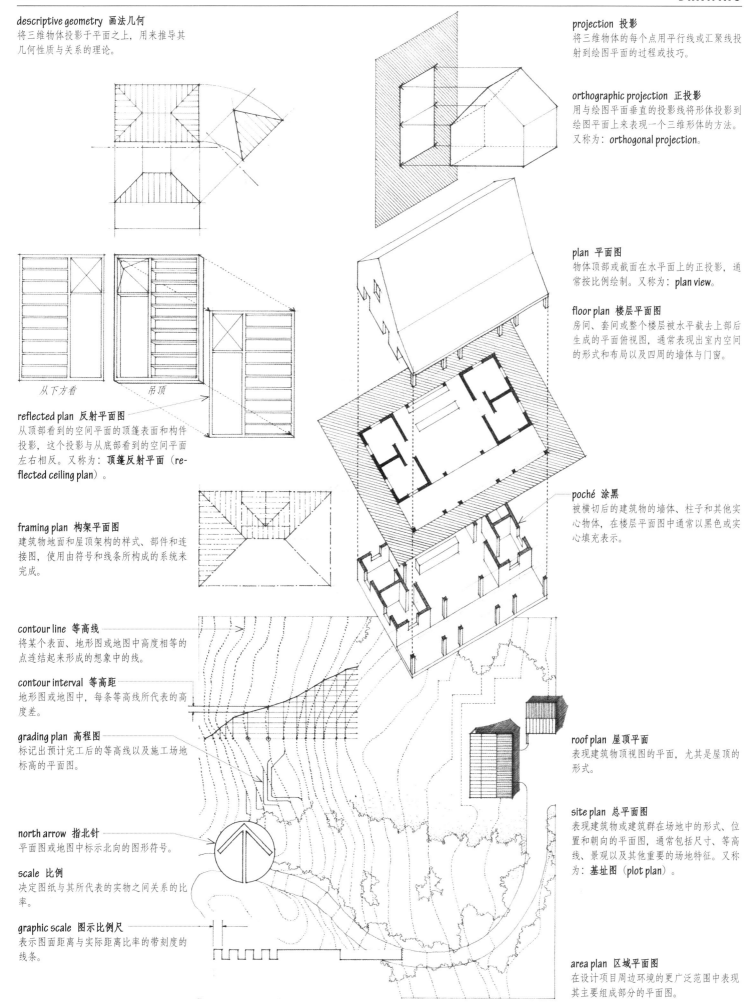

descriptive geometry 画法几何
将三维物体投影于平面之上，用来推导其几何性质与关系的理论。

projection 投影
将三维物体的每个点用平行线或汇聚线投射到绘图平面的过程或技巧。

orthographic projection 正投影
用与绘图平面垂直的投影线将形体投影到绘图平面上来表现一个三维形体的方法。又称为：orthogonal projection。

plan 平面图
物体顶部或截面在水平面上的正投影，通常按比例绘制。又称为：plan view。

floor plan 楼层平面图
房间、套间或整个楼层被水平截去上部后生成的平面俯视图，通常表现出室内空间的形式和布局以及四周的墙体与门窗。

从下方看   吊顶

reflected plan 反射平面图
从顶部看到的空间平面的顶篷表面和构件投影，这个投影与从底部看到的空间平面左右相反。又称为：顶篷反射平面（reflected ceiling plan）。

framing plan 构架平面图
建筑物地面和屋顶架构的样式、部件和连接图，使用由符号和线条所构成的系统来完成。

poché 涂黑
被横切后的建筑物的墙体、柱子和其他实心物体，在楼层平面图中通常以黑色或实心填充表示。

contour line 等高线
将某个表面、地形图或地图中高度相等的点连结起来形成的想象中的线。

contour interval 等高距
地形图或地图中，每条等高线所代表的高度差。

grading plan 高程图
标记出预计完工后的等高线以及施工场地标高的平面图。

roof plan 屋顶平面
表现建筑物顶视图的平面，尤其是屋顶的形式。

north arrow 指北针
平面图或地图中标示北向的图形符号。

site plan 总平面图
表现建筑物或建筑群在场地中的形式、位置和朝向的平面图，通常包括尺寸、等高线、景观以及其他重要的场地特征。又称为：基址图（plot plan）。

scale 比例
决定图纸与其所代表的实物之间关系的比率。

graphic scale 图示比例尺
表示图面距离与实际距离比率的带刻度的线条。

area plan 区域平面图
在设计项目周边环境的更广泛范围中表现其主要组成部分的平面图。

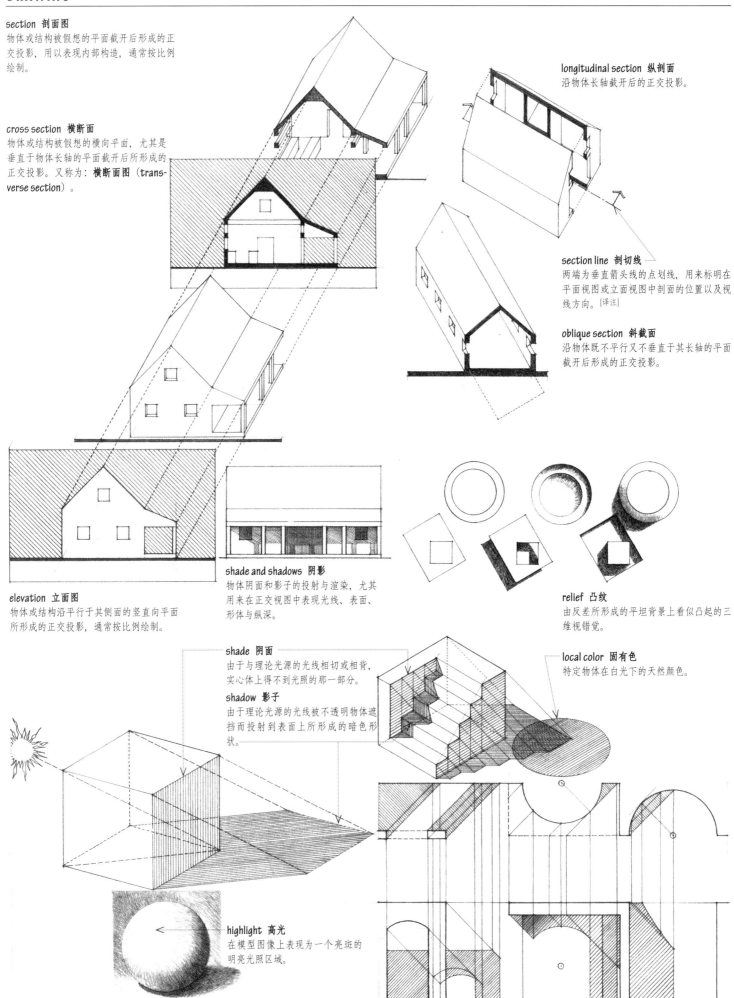

section 剖面图
物体或结构被假想的平面截开后形成的正交投影，用以表现内部构造，通常按比例绘制。

cross section 横断面
物体或结构被假想的横向平面，尤其是垂直于物体长轴的平面截开后所形成的正交投影。又称为：**横断面图**（transverse section）。

longitudinal section 纵剖面
沿物体长轴截开后的正交投影。

section line 剖切线
两端为垂直箭头线的点划线，用来标明在平面视图或立面视图中剖面的位置以及视线方向。[译注]

oblique section 斜截面
沿物体既不平行又不垂直于其长轴的平面截开后形成的正交投影。

elevation 立面图
物体或结构沿平行于其侧面的竖直向平面所形成的正交投影，通常按比例绘制。

shade and shadows 阴影
物体阴面和影子的投射与渲染，尤其用来在正交视图中表现光线、表面、形体与纵深。

relief 凸纹
由反差所形成的平坦背景上看似凸起的三维视错觉。

shade 阴面
由于与理论光源的光线相切或相背，实心体上得不到光照的那一部分。

shadow 影子
由于理论光源的光线被不透明物体遮挡而投射到表面上所形成的暗色形状。

local color 固有色
特定物体在白光下的天然颜色。

highlight 高光
在模型图像上表现为一个亮斑的明亮光照区域。

[译注] 与中国制图规范有所不同，读者需注意区分。

paraline drawing 轴测图
以平行线可以保持彼此平行为特征的单视图，直线透视图中平行线则汇聚于灭点。

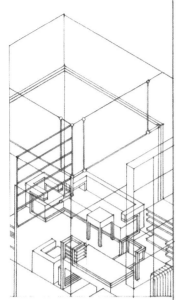

phantom 透明内视图
绘图局部绘为透明的，使我们能够看到被掩藏的形体内部信息。

cutaway 剖切视图
绘图或模型的外表面被切开一部分，从而显示出内部构造。

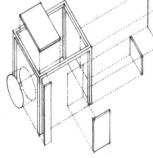

exploded view 构件分解图
将结构或建造的各部分单独绘制，但是标出部分与部分、部分与整体之间的正确位置关系的图纸。又称为：分解视图（expanded view）。

phantom line 假想线
假想线是一条虚线，它由两条短虚线或点线分开的一系列长线组成，用以表示用地红线、物体局部的备选位置或缺失部分的相对位置。

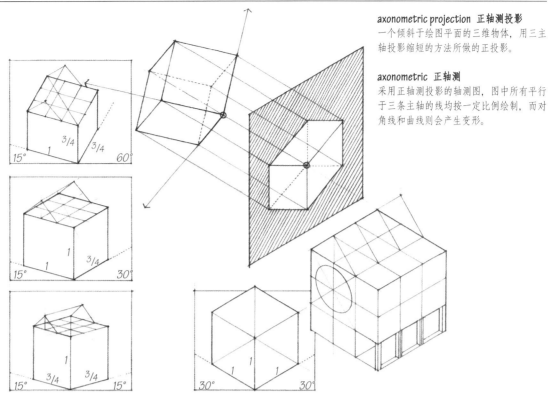

dimetric projection 正二测轴测投影
倾斜于绘图平面的三维物体的正轴测投影，这个三维形体的两条主轴相等地缩短，第三条主轴与之相比或长或短。

trimetric projection 正三测轴测投影
倾斜于绘图平面的三维物体的正轴测投影，三条主轴缩短比率各不相同。

isometric 正等测
采用正等测投影的轴测图，所有平行于主轴的平行线，以同样的比例尺绘制真实的长度。

axonometric projection 正轴测投影
一个倾斜于绘图平面的三维物体，用三主轴投影缩短的方法所做的正投影。

axonometric 正轴测
采用正轴测投影的轴测图，图中所有平行于三条主轴的线均按一定比例绘制，而对角线和曲线则会产生变形。

isometric projection 正等测轴测投影
三维物体的正轴测投影，其主要表面与绘图平面角度相等，因而三条主轴等比例地缩短。

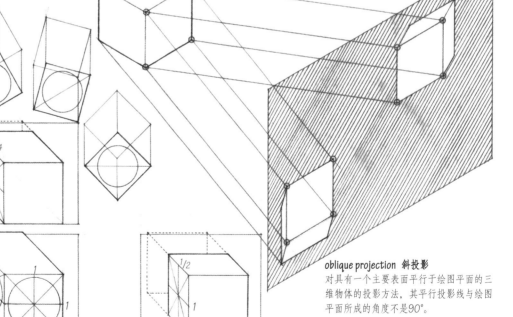

cavalier drawing 斜等测轴测图
采用斜投影的轴测图，其中垂直于绘图平面的后退线与平行于绘图平面的直线比例一致。

cabinet drawing 斜二测轴测图
采用斜投影的轴测图，其中所有平行于绘图平面的直线按准确比例绘制，而垂直于绘图平面的后退线投影缩减一半。

oblique projection 斜投影
对具有一个主要表面平行于绘图平面的三维物体的投影方法，其平行投影线与绘图平面所成的角度不是90°。

oblique 斜投影图
采用斜投影的轴测图，其中平行于绘图平面的线和面均按准确比例绘制，而垂直于绘图平面的后退线按照非90°的便捷角度绘制，为修正变形有时会缩小比例。

perspective 透视
各种在二维表面按照眼前呈现的样子来表现三维物体和空间关系的技巧。

pictorial space 图面空间
二维表面中使用多种绘图手段描绘空间或进深的虚像，例如空间透视、轮廓连续或垂直定位。

continuity of outline 轮廓连续
表示进深或距离的技巧，其中位于前面的物体拥有完整的轮廓，位于后面的物体被前面的物体遮住部分轮廓。

spatial edge 空间边缘
物体或表面的边缘用空间间隔与其背景相分离，采用粗线描绘或者在深浅、纹理上形成尖锐对比。

aerial perspective 空间透视
一种绘图技巧，通过减低物体的色泽、色调和清晰度，对进深和距离进行渲染，造成物体远离绘图平面的感觉。又称为：**空气透视法**（atmospheric perspective）。

vertical location 垂直定位/纵透视
表示进深或距离的技巧，其中远处的物体被放置在画面上部，近处的物体被放置在画面下部。

size perspective 尺寸透视
表示进深或距离的技巧，其中距离越远的物体，在图画中的尺寸越小。

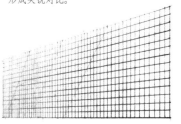

texture perspective 纹理透视
表示进深或距离的技巧，其中距离越远的物体，其表面纹理越致密。

linear perspective 线性透视
用透视投影的方法，在二维表面表现三维物体和空间关系的数学系统。

perspective projection 透视投影
一种表示三维物体的投影法，该物体的所有点沿着汇交于任意固定点（代表观察者眼睛）的直线投影到绘图平面。

center of vision 视觉中心
在线性透视中，视觉中心线与绘图平面的交点。

station point 视点
在线性透视中，空间里代表观察者一只眼睛的某一固定点。

sightline 视线
线性透视图中从观察者的眼睛到物体任何一点的连线。

cone of vision 视锥
在线性透视中，视线从观测视点向外辐射与视线中轴线构成了15°~30°角，从而形成一个锥体。视锥作为一种引导，决定了哪些观察对象被列入线性透视绘图的边界之内，而且不出现扭曲失真的现象。

picture plane 绘图平面
一个假想的与绘图表面共存的平面，在其中进行三维物体的投影。在线性透视中，任何平行于绘图平面的线或面都可以按照准确比例绘制。

vanishing point 灭点
线性透视图中后退的平行线趋向汇交的点，也就是平行于该组后退线的视线与绘图平面的交点。

horizon line 视平线
线性透视图中代表位于观察者眼睛高度的水平面与绘图平面交线的直线。

ground line 地面线
线性透视图中地平面与绘图平面的水平相交线。又称为：**基线**（base line）。

ground plane 地平面/基面
线性透视图中能够沿其垂直方向进行测量的水平基准面，通常是支撑被画物体对象或是观察者站立的平面。

central axis of vision 视觉中轴线/中视线
线性透视图中与绘图平面垂直的观察者的视线方向。

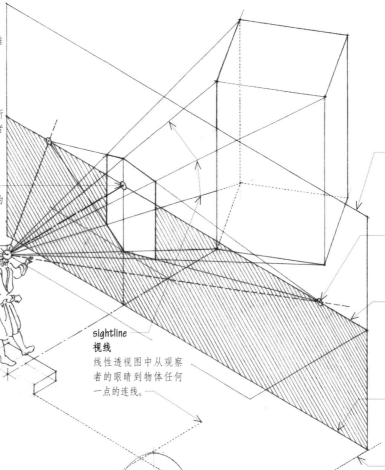

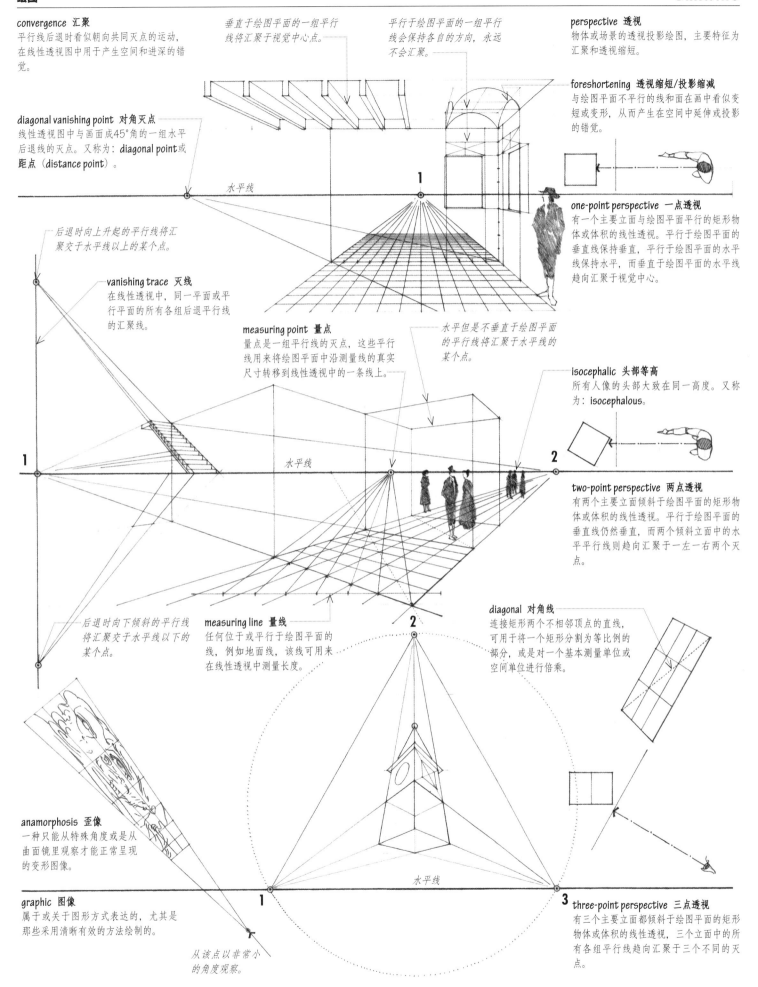

convergence　汇聚
平行线后退时看似朝向共同灭点的运动，在线性透视图中用于产生空间和进深的错觉。

垂直于绘图平面的一组平行线将汇聚于视觉中心点。

平行于绘图平面的一组平行线会保持各自的方向，永远不会汇聚。

perspective　透视
物体或场景的透视投影绘图，主要特征为汇聚和透视缩短。

foreshortening　透视缩短/投影缩减
与绘图平面不平行的线和面在画中看似变短或变形，从而产生在空间中延伸或投影的错觉。

diagonal vanishing point　对角灭点
线性透视图中与画面成45°角的一组水平后退线的灭点。又称为：**diagonal point** 或 **距点**（**distance point**）。

后退时向上升起的平行线将汇聚交于水平线以上的某个点。

one-point perspective　一点透视
有一个主要立面与绘图平面平行的矩形物体或体积的线性透视。平行于绘图平面的垂直线保持垂直，平行于绘图平面的水平线保持水平，而垂直于绘图平面的水平线趋向汇聚于视觉中心。

vanishing trace　灭线
在线性透视中，同一平面或平行平面的所有各组后退平行线的汇聚线。

measuring point　量点
量点是一组平行线的灭点，这些平行线用来将绘图平面中沿测量线的真实尺寸转移到线性透视中的一条线上。

水平但是不垂直于绘图平面的平行线将汇聚于水平线的某个点。

isocephalic　头部等高
所有人像的头部大致在同一高度。又称为：**isocephalous**。

水平线

1

two-point perspective　两点透视
有两个主要立面倾斜于绘图平面的矩形物体或体积的线性透视。平行于绘图平面的垂直线仍然垂直，而两个倾斜立面中的水平平行线则趋向汇聚于一左一右两个灭点。

后退时向下倾斜的平行线将汇聚交于水平线以下的某个点。

measuring line　量线
任何位于或平行于绘图平面的线，例如地面线，该线可用来在线性透视中测量长度。

diagonal　对角线
连接矩形两个不相邻顶点的直线，可用于将一个矩形分割为等比例的部分，或是对一个基本测量单位或空间单位进行倍乘。

anamorphosis　歪像
一种只能从特殊角度或是从曲面镜里观察才能正常呈现的变形图像。

graphic　图像
属于或关于图形方式表达的，尤其是那些采用清晰有效的方法绘制的。

从该点以非常小的角度观察。

three-point perspective　三点透视
有三个主要立面都倾斜于绘图平面的矩形物体或体积的线性透视，三个立面中的所有各组平行线趋向汇聚于三个不同的灭点。

水平线

1　2　3

electricity 电气
处理由于电荷的存在和相互作用而引发的物理现象的科学。

electric charge 电荷
引起所有电气现象的物质的固有性质。电荷分为两种，人们把其中一种定义为正电荷，另外一种定义为负电荷，以代数的正负符号来表示，度量单位是库仑。同性电荷相斥，异性电荷相吸。

Coulomb 库仑
电荷的国际标准单位，1库仑等于1安培电流在导体内1秒钟通过的电荷数。缩写为：C。

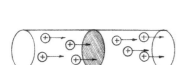

electromotive force 电动势 [译注1]
在电池、发电机或电动机等转化装置中，单位电荷所具有的从化学能、机械能或其他形式的能量转化为电能（或从电能转化为其他形式）的能量。缩写为：emf.

potential difference 电势差
两点之间的电势差，用来表示从一点搬运单位电量到另一点所需的功。

potential 电势
从一个参考点搬运单位电荷到指定点所需的功。

voltage 电压
以伏特表示的电势差或电动势，类比于水流中的水压。

Volt 伏特
电势差和电动势的国际标准单位，1伏特等于两点间的电流恒定为1安培、而电流产生的功率为1瓦特时两点间的电压。缩写为：V。

battery 电池组
用来产生电流的连接成组的至少两个电池。

cell 电池 [译注2]
将化学能转化为电能的装置，通常由容器和插在电解质中的电极组成。又称为：electric cell, galvanic cell或 voltaic cell。

electrolyte 电解质
一种非金属导体介质，通过离子运动产生电流。

electrode 电极
一种让电流进入或离开非金属介质的导体。

anode 阳极
原电池或蓄电池的负极端。

cathode 阴极
原电池或蓄电池的正极端。

circuit 电路
包括电源在内的电流的完整路径。

series 串联
电路中组件的安排方式，在这种方式中，相同的电流顺序流经每个组件，没有分支。

parallel 并联
电路中组件的安排方式，在这种方式中，所有组件的正极端连接到同一导体，所有组件的负极端连接到另一导体，每个组件上的电压相同。

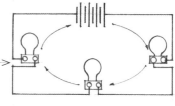

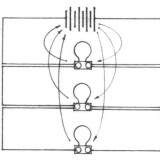

$W = V \times A$

power 功率
直流电路中电势与电流的乘积。在交流电路中，功率等于有效电压、有效电流、电压和电流相位角的余弦值三者的乘积。

Watt 瓦特
功率的国际标准单位。1瓦特等于1焦耳/秒，或者势差为1伏特的电路里通过1安培电流所产生的功率。缩写为：W。

wattage 瓦数
功率的数值，特别指电气设备或电器运行所需功率，单位是瓦特。

kilowatt 千瓦
功率单位，等于1000瓦特。缩写为：kW。

kilowatt-hour 千瓦时
做功的单位，等于以1千瓦功率传输或消耗1小时所做的功，是电气功率的常用单位。缩写为：kWh。

current 电流
单位时间电路中电荷流动的速率，单位是安培。

在电的性质被完全认识以前，人们假设电流是从正极流向负极的。即便今天已经知道了电子实际运动的方向与此相反（从负极向正极运动），人们还是保留了传统的定义。

Ampere 安培
作为基本国际标准的电流度量单位，1安培相当于每秒通过1库仑电荷时所产生的电流，或是1欧姆电阻被施加1伏特电压时产生的稳恒电流。缩写为：A。

amperage 电流强度
以安培表示的电流大小，类比于水流的速度。

resistance 电阻
导体对电流流动的阻碍，导致部分电能被转换为热能，单位是欧姆。缩写为：R。

Ohm 欧姆
电阻的国际标准单位，1欧姆等于导体两端电势差为1伏特、而且其中电流稳定为1安培时的电阻值。符号：Ω。

Ohm's law 欧姆定律
任何电路中，电流（I）总是与电压成正比，与电阻成反比。

$I = \frac{V}{R}$

Joule's law 焦耳定律
直流电流产生热能的速率与电阻和电流的平方均成正比。

resistivity 电阻率
具有单位截面积的物质其单位长度的电阻。又称为：specific resistance。

conductivity 电导率
物质传导电流能力的程度，等于其电阻率的倒数。又称为：specific conductance。

[译注1] 电动势即电子运动的趋势。电源内使电子运动或具有运动趋势的是非静电力，或者说非静电力做功产生电动势。非静电力所做的功，反映了化学能、机械能等其他形式的能量有多少变成了电能。因此此电源内部，非静电力做功的过程是能量相互转化的过程。由非静电力还是静电力做功，是区别电动势和电势差的主要依据。

[译注2] 电池的不同命名是为了纪念对发明化学电池曾做出贡献的人物。路易吉·罗伊西奥·伽伐尼（Luigi Aloisio Galvani, 1737—1798），意大利医生、物理学家、哲学家。他在1780年发现相接触的不同金属片会使死青蛙腿部肌肉颤动，他称之为"生物电"。意大利物理学家伏打（Court Alessandro Giuseppe Antonio Anastasio Volta, 1745—1827）在1800年制作出第一个伏打堆，也就是最初的电池。

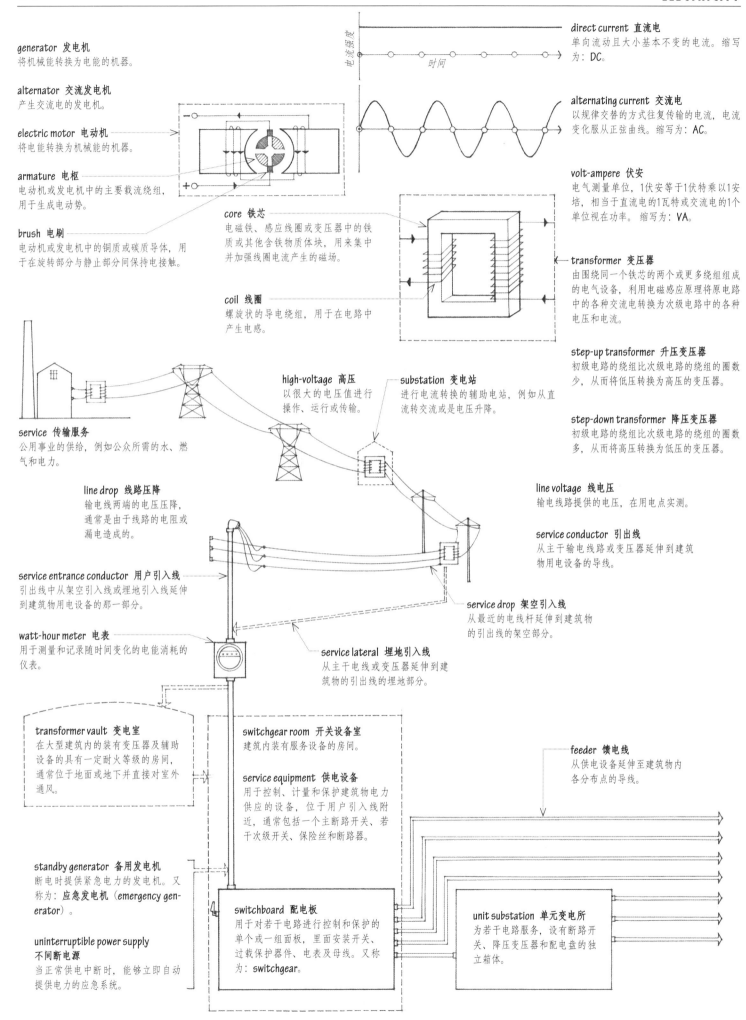

generator 发电机
将机械能转换为电能的机器。

alternator 交流发电机
产生交流电的发电机。

electric motor 电动机
将电能转换为机械能的机器。

armature 电枢
电动机或发电机中的主要载流绕组，用于生成电动势。

brush 电刷
电动机或发电机中的铜质或碳质导体，用于在旋转部分与静止部分间保持电接触。

core 铁芯
电磁铁、感应线圈或变压器中的铁质或其他含铁物质体块，用来集中并加强线圈电流产生的磁场。

coil 线圈
螺旋状的导电绕组，用于在电路中产生电感。

电流强度　时间

direct current 直流电
单向流动且大小基本不变的电流。缩写为：DC。

alternating current 交流电
以规律交替的方式往复传输的电流，电流变化服从正弦曲线。缩写为：AC。

volt-ampere 伏安
电气测量单位，1伏安等于1伏特乘以1安培，相当于直流电的1瓦特或交流电的1个单位视在功率。缩写为：VA。

transformer 变压器
由围绕同一个铁芯的两个或更多绕组组成的电气设备，利用电磁感应原理将原电路中的各种交流电转换为次级电路中的各种电压和电流。

step-up transformer 升压变压器
初级电路的绕组比次级电路的绕组的圈数少，从而将低压转换为高压的变压器。

step-down transformer 降压变压器
初级电路的绕组比次级电路的绕组的圈数多，从而将高压转换为低压的变压器。

high-voltage 高压
以很大的电压值进行操作、运行或传输。

substation 变电站
进行电流转换的辅助电站，例如从直流转交流或是电压升降。

service 传输服务
公用事业的供给，例如公众所需的水、燃气和电力。

line drop 线路压降
输电线两端的电压压降，通常是由于线路的电阻或漏电造成的。

line voltage 线电压
输电线路提供的电压，在用电点实测。

service conductor 引出线
从主干输电线路或变压器延伸到建筑物用电设备的导线。

service entrance conductor 用户引入线
引出线中从架空引入线或埋地引入线延伸到建筑物用电设备的那一部分。

service drop 架空引入线
从最近的电线杆延伸到建筑物的引出线的架空部分。

watt-hour meter 电表
用于测量和记录随时间变化的电能消耗的仪表。

service lateral 埋地引入线
从主干电线或变压器延伸到建筑物的引出线的埋地部分。

transformer vault 变电室
在大型建筑内的装有变压器及辅助设备的具有一定耐火等级的房间，通常位于地面或地下并直接对室外通风。

switchgear room 开关设备室
建筑内装有服务设备的房间。

service equipment 供电设备
用于控制、计量和保护建筑物电力供应的设备，位于用户引入线附近，通常包括一个主断路开关、若干次级开关、保险丝和断路器。

feeder 馈电线
从供电设备延伸至建筑物内各分布点的导线。

standby generator 备用发电机
断电时提供紧急电力的发电机。又称为：应急发电机（emergency generator）。

uninterruptible power supply 不间断电源
当正常供电中断时，能够立即自动提供电力的应急系统。

switchboard 配电板
用于对若干电路进行控制和保护的单个或一组面板，里面安装开关、过载保护器件、电表及母线。又称为：switchgear。

unit substation 单元变电所
为若干电路服务，设有断路开关、降压变压器和配电盘的独立箱体。

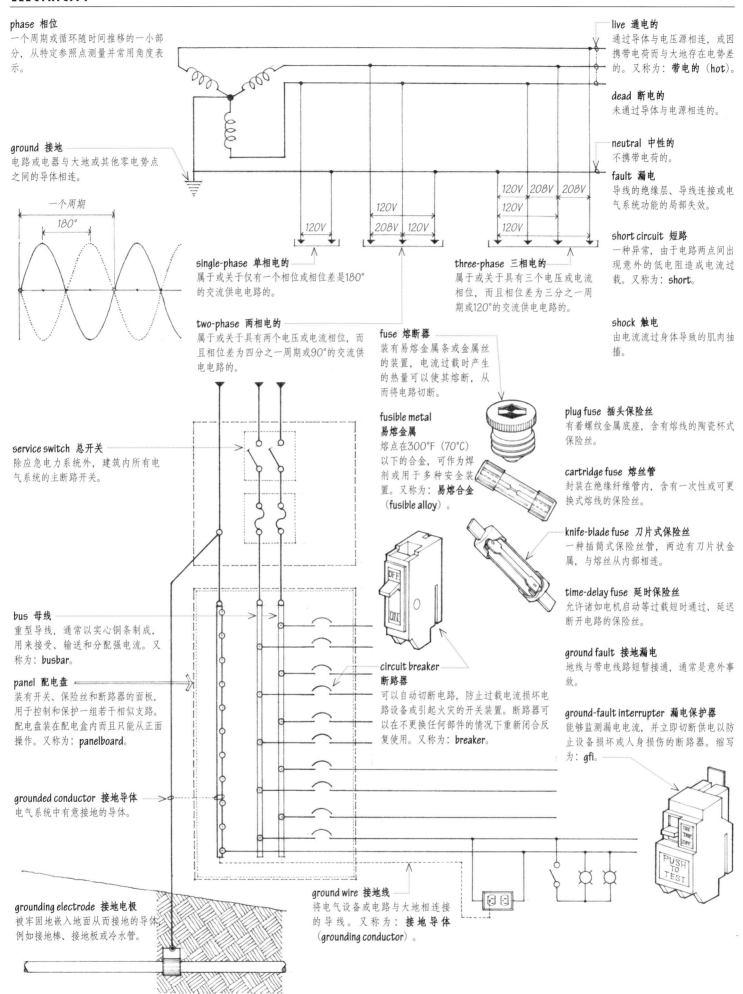

phase 相位
一个周期或循环随时间推移的一小部分，从特定参照点测量并常用角度表示。

ground 接地
电路或电器与大地或其他零电势点之间的导体相连。

一个周期

180°

single-phase 单相电的
属于或关于仅有一个相位或相位差是180°的交流供电电路的。

two-phase 两相电的
属于或关于具有两个电压或电流相位，而且相位差为四分之一周期或90°的交流供电电路的。

three-phase 三相电的
属于或关于具有三个电压或电流相位，而且相位差为三分之一周期或120°的交流供电电路的。

120V 208V 208V
120V 208V 120V
120V 120V
120V 120V
120V

live 通电的
通过导体与电压源相连，或因携带电荷而与大地存在电势差的。又称为：**带电的（hot）**。

dead 断电的
未通过导体与电源相连的。

neutral 中性的
不携带电荷的。

fault 漏电
导线的绝缘层、导线连接或电气系统功能的局部失效。

short circuit 短路
一种异常，由于电路两点间出现意外的低电阻造成电流过载。又称为：**short**。

shock 触电
由电流流过身体导致的肌肉抽搐。

fuse 熔断器
装有易熔金属条或金属丝的装置，电流过载时产生的热量可以使其熔断，从而将电路切断。

fusible metal 易熔金属
熔点在300°F（70℃）以下的合金，可作为焊剂或用于多种安全装置。又称为：**易熔合金（fusible alloy）**。

service switch 总开关
除应急电力系统外，建筑内所有电气系统的主断路开关。

bus 母线
重型导体，通常以实心铜条制成，用来接受、输送和分配强电流。又称为：**busbar**。

panel 配电盘
装有开关、保险丝和断路器的面板，用于控制和保护一组若干相似支路。配电盘装在配电盒内而且只能从正面操作。又称为：**panelboard**。

grounded conductor 接地导体
电气系统中有意接地的导体。

circuit breaker 断路器
可以自动切断电路，防止过载电流损坏电路设备或引起火灾的开关装置。断路器可以在不更换任何部件的情况下重新闭合反复使用。又称为：**breaker**。

plug fuse 插头保险丝
有着螺纹金属底座，含有熔线的陶瓷杯式保险丝。

cartridge fuse 熔丝管
封装在绝缘纤维管内，含有一次性或可更换式熔线的保险丝。

knife-blade fuse 刀片式保险丝
一种插筒式保险丝管，两边有刀片状金属，与熔丝从内部相连。

time-delay fuse 延时保险丝
允许诸如电机启动等过载短时通过、延迟断开电路的保险丝。

ground fault 接地漏电
地线与带电线路短暂接通，通常是意外事故。

ground-fault interrupter 漏电保护器
能够监测漏电电流，并立即切断供电以防止设备损坏或人身损伤的断路器。缩写为：**gfi**。

grounding electrode 接地电极
被牢固嵌入地面从而接地的导体，例如接地棒、接地板或冷水管。

ground wire 接地线
将电气设备或电路与大地相连接的导线。又称为：**接地导体（grounding conductor）**。

OFF
ON

PUSH TO TEST

lightning rod 避雷针
安装在建筑物顶部,以导体制成的接地的棒状物体,用来将闪电引离建筑物。

lightning arrester 避雷器
保护电气设备不被闪电或其他高压电流损坏的装置,使用火花隙将电流传导至地面而不通过电气设备本身。

spark gap 火花隙
两端或两个电极间的空隙,当电压达到预定值的时候通过空隙放电。

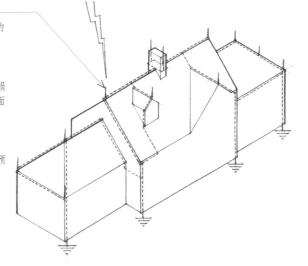

load 负荷
发电机或变压器提供的功率,或电器与设备运行所消耗的功率。

connected load 设备容量
电气系统或电路中的所有用电设备同时工作的总负荷。

maximum demand 计算容量
电气系统或电路中的所有用电设备同时工作的总负荷。

demand factor 需要系数
电气系统中计算容量与设备容量的比值,用于估算系统所需耗电量,说明设备容量仅部分投入使用的概率。

diversity factor 不同时系数
电气系统中,各部分的计算容量之和与总计算容量的比值。

load factor 负荷系数
在特定时间段内,电气系统的平均负荷与峰值负荷的比值。

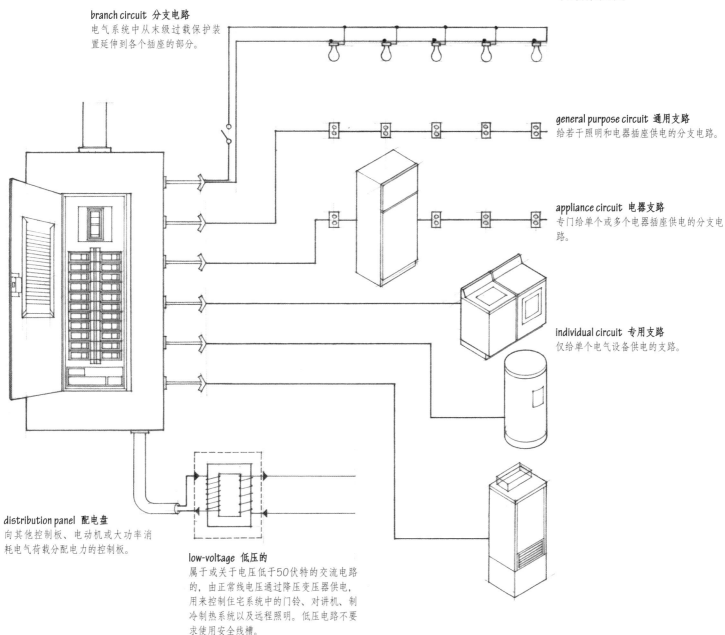

branch circuit 分支电路
电气系统中从末级过载保护装置延伸到各个插座的部分。

general purpose circuit 通用支路
给若干照明和电器插座供电的分支电路。

appliance circuit 电器支路
专门给单个或多个电器插座供电的分支电路。

individual circuit 专用支路
仅给单个电气设备供电的支路。

distribution panel 配电盘
向其他控制板、电动机或大功率消耗电气负载分配电力的控制板。

low-voltage 低压的
属于或关于电压低于50伏特的交流电路的,由正常线电压通过降压变压器供电,用来控制住宅系统中的门铃、对讲机、制冷制热系统以及远程照明。低压电路不要求使用安全线槽。

cable 电缆
一根绝缘导线，或成束封装、彼此绝缘的一组导线。

armored cable 铠装电缆
由两根或者更多的绝缘导线被柔性金属外皮螺旋缠绕制成的电缆。又称为：BX电缆（BX cable）。

mineral-insulated cable 矿物绝缘电缆
铜质管状护套内填充高度压缩的绝缘耐火矿物质并嵌入导线所制成的电缆。

nonmetallic sheathed cable 非金属护皮电缆
两根或更多绝缘导线封装在防潮难燃的非金属保护套中组成的电缆。又称为：鲁梅克斯电缆（Romex cable）。

coaxial cable 同轴电缆
传输高频电话、数字信号或电视信号的线缆，由绝缘导电线管封装绝缘导电芯线制成。

shielded cable 屏蔽电缆
电缆周围包覆一层金属保护皮，用来减少外界电场或磁场的影响。

conduit 电线管
用来包覆并保护电线或电缆的管道或导管。

rigid metal conduit 金属刚性电线管
钢质厚壁线管，两端有螺纹，配合锁紧螺母和衬套旋入集线器，同其他导管互相连接。

electrical metallic tubing 电工金属管
钢质薄壁导管，用压力或紧定螺丝连接管互相连接。缩写为：EMT。

flexible metal conduit 金属柔性导线管
金属螺旋缠绕而成的柔性导线管，用于连接电机或其他振动设备。又称为：格林菲尔德导线管（Greenfield conduit）。

raceway 布线槽
设计用于支撑和保护电线和电缆的通道。

surface raceway 明装线槽
设计用于在干燥、安全、无腐蚀性环境中进行暴露安装的线槽。

multi-outlet assembly 插座线槽
设计用于放置电线并安装若干插座的明装线槽。

wire 电线
一根柔韧的或多根缠绕交织的金属丝，彼此之间通常以绝缘材料隔开，用作电力传输的导体。

NM 12/2 WITH GROUND 600V

underfloor raceway 地板下线槽
适于安装在地板下的线槽，常用于办公建筑以便灵活安排电源、信号和电话插座。

conductor 导体
可以传导热量、声音或电力的物质、物体或装置。

insulator 绝缘体
属于电的不良导体的材料，用于隔离或支撑导体以防止出现意外电流。

breakdown voltage 击穿电压
使给定绝缘体被击穿并可以导电所施加的最小电压。

dielectric strength 绝缘强度
在绝缘体不被击穿前提下可以施加的最大电压，通常表示为伏特/单位厚度或千伏/单位厚度。

dielectric 电介质
不能导电的物质。

junction box 接线盒
用于放置和保护电线或电缆的盒子。电线或电缆在接线盒中被连接或引出分支。

knockout 孔口盖
外壳或盒子上可以轻易敲击、锤击或切割（从而露出通向内部的开口）的侧板。

grommet 索环
橡胶或塑料垫圈，嵌入金属部件上的孔，以避免电线通过该孔时出现漏电。

bushing 衬套
用于为导线通过孔眼时提供绝缘与保护的内衬。

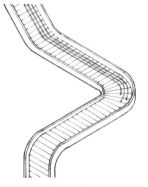

duct 导管
放置导线或电缆的封闭线槽。

bus duct 汇线管
金属刚性导管，用于放置多条彼此绝缘而且与导管绝缘的母线。又称为：母线槽（busway）。

cable tray 电缆桥架
用于支撑绝缘导电体的开放式金属支架。

air switch 空气开关
在空气中阻断电路的开关。

knife switch 闸刀开关
空气开关的一种，其中两个接触头通过一个带铰链的闸刀相连接。

float switch 浮球开关
由漂浮在液体中的导体控制的开关。

mercury switch 水银开关
一种静音开关，移动灌有水银的密封玻璃管，通过使接触头被水银覆盖与否来控制电路的开闭。

key switch 钥匙开关
只有插入钥匙才能操作的开关。

dimmer 调光器
在不显著改变灯源空间分布的情况下，调节电灯亮度的变阻器或类似装置。又称为：调光开关（dimmer switch）。

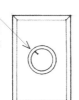

rheostat 变阻器
可以通过调节阻值改变电流的电阻。

faceplate 面板
围护电源插座或照明开关的保护性盖板。

switch 开关
接通、切断或导引电流的装置。

toggle switch 肘节开关
以拨杆或旋钮进行小的弧向运动对电路进行开合的开关。

three-way switch 双控开关
两个联合使用的单刀双置开关，用于从两个不同地点控制照明。

four-way switch 三控开关
与两个三向开关联合使用的开关，用于从三个不同地点控制照明。

knob-and-tube wiring 穿墙布线
一种已被弃用的布线系统，由陶瓷柱和陶瓷线管固定并保护的单根绝缘导线制成。

loom 护线管
穿墙布线中包裹在导体外面的柔性非金属防火套管。

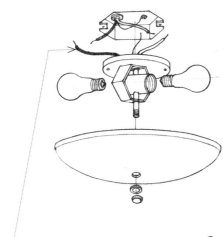

outlet 插座
布线系统的一个节点，用于给电气设备或电器提供电流。

outlet box 插座盒
设计用于方便连接电气设备或是容纳连接到电线插口的接线盒。

convenience outlet 便捷插座
安装在墙上的包含一个或多个插口的插座，用于给可移动灯具或电器供电。

receptacle 插口
连接电源的一个插入口，用于接入插头。又称为：socket。

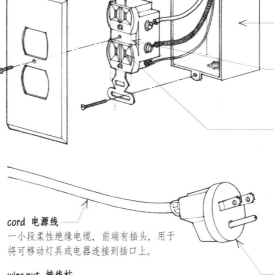

cord 电源线
一小段柔性绝缘电缆，前端有插头，用于将可移动灯具或电器连接到插口上。

grounding outlet 接地式电源插座
具有接地的附加触头的插座。

lead 引线
柔性绝缘导线，用于将电器与电路或其他电器相连。

wire nut 接线柱
内壁有金属螺纹的塑料连接头，用于将两根或多根缠绕导线的末端拧紧。

plug 插头
通过插入插口为电路接电的凸出接头。

pigtail 螺旋线
短的柔性导体，用于将一个固定端子与可在有限范围内活动的端子相连接。

connector 接头
非永久性连接两根以上导线的各种装置。

grounding plug 接地插头
带接地插片的插头。

polarized 极性[译注]
使插头和插口只能在一个方向适配的设计。

terminal 终端接头
与一个设备建立电气连接的导电的元件或装置。

[译注] 这种设计是为了防止插反。

elevator 电梯
携带乘客或货物从建筑物的一个标高到另一标高的移动平台（或梯厢）。

lift 电梯
电梯在英式英语中的说法。

passenger elevator 载客电梯
专为乘客使用的电梯。

freight elevator 载货电梯
携带重型货物的电梯，仅允许电梯操作人员和货物装卸人员搭乘。

dumbwaiter 小型提升机/杂物电梯
在建筑物的楼层之间运送食物、杯盘或其他材料的小电梯。

bank 电梯组
高层建筑中的一排电梯组，由一个共用操作系统控制并对单个呼梯信号按钮做出反应。

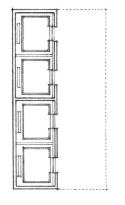

rise 提升高度
电梯从电梯井最低层站到最高层站的垂直距离。又称为：travel。

electric elevator 电机驱动电梯
安装在导轨上由拽引绳悬吊支持，并由电动拽引机驱动的轿厢组成的电梯系统。又称为：曳引驱动电梯（traction elevator）。

bulkhead 出屋面结构
在建筑的屋顶上提供通往楼梯间或电梯井道入口的方形构筑物。

penthouse 屋顶电梯机房
建筑物屋顶上放置电梯拽引机械的构筑物。

top car clearance 轿顶间隙
当轿厢底板与最高层站对齐时，从电梯轿厢顶部到最近的上部障碍物的垂直距离。

hoistway 井道
供一部或多部电梯运行的垂直封闭空间。又称为：电梯井道（elevator shaft）。

landing 层站
与电梯井相接的一部分楼板，用于上下乘客或货物。

elevator car safety 电梯轿厢安全装置
在发生超速或坠梯的情况下，通过控速器和安全钳的楔入作用把轿厢夹紧在导轨上，使轿厢减速、停止的机械装置。

hoistway door 井道门/层门
电梯井和电梯出入口平台之间的门，除了当电梯轿厢停在出入口平台处之外，正常情况下该门是关闭的。

elevator pit 底坑
从最低的电梯出入口平台向下延伸到电梯井底板的电梯井部分。

bottom car clearance 轿底间隙
当轿厢停在被完全压缩的缓冲器上时，从底坑底面到轿底板最低部分的垂直距离。

control panel 控制板
包括开关、按钮以及其他设备的面板，用于控制电气设备。

hoisting machinery 曳引机
提升及下降电梯轿厢的机械，包括电动机—发电机组、牵引机械、速度控制器、制动器、驱动轴、驱动滑轮，如果需要有时还包括齿轮。

driving sheave 驱动滑轮
用作提升滑轮的具有开槽凸缘的轮或盘。

idle sheave 定滑轮
用于收紧和引导电梯系统提升索的滑轮。又称为：导向轮（deflector sheave）。

machine beam 承重梁
支撑电梯曳引机械的重型钢梁。

hoisting cable 曳引绳
用于提升和下降电梯轿厢的钢缆或钢索。

guide rail 导轨
控制电梯轿厢或对重移动的垂直钢导轨。

traveling cable 随行电缆
将电梯轿厢与井道中的固定电源插座相连接的电缆。

counterweight 对重
用于平衡另一重量的配重，例如：安装在钢框内的矩形铸铁块，用于平衡由电梯轿厢施加于拽引机的荷载。

limit switch 限位开关
当某物体，例如电梯轿厢，移动超过一个给定点时，自动切断通向使之移动的电机的电流开关。

buffer 缓冲器
一种活塞或弹簧装置，用来吸收电梯轿厢或对重下降到行程最低极限点时的冲击能量。

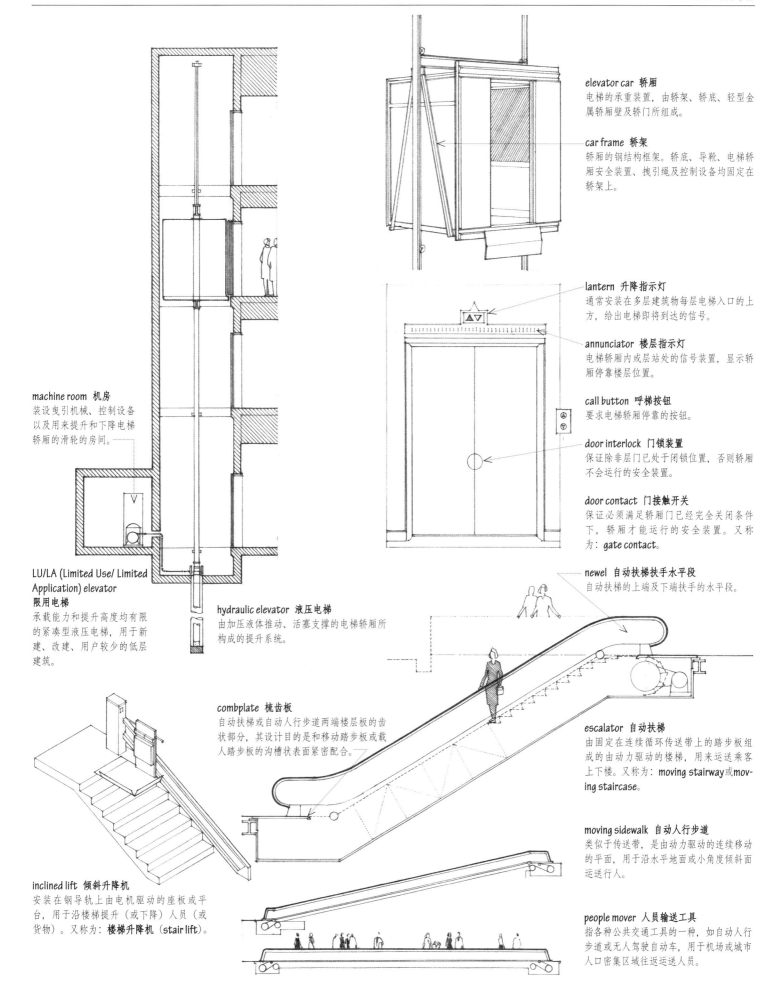

elevator car 轿厢
电梯的承重装置，由轿架、轿底、轻型金属轿厢壁及轿门所组成。

car frame 轿架
轿厢的钢结构框架。轿底、导靴、电梯轿厢安全装置、拽引绳及控制设备均固定在轿架上。

lantern 升降指示灯
通常安装在多层建筑物每层电梯入口的上方，给出电梯即将到达的信号。

annunciator 楼层指示灯
电梯轿厢内或层站处的信号装置，显示轿厢停靠楼层位置。

call button 呼梯按钮
要求电梯轿厢停靠的按钮。

door interlock 门锁装置
保证除非层门已处于闭锁位置，否则轿厢不会运行的安全装置。

door contact 门接触开关
保证必须满足轿厢门已经完全关闭条件下，轿厢才能运行的安全装置。又称为：gate contact。

machine room 机房
装设曳引机械、控制设备以及用来提升和下降电梯轿厢的滑轮的房间。

LU/LA (Limited Use/ Limited Application) elevator 限用电梯
承载能力和提升高度均有限的紧凑型液压电梯，用于新建、改建、用户较少的低层建筑。

hydraulic elevator 液压电梯
由加压液体推动、活塞支撑的电梯轿厢所构成的提升系统。

newel 自动扶梯扶手水平段
自动扶梯的上端及下端扶手的水平段。

combplate 梳齿板
自动扶梯或自动人行步道两端楼层板的齿状部分，其设计目的是和移动踏步板或载人踏步板的沟槽状表面紧密配合。

escalator 自动扶梯
由固定在连续循环传送带上的踏步板组成的由动力驱动的楼梯，用来运送乘客上下楼。又称为：moving stairway或moving staircase。

moving sidewalk 自动人行步道
类似于传送带，是由动力驱动的连续移动的平面，用于沿水平地面或小角度倾斜面运送行人。

inclined lift 倾斜升降机
安装在钢导轨上由电机驱动的座板或平台，用于沿楼梯提升（或下降）人员（或货物）。又称为：楼梯升降机（stair lift）。

people mover 人员输送工具
指各种公共交通工具的一种，如自动人行步道或无人驾驶自动车，用于机场或城市人口密集区域往返运送人员。

fastening 固紧
将两个或更多部分或构件结合或连接在一起，例如使用机械紧固件夹紧、使用黏结剂黏结或借助于焊接和钎焊手段。

nail 钉子
细直的金属件，一端尖锐，另一端大而平，可用锤子敲入木料或其他建筑材料起到紧固作用。

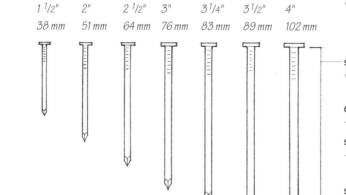

4d	6d	8d	10d	12d	16d	20d ←
1 1/2"	2"	2 1/2"	3"	3 1/4"	3 1/2"	4"
38 mm	51 mm	64 mm	76 mm	83 mm	89 mm	102 mm

penny 分
钉的标示长度，从2分到60分，符号：**d**。

shank 钉体
钉子或螺栓在钉头与钉尖之间的细直部分。

eightpenny nail 8分钉
长度为2 1/2英寸（64毫米）的钉子。

sixteenpenny nail 16分钉
长度为3 1/2英寸（89毫米）的钉子。

cut nail 方钉/切钉
钉体为具有锥度矩形、钉尖平钝的钉，用轧制的铁板或钢板切削而成。

wire nail 铁丝钉
将圆形或椭圆形线材切割并加工成型的钉。
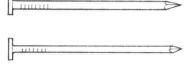

common nail 普通钉
具有平钉头、瘦长钉体、菱形钉尖的钉。

box nail 平方钉
平钉头、钉体比同样长度的直钉更纤细的钉。

casing nail 包装钉
具有小的圆锥形钉头、比同样长度的直钉更细的钉，用于钉头需在外表保持可见的装饰工作。

finishing nail 装修钉
钉入到装饰材料表面以下并用腻子或类似材料覆盖的具有纤细钉体及小的桶状钉头的钉子。

brad 无头钉
小号装修钉。

double-headed nail 双头钉
钉体上有凸缘避免被全部钉入而留下可灵活拔出的头部，用于建造如脚手架、模板等临时结构。又称为：**模板钉（form nail）**、**脚手架钉（scaffold nail）**。

concrete nail 混凝土钉
具有带槽或螺纹的钉体及菱形钉头，以锤击入混凝土或砖石结构中的淬火钢钉。又称为：**砖石钉（masonry nail）**。

flooring nail 地板钉
具有圆锥形小钉头、机械加工变形柄身的钉体以及钝的菱形钉尖，用于固定地板。

ring-shank nail 环纹钉
钉体上有一系列同轴凹槽来增加握力的钉子。

roofing nail 屋面钉
钉体有倒刺、带螺纹或涂水泥而钉头宽平的钉子，用以固定木瓦或类似材料。
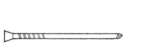

drive screw 钉状螺丝
可用锤击入并用螺丝刀取出的，具有螺纹钉体的金属固定件。又称为：**木螺丝（screw nail）**。

spike 大钉
把大尺寸木材固定在一起的重型钉，长度从4~14英寸（102~356毫米）且按普通直钉成比例加粗的重型钉子。
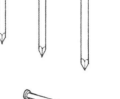

driftbolt 穿钉
圆钉体的大长钉，钉入到预钻孔中以固定大尺寸木材。又称为：冲钉（driftpin）。

staple 骑马钉
U形金属件或两端带尖的粗钢丝，钉入表面来固定板状材料或者搭扣、销钉、螺栓。

corrugated fastener 波纹扣片
由具有尖锐波纹边缘的波纹状钢板组成的固定件，用于把两块木材组合在一起，例如在斜角接合的情况下。又称为：**波形钉（wiggle nail）**。
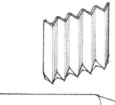

round point 圆形钉尖
钉子或大钉的尖锐的圆锥形尖端。

diamond point 菱形钉尖
钉子或大钉的尖锐的金字塔形尖端。
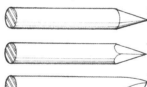

chisel point 凿形钉尖
两个倾斜平面以锐角相交所构成的钉子或大钉的尖端。

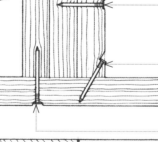

face-nail 正面钉
以垂直于工作表面的角度钉入以发挥固定作用。

toenail 斜钉
以倾斜于被结合表面的角度钉入，相邻的另一个钉子可能以相反角度钉入以增加牢固度。

end-nail 端部钉
以平行于木纹的方向钉入木材端部。牢固度较差。
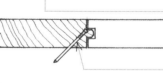

blind-nail 暗钉
在工作表面看不见钉头的钉法。
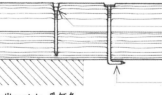

set 冲钉
用冲钉器将钉子的钉头钉得稍微低于表面。

clinch 敲弯钉端
将突出表面的钉端或螺栓端锤击打弯以固定钉子或螺栓的位置。

nailing strip 受钉条
在钢板、混凝土等坚硬表面上固定用的木条或其他可局部伸缩的条形材料，以便将物体固定于硬质表面上。

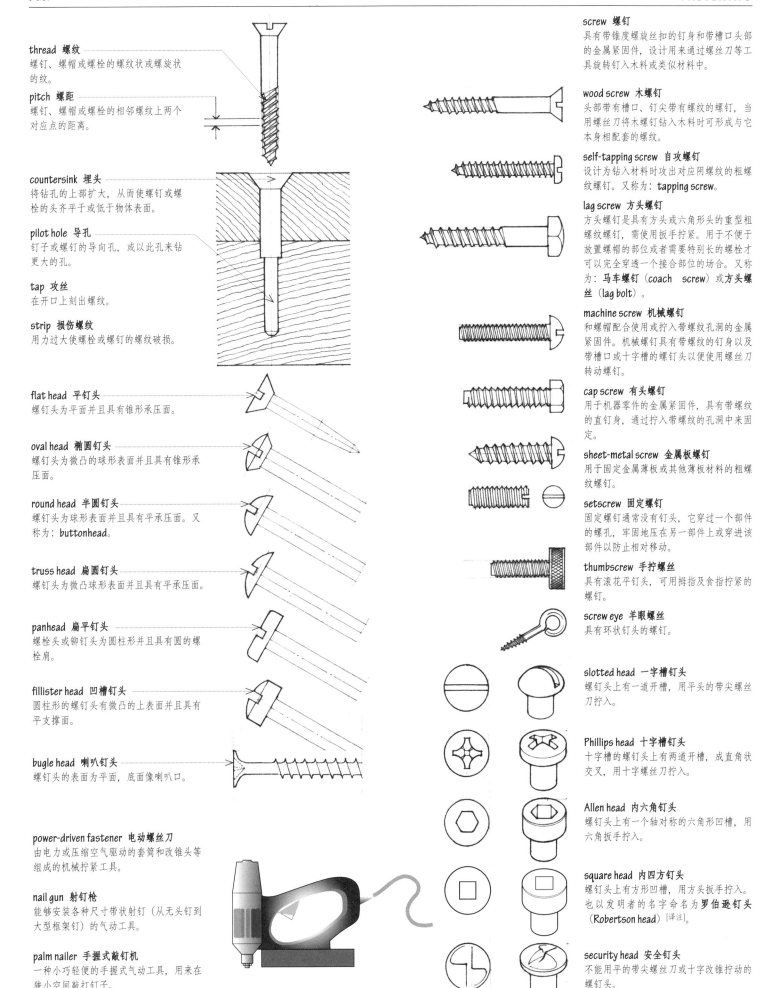

thread 螺纹
螺钉、螺帽或螺栓的螺纹状或螺旋状的纹。

pitch 螺距
螺钉、螺帽或螺栓的相邻螺纹上两个对应点的距离。

countersink 埋头
将钻孔的上部扩大，从而使螺钉或螺栓的头齐平于或低于物体表面。

pilot hole 导孔
钉子或螺钉的导向孔，或以此孔来钻更大的孔。

tap 攻丝
在开口上刻出螺纹。

strip 损伤螺纹
用力过大使螺栓或螺钉的螺纹破损。

flat head 平钉头
螺钉头为平面并且具有锥形承压面。

oval head 椭圆钉头
螺钉头为微凸的球形表面并且具有锥形承压面。

round head 半圆钉头
螺钉头为球形表面并且具有平承压面。又称为：buttonhead。

truss head 扁圆钉头
螺钉头为微凸球形表面并且具有平承压面。

panhead 扁平钉头
螺栓头或铆钉头为圆柱形并且具有圆的螺栓肩。

fillister head 凹槽钉头
圆柱形的螺钉头有微凸的上表面并且具有平支撑面。

bugle head 喇叭钉头
螺钉头的表面为平面，底面像喇叭口。

power-driven fastener 电动螺丝刀
由电力或压缩空气驱动的套筒和改锥头等组成的机械拧紧工具。

nail gun 射钉枪
能够安装各种尺寸带状射钉（从无头钉到大型框架钉）的气动工具。

palm nailer 手握式敲钉机
一种小巧轻便的手握式气动工具，用来在狭小空间敲打钉子。

screw 螺钉
具有带锥度螺旋丝扣的钉身和带槽口头部的金属紧固件，设计用来通过螺丝刀等工具旋转拧入木料或类似材料中。

wood screw 木螺钉
头部带有槽口、钉尖带有螺纹的螺钉，当用螺丝刀将木螺钉钻入木料时可形成与它本身相配套的螺纹。

self-tapping screw 自攻螺钉
设计为钻入材料时攻出对应阴螺纹的粗螺纹螺钉。又称为：tapping screw。

lag screw 方头螺钉
方头螺钉是具有方头或六角形头的重型粗螺纹螺钉，需使用扳手拧紧。用于不便于放置螺帽的部位或者需要特别长的螺栓才可以完全穿透一个接合部位的场合。又称为：马车螺钉（coach screw）或方头螺丝（lag bolt）。

machine screw 机械螺钉
和螺帽配合使用或拧入带螺纹孔洞的金属紧固件。机械螺钉具有带螺纹的钉身以及带槽口或十字槽的螺钉头以便使用螺丝刀转动螺钉。

cap screw 有头螺钉
用于机器零件的金属紧固件，具有带螺纹的直钉身，通过拧入带螺纹的孔洞中来固定。

sheet-metal screw 金属板螺钉
用于固定金属薄板或其他薄板材料的粗螺纹螺钉。

setscrew 固定螺钉
固定螺钉通常没有钉头，它穿过一个部件的螺孔，牢固地压在另一部件上或穿进该部件以防止相对移动。

thumbscrew 手拧螺丝
具有滚花平钉头，可用拇指及食指拧紧的螺钉。

screw eye 羊眼螺丝
具有环状钉头的螺钉。

slotted head 一字槽钉头
螺钉头上有一道开槽，用平头的带尖螺丝刀拧入。

Phillips head 十字槽钉头
十字槽的螺钉头上有两道开槽，成直角状交叉，用十字螺丝刀拧入。

Allen head 内六角钉头
螺钉头上有一个轴对称的六角形凹槽，用六角扳手拧入。

square head 内四方钉头
螺钉头上有方形凹槽，用方头扳手拧入。也以发明者的名字命名为**罗伯逊钉头**（Robertson head）[译注]。

security head 安全钉头
不能用平的带尖螺丝刀或十字改锥拧动的螺钉头。

[译注] 彼得·林伯恩·罗伯逊（Peter Lymburner Robertson），1879—1951，加拿大工业发明家。

bolt 螺栓
通常在一端有螺栓头，柱身上带螺纹的金属杆。设计为穿过被装配部件的螺孔并通过配对的螺帽来固定。

carriage bolt 方颈螺栓
具有圆头、平承压面以及防转方形凸肩的螺栓，用于在拧紧时可能够不到钉头的场合。

machine bolt 机械螺栓
具有平承压面、便于扳手拧紧的方形或六角形钉头的螺栓。

stove bolt 小圆头带槽螺栓
小型粗螺纹机械螺栓。

J-bolt 钩头螺栓
一端有螺纹以便套上螺帽的带钩金属杆。

U-bolt U形螺栓
两端均有螺纹，弯折成U形的金属杆。

eyebolt 吊环螺栓
具有可与挂钩或绳索连接的环形头的螺栓。

clevis 马蹄钩
在两臂端部的孔中插入螺栓或销子来进行固定的U形紧固件。

turnbuckle 套筒螺母/螺丝扣
两端有内螺纹的金属套筒或连接件，用于连接和拉紧两个部件，例如拉紧端部带螺纹的两根杆件或拉索。

square head 方螺栓头
正方形的螺栓头或螺钉头，设计为使用扳手来转动。

neck 颈部
螺身接近螺栓头的部分，尤其该部分具有特殊形状时。

hex head 六角螺栓头
六角形的螺栓头或螺钉头，设计为使用扳手来转动。

nut 螺帽/螺母
带螺纹开孔的方形或六角形金属体，用以围绕螺栓或螺钉拧紧并固定。

lock nut 防松螺帽
可以为螺帽本身和螺栓或螺钉之间提供附加摩擦阻力的特制螺帽。

castellated nut 槽顶螺帽
在外侧面有辐射状槽以允许锁销或锁线塞入螺帽槽和螺栓孔中的螺帽。又称为：开花螺帽（castle nut）。

cap nut 圆顶螺帽
具有六角形底部及穹形顶部，可以覆盖螺钉螺纹端部的螺帽。又称为：半圆头螺帽（acorn nut）。

wing nut 元宝螺帽
带有两个平的伸出片以便作为姆指与食指拧紧抓手的螺帽。又称为：指旋螺帽（thumbnut）。

washer 垫圈
穿孔的金属、橡胶或塑料片，置于螺帽或螺栓头之下或在接合处以分散压力，防止渗漏或降低摩擦。

lock washer 防松垫圈
防止因振动使螺帽松脱的特制垫圈。

load-indicating washer 荷载指示垫圈
带有小凸起的垫圈，当螺栓逐渐拧紧时，凸起部分逐渐压平，螺栓头或螺帽与垫圈之间的间隙反映出螺栓中的拉力。

counterbore 平底扩钻孔
将已钻好的孔洞的一段直径扩大以容纳螺栓或螺钉的顶部或螺帽。

expansion bolt 膨胀螺栓
具有带裂口外套筒的锚固螺栓，将其埋入砖或混凝土结构中的钻孔内，用机械作用使套筒膨胀而嵌固在砌体或混凝土结构内的孔洞周围，从而实现锚固螺栓的目的。

Molly 摩利螺栓
膨胀螺栓的一个品牌商标，具有类似于套筒的带螺纹的可裂开护套。当转动螺栓时，护套两端向后拉近，使护套的壁张开紧贴在已打孔的砌体或空心墙的孔壁内表面上，从而实现将螺栓锚固在砖石结构上的目的。

expansion shield 膨胀护套
铅或塑料的护套，放入已钻好的孔洞中并拧动放进护套的螺栓或螺钉使护套膨胀。又称为：expansion sleeve。

toggle bolt 系墙螺栓
具有两个铰接翼的锚定螺栓，当其穿过预先钻好的孔洞时两翼会紧压弹簧，铰接翼穿过洞口后张开并咬合于空心墙的内表面。

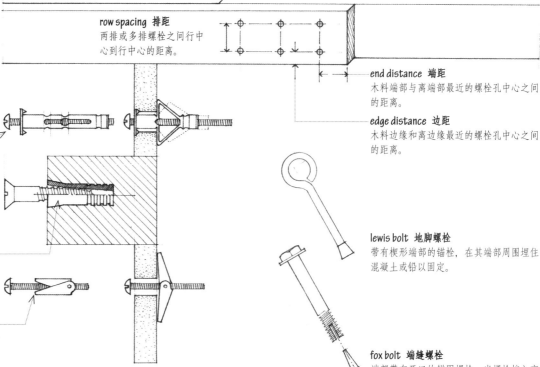

row spacing 排距
两排或多排螺栓之间行中心到行中心的距离。

end distance 端距
木料端部与离端部最近的螺栓孔中心之间的距离。

edge distance 边距
木料边缘和离边缘最近的螺栓孔中心之间的距离。

lewis bolt 地脚螺栓
带有楔形端部的锚固，在其端部周围埋住混凝土或铅以固定。

fox bolt 端缝螺栓
端部带有开口的锚固螺栓，当螺栓拧入盲孔时，将狐尾楔塞入开口。

hanger 梁托
将梁、搁栅、檩条、桁架的端部支撑在大梁或墙体上侧的各种U形金属托架。被支撑构件通过支撑面把它的反作用力传递给托架，而荷载则通过固定梁托的特制钉子中的剪力传递给支撑构件。

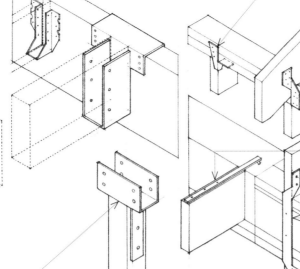

beam seat 梁座
将木梁锚固在混凝土支座上的U形金属托座。

post cap 柱帽
将木梁固定在承重柱上的U形金属托座。又称为：column cap。

post base 柱基
用于将木柱支撑并锚固于柱座或基础上的U形金属托座。又称为：column base。

dowel 定位销
紧密地插入两个相邻构件间的孔洞中的圆柱形销，从而对齐构件或者防止其滑动。又称为：销钉（dowel pin）。

toothed plate 齿板
将薄金属板冲孔造出纵横密布的突齿，用作制造轻型木桁架的拼接板。

spike grid 齿环
用于结合重型木构件，位于平面或单曲面网格上的钉刺，用单根螺栓固定就位。这样的节点可防止因振动、冲击和反复侧向荷载造成的松动。

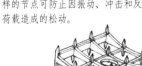

framing anchor 连接锚板
用于组合轻型木构架构件的各种金属板连接件，使用承受侧向荷载而不是承受拉力的特制钉子。

hurricane anchor 防风锚板
将椽子或桁架与墙上承梁板连接到一起并固定，用以抵抗侧向及向上的风力及地震力。又称为：hurricane tie。

joist anchor 墙锚
将楼板或屋顶横隔板的搁栅固定到混凝土或砖墙上的金属连接件，用以传递侧向风力或地震力。

floor anchor 楼板锚固件
用来固定轻型木构架结构的楼板，从而抵抗向上风力或地震力的带状金属连接件。

sill anchor 地梁锚固件
将木构架的地梁固定到混凝土板或基础墙上的框架固定件。

holddown 锚固连接件
用来固定木构架结构以抵抗向上的风力或地震力的金属装置，包括用螺栓将加劲角钢与墙体立柱连接并通过带螺纹的钢杆固定在混凝土基础上。

timber connector 木结构结合件
在两个木构件表面之间传递剪力的金属圆环、板片或钉格板，通过一个螺栓将装配部件固定并夹紧。使用木结构连接件比使用螺栓或方头螺钉更有效，因为它扩大了木构件中的荷载分布面积。

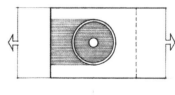

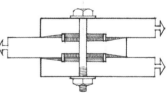

shear plate 抗剪盘
由可锻铸铁的圆板所制的木料连接件，插入木构件相应的槽中，与构件表面齐平，用单根螺栓定位。剪力板成对地背对背安装使用，以提高可拆装木—木连接点的抗剪能力；也可以单独用于木—金属连接点。

split-ring 裂环
连接木构件的金属圆环，将其插入分隔连接构件表面的沟槽内并通过单个螺栓固定。在荷载作用下，环上的齿槽可有轻微变形并保证整个表面均承受荷载，同时圆环倾斜的横截面使开口环很容易嵌入沟槽，并保证圆环在完全嵌入后紧密接合。

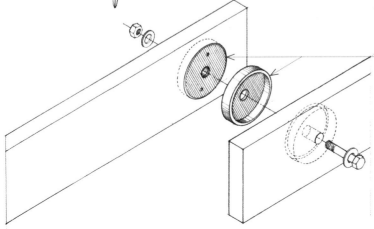

solder 软焊
采用有色金属焊料，通常为锡—铅合金，在低于800°F（427℃）的条件下，将两片金属结合在一起。

solder 低温焊料
加热熔化时将两片金属结合在一起（而不必将两片金属都加热到熔点）的可熔合金。熔化的焊料在毛细引力作用下流入焊点内。

braze 铜焊
采用任何一种有色金属焊料，通常为铜—锌合金，在低于800°F（427℃）的条件下，将两片金属结合在一起。

filler metal 填充金属
焊接、铜焊或低温焊接过程中加入的金属，其熔点与焊接的金属大致相同或更低。

weld 焊接
通过加热使两种金属流到一起从而使两个金属件熔化结合，有时在压力作用下补充中间金属或填充金属。

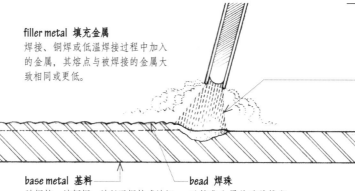

gas welding 气焊
利用氧气和乙炔等可燃气体燃烧产生的热实施焊接的一种工艺。

arc welding 弧焊
利用焊条和基底金属之间电弧所产生的热实施焊接过程的一种工艺。

arc 电弧
穿透电路中或两个电焊条之间空隙的持续发光性放电。又称为：electric arc。

base metal 基料
被焊接、被铜焊、被低温焊接或被切断的与填充金属不同的主要金属。

bead 焊珠
已熔化金属的连续堆积。又称为：weld bead。

fillet weld 贴角焊
用三角形断面焊缝把以内直角相交的两个表面结合在一起。

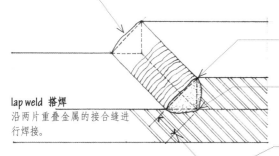

toe 焊脚
基底金属与焊缝表面间的接合处。

root 焊缝根部
焊缝的背或底与基底金属的相交处。

throat 焊缝厚度
从焊缝根部到基底金属表面之间的距离。

welding rod 焊条
用于气焊、铜焊以及电极不提供填充金属的弧焊过程中作为填充金属的金属丝或金属杆。

flux 焊剂
用于去掉通过焊接、铜焊或软焊结合的金属表面的氧化物并防止进一步氧化的物质，例如松香。

shielded metal arc welding 金属保护电弧焊
使用释放惰性气体的消耗性金属焊条在电弧周围形成屏蔽的一种电弧焊方法。此屏蔽通过隔离空气中令液态金属快速氧化的氧与氮来保护焊接区。

inert-gas shielded arc welding 惰性气体保护电弧焊
从外部气源连续输入惰性气体以屏蔽电弧焊的焊接区，由消耗性金属条或单独焊条来供应填充金属的电弧焊方法。

flux-cored arc welding 药芯焊丝电弧焊
使用内含蒸发焊剂芯的管状钢焊条，焊接过程中焊剂蒸发，在焊接区内形成气体屏蔽的电弧焊方法。

lap weld 搭焊
沿两片重叠金属的接合缝进行焊接。

butt weld 对头焊
对接在一起的两片金属之间的焊接。

puddle weld 熔焊
在金属板中烧一个洞并用熔化的金属进行填充的焊接。

submerged arc welding 埋弧焊
焊接区被可熔的颗料状金属的覆盖层所遮蔽，粒状金属熔化时形成保护性熔渣层，并可通过消耗性焊条或单独焊条来供应填充金属的一种弧焊方法。

partial-penetration weld 部分熔透焊
对接焊的一种，其焊接深度小于两个被结合构件中的厚度较薄者。

full-penetration weld 全熔透焊
对接焊的一种，其焊接深度等于两个被结合构件中的厚度较薄者。

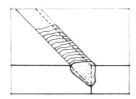

single-bevel weld 单坡口焊
当一边与一邻接构件进行坡口焊接时，将焊接边切成斜面。

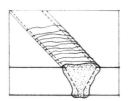

double-bevel weld 双坡口焊
当一边与一邻接构件进行坡口焊接时，将焊接边从两侧切成斜面。

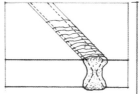

single-vee weld 单面V形焊
当一边与一邻接构件进行坡口焊接时，两构件的焊接边从同一面切成斜面。

double-vee weld 双面V形焊
当一边与一邻接构件进行坡口焊接时，每个构件的焊接边从两面都切成斜面。

resistance welding 电阻焊
使用电流通过时电阻所产生的热来进行焊接的一种弧焊方法。

groove weld 坡口焊
在两个相邻金属件之间预先成型的凹槽中进行的焊接。

rivet 铆钉
一端有钉头的金属钉，把铆钉体穿过每块板材的孔洞后，锤击无头端形成第二个钉头，用来将两块或更多块板材组合起来。

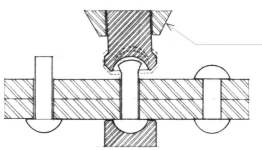

pneumatic riveter 风动铆钉枪
带铆钉冲头的气锤，用以形成第二个铆钉头。

rivet set 铆钉冲头
用于第二个铆钉头成型的工具。

drift 穿孔器
有锥度的圆形金属件，用于扩大或对齐孔洞以容纳铆钉或螺栓。又称为：driftpin。

aligning punch 定线器
使容纳铆钉或螺栓的孔洞能对准成直线排列的穿孔器。

dolly 铆顶
锤击铆钉无头端形成第二个铆钉头时，容纳并固定另一端铆钉头的工具。

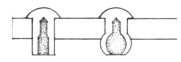

explosive rivet 爆炸铆钉
在只有一侧可触及的接合点处使用的铆钉，铆钉钉身填有炸药，当锤击铆钉头时，炸药爆炸使另一侧的铆钉身膨胀形成另一个铆钉头。

bonnet 壁炉罩
敞开式壁炉的罩或用于增加烟囱气流的通风帽、排气罩或风帽。

cowl 通风帽
类似于排气罩的罩子，用以增加烟囱或通风设备的空气流量。

spark arrester 火花罩网
由铁丝网或类似材料制成，用以阻挡从敞开式壁炉或烟囱中喷射出的火花和余烬，或使之转向。

prefabricated flue 预制烟道
用工厂制造的部件组装而成的燃烧设备的金属排气管。

smoke dome 烟尘罩
预制的金属壁炉的烟室吸尘顶盖。

hood 排气罩
火炉、壁炉、烟囱或通风设备的金属罩或顶盖。

mantel 壁炉架
壁炉洞口的结构构架，并常以装饰方式覆盖壁炉炉腔的一部分。又称为：mantelpiece。

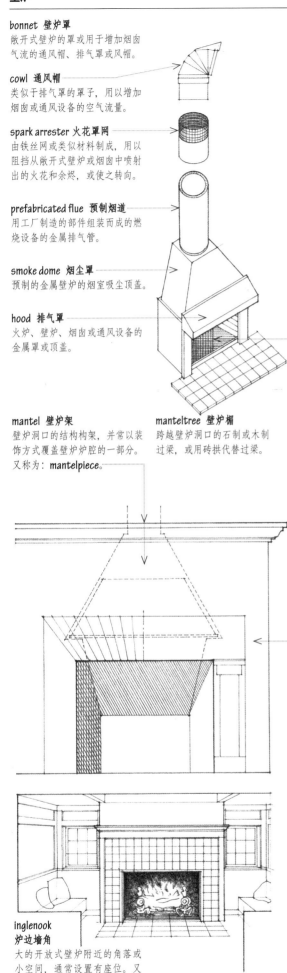

chimney 烟囱
将炉火的烟气通过内设的烟道送出室外，并由此制造气流的垂直不燃结构，尤其是其从屋顶升出部分。

smokestack 烟道
排出燃烧产生的烟或气的管道。

draft 气流
由于温度差或压力差而造成的在类似于房间、烟囱或火炉等封闭空间中的空气流动。

downdraft 倒灌风
烟囱或烟道中向下的空气流动，气流往往携带有烟。

fire screen 壁炉屏
放置在壁炉前防止火花或余烬进入房间的屏栅。

manteltree 壁炉楣
跨越壁炉洞口的石制或木制过梁，或用砖拱代替过梁。

chimney breast 壁炉腔
突出墙面的烟囱或壁炉的一部分，通常在建筑物室内。

chimney arch 烟道拱
支撑壁炉炉腔跨越壁炉洞口的拱。

chimney bar 壁炉条
壁炉洞口上方支撑砖砌体的钢过梁。又称为：壁炉弯篦（camber bar）或炉门过梁（turning bar）。

chimney cheek 壁炉侧壁
支撑过梁的壁炉洞口侧壁。

hearth 壁炉床
壁炉的地面，通常由砖、瓷砖或石材制成，常延伸进房间内一小段距离。

back hearth 后炉床
壁炉内的壁炉炉床。又称为：内炉床（inner hearth）。

front hearth 前炉床
延伸进房间内的壁炉炉床。又称为：外炉床（outer hearth）。

inglenook 炉边墙角
大的开放式壁炉附近的角落或小空间，通常设置有座位。又称为：壁炉边（chimney corner）。

flue 烟道
烟囱中用于排烟的不燃通道或管道。

fireplace 壁炉
用以保持开放式炉火的在烟囱中修筑的带框架的洞口。

chimney cap 烟囱帽
高出烟囱的顶盖，通常的形状为平板或檐板形状。

chimney pot 烟囱管帽
安装在烟囱顶上的陶土或金属制的圆管，以增加气流并分散烟雾。

flue lining 烟道内衬
由高温耐火黏土或轻骨料混凝土制成的具有光滑表面的模块，截面呈正方形、矩形或椭圆形，用作烟囱、烟道的内衬。

pargeting 烟道抹灰
砂浆或灰泥制成的烟囱烟道的光滑衬里。又称为：parget。

draft 气流控制器
火炉或壁炉中调节控制气流的装置。

damper 风闸阀
壁炉、火炉或暖气炉中调整控制气流的活动挡板。

smoke chamber 烟尘室
壁炉烟道下口的咽喉部和烟囱烟道之间的扩大区域。

smoke shelf 导烟板
吸烟室底部的突出部分，其目的是阻断从烟囱向下流动的气流或使其转向。

throat 烟道喉
壁炉与烟道或吸烟室之间的狭窄开口，常用气门关闭。

firebox 燃烧室
壁炉中容纳炉火的小室。

trimmer arch 壁炉前拱
烟囱和楼板结构端梁之间半弓形的拱，用以支撑壁炉炉床，通常用砖砌成。

ashpit 灰坑
位于壁炉或炉膛底部，用以收集、清除炉灰的容器。

ashpit door 灰坑门
灰坑出灰口或烟囱出烟灰口的铸铁门。

fire safety 火灾安全
采取措施以避免火灾或减少由于火灾而造成的生命及财产损失,包括限制火灾荷载、减少火灾隐患、采用耐火结构控制火灾蔓延、使用火灾探测及灭火系统、建立充足的消防机构以及对建筑物使用者进行防火安全及疏散程序训练。

fire hazard 火灾隐患
任何增加火灾可能性、妨碍获取灭火设备或在火灾发生时延误建筑物使用者疏散撤离的状况。

fire load 火灾荷载
建筑物中可燃材料的数量,以每平方英尺楼层面积可燃材料的磅数计量。

combustible 可燃的
属于或关于材料可以被点燃并燃烧的性质的。

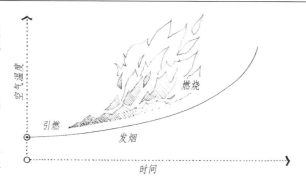

ignition point 燃点
导致物质自燃而且无需施加更多外部热量就能持续燃烧所需的最低温度。

flash point 闪点
可燃液体暴露于火焰中时可以放出足够的蒸气并瞬时自燃所需的最低温度。

fire-rated 防火分级的
注明材料、构件或结构达到根据其使用条件所须具备的耐火等级,或与之相关的。又称为:**耐火的(fire-resistive)**。

fire-resistance rating 耐火极限
某种材料或部件暴露于火灾条件下,不会发生以下情况的预计小时数:垮塌、出现火焰或热气的穿透性开口,或背火面超过特定温度。耐火极限是根据标准时间—温度曲线对全尺寸实物试件进行耐火试验测得的。

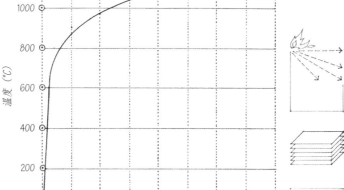

tunnel test 火焰表面扩散试验
测量可控火焰在试件表面扩散的时间、材料中用来助燃燃料的数量以及因燃烧发烟浓度的试验。又称为:**斯坦纳管道试验(Steiner tunnel test)**。

flame-spread rating 火焰扩散等级
火焰沿内装修材料的表面扩散的速度等级。红橡木地板的火焰扩散等级为100,石棉水泥板的火焰扩散等级为0。

fuel-contribution rating 助燃燃料等级
内装修材料能向火焰燃烧提供的可燃物质数量的等级。

smoke-developed rating 发烟等级
内装修材料燃烧时产生的烟雾数量等级。发烟等级超过450的材料不允许在建筑物内使用。

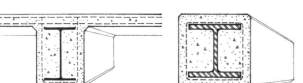

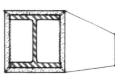

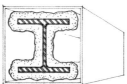

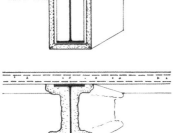

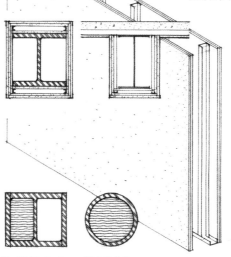

flame retardant 阻燃剂
用于提高可燃材料的燃点从而使之更加耐火的化合物。

fireproofing 防火材料
混凝土、板条抹灰、石膏板等可以抵御火灾造成损坏或结构破坏的建筑材料、构件或系统。

spray-on fireproofing 喷涂防火材料
用喷枪通过气压喷在构件表面上的矿物纤维与无机黏合剂的混合物,用以提供针对火焰热量的热屏障。

intumescent paint 发泡型防火涂料
一种涂层,遇到火焰热时膨胀形成厚惰性气泡的隔热层,从而延缓火焰扩散及燃烧。

liquid-filled column 填充液体柱
为增强耐火性而充水的空心钢质结构柱。暴露于火焰中时,水吸收热量并因对流作用上升,被下部由蓄水池或城市供水干管补充的冷水所代替。

fire zone　防火禁建区
城市中因火灾危险而禁止建造特定类别建筑的区域。

firebreak　防火带
为了防止火灾在两栋单一建筑、两个建筑组群或两片市内区域之间扩散而设立的开阔空间。

fire separation　防火分隔
用来限制火灾的扩散蔓延，具有必要耐火极限的楼板、墙体或屋顶顶棚结构。

**occupancy separation
功能区间防火分隔**
在多用途建筑物中，防止火灾跨功能区扩散的、具有必要耐火极限的水平或垂直构造。

distance separation　分隔间距[译注]
一栋建筑物的外墙与建筑红线、相邻道路或公共空间的中心线以及另一栋相邻建筑物外墙间的必要间距。所有这些间距均为距外墙的垂直距离。

fire area　消防面积
由具有耐火等级的构造所围合的、能限制火灾扩散的建筑物面积。

fire wall　防火墙
防止火灾从建筑物的一部分扩散到另一部分、具有必要耐火极限的墙体。防火墙从建筑基础一直延伸到高于屋顶的女儿墙，墙上开口需限制在墙体长度的一定百分比之内，并被能自行关闭或自动关闭的防火装置所保护。当计算建筑规范所允许的建筑面积或高度时，建筑物被防火墙分隔的每一部分都可以当作独立建筑。

draft stop　挡火墙
分隔可燃材料构造的封闭阁楼空间，或者吊顶与上部木框架楼板之间密闭空间的耐火隔墙。

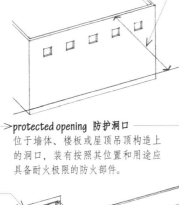
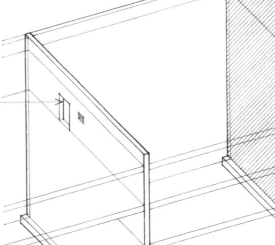

fire assembly　防火部件
包含所有必要的五金件、紧固件、门窗框和门槛、窗台板在内的防火门、防火窗以及防火隔板的部件。

protected opening　防护洞口
位于墙体、楼板或屋顶吊顶构造上的洞口，装有按照其位置和用途应具备耐火极限的防火部件。

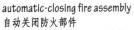

**self-closing fire assembly
自行关闭防火部件**
通常保持在关闭位置，并装有经认证的装置确保因使用需要开启后能够自行重新闭锁的防火部件。

**automatic-closing fire assembly
自动关闭防火部件**
能保持在开启位置，当温度上升时或受烟感探测器的驱动可以自动关闭的防火部件。

class A　甲级
具有3小时耐火极限的防火部件的等级，该类部件用于保护3小时或4小时耐火等级的防火墙及功能区防火分隔上的洞口。

class B　乙级
具有1小时或1¹/₂小时耐火极限的防火部件的等级，该类部件用于保护1小时或2小时耐火等级的防火隔墙、楼梯入口及竖井上的洞口。

class C　丙级
具有³/₄小时耐火极限的防火部件的等级，该类部件用于保护1小时耐火等级的墙体、走廊及危险区域的洞口。

class D　丁级
具有1¹/₂小时耐火极限的防火部件的等级，用以保护可能受到来自建筑物以外的严重火灾威胁的外墙洞口。

class E　戊级
具有³/₄小时耐火极限的防火部件的等级，用以保护可能受到来自建筑物以外的轻微或中等火灾威胁的外墙洞口。

UL label　防火认证
经保险商试验所（Underwriters' Laboratories Inc.）核准的贴到建筑材料、配件或装置上的标签，表明该产品：（a）已根据性能测试给予评级；（b）正式产品与送检样品（已通过耐火性、电力危险性或其他安全测试）使用基本相同的生产材料和流程；（c）产品会定期由保险商试验所进行复检。

labeled　带防火认证的
属于或关于由保险商试验所或其他认证实验室检定合格的防火等级标签的建筑材料或部件。

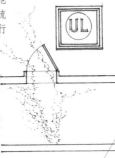

fire door　防火门
具有根据其位置和用途应有耐火极限的门部件，包括所有必要的五金件、锚固件、门框及门槛。

fire window　防火窗
具有根据其位置和用途应有耐火极限的窗部件，包括所有必要的五金件、锚固件、窗框及下槛。

smoke vent　排烟口
当发生火灾时能自动开启的排气口，以便从建筑物中排出烟和热。

fire damper　防火阀
当发生火灾时能自动关闭风道以阻止火和烟通过的阀门，风道穿越防火墙、防火通风井或其他防火分隔时必须如此设置。

fusible link　易熔连杆
由易熔金属制成的连接件。当连接件暴露于火灾中产生热量时熔化，从而关闭防火门、防火阀或类似设施。

[译注] 这一概念比较接近中国的建筑防火间距，但是由于防火间距概念中不包含建筑物至用地红线、道路中心线等非实体物体的内容，为了避免混淆而采用了目前的翻译。

fire-alarm system　火灾报警系统
安装在建筑物中，由火灾探测系统触发并自动发出警报声的电气系统。

fire-detection system　火灾探测系统
用以探测火灾出现并自动发出报警信号的热敏探头或其他获批准的传感器系统。

smoke detector　烟雾探测器
会被出现的烟雾激活的电子火灾报警器。

standpipe　消防立管
垂直延伸穿过建筑物，为各楼层消防水龙带供水的水管。

wet standpipe　湿立管
配有水龙带、管道中有压力水的消防立管，供建筑物使用者在紧急情况下使用。

dry standpipe　干立管
管道内无水的消防立管，消防部门通过水带将其连接到消火栓或消防水泵车供水。

fire hose　消防水带
用于灭火的重型水龙带。

hydrant　消火栓
装有出水口或喷嘴的直立管，用于从供水干管取水，尤其是用于灭火。又称为：fire hydrant 或 fireplug。

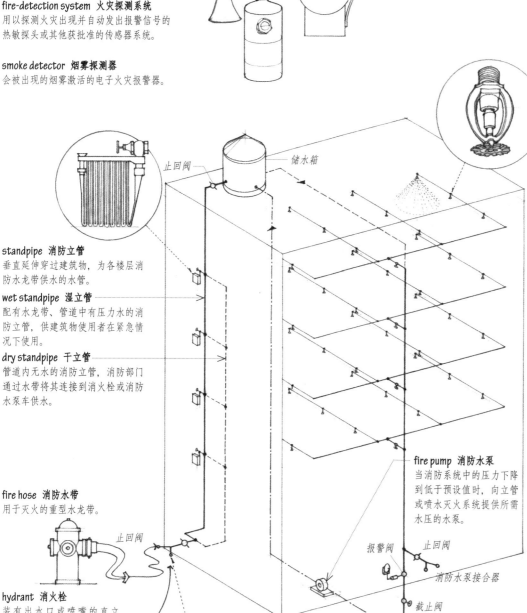

止回阀

储水箱

fire pump　消防水泵
当消防系统中的压力下降到低于预设值时，向立管或喷水灭火系统提供所需水压的水泵。

报警阀　　止回阀

消防水泵接合器

截止阀

止回阀

siamese　消防水泵接合器
在建筑物外侧近地面处安装的提供两个或多个接口的管道连接件，通过这些接口消防部门可泵水到消防立管或喷水灭火系统中。

主供水管

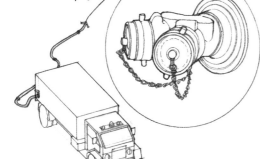

消防水泵车

fire extinguisher　灭火器
通过喷射压力水或特殊化学物质以扑灭小型火灾的便携式装置，按其扑灭火灾类型加以分类。

sprinkler system　喷水灭火系统
自动扑灭建筑中火灾的装置，由安装在吊顶中或吊顶下的管道系统构成，与适当的供水源连接并由一定温度下自动开启的阀或喷头来供水。

sprinklered　受喷水灭火系统保护的
属于或关于由正常维护的喷水灭火系统保护的建筑物或建筑物区域的。

sprinkler head　喷水喷头
喷水灭火系统中用于散布水流或水雾的喷嘴，通常通过在预设温度时熔化的易熔连接件控制。

automatic fire-extinguishing system　自动灭火系统
可自动探测火灾，在火灾区域中或对火灾区域释放经核准的灭火剂的装置和设备体系。

wet-pipe system　湿式系统
管道中注有压力充足的水，发生火灾时通过自动开启喷头立即并连续释放的喷水灭火系统。

dry-pipe system　干式系统
管道中含有压缩空气，在发生火灾时喷头开启进行释放，使水通过管道流动并从已开启的喷嘴喷出的喷水灭火系统。干式系统用于管道会结冻的场合。

preaction system　预作用灭火系统
干式喷水灭火系统的一种，使用比喷头里所用更灵敏的火灾探测装置来操纵阀门从而控制水流。适用于意外喷水会损坏贵重物品的场所。

deluge system　雨淋系统
喷头一直处于开启状态的喷水灭火系统，通过对热、烟或火焰敏感的装置来操纵阀门从而控制水流。

class A fire　A类火灾
涉及诸如木材、纸张、织物等普通可燃材料的火灾，对于这类材料首要的是利用水的猝熄及冷却效应。

class B fire　B类火灾
涉及诸如汽油、油料、油脂等可燃液体的火灾，扑灭这种火灾必须隔绝空气并阻止可燃蒸气释放。

class C fire　C类火灾
涉及带电设备的火灾，扑灭这种火灾需要不导电的灭火介质。

class D fire　D类火灾
涉及镁、钠等可燃金属的火灾，扑灭这种火灾需要不参与化学反应的吸热灭火介质。

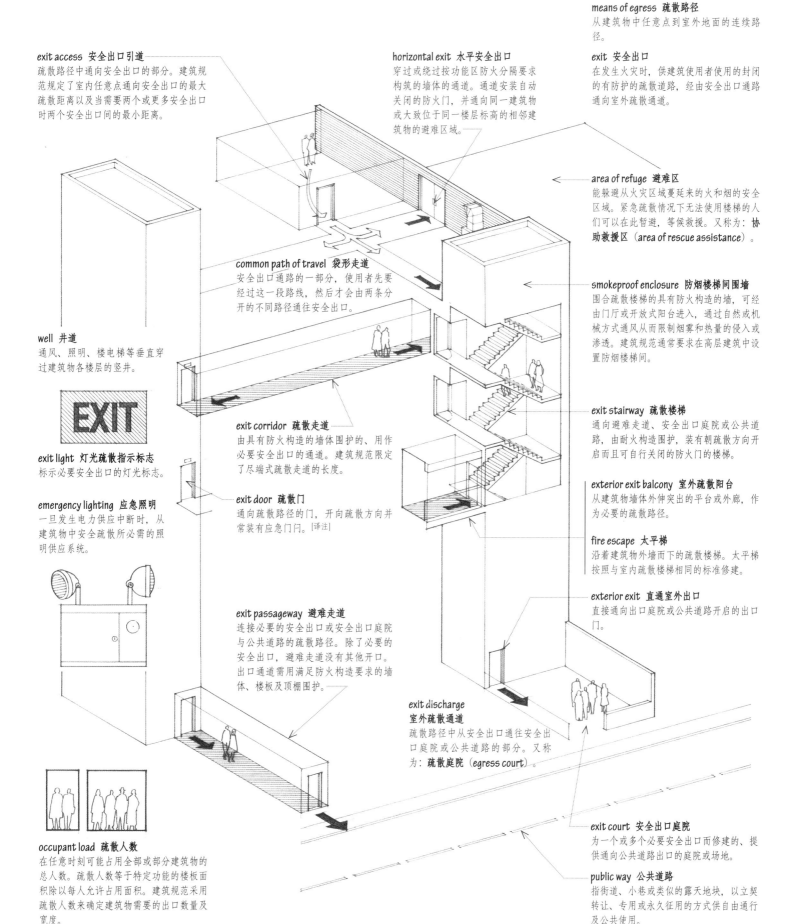

means of egress 疏散路径
从建筑物中任意点到室外地面的连续路径。

exit access 安全出口引道
疏散路径中通向安全出口的部分。建筑规范规定了室内任意点通向安全出口的最大疏散距离以及当需要两个或更多安全出口时两个安全出口间的最小距离。

horizontal exit 水平安全出口
穿过或绕过按功能区防火分隔要求构筑的墙体的通道。通道安装自动关闭的防火门,并通向同一建筑物或大致位于同一楼层标高的相邻建筑物的避难区域。

exit 安全出口
在发生火灾时,供建筑使用者使用的封闭的有防护的疏散道路,经由安全出口通路通向室外疏散通道。

area of refuge 避难区
能躲避从火灾区域蔓延来的火和烟的安全区域。紧急疏散情况下无法使用楼梯的人们可以在此暂避,等候救援。又称为:**协助救援区**(area of rescue assistance)。

common path of travel 袋形走道
安全出口通路的一部分,使用者先要经过这一段路线,然后才会由两条分开的不同路径通往安全出口。

smokeproof enclosure 防烟楼梯间围墙
围合疏散楼梯的具有防火构造的墙,可经由门厅或开放式阳台进入,通过自然或机械方式通风从而限制烟雾和热量的侵入或渗透。建筑规范通常要求在高层建筑中设置防烟楼梯间。

well 井道
通风、照明、楼电梯等垂直穿过建筑物各楼层的竖井。

exit stairway 疏散楼梯
通向避难走道、安全出口庭院或公共道路,由耐火构造围护,装有朝疏散方向开启而且可自行关闭的防火门的楼梯。

exit corridor 疏散走道
由具有防火构造的墙体围护的、用作必要安全出口的通道。建筑规范限定了尽端式疏散走道的长度。

exterior exit balcony 室外疏散阳台
从建筑物墙体外伸突出的平台或外廊,作为必要的疏散路径。

exit light 灯光疏散指示标志
标示必要安全出口的灯光标志。

fire escape 太平梯
沿着建筑物外墙而下的疏散楼梯。太平梯按照与室内疏散楼梯相同的标准修建。

emergency lighting 应急照明
一旦发生电力供应中断时,从建筑物中安全疏散所必需的照明供应系统。

exit door 疏散门
通向疏散路径的门,开向疏散方向并常装有应急门闩。[译注]

exterior exit 直通室外出口
直接通向出口庭院或公共道路开启的出口门。

exit passageway 避难走道
连接必要的安全出口或安全出口庭院与公共道路的疏散路径。除了必要的安全出口,避难走道没有其他开口。出口通道需用满足防火构造要求的墙体、楼板及顶棚围护。

exit discharge 室外疏散通道
疏散路径中从安全出口通往安全出口庭院或公共道路的部分。又称为:**疏散庭院**(egress court)。

occupant load 疏散人数
在任意时刻可能占用全部或部分建筑物的总人数。疏散人数等于特定功能的楼板面积除以每人允许占用面积。建筑规范采用疏散人数来确定建筑物需要的出口数量及宽度。

exit court 安全出口庭院
为一个或多个必要安全出口而修建的、提供通向公共道路出口的庭院或场地。

public way 公共道路
指街道、小巷或类似的露天地块,以立契转让、专用或永久征用的方式供自由通行及公共使用。

[译注] 一种能够通过按压或撞击方式打开门闩的机制。

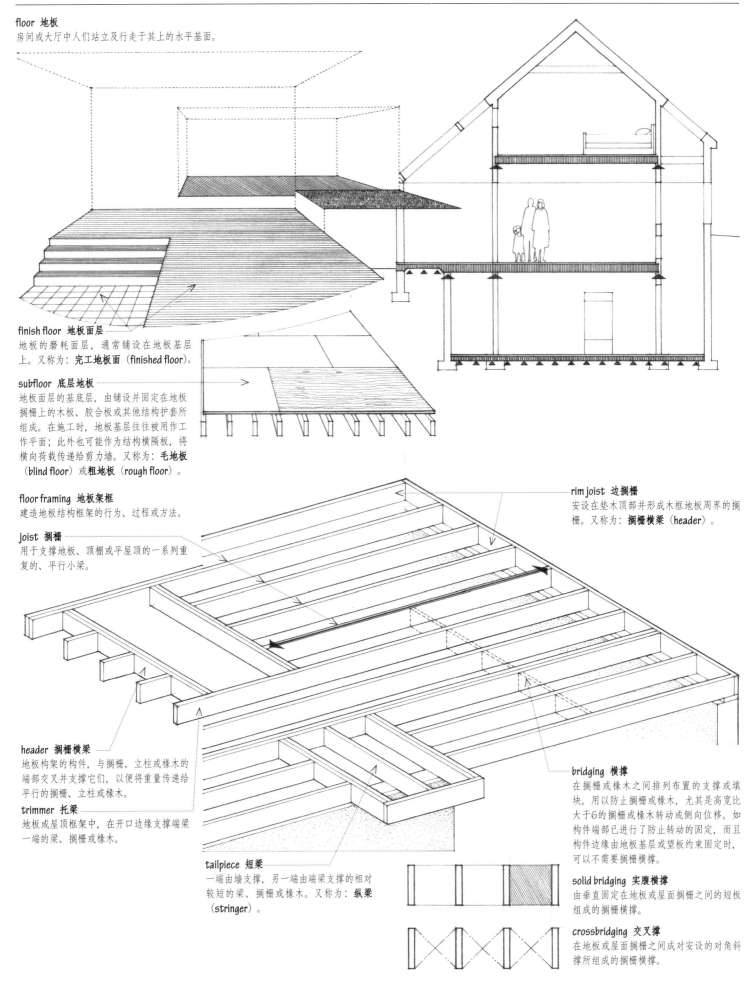

floor 地板
房间或大厅中人们站立及行走于其上的水平基面。

finish floor 地板面层
地板的磨耗面层，通常铺设在地板基层上。又称为：完工地板面（finished floor）。

subfloor 底层地板
地板面层的基底层，由铺设并固定在地板搁栅上的木板、胶合板或其他结构护套所组成。在施工时，地板基层往往被用作工作平面；此外也可能作为结构横隔板，将横向荷载传递给剪力墙。又称为：毛地板（blind floor）或粗地板（rough floor）。

floor framing 地板架框
建造地板结构框架的行为、过程或方法。

joist 搁栅
用于支撑地板、顶棚或平屋顶的一系列重复的、平行小梁。

header 搁栅横梁
地板构架的构件，与搁栅、立柱或椽木的端部交叉并支撑它们，以便将重量传递给平行的搁栅、立柱或椽木。

trimmer 托梁
地板或屋顶框架中，在开口边缘支撑端梁一端的梁、搁栅或椽木。

tailpiece 短梁
一端由墙支撑，另一端由端梁支撑的相对较短的梁、搁栅或椽木。又称为：纵梁（stringer）。

rim joist 边搁栅
安设在垫木顶部并形成木框地板周界的搁栅。又称为：搁栅横梁（header）。

bridging 横撑
在搁栅或椽木之间排列布置的支撑或填块，用以防止搁栅或椽木，尤其是高宽比大于6的搁栅或椽木转动或侧向位移。如构件端部已进行了防止转动的固定，而且构件边缘由地板基层或望板约束固定时，可以不需要搁栅横撑。

solid bridging 实腹横撑
由垂直固定在地板或屋面搁栅之间的短板组成的搁栅横撑。

crossbridging 交叉撑
在地板或屋面搁栅之间成对安设的对角斜撑所组成的搁栅横撑。

deck 结构层
铺贴地板或屋面板的结构表面。

beam fill 梁端填充
用砖石或混凝土填充砖墙顶部或内部的搁栅或梁之间的空隙，来加固构件并且提高防火性能。又称为：**beam filling**。

decking 支撑板
由木料、金属或混凝土制成的自承重构件，可以跨铺在梁、搁栅、椽木或檩条上作为地板或屋面的基层。

beam pocket 梁槽
结构构件垂直面上用来安装梁的洞口。

firecut 防火斜切
搁栅或梁的端部插入砌块墙部位的斜切口，即使支撑梁或搁栅在长度方向燃烧、跌落也不会损坏砌块墙。

metal decking 金属支撑板
带有一系列冷轧肋或波槽来加固的，制作地板面板或屋面面板的钢板，通常镀锌作为防腐蚀处理。金属支撑板的跨越能力取决于钢板厚度及波纹深度。

shear stud 抗剪销钉
焊接在钢梁或大梁上翼缘并埋在混凝土中，使钢梁和混凝土形成一个结构整体的钢销钉。

form decking 底模支撑板
在钢筋混凝土楼板可以承受自重之前作为永久模板的金属支撑板。

composite decking 复合支撑板
通过变形肋或燕尾肋与钢筋混凝土板结合，作为其永久模板和受拉增强件的金属支撑板。

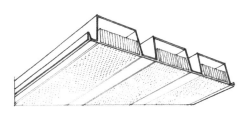

acoustic decking 吸音支撑板
在压型面板的肋间穿孔腹板之间或格状面板的开孔网格中填入玻璃纤维的金属支撑板，常用作吸音天花板。

cellular decking 格槽支撑板
将压型钢板与平钢板焊接而制成的金属支撑板，形成一系列供电线及电缆使用的线槽。

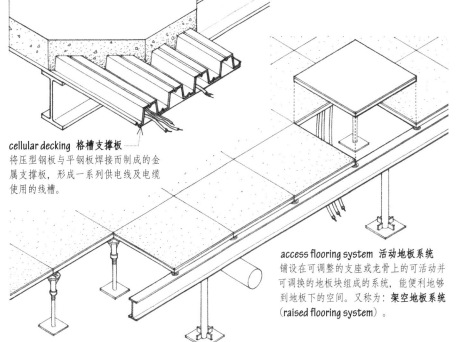

access flooring system 活动地板系统
铺设在可调整的支座或龙骨上的可活动并可调换的地板块组成的系统，能便利地够到地板下的空间。又称为：**架空地板系统**（raised flooring system）。

finish flooring 楼面装修材料
用作地板磨耗面层的材料，如硬木、水磨石或地砖。

wood flooring 木地板
木条、木板或木块等木地板面层材料。

strip flooring 板条木地板
由通常在侧面及端面企口接合的狭长木条组成的地板。

plank flooring 宽条木地板
由通常在侧面及端面企口接合，比板条木地板更宽的木板组成的地板。

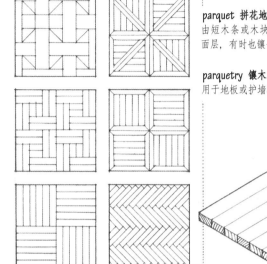

parquet 拼花地板
由短木条或木块拼成图案而组成的地板面层，有时也镶嵌不同木料或其他材料。

parquetry 镶木细工
用于地板或护墙板的木料镶拼作业。

hollow-backed 凹背的
属于或关于背面凹进的木材、石板材的，由此可以将之更牢固地安装于不规则表面上。

sleeper 小搁栅
安放在混凝土板上的许多小木条，以便将地板基层或地板固定在混凝土板上。

solid block flooring 实心木块地板
用黏结剂将实心木块以木纹垂直方向安装铺设而成的高度耐磨地板。

block flooring 块料地板
由工厂预制、常用玛琋脂铺贴在木基层或混凝土板上的方形单元组成的地板。

unit block 拼条地板块
由短木条边对边地拼接而成的地板块体，通常在两个相邻的边开榫而两个边开槽，以保证在安装铺设时对正对齐。

laminated block 层压地板块
将三层或更多层薄木板用防水黏结剂黏贴制成的地板块。通常有两个是凸榫而两个相对边是凹槽，以保证在安装铺设时正对齐。

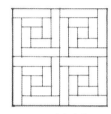

slat block 木板条块
将硬木狭条或小木块拼装成较大单元组成的地板块。

engineered flooring 复合地板
将斜交木片通过压胶工艺制成的层压木地板，具有更好的尺寸稳定性，并且有预加工的硬实木耐磨层。

terrazzo 水磨石
将大理石屑或其他石屑置于胶凝性或树脂基料中并在硬化后磨光的镶嵌或铺筑楼面。

standard terrazzo 标准水磨石
主要由较小的石屑组成的经打磨并抛光的水磨石饰面。

Venetian terrazzo 威尼斯式水磨石
主要由大石屑组成并用小石屑填充空隙的经打磨并抛光的水磨石饰面。

rustic terrazzo 水刷石
在面层材料凝固前冲掉水泥浆，露出石屑而制成质地不均匀的不打磨饰面。

Palladiana 帕拉迪奥式水磨石
用切割或破碎的大理石板手工安放成所想要的图案，并用较小石屑填充空隙形成的镶嵌式地面。

topping 面层
石屑和胶凝性或树脂基料混合形成的水磨石表面。

bonding agent 黏结剂
涂刷在基层上使其与上一层产生黏结作用的化学物质，例如在水磨石面层和楼板基层之间。

underbed 底层
将水磨石面层施加其上的砂浆垫层。

resinous matrix 树脂基料
与石屑混合形成水磨石面层的乳胶、聚酯或环氧黏结剂，特别用于抗化学腐蚀及磨耗。

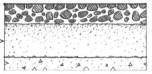
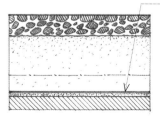

thin-set terrazzo 薄层水磨石
直接覆盖于坚实的木质、金属或混凝土地面基层上的薄层树脂水磨石。

monolithic terrazzo 整浇水磨石
直接覆盖在粗糙混凝土板上的水磨石面层。如果混凝土表面太过光滑导致机械黏结力不足，可使用化学黏结剂。

bonded terrazzo 黏结水磨石
覆盖在黏结于粗糙混凝土板上的砂浆垫层上的水磨石面层。

sand-cushion terrazzo 砂垫层水磨石
当预期会出现结构变形时，为了控制开裂而使用的水磨石体系。它由覆盖在加筋砂浆垫层上的水磨石面层组成，砂浆垫层通过隔离膜和薄砂层与楼板基层分开。

linoleum 油地毡
在粗麻布或帆布上涂敷热亚麻油、软木粉和松香混合物，并加上颜料以获得所需要的颜色及图案而形成的弹性楼面罩面层。油地毡只能用在支撑于地面以上的楼面垫层之上。

vinyl sheet 乙烯薄板
由主要成分聚氯乙烯及矿物填料、颜料，再加上纤维、毛毡或泡沫塑料材质的背衬所组成的弹性楼面覆盖层。

vinyl tile 乙烯基地砖
由主要成分聚氯乙烯及矿物填料、颜料所组成的弹性地砖。

cork tile 软木地砖
由软木颗粒与合成橡胶黏结剂组成，表面有涂蜡保护层或透明聚氯乙烯薄膜的弹性地砖。软木地板砖只能用在支撑于地面以上的基层。

rubber tile 橡胶地砖
由天然或合成橡胶与矿物填料组成的弹性地砖。

resilient flooring 弹性地板
各种弯折或挤压后能恢复到原始形状的地板罩面层，有地板块和地板革两种形式，可通过玛蹄脂铺设在合适的垫层上。

floor covering 楼面覆盖层
用于覆盖楼面的材料，尤其是非纤维材料，如乙烯基地砖或陶瓷地砖。

mastic 玛蹄脂/胶黏剂
各种用作密封剂、黏结剂或保护层的糊状材料。

underlayment 垫层
铺设在地板基层上的材料，如胶合板或硬质纤维板，为弹性地板、地毯或其他非结构用地面提供光滑平整的基层。

carpet 地毯
用于覆盖地面的厚重的编织、针织、簇绒或者毡合纤维的织物。

pile weight 绒重
以盎司/平方码表示的地毯中绒毛的平均重量。

pile density 绒密度
以盎司/立方码表示的每单位体积的绒毛重量。

pitch 经向密度
在27英寸（686毫米）宽的机织毛毯中形成簇绒交叉点的数量。

gauge 行距
横贯簇绒地毯或针织地毯宽度方向的簇束间距，以几分之一英寸表示。

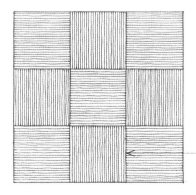

woven carpet 编织地毯
在织布机上同时编织背衬和绒面而制成的地毯。

tufted carpet 簇绒地毯
将绒头纱机械缝合在主背衬织物上，然后用乳胶黏贴于第二层背衬上的地毯。

knitted carpet 针织地毯
用三组针将背衬、编织线及绒头纱编成环状而织成的地毯。

fusion-bonded carpet 熔结地毯
用热熔方法将面绒黏合在乙烯背衬上，同时用其他材料做基层制成的地毯。

flocked carpet 植绒地毯
用静电方法将短束绒纤维黏合到涂有黏结剂的背衬上制成的地毯。

needlepunched carpet 针刺地毯
用钩针将地毯纤维来回反复穿过聚丙烯网片以形成毡状纤维织物。

carpet tile 拼合地毯
由地毯材料制成的地板块。

pile 绒头
形成地毯或纤维织物表面的直立的簇绒。

loop pile 圈绒
用编织、簇绒或针织的方法将绒头纱织成环状而产生的地毯纹理。

cut pile 切绒
通过剪切绒毛圈而产生的地毯纹理，有从不规则的长绒到短的致密天鹅绒等各种纹理。

backing 背衬
固定地毯绒毛并使其坚挺、具有强度及尺寸稳定性的基础材料。

carpet pad 地毯衬垫
多孔橡胶垫或毡制动物皮毛，将地毯铺于其上，以增强弹性、提高耐久性并减少撞击声的传播。又称为：**地毯垫**（carpet cushion）。

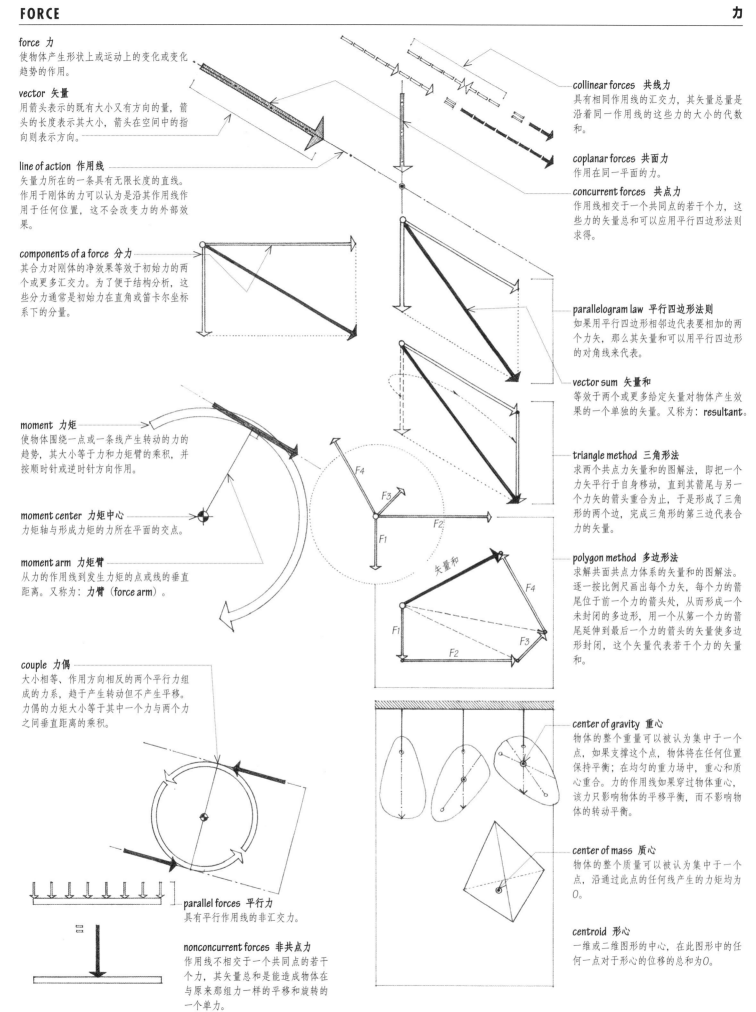

force 力
使物体产生形状上或运动上的变化或变化趋势的作用。

vector 矢量
用箭头表示的既有大小又有方向的量，箭头的长度表示其大小，箭头在空间中的指向则表示方向。

line of action 作用线
矢量力所在的一条具有无限长度的直线。作用于刚体的力可以认为是沿其作用线作用于任何位置，这不会改变力的外部效果。

components of a force 分力
其合力对刚体的净效果等效于初始力的两个或更多汇交力。为了便于结构分析，这些分力通常是初始力在直角或笛卡尔坐标系下的分量。

moment 力矩
使物体围绕一点或一条线产生转动的力的趋势，其大小等于力和力矩臂的乘积，并按顺时针或逆时针方向作用。

moment center 力矩中心
力矩轴与形成力矩的力所在平面的交点。

moment arm 力矩臂
从力的作用线到发生力矩的点或线的垂直距离。又称为：**力臂**（force arm）。

couple 力偶
大小相等、作用方向相反的两个平行力组成的力系，趋于产生转动但不产生平移。力偶的力矩大小等于其中一个力与两个力之间垂直距离的乘积。

parallel forces 平行力
具有平行作用线的非汇交力。

nonconcurrent forces 非共点力
作用线不相交于一个共同点的若干个力，其矢量总和是能造成物体在与原来那组力一样的平移和旋转的一个单力。

collinear forces 共线力
具有相同作用线的汇交力，其矢量总量是沿着同一作用线的这些力的大小的代数和。

coplanar forces 共面力
作用在同一平面的力。

concurrent forces 共点力
作用线相交于一个共同点的若干个力，这些力的矢量总和可以应用平行四边形法则求得。

parallelogram law 平行四边形法则
如果用平行四边形相邻边代表要相加的两个力矢，那么其矢量和可以用平行四边形的对角线来代表。

vector sum 矢量和
等效于两个或更多给定矢量对物体产生效果的一个单独的矢量。又称为：resultant。

triangle method 三角形法
求两个共点力矢量和的图解法，即把一个力矢平行于自身移动，直到其箭尾与另一个力矢的箭头重合为止，于是形成了三角形的两个边，完成三角形的第三边代表合力的矢量。

polygon method 多边形法
求解共面共点力体系的矢量和的图解法。逐一按比例尺画出每个力矢，每个力的箭尾位于前一个力的箭头处，从而形成一个未封闭的多边形，用一个从第一个力的箭尾延伸到最后一个力的箭头的矢量使多边形封闭，这个矢量代表若干个力的矢量和。

center of gravity 重心
物体的整个重量可以被认为集中于一个点，如果支撑这个点，物体将在任何位置保持平衡；在均匀的重力场中，重心和质心重合。力的作用线如果穿过物体重心，该力只影响物体的平移平衡，而不影响物体的转动平衡。

center of mass 质心
物体的整个质量可以被认为集中于一个点，沿通过此点的任何线产生的力矩均为0。

centroid 形心
一维或二维图形的中心，在此图形中的任何一点对于形心的位移的总和为0。

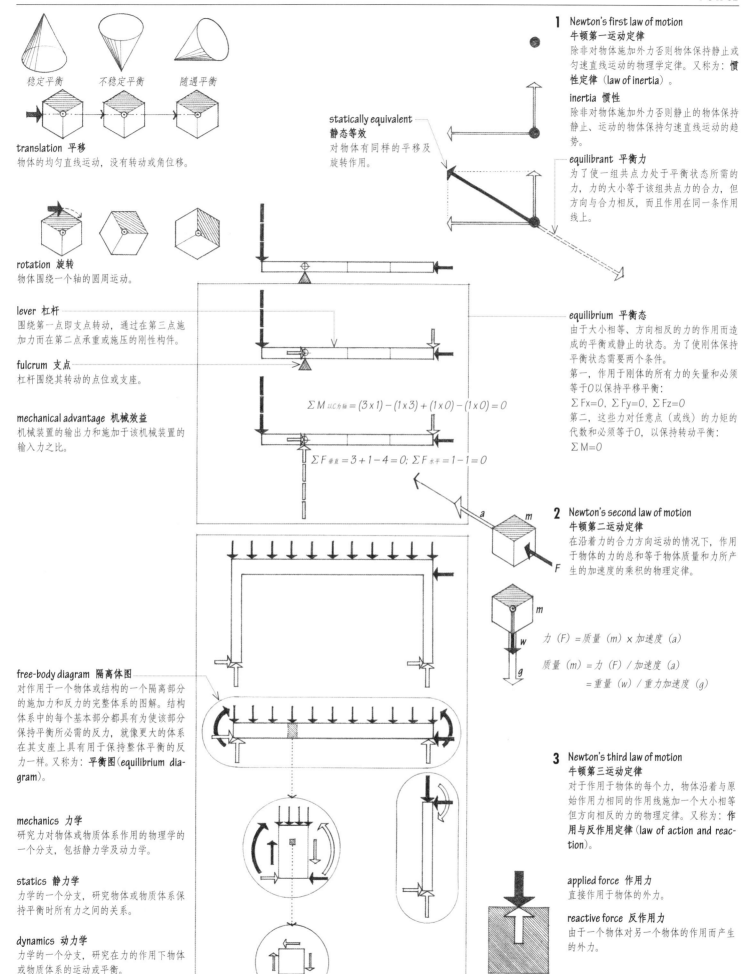

稳定平衡   **不稳定平衡**   **随遇平衡**

translation 平移
物体的均匀直线运动，没有转动或角位移。

rotation 旋转
物体围绕一个轴的圆周运动。

lever 杠杆
围绕第一点即支点转动，通过在第三点施加力而在第二点承重或施压的刚性构件。

fulcrum 支点
杠杆围绕其转动的点位或支座。

mechanical advantage 机械效益
机械装置的输出力和施加于该机械装置的输入力之比。

statically equivalent 静态等效
对物体有同样的平移及旋转作用。

$\sum M_{以C为轴} = (3 \times 1) - (1 \times 3) + (1 \times 0) - (1 \times 0) = 0$

$\sum F_{垂直} = 3 + 1 - 4 = 0;\ \sum F_{水平} = 1 - 1 = 0$

free-body diagram 隔离体图
对作用于一个物体或结构的一个隔离部分的施加力和反力的完整体系的图解。结构体系中的每个基本部分都具有为使该部分保持平衡所必需的反力，就像更大的体系在其支座上具有用于保持整体平衡的反力一样。又称为：平衡图(equilibrium diagram)。

mechanics 力学
研究力对物体或物质体系作用的物理学的一个分支，包括静力学及动力学。

statics 静力学
力学的一个分支，研究物体或物质体系保持平衡时所有力之间的关系。

dynamics 动力学
力学的一个分支，研究在力的作用下物体或物质体系的运动或平衡。

1 **Newton's first law of motion**
牛顿第一运动定律
除非对物体施加外力否则物体保持静止或匀速直线运动的物理学定律。又称为：**惯性定律**（law of inertia）。

inertia 惯性
除非对物体施加外力否则静止的物体保持静止、运动的物体保持匀速直线运动的趋势。

equilibrant 平衡力
为了使一组共点力处于平衡状态所需的力，力的大小等于该组共点力的合力，但方向与合力相反，而且作用在同一条作用线上。

equilibrium 平衡态
由于大小相等、方向相反的力的作用而造成的平衡或静止的状态。为了使刚体保持平衡状态需要两个条件。
第一，作用于刚体的所有力的矢量和必须等于0以保持平移平衡：
$\sum F_x = 0,\ \sum F_y = 0,\ \sum F_z = 0$
第二，这些力对任意点（或线）的力矩的代数和必须等于0，以保持转动平衡：
$\sum M = 0$

2 **Newton's second law of motion**
牛顿第二运动定律
在沿着力的合力方向运动的情况下，作用于物体的力的总和等于物体质量和力所产生的加速度的乘积的物理定律。

$力（F）= 质量（m）\times 加速度（a）$

$质量（m）= 力（F）/ 加速度（a）$
$= 重量（w）/ 重力加速度（g）$

3 **Newton's third law of motion**
牛顿第三运动定律
对于作用于物体的每个力，物体沿着与原始作用力相同的作用线施加一个大小相等但方向相反的力的物理定律。又称为：**作用与反作用定律**（law of action and reaction）。

applied force 作用力
直接作用于物体的外力。

reactive force 反作用力
由于一个物体对另一个物体的作用而产生的外力。

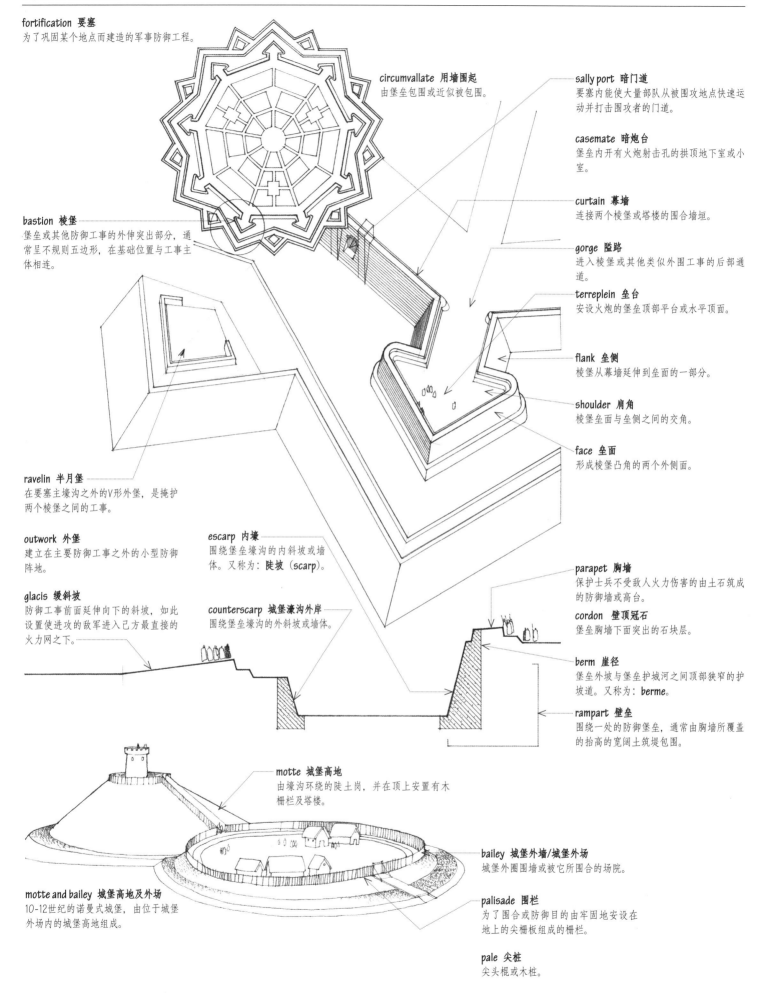

fortification 要塞
为了巩固某个地点而建造的军事防御工程。

circumvallate 用墙围起
由堡垒包围或近似被包围。

sally port 暗门道
要塞内能使大量部队从被围攻地点快速运动并打击围攻者的门道。

casemate 暗炮台
堡垒内开有火炮射击孔的拱顶地下室或小室。

curtain 幕墙
连接两个棱堡或塔楼的围合墙垣。

gorge 隘路
进入棱堡或其他类似外围工事的后部通道。

terreplein 垒台
安设火炮的堡垒顶部平台或水平顶面。

flank 垒侧
棱堡从幕墙延伸到垒面的一部分。

shoulder 肩角
棱堡垒面与垒侧之间的交角。

face 垒面
形成棱堡凸角的两个外侧面。

bastion 棱堡
堡垒或其他防御工事的外伸突出部分，通常呈不规则五边形，在基础位置与工事主体相连。

ravelin 半月堡
在要塞主壕沟之外的V形外堡，是掩护两个棱堡之间的工事。

outwork 外堡
建立在主要防御工事之外的小型防御阵地。

glacis 缓斜坡
防御工事前面延伸向下的斜坡，如此设置使进攻的敌军进入己方最直接的火力网之下。

escarp 内壕
围绕堡垒壕沟的内斜坡或墙体。又称为：陡坡（scarp）。

counterscarp 城堡濠沟外岸
围绕堡垒壕沟的外斜坡或墙体。

parapet 胸墙
保护士兵不受敌人火力伤害的由土石筑成的防御墙或高台。

cordon 壁顶冠石
堡垒胸墙下面突出的石块层。

berm 崖径
堡垒外坡与堡垒护城河之间顶部狭窄的护坡道。又称为：berme。

rampart 壁垒
围绕一处的防御堡垒，通常由胸墙所覆盖的抬高的宽阔土筑堤包围。

motte 城堡高地
由壕沟环绕的陡土岗，并在顶上安置有木栅栏及塔楼。

bailey 城堡外墙/城堡外场
城堡外围墙或被它所围合的场院。

motte and bailey 城堡高地及外场
10-12世纪的诺曼式城堡，由位于城堡外场内的城堡高地组成。

palisade 围栏
为了围合或防御目的由牢固地安设在地上的尖栅板组成的栅栏。

pale 尖桩
尖头棍或木桩。

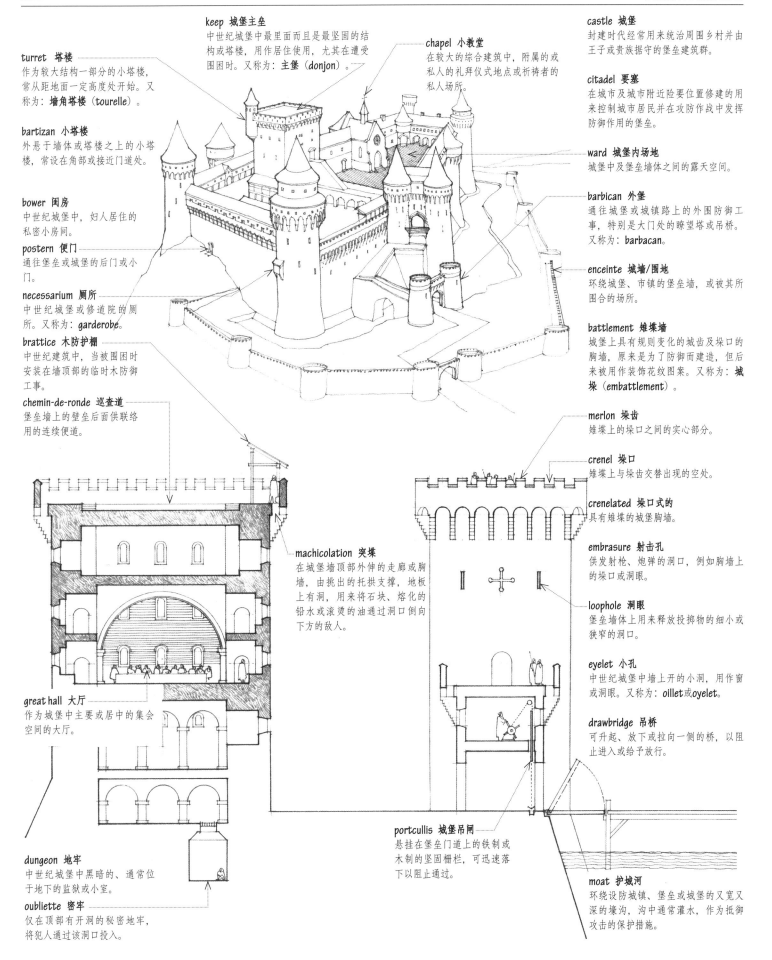

keep 城堡主垒
中世纪城堡中最里面而且是最坚固的结构或塔楼，用作居住使用，尤其在遭受围困时。又称为：**主堡（donjon）**。

chapel 小教堂
在较大的综合建筑中，附属的或私人的礼拜仪式地点或祈祷者的私人场所。

turret 塔楼
作为较大结构一部分的小塔楼，常从距地面一定高度处开始。又称为：**墙角塔楼（tourelle）**。

bartizan 小塔楼
外悬于墙体或塔楼之上的小塔楼，常设在角部或接近门道处。

bower 闺房
中世纪城堡中，妇人居住的私密小房间。

postern 便门
通往堡垒或城堡的后门或小门。

necessarium 厕所
中世纪城堡或修道院的厕所。又称为：**garderobe**。

brattice 木防护棚
中世纪建筑中，当被围困时安装在墙顶部的临时木防御工事。

chemin-de-ronde 巡查道
堡垒墙上的壁垒后面供联络用的连续便道。

castle 城堡
封建时代经常用来统治周围乡村并由王子或贵族据守的堡垒建筑群。

citadel 要塞
在城市及城市附近险要位置修建的用来控制城市居民并在攻防作战中发挥防御作用的堡垒。

ward 城堡内场地
城堡中及堡垒墙体之间的露天空间。

barbican 外堡
通往城堡或城镇路上的外围防御工事，特别是大门处的瞭望塔或吊桥。又称为：**barbacan**。

enceinte 城墙/围地
环绕城堡、市镇的堡垒墙，或被其所围合的场所。

battlement 雉堞墙
城堡上具有规则变化的城齿及垛口的胸墙，原来是为了防御而建造，但后来被用作装饰花纹图案。又称为：**城垛（embattlement）**。

merlon 垛齿
雉堞上的垛口之间的实心部分。

crenel 垛口
雉堞上与垛齿交替出现的空处。

crenelated 垛口式的
具有雉堞的城堡胸墙。

embrasure 射击孔
供发射枪、炮弹的洞口，例如胸墙上的垛口或洞眼。

loophole 洞眼
堡垒墙体上用来释放投掷物的细小或狭窄的洞口。

eyelet 小孔
中世纪城堡中墙上开的小洞，用作窗或洞眼。又称为：**oillet或oyelet**。

drawbridge 吊桥
可升起、放下或拉向一侧的桥，以阻止进入或给予放行。

machicolation 突堞
在城堡墙顶部外伸的走廊或胸墙，由挑出的托拱支撑，地板上有洞，用来将石块、熔化的铅水或滚烫的油通过洞口倒向下方的敌人。

great hall 大厅
作为城堡中主要或居中的集会空间的大厅。

dungeon 地牢
中世纪城堡中黑暗的、通常位于地下的监狱或小室。

oubliette 密牢
仅在顶部有开洞的秘密地牢，将犯人通过该洞口投入。

portcullis 城堡吊闸
悬挂在堡垒门道上的铁制或木制的坚固栅栏，可迅速落下以阻止通过。

moat 护城河
环绕设防城镇、堡垒或城堡的又宽又深的壕沟，沟中通常灌水，作为抵御攻击的保护措施。

foundation 基础
建筑物或其他建造工程的最底层，部分或全部位于地面以下，设计用于支撑和锚定上层建筑并将荷载直接传递至大地。

shallow foundation 浅基础
将建筑物荷载通过垂直压力直接传导至支撑土壤，位于建筑下部最低点正方上方的基础体系。

footing 底脚
基础中直接作用于支撑土壤的部分，位于冻结线以下，并加大尺寸从而将荷载分散到更大面积。

settlement 沉降
基础下部土壤在荷载作用下固结导致结构的逐渐下沉。

consolidation 固结
持续荷载和压应力的增大所导致的土壤体积的逐渐减小。

primary consolidation 主固结
持续荷载作用下，主要因为水分被从土体空隙中挤出以及荷载从土壤水转移到土壤颗粒上导致的土壤体积的减小。又称为：**主压缩（primary compression）**。

secondary consolidation 次固结
持续荷载作用下，大多数荷载已被从土壤水转移到土壤颗粒上之后，主要因为土体内部结构变化导致的土体体积的减小。

differential settlement 沉降差
由于不均匀沉降或基础破坏所导致的结构不同部分之间的相对移动。

叠加的土壤应力可能是由于密排底脚或位于不同标高的相邻底脚导致。

arching 土拱效应
土体中应力由松软部分向邻近较不松软或被约束部分的传导。

passive earth pressure 被动土压力
源自土体的抗力的水平分量，可抵抗垂直结构在土壤中的水平运动。

由横向力导致的不均匀土壤压强。

由底脚和土壤间的摩擦力提供的抗剪力。

active earth pressure 主动土压力
压强的水平分量，由土体施加给垂直支护结构。

soil pressure 土壤压强
底脚和土体之间的实际压强，等于传导力的大小与接触面积之商。又称为：**接触压强（contact pressure）**。

allowable bearing pressure 容许支撑压强
地基施加给支撑土壤体的垂直或横向的最大单位压强。未进行地质勘查和土壤测试时，根据建筑规范的允许值（通常为比较保守的数值）来确定不同土壤等级对应的容许支撑压强。又称为：**容许承载力（allowable bearing capacity）**或**容许土壤压强（allowable soil pressure）**。

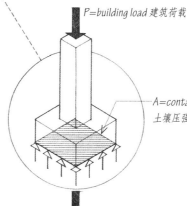

P = building load 建筑荷载

A = contact area of footing 底脚接触面积
土壤压强 $(q) = P/A$

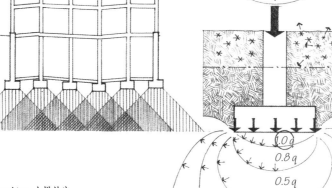

frostline 冻结线
土壤冻结或是霜冻穿透地面的最大深度。

frost heave 冻胀
内部湿气冻结导致的土壤上升。

frost boil 翻浆
冻结的地下水融化导致的土壤松软。

foundation wall 基墙
位于最接近地面的楼层以下，设计用于支撑和锚定上层建筑的墙体。

ground slab 地板
由地面支撑的、位于致密或压实地基上的混凝土板，常用焊接钢丝网或钢筋网加强，以控制由于干燥收缩或热应力导致的裂缝。对于强荷载或集中荷载，需要独立或整体的底脚。对于不可靠的土壤，地板必须设计为底板地基或筏板地基。又称为：slab on grade。

base course 基层
在未扰动土或填埋土上放置并压实的粗颗粒材料，用来防止湿气以毛细上升的方式达到混凝土地板。

substratum 基底
作为基础或地基，或位于基础或地基之下的东西。又称为：substrate。

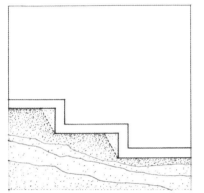

stepped footing 阶梯基础
分级改变标高的连续或条状底脚，用来适应带坡的场地或土层。

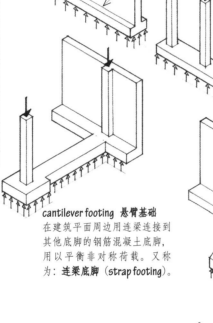

cantilever footing 悬臂基础
在建筑平面周边用连梁连接到其他底脚的钢筋混凝土底脚，用以平衡非对称荷载。又称为：连梁底脚（strap footing）。

raft 筏板
在易压缩土壤上作为底脚的底板。通常应用于建筑整体，其放置位置要保证移开的土壤重量超过建筑重量。

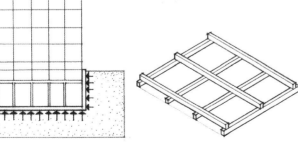

floating foundation 浮筏基础
在易压缩土壤中使用的地基，底脚处有一个位置足够深的筏板，使得被挖掘出的土壤重量大于等于被承载建筑的重量。

grillage 格床
由交错的梁组成的框架，用于将强荷载分散到较大面积上。又称为：grid。

spread footing 扩展底脚
横向延展的混凝土底脚，可以将地基的荷载分布到足够大的区域，使之不超过支撑土壤的容许承载力。

假定的临界剪力截面
实际冲剪切力
压缩
拉力

strip footing 条形基础
基础墙的连续扩展底脚。

isolated footing 独立基础
支撑独立支柱或桥墩的单个扩展底脚。

continuous footing 连续基础
支撑一排支柱的延长的钢筋混凝土底脚。

grade beam 基础梁
支撑上层建筑，位于或靠近地面的钢筋混凝土梁。基础梁将荷载转移给独立的底脚、桥墩或桩柱。又称为：**地梁**（ground beam）。

combined footing 联合基础
延展开来的最外缘柱子或基础墙体的钢筋混凝土底脚，用以支撑室内柱子荷载。

为避免旋转或沉降差，连续底脚和悬臂底脚需要成一定比例以产生均匀的土壤压强。

mat 底板
支撑多个柱子或整个建筑的厚板状钢筋混凝土基础。

ribbed mat 加肋底板
在上方或下方以格形肋条加固的底板。

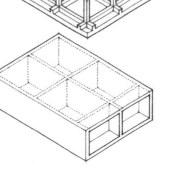

cellular mat 空腔底板
由钢筋混凝土板和地下室墙体组成的复合结构，作为结构底板。

deep foundation 深基础
向下延伸穿越不适宜土质，将建筑荷载传递给远低于上层建筑的更适宜的持力层的地基系统。

pile foundation 桩基础
由桩柱、桩帽和连梁组成，将建筑荷载向下传递给适宜承重层的系统，特别用于建筑紧邻下方的土体不适合底脚直接支撑的场合。

bearing stratum 持力层
用来支撑底脚或者通过桩、灌注桩将建筑荷载传递给土壤或岩石地层。

pile 桩
细长的木制、钢制或钢筋混凝土柱子，垂直驱入或锤入地面，形成地基系统一部分的部件。

end-bearing pile 端承桩
主要依靠支脚下面的土壤或岩石的承压阻力提供支撑的桩系统。周边土体为这种长受压杆件提供了一定程度上的侧向稳定性。又称为：point-bearing pile。

allowable pile load 容许桩荷载
桩能够接受的最大轴向和横向荷载。容许桩荷载可以根据动态桩公式、静态荷载测试或地基土壤的地质调查得出。

pile eccentricity 桩偏心度
桩与计划位置或垂直方向的偏差。桩偏心度将导致容许荷载的减小。

pile tolerance 桩位公差
可以接受的桩与垂直方向的偏差。在这种情况下，容许荷载无需减小。

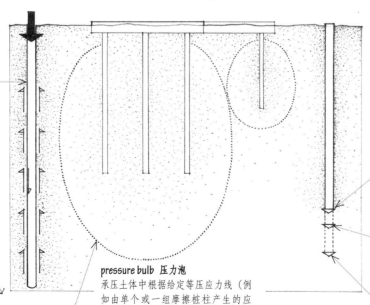

friction pile 摩擦桩
主要依靠周围土壤的摩擦阻力提供支撑的桩柱。

skin friction 表面摩擦
桩侧面与所驱入土壤之间产生的摩擦，受限于土壤对桩侧面的附着力以及周边土体的抗剪强度。

negative friction 负摩擦
灌入物下沉时导致的桩柱额外荷载，在土壤里将桩柱向下拖曳。

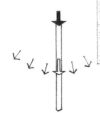

batter pile 斜桩
与垂直方向成规定角度驱入的桩，以抵抗横向力。

drive band 护桩箍
围绕木质桩柱顶部的钢带，防止驱入时桩柱劈开。又称为：桩箍（pile ring）。

pipe pile 管桩
底部散开或用加厚钢板、尖帽封口，并灌入混凝土的加厚钢管。敞口管桩在灌入混凝土前必须进行检查与掘土。

H-pile 工字桩
具有工字形断面的钢制桩，当在地下水位以下时用混凝土包覆以防锈蚀。在驱入过程中，工字钢可以焊接成任意长度的桩。

pressure bulb 压力泡
承压土体中根据给定等压应力线（例如由单个或一组摩擦桩柱产生的应力）圈定的区域。

isobar 等压线
连接相同压强点的线条。

anvil 铁砧
桩锤的部件，位于气锤以下，用来将击打力传递给桩头。

cushion 衬垫
在驱入过程中，保护桩头和桩锤的盖子。又称为：垫块（cushion block）或桩头帽（cushion head）。

pile driver 打桩机
驱入桩柱的机械，通常由支撑机械的高架（打桩前将桩柱举升到预定位置）、打桩锤以及引导桩锤的垂直导轨或引导线组成。

timber pile 木桩
通常用作摩擦桩的圆木，一般会配上钢制桩靴和驱入桩带，以防止劈开或破碎。

shoe 桩靴
桩柱或灌注桩的硬质尖脚或圆脚，用于穿透下方土壤。又称为：drive shoe。

precast concrete pile 预制混凝土桩
事先制作的，通常预加应力的混凝土支柱，断面可为圆形、正方形或多边形，有时也为敞口形，用打桩机驱入地面直至达到所需抗力。

composite pile 组合桩
由两种材料制成的桩柱，例如上半段含有混凝土的木桩，可以防止地下水位以上的桩柱腐蚀。

dynamic pile formula 动态桩荷载公式
用来计算桩柱的容许轴向荷载的公式，根据桩锤将桩柱在土壤中锤入给定距离所需的能量求得。

static load test 静态荷载试验
获得单根桩柱的容许轴向荷载的试验，容许轴向荷载通常小于达到屈服点、抗力点或拒受点时的荷载。

point of resistance 抗力点
给定时间内的持续桩柱荷载产生给定净沉降的位置。

point of refusal 拒受点
给定时间内的持续桩柱荷载不再产生沉降的位置。

yield point 屈服点
增加的桩柱荷载导致不成比例沉降的位置。

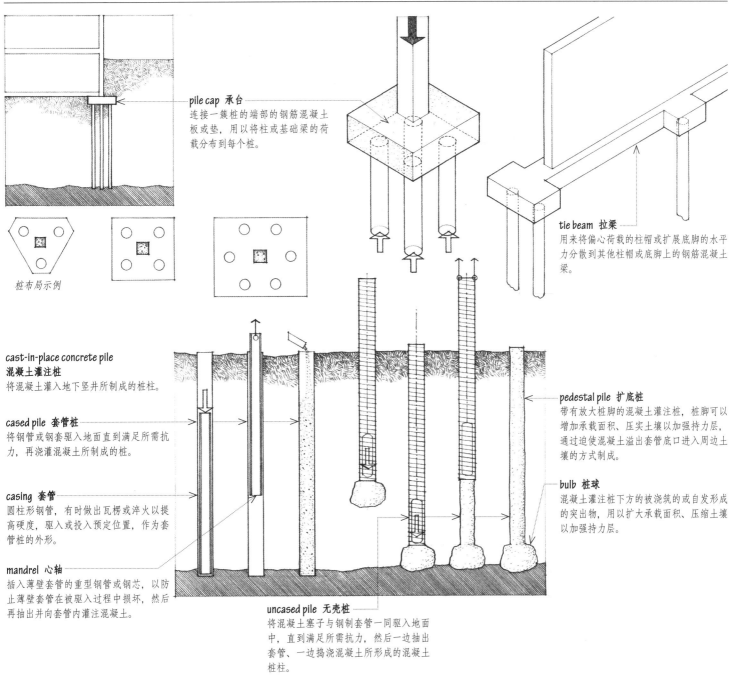

pile cap 承台
连接一簇桩的端部的钢筋混凝土板或垫,用以将柱或基础梁的荷载分布到每个桩。

tie beam 拉梁
用来将偏心荷载的柱帽或扩展底脚的水平力分散到其他柱帽或底脚上的钢筋混凝土梁。

cast-in-place concrete pile 混凝土灌注桩
将混凝土灌入地下竖井所制成的桩柱。

cased pile 套管桩
将钢管或钢套驱入地面直到满足所需抗力,再浇灌混凝土所制成的桩。

casing 套管
圆柱形钢管,有时做出瓦楞或淬火以提高硬度,驱入或投入预定位置,作为套管桩的外形。

mandrel 心轴
插入薄壁套管的重型钢管或钢芯,以防止薄壁套管在被驱入过程中损坏,然后再抽出并向套管内灌注混凝土。

pedestal pile 扩底桩
带有放大桩脚的混凝土灌注桩,桩脚可以增加承载面积、压实土壤以加强持力层,通过迫使混凝土溢出套管底口进入周边土壤的方式制成。

bulb 桩球
混凝土灌注桩下方的被浇筑的或自发形成的突出物,用以扩大承载面积、压缩土壤以加强持力层。

uncased pile 无壳桩
将混凝土塞子与钢制套管一同驱入地面中,直到满足所需抗力,然后一边抽出套管、一边捣浇混凝土所形成的混凝土桩柱。

桩布局示例

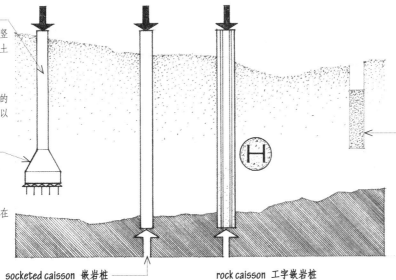

pier 桩
用大钻头或人工掘土的方式在地下挖竖井以到达适合的承重层,然后灌注混凝土形成的现浇混凝土地基。

caisson 沉箱
为便于人工检查桩孔底部而孔径较粗的桩,尤其是孔径在2英尺(610毫米)以上的桩。

bell 桩钟
加大的沉井桩基础,以增加承载面积。

bell bucket 钟式铲斗
钻土机的配件,安装有大叶片,用于在粗桩竖井的底部掘出桩钟的形状。

sand pile 砂桩
软质土壤中底脚的基础,将砂子压实在木桩留下的孔洞中形成。

socketed caisson 嵌岩桩
底部不成钟形,而是钻入硬质岩石层的粗桩。

rock caisson 工字嵌岩桩
在浇筑混凝土管套里加入工字形钢芯的嵌岩桩。

frame 框架

为了赋予建筑物或其他构筑物外形并支撑它而设置的较细长构件组成的骨架结构。

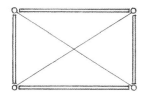

braced frame 支撑框架

通过对角撑或其他类型支撑提供具备抗侧向力能力的结构框架。

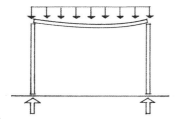

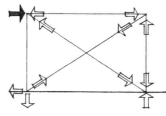

plastic hinge 塑性铰

当结构构件某一截面上的所有纤维都完全屈服时所产生的虚铰。

rigid frame 刚架

由节点处刚性连接的线形构件组成的结构框架。刚性节点约束构件端部使其不能自由转动，当向刚架施加荷载时，所有构件产生轴向力、弯矩及剪切力。此外，垂直荷载使刚架底部产生水平推力。刚架属于超静定结构且仅在其平面内具有刚度。

又称为：**抗弯矩框架**（moment-resisting frame）。

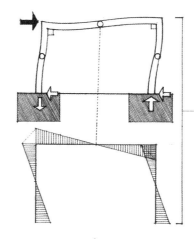

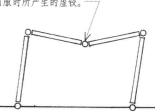

fixed frame 固端框架

用固定节点与支座连接的刚架。固端框架比铰接框架具有更强的抗变形能力，但是对于支座沉降及热胀冷缩更为敏感。

sidesway 侧移

由于侧向荷载或不对称的垂直荷载导致刚架产生的侧向位移。

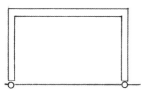

hinged frame 铰接框架

用铰节点与支座连接的刚架。当支座下沉使框架产生变形时，固定铰允许框架作为整体转动，从而避免构件内产生过大的弯曲应力；同时当温度变化产生应力时可略微弯曲。

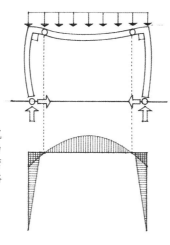

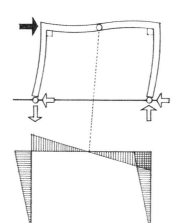

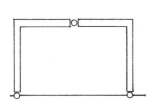

three-hinged frame 三铰框架

用铰节点把两个刚性构件互相连接并与支座连接而组成的结构。虽然三铰框架比固端框架及铰接框架更易产生变形，但它受到支座下沉或温度应力的影响最小。三个铰节点也使三铰框架能够按静定结构计算分析。

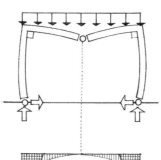

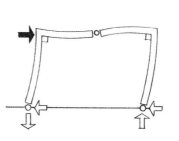

A-frame A形构架

用直接安放在基础上的陡直的三角形框架构成的建筑物。

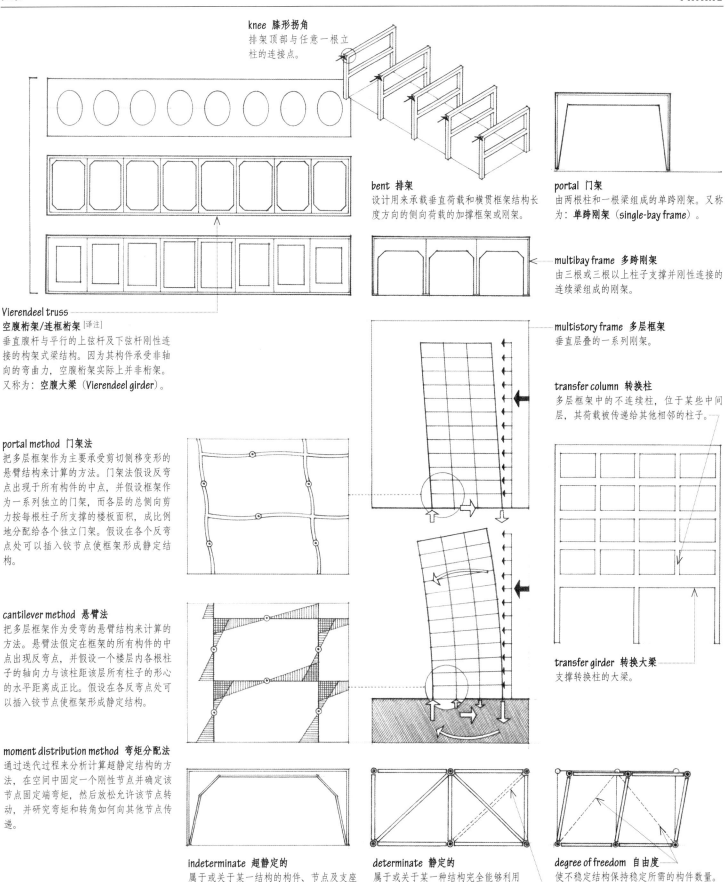

knee 膝形拐角
排架顶部与任意一根立柱的连接点。

bent 排架
设计用来承载垂直荷载和横贯框架结构长度方向的侧向荷载的加撑框架或刚架。

portal 门架
由两根柱和一根梁组成的单跨刚架。又称为：**单跨刚架**（single-bay frame）。

multibay frame 多跨刚架
由三根或三根以上柱子支撑并刚性连接的连续梁组成的刚架。

multistory frame 多层框架
垂直层叠的一系列刚架。

transfer column 转换柱
多层框架中的不连续柱，位于某些中间层，其荷载被传递给其他相邻的柱子。

Vierendeel truss
空腹桁架/连框桁架 [译注]
垂直腹杆与平行的上弦杆及下弦杆刚性连接的构架式梁结构。因为其构件承受非轴向的弯曲力，空腹桁架实际上并非桁架。又称为：**空腹大梁**（Vierendeel girder）。

portal method 门架法
把多层框架作为主要承受剪切侧移变形的悬臂结构来计算的方法。门架法假设反弯点出现于所有构件的中点，并假设框架作为一系列独立的门架，而各层的总侧向剪力按每根柱子所支撑的楼板面积，成比例地分配给各个独立门架。假设在各个反弯点处可以插入铰节点使框架形成静定结构。

cantilever method 悬臂法
把多层框架作为受弯的悬臂结构来计算的方法。悬臂法假定在框架的所有构件的中点出现反弯点，并假设一个楼层内各根柱子的轴向力与该柱距该层所有柱子的形心的水平距离成正比。假设在各反弯点处可以插入铰节点使框架形成静定结构。

transfer girder 转换大梁
支撑转换柱的大梁。

moment distribution method 弯矩分配法
通过迭代过程来分析计算超静定结构的方法，在空间中固定一个刚性节点并确定该节点固定端弯矩，然后放松允许该节点转动，并研究弯矩和转角如何向其他节点传递。

indeterminate 超静定的
属于或关于某一结构的构件、节点及支座的数量超过了保持稳定程度所需的最低数量，造成未知力的数量多于待求解的静力方程的数量。

degree of indeterminacy 超静定次数
在超静定结构中，未知力和可以求解的静力平衡方程式的数量的差值。

determinate 静定的
属于或关于某一种结构完全能够利用静力学原理进行分析计算。

redundancy 冗余
对于静定结构来说不需要的结构构件、节点或支座。

degree of redundancy 冗余度
超过静定结构保持稳定所需要的构件数量。

degree of freedom 自由度
使不稳定结构保持稳定所需的构件数量。

[译注] 空腹桁架由比利时工程师亚瑟·弗伦第尔（Arthur Vierendeel, 1852—1940）最早提出、设计并于1896年实现。

framing 框架组装
将较细长的构件安装并连接在一起以塑造
并支撑建筑结构的行为、过程或方式。

framework 框架
为了支撑、限定界限或围护而将部件安装
并组合在一起而形成的骨架结构。

skeleton construction 骨架构造
使用由柱和梁组成的骨架结构将建筑荷载
向下传递到基础的构造体系。

plank-and-beam construction 板梁构造
楼板或屋顶的构造，使用木梁框架支撑木
板或平台。

post-and-beam construction 柱梁构造
使用由垂直柱和水平梁构成的骨架结构来
承担楼板及屋顶荷载的墙体构造。又称
为：post-and-lintel construction。

pole construction 干栏构造
将经加压防腐处理后的木柱作为垂直结构
的构造体系，木柱牢固地埋在土中作为墩
式基础。

light frame construction 轻型框架构造
使用规格木料或轻钢龙骨小间距重复排布并
加壁板，构成建筑结构构件的构造体系。

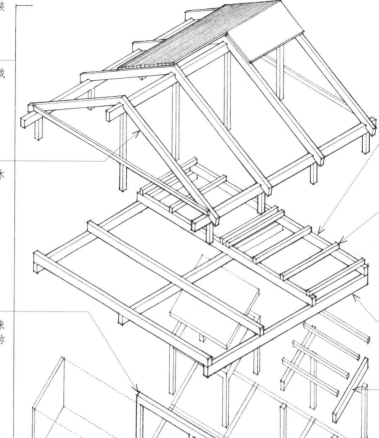

principal beam 主梁
结构框架中支撑次梁或搁栅的大梁。又称
为：primary beam。

secondary beam 次梁
将自身荷载传递到主梁的梁。

tertiary beam 三级梁
将自身荷载传递到次梁的梁。

girder 大梁
为沿长度方向支撑若干集中荷载而设计的
大型主梁。

trabeate 梁式的
属于或关于使用梁或过梁的构造体系的。
又称为：trabeated。

arcuate 拱式的
属于或关于使用拱或拱式样构造体系的。
又称为：arcuated。

pole house 干栏式住宅
采用干栏构造的住宅。

pole 支柱
木材或金属制成的构件，通常为细长的圆
柱形。

stilt 桩柱
用以支撑修建在地表以上或水面以上结构
的桩或柱。

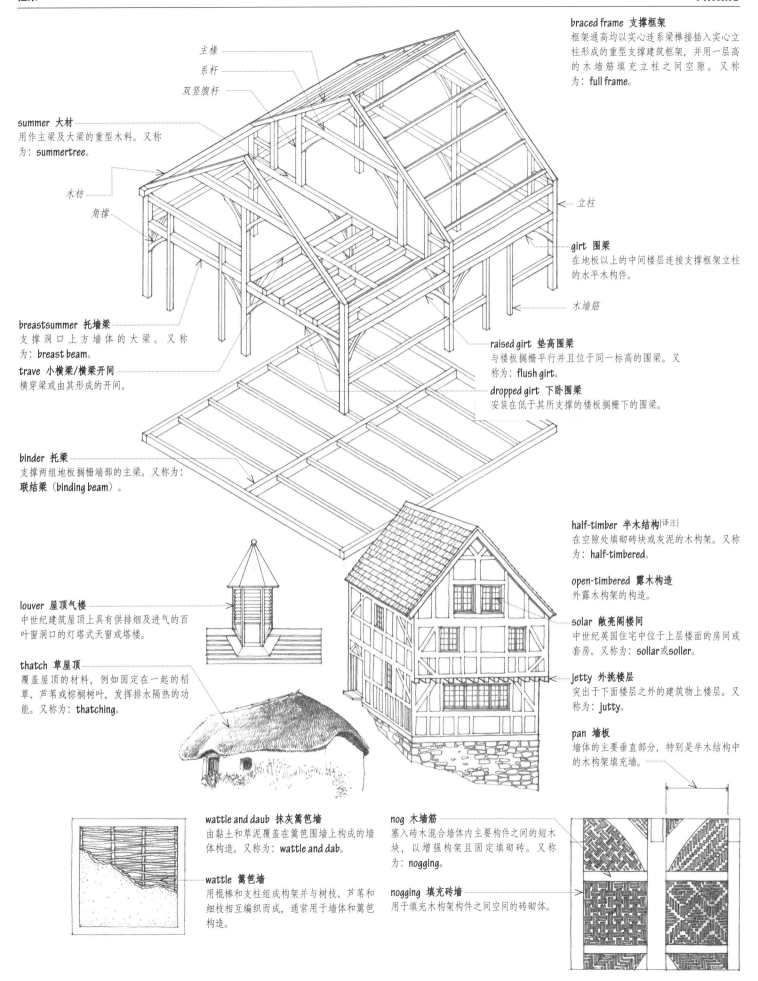

主椽
系杆
双竖腹杆

summer 大材
用作主梁及大梁的重型木料。又称
为：summertree。

木枋
角撑

breastsummer 托墙梁
支撑洞口上方墙体的大梁。又称
为：breast beam。

trave 小横梁/横梁开间
横穿梁或由其形成的开间。

binder 托梁
支撑两组地板搁栅端部的主梁。又称为：
联结梁（binding beam）。

立柱

girt 围梁
在地板以上的中间楼层连接支撑框架立柱
的水平木构件。

木墙筋

raised girt 垫高围梁
与楼板搁栅平行并且位于同一标高的围梁。又
称为：flush girt。

dropped girt 下卧围梁
安装在低于其所支撑的楼板搁栅下的围梁。

braced frame 支撑框架
框架通高均以实心连系梁榫接插入实心立
柱形成的重型支撑建筑框架，并用一层高
的木墙筋填充立柱之间空隙。又称
为：full frame。

louver 屋顶气楼
中世纪建筑屋顶上具有供排烟及进气的百
叶窗洞口的灯塔式天窗或塔楼。

thatch 草屋顶
覆盖屋顶的材料，例如固定在一起的稻
草、芦苇或棕榈树叶，发挥排水隔热的功
能。又称为：thatching。

half-timber 半木结构[译注]
在空隙处填砌砖块或灰泥的木构架。又称
为：half-timbered。

open-timbered 露木构造
外露木构架的构造。

solar 敞亮阁楼间
中世纪英国住宅中位于上层楼面的房间或
套房。又称为：sollar或soller。

jetty 外挑楼层
突出于下面楼层之外的建筑物上楼层。又
称为：jutty。

pan 墙板
墙体的主要垂直部分，特别是半木结构中
的木构架填充墙。

wattle and daub 抹灰篱笆墙
由黏土和草泥覆盖在篱笆围墙上构成的墙
体构造。又称为：wattle and dab。

wattle 篱笆墙
用棍棒和支柱组成构架并与树枝、芦苇和
细枝相互编织而成，通常用于墙体和篱笆
构造。

nog 木墙筋
塞入砖木混合墙体内主要构件之间的短木
块，以增强构架且固定填砌砖。又称
为：nogging。

nogging 填充砖墙
用于填充木构架构件之间空间的砖砌体。

[译注] 砖木混合结构一般指由砖砌承重墙承受木梁传来的屋面和楼面荷载的结构形式，这与半木结构中砖石只是填充于木柱及其斜撑间隙有所不同，读者需要注意区分。

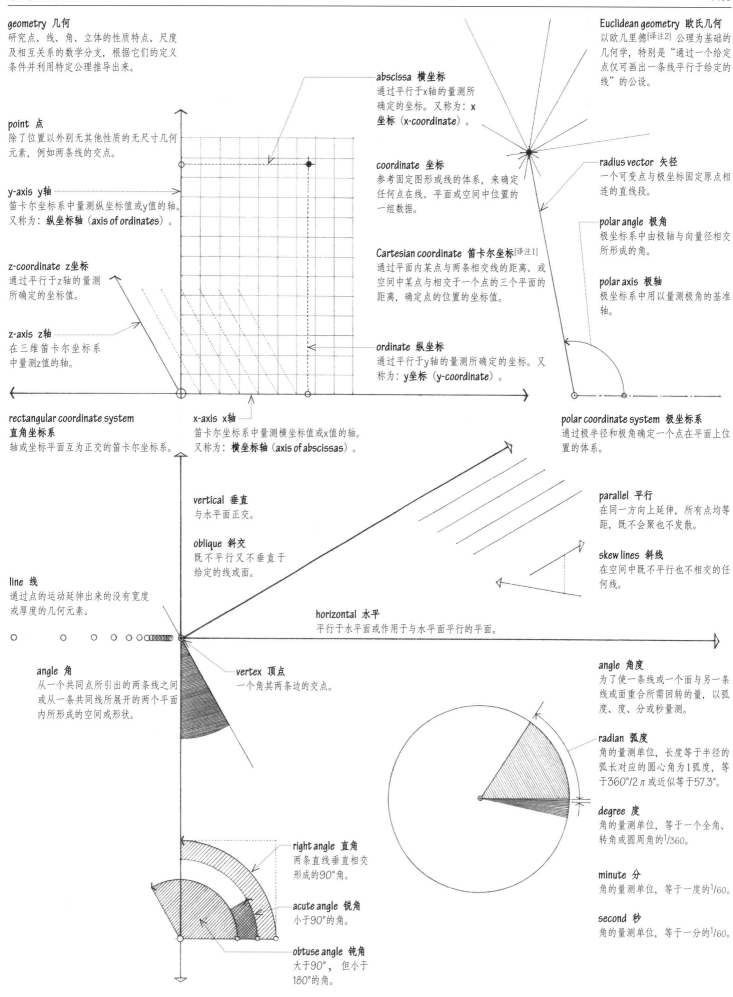

geometry 几何
研究点、线、角、立体的性质特点、尺度及相互关系的数学分支，根据它们的定义条件并利用特定公理推导出来。

point 点
除了位置以外别无其他性质的无尺寸几何元素，例如两条线的交点。

y-axis y轴
笛卡尔坐标系中量测纵坐标值或y值的轴。又称为：纵坐标轴（axis of ordinates）。

z-coordinate z坐标
通过平行于z轴的量测所确定的坐标值。

z-axis z轴
在三维笛卡尔坐标系中量测z值的轴。

abscissa 横坐标
通过平行于x轴的量测所确定的坐标。又称为：x坐标（x-coordinate）。

coordinate 坐标
参考固定图形或线的体系，来确定任何点在线、平面或空间中位置的一组数据。

Cartesian coordinate 笛卡尔坐标[译注1]
通过平面内某点与两条相交线的距离、或空间中某点与相交于一个点的三个平面的距离，确定点的位置的坐标值。

ordinate 纵坐标
通过平行于y轴的量测所确定的坐标。又称为：y坐标（y-coordinate）。

rectangular coordinate system 直角坐标系
轴或坐标平面互为正交的笛卡尔坐标系。

x-axis x轴
笛卡尔坐标系中量测横坐标值或x值的轴。又称为：横坐标轴（axis of abscissas）。

Euclidean geometry 欧氏几何
以欧几里德[译注2] 公理为基础的几何学，特别是"通过一个给定点仅可画出一条线平行于给定的线"的公设。

radius vector 矢径
一个可变点与极坐标固定原点相连的直线段。

polar angle 极角
极坐标系中由极轴与向量径相交所形成的角。

polar axis 极轴
极坐标系中用以量测极角的基准轴。

polar coordinate system 极坐标系
通过极半径和极角确定一个点在平面上位置的体系。

vertical 垂直
与水平面正交。

oblique 斜交
既不平行又不垂直于给定的线或面。

line 线
通过点的运动延伸出来的没有宽度或厚度的几何元素。

horizontal 水平
平行于水平面或作用于与水平面平行的平面。

parallel 平行
在同一方向上延伸，所有点均等距，既不会聚也不发散。

skew lines 斜线
在空间中既不平行也不相交的任何线。

angle 角
从一个共同点所引出的两条线之间或从一条共同线所展开的两个平面内所形成的空间或形状。

vertex 顶点
一个角其两条边的交点。

right angle 直角
两条直线垂直相交形成的90°角。

acute angle 锐角
小于90°的角。

obtuse angle 钝角
大于90°，但小于180°的角。

angle 角度
为了使一条线或一个面与另一条线或面重合所需回转的量，以弧度、度、分或秒量测。

radian 弧度
角的量测单位，长度等于半径的弧长对应的圆心角为1弧度，等于360°/2π或近似等于57.3°。

degree 度
角的量测单位，等于一个全角、转角或圆周角的1/360。

minute 分
角的量测单位，等于一度的1/60。

second 秒
角的量测单位，等于一分的1/60。

[译注1] 勒内·笛卡尔（René Descartes，1596—1650），法国数学家、哲学家，Renatus Cartesian是其拉丁语姓名。
[译注2] 欧几里德（Euclid），约公元前4世纪古希腊数学家。

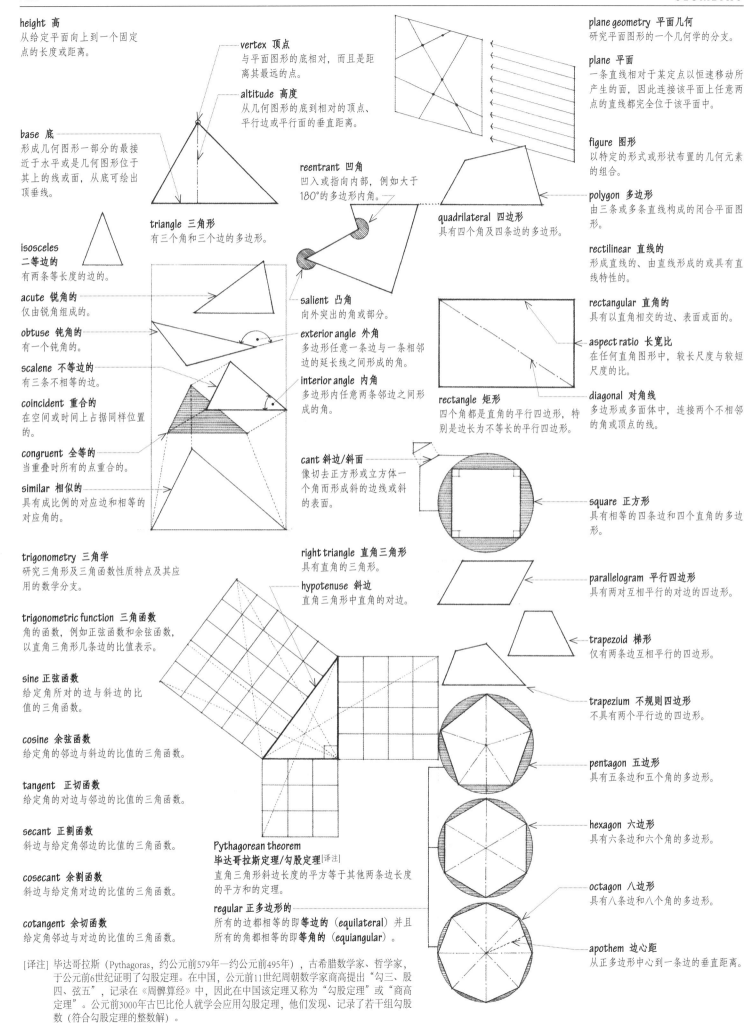

height 高
从给定平面向上到一个固定点的长度或距离。

base 底
形成几何图形一部分的最接近于水平或是几何图形位于其上的线或面，从底可绘出顶垂线。

isosceles 二等边的
有两条等长度的边的。

acute 锐角的
仅由锐角组成的。

obtuse 钝角的
有一个钝角的。

scalene 不等边的
有三条不相等的边。

coincident 重合的
在空间或时间上占据同样位置的。

congruent 全等的
当重叠时所有的点重合的。

similar 相似的
具有成比例的对应边和相等的对应角的。

trigonometry 三角学
研究三角形及三角函数性质特点及其应用的数学分支。

trigonometric function 三角函数
角的函数，例如正弦函数和余弦函数，以直角三角形几条边的比值表示。

sine 正弦函数
给定角所对的边与斜边的比值的三角函数。

cosine 余弦函数
给定角的邻边与斜边的比值的三角函数。

tangent 正切函数
给定角的对边与邻边的比值的三角函数。

secant 正割函数
斜边与给定角邻边的比值的三角函数。

cosecant 余割函数
斜边与给定角对边的比值的三角函数。

cotangent 余切函数
给定角邻边与对边的比值的三角函数。

vertex 顶点
与平面图形的底相对，而且是距离其最远的点。

altitude 高度
从几何图形的底到相对的顶点、平行边或平行面的垂直距离。

triangle 三角形
有三个角和三个边的多边形。

reentrant 凹角
凹入或指向内部，例如大于180°的多边形内角。

salient 凸角
向外突出的角或部分。

exterior angle 外角
多边形任意一条边与一条相邻边的延长线之间形成的角。

interior angle 内角
多边形内任意两条邻边之间形成的角。

right triangle 直角三角形
具有直角的三角形。

hypotenuse 斜边
直角三角形中直角的对边。

Pythagorean theorem 毕达哥拉斯定理/勾股定理[译注]
直角三角形斜边长度的平方等于其他两条边长度的平方和的定理。

regular 正多边形的
所有的边都相等的即等边的（equilateral）并且所有的角都相等的即等角的（equiangular）。

quadrilateral 四边形
具有四个角及四条边的多边形。

cant 斜边/斜面
像切去正方形或立方体一个角而形成斜的边线或斜的表面。

plane geometry 平面几何
研究平面图形的一个几何学的分支。

plane 平面
一条直线相对于某定点以恒速移动所产生的面，因此连接该平面上任意两点的直线都完全位于该平面中。

figure 图形
以特定的形式或形状布置的几何元素的组合。

polygon 多边形
由三条或多条直线构成的闭合平面图形。

rectilinear 直线的
形成直线的、由直线形成的或具有直线特性的。

rectangular 直角的
具有以直角相交的边、表面或面的。

aspect ratio 长宽比
在任何直角图形中，较长尺度与较短尺度的比。

diagonal 对角线
多边形或多面体中，连接两个不相邻的角或顶点的线。

rectangle 矩形
四个角都是直角的平行四边形，特别是边长为不等长的平行四边形。

square 正方形
具有相等的四条边和四个直角的多边形。

parallelogram 平行四边形
具有两对互相平行的对边的四边形。

trapezoid 梯形
仅有两条边互相平行的四边形。

trapezium 不规则四边形
不具有两个平行边的四边形。

pentagon 五边形
具有五条边和五个角的多边形。

hexagon 六边形
具有六条边和六个角的多边形。

octagon 八边形
具有八条边和八个角的多边形。

apothem 边心距
从正多边形中心到一条边的垂直距离。

[译注] 毕达哥拉斯（Pythagoras，约公元前579年—约公元前495年），古希腊数学家、哲学家，于公元前6世纪证明了勾股定理。在中国，公元前11世纪周朝数学家商高提出"勾三、股四、弦五"，记录在《周髀算经》中，因此在中国该定理又称为"勾股定理"或"商高定理"。公元前3000年古巴比伦人就学会应用勾股定理，他们发现、记录了若干组勾股数（符合勾股定理的整数解）。

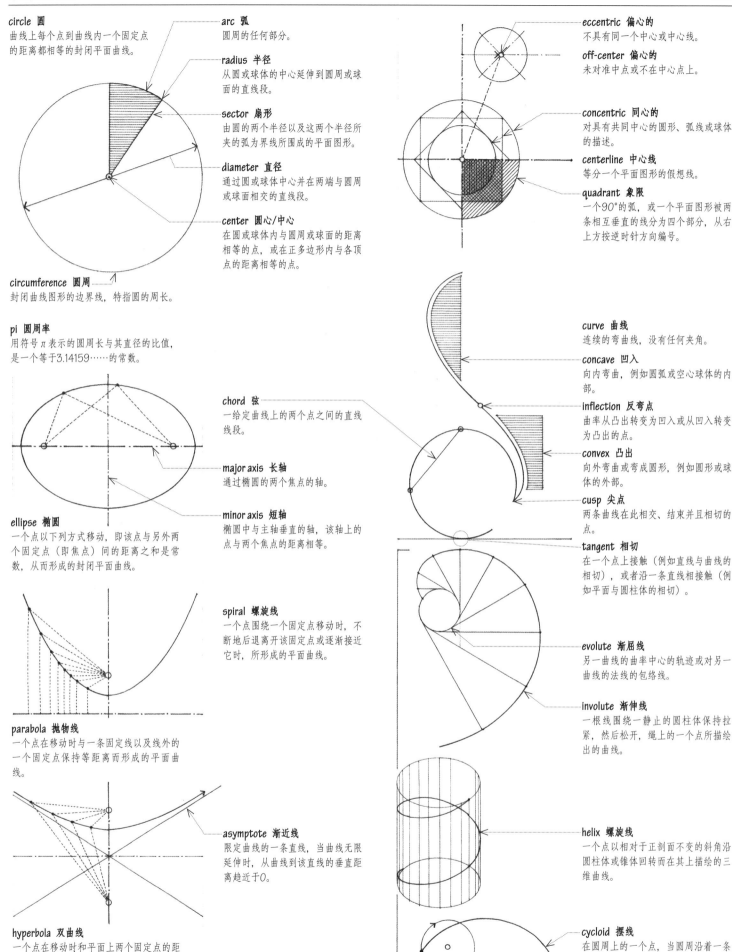

circle 圆
曲线上每个点到曲线内一个固定点的距离都相等的封闭平面曲线。

arc 弧
圆周的任何部分。

radius 半径
从圆或球体的中心延伸到圆周或球面的直线段。

sector 扇形
由圆的两个半径以及这两个半径所夹的弧为界线所围成的平面图形。

diameter 直径
通过圆或球体中心并在两端与圆周或球面相交的直线段。

center 圆心/中心
在圆或球体内与圆周或球面的距离相等的点，或在正多边形内与各顶点的距离相等的点。

circumference 圆周
封闭曲线图形的边界线，特指圆的周长。

pi 圆周率
用符号 π 表示的圆周长与其直径的比值，是一个等于3.14159……的常数。

chord 弦
一给定曲线上的两个点之间的直线线段。

major axis 长轴
通过椭圆的两个焦点的轴。

minor axis 短轴
椭圆中与主轴垂直的轴，该轴上的点与两个焦点的距离相等。

ellipse 椭圆
一个点以下列方式移动，即该点与另外两个固定点（即焦点）间的距离之和是常数，从而形成的封闭平面曲线。

spiral 螺旋线
一个点围绕一个固定点移动时，不断地后退离开该固定点或逐渐接近它时，所形成的平面曲线。

parabola 抛物线
一个点在移动时与一条固定线以及线外的一个固定点保持等距离而形成的平面曲线。

asymptote 渐近线
限定曲线的一条直线，当曲线无限延伸时，从曲线到该直线的垂直距离趋近于0。

hyperbola 双曲线
一个点在移动时和平面上两个固定点的距离之差保持不变而形成的平面曲线。

eccentric 偏心的
不具有同一个中心或中心线。

off-center 偏心的
未对准中点或不在中心点上。

concentric 同心的
对具有共同中心的圆形、弧线或球体的描述。

centerline 中心线
等分一个平面图形的假想线。

quadrant 象限
一个90°的弧，或一个平面图形被两条相互垂直的线分为四个部分，从右上方按逆时针方向编号。

curve 曲线
连续的弯曲线，没有任何夹角。

concave 凹入
向内弯曲，例如圆弧或空心球体的内部。

inflection 反弯点
曲率从凸出转变为凹入或从凹入转变为凸出的点。

convex 凸出
向外弯曲或弯成圆形，例如圆形或球体的外部。

cusp 尖点
两条曲线在此相交、结束并且相切的点。

tangent 相切
在一个点上接触（例如直线与曲线的相切），或者沿一条直线相接触（例如平面与圆柱体的相切）。

evolute 渐屈线
另一曲线的曲率中心的轨迹或对另一曲线的法线的包络线。

involute 渐伸线
一根线围绕一静止的圆柱体保持拉紧，然后松开，绳上的一个点所描绘出的曲线。

helix 螺旋线
一个点以相对于正剖面不变的斜角沿圆柱体或锥体回转而在其上描绘的三维曲线。

cycloid 摆线
在圆周上的一个点，当圆周沿着一条直线滚动时产生的曲线。

spheroid 回转球体
形状上类似于圆球的立体几何图形，例如椭圆球体。

  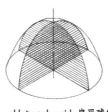

ellipsoid 椭球体
球体的所有平面截面都是椭圆的立体图形。

prolate spheroid 扁长球体
椭圆围绕其主轴回转而形成的球体。

oblate spheroid 扁平球体
椭圆围绕其短轴旋转所产生的球体。

prolate 扁长的
沿极直径延长的。

oblate 扁平的
在两极处压扁的。

solid geometry 立体几何
研究立体图形及三维空间的几何学的一个分支。

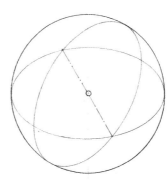

sphere 球体
半圆围绕其直径旋转而产生的球形立体，其表面各点与中心的距离相等。

cylinder 圆柱体
由两个平行的平面及一个面为界形成的立体，该面是由一条直线平行于一条固定直线移动并与平行平面上的封闭平面曲线相交产生的。

right circular cylinder 直圆柱体
矩形围绕它的一个边回转而产生的圆柱体。

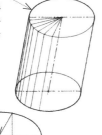

solid 立体
具有长、宽和厚三个尺度的几何图形。又称为：**体（body）**。

volume 体积
一个三维物体的范围或其占据的空间的量，以立方单位量测。

surface 面
任何仅有两维尺度的图形，例如一个平面或限定一个立体边界的所有点轨迹的二维曲面。

generator 母线
产生一个几何图形的元素，特指按照特定的方式移动一根直线而产生面。又称为：**generatrix**。

directrix 准线
用于描述曲线或面的一根固定线。

polyhedron 多面体
由平面的面所界定的立体几何图形。

regular 正多面体的
多面体所有面全等，并且所有的立体角全等。

pyramid 棱锥体
底为多边形，三角形的侧面在公共点即顶点相交的多面体。

tetrahedron 四面体
由四个平面界定其范围的正多面体。

cube 立方体
由六个相等的正方形界定范围，任何相邻面之间均为直角的立体。

hexahedron 正六面体
有六个面的正多面体。

prism 棱柱体
具有平行相等的多边形端面，侧面都是平行四边形。

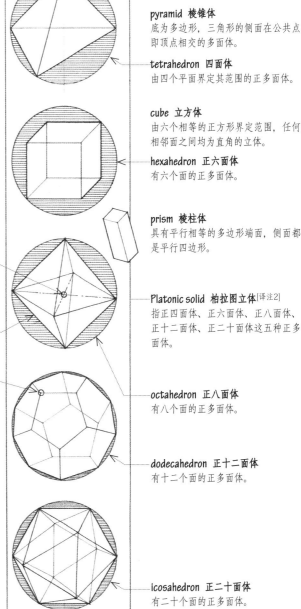

cone 圆锥体
由通过一个固定点（即顶点）的一条直线（即母线）沿着与封闭平面曲线的交线（即准线）移动而产生的立体图形。

center 中心
处于正多边形内与各个顶点距离相等的点。

edge 边
一个面的终止线或一立体的两个面的相交线。

right circular cone 正圆锥体
将直角三角形围绕直角边之一回转而产生的锥体。

vertex 顶点
一个几何体中三条或多条边的公共点。

Platonic solid 柏拉图立体[译注2]
指正四面体、正六面体、正八面体、正十二面体、正二十面体这五种正多面体。

octahedron 正八面体
有八个面的正多面体。

dodecahedron 正十二面体
有十二个面的正多面体。

ellipse 椭圆形
正圆锥体与切割锥体轴及锥面的平面相交而形成的圆锥截面。

parabola 抛物线
由正圆锥体与平行于锥体母线的平面相交所形成的圆锥截面。

hyperbola 双曲线
一个正圆锥与一平面相交所形成的圆锥截面[译注1]，平面需要同时切割两个半锥。

icosahedron 正二十面体
有二十个面的正多面体。

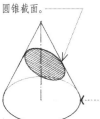 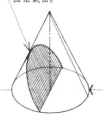 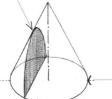 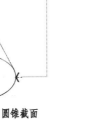

truncated 截头的
顶部、锥顶或端部被一个平面切掉，特指被平行于底的平面切掉。

frustum 圆台
用平行于底的平面截去锥体顶后留下的锥体部分。

conic section 圆锥截面
正圆锥体与一个平面相交形成的一个平面曲线。

[译注1] 这个面与底之间的夹角大于圆锥体母线与底形成的夹角。

[译注2] 柏拉图（Plato），公元前427年—公元前347年，古希腊哲学家。在其著作《蒂迈欧篇》中，提出世界由四种基本元素：火、空气、水和土组成，四种元素的微观几何形状分别是正四面体、正八面体、正二十面体和正六面体。

glass 玻璃
将二氧化硅、助熔剂以及稳定剂一起熔化后，冷却至非结晶的刚性状态而制成的硬脆，通常是透明或半透明的物质。

crown glass 晃玻璃
吹制或旋转空心玻璃球而制成的老式圆平板窗玻璃，玻璃板上带有吹管留下的中心瘤。

sheet glass 平板玻璃
从窑炉内拉出已熔化玻璃（**drawn glass, 拉制玻璃**）或是在液态玻璃形成圆柱状后沿长度方向分割开并摊平（**cylinder glass, 筒形玻璃**）而制成的钠钙硅酸盐平玻璃。火焰抛光的表面不完全平行，会导致视觉上少许的扭曲变形。

plate glass 平板玻璃
将已熔化的玻璃滚压成平板（**rolled glass, 滚轧玻璃**），冷却后研磨抛光而制成的钠钙硅酸盐平玻璃。

float glass 浮法玻璃
将已熔化的玻璃倒在熔化的锡表面上使其缓慢冷却而制成的钠钙硅酸盐平玻璃，浮法玻璃特别光滑几乎没有扭曲变形。它是平板玻璃的换代产品，现在生产的大部分平板玻璃都是浮法玻璃。

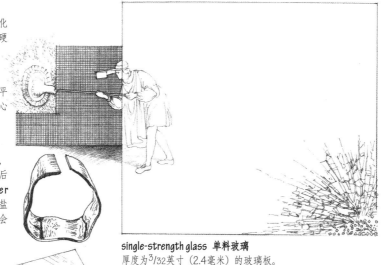

single-strength glass 单料玻璃
厚度为3/32英寸（2.4毫米）的玻璃板。

double-strength glass 加厚玻璃
厚度1/8英寸（3.2毫米）的玻璃板。

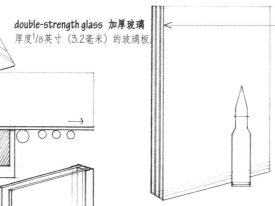

insulating glass 中空玻璃
由两层或多层充气的气密封闭玻璃所组成的玻璃构件单元。

hermetic 气密性的
通过熔合或密封的方式形成气密的。

tinted glass 着色玻璃
玻璃中含有某种化学附加剂用于吸收照射到玻璃上的一部分辐射热及可见光。例如氧化铁使玻璃产生淡淡的蓝绿色，氧化钴和镍产生浅灰色，硒会为玻璃注入浅青铜色的色调。又称为：**吸热玻璃（heat-absorbing glass）**。

reflective glass 反射玻璃
玻璃内表面或外表面黏结有薄薄的一层透明金属覆盖层，使照射到玻璃表面的一部分光线及辐射热反射出去。

low-emissivity glass 低辐射玻璃
低辐射玻璃可传导可见光，同时有选择性地反射较长波的辐射热。低辐射玻璃是通过在玻璃上覆盖低辐射率涂层或喷涂在中空玻璃密闭空间中的透明塑料薄膜上而制成。又称为：**low-e glass**。

emissivity 辐射率
在相同温度下与黑体作对照来量测一个表面释放辐射热的相对能力。

shading coefficient 遮阳系数
穿过某特定玻璃的太阳热量与穿过透明的加厚玻璃的太阳热量的比值。

夏季

冬季

annealed glass 退火玻璃
缓慢冷却以释放内应力的玻璃。

heat-strengthened glass 半钢化玻璃
重新加热退火玻璃，然后突然冷却而制成的部分淬火的退火玻璃，其强度约为同样厚度退火玻璃的两倍。

tempered glass 钢化玻璃
重新加热退火玻璃到恰好低于软化点，然后快速冷却使表面及边缘产生压应力，同时内部产生拉应力而制成钢化玻璃。其抗撞击力及抗热应力是退火玻璃的3~5倍，但钢化玻璃一旦加工成型就不能再改变，如果破碎，钢化玻璃碎裂为相对无害的小颗粒。

laminated glass 夹层玻璃
两层或更多层平板玻璃热压黏结到聚乙烯醇缩丁醛树脂的中间夹层上，如玻璃破碎，可防止碎片飞散。又称为：**安全玻璃（safety glass）**。[译注]

security glass 防弹玻璃
具有特别高的抗拉及抗冲击强度的夹层玻璃，由多层玻璃在热压下黏结到聚乙烯醇缩丁醛中间层上制成。

acoustical glass 隔音玻璃
用于控制噪声的夹层玻璃或隔热玻璃。

wire glass 夹丝玻璃
在平板玻璃或压花玻璃中埋有正方形或菱形钢丝网以防止发生破碎或在过热时不致碎裂，夹丝玻璃被认为是一种安全的玻璃材料。

patterned glass 压花玻璃
轧制过程中形成不规则表面花纹，造成视线模糊不清或为了散射光线。又称为：**figured glass**。

obscure glass 不透明玻璃
玻璃的一侧或两侧经过酸蚀或喷砂处理从而造成视线模糊不清。

spandrel glass 层间玻璃
在玻璃幕墙建筑物中用于隐蔽结构构件的不透光玻璃，是将陶瓷釉料熔合到钢化玻璃或淬火玻璃的表面内部而制成。

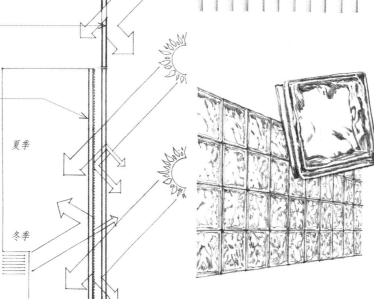

glass block 玻璃空心砖
表面透明、带纹理或压花纹的半透明玻璃空心砖，铺装时将两个半块的玻璃接合在一起，造成内部部分真空，用于镶嵌各种开口或空洞。

glass brick 玻璃砖
实心抗冲击玻璃砖块，有时通过镶嵌物或罩面层以减少日光热辐射。

[译注] 在中国，安全玻璃的含义更加广泛，夹层玻璃、夹丝玻璃和钢化玻璃均属于安全玻璃。

face glazing　镶装窗玻璃
将玻璃板装入带槽框架中，用镶玻璃销钉固定玻璃位置，再用油灰或镶玻璃材料制成的斜角镶条加以密封。

face putty　露面油灰
玻璃板外侧的油灰或合成油灰。

bedding　衬垫
窗框槽内敷设薄层油灰或镶玻璃材料以使窗玻璃板具有平整的背衬。

glazier's point　无头钉
小而尖的金属薄片，用来在外露油灰硬化前将玻璃固定在木窗框内。又称为：装玻璃用钉（glazing brad）或三角金属片（sprig）。

putty　油灰
大白粉和亚麻仁油的混合料，新鲜时的稠度类似于生面团，用于固定玻璃板或修补木制品的瑕疵缺陷。

glazing compound　合成油灰
用作油灰的合成胶黏料，按标准配制避免因老化而变脆。

glass size　玻璃尺寸
在开口安装玻璃所需的玻璃尺寸，需要考虑适当的边缘缝隙。又称为：glazing size。

united inches　半周长
矩形玻璃板的一个长度加一个宽度的和，以英寸为单位进行度量。

edge block　边缘衬块
放置在玻璃板或玻璃部件边缘和门窗框之间的合成橡胶条，用来保持门窗玻璃对中并使密封料宽度均匀，此外还可限制由于建筑物振动或温度膨胀收缩造成的玻璃板位移。又称为：对中垫片（centering shim）或间隔条（spacer）。

face clearance　面间隙
玻璃板面或玻璃部件与最近的窗框面或压条面之间的距离，通常从玻璃板面起量。

bite　搭接宽度
玻璃板或玻璃部件边缘与窗框、压条或锁条式密封垫之间的搭接量。

edge clearance　边缝
玻璃板或玻璃部件与门窗框之间的距离，在玻璃板的平面内计量。

glass mullion system　玻璃肋体系
平板钢化玻璃悬挂于由钢化玻璃竖框保持稳定的特制夹具上所组成的玻璃安装体系，接缝处用结构硅酮密封胶，有时外加金属盖板。

double glazing　双层玻璃窗
两块玻璃板平行安装，两玻璃板之间为密闭空气，从而减少热及声音的传导。

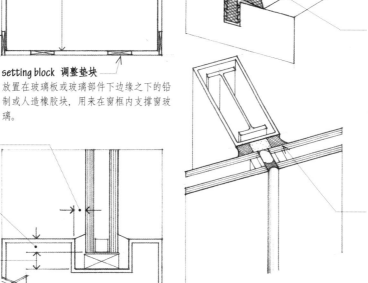

heel bead　打底密封剂
在玻璃板部件与镶玻璃密封条之间注入的合成橡胶黏液，固化后形成密封。

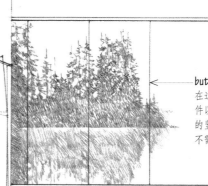

setting block　调整垫块
放置在玻璃板或玻璃部件下边缘之下的铅制或人造橡胶块，用来在窗框内支撑窗玻璃。

glazing　玻璃安装
将玻璃板或其他透明材料安装到框架内，如窗框、门框或镜框内。

wet glazing　湿法玻璃安装
用玻璃密封条或液体密封胶将玻璃安放在窗框内。

glazing tape　玻璃密封条
预制的具黏结特性的合成胶带，用于在玻璃和窗框间形成防水密封。

cap sealant　封顶密封胶
将黏性的合成橡胶液体注入玻璃板或玻璃部件与窗框之间接合处，固化后形成防水密封。又称为：cap bead。

glazing bead　玻璃嵌条
用木压条或金属型卡卡紧玻璃板或玻璃部件的边缘使其固定就位。又称为：玻璃止条（glazing stop）。

dry glazing　干法玻璃安装
用挤压密封垫将玻璃安装在窗框内，而不用玻璃密封条和液体密封胶。

compression gasket　挤压密封垫
预制的合成橡胶条或塑料条挤压入玻璃板或玻璃部件与窗框之间，发挥防水密封和衬垫的作用。

lockstrip gasket　锁条式密封垫
将玻璃板或玻璃部件夹紧在窗框或洞口上的预制合成橡胶垫条，通过将楔形锁紧条挤入合成橡胶垫条的槽内，以压紧垫条。

flush glazing　隐框玻璃[译注]
在这种玻璃安装体系中，将框架构件完全设置在玻璃板或玻璃部件之后而形成齐平的外表面，用硅酮结构密封胶将玻璃黏结在框架上。

structural sealant　结构密封胶
强力有机硅密封胶，能将玻璃黏结到支撑框架上。

butt-joint glazing　平接玻璃安装
在这种玻璃安装体系中，玻璃板或玻璃部件以常规方式支撑在门窗上下槛，而玻璃的竖边用结构有机硅密封胶黏结在一起，不需要竖框支撑。

[译注] 全隐框玻璃幕墙由于施工打胶质量较难控制，而且在后期维护中存在不易发现胶水老化等隐患，发生脱落等事故具有一定的突然性，在中国多地已经禁止使用。

hardware 五金
建筑施工中使用的金属工具、固定件及连接件。

rough hardware 粗五金
隐蔽在已完成的工程中的螺栓、螺钉及其他金属零部件。

finish hardware 装饰小五金
用于实用功能及装饰目的的外露五金件，例如锁、铰链及其他门、窗和细木家具的配件。又称为：**建筑小五金**（architectural hardware）。

door hardware 门五金
用于安装和开启的装饰五金件。

push plate 推板
垂直安装在门的装锁门梃上的金属或塑料保护板。

door pull 门拉手
开门用的把手。

pull bar 拉杆
用于开关门并保护玻璃的横向安装的横杆。

kick plate 门踢板
固定在门的底部防止碰撞或刮蹭的金属保护板。

door closer 闭门器
用于控制门的关闭速度，防止猛然关闭的液压或气动装置。又称为：**自动缓闭器**（door check）。

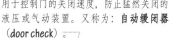

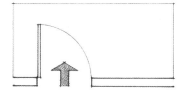

floor closer 地弹簧
安装在地板凹槽内的闭门器。

automatic door bottom 自动门底密封条
门关闭时自动下落的位于门底部的水平杠，以封闭门缝并减少噪声传播。

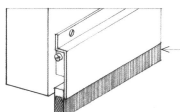

hand 开向
从建筑物或房间的外侧观看时，用左或右表示门的铰链的位置。

overhead concealed closer 顶部暗装闭门器
暗装在门框上槛的闭门器。

backcheck 反向减速制动器
液压闭门器中用于减缓门开启速度的装置。

knocker 门环
门上安装的用于敲门的铰接环、杠或球形把手。

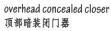

doorplate 门牌
用于提供房主名字、住宅或公寓号码或其他类似事项的，安装在住宅或房间外门上的小型标志牌。

judas 监视孔
外门或监狱牢房小室的窥视孔。又称为：**猫眼**（judas hole）。

door chain 门链
安装在门扇内侧与门框之间、带有可滑动装置的短链，在未卸下门链时门只能开启几英寸。

mail slot 投信口
通常装有铰链闭合器的在外门或墙上的小洞，通过此口送入邮件。又称为：letter slot。

doorstop 止门器
使门保持开启状态的装置，例如小楔块或小重物。

bumper 门挡
用以吸收冲撞、防止由于撞击造成门损坏的突缘、挡板、垫板或圆盘。

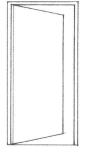

left-hand 左开的
从建筑物或房间的外侧观看时，铰链在内开门的左侧的。

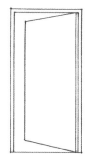

right-hand 右开的
从建筑物或房间的外侧观看时，铰链在内开门的右侧的。

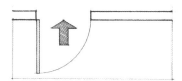

left-hand reverse 左手外开的
从建筑物或房间的外侧观看时，铰链在外开门的左侧的。

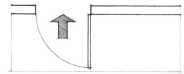

right-hand reverse 右手外开的
从建筑物或房间的外侧观看时，铰链在外开门的右侧的。

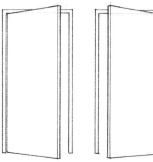

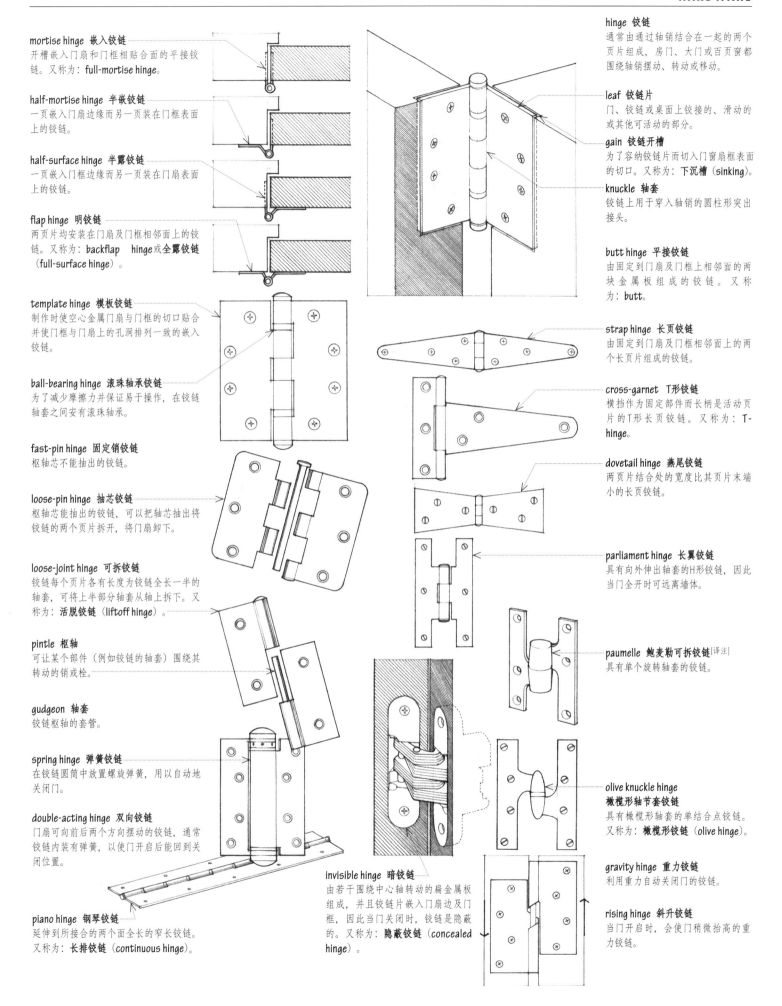

mortise hinge 嵌入铰链
开槽嵌入门扇和门框相贴合面的平接铰链。又称为：full-mortise hinge。

half-mortise hinge 半嵌铰链
一页嵌入门扇边缘而另一页装在门框表面上的铰链。

half-surface hinge 半露铰链
一页嵌入门框边缘而另一页装在门扇表面上的铰链。

flap hinge 明铰链
两页片均安装在门扇及门框相邻面上的铰链。又称为：backflap hinge或全露铰链（full-surface hinge）。

template hinge 模板铰链
制作时使空心金属门扇与门框的切口贴合并使门框与门扇上的孔洞排列一致的嵌入铰链。

ball-bearing hinge 滚珠轴承铰链
为了减少摩擦力并保证易于操作，在铰链轴套之间安有滚珠轴承。

fast-pin hinge 固定销铰链
枢轴芯不能抽出的铰链。

loose-pin hinge 抽芯铰链
枢轴芯能抽出的铰链，可以把轴芯抽出将铰链的两个页片拆开，将门扇卸下。

loose-joint hinge 可拆铰链
铰链每个页片各有长度为铰链全长一半的轴套，可将上半部分轴套从轴上拆下。又称为：活脱铰链（liftoff hinge）。

pintle 枢轴
可让某个部件（例如铰链的轴套）围绕其转动的销或栓。

gudgeon 轴套
铰链枢轴的套管。

spring hinge 弹簧铰链
在铰链圆筒内放置螺旋弹簧，用以自动地关闭门。

double-acting hinge 双向铰链
门扇可向前后两个方向摆动的铰链，通常铰链内装有弹簧，以使门开启后能回到关闭位置。

piano hinge 钢琴铰链
延伸到所接合的两个面全长的窄长铰链。又称为：长排铰链（continuous hinge）。

invisible hinge 暗铰链
由若干围绕中心轴转动的扁金属板组成，并且铰链片嵌入门扇边及门框，因此当门关闭时，铰链是隐蔽的。又称为：隐蔽铰链（concealed hinge）。

hinge 铰链
通常由通过轴销结合在一起的两个页片组成，房门、大门或百页窗都围绕轴销摆动、转动或移动。

leaf 铰链片
门、铰链或桌面上铰接的、滑动的或其他可活动的部分。

gain 铰链开槽
为了容纳铰链片而切入门窗扇框表面的切口。又称为：下沉槽（sinking）。

knuckle 轴套
铰链上用于穿入轴销的圆柱形突出接头。

butt hinge 平接铰链
由固定到门扇及门框上相邻面的两块金属板组成的铰链。又称为：butt。

strap hinge 长页铰链
由固定到门扇及门框相邻面上的两个长页片组成的铰链。

cross-garnet T形铰链
横挡作为固定部件而长柄是活动页片的T形长页铰链。又称为：T-hinge。

dovetail hinge 燕尾铰链
两页片结合处的宽度比其页片末端小的长页铰链。

parliament hinge 长翼铰链
具有向外伸出轴套的H形铰链，因此当门全开时可远离墙体。

paumelle 鲍麦勒可拆铰链[译注]
具有单个旋转轴套的铰链。

olive knuckle hinge 橄榄形轴节套铰链
具有橄榄形轴套的单结合点铰链。又称为：橄榄形铰链（olive hinge）。

gravity hinge 重力铰链
利用重力自动关闭门的铰链。

rising hinge 斜升铰链
当门开启时，会使门稍微抬高的重力铰链。

[译注]因使用这种铰链安装的门在开启位置可以方便地抬起拆下而得名。

lock 锁
使门、抽屉或盖板在关闭时保持在固定位置的装置，由锁舌或组合锁舌组成，用钥匙或组合锁钥打开。

rim lock 外装门锁
固定到门表面的锁，与嵌入门边缘的锁正相反。

cylinder lock 圆筒锁
放置在两个互成直角的圆孔内的锁，一个孔穿过门扇扇面，另一个孔在门扇边缘里。

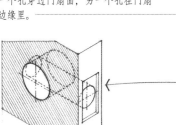

unit lock 整装锁
放置在门边的矩形槽口内的锁。

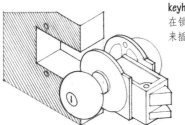

mortise lock 插锁
放置在门边的凹槽内的锁，因此锁体两侧都被覆盖住。

escutcheon 遮护板
锁孔、门把手、抽屉拉手或电源开关周围起保护或装饰作用的金属板。又称为：scutcheon。

spindle 转轴
支撑把手及驱动锁舌或弹簧闩的杠或轴。

panic bar 太平门栓
安装在齐腰高度位置、横跨太平门内侧的水平门栓，当施加压力时即可打开闩销。又称为：panic bolt 或 panic hardware。

lockset 成套门锁
组装一个完整锁固体系的部件总成，包括把手、各种锁板配件及闭锁机构。

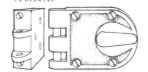

doorknob 球形门拉手
用来开关门的圆球状手柄。

keyhole 钥匙孔
在锁盒内或遮护板内用来插入钥匙的孔。

rose 把手饰板
在门的表面上，环绕门锁球拉手轴周围的装饰板。

backset 锁径
从穿过锁舌的锁面到把手轴、钥匙孔或锁芯中心线的水平距离。

lever handle 弯把拉手
用于操纵锁舌的水平把手。

strike 锁扣板
门框上的金属板，板上有一个孔，当门关闭时用来容纳锁舌的端部。又称为：strike plate。

lip 凸缘
锁扣板上的突出边缘。

box strike 锁扣盒
嵌入门框的金属盒，当门关闭时用来容纳锁舌端部。

latch 门锁
使门保持关闭的装置，主要由落入或滑入槽或孔的销杠组成。

key 钥匙
经特殊切割使其与锁相匹配并使锁舌移动的小型金属器件。

bit 钥匙齿
钥匙的一个突出边缘，经过切削用来啮合或驱动一把锁的锁舌及自动栓或两者之一。

faceplate 面板
锁舌穿过的边板或面板。又称为：selvage。

bolt 锁舌
随着转动门把手或钥匙，锁的机构中推入或拔出的的金属杠。

deadbolt 矩形截面锁舌
通过转动门锁把手或钥匙而不是靠弹簧作用使其移动到位的端部为方形的锁舌。又称为：单闩锁（deadlock）。

bevel 斜端面
与锁扣板相迎合的弹簧锁舌的倾斜端头。

latchbolt 弹簧锁舌
弹簧锁舌是具有斜端部的锁舌，除了转动门锁把手使锁舌缩回或门关闭时锁舌压紧锁扣板的凸缘以外，它都会在弹簧作用下恢复原位。

flush bolt 平插销
与门扇的表面或边缘齐平的插销。

extension bolt 长柄门插销
安装在门扇切槽中的平头插销，滑动插入门框上槛或下槛的插孔中。

coordinator 协调器/顺序器
确保双扇门中的固定门扇能在活动门扇之前关闭的装置。

cylinder 锁芯
在制动栓被推开之前卡住锁舌的圆柱形装置。

tumbler 制动栓
在钥匙打开之前，阻止推入或拔出锁舌的制动部件。

lever tumbler 制动片
通过钥匙的转动进行旋转的扁平金属制动栓片。

cam 凸轮
形状不规则的盘或筒，转动或滑动以传递运动到沿着凸轮边缘转动的滚子，或者传送给在凸轮表面上的槽内自由运动的销子。

keyway 锁道
锁内用于安放及引导钥匙的孔槽。

ward 凸块
为防止任何没有相应切口的钥匙插入而在锁孔处设置的金属凸边。

reversible lock 双向锁
既能安装在左开门又能安装在右开门，弹簧锁舌可转向的锁。

bevel 斜端面
锁舌的斜端面所在的锁的那一面。

regular bevel 正常朝向
在建筑物或房间的内开门上的锁或锁舌的斜端面。

reverse bevel 反向朝向
在建筑物或房间的外开门上的锁或锁舌的斜端面。

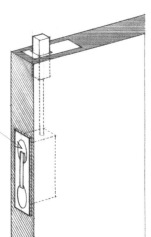

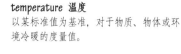

temperature 温度
以某标准值为基准，对于物质、物体或环境冷暖的度量值。

thermometer 温度计
量测温度的仪器，通常由带刻度的玻璃管及球管组成，球内存有随温度变化而升降的液体，如水银。

British thermal unit 英国热量单位
使1磅（0.4千克）水上升1°F（华氏度）所需热量。缩写为：Btu。

therm 舍姆
1舍姆等于100000个英国热量单位。

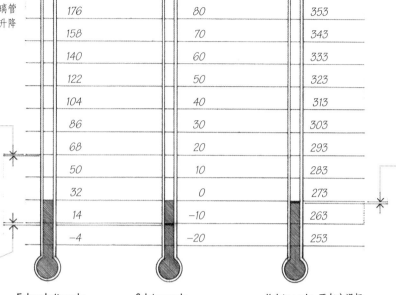

heat 热
伴随原子或分子的随机运动而产生的能量形式，可以通过对流、传导及辐射来传递，并使物质升温、熔化、膨胀或蒸发。

kelvin 开尔文
国际单位制的温度基本单位，等于水的三相点温度的1/273.16。符号：K。

triple point 三相点
特定的温度及压力条件下，物质的液相、气相和固相可处于平衡状态而存在。

calorie 卡路里
在1个大气压下使1克水上升1°C所需要热的热量单位，相当于4.186焦耳。缩写为：cal。又称为：克卡（gram calorie）或小卡（small calorie）。

kilocalorie 千卡
在1个大气压下使1千克水上升1°C所需要热的热量单位，相当于1000小卡。缩写为：Cal。又称为：千克卡（kilogram calorie）或大卡（large calorie）。

Fahrenheit scale 华氏温标
在此种温标中，在标准大气压下32°F代表水的冰点，而212°F代表水的沸点。

摄氏度数乘以9/5再加上32即可求出华氏度数。

Celsius scale 摄氏温标
此种温标分为100度，在标准大气压下0°C代表水的冰点，100°C代表水的沸点。又称为：Centigrade scale。

华氏度数减去32再乘以5/9即可求出摄氏度数。

Kelvin scale 开尔文温标
零点为-273.16°C的绝对温标。

absolute scale 绝对温标
以绝对零度为基础的温标，其分度法与摄氏温标相同。

absolute zero 绝对零度
物理学上假设的物体温度最低极限，特点是完全没有热量存在，等于-273.16°C或-459.67°F。

absolute temperature 绝对温度
以绝对温标来量测的温度。

heat capacity 热容/热容量
使物质升温1°C所需的热量。

specific heat 比热
单位质量物质的热容，使1磅物质升温1°F所需的英国热量单位值，或使1克物质升温1°C所需的卡路里值。

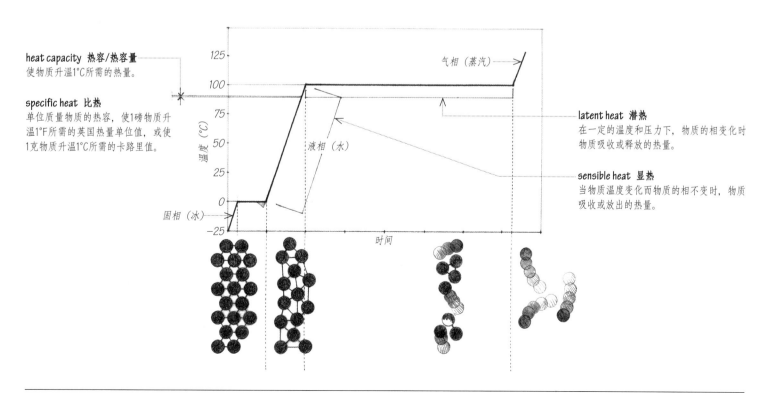

latent heat 潜热
在一定的温度和压力下，物质的相变化时物质吸收或释放的热量。

sensible heat 显热
当物质温度变化而物质的相不变时，物质吸收或放出的热量。

conduction 传导
热量从介质的较高温粒子到较低温粒子的热传播，或者两个直接接触的物质间的热传播，热量传导发生时粒子本身不产生可察觉的位移。

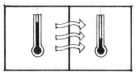

convection 对流
液体或气体被加热部分由于密度变化及重力作用产生循环运动而传播热。

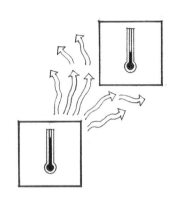

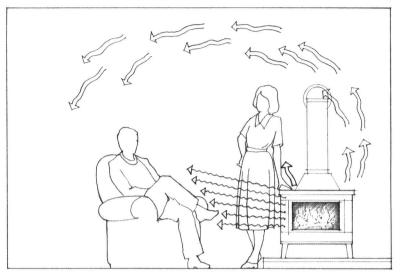

radiation 辐射
物质以波或粒子的形式发射的能量通过中间介质或空间被其他物体所吸收的过程。

thermal conductivity 热导率
当材料两侧温度差为1个温度单位时，热流动经过单位面积、单位厚度的给定材料的时间速率。

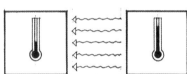

thermal conductance 导热系数
当特定厚度的材料两侧温度差为1个温度单位时，热流动经过给定材料单位面积的时间速率。

thermal resistance 热阻
导热系数的倒数，在单位时间内，热流以1个热量单位的速度从单位厚度的给定材料单位面积经过所需的温度差。

thermal transmittance 传热系数
当建筑构件或组合两侧空气温度差为1个温度单位时，热量流动经过单位面积建筑构件或组合的时间速率。又称为：**coefficient of heat transfer**。

R-value R值/热阻值
给定材料热阻的度量值，特别用于说明热绝缘性。建筑构件或组合的总热阻值是该构件或组合的每层热阻值的和。

U-value U值[译注]**/传热系数值**
建筑构件或组合的传热系数的度量值，等于该部件（或装置）的R值总和的倒数。

$$C = {}^1\!/R$$

$$^1\!/R\,(total) = U$$

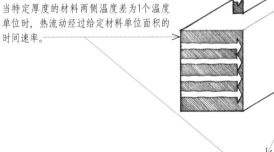

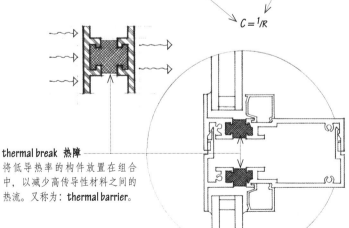

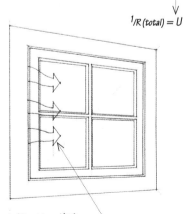

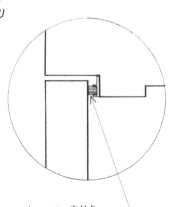

thermal break 热障
将低导热率的构件放置在组合中，以减少高传导性材料之间的热流。又称为：**thermal barrier**。

infiltration 渗透
外部空气通过窗、门或建筑物围护结构中其他洞口周围的裂缝流入内部空间。

weather strip 密封条
将金属、毛毡、乙烯织物或泡沫橡胶条放置在门窗的框和扇之间以防止风雨及空气渗入的密闭物。又称为：**weather stripping**。

[译注] U值，或称传热系数值，在中国常用符号k表示，单位为W/m²·K。而k在欧美是热导率的符号，在中国热导率常用符号 λ 表示，单位为W/m·K。读者要注意避免混淆。

mineral wool 矿棉
各种轻质、无机的纤维材料，尤其是用于隔热及隔音的纤维材料，例如玻璃棉和岩棉。

glass wool 玻璃棉
纺为棉状的玻璃纤维，用于隔热及空气过滤。

fiberglass 玻璃纤维
由纺为纤维的极细的玻璃丝组成的材料，大量用于隔热、隔音或埋入其他材料作为增强材料。

Fiberglas 菲伯格拉斯
一种玻璃纤维的品牌商标。

rock wool 岩棉
向熔化的矿渣或岩石喷吹蒸汽或空气而制成的矿棉。

airway 气道 [译注2]
屋面隔热毡和屋面板之间空气循环所需的通道。

batt insulation 隔热毡
柔软的、玻璃纤维或矿棉的隔热毡，宽度为16英寸（406毫米）或24英寸（610毫米），有各种长度及厚度，铺装在轻型木构架房屋的立筋、搁栅和椽木之间，有时用牛皮纸、金属箔或塑料片包裹成隔气层，也可用作构造隔音的构件。又称为：**blanket insulation**。

kraft paper 牛皮纸
用木浆加工并用树脂罩面的高强度棕色纸。

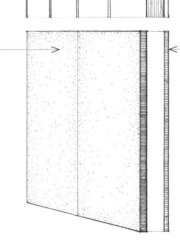

thermal insulation 隔热层
以棉絮、毡片、板材或松填材料形式构成的具有高热阻能力的材料，例如矿棉、蛭石或泡沫塑料。

weatherize 提高御寒性能
使住宅或建筑物免受寒冷天气或暴风气候的影响，例如增加隔热层、防暴风雪的护窗或密封接头。

foamed plastic 泡沫塑料
通过在诸如聚氨酯或聚苯乙烯等塑料内部产生气体囊或空气囊而形成的轻质蜂窝状材料，用于隔热。又称为：**多孔塑料（expanded plastic）**或**塑料泡沫（plastic foam）**。

polyurethane foam 聚氨基甲酸泡沫
具有闭孔结构的硬质发泡聚氨酯，用于隔热。[译注1]

molded polystyrene 模塑式聚苯乙烯
具有开孔结构的硬质泡沫聚苯乙烯，用于隔热。

extruded polystyrene 挤塑式聚苯乙烯
具有闭孔结构的硬质泡沫聚苯乙烯，用于隔热。

Styrofoam 舒泰龙
一种由聚苯乙烯制成的泡沫塑料的品牌商标。

foam glass 泡沫玻璃
在已软化的玻璃中加入泡沫剂并将其模制成板或块而制成的多孔玻璃，用于隔热。

rigid board insulation 硬质隔热板
预制的、作为非结构性构件的泡沫塑料或多孔玻璃隔热板。多孔玻璃隔热板耐火、防潮、尺寸稳定，但其热阻性能比泡沫塑料板低；泡沫塑料隔板可燃，当用于建筑物内表面时必须用热障保护。具有闭孔结构的硬质隔热板，如挤塑式聚苯乙烯板或多孔玻璃板具有防潮功能，可用于和土地接触的部位。

fiberboard 纤维板
经过挤压并黏结为刚性板材的木纤维或甘蔗渣隔热板，用于廉价墙体饰面或用作吊顶板材。

fiberboard sheathing 纤维板衬板
用沥青处理或浸渍的防水隔热纤维板，主要用于覆盖轻型木构架房屋墙体。

foamed-in-place insulation 现场发泡保温层
通过喷射或压力注入空隙中，并同周围表面相黏结，呈如聚氨酯等泡沫塑料状的保温层。

loose-fill insulation 松散隔热层
将矿棉纤维、粒状蛭石或珍珠岩或处理过的纤维素纤维等呈松散状的隔热材料，用人工浇筑或用喷嘴吹入空隙或铺在支撑膜上。

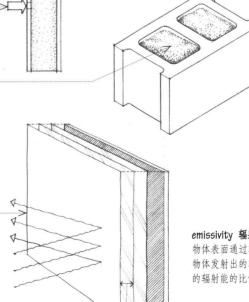

wood wool 木丝
细小的木刨花，通常取自松木或是经过化学处理的木纤维，用作绝缘材料、灰泥中的黏结材料以及包装材料。又称为：**excelsior**。

reflective insulation 反射隔热层
由具高反射率和低渗透率材料构成的隔热层，例如纸褙铝箔或铝箔褙石膏板，反射隔热材料与封闭空间一起使用，降低传导辐射热。

emissivity 辐射率
物体表面通过辐射来发射热的能力，等于物体发射出的辐射能与同温度黑体发射出的辐射能的比值。

dead-air space 闭塞空间
没有空气循环的不通风空间。

[译注1] 硬发泡聚氨酯由于具有闭孔特性也可用于防水，尤其是混凝土缝隙补漏和屋面保温防水一体化。
[译注2] 由于屋面和外墙上设有气道的保温层有快速蔓延火灾的隐患，包括中国在内的多个国家从规范上有越来越严格的使用限制或者已经不能继续使用。

thermal comfort　热舒适
根据人体散失因新陈代谢而产生的热量及
水分的能力来决定的人的舒适感。

effective temperature　有效温度
表明室内温度、相对湿度及空气流动对人
体产生的冷暖感觉等综合效应的温度。相
当于相对湿度为50%时静止空气的干球温
度，二者能使人产生同样的冷暖感觉。

wet-bulb temperature　湿球温度
在干湿球温度计中，湿球温度计
所记录的温度。

dew point　露点
空气中所含的气态水变成饱和水
蒸气的温度。又称为：**露点温度**
（*dew-point temperature*）。

humidity ratio　湿度比
在空气和水蒸气混合气体中，
水蒸气质量和干空气质量的比
值。又称为：*mixing ratio*。

comfort zone　舒适区
经美国人及加拿大人试验，大多数认
为是舒服的干球温度、相对湿度、平
均辐射温度以及空气流速的范围，舒
适区随气候、季节、穿衣类型及个人
活动程度而变化。又称为：*comfort
envelope*。

enthalpy　焓
物质中所含总热量的量度，等
于物质的内能加上其体积和压
力的乘积。空气的焓等于空气
及空气中水蒸气的显热加上水
蒸气的潜热，以每磅干燥空气
中的英国热量单位或每千克空
气中的千焦耳来表示。又称
为：**热焓**（*heat content*）。

psychrometric chart　湿度图
干湿球温度计上的湿球温度、干球温
度的读数与相对湿度、绝对湿度及露
点的关系图。

dry-bulb temperature　干球温度
在干湿球温度计中，干球温度计所记录的
温度。

psychrometer　干湿球湿度计
量测大气湿度的仪器，由两个温度计组
成，一个温度计的球是干的，另一温度计
的球保持潮湿并通风。由于蒸发所产生的
冷却效果使湿球温度计所记录的温度比干
球温度计的低，根据两者读数之间的差值
可量测出大气的湿度。

relative humidity　相对湿度
在空气中实际存在的水蒸气量与在同一温
度下空气可保持的最大水蒸气量的比值，
用百分数表示。缩写为：rh。

absolute humidity　绝对湿度
每单位体积空气中所含有的水蒸气的数量。

specific humidity　比湿
空气中水蒸气质量与空气和水蒸气混合气
体的总质量的比值。

hygrometer　湿度计
各种量测大气湿度的仪器。

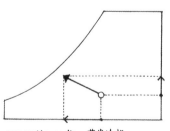

adiabatic heating　绝热加热
在不增加或丢失热的情况下所出现的升
温，例如当空气中过量的水蒸气在空气
中凝结以及水蒸气蒸发的潜热转换为在
空气中的显热。

mean radiant temperature　平均辐射温度
综合房间的墙体、地板、顶棚的温度，根
据每个量测点所对的立体角分别进行加权
计算后所得到的温度值的总和。平均辐射
温度对热舒适有重要影响，因为如果周围
表面的平均辐射温度显著高于或低于空气
温度时，人体会接受周围表面的辐射热而
升温，或向周围表面发出辐射热而失温。
缩写为：MRT。

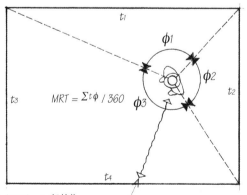

$$MRT = \Sigma t\phi / 360$$

radiant heat　辐射热
与通过传导及对流所传递的热量不同的、
通过电磁波辐射所传递的热能。

evaporative cooling　蒸发冷却
在不增加或丢失热的情况下产生的降
温，例如当水蒸发以及液体的显热转换
为蒸气的潜热。又称为：**绝热冷却**
（*adiabatic cooling*）。

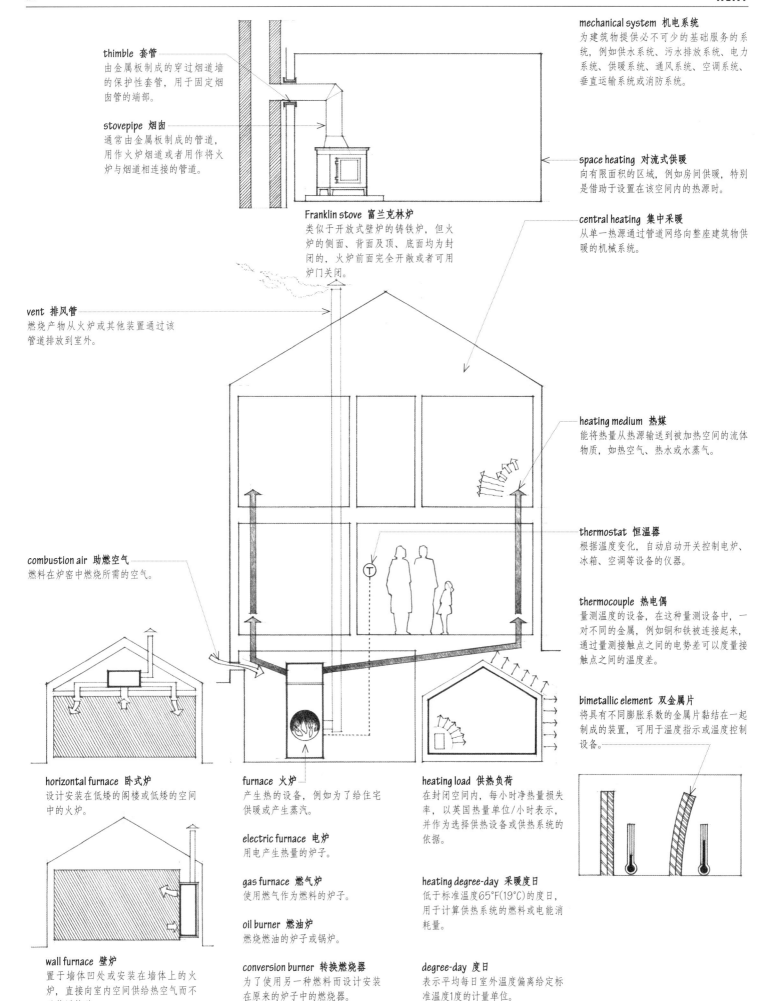

thimble 套管
由金属板制成的穿过烟道墙的保护性套管，用于固定烟囱管的端部。

stovepipe 烟囱
通常由金属板制成的管道，用作火炉烟道或者用作将火炉与烟道相连接的管道。

Franklin stove 富兰克林炉
类似于开放式壁炉的铸铁炉，但火炉的侧面、背面及顶、底面均为封闭的，火炉前面完全开敞或者可用炉门关闭。

vent 排风管
燃烧产物从火炉或其他装置通过该管道排放到室外。

combustion air 助燃空气
燃料在炉窑中燃烧所需的空气。

horizontal furnace 卧式炉
设计安装在低矮的阁楼或低矮的空间中的火炉。

wall furnace 壁炉
置于墙体凹处或安装在墙体上的火炉，直接向室内空间供给热空气而不必使用管道。

furnace 火炉
产生热的设备，例如为了给住宅供暖或产生蒸汽。

electric furnace 电炉
用电产生热量的炉子。

gas furnace 燃气炉
使用燃气作为燃料的炉子。

oil burner 燃油炉
燃烧燃油的炉子或锅炉。

conversion burner 转换燃烧器
为了使用另一种燃料而设计安装在原来的炉子中的燃烧器。

mechanical system 机电系统
为建筑物提供必不可少的基础服务的系统，例如供水系统、污水排放系统、电力系统、供暖系统、通风系统、空调系统、垂直运输系统或消防系统。

space heating 对流式供暖
向有限面积的区域，例如房间供暖，特别是借助于设置在该空间内的热源时。

central heating 集中采暖
从单一热源通过管道网络向整座建筑物供暖的机械系统。

heating medium 热媒
能将热量从热源输送到被加热空间的流体物质，如热空气、热水或水蒸气。

thermostat 恒温器
根据温度变化，自动启动开关控制电炉、冰箱、空调等设备的仪器。

thermocouple 热电偶
量测温度的设备，在这种量测设备中，一对不同的金属，例如铜和铁被连接起来，通过量测接触点之间的电势差可以度量接触点之间的温度差。

bimetallic element 双金属片
将具有不同膨胀系数的金属片黏结在一起制成的装置，可用于温度指示或温度控制设备。

heating load 供热负荷
在封闭空间内，每小时净热量损失率，以英国热量单位/小时表示，并作为选择供热设备或供热系统的依据。

heating degree-day 采暖度日
低于标准温度65°F(19℃)的度日，用于计算供热系统的燃料或电能消耗量。

degree-day 度日
表示平均每日室外温度偏离给定标准温度1度的计量单位。

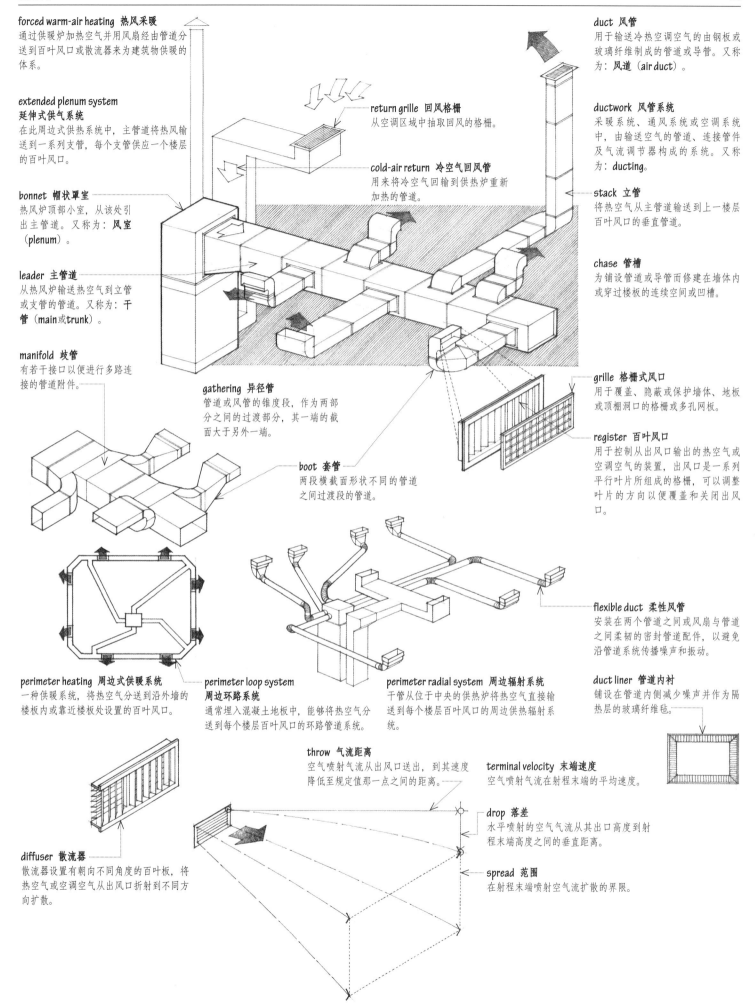

forced warm-air heating 热风采暖
通过供暖炉加热空气并用风扇经由管道分送到百叶风口或散流器来为建筑物供暖的体系。

extended plenum system 延伸式供气系统
在此周边式供热系统中，主管道将热风输送到一系列支管，每个支管供应一个楼层的百叶风口。

bonnet 帽状罩室
热风炉顶部小室，从该处引出主管道。又称为：**风室**（plenum）。

leader 主管道
从热风炉输送热空气到立管或支管的管道。又称为：**干管**（main 或 trunk）。

manifold 歧管
有若干接口以便进行多路连接的管道附件。

gathering 异径管
管道或风管的锥度段，作为两部分之间的过渡部分，其一端的截面大于另外一端。

boot 套管
两段横截面形状不同的管道之间过渡段的管道。

return grille 回风格栅
从空调区域中抽取回风的格栅。

cold-air return 冷空气回风管
用来将冷空气回输到供热炉重新加热的管道。

duct 风管
用于输送冷热空调空气的由钢板或玻璃纤维制成的管道或导管。又称为：**风道**（air duct）。

ductwork 风管系统
采暖系统、通风系统或空调系统中，由输送空气的管道、连接管件及气流调节器构成的系统。又称为：**ducting**。

stack 立管
将热空气从主管道输送到上一楼层百叶风口的垂直管道。

chase 管槽
为铺设管道或导管而修建在墙体内或穿过楼板的连续空间或凹槽。

grille 格栅式风口
用于覆盖、隐蔽或保护墙体、地板或顶棚洞口的格栅或多孔网板。

register 百叶风口
用于控制从出风口输出的热空气或空调空气的装置，出风口是一系列平行叶片所组成的格栅，可以调整叶片的方向以便覆盖和关闭出风口。

flexible duct 柔性风管
安装在两个管道之间或风扇与管道之间柔韧的密封管道配件，以避免沿管道系统传播噪声和振动。

duct liner 管道内衬
铺设在管道内侧减少噪声并作为隔热层的玻璃纤维毡。

perimeter heating 周边式供暖系统
一种供暖系统，将热空气分送到沿外墙的楼板内或靠近楼板处设置的百叶风口。

perimeter loop system 周边环路系统
通常埋入混凝土地板中，能够将热空气分送到每个楼层百叶风口的环路管道系统。

perimeter radial system 周边辐射系统
干管从位于中央的供热炉将热空气直接输送到每个楼层百叶风口的周边供热辐射系统。

throw 气流距离
空气喷射气流从出风口送出，到其速度降低至规定值那一点之间的距离。

terminal velocity 末端速度
空气喷射气流在射程末端的平均速度。

drop 落差
水平喷射的空气气流从其出口高度到射程末端高度之间的垂直距离。

spread 范围
在射程末端喷射空气流扩散的界限。

diffuser 散流器
散流器设置有朝向不同角度的百叶板，将热空气或空调空气从出风口折射到不同方向扩散。

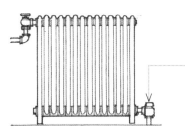

radiator 散热器
由一系列的盘管或管道组成的供热设备，通过热水或蒸汽流过管道实现供热。

venturi tee 文丘里三通管
单管系统中使用的特殊装置，使水从回水管流入供水主管。

bucket trap 浮球式疏水器
从散热器中排出空气及冷凝水又不会使蒸汽逸出的阀门。又称为：疏水器（steam trap）。

bleeder 滴水口
排空管道、散热器或水箱的阀门。又称为：排泄阀（bleeder valve）。

hot-water heating 热水供暖
利用泵将锅炉加热的水在管道中进行循环，将热量输送到散热器或对流加热器的建筑供暖系统。又称为：hydronic heating。

steam heating 蒸汽供暖
由锅炉产生蒸汽并通过管道循环输送到散热器的建筑供暖系统。

one-pipe system 单管系统
由一根管道将锅炉供应的热水逐一输到每个散热器或对流加热器的热水供暖系统。

reverse return 反向回水系统
在双管热水系统中，每个散热器或对流加热器的供水管和回水管的长度几乎相等。

direct return 直接回水系统
从每个散热器或对流加热器中引出的回水管以最短路线回到锅炉的双管热水系统。

dry return 干式回水
在蒸汽加热系统中，回水管同时输送空气及冷凝水。

two-pipe system 双管系统
由一根管道将锅炉供应的热水输送到散热器或对流加热器，同时第二根管道将水送回锅炉的热水供暖系统。

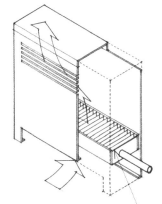

convector 对流加热器
空气通过与散热器或翅片管接触而被加热，从而实现循环对流的加热装置。

fin tube 翅片管
由紧密排布着垂直翅管的水平管构成的散热器，以使热量能最大程度地传导到周围空气。

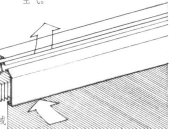

baseboard heater 踢脚板散热器
沿墙踢脚板安装的狭长的水对流加热器或电热对流加热器。

safety valve 安全阀
当气体或蒸汽压力超过某预定值时打开的减压阀，在气体或蒸汽压力减小到安全值或容许值后关闭。

relief valve 减压阀
在超过预设的驱动静压力下为减小承受压力而打开的阀门。

petcock 小龙头
排干或释放管道、散热器和锅炉中压力的小型旋塞或阀门。

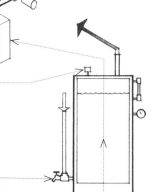

boiler 锅炉
封闭的容器或由容器及管道组成的装置，用于对水进行加热或产生蒸汽以供应热水或提供动力。

unit heater 暖风机
独立式电加热器或燃气加热器，由加热构件、风扇和导向出风口组成。

space heater 空间加热器
放置于被加热空间内的供热设备，尤指没有外部加热管道也不与烟囱相连的设备。

quartz heater 石英加热器
加热元件密封于石英玻璃管中的电热空间加热器，它可以在反射面板前产生红外线辐射。

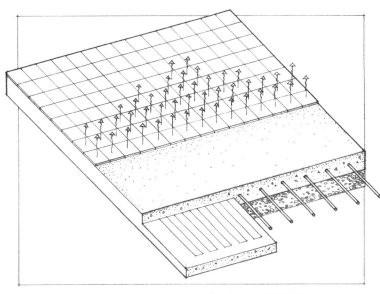

radiant heating 辐射供暖
通过表面辐射的供暖系统，特指借助于电阻或热水来加热的方式。

electric heat 电热
电流通过导体电阻所产生的热量。

panel heating 辐射板供暖
通过内置有导电体、热水管或热气管道的墙体、地板、踢脚板或顶棚板对房间或建筑物进行辐射供暖。

air conditioning 空气调节
对内部空间空气的温度、湿度、洁净度、分布及运动同时进行控制的系统或过程，特指能使空气冷却的体系。

air conditioner 空调器
用于控制（特别是降低）空间内温度及湿度的设备或装置。

packaged air conditioner 整装空调器
工厂组装的空调器机组，备有风扇、过滤器、压缩机、冷凝器以及用于冷却的蒸发器盘管。用于制热时，该装置可作为热泵来运行或是带有辅助加热部件。

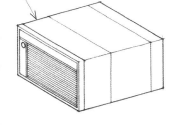

compressive refrigeration 压缩制冷
通过液态制冷剂的汽化蒸发及膨胀而产生制冷效果的过程。

expansion valve 膨胀阀
在制冷剂流入蒸发器时用来降低其压力及蒸发温度的阀门。

load 荷载
为了保持建筑物内热舒适性条件，所需安装的供热、通风或空调系统的数量。

cooling load 冷却荷载
封闭空间每小时获得的热量，以每小时英国热量单位（Btu）表示，并用作选择单个空调装置或空调系统的依据。

cooling degree-day 冷却度日
高于75°F（24°C）标准温度的度日数，用于估算空调和制冷所需要的能量。

cooling medium 冷却介质
用于从建筑物内部排除热量的流体物质，例如冷冻水或冷空气。

refrigerant 制冷剂
能在低温下汽化的液体，例如氨，通常用于机械制冷。

ton of refrigeration 冷吨
温度为32°F（0°C）的1吨冰在24小时内溶化为同样温度的水所获得的冷却效果，等于12000 Btu/hr（3.5kW）。

energy efficiency rating 能效比
冷却装置的效率指标，以英国热量单位（Btu）除以输入电能表示。

coolant 冷却剂
把系统运行中产生的热传导出去，使系统的温度低于规定值的液体介质。

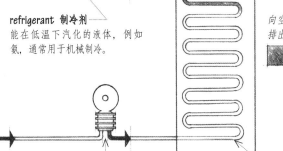

从空气或水中提取的热量

向空气或水中排出的热量

evaporator 蒸发器
制冷系统构件，其中制冷剂吸收冷媒的热量，并将液体转化为气质。

compressor 压缩机
用来减小气体体积并提高其压力的泵或其他机械。

condenser 冷凝器
将水汽或气体变为液体或固体的装置。

heat sink 吸热器/散热池
吸收或消耗多余热量的介质或环境。

heat pump 热泵
使用可压缩制冷剂将热量从一个容器传递到另一个容器的装置，由于此过程是可逆的，因此它既可用于建筑物的采暖也可用于制冷。

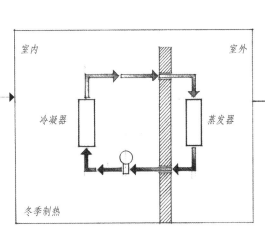

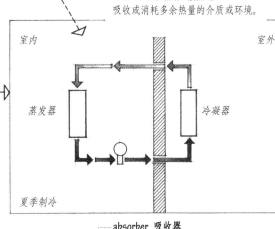

absorption refrigeration 吸收制冷
使用发生器及吸收器代替压缩机来传递热量的制冷过程。

通过热交换器排出热量以产生用于冷却的冷冻水。

heat exchanger 热交换器
将隔板一侧的液流热量传递给另一侧液流的装置。

在蒸汽返回蒸发器前进行冷凝时，从蒸汽中排出废热。

absorber 吸收器
吸收制冷系统的一个部件，它使用盐溶液将水汽从冷凝器排出，并在此过程中将剩余的水冷却。

generator 发生器
吸收制冷系统的一个部件，它使用热源将多余的水汽从盐溶液中排出。

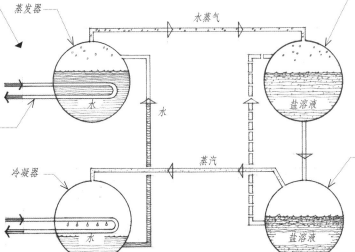

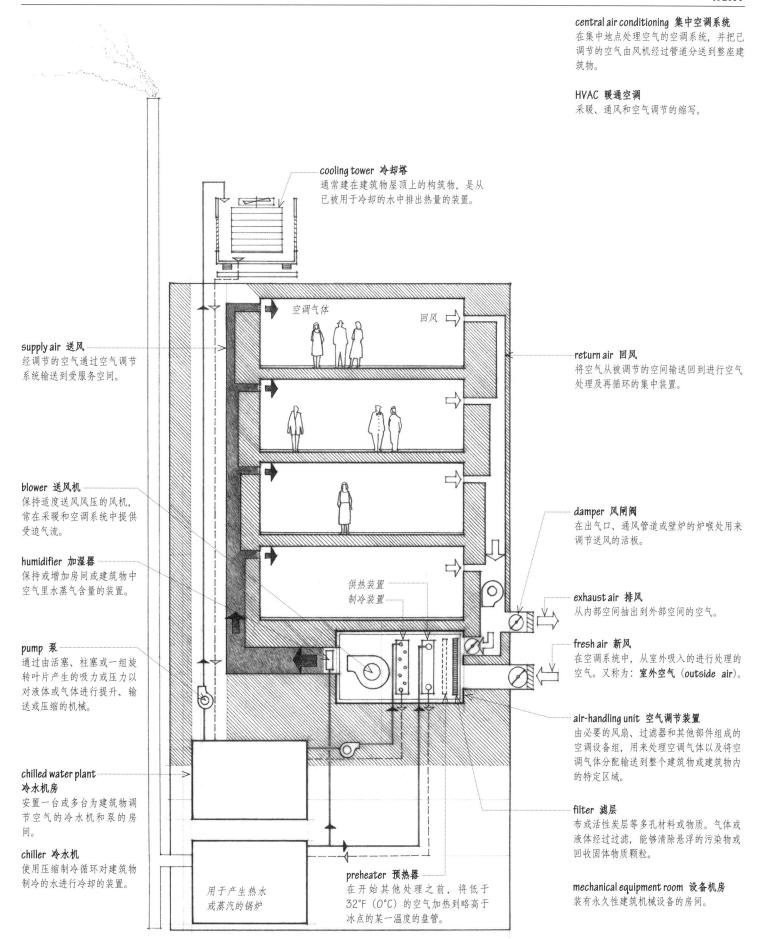

central air conditioning 集中空调系统
在集中地点处理空气的空调系统，并把已调节的空气由风机经过管道分送到整座建筑物。

HVAC 暖通空调
采暖、通风和空气调节的缩写。

cooling tower 冷却塔
通常建在建筑物屋顶上的构筑物，是从已被用于冷却的水中排出热量的装置。

空调气体　　　　回风

supply air 送风
经调节的空气通过空气调节系统输送到受服务空间。

return air 回风
将空气从被调节的空间输送回到进行空气处理及再循环的集中装置。

blower 送风机
保持适度送风风压的风机，常在采暖和空调系统中提供受迫气流。

damper 风闸阀
在出气口、通风管道或壁炉的炉喉处用来调节送风的活板。

humidifier 加湿器
保持或增加房间或建筑物中空气里水蒸气含量的装置。

供热装置
制冷装置

exhaust air 排风
从内部空间抽出到外部空间的空气。

pump 泵
通过由活塞、柱塞或一组旋转叶片产生的吸力或压力以对液体或气体进行提升、输送或压缩的机械。

fresh air 新风
在空调系统中，从室外吸入的进行处理的空气。又称为：**室外空气（outside air）。**

air-handling unit 空气调节装置
由必要的风扇、过滤器和其他部件组成的空调设备组，用来处理空调气体以及将空调气体分配输送到整个建筑物或建筑物内的特定区域。

chilled water plant 冷水机房
安置一台或多台为建筑物调节空气的冷水机和泵的房间。

filter 滤层
布或活性炭层等多孔材料或物质。气体或液体经过过滤，能够清除悬浮的污染物或回收固体物质颗粒。

chiller 冷水机
使用压缩制冷循环对建筑物制冷的水进行冷却的装置。

用于产生热水或蒸汽的锅炉

preheater 预热器
在开始其他处理之前，将低于32°F（0°C）的空气加热到略高于冰点的某一温度的盘管。

mechanical equipment room 设备机房
装有永久性建筑机械设备的房间。

all-water system 全水系统
在此种空调系统中，热水或冷冻水通过管道输送到空调区域的风机盘管机组，空气在该空调区域内就地循环。

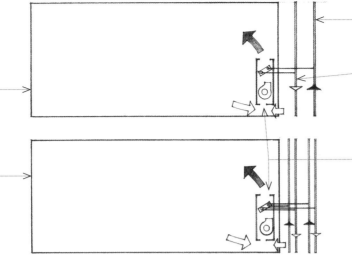

two-pipe system 双管系统
在此种全水系统中，由一根管道为风机盘管机组供应热水或冷冻水，而另一根管道将水输送回冷冻机房或锅炉。

four-pipe system 四管系统
在此种全水系统中，热水和冷冻水循环管路分开设置，当需要时可在建筑物不同区域内同时供热及供冷。

all-air system 全空气系统
在此种空调系统中，经调节的空气由中央风机通过管道输送到空调区域。

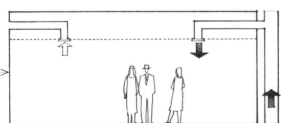

single-duct system 单风道系统
在此种全空气系统中，单个风道将空调气体输送到空调区域。

constant-air-volume system 定风量系统
在此种全空气系统中，主恒温器自动地调控供应到每个区域的空调气体的量。

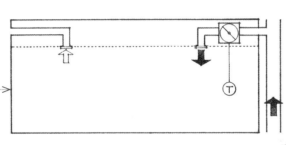

variable-air-volume system 变风量系统
在此种全空气系统中，恒温控制的可变空气量风箱调控供应到每个区域的空调气体的量。

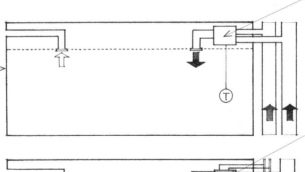

dual-duct system 双风道系统
在此种全空气系统中，冷风风道与暖风风道分别设置并在混合箱汇合。在输送到每个区域前，冷暖空气在此混合。

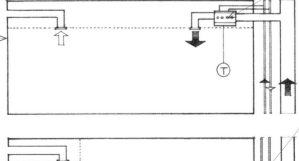

terminal reheat system 终端再加热系统
在此种全空气系统中，由再加热盘管调控供应到每个单独受控区域的空气温度。

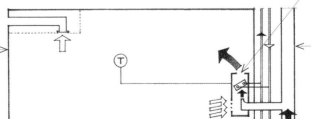

air-water system 空气水系统
在此种空气调节系统中，空调气体从中央装置通过高速风道输送到每个区域，在各个区域空调气体与房间内空气混合后，在诱导器或风机盘管机组中被进一步加热或冷却。

supply pipe 供水管
用于将锅炉房的热水或冷冻机房的冷冻水输送到风机盘管机组的管道。

return pipe 回水管
将水从风机盘管机组输送到锅炉或冷冻机房的管道。

terminal unit 终端设备
将热或冷媒输送到某一空间的各种设备。

fan-coil unit 风机盘管
由空气过滤器、加热或冷却盘管以及离心风机所组成的终端设备，用于吸入室内和室外气体的混合气。

coil 盘管
由数排或数层连接在一起的管子组成，管子上通常固定有肋片用于散热。

multizone system 多区域系统
能够最多同时为八个区域服务的中央空气处理机组。

zone 区域
建筑物内的一个或一组空间，其温度和空气质量由单个调节器控制。

mixing box 混合箱
在恒温控制下使冷空气及热空气按一定比例混合使其达到要求温度的小箱。

reheat coil 再加热盘管
用于提高空气调节系统供气管中空气温度的电热或热水盘管。

induction unit 诱导器
一种终端装置，在诱导器中一次风带动室内空气通过过滤器，形成的混合气体流经盘管表面，被来自锅炉或冷冻机房的二次水加热或冷却。

high-velocity duct 高速风道
能以2400英尺/分（730米/分）或更高的速度输送一次风的小口径风道。

primary air 一次风
通过中央空气处理机组，以高压及高速供应的空调气体。

Lascaux Cave 拉斯科洞窟
位于法国拉斯科地区的洞窟，里面有一般认为是创作于约公元前13000年—公元前8500年的壁画和雕刻。

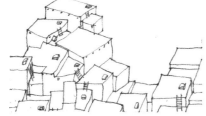

Catal Hüyük 加泰土丘
位于安纳托利亚的新石器时期居所，时间为公元前6500年—公元前5000年。作为世界上最早的城市之一，古城中有泥砖搭建的堡垒和房屋、带有壁画的神殿、发达的农业和广泛的黑曜石贸易，黑曜石是制造工具的主要材料。

Anatolia 安纳托利亚
位于黑海、地中海和爱琴海间的广阔平原，又名小亚细亚半岛；构成现在土耳其的大部分领土。

Mesopotamia 美索不达米亚
地处西亚、位于底格里斯河与幼发拉底河之间的古老地区，包含苏美尔和阿卡德地区，先后由苏美尔人、巴比伦人、亚述人和波斯人统治，现为伊拉克的一部分。

Fertile Crescent 新月沃土
西达地中海东岸、东至伊拉克的弯月形农业区，是人类最早期文化的诞生地。

Sumerian architecture 苏美尔式建筑
由苏美尔人发展出的建筑形式，公元前4000年—公元前3000年末期间流行于美索不达米亚南部，特点是土坯建造的纪念庙宇，表面覆以烧结砖或釉面砖，常建于前一座庙宇的废墟之上。

Sumer 苏美尔
地处美索不达米亚南部的古老地区，早在公元前5000年就建立了一批独立的城市和城邦。一些城市如埃利都（Eridu）、乌鲁克（Uruk）和乌尔（Ur），都是重要的考古遗址。

tell 遗址
由一个或多个古代遗址累积而成的人工丘阜，在中东常作为地名的一部分。

history 历史
对关于特定人群、国家或时期的重要事件的一般为编年体的系统性叙述，通常也包括对事件成因的解释。

civilization 文明
人类社会的先进形式，以相对高等的文化、技术和政治发展水平为标志。

society 社会
由有着相同传统、制度和身份认同的人们所组成的持久并协作的大规模社群，社会成员通过互相作用发展出共同的利益和信仰。

culture 文化
集人类知识、信仰和行为于一体的模式，由一群人创立并世代相传。

style 风格
关于个人、人群或时代的艺术表现力特征的一种独特或鲜明的形式。

expression 表现力
通过艺术作品的创作来象征和传达意义、精神或品质的一种方式。

● ● ● ● ● ● ● ● ● ● ● ● ● ● ● **公元前3000年** ● ● ● ● ● ● ● ● ● ● ● ● ● ●

prehistoric 史前时代
人类有记录的历史之前的时代，关于那个时代的知识主要通过考古发现、研究和调查获得。

Stone Age 石器时代
已知最早的人类文化时期，处于铜器时代和铁器时代之前，以使用石制器具和武器为标志。

Neolithic 新石器时代
石器时代的最后一个阶段，以种植粮食、饲养家畜、建立村庄、制造陶器和织物以及使用打磨石器为标志，一般认为始于约公元前9000年—公元前8000年。

Bronze Age 青铜器时代
始于约公元前4000年—公元前3000年的人类历史时期，处于石器时代之后，铁器时代之前，以使用铜器为标志。

Harappa 哈拉帕
约公元前2300年—公元前1500年繁荣于印度河谷的一个青铜器时代文化。

Yang-shao 仰韶
位于肥沃的黄河平原附近的一个中国新石器文化，以穴居和绘有几何图案的精致陶器为标志。又称为：Yang Shao。

Xia 夏
中国传说中的一个王朝，公元前2205年—公元前1766年。又称为：Hsia。

Shang 商
中国一个王朝，约公元前1600年—公元前1030年，以开始书写、发展城市文明以及精通铜器铸造为标志。又称为：殷（Yin）。

Chinese architecture 中国式建筑
位于东亚的一个幅员辽阔国家的本土建筑形式。中华文明持续进化，存在时间超过世界上任何其他国家。尽管由于地理和气候条件差异导致了不同地区建筑的显著多样性，但历经几千年的创新和融合，还是逐渐形成了木质框架构造的独特系统，并对朝鲜、日本和东南亚国家的建筑产生深远影响。

Egyptian architecture 古埃及建筑

繁荣于非洲西北部尼罗河沿岸古代文明的建筑形式。古埃及文明从公元前3000年以前开始发源，直到公元前30年被罗马吞并。古埃及建筑的特点是：轴向规划的巨石建造的坟墓和宫殿；使用精确的石砌，配合横梁构造；在斜墙上用象形文字浮雕进行装饰。这些墓葬纪念碑和庙宇专注于不朽与来世的主题。虽然建筑形式上复制民居的特征，但使用巨大石块以追求永恒。

Hittite architecture 赫梯建筑

赫梯帝国的建筑形式。赫梯文明从约公元前2000年—公元前1200年主宰着小亚细亚和北叙利亚。赫梯建筑的特点是巨石砌成的堡垒、雕塑装饰通道门口。

Assyrian architecture 亚述建筑

公元前9世纪—公元前7世纪亚述王统治时期的美索不达米亚建筑形式。内城城墙以带雉堞城垛的塔楼进行强化，宫殿比宗教建筑具有更优先地位。与美索不达米亚南部地区相比更多使用穹顶，此外彩色釉面砖显示了埃及装饰对它的影响。

Code of Hammurabi 汉谟拉比法典

公元前18世纪中由汉谟拉比订立的巴比伦法律条文，以所吸收的苏美尔文化基本准则为基础。

Minoan architecture 米诺斯建筑

约公元前3000年—公元前1100年繁荣于克里特岛的青铜器时代文明的建筑形式，以克诺索斯的传奇国王米诺斯（King Minos）的名字命名，其特点是位于克诺索斯（Knossus）和帕特斯（Phaetus）的精致宫殿。

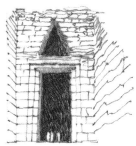

Mycenaean architecture 迈锡尼建筑

爱琴文明的建筑形式。爱琴文明在约公元前1600年—公元前1100年期间，影响了从希腊南部的迈锡尼到地中海的许多地区。迈锡尼建筑的特点是竖井式坟墓、纪念碑式蜂巢状墓穴以及用巨石墙加固的宫殿。

Greek architecture 古希腊建筑

古希腊文明的建筑形式。古希腊文明繁荣于希腊半岛、小亚细亚、北非沿海及西地中海地区，直到公元前146年确立罗马统治为止。古希腊建筑的特点是依据形式和比例规范进行建造。抬梁式架构的庙宇被不断改进以追求完美，其设计对世俗民居产生广泛影响。

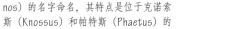

●●●●●●●●●●●●●●●●●●●●●● 公元前1000年 ●●●●●●●●●●●●●●●●●●●●●●

Zhou 周

约公元前1030年—公元前256年的一个中国朝代，其特点是：中国分裂为几个单独的国家，儒家思想和道家思想的兴起推动了后世中国文化的发展。又称为：Chou。

Confucianism 儒家思想

统治中国直到20世纪早期的哲学思想，基于孔子教诲的道德体系：强调仁者爱人、思行一致、忠于家庭、孝顺长辈（包括祖先的意志）。

jian 间

由相邻的框架支撑标明的中国建筑的标准空间单位。建筑的性质与适当的尺度决定了所要分配的"间"的数量；然后根据建筑的宽度、进深和高度决定"分"的大小，用来满足每个结构部件的截面要求。空间单位给中国城市结构的模块化提供了基础：连接在一起的若干"间"组成一栋建筑；沿地块排列的若干栋建筑围合出院落；若干院落相邻排列形成巷；若干巷相接形成里；若干里形成矩形的坊；坊围绕宫城形成经纬道路。

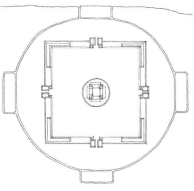

yin-yang 阴阳

在中国的哲学和宗教里，认为是影响万物命运的对立而又互补的两个基本元素之间的相互作用。其中一个是雌性、黑暗、消极的"阴"，另一个是雄性、光明、积极的"阳"。

biyong 辟雍[译注]

玉环状壕沟：中国建筑里的祭祀用构造，包围的形状像璧（扁平的仪式用玉碟）。最初是一种单独构造，后来与明堂一起成为大型祭祀建筑的一部分。

Preclassic 前古典的

指公元前2200年—公元前100年的美索不达米亚文化。

mingtang 明堂

明亮的厅堂：中国建筑中的仪式性场所，象征着帝国权力的中心。

lingtai 灵台

灵魂的祭坛：中国建筑里抬高的天象观测台，通常为明堂中央的圆形上层。

[译注] 辟、璧二字通假，现在辟雍更为常用。

Neo-Babylonian architecture 新巴比伦建筑

亚述王国衰落后发展起来的美索不达米亚的建筑形式，以继承亚述建筑为主，辅以釉面砖制成的兽纹形象。

Hanging Gardens of Babylon 巴比伦空中花园

建造于大城堡（古巴比伦的宫殿群）平顶上的一系列有灌溉系统的观赏花园，被称为世界七大奇迹之一。

Hellenic 希腊的

属于或关于古希腊，尤其是亚历山大大帝之前时代的历史、文化和艺术的。

Hellenistic 希腊化的

属于或关于亚历山大大帝死后的（公元前323年—公元前1世纪）希腊历史、文化和艺术的。在此期间，希腊人在埃及、叙利亚和波斯都建立过王朝，希腊的文化因此受到外国元素的影响。

Persian architecture 波斯建筑

阿契美尼德王朝（Achaemenid dynasty）统治时期的建筑形式。阿契美尼德王朝从公元前550年开始统治波斯，直至公元前331年被亚历山大大帝征服。波斯建筑综合了周边国家的建筑元素，如亚述、埃及和希腊的爱奥尼亚（Ionia）地区。

Persian 波斯男像柱

身着波斯服饰的男子像柱。

apadana 大厅[译注]

波斯宫殿内圆柱支撑的宏伟厅堂。

Etruscan architecture 伊特鲁里亚建筑

公元前8世纪—公元前3世纪，生活在意大利中西部的伊特鲁里亚人发展出的建筑形式。其建造方法，尤其是真石拱，影响了后来的罗马建筑。

Parthian architecture 帕提亚建筑

帕提亚人统治伊朗和西美索不达米亚时期（公元前3世纪—公元3世纪）的建筑形式，综合了古典主义与本土特征。

···········公元前100年

Great Wall of China 长城/万里长城

周朝开始修建的防御城墙，目的是保护中国不受北方游牧民族的入侵，同时也作为交流的渠道。长城被分段修建然后连接，从甘肃省延伸至北京以东的海边。

Taoism 道家思想

重要性仅次于儒家思想的一种中国哲学和宗教。基于老子的教诲：强调简单的生活，不干预自然万物的进程，以此求得与"道"的和谐统一。作为宗教的道教始于公元143年，随着汉朝的衰落和佛教的引入而兴盛。

Tao 道

途径，引申为方法：宇宙秩序的创造准则。

Qin 秦

公元前221年—公元前206年的一个中国朝代，其特征是出现了中央集权政府，修建了长城的主体。又称为：Ch'in。

Indian architecture 印度建筑

印度次大陆的建筑形式，从印度河谷的哈拉帕文化到孔雀王朝时代，再到后来由外国和原住民交替统治的时期。印度建筑的特点是印度教和佛教纪念塔（有时共处一处）、有规律与层次的多主题叠加以及繁复的雕刻装饰，其中宗教和纯视觉因素互相杂揉。

Maurya 孔雀王朝

古印度人的一支，约公元前320年统一了印度北部并建立帝国；孔雀王朝的建筑受到阿契美尼德时代的波斯文化以及最早使用料石建造的影响。

Mochica 莫齐卡

约公元前200年—公元前700年繁荣于秘鲁北部沿海的前印加时期文化，以精美的陶器和巨大的太阳神庙（完全由土坯砖建造的平顶金字塔）著称。又称为：Moche。

Olmec architecture 奥尔梅克建筑

中美洲文明的建筑形式。约公元前1200年—公元前500年，中美洲文明繁荣于墨西哥湾的热带低地雨林。奥尔梅克建筑的特点是金字塔式庙宇和大型祭典中心。

Chavín 查文

约公元前1000年—公元前200年的秘鲁文化。该文化基于山狮神崇拜，拥有精美的石雕、精致的金饰及出色的陶瓷工艺。查文是秘鲁中部的城镇，那里有巨石建造的建筑群和围绕正式庭院的地下走廊。

Chavín architecture 查文建筑

公元前900年—公元前200年发展于安第斯山脉北部的查文文明的建筑形式，其特点主要是查文·德·万塔尔庙宇群（Chavín de Huantar temple complex）。

Lanzón 神柱

刻画传达神谕的查文神祇的岩柱。

[译注] apadana刚好也是梵文"譬喻"的英语写法，汉语音译为"阿波陀那"或"阿婆陀那"，一般指佛教原始经典的一种体裁。除与波斯宫殿大厅的拼写相同外没有任何关系。

Classical architecture 古典建筑
古希腊和古罗马的建筑形式，是后世的意大利文艺复兴、巴洛克艺术和古典复兴运动的基础。

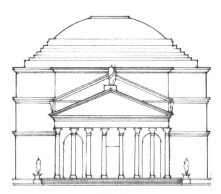

Roman architecture 罗马建筑
古罗马人发展出的建筑形式，由体量宏大的砖石混凝土构建为其特征，并具有如下特点：使用半圆拱、桶形及交叉穹顶、穹隆顶；体型简洁庄严同时细部精致美观；外立面和内部大量使用希腊柱式进行修饰以增强美感；内部使用大理石内衬、马赛克及模制抹灰造型。

Rome 罗马
意大利中部城市，相传由罗慕卢斯（Romulus）和雷穆斯（Remus）于公元前758年所建。罗马城是古罗马帝国的首都及梵蒂冈城（罗马天主教会的最高权力机构）所在地。

cardo 中轴线
古代罗马城市或军营的南北主干道。

decumanus 东西大街
古代罗马城市或军营的东西主干道。

castrum 兵营
设有棋盘状街道的古代罗马军营。

thermae 公共浴场
古希腊和古罗马精美的公共洗浴场所，有热水浴、温水浴和冷水浴，有汗蒸室，还有健身房等其他设施。

caldarium 热水浴室
古罗马公共浴场里的热水浴池。

tepidarium 温水浴室
古罗马公共浴场里的温水浴池，位于冷水浴室和热水浴室之间。

frigidarium 冷水浴室
古罗马公共浴场里未加热水的浴池。

hypocaust 地下暖坑
古罗马建筑（特别是浴室）里地板或墙壁内的风道系统，用于接收并散发由采暖炉产生的热量，以提供中央供热。

公元100年 ....

catacombs 地下墓穴
由相连接的地道和小室组成的地下坟墓，小室内有放置棺木和坟墓的凹陷。这个单词一般指地下复杂的多层回廊、穹形墓穴、小室和壁龛，上面覆盖刻字的板条，通常以壁画装饰，在早期基督教时期修建于罗马城内或近郊。

Classic 经典主义
指公元100年—900年的中美洲文化。

Mesoamerica 中美洲
从墨西哥中部和尤卡坦半岛延伸至洪都拉斯和尼加拉瓜的大片地区，前哥伦布时期的文明在此繁荣。这些文化共享神庙金字塔，并供奉包括太阳神、风神和雨神在内的众神。尽管中美洲文明精于天文和时间测量，但是以目前所知，他们未使用过车轮或铁器，也不懂得使用真正的石拱。

Pre-Columbian 前哥伦布时期
指哥伦布航海之前的美洲。

Gupta 笈多王朝
公元320年—540年印度北部孔雀帝国时期的王朝，其宫廷是印度经典艺术和文学的中心；印度最古老和重要的建筑遗迹都出自这个时期。

Pallava 帕拉瓦王朝
约公元350年在印度南部建立的印度教国家，帮助印度文化扩张至东南亚。

Dravidian 达罗毗荼
帕拉瓦时期的一种印度建筑形式，以印度南部语言命名。

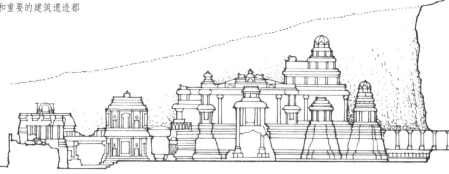

Mayan architecture 玛雅建筑[译注1]
位于尤卡坦半岛、危地马拉和洪都拉斯部分地区的中美洲文明的建筑形式，从公元1世纪开始，到公元9世纪达到巅峰，其特征是大型仪式中心，内有神庙金字塔、祭祀性蹴球球场、宽敞的广场和带有雕刻立面的官殿。

cenoté 天然溶井[译注2]
玛雅人对充满水的深洞的称谓，玛雅人认为是从伊察（Itzá玛雅城市）通往地下世界的入口。

[译注1] 蹴球是玛雅人祭祀仪式的一部分，两队武士首先将球踢进斜坡上圆形孔洞者为胜。
[译注2] 奇琴伊察（Chichen Itzá）是一处重要考古遗址，其名称的意思就是"伊察的溶井"。

**Early Christian architecture
早期基督教建筑**

罗马建筑的最后一个阶段，始于公元313年康士坦丁（Constantine）确立基督教为国教，终于公元800年查理曼（Charlemagne）加冕神圣罗马帝国皇帝。其特征是规划用于会众礼拜的教堂，特别是长方形基督堂；与拜占庭建筑的兴起年代重合并相关。

Medieval architecture 中世纪建筑

欧洲中世纪的建筑形式，分为若干时期：拜占庭式、前罗曼式、罗曼式和哥特式。

Middle Ages 中世纪

古老的古典主义和文艺复兴之间的欧洲历史时期，通常从公元476年西罗马帝国最后一任皇帝罗慕卢斯·奥古斯都（Romulus Augustulus）被废黜算起，至公元1500年前后结束。

Dark Ages 黑暗时代

中世纪前期，约从公元476年至1100年。

Byzantine architecture 拜占庭建筑

晚期罗马帝国东部的建筑形式，从公元5世纪罗马晚期和早期基督教的前身开始，对希腊、意大利和其他地区的影响超过1000年。其特征是：石材构造、半圆拱、设置于穹隅之上的浅圆顶、广泛使用繁复的壁画、彩色玻璃马赛克以及大理石护墙来覆盖整个内部。

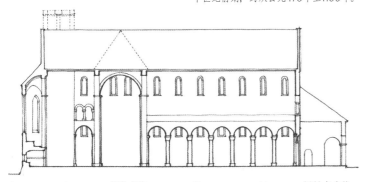

Sassanian architecture 萨珊建筑

公元226年—651年萨珊王朝统治波斯期间流行的建筑形式，在古老的美索不达米亚建筑传统和新兴的拜占庭建筑之间起到过渡作用，其特征是带椭圆形拱顶或穹隆顶的官殿，屋顶位于突角拱和抹灰石墙上，用半露柱和飞檐相连接。

Romanesque architecture 罗曼式建筑

公元9世纪兴起于意大利和西欧的一种建筑形式，结束于公元12世纪哥特式建筑的出现。罗曼式建筑包含几种相关的地域风格，其特征是：厚重的石材搭接构造，上面开有窄窗；运用半圆拱和桶形穹隆；发展出穹顶肋和拱柱以及引入教堂里的中塔和西塔。

Carolingian architecture 加洛林建筑

法兰克王朝时期的早期罗曼式建筑形式。法兰克王朝于公元751年—987年统治法国；对德国的统治到公元911年结束。加洛林建筑的特征是：借鉴古典主义的建筑形态，并根据教会的要求进行修改。

Lombard architecture 伦巴第建筑

公元7世纪—8世纪意大利北部的早期罗曼式建筑形式，其特征是使用早期基督教和罗马时期的建筑形态，发展出了穹顶肋和拱柱。

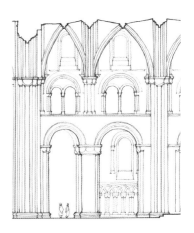

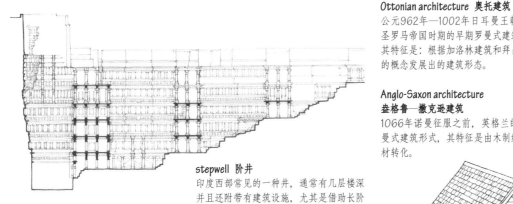

Zapotec architecture 萨巴特克建筑

美洲印第安文明的折中主义建筑形式。美洲印第安文明于约公元前500年—公元1000年繁荣于墨西哥南部的瓦哈卡山谷（valley of Oaxaca）。萨巴特克建筑受到奥尔梅克建筑（the Olmecs）的影响，同时在经典主义时期揉和了特奥蒂瓦坎建筑（Teotihuacán）的特点。

Tiahuanaco 蒂亚瓦纳科

约公元前300年—约公元900年主要存在于秘鲁和玻利维亚的前印加文化，其特征是：巨石雕凿、彩绘陶器和青铜工艺品。

stepwell 阶井

印度西部常见的一种井，通常有几层楼深并且还附带有建筑设施，尤其是借助长阶梯通往井下，长年获取由蓄水层产生的可靠供水。又称为：baoli，bawdi，vaav或vav。

Ottonian architecture 奥托建筑

公元962年—1002年日耳曼王朝统治神圣罗马帝国时期的早期罗曼式建筑形式，其特征是：根据加洛林建筑和拜占庭建筑的概念发展出的建筑形态。

**Anglo-Saxon architecture
盎格鲁—撒克逊建筑**

1066年诺曼征服之前，英格兰的早期罗曼式建筑形式，其特征是由木制结构向石材转化。

Norman architecture 诺曼建筑

诺曼征服之前从诺曼底引入并兴盛于英格兰的罗曼式建筑，直到约1200年哥特式建筑的兴起。其特征是：大型修道院、十字架上方的中塔辅以双塔立面以及使用几何造型装饰。

Norman Conquest 诺曼征服

指1066年"征服者威廉"（William the Conqueror）率领诺曼底人征服英格兰。

Islamic architecture 伊斯兰建筑

公元7世纪起的穆斯林建筑形式，伴随着穆罕默德征战，从西至西班牙、东至印度的广阔区域发展起来。伊斯兰建筑吸收了每个区域的艺术和建筑元素，其特征包括：独特的清真寺类型，以砖石建造的圆顶和筒形拱顶、圆形和马蹄形拱门；由于禁止表现人物和动物，其丰富的表面装饰总是以书法和花卉的几何造型为主题。又称为：**穆斯林建筑**（Muslim architecture）、**穆罕默德建筑**（Muhammadan architecture）或**撒拉逊建筑**（Saracenic architecture）。

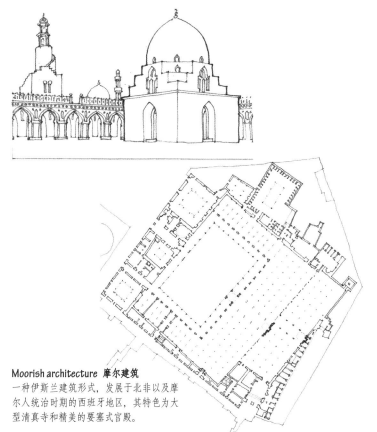

Islam 伊斯兰

穆斯林信仰的宗教，基于先知穆罕默德的教诲，中心思想是：信仰唯一真主即安拉，相信天堂与地狱的存在以及相信宇宙的审判日终将到来。伊斯兰也指代伊斯兰信众创造的文明。又称为：**伊斯兰教**（Muhammadanism）。

Muhammad 穆罕默德

阿拉伯先知，伊斯兰教的创立者，公元570年—632年。又称为：Mohammed。

Moorish architecture 摩尔建筑

一种伊斯兰建筑形式，发展于北非以及摩尔人统治时期的西班牙地区，其特色为大型清真寺和精美的要塞式宫殿。

Moor 摩尔

非洲西北部的穆斯林一支，于公元8世纪入侵西班牙并持续统治直到1492年。

Mozarabic style 摩莎拉布风格

从9世纪至15世纪，由基督徒受到摩尔人影响创造出的西班牙建筑风格，其特征包括马蹄形拱门及其他摩尔式建筑特色。

Alcazar 阿卡乍

西班牙摩尔人的城堡或堡垒，一般特指位于西班牙塞维利亚的摩尔王宫殿，该宫殿后来为西班牙国王所有。

公元800年 ....

Japanese architecture 日本建筑

亚洲东海岸外的日本列岛文明发展出的建筑形式，其特征是受中国概念的启发与本土条件相结合，创造出以轻盈、精美、细致为标志的独特风格。

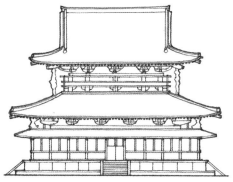

Nara 奈良时代

公元710—794年的日本历史时期，特征是吸收中国的文化和政府制度。该时代以古代日本的第一个永久首都及主要的佛教中心而得名。

Heian 平安时代

公元785—1185年的日本历史时期，特征是对早前从中国引入的思想和制度进行修改与同化。在此期间，本土封建制度取代了中国式的社会秩序，日本建筑开始独立于中国而发展。

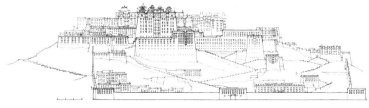

Xanadu 上都/世外桃源

如同田园牧歌般充满美好与幸福的地方；萨缪尔·泰勒·柯勒律治（Samuel Taylor Coleridge）对"上都"（Xandu）一词的改写，也就是今天的元上都（Shangtu），位于蒙古东南的忽必烈可汗的夏宫。

Zen 禅宗

日本的大乘佛教学派，强调通过体验式智慧、冥想和直觉来达到开悟；中文称之为"禅"，源于梵语里的"禅定"一词。

ma 间

日语词汇，代表多种含义，如时空的空隙、间隔或停顿，指禅宗佛教对空间的审美准则；留白与填满同等重要；空白作用于实体并塑造实体。"间"的概念可以指雕塑上的空缺、建筑上的间隔、歌曲里的空拍，或是话语里的停顿。

kami 大神

神道教的神圣灵魂，能够化身为对日常生活极为重要的事物与概念，例如风、雨、山、林、河流、生育。

Gothic architecture　哥特式建筑
12世纪产生于法国的建筑风格，在西欧流行至16世纪中叶，其特征包括宏伟的天主教堂、逐渐变细变高的结构、运用尖顶拱和肋架拱顶以及繁复装饰的开窗系统。

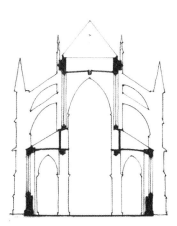

Early French style　早期法式风格
法国哥特式建筑三个阶段的第一个阶段，从12世纪至13世纪末，其特征包括尖顶拱和几何图案花格窗。

Early English style　早期英式风格
英国哥特式建筑三个阶段的第一个阶段，从12世纪后期至13世纪，其特征包括尖顶窗和板制窗格。

minster　大教堂
最初指修道院的礼拜堂；后来指任何大型的或重要的礼拜堂，例如天主教堂或城里的主要礼拜堂。

Rayonnant style　辐射式风格
公元13世纪末至14世纪后期的法国哥特式建筑的中期阶段，其特征是圆形窗上带有辐射式窗格。

Decorated style　盛饰风格
英国哥特式建筑三个阶段的第二个阶段，从13世纪末至14世纪晚期，其特征包括复杂的窗格、精致的装饰拱顶以及对凿石技术的改进。

Geometric style　几何图形风格
13世纪晚期至14世纪初期的早期装饰风格，其特征是使用几何形状的窗格。

Curvilinear style　曲线风格
14世纪下半叶的晚期装饰风格，其特征是使用曲线形状的窗格。

Flamboyant style　火焰式风格
14世纪末至16世纪中的法国哥特式建筑的最后一个阶段，其特征包括火焰状的窗格、错综复杂的细节以及对内部空间进行频繁的复杂分隔。

Perpendicular style　垂直式风格
盛行于从14世纪晚期至16世纪早期的英国哥特式建筑的最后一个阶段，其特征是：垂直式窗格、精密细致的石工以及复杂的扇形拱顶。又称为：直线式风格（Rectilinear style）。

Khmer architecture　高棉建筑
高棉帝国的建筑形式，其特征是由四座塔楼组成的庙宇群，它们经由有顶盖的步道通向代表须弥山（印度教传说中神居住的地方）的中央主塔，四周围绕着代表宇宙之海的护城河。

Khmer　高棉人
公元5世纪生活在柬埔寨并建立帝国的民族，他们从9世纪至12世纪统治着印度支那的绝大部分地区。

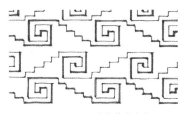

Mixtec architecture　米斯特克建筑
约公元800年至被西班牙征服之前，以墨西哥瓦哈卡山谷为中心的拉美文化建筑形式，其特征包括巨石群、运用内部石柱以及内外壁檐上的高精细度回纹装饰。

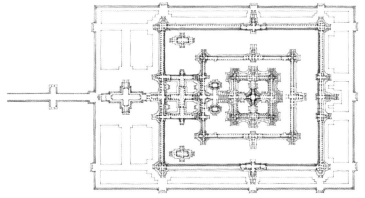

Toltec architecture　托尔铁克建筑
约公元900年定居在墨西哥中部的拉美人的建筑形式，传统上认为这些拉美人奠定了阿斯特克文化的基础，其建筑特征包括玄武岩雕刻的巨型托尔铁克战士像、若干层级的柱廊以及镶嵌在墙面上刻有人头山狮和羽蛇神标志的石板。

Quetzalcóatl　羽蛇神
托尔铁克人祭司和首领的称号，他们被认为是羽蛇神的化身。

prasat　塔殿
高棉建筑中的寺庙塔楼，用石头建造，上面刻满浅浮雕，描绘了高棉历史上的史诗传说和重要事件。

baray　巴莱池
高棉帝国建筑中大面积的浅水池，用来储水灌溉，同时象征着印度教中的宇宙圣水器。

Chimu　奇穆
居住在秘鲁北部沿海的一支拉美人，拥有高度发达的城市文化，始于公元1000年，约公元1470年被印加人摧毁。

Renaissance 文艺复兴

指14世纪始于意大利并一直持续到17世纪，以古典艺术、文学和学识中的人性复苏为标志的行动、精神或时代。

Renaissance architecture 文艺复兴建筑

纵贯整个欧洲、对意大利文艺复兴建筑不同程度的接纳，直到16和17世纪风格主义和巴洛克风格诞生时为止。其特征是在传统建筑上使用意大利文艺复兴建筑的形体和主题。

**Italian Renaissance architecture
意大利文艺复兴建筑**

15世纪和16世纪诞生于意大利的一批建筑风格，其特征包括强调对称、强调部件之间的精确数学关系以及简单沉静的总体效果。

Early Renaissance 早期文艺复兴

15世纪发展起来的意大利文艺复兴的艺术和建筑风格。其艺术特征是发展了直线透视法与明暗对照法；其建筑特征是对古典细节进行自由与创造性的运用。

High Renaissance 盛期文艺复兴

15世纪晚期和16世纪早期意大利文艺复兴的艺术和建筑风格。其艺术特征是强调制图术和绘画中雕塑形体的视觉错觉；其建筑特征是对古典风格中整体柱式和布局安排的模仿性运用，严守维特鲁威[译注1]的建筑概念与现存遗址的先例。

duomo 大教堂

意大利语中对真正主教堂的称谓。[译注2]

**Quattrocento architecture
15世纪建筑**

15世纪的意大利文艺复兴建筑。

1400年 ···

Mudéjar architecture 穆德哈尔建筑

13—16世纪，由穆德哈尔人和基督徒根据穆斯林传统发展起来的西班牙建筑风格，其特征是罗曼式与哥特式的融合，并加入了伊斯兰元素。

Mudéjar 穆德哈尔

基督教徒收复失地运动[译注3]以后被允许留在西班牙的穆斯林人的一支，主要发生于8—13世纪期间。

Postclassic 后古典的

公元900年—1519年西班牙征服期间的中美洲文化。

Seljuk architecture 塞尔柱建筑

11—13世纪统治中亚和西亚的数个土耳其王朝的伊斯兰建筑形式，受波斯建筑影响很大。

Inca architecture 印加建筑

克丘亚人（Quechuan）的建筑形式。克丘亚人约公元1100年移居库斯科地区（Cuzco），其对秘鲁的统治直到16世纪的西班牙征服才终止。印加建筑的主要特征包括造型简单而又厚重平滑的方形或多边形砖石工程，在没有使用铁凿的情况下被极为精密地切割、打磨和拼装。

Ottoman architecture 奥斯曼建筑

14世纪以后奥斯曼帝国的伊斯兰建筑形式，受拜占庭建筑影响很大。

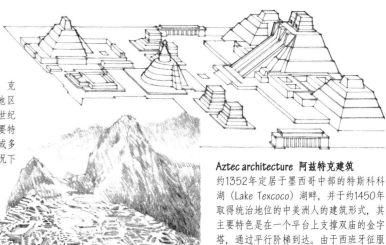

Aztec architecture 阿兹特克建筑

约1352年定居于墨西哥中部的特斯科科湖（Lake Texcoco）湖畔，并于约1450年取得统治地位的中美洲人的建筑形式，其主要特色是在一个平台上支撑双庙的金字塔，通过平行阶梯到达。由于西班牙征服者对阿兹特克建筑的破坏，现今残存的遗址所剩无几。

[译注1] 维特鲁威（Marcus Vitruvius Pollio）是公元前1世纪时古罗马的作家、建筑师和工程师，著有《建筑十书》。
[译注2] Duomo既可以是现在的主教堂，也可以是从前的主教堂。后者也位于城市之中，但是因为没有主教，因此不再称其为真正的主教堂。
[译注3] 此处收复失地运动特指欧洲基督徒对穆斯林的反征服运动。

Tudor architecture　都铎建筑
16世纪下半叶都铎王朝时期发展起来的英式建筑的过渡风格，其特征是四心拱（都铎式拱）；其中非晚期垂直风格的建筑其细部一般采用文艺复兴风格。

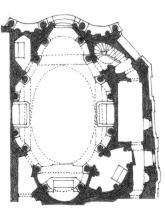

zwinger　茨温格
德国城市市区内或周边上发挥保护作用的要塞；引申为若干德国官殿或官殿一部分的名称术语，例如德累斯顿的茨温格官。

**Cinquecento architecture
16世纪建筑**
16世纪的意大利文艺复兴建筑。

Baroque architecture　巴洛克建筑
17世纪早期起源于意大利，在其后一个半世纪中流行于欧洲和新大陆的建筑风格。其特征包括对古典柱式和装饰的自由与雕塑性的运用，空间的动态对立和互相贯通以及通过建筑、雕塑、绘画和装饰艺术产生戏剧化的综合效果。

Rococo　洛可可
约1720年起源于法国，从巴洛克演化而成的装饰艺术风格，其明显特征是花俏的曲线空间形体以及精细繁复的贝壳工艺品与植物设计，用来获得精致的总体效果。

chinoiserie　中国风
主要流行于18世纪欧洲的装饰风格，其特征是复杂的图案和大量运用似是而非的所谓中国主题。

classicism　古典主义
古希腊和古罗马的文化、艺术和文学体现出来的准则或风格。

Classic Revival　古典复兴
指采用古希腊和古罗马风格的艺术与建筑，如意大利文艺复兴以及18世纪晚期到19世纪早期英国和美国的新古典主义运动。又称为：Classical Revival。

Neoclassicism　新古典主义
18世纪晚期及19世纪早期，流行于欧洲、美洲和多个欧洲殖民地的古典主义建筑形式，其特征包括引入并广泛运用希腊和罗马柱式和装饰主题，细部服从简单的、严格的几何构成，对立面进行装饰处理时多采用浅浮雕。

Colonial architecture　殖民地建筑
17世纪和18世纪美洲英属殖民地的建筑、装饰和家具风格，主要是当时流行的英式风格与当地材料与需求相适应。

Federal style　联邦风格
约1780—约1830年美国的装饰艺术和建筑潮流，其风格为古典主义复兴式。

Mughal architecture　莫卧儿建筑
莫卧儿王朝（1526—1857）时期的印度—伊斯兰建筑形式，其特征是具有高度细部装饰的大型官殿和清真寺。又称为：Mogul architecture。

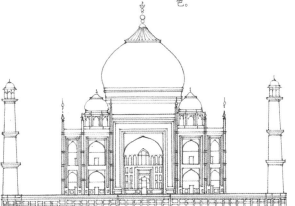

Mannerism　风格主义
16世纪晚期的欧洲，特别是意大利的建筑过渡形式，特征是对古典元素的非常规运用。在美术领域，风格主义主要表现为扭曲的透视，瘦长的形体及浓重激烈的着色。

Georgian architecture　乔治式建筑
特指1714—1811年间流行于英格兰及北美殖民地的建筑、家具和工艺品风格。该风格源自古典、文艺复兴和巴洛克形式，并根据这一时期先后四位名叫"乔治"（George）的国王而得名。

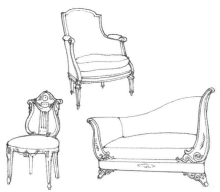

Directoire style　执政内阁时期风格
法兰西帝国之前的法国家具与装饰风格，其特征是越来越多地运用希腊—罗马式形式，并在后期引入了埃及主题；根据1795—1799年期间法国执政的5人内阁而得名。

Regency style　摄政时期风格
英国历史上在1811—1820年威尔士亲王乔治（Prince of Wales，后来的乔治四世（George IV）担任摄政王期间，建筑、家具和装饰的新古典风格。与执政内阁时期风格和帝国风格类似，其特征是大力模仿古希腊形式，有时也对古罗马、哥特式、中国与古埃及形式进行改造。

architecture parlante　说话的建筑
一个在说话的建筑：18世纪法国用这个词来形容平面或立面表达其功能的建筑。

Empire style　帝国风格
约1800—1830年法兰西第一帝国期间，流行于法国并被其他国家效仿的建筑、家具和装饰的新古典风格。其特征是模仿希腊和罗马的范例，运用精致繁复的装饰，偶尔也采用军事或埃及主题。

Gothic Revival 哥特式复兴

以复兴哥特式建筑的精神和形式为目标的运动，源于18世纪晚期，但主要兴盛于19世纪的法国、德国和英国，美国也受到部分影响。直到20世纪，哥特式仍然是教堂的主要风格。

Victorian architecture 维多利亚建筑

1837—1901年英国维多利亚女王统治时期，流行于英语系国家的建筑、装饰和家具的复兴式折中主义风格。其特征包括伴随美学争论和技术革新而急速变化的风格、反复出现的炫耀性装饰，其总体趋势是从古典主义过渡到浪漫主义和折中主义，最后又回归到古典主义。

Beaux-Arts architecture 学院派建筑

19世纪末法国美术学院青睐的建筑风格，约1900年传至美国和其他地方。其特征包括对称式平面，对建筑特色的折中使用从而获得宏大、精致，经常甚至是炫耀的效果。学院派建筑有时也被用作贬义，指忽视真实结构、先进美学理论、理性规划或经济成本的极度形式主义。

Steamboat Gothic 蒸汽船哥特式

19世纪中期俄亥俄与密西西比河谷地区民居的绮丽建筑风格，其形式类似于维多利亚时期豪华装饰的内河船。

collegiate Gothic 学院哥特式

哥特式建筑的世俗版，如剑桥和牛津的老式学院。

Carpenter Gothic 木工哥特式

19世纪的维多利亚哥特式建筑风格，艺术家结合建筑师，运用当代木工器具与机械而产生。

eclecticism 折中主义

建筑和装饰艺术的潮流，指对多种历史风格的自由混搭，目的是集成不同渊源的优点，或是增加典故性内容。折中主义主要在19世纪下半叶流行于欧洲和美国。

gingerbread 华丽派建筑

在建筑上特指浓重、俗丽而繁冗的装饰。

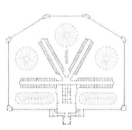

eclectic 折中

从多个历史风格派生出的建筑和装饰艺术作品。风格的选择根据是否适合当地的传统、地理或文化而加以确定。

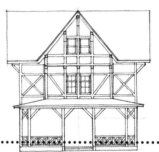

panopticon 中心辐射式全景建筑

一种从一点可以观察内部全景的建筑，如监狱、医院或图书馆。

Rationalism 理性主义

19世纪中期的设计运动，强调材料和材质的装饰性运用，并把装饰作为构造整体而不是后加入的一部分。

Stick style 史迪克风格

19世纪下半叶美国建筑的折中主义风格，其主要特征为：在水平山墙之上，使用带木板条或木格架的竖向木质山墙，从而显露出下面的框架结构。

1800年

Arts and Crafts Movement 工艺美术运动

约1860年起源于英国的运动，作为对劣质批量产品的回击，其特征是以手工制造实用性和装饰性物品，以工艺和装饰美作为最大追求。

Shingle style 板式风格

19世纪下半叶美国国内的建筑风格，其特征是在圆木框架上广泛使用木板条作为骨架外墙，通常采用不对称和流动的平面布局。

Mission Style 布道院风格

主要指18世纪在墨西哥和美国西南部的早期西班牙殖民活动时期的建筑风格。

hacienda 庄园

西班牙殖民时期，北美和南美用于农业和畜牧业的大片不动产。也用来指上述不动产中的大宅。

Richardsonian Romanesque 理查森罗马风

美国的亨利·霍布森·理查森（Henry Hobson Richardson, 1838—1886）及其追随者发展出的罗马风建筑。其特征包括厚拱门、粗琢石墙以及夸张的不对称效果。

Rundbogenstil 圆拱形风格

19世纪中期主要流行于德国的建筑风格，其特征是使用圆拱主题，并不同程度地融入早期基督教、拜占庭、罗曼式及早期文艺复兴风格。因德语的"圆拱风格"一词而得名。

Art Nouveau 新艺术派

19世纪晚期及20世纪早期的纯美术和实用美术风格潮流，其特征是采用流动的、起伏的主题，通常源于自然界的形体。

Stile Liberty 自由风格派

意大利版的新艺术派，以位于伦敦的"自由公司"[译注]而得名。

Sezession 分离派

奥地利版的新艺术派，因其拥护者从维也纳的官方艺术学院退出而得名。

Modernismo 现代风格派

西班牙，尤其是加泰罗尼亚地区版本的新艺术派。

Jugendstil 青年风格派

德语系国家力推的新艺术派，因德语的"青年风格"一词而得名。

[译注] "自由公司"（Liberty and Co.）是位于伦敦摄政街的一家奢侈品百货公司。

Bauhaus 包豪斯

1919年由沃尔特·格罗皮乌斯（Walter Gropius）创建，位于德国魏玛的一所设计学校，1926年迁往德绍，1933年因纳粹迫害而关闭。包豪斯所孕育理念的主要特征是技术、工艺和设计美学的综合以及在建筑和实用艺术上强调功能性设计。

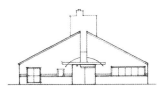

modernism 现代主义

20世纪艺术和文学发展过程中，刻意与过去的哲学和实践保持疏离，分为多个创新性的运动和风格。

de Stijl 风格派

1917年建立于荷兰的一个艺术流派，该流派倡导使用黑白和基本色彩，倡导矩形形体和非对称，用于绘画、雕塑、建筑、家具和装饰艺术的设计。"风格"一词，原本是运动参与者发行的一本杂志的名字。

International style 国际风格

20世纪20年代及30年代源于西欧和美国，后来发展到全世界的没有地区特色的功能性建筑形式。其特征包括简单的几何形体、大片没有纹理的通常为白色的外墙、大面积玻璃，通常使用纯钢或钢筋混凝土建造。

post-modernism 后现代主义

20世纪70年代发展起来的建筑和装饰艺术运动。作为对现代主义，尤其是在原则和实践上对国际风格影响的反击。后现代主义鼓励采用地方历史特色元素，经常风趣地运用视错觉、装饰物和复杂性。

cubism 立体派

20世纪早期发展起来的绘画和雕塑风格，其特征包括强调形体结构，将自然形体简化为对应的几何形状，将被表现物的各个平面解体后打乱重组。

abstract expressionism 抽象表现主义

20世纪40年代源自美国的试验性、非写实的绘画运动，倡导多种个人风格，其共同点包括对技巧的自由运用、对超大画布的偏爱以及对"无意识"进行自发表达的渴望。

brutalism 粗野主义/野兽派

20世纪50年代的建筑形式运动，强调把基本建造过程，尤其是不考虑视觉美感的现场浇筑混凝土作为审美的主题。

decorated shed 装饰外壳

一种建筑理念，其特征是采用实用主义进行设计，但是正立面采用特别设计，用以提升自身价值或是传达建筑的功能。

historicism 历史主义

借鉴历史时刻或风格的，特别是指采用了早前时代的风格原则而修建的建筑。

Organic architecture 有机建筑

20世纪早期出现的建筑设计哲学，主张建筑的结构和平面需要满足功能需要，并与周围自然环境和谐相处，形成明智而完整的整体。作品的形状或形态通常为不规则轮廓，类似于或表现出自然界的形态。

avant-garde 先锋的

任何领域，尤其是在视觉、文字或音乐艺术领域中的先进集团，其特征是采用离经叛道和试验性的手法。

Chicago School 芝加哥学派

活跃于约1880—1910年间的一批美国建筑师，以高层建筑建造中的重大创新和现代化商业大厦的设计而闻名。

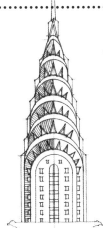

Constructivism 构成主义

1917年以后产生于莫斯科的运动，主要在雕塑领域，但也广泛用于建筑领域。结构的表达作为所有建筑设计的基础，强调功能性机械部件。

Art Deco 装饰艺术风格[译注]

源于20世纪20年代，复兴于20世纪60年代的装饰艺术流派。主要特征是：几何形主题、流线型和曲线形、清晰的轮廓，常使用醒目的色彩以及使用合成材料如塑料。该词为法语"国际装饰艺术与现代工业展"（Exposition Internationale Des Arts Décoratifs et Industriels Modernes）的缩写，此展览于1925年在法国巴黎举办。又称为：现代风格（Style Moderne）。

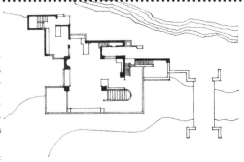

Functionalism 功能主义

20世纪早期从欧洲的前几次运动中演变而来的设计运动。提倡建筑、家具及其他设计服从于直接的功能需求；明确表达建造的过程、材料和目的性，而美感主要由比例和表面处理产生；彻底排除纯粹的装饰效果或使其处于附属地位。

high-tech 高技派风格

集合了工业、商业和学校的设备、器具、材料或其他要素，以实用主义外观为特色的工业设计风格。

deconstruction 解构

始于20世纪60年代的哲学和批判运动，特别在文学研究领域。对"语言有能力表达真实"的传统观点进行质疑，强调文字不具有稳定的可参考性，因为词汇本质上是对其他词汇的引用。因此读者在阅读一段文字的时候，必须去除抽象的推理或种族优越感假设，以积极的角色去定义"意义"，有时甚至需要求助于语源学并构造新的词汇。

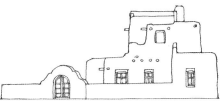

vernacular architecture 风土建筑

一种建筑形式，主要特征是采用当地特殊的历史时期、地区或民族的形体和材料，表现了最普遍的建筑技术。

[译注] 21世纪初期以来，中国部分开发商和建筑师将西方古典风格的檐口、窗套、柱式、基座等元素简化后用于立面装饰，并称之为Art Deco，这与其原本所指代的20世纪20年代的折中主义有很大不同，请读者注意辨别。装饰艺术的典型作品为纽约克莱斯勒大楼塔顶。

house 住宅
供人们居住的建筑物。

shelter 遮蔽物
人们待在下面、后面或中间，用来躲避风暴或其他恶劣天气的物体。

hut 茅屋
简单的小型住所或遮蔽物，特指用天然材料搭建而成的。

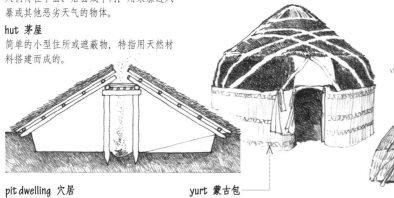

tepee 圆锥帐篷
美国印第安人的帐篷，通常以兽皮覆盖于长桩组成的圆锥形框架上，顶部有通气开口，采用翻起式大门。又称为：teepee。

wigwam 棚屋
美国印第安人的住所，通常为半圆形或半椭圆形，以木桩为骨架，覆盖以树皮、草垫或兽皮。

wetu 圆顶茅屋
北美东北部部落的临时性圆顶茅屋，以红雪松和草建造。

pit dwelling 穴居
简陋的掩蔽物，由上面遮盖的地下坑洞构成。又称为：pit house。

yurt 蒙古包
中亚的蒙古游牧民族的圆形帐篷式居所，由圆柱表面斜格状分布的墙桩和以木桩做成的锥形屋顶组成，二者均覆盖以毛毡或兽皮。

lake dwelling 湖上居所
史前时期的居所，在湖面以木桩或其他支撑物建造。

hogan 木条泥屋
纳瓦霍印第安人的居所，通常用泥土和木条建造，上面覆盖以泥巴和草皮。

sod house 草皮屋
用长条草皮以砌砖的手法搭建的房屋，主要由美洲大平原地区的居民使用，因为当地木材短缺。

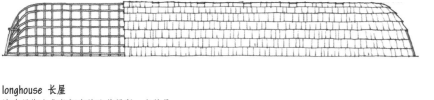

longhouse 长屋
许多早期文化都拥有的公共居所，尤其是在易洛魁人和多个其他北美印第安人群，由树皮遮盖的木质框架构成，其长度常达100英尺（30.5米）。

totem pole 图腾柱
雕刻并绘有图腾形象的桩柱，由北美西北海岸的印第安人竖立于自家门口。

totem 图腾
动物、植物或自然事物，象征着源于祖先亲属关系而连结在一起的家庭或宗族。

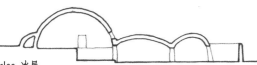

igloo 冰屋
因纽特人的房屋，常由硬雪块或冰砖搭建成穹隆形。永久房屋则使用草皮、木材或石头搭建。又称为：iglu。

plank house 板条屋
印第安人使用的以木板条建造的大型房屋，常呈长方形，有时也被因纽特人使用。

pueblo 村庄
美国西南部的普韦布洛印第安人用于居住和防御的公共居所，以土砖或石头建造，多数为梯台式多层建筑，屋子的平屋顶有开口，可通过扶梯进出。普韦布洛结构建造于沙漠地面、山谷或更容易守卫的平顶山峭壁。

mesa 方山
顶部是平地，四周部分或全部为峭壁的天然高地，通常存在于美国西南部与墨西哥的干旱和半干旱地区。

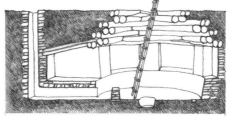

kiva 基瓦
普韦布洛印第安人村落中，大型的地下或半地下房间，用来举行宗教仪式或会议。

trullo 石顶圆屋
意大利南部阿普利亚地区（Apulia）的圆形石头遮蔽物，顶部用带支撑的干燥石块组成锥形，上面刷白并绘有图案或符号。许多石顶圆屋的屋龄已经超过1000年，到今天仍在使用，通常在葡萄酒庄内作为储藏室，或是在收获季节作为临时居住区。

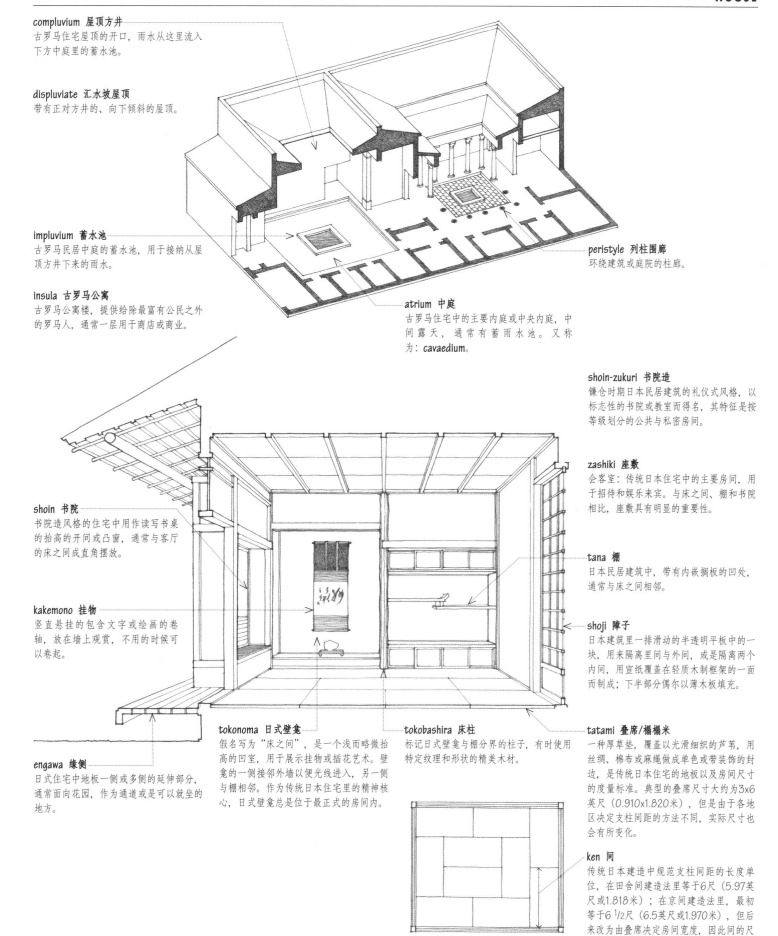

compluvium 屋顶方井
古罗马住宅屋顶的开口，雨水从这里流入下方中庭里的蓄水池。

displuviate 汇水坡屋顶
带有正对方井的、向下倾斜的屋顶。

impluvium 蓄水池
古罗马民居中庭的蓄水池，用于接纳从屋顶方井下来的雨水。

insula 古罗马公寓
古罗马公寓楼，提供给除最富有公民之外的罗马人，通常一层用于商店或商业。

peristyle 列柱围廊
环绕建筑或庭院的柱廊。

atrium 中庭
古罗马住宅中的主要内庭或中央内庭，中间露天，通常有蓄雨水池。又称为：cavaedium。

shoin-zukuri 书院造
镰仓时期日本民居建筑的礼仪式风格，以标志性的书院或教室而得名，其特征是按等级划分的公共与私密房间。

zashiki 座敷
会客室：传统日本住宅中的主要房间，用于招待和娱乐来宾。与床之间、棚和书院相比，座敷具有明显的重要性。

shoin 书院
书院造风格的住宅中用作读写书桌的抬高的开间或凸窗，通常与客厅的床之间成直角摆放。

kakemono 挂物
竖直悬挂的包含文字和绘画的卷轴，放在墙上观赏，不用的时候可以卷起。

tana 棚
日本民居建筑中，带有内嵌搁板的凹处，通常与床之间相邻。

shoji 障子
日本建筑里一排滑动的半透明平板中的一块，用来隔离里间与外间，或是隔离两个内间，用宣纸覆盖在轻质木制框架的一面而制成；下半部分偶尔以薄木板填充。

engawa 缘侧
日式住宅中地板一侧或多侧的延伸部分，通常面向花园，作为通道或是可以就坐的地方。

tokonoma 日式壁龛
假名写为"床之间"，是一个浅而略微抬高的凹室，用于展示挂物或插花艺术。壁龛的一侧接邻外墙以便光线进入，另一侧与棚相邻。作为传统日本住宅里的精神核心，日式壁龛总是位于最正式的房间内。

tokobashira 床柱
标记日式壁龛与棚分界的柱子，有时使用特定纹理和形状的精美木材。

tatami 叠席/榻榻米
一种厚草垫，覆盖以光滑细织的芦苇，用丝绸、棉布或麻绳做成单色或带装饰的封边，是传统日本住宅的地板以及房间尺寸的度量标准。典型的叠席尺寸大约为3x6英尺（0.910x1.820米），但是由于各地区决定支柱间距的方法不同，实际尺寸也会有所变化。

ken 间
传统日本建造中规范支柱间距的长度单位，在田舍间建造法里等于6尺（5.97英尺或1.818米）；在京间建造法里，最初等于6 1/2尺（6.5英尺或1.970米），但后来改为由叠席决定房间宽度，因此间的尺寸也随之而变。

detached dwelling 独立住宅
与其他住宅没有共用墙壁的住宅。

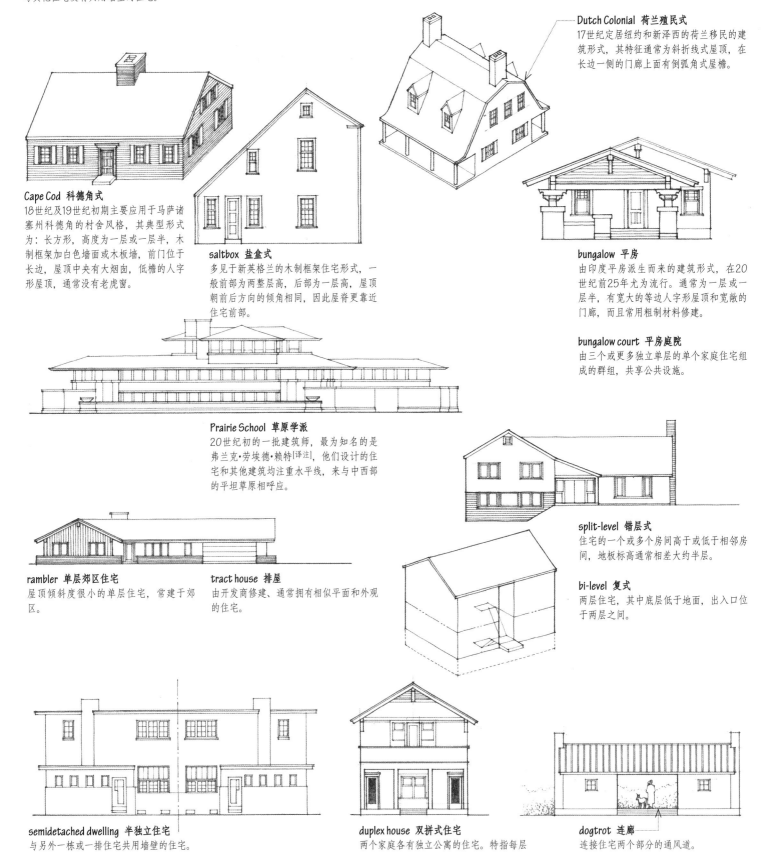

Dutch Colonial 荷兰殖民式
17世纪定居纽约和新泽西的荷兰移民的建筑形式,其特征通常为斜折线式屋顶,在长边一侧的门廊上面有倒弧角式屋檐。

Cape Cod 科德角式
18世纪及19世纪初期主要应用于马萨诸塞州科德角的村舍风格,其典型形式为:长方形,高度为一层或一层半,木制框架加白色墙面或木板墙,前门位于长边,屋顶中央有大烟囱,低檐的人字形屋顶,通常没有老虎窗。

saltbox 盐盒式
多见于新英格兰的木制框架住宅形式,一般前部为两整层高,后部为一层高,屋顶朝前后方向的倾角相同,因此屋脊更靠近住宅前部。

bungalow 平房
由印度平房派生而来的建筑形式,在20世纪前25年尤为流行。通常为一层或一层半,有宽大的等边人字形屋顶和宽敞的门廊,而且常用粗制材料修建。

bungalow court 平房庭院
由三个或更多独立单层的单个家庭住宅组成的群组,共享公共设施。

Prairie School 草原学派
20世纪初的一批建筑师,最为知名的是弗兰克·劳埃德·赖特[译注],他们设计的住宅和其他建筑均注重水平线,来与中西部的平坦草原相呼应。

split-level 错层式
住宅的一个或多个房间高于或低于相邻房间,地板标高通常相差大约半层。

bi-level 复式
两层住宅,其中底层低于地面,出入口位于两层之间。

rambler 单层郊区住宅
屋顶倾斜度很小的单层住宅,常建于郊区。

tract house 排屋
由开发商修建、通常拥有相似平面和外观的住宅。

semidetached dwelling 半独立住宅
与另外一栋或一排住宅共用墙壁的住宅。

duplex house 双拼式住宅
两个家庭各有独立公寓的住宅。特指每层有完整公寓的两层住宅,出口独立。

dogtrot 连廊
连接住宅两个部分的通风道。

triplex 三拼式
拥有三套公寓、三层楼、或是有三个剧场的多层建筑。

breezeway 通风道
开在住宅侧面的带门廊或屋顶的通道,用于连接两座建筑或一座建筑的两个部分。

[译注] 弗兰克·劳埃德·赖特(Frank Lloyd Wright),1867—1959,美国著名建筑师、建筑教育家。

condominium 分契式公寓
公寓住宅、办公楼或其他多单位复式建筑，其中每个单位为独立产权，每个产权人拥有对应于所购单位的房契（包括出售或按揭权），同时与其他产权人共同拥有公共设施，如门厅、电梯、机电与给排水系统等。

cooperative 合作式
由非营利性机构拥有和管理的建筑，通过出售股份允许股东占有建筑内的单位。又称为：co-op或合建公寓（cooperative apartment）。

townhouse 联立住宅[译注]
城市里共享侧面墙壁的一排住宅中的一座。

brownstone 褐石
正面为红褐色砂石表面的建筑，特指联立住宅。

crescent 新月形
弯曲的街道，通常有建筑风格统一的实体立面。

terrace 阶梯式
在斜坡上或靠近斜坡顶端的一排住宅或居住区街道。

terrace house 联栋住宅[译注]
坐落于阶梯形地块上的一排住宅中的一座。

cluster housing 组群住宅
一组建筑特别是彼此紧接的紧凑型住宅形成大片排屋，由此获得比单个院子更大的开阔空间，用于公共休闲。

commons 公共用地
一个社区所共有或共用的地块，通常为一个城市或城镇的中心广场或公园。

multifamily 多户式
设计用于或适合于几个或很多家庭使用。

housing unit 住房单元
作为单独生活区而占用或计划使用的一个住宅、公寓、套间或单间。

townhouse 联立住宅[译注]

mew 鸟笼式
街道边由马厩改成的小公寓。又称为：mews。

row house 联排住宅[译注]
一排住宅中的一座，与相邻住宅至少共享一堵侧墙，通常拥有相同或类似的平面布局。

penthouse 阁楼
建筑物顶层或房顶的公寓或居所，通常从外墙后退并带有露台。

duplex apartment 复式公寓
房间分布于两个相邻楼层的公寓。又称为：duplex。

flat 平层
居住的所有房间都在同一层的公寓或套间。

walk-up 无电梯的公寓
没有电梯的建筑物里地面层以上的公寓。

garden apartment 花园公寓
公寓楼里位于地面层的公寓，可以通往后院或花园。

apartment house 公寓式住宅
内有多个公寓单位的建筑。又称为：公寓大楼（apartment building）。

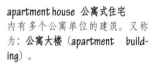

studio apartment 开间公寓
由单个多功能房间、一个厨房或小厨间以及一个卫生间组成的公寓。又称为：小套公寓（efficiency apartment）。

live-work 家庭办公的
指一个住宅单位里集成了用于专业、商业或工业活动的空间。

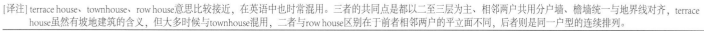

[译注] terrace house、townhouse、row house意思比较接近，在英语中也时常混用。三者的共同点是都以二至三层为主、相邻两户共用分户墙、檐墙统一与地界线对齐，terrace house虽然有坡地建筑的含义，但大多时候与townhouse混用，二者与row house区别在于前者相邻两户的平立面不同，后者则是同一户型的连续排列。

joinery 细木工
形成节点，特别是在木制品中形成节点的工艺或技能。

woodwork 木工
木匠工艺和细木工艺，通常应用于木质结构对象或构件，如楼梯、家具或线脚。

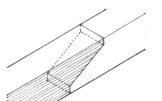
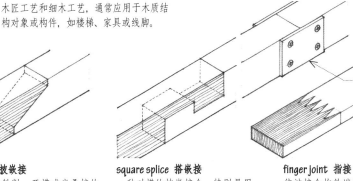
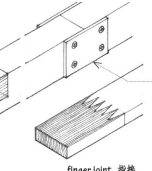

fish joint 接合板接合
用接合板对齐并加强邻接构件的延长结合。

fishplate 接合板
用螺栓固定到两个邻接构件中每个构件的金属板。

end joint 端接
将两个构件对接连接以增加其长度而形成的任何接合点。又称为：**延长接合**（lengthening joint）。

scarf joint 拔嵌接
将两个构件斜削、开槽或半叠接的端部进行搭接而形成的加长接合，并且用螺栓、夹板、销或鱼尾板紧固，使其固定以抵抗压力或拉力。

square splice 搭嵌接
一种对搭的拔嵌接合，特别是用于抗拉，每个构件具有一个较厚的及较薄的截面，较厚切面在端部。

finger joint 指接
使被接合构件端部的指状伸出部分交错而形成的延长接合。

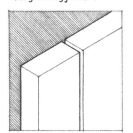
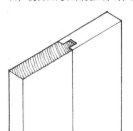

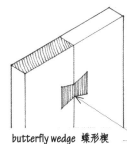

butt joint 对接接合
使两个构件的表面笔直地结合而没有任何重合搭接的部分。

flush joint 平头接合
修整为与周围表面平齐或处于同一平面的任何接合。

edge joint 边接
将两个构件边对边连接以增加其宽度而形成的任何接合。

tongue and groove 舌槽接合
把一个构件边缘上的榫舌或凸起面装入另一构件边缘相应的槽内以产生一个平接面。缩写为：T&G。

spline 塞缝片
塞入两个构件带有凹槽边缘的薄条，从而在两构件间形成对接接合。又称为：feather。

butterfly wedge 蝶形楔
把两个构件在边缘处接合起来的双燕尾状固定件。又称为：butterfly。

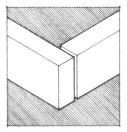
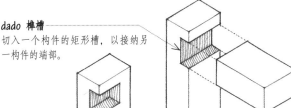
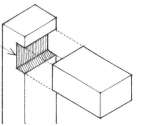
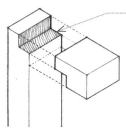
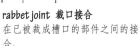

rabbet 槽口
沿着或接近构件的边切割的沟槽或切口从而使构件可装入其中。又称为：rebate。

rout 开槽
用半圆凿或机械开凿槽或孔洞。

angle joint 角接
把两个构件按一定角度连接以改变方向而形成的任何接合。

dado 榫槽
切入一个构件的矩形槽，以接纳另一构件的端部。

stopped dado 暗榫榫槽
未切割贯穿构件全宽的榫槽。

dado joint 榫接
把一个构件端部或边缘塞入另一构件中相应的开榫槽而形成的接合。又称为：**嵌接**（housed joint）。

rabbet joint 裁口接合
在已被裁成槽口的部件之间的接合。

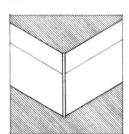
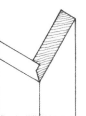
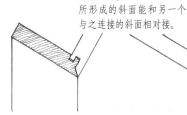

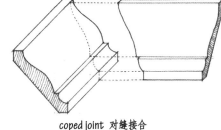

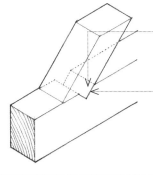

miter 斜接
所形成的斜面能和另一个与之连接的斜面相对接。

miter joint 斜接
以一定角度相交的两个构件之间的接合，把每个对接面切割成等于接头角度一半的角度以制作斜接合。

shoulder miter 削肩斜接
具有凸起面的斜接合以限制接合部件之间的移动。

tongued miter 舌槽斜接
和舌槽接头相结合的斜接合。

quirk 海棠角
把一个构件和另一构件分开的锐角或凹槽。

coped joint 对缝接合
两个线脚的接合，把其中一个的端部按照另一个的侧面轮廓雕刻而制成。又称为：scribed joint。

easement 平顺处理
在相交的两个平面之间形成平缓转换的曲线式接合，否则该接合处只能以角度相交。

eased edge 小圆棱
小圆角边。

stop chamfer 收尾倒棱
逐渐变狭并过渡为锐边的倒棱。又称为：stopped chamfer。

chamfer 倒棱
通常和相邻主表面形成或切成45°角的斜削面。

joggle 榫接合
两个相接合构件中的一个以其凸出部分装入另一构件的相应切口以防止滑动。

dap 切口
将材料切割出缺口，以容纳木材连接件或其他构件。

halved joint 对搭接
每个构件在结合部位切去一半而形成平的面并组成重叠接合。又称为：**半叠接**（half-lap joint）。

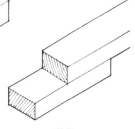

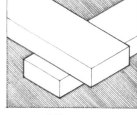

end-lap joint 端部搭接
每个构件在长度等于另一构件宽度的范围内厚度减半而形成的角接合。

cross-lap joint 十字平接
由两个交叉构件各自厚度减半形成的对搭接合。

mitered halving 斜接对搭接
一面为斜接的端部搭接。

plain lap 平搭接
通过在形状上无任何改变的两个构件重叠而形成的搭接接合。

lap joint 搭接
重叠两个构件的端部或边缘而形成的各种接合。

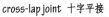

dovetail 燕尾榫
端部比根部宽的扇形榫舌。

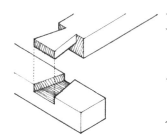

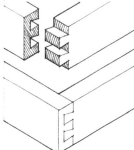

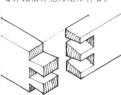

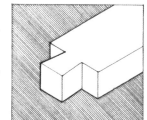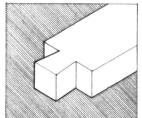

dovetail halving 燕尾榫半搭接
把一个构件端部的燕尾安入另一构件相应的榫槽中而形成的对搭接合。

secret dovetail 暗燕尾榫
仅显示出斜角缝线的角部燕尾榫接合。又称为：**斜楔榫**（miter dovetail）。

lap dovetail 搭接燕尾榫
仅在一个面可见的角接燕尾榫。又称为：**半暗接合**（half-blind joint）。

common dovetail 普通燕尾榫
在两个面都可看见的角部燕尾榫接合。

dovetail joint 燕尾榫接合
由燕尾榫牢固地插入相应榫槽而形成的接合。

blind mortise 暗榫
不完全穿透构件的榫槽。又称为：stopped mortise。

chase mortise 槽榫
具有一个倾斜狭侧面的暗榫，这样榫头可斜向地滑入其中。

open mortise 开口榫槽
三个面开口的榫槽。又称为：**滑动榫接**（slip mortise）或**狭槽榫接**（slot mortise）。

mortise 榫眼
切入部件的切口或孔洞，通常为矩形，以容纳同样尺寸的榫舌。

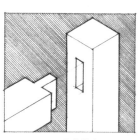

mortise joint 镶榫接合
由榫舌放入榫眼而形成的两个构件之间的各种接合的任一种。又称为：**雌雄榫**或**榫卯**（mortise-and-tenon joint）。

stub tenon 榫头
用以装入榫槽的短榫舌。

undercut tenon 斜肩榫头
肩部切成一定角度的粗短榫，从而保证它支撑在榫孔部件上。

haunched tenon 加腋榫头
端部比根部狭的榫头。

shoulder 榫肩
伸出榫舌的端面。

bevel 斜角面
与其他线或面以非垂直角度相接的线或面。

tusk 加劲凸榫
用以增强榫舌的斜榫肩。

root 榫根
在榫肩平面上的榫舌加宽部分。

gain 榫槽
切入构件的切口、开榫槽或榫眼，用来容纳其他构件。

through tenon 贯通榫舌
榫舌完全延伸穿过或超出具有相应榫槽的部件之外。

key 销
用作楔子以固定接合点或防止部件之间相对移动的小木片或金属片。

tenon 榫舌
用来插入同样尺寸榫眼中而在构件端部形成的伸出物。

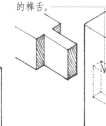

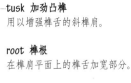

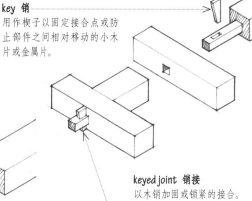

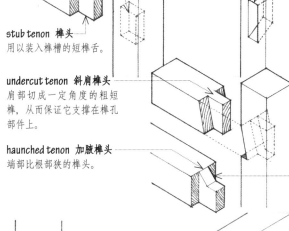

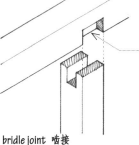

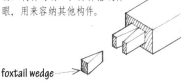

drawbore 偏心销孔
榫舌与榫槽上故意偏心钻出的孔洞，这样当把销插入孔中并锤击定位时，被结合的两个构件将紧密地连接在一起。

bridle joint 啮接
构件端部切割后形成两个平行的榫头，将此构件插入另一构件边缘所切成的榫槽内而形成的接头。

foxtail wedge 狐尾楔
当粗榫头插入凹榫时，用小楔楔入粗榫头的劈开端，来扩展劈开端从而使其牢固固定。又称为：fox wedge。

keyed joint 销接
以木销加固或锁紧的接合。

articulate 联接
借助于一个或若干接合处来联合，特别是由此展现或揭示部件如何纳入系统化的整体。

light 光
人类肉眼可感受到的电磁辐射，波长范围约370-800纳米，并以186281英里/秒（299972千米/秒）的速度传播。

nanometer 纳米
等于1米的10亿分之一的长度单位，特别用于表示可见光谱范围内及附近的光的波长。缩写为：nm。

angstrom 埃
等于1米的100亿分之一的长度单位，特别用于表示辐射波长。符号为：Å。

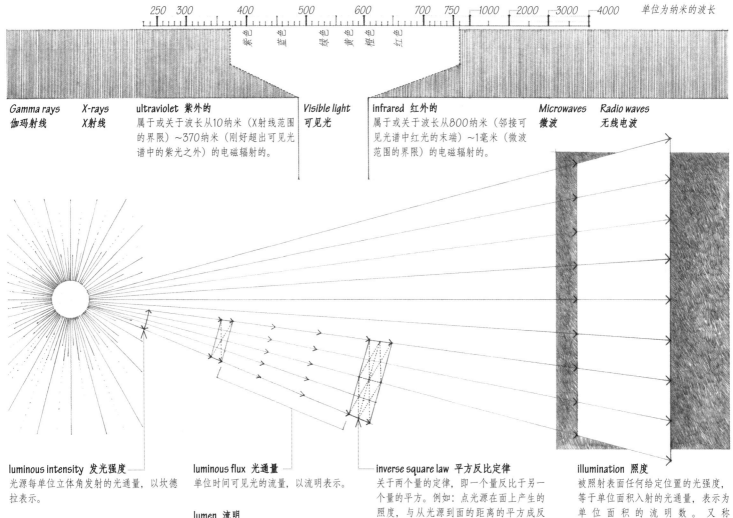

单位为纳米的波长

250 300   400   500   600   700   750   1000   2000   3000   4000

紫色 蓝色 绿色 黄色 橙色 红色

Gamma rays *X-rays* **ultraviolet 紫外的**
伽玛射线   X射线   属于或关于波长从10纳米（X射线范围的界限）~370纳米（刚好超出可见光谱中的紫光之外）的电磁辐射的。

Visible light
可见光

infrared 红外的
属于或关于波长从800纳米（邻接可见光谱中红光的末端）~1毫米（微波范围的界限）的电磁辐射的。

Microwaves *Radio waves*
微波   无线电波

luminous intensity 发光强度
光源每单位立体角发射的光通量，以坎德拉表示。

candlepower 烛光
以坎德拉表示的发光强度。

candle 烛
1948年之前使用的发光强度单位，等于标准规格蜡烛的发光强度。

candela 坎德拉
发光强度的基本国际标准单位，等于发射频率为540x10^{12}赫兹、辐射强度为每球面角度$1/683$瓦特、单色辐射光源的发光强度。又称为：标准烛光（standard candle）。缩写为：Cd。

solid angle 立体角
在一个共同点相交的三个或更多平面形成的角。

steradian 球面角度/球面度
球体中心处的立体角，其正对的球面面积等于球半径的平方。缩写为：sr。

luminous flux 光通量
单位时间可见光的流量，以流明表示。

lumen 流明
光通量的国际标准单位，等于由一个发光强度为1坎德拉的均匀点光源在1个球面角的立体角中发射的光。缩写为：lm。

cosine law 余弦定律
点光源在物体表面所产生的亮度与光线入射角的余弦成正比。又称为：朗伯定律（Lambert's law）。

inverse square law 平方反比定律
关于两个量的定律，即一个量反比于另一个量的平方。例如：点光源在面上产生的照度，与从光源到面的距离的平方成反比。

illumination 照度
被照射表面任何给定位置的光强度，等于单位面积入射的光通量，表示为单位面积的流明数。又称为：illuminance。

lux 勒克斯
照度的国际标准单位，等于每平方米1个流明。缩写为：lx。

foot-candle 英尺烛光
照度的单位，与1个坎德拉均匀点光源距离为1英尺的表面上任何地方的照度，等于每平方英尺1流明。缩写为：FC。

luminance 亮度
光源或被照射表面的明亮程度的定量度量。等于从给定方向观察的光源或被照射表面每单位投射面积的发光强度。

lambert 朗伯[译注]
明亮度或亮度的单位，等于每平方厘米0.32坎德拉。缩写为：L。

brightness 明亮度
观察者能区分不同亮度的一种感觉。

foot-lambert 英尺朗伯[译注]
明亮度或亮度的单位，等于每平方英尺0.32坎德拉。缩写为：fL。

[译注] 亮度的国际单位制单位是坎德拉/平方米，在美国称为"尼特"（nit）。朗伯、英尺朗伯是亮度在美国使用的单位，0.32是圆周率 π 的倒数取整，也就是说，1朗伯等于1/π·坎德拉每平方厘米，1英尺朗伯=1/π·坎德拉每平方英尺。1/π 在计算中经常会与球面角中的π约去，使计算简化并避免小数尾数。约翰·海因里希·朗伯（Johann Heinrich Lambert，1728—1777），瑞士博学家，对数学、光学、哲学、天文学、地图投影学均做出了重要贡献。

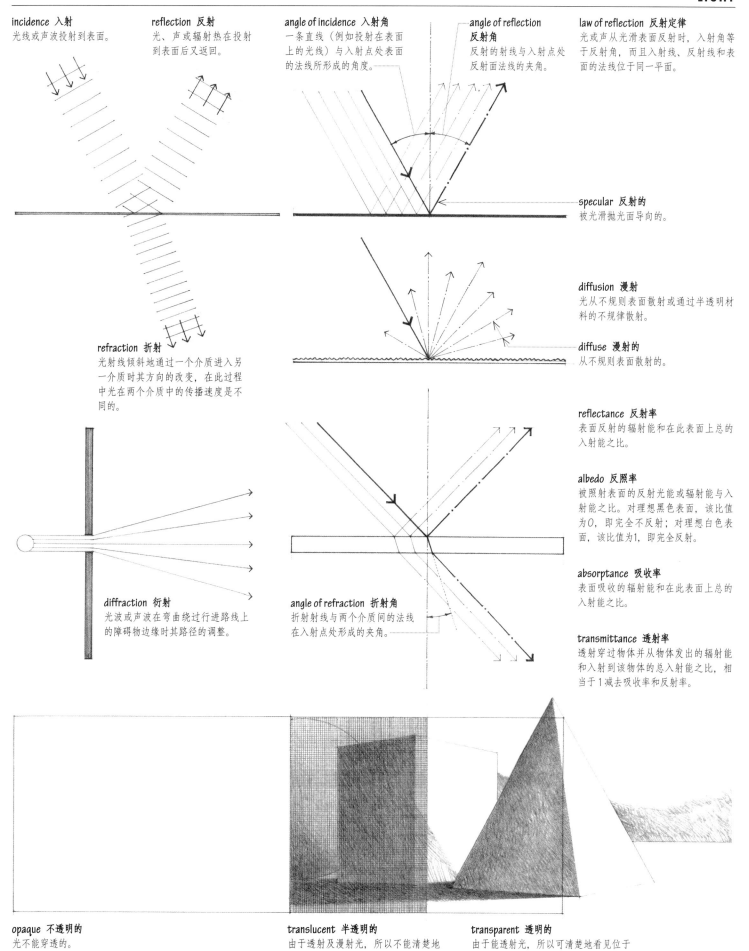

incidence 入射
光线或声波投射到表面。

reflection 反射
光、声或辐射热在投射到表面后又返回。

angle of incidence 入射角
一条直线（例如投射在表面上的光线）与入射点处表面的法线所形成的角度。

angle of reflection 反射角
反射的射线与入射点处反射面法线的夹角。

law of reflection 反射定律
光或声从光滑表面反射时，入射角等于反射角，而且入射线、反射线和表面的法线位于同一平面。

specular 反射的
被光滑抛光面导向的。

refraction 折射
光射线倾斜地通过一个介质进入另一介质时其方向的改变，在此过程中光在两个介质中的传播速度是不同的。

diffusion 漫射
光从不规则表面散射或通过半透明材料的不规律散射。

diffuse 漫射的
从不规则表面散射的。

reflectance 反射率
表面反射的辐射能和在此表面上总的入射能之比。

albedo 反照率
被照射表面的反射光能或辐射能与入射能之比。对理想黑色表面，该比值为0，即完全不反射；对理想白色表面，该比值为1，即完全反射。

absorptance 吸收率
表面吸收的辐射能和在此表面上总的入射能之比。

diffraction 衍射
光波或声波在弯曲绕过行进路线上的障碍物边缘时其路径的调整。

angle of refraction 折射角
折射射线与两个介质间的法线在入射点处形成的夹角。

transmittance 透射率
透射穿过物体并从物体发出的辐射能和入射到该物体的总入射能之比，相当于1减去吸收率和反射率。

opaque 不透明的
光不能穿透的。

translucent 半透明的
由于透射及漫射光，所以不能清楚地看见对面的物体的。

transparent 透明的
由于能透射光，所以可清楚地看见位于其外侧或后面的物体的。

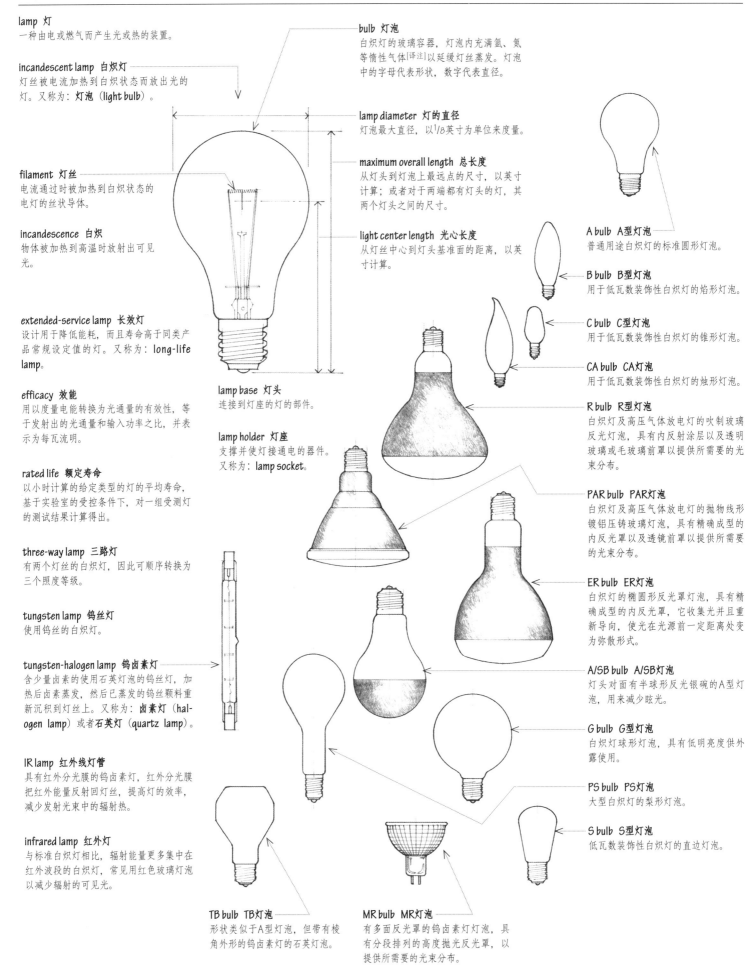

lamp 灯
一种由电或燃气而产生光或热的装置。

incandescent lamp 白炽灯
灯丝被电流加热到白炽状态而放出光的灯。又称为：灯泡（light bulb）。

filament 灯丝
电流通过时被加热到白炽状态的电灯的丝状导体。

incandescence 白炽
物体被加热到高温时放射出可见光。

extended-service lamp 长效灯
设计用于降低能耗，而且寿命高于同类产品常规设定值的灯。又称为：long-life lamp。

efficacy 效能
用以度量电能转换为光通量的有效性，等于发射出的光通量和输入功率之比，并表示为每瓦流明。

rated life 额定寿命
以小时计算的给定类型的灯的平均寿命，基于实验室的受控条件下，对一组受测灯的测试结果计算得出。

three-way lamp 三路灯
有两个灯丝的白炽灯，因此可顺序转换为三个照度等级。

tungsten lamp 钨丝灯
使用钨丝的白炽灯。

tungsten-halogen lamp 钨卤素灯
含少量卤素的使用石英灯泡的钨丝灯，加热后卤素蒸发，然后已蒸发的钨丝颗料重新沉积到灯丝上。又称为：卤素灯（halogen lamp）或者石英灯（quartz lamp）。

IR lamp 红外线灯管
具有红外分光膜的钨卤素灯，红外分光膜把红外能量反射回灯丝，提高灯的效率，减少发射光束中的辐射热。

infrared lamp 红外灯
与标准白炽灯相比，辐射能量更多集中在红外波段的白炽灯，常见用红色玻璃灯泡以减少辐射的可见光。

bulb 灯泡
白炽灯的玻璃容器，灯泡内充满氢、氮等惰性气体[译注]以延缓灯丝蒸发。灯泡中的字母代表形状，数字代表直径。

lamp diameter 灯的直径
灯泡最大直径，以1/8英寸为单位来度量。

maximum overall length 总长度
从灯头到灯泡上最远点的尺寸，以英寸计算；或者对于两端都有灯头的灯，其两个灯头之间的尺寸。

light center length 光心长度
从灯丝中心到灯头基准面的距离，以英寸计算。

lamp base 灯头
连接到灯座的灯的部件。

lamp holder 灯座
支撑并使灯接通电的器件。又称为：lamp socket。

A bulb A型灯泡
普通用途白炽灯的标准圆形灯泡。

B bulb B型灯泡
用于低瓦数装饰性白炽灯的焰形灯泡。

C bulb C型灯泡
用于低瓦数装饰性白炽灯的锥形灯泡。

CA bulb CA灯泡
用于低瓦数装饰性白炽灯的烛形灯泡。

R bulb R型灯泡
白炽灯及高压气体放电灯的吹制玻璃反光灯泡，具有内反射涂层以及透明玻璃或毛玻璃前罩以提供所需的光束分布。

PAR bulb PAR灯泡
白炽灯及高压气体放电灯的抛物线形镀铝压铸玻璃灯泡，具有精确成型的内反光罩以及透镜前罩以提供所需要的光束分布。

ER bulb ER灯泡
白炽灯的椭圆形反光罩灯泡，具有精确成型的内反光罩，它收集光并且重新导向，使光在光源前一定距离处变为弥散形式。

A/SB bulb A/SB灯泡
灯头对面有半球形反光银碗的A型灯泡，用来减少眩光。

G bulb G型灯泡
白炽灯球形灯泡，具有低明亮度供外露使用。

PS bulb PS灯泡
大型白炽灯的梨形灯泡。

S bulb S型灯泡
低瓦数装饰性白炽灯的直边灯泡。

TB bulb TB灯泡
形状类似于A型灯泡，但带有棱角外形的钨卤素灯的石英灯泡。

MR bulb MR灯泡
有多面反光罩的钨卤素灯泡，具有分段排列的高度抛光反光罩，以提供所需要的光束分布。

[译注] 氮气虽然因其化学性质稳定而广泛用于灯泡填充，但是氮气并不属于惰性气体。惰性气体在一定条件下也会发生化学反应，1991年以后改称"稀有气体"。

ballast 镇流器
保持电流以恒定值通过荧光灯或高压气体放电灯的装置，有时也用于提供所需的启动电压及电流。

starter 启辉器
和镇流器共同使用，提供启动电压来预热荧光灯的装置。

T bulb T型灯管
用于白炽灯、荧光灯及高压气体放电灯的灯管。

circline lamp 环形灯
用于圆环形灯具的面包圈形荧光灯。

U-bent lamp U形灯
用于正方形或矩形灯具的U形荧光灯。

compact fluorescent lamp 节能灯
具有单管、双管、U形管或螺旋管的增效荧光灯，带有螺旋式底座或适配器，以便安装在白炽灯灯座上。与被取代的白炽灯相比，节能灯发出的可见光量基本相同，而耗电量更低且寿命更长。缩写为：CFL。

discharge lamp 放电灯
依靠放置于充气玻璃容器中的电极间放电而发光的灯具。

fluorescent lamp 荧光灯
管状放电灯，依靠管内荧光物质涂层产生的荧光而发光。

fluorescence 荧光
由于物质暴露在外部辐射下而产生的自身辐射，尤其是可见光的辐射。

preheat lamp 预热灯
荧光灯的一种，需要单独启辉器来预热阴极灯丝，然后才会断开电路，产生启动电压。

rapid-start lamp 快速启动灯
荧光灯的一种，其镇流器有一个低压绕组用来持续加热阴极灯丝，使得灯的启动速度比预热灯大幅提高。

instant-start lamp 瞬时启动灯
荧光灯的一种，其镇流器具有高压变压器，无需预热阴极灯丝而直接产生电弧。

high-output lamp 高输出灯
设计工作电流为800毫安的快速启动荧光灯，其单位长度灯管的光通量也相应提高。

very-high-output lamp 甚高输出灯
设计工作电流为1500毫安的快速启动荧光灯，其单位长度灯管的光通量也相应提高。

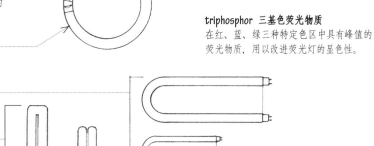

phosphor 荧光物质
被辐射激发时发光的多种物体。

triphosphor 三基色荧光物质
在红、蓝、绿三种特定色区中具有峰值的荧光物质，用以改进荧光灯的显色性。

color temperature 色温
黑体发出的具有特定光谱分布的光线温度，用于确定光源的颜色。

spectral distribution curve 光谱分布曲线
描述特定光源的各个波长辐射能的曲线。

color rendering index 显色指数
与类似色温的参照光源相比，电灯显色能力的指标。钨丝灯的工作色温为3200°K，正午的日光色温为4800°K，日间平均日光色温为7000°K，所有上述例子其显色指数均为100，被认为可以完美重现色彩。缩写为：CRI。

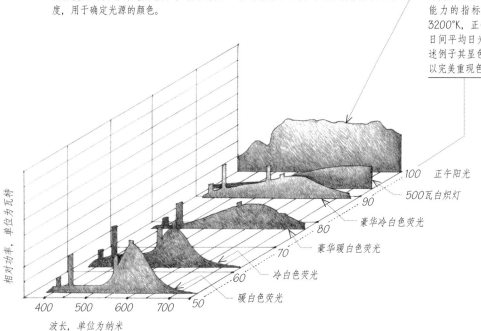

neon lamp 霓虹灯
当施加高电压通过氖充填的玻璃管中的电极时, 放出灼热光的冷阴极灯。

cold-cathode lamp 冷阴极灯
放电灯管具有不必加热就放射出电子的电极。

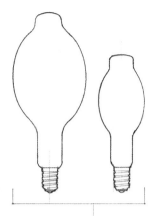

BT bulb BT灯泡
用于高压气体放电灯的凸肚管状灯泡。

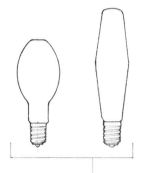

E bulb E型灯泡
用于高压气体放电灯的椭圆状灯泡。

high-intensity discharge lamp 高强度放电灯
电流通过密封玻璃壳中的金属蒸气而放电, 产生大量光线的放电灯。又称为: HID lamp。

mercury lamp 汞灯
通过在汞蒸气中放电而发光的高压气体放电灯。又称为: 汞蒸气灯 (mercury-vapor lamp)。

sodium lamp 钠光灯
通过在钠蒸气中放电而发光的高压气体放电灯。又称为: 钠蒸气灯 (sodium-vapor lamp)。

low-pressure sodium lamp 低压钠灯
产生无眩黄色光的钠灯, 特别用于道路照明。又称为: LPS lamp。

high-pressure sodium lamp 高压钠灯
比低压钠灯的光谱更宽、发金色白光的钠灯。又称为: HPS lamp。

metal halide lamp 金属卤化物灯
高压气体放电灯的一种, 结构类似于水银灯, 同时拥有添加多种金属卤化物的电弧管, 以增强光量并改善显色。

LED lighting 发光二极管照明
发光二极管灯具提供的光照, 具有多种形态, 如光带、灯泡、灯管及固定照明。

light emitting diode 发光二极管
由两种材料构成的半导体装置, 其中一种带冗余正电荷, 另外一种带冗余负电荷, 两种材料被连接并施加正向电压时释放光能。缩写为: LED。

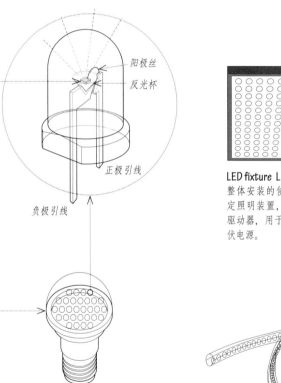

阳极丝
反光杯
正极引线
负极引线

LED lamp LED灯
使用发光二极管 (LED) 作为光源的固态低压电灯。LED灯功耗低、寿命长、尺寸小、耐用可靠, 但是由于流明输出相对较低且显色指数低, LED灯需要用适宜的外壳包装为群组或集群, 才能获得与节能灯和白炽灯相同的白光。不同形态的LED灯可以用来取代白炽灯、卤素灯和荧光灯。

LED bulb LED灯泡
根据设计, LED灯泡可以在现有照明设备中与白炽灯和卤素灯互换。LED灯泡由一组或一群大功率发光二极管组成, 外壳为标准灯泡形状, 配有适合普通灯座的灯头。大功率发光二极管产生的热量需要使用散热器和散热片进行消除。

LED driver LED驱动器
设计用于为LED灯在一个负载电压区间提供稳定电流的电源。有些LED驱动器同时也提供热保护、直流电压以及通过脉宽调制 (PWM, pulse width modulation) 电路提供调光功能。

LED fixture LED灯具
整体安装的使用LED灯的固定照明装置, 配有小型LED驱动器, 用于连接110~240伏电源。

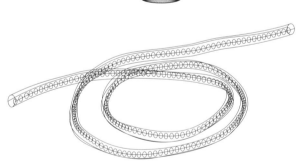

LED strip LED灯带
柔性或刚性的长条模块, 表面装有不明显的发光二极管, 用于侧光照明、显示器照明和灯槽照明。

LED tube LED灯管
设计用于替代传统T8/T10/T12型荧光灯的LED灯。

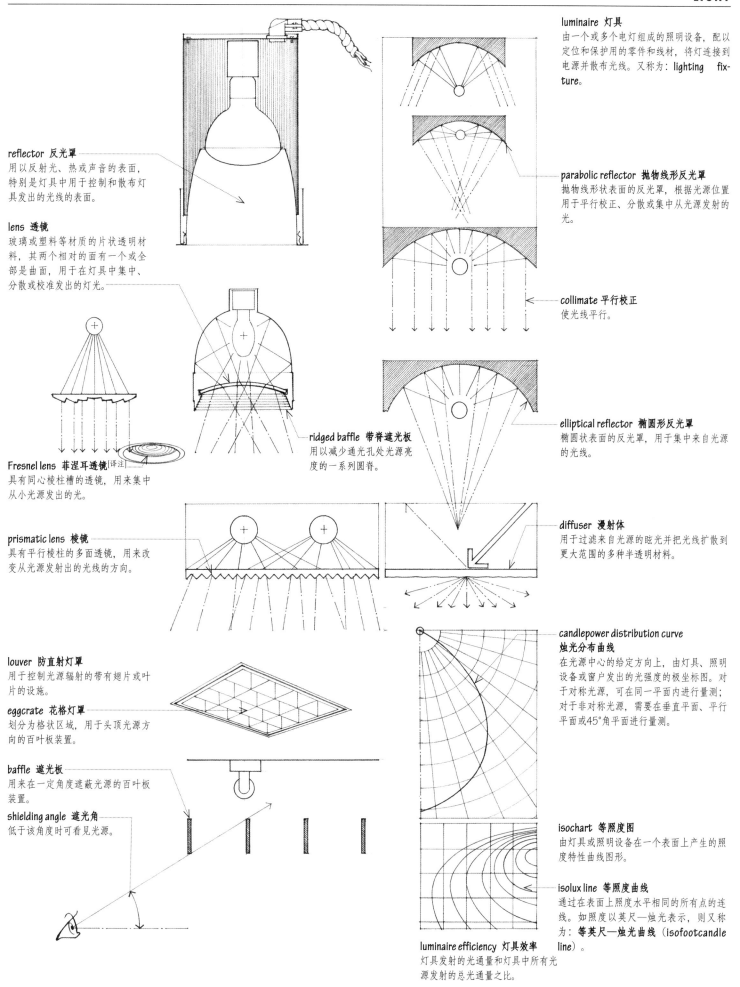

reflector 反光罩
用以反射光、热或声音的表面，特别是灯具中用于控制和散布灯具发出的光线的表面。

lens 透镜
玻璃或塑料等材质的片状透明材料，其两个相对的面有一个或全部是曲面，用于在灯具中集中、分散或校准发出的灯光。

Fresnel lens 菲涅耳透镜[译注]
具有同心棱柱槽的透镜，用来集中从小光源发出的光。

prismatic lens 棱镜
具有平行棱柱的多面透镜，用来改变从光源发射出的光线的方向。

louver 防直射灯罩
用于控制光源辐射的带有翅片或叶片的设施。

eggcrate 花格灯罩
划分为格状区域，用于头顶光源方向的百叶板装置。

baffle 遮光板
用来在一定角度遮蔽光源的百叶板装置。

shielding angle 遮光角
低于该角度时可看见光源。

luminaire 灯具
由一个或多个电灯组成的照明设备，配以定位和保护用的零件和线材，将灯连接到电源并散布光线。又称为：lighting fixture。

parabolic reflector 抛物线形反光罩
抛物线形状表面的反光罩，根据光源位置用于平行校正、分散或集中从光源发射的光。

collimate 平行校正
使光线平行。

elliptical reflector 椭圆形反光罩
椭圆状表面的反光罩，用于集中来自光源的光线。

diffuser 漫射体
用于过滤来自光源的眩光并把光线扩散到更大范围的多种半透明材料。

candlepower distribution curve 烛光分布曲线
在光源中心的给定方向上，由灯具、照明设备或窗户发出的光强度的极坐标图。对于对称光源，可在同一平面内进行量测；对于非对称光源，需要在垂直平面、平行平面或45°角平面进行量测。

ridged baffle 带脊遮光板
用以减少通光孔处光源亮度的一系列圆脊。

isochart 等照度图
由灯具或照明设备在一个表面上产生的照度特性曲线图形。

isolux line 等照度曲线
通过在表面上照度水平相同的所有点的连线。如照度以英尺—烛光表示，则又称为：等英尺—烛光曲线（isofootcandle line）。

luminaire efficiency 灯具效率
灯具发射的光通量和灯具中所有光源发射的总光通量之比。

[译注] 奥古斯丁—让·菲涅耳（Augustin-Jean Fresnel，1788—1827），法国工程师与物理学家。

wall washer 洗墙灯
安装在靠近墙面的顶棚嵌灯，装有反光罩、遮光板或透镜以照亮墙面。

floodlight 泛光照明
设计用于大面积的投射或漫射而且照度较为均匀的灯。又称为：**泛光灯**（flood 或 flood lamp）。

downlight 顶棚筒灯
由嵌入或安装在顶棚上的金属圆柱体中的灯组成的照明设备，从而使光束向下投射。

point source 点光源
光源的最大尺寸小于从光源到被照射面的距离的五分之一。

spotlight 聚光灯
用于投射集中的强光束于一个物体或区域的灯。又称为：**spot**。

spill 漏光
多余的或无用的光线，例如从聚光灯或其他集中光源投射出的多余光线。又称为：**spill light**。

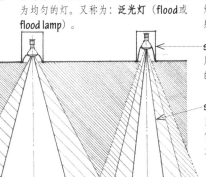

track lighting 活动式投射灯
一种可调节式聚光灯的照明方式，安装在沿顶棚或墙面的窄金属导轨上，电流从导轨上流通。

cove lighting 隐蔽照明
一种间接照明方式，从顶棚边缘的室内灯槽中向上方发光。

light strip 光带
具有1~10瓦低压外露光源的刚性或柔性灯带。又称为：**light tape**。

linear source 线光源
一个方向的尺度明显大于另一方向的光源，如荧光灯。

valance lighting
窗帘顶部泛光照明
一种间接照明方式，从被水平板或水平带遮蔽的光源向上方或下方发光。

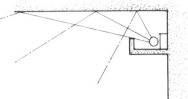

troffer 暗灯槽
具有槽状反射器的照明设备，反射器内有一个或多个荧光灯。

cornice lighting 檐板照明
一种间接照明方式，从顶棚边缘的室内灯槽中向下发光。

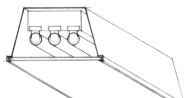

droplight 吊灯
从顶棚或墙上由柔性索悬挂、可以升高或降低的照明设备。

pendant 吊灯
从顶棚向下悬挂的照明设备。

area source 面光源
两个方向都有大尺度的光源，例如大窗或发光顶棚。

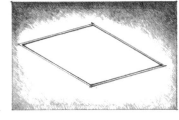

bridge lamp 折臂落地灯
落地灯的一种，其光源位于一个铰接的水平可调悬臂上。

gooseneck lamp 鹅颈灯
具有类似鹅颈的柔性杆的台灯。

torchiere 朝天灯
落地灯的一种，光源位于反射碗内，向上方发光。又称为：**火把灯**（torchère 或 torchier）。

chandelier 枝形吊灯
从顶棚向下悬挂的装饰性照明设备，通常有用于支撑多个灯的分支。

sconce 壁上烛台
用于蜡烛或其他照明设备的装饰性墙上托架。

lighting 照明
使用电灯提供照度的科学、理论或方法。

general lighting 一般照明
为了在整个区域内提供均匀水平照度的照明方式。

local lighting 局部照明
设计用于为小范围提供较高照度的照明方式，周围区域由于漏光而获得低光强度。

accent lighting 重点照明
引起对视觉范围内特定物体或形象的关注，或是在表面上形成装饰图案的照明方式。

highlight 高光
通过用强光照明来强调。

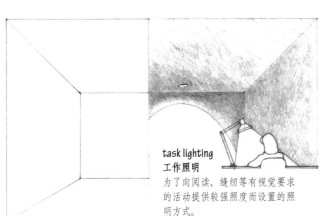

task lighting 工作照明
为了向阅读、缝纫等有视觉要求的活动提供较强照度而设置的照明方式。

backlight 背光
从背后对某事物进行照明，以增加视野深度或将对象与其背景分开。

sidelight 侧光
从侧面来的或产生的光。

soft light 散射光
在物体上产生低对比度而且阴影边界模糊的漫射光。

hard light 强光
在物体上产生高对比度而且阴影清晰的直接采光。

direct lighting 直接照明
照明设备把所发射出的光向下分配90%～100%至被照明区域或范围的照明方式。

glare 眩光
由视觉范围内显著超出人眼已适应的亮度所引发的厌烦、不适或失明等感觉。

adaptation 适应
瞳孔对进入人眼的光通量进行调节，进而改变人眼感光器对光线的敏感度。

visual comfort probability 视觉舒适概率
照明系统不会产生直接眩光的可能性评估，表示为当人们坐在最差的可视位置时，有百分之多少的人会感觉视觉舒适。

blinding glare 失明眩光
过强的眩光，在其移除后的相当长时间内失去能见度。

disability glare 失能眩光
降低能见度或影响视力的眩光，常伴随有不适感。

discomfort glare 不适眩光
产生不适感，但并不一定会妨碍能见度或视力。

semidirect lighting 半直接照明
照明设备把所发射出的光向下分配60%～90%至被照明区域或范围的照明方式。

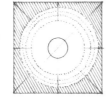

general diffuse lighting 一般漫射照明
照明设备向上或向下发射的光分布大致相等的照明方式。

direct-indirect lighting 漫射光照明
照明设备平面上几乎没有光的一般漫射照明。

brightness ratio 亮度比
物体的亮度与其背景的亮度之比。又称为：**对比度（contrast ratio）**。

semi-indirect lighting 半间接照明
照明设备将所发射的光向上分配60%～90%的照明方式。

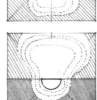

indirect lighting 间接照明
照明设备将所发射的光向上分配90%～100%的照明方式，特别是为了避免眩光或阴影。

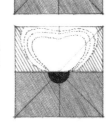

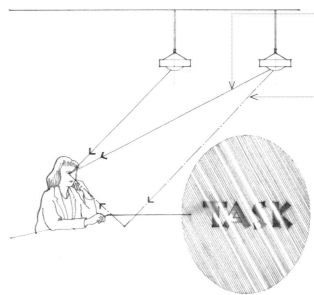

direct glare 直接眩光
由于视觉范围内的高亮度比或者未充分遮蔽的光源而引起的眩光。

reflected glare 反射眩光
由于在视觉范围内光源的镜面反射而引起的眩光。又称为：**indirect glare**。

veiling reflectance 光幕反射
工作面上的反射眩光，会降低为看清细节所必需的对比度。

beam spread 光束角
光束以某个角度与烛光分布曲线相交，交点处的发光强度等于最大基准强度的规定百分比。

spacing criteria 间距标准
为了使表面或区域均匀采光，根据灯具安装高度来确定照明设备安装间距的公式。

point method 点法
根据平方反比定律及余弦定律，计算一个点光源以任意角度在一个面上产生照度的方法。

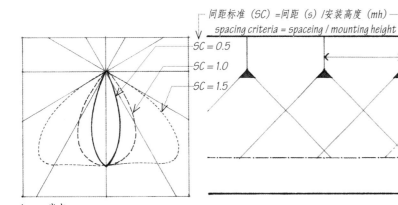

间距标准（SC）=间距（s）/安装高度（mh）
spacing criteria = spacing / mounting height

SC = 0.5
SC = 1.0
SC = 1.5

beam 光束
一组近乎平行的光线。

throw 照明距离
光束有效长度。

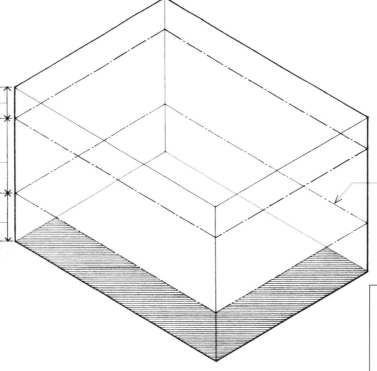

ceiling cavity 吊顶空间
由顶棚平面、悬吊照明设备平面以及这两个平面间的墙面所形成的空间。

room cavity 房间空间
由照明设备平面、工作平面以及这两个平面间的墙面所形成的空间。

floor cavity 地板空间
由工作平面、地板平面以及这两个平面之间的墙面所形成的空间。

lumen method 流明法
为了给工作面提供均匀照度，计算所需的灯具、照明设备或窗户数量的方法，其中需要考虑到直接光通量和反射光通量。又称为：*zonal cavity method*。

work plane 工作面
进行工作以及用于规定和测量照度等级的水平面，通常为高于地板30英寸（762毫米）。

room cavity ratio 房间空间比
由房间空间尺度得出的数字，用于确定照明效率。

light loss factor 光损失系数
用于计算在给定时间内及给定条件下，一个照明系统所提供的有效照度的若干系数中的任意一个。过去称为**维护系数**（maintenance factor）。

lamp lumen depreciation 灯流明数损耗
表示在灯使用寿命期间其光输出降低的光损失系数，表示为初始灯流明数的百分比。

luminaire dirt depreciation 灯具灰尘损耗
表示由于在灯具表面的灰尘积聚而导致的光通量输出降低的光损失系数，表示为当灯具全新或清洁时的光通量的百分比。

coefficient of utilization 照明效率（CU）
到达特定工作面的光通量与照明设备输出的总流明值之比，其中需要考虑到房间尺寸及房间中表面的反射。

recoverable light loss factor 可恢复光损失系数（RLLF）
可通过更换灯具或加以维护来恢复的光损失系数，例如以下因素导致的光损失：更换灯具流明损耗、照明设备灰尘损耗以及房间表面灰尘损耗。

room surface dirt depreciation 房间表面灰尘损耗
表示由于房间表面灰尘积累而导致的反射光降低的光损失系数，表示为当墙面清洁时的反射光的百分比。

$$平均维持照度 = \frac{初始灯流明数 \times 照明效率 \times 可恢复光损失系数 \times 不可恢复光损失系数}{工作面积}$$

初始灯流明数 = 每个灯的流明数 × 每个照明设备的灯数

nonrecoverable light loss factor 不可恢复光损失系数（NRLLF）
若干永久性光损失因素中的任意一种，需要考虑到温度、电压下降或波动、镇流器偏差及隔墙高度等的影响。

daylighting 自然采光
通过使用日光以提供照明的科学、理论或方法。

daylight 采光
通过直接或间接方式为内部空间提供日光。

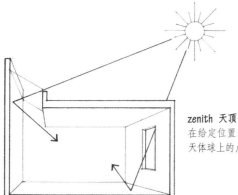

counterlight 逆光
源自于相互面对光源的光，例如从相对墙面上的窗户获得的光。

crosslight 侧光
源自于不是相互面对光源的光，例如从相邻墙面上的窗户获得的光。

skylight 天空光
被大气分子反射及漫射的来自天空的光。

sunlight 阳光
太阳的直接光。

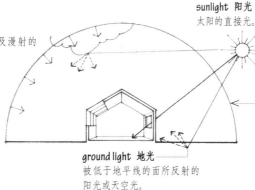

ground light 地光
被低于地平线的面所反射的阳光或天空光。

zenith 天顶
在给定位置或观察者垂直正上方的天体球上的点。

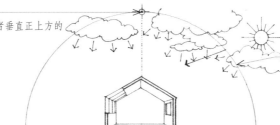

clear sky 晴空
天空云量少于30%并且日面未被遮挡。此外，CIE（国际照明委员会）标准规定的基准晴天为太阳近处亮度最高，而与太阳成90°角处亮度最低。

cloudy sky 多云天空
云量为30%~70%并且日面被遮挡的天空。

overcast sky 阴天
云量为100%的天空。此外CIE（国际照明委员会）标准规定的基准阴天为在接近天顶处亮度分布比地平面处亮3倍。

CIE 国际照明委员会
Commission Internationale de l'Eclairage，该组织是制定与照明的技术、科学和工艺相关的定义、标准和方法的国际专门委员会。

IES 照明工程学会
Illuminating Engineering Society，该组织是北美的专业学会，致力于开发并传播与照明的艺术、技术和科学相关的标准及方法。

artificial sky 人造天空
由隐蔽光源提供照明的半球形穹顶或类似外壳，可以模拟晴空或阴天的亮度分布，用于研究及试验放置在接近其中心的建筑模型的自然采光技术。

heliodon 日影仪
一种装置，用来将建筑模型对准代表太阳的光源，并根据纬度、时间和季节进行校准，用于自然采光技术以及太阳投影的研究。

daylight factor method 采光系数法
根据采光系数计算自然采光系统性能的方法。

sky component 天空光分量
日照系数的分量，等于在给定平面上的一个点从假定或已知亮度分布的天空直接获得的日光照度，与该天空无遮挡半球下地平面的同期测量照度之比。

daylight factor 采光系数
对日光照度的量测，表示为在给定平面上的一个点的日光照度，与假定或已知亮度分布的无遮挡天空下地平面的同期测量照度之比。

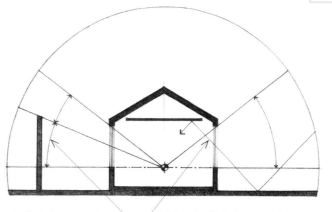

external reflected component 外部反射分量
日照系数的分量，等于在给定平面上的一个点从外反射面直接获得的日光照度，与假定（或已知）亮度分布的无遮挡天空下地平面的同期测量照度之比。

internal reflected component 内部反射分量
日照系数的分量，等于给定平面上的一个点从内反射面直接（或间接）获得的日光照度，与假定（或已知）亮度分布的无遮挡天空下地平面的同期测量照度之比。

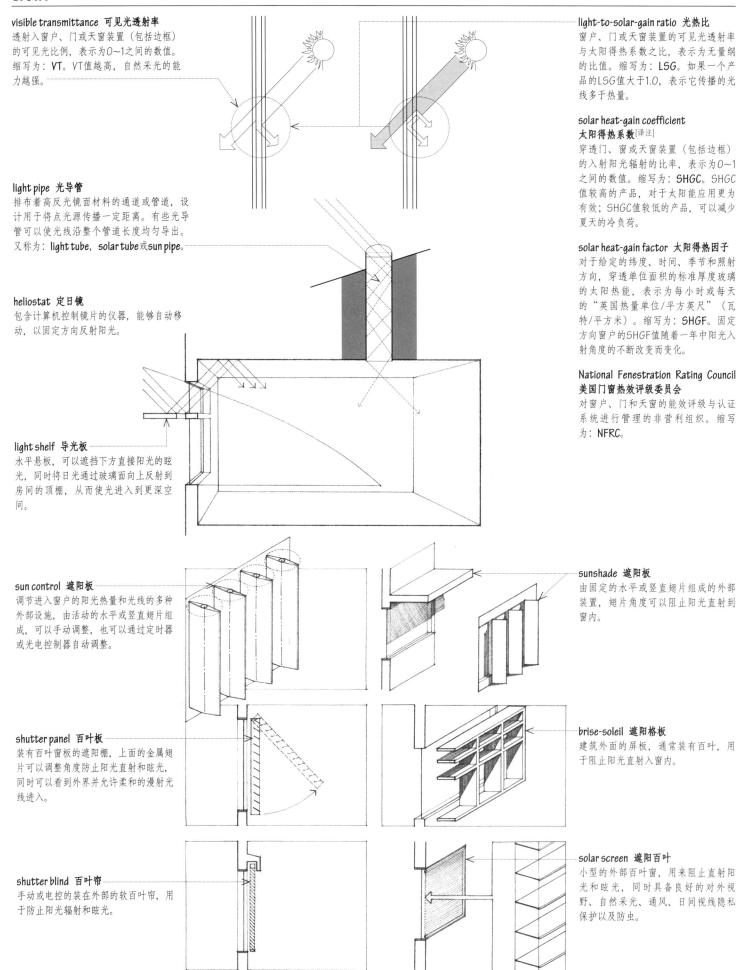

visible transmittance 可见光透射率
透射入窗户、门或天窗装置（包括边框）
的可见光比例，表示为0~1之间的数值。
缩写为：VT。VT值越高，自然采光的能
力越强。

light pipe 光导管
排布着高反光镜面材料的通道或管道，设
计用于将点光源传播一定距离。有些光导
管可以使光线沿整个管道长度均匀导出。
又称为：light tube，solar tube或sun pipe。

heliostat 定日镜
包含计算机控制镜片的仪器，能够自动移
动，以固定方向反射阳光。

light shelf 导光板
水平悬板，可以遮挡下方直接阳光的眩
光，同时将日光通过玻璃面向上反射到
房间的顶棚，从而使光进入到更深空
间。

sun control 遮阳板
调节进入窗户的阳光热量和光线的多种
外部设施，由活动的水平或竖直翅片组
成，可以手动调整，也可以通过定时器
或光电控制器自动调整。

shutter panel 百叶板
装有百叶板的遮阳棚，上面的金属翅
片可以调整角度防止阳光直射和眩光，
同时可以看到外界并允许柔和的漫射光
线进入。

shutter blind 百叶帘
手动或电控的装在外部的软百叶帘，用
于防止阳光辐射和眩光。

light-to-solar-gain ratio 光热比
窗户、门或天窗装置的可见光透射率
与太阳得热系数之比，表示为无量纲
的比值。缩写为：LSG。如果一个产
品的LSG值大于1.0，表示它传播的光
线多于热量。

solar heat-gain coefficient
太阳得热系数[译注]
穿透门、窗或天窗装置（包括边框）
的入射阳光辐射的比率，表示为0~1
之间的数值。缩写为：SHGC。SHGC
值较高的产品，对于太阳能应用更为
有效；SHGC值较低的产品，可以减少
夏天的冷负荷。

solar heat-gain factor 太阳得热因子
对于给定的纬度、时间、季节和照射
方向，穿透单位面积的标准厚度玻璃
的太阳热能，表示为每小时或每天
的"英国热量单位/平方英尺"（瓦
特/平方米）。缩写为：SHGF。固定
方向窗户的SHGF值随着一年中阳光入
射角度的不断改变而变化。

National Fenestration Rating Council
美国门窗热效评级委员会
对窗户、门和天窗的能效评级与认证
系统进行管理的非营利组织。缩写
为：NFRC。

sunshade 遮阳板
由固定的水平或竖直翅片组成的外部
装置，翅片角度可以阻止阳光直射到
窗内。

brise-soleil 遮阳格板
建筑外面的屏板，通常装有百叶，用
于阻止阳光直射入窗内。

solar screen 遮阳百叶
小型的外部百叶窗，用来阻止直射阳
光和眩光，同时具备良好的对外视
野、自然采光、通风、日间视线隐私
保护以及防虫。

[译注] 随着对建筑节能课题的深入研究，科研、设计与产业界已经取得共识，遮阳系数（shading coefficient）不能准确反映建筑门窗幕墙的能耗负担。在北美与中国，对于门窗
幕墙的太阳得热系数作出限制已经成为趋势。欧洲则使用类似的G值（G value），又称为："门窗太阳因子"（window solar factors）、"太阳因子"（solar factors）或
"总能量透射"（total energy transmitted或TET）。

concentrated load 集中荷载
作用于支撑结构构件上很小范围或特定点上的荷载。

distributed load 分布荷载
遍布支撑结构构件全长或全面积的荷载。

uniformly distributed load 均布荷载
大小均匀的分布荷载。

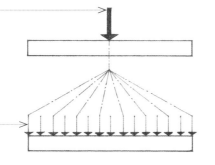

load 荷载
结构所承受的任何力。

static load 静载
缓慢施加于结构的荷载，在其达到峰值的过程中没有大小或位置的快速波动。在静载作用下，结构反应缓慢；而当静力最大时，结构变形达到峰值。

occupancy load 居住荷载
在建筑物中由于人、家具、存放的材料以及其他类似物品的重量所产生的作用于结构上的活荷载。建筑规范中规定了各种用途及居住条件下的最小活荷载值。

snow load 雪荷载
由于屋顶积雪重量所产生的活荷载。雪荷载随地理位置、场地外露等级、风的状况以及屋顶几何形状而变化。

water load 水荷载
由于屋顶的形状、挠曲或屋顶排水系统堵塞而可能产生的屋顶积水的活荷载。

live load 活载
由于居住、积雪和积水，或移动设备所产生的作用于结构上的任何移动或可移动荷载。活载一般是垂直向下作用的，但也能水平地作用，这反映了移动荷载的动态性质。

dead load 恒荷载/永久荷载
垂直向下作用于结构的静载，包括结构自重、建筑物部件、设备及永久固定到建筑物上装置的重量。

water pressure 水压力
施加于基础体系的地下水面的上举力。

earth pressure 土压力
施加于垂直挡土结构的土体的水平力。

settlement load 沉降荷载
施加于结构的荷载，由持力土层的局部下沉及其所导致的结构物基础的不均匀沉降而引起。

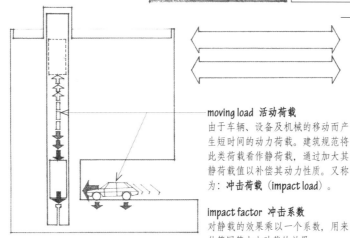

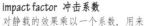

equivalent load 等效荷载
建筑规范中规定的用以取代实际荷载的荷载。该荷载是根据给定建筑物类型的统计数据而得到的。为了安全，等效荷载通常是数倍于会造成结构破坏或不可接受形变的荷载。

load combination 荷载组合
假设恒荷载和两种（或两种以上）的活荷载同时出现在结构上，此时可合理地认为其组合效应小于它们分别作用时效应的总和。

1.00（恒荷载＋活荷载＋雪荷载）
0.75（恒荷载＋活荷载＋雪荷载
　　　＋风荷载或地震荷载）

load reduction 荷载折减
基于并非所有活荷载同时以其全值作用于结构上这一假设，建筑规范允许对于某种荷载组合的设计荷载进行折减。在考虑了所有可能的荷载组合后，对结构进行设计使其承受最严峻的但也是实际的荷载分布、集中及组合。

moving load 活动荷载
由于车辆、设备及机械的移动而产生短时间的动力荷载。建筑规范将此类荷载看作静荷载，通过加大其静荷载值以补偿其动力性质。又称为：冲击荷载（impact load）。

impact factor 冲击系数
对静载的效果乘以一个系数，用来估算同等大小动载的效果。

erection stress 安装应力
在安装过程中由于所施加的荷载而引起的建筑物单元或部件中的应力。

erection bracing 安装支撑
在建筑物的单元或部件永久性固定定位前，为了使其安全可靠所需的临时支撑。

dynamic load 动载
突然施加于结构并常常在大小和位置方面迅速变化的荷载。在动载作用下，结构产生与其质量有关的惯性力，并且结构的最大变形不一定和作用力的最大值相对应。

construction load 施工荷载
在安装过程中作用于结构上的临时荷载。例如由于风力或施工机械及堆放材料的重量而产生的荷载。

lateral load 侧向荷载
水平地作用于结构之上的荷载，例如风荷载或地震荷载。

earthquake load 地震荷载
由于地震而施加于结构的力。

earthquake 地震
由于板块沿断层线的突然移动而在地壳中产生的纵向或横向的震动。地震的震动以波的形式沿地球表面传播，并随着与震源的距离按对数特性衰减。

epicenter 震中
位于震源正上方地面上的点，地震波看起来是从该点发出的。

hypocenter 震源
地震起源的点。又称为：focus。

fault 断层
伴随着破裂面错位的地壳断裂。

plate 板块
划分地壳的巨型可移动部分。

seismic 地震的
与地震或地的震动有关的，或由其所造成的。

seismic force 地震力
由于地震的地面震动运动所引起的任意一种力。虽然这些运动在性质上是三维的，但它们的水平分力被认为对结构设计最为重要，因为承受垂直荷载的结构构件通常对于抵抗额外垂直荷载有相当大的储备。地震动的力使结构产生按时间变化的反应。对地震动的反应取决于：
- 地震动的大小、持续时间和谐波含量；
- 结构的尺度、排列布局和刚度；
- 结构持力土层的类型和性质。

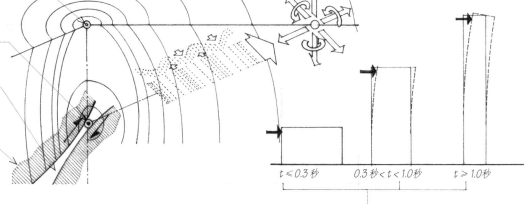

t ≤ 0.3 秒　　0.3 秒 < t < 1.0 秒　　t ≥ 1.0 秒

vibration 振动
当弹性体或弹性介质受迫离开平衡位置或平衡状态时，它的往复振荡运动或其他周期性运动。

periodic motion 周期性运动
以相等的时间间隔重复出现同一形式的任何运动。

harmonic motion 和谐运动
由对称于平衡范围的一个或更多振动运动所组成的周期性运动，例如琴弦的振动。

period 周期
完成波或振荡的一个全循环所需的时间。

natural period of vibration 自振周期
承受振动力的物体在所考虑的方向完成一次振荡所需的时间。结构的固有振动周期随其在基底以上的高度以及平行于施力方向的尺寸而变化。较刚性的结构会快速振荡而有较短的振动周期，较柔性的结构会慢速振荡而有较长的振动周期。又称为：**基本振动周期**（fundamental period of vibration）。

frequency 频率
单位时间内发生的周期数，与周期成反比，通常以"循环/秒"为单位。

drift 侧移
由于风、地震或偏心垂直荷载而造成的结构侧向变形或移动。

抵抗地面加速度的惯性力

质量中心

总恒重

amplitude 振幅
在一个振动周期内振动物体离开平均位置的最大位移。

oscillation 振荡
摆动的物体从一个极限位置到另一个极限位置的一次摆动。

oscillate 摆动
像钟摆一样在交替的极限之间往复运动。

resonance 共振
由于较小振动所具有的周期和整个体系的自振周期相同或接近，从而在体系中产生反常的巨大振动。当结构的自振频率与地震的振动频率一致时，就会发生破坏性共振。

ground acceleration 地面加速度
地面运动速度相对于时间的变化率，地面加速度越大对于结构的危害也越大，在地震时结构必须尽力跟随地面运动的快速变化。

damping 阻尼
对能量进行吸收或消除，从而逐步减弱一个振动结构的连续振荡或振动波。

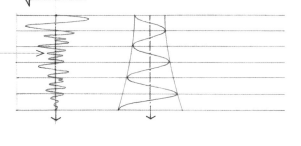

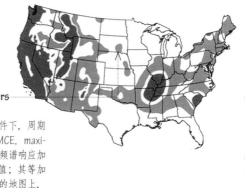

seismic analysis 地震分析

得出预期或设计地震力施加于结构上的地震力，确定能够经受侧向力和垂直力、具有足够的强度、刚度与能量耗散能力的抗侧向力和抗垂直力系统的过程。

modal analysis 振型分解

为计算有多种自由度的复杂结构对于地震动的反应所做的动态分析，以确定在哪些周期会形成固有共振。振型分解的步骤包括：选择合适的地震动反应谱；针对多个单一自由度振荡器的最大反应进行建模，每个模型代表了实际结构的特定振型；将足够多的振型（对应的质量不低于结构整体质量的90%）的反应进行组合；将结果按比例放大，得到等效的外部力、底部剪力和层剪力。

mapped acceleration parameters 美国地震动参数图

B类建筑场地上在5%的阻尼条件下，周期为0.2秒和1.0秒的最大震级（MCE, maximum considered earthquake）频谱响应加速度，表示为重力加速度或g值；其等加速度线绘制于美国地质调查局的地图上，包括美国大陆、阿拉斯加、夏威夷、波多黎各及其他美国属地。等加速度线之间地点的加速度参数可由插值法获得。

site class 场地类别

根据表层100英尺（30.48米）土壤的类别及其剪切波速、剪切强度和贯入阻力等工程特性决定的地点分类。场地类别分为A（硬岩石）~F（液化土和有机土）共6级。地震冲击很大程度上取决于结构下方的支撑土体类型。地震横波在密实土体、石质土体和基岩中速度较高，在一次地震中的能量释放时间较短。地震横波在松软土体中速度较低，在一次地震中的能量释放时间较长，因而对结构造成更大破坏。

linear time-history analysis 线性时程分析

对高层建筑和具有不规则扭转或非正交系统的结构的动态分析。通过对短时增量的数值积分，确定结构对于特定地点的、时变的、代表实际地震动输入的反应，并通过线弹性分析求得对应的内力和位移。[译注]

maximum considered earthquake ground motion 最大震级地震动

对特定地点预期的最严重的地震结果，由该地区的映射加速度参数决定，并按照场地类别和场地系数进行修正。特定地点的地震动级别取决于该地点与震源的距离、该地点的土壤土质以及该地点峰值地面加速度的衰减情况。

$$S_{ms} = S_s \times F_a$$
对短周期

$$S_{m1} = S_1 \times F_v$$
对1秒周期

site coefficient 场地系数

根据场地类别修正映射加速度参数的系数。A级场地（硬岩石）使映射加速度参数减少，而C~F级场地使映射加速度参数增加。

nonlinear time-history analysis 非线性时程分析

对非常规构造或重点建筑的动态分析。通过使用地震动数据的叠加以及具体结构模型对于一个地震动数据的反应，估算出模型的每个自由度将会产生的构件形变。

design earthquake ground motion 设计地震动

设计出的结构必须能够承受的地震动值，等于建筑地点最大震级（MCE）时地震动的$2/3$。地震动设计要求值低于最大震级时地震动数值的原因是：当地面加速度为地震动设计要求值的1.5倍时，符合建筑规范的结构基本不会垮塌。

$$S_{Ds} = 2/3 \times S_{ms}$$
对短周期

$$S_{D1} = 2/3 \times S_{m1}$$
对1秒周期

liquefaction 液化

无黏结性土壤突然失去抗剪切力的现象，导致土体的表现如同液体一样。

peak ground acceleration 峰值地面加速度

对给定地点或地质区域，地面加速度时程的最大振幅，表示为重力加速度或g值。缩写为：PGA。

seismic design category 抗震等级

根据占用类别、该地土壤土质以及该地发生重大地震动的概率决定的结构分类，用于确定允许的结构系统、针对高度与不规则度的限制、特定构件的抗震性能以及需要进行的侧向力分析的类型。抗震等级按关键设施分为从A（低地震风险）至F（高地震风险）共6级。缩写为：SDC。

occupancy category 占用类别

根据居住或内部存放物质划分的建筑物等级。占用类别分为Ⅰ~Ⅳ共四个类别，其中：Ⅰ代表低危害用途，如储藏空间和临时设施；Ⅱ包括Ⅰ、Ⅲ或Ⅳ之外的所有构造；Ⅲ代表倒塌时会产生重大人身伤害的建筑，如高层建筑和学校；Ⅳ代表对震后恢复至关重要的设施，如医院、紧急庇护所或是存放大量危险物质的场所。

spectral response 频谱响应

单一自由度结构对于特定地震动的动态响应。表示为在给定地震动条件下，峰值加速度与固有振动周期范围的曲线图。短周期频谱响应代表峰值或最大响应，而1秒频谱响应代表长周期响应范围曲线的一个点。其他周期的频谱响应加速度可由曲线图插值得到。

[纵轴：频谱加速度（重力加速度）　标注：S_{Ds}、S_{D1}　横轴：周期（秒）　0.0　0.5　1.0　1.5　2.0]

[译注] 弹性可分为线性弹性和非线性弹性，应力—应变呈现直线关系称为"线弹性"，呈现曲线为非线性弹性。注意线性对应的是非线性，区别在于应变与应力比值是否为常数；而弹性对应的是塑性，区别在于是否出现不可恢复变形。

equivalent lateral force procedure
等效侧向力方法

一种静态地震分析方法，根据占用类别、高度、结构周期以及是否存在不规则结构，可适用于SDC（抗震等级）为B、C级的全部结构，或是SDC为D、E、F级的某些结构。该方法的原理是：运用静态荷载施加于结构之上，荷载的大小和方向最大限度模拟真实地震时动态荷载的效果。地震时上层质量趋向于保持静止，而结构基础被地震动所带动从而在基础处产生剪切力。底部剪力是作用于结构上的横向地震力总和的最低设计值，并且假设其沿结构的每个主轴方向产生非并发作用。用结构的恒荷载总和乘以一个系数值得到底部剪力（该系数反映了地震动的性质与烈度、结构的质量或重量、刚度及其分布方式，地基下方的土壤类型以及结构里是否有阻尼机构）。

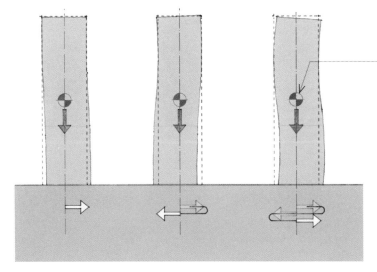

seismic weight 抗震重量
机构的总恒荷载，包括适当比例的储存物品活荷载、隔墙荷载、永久设备荷载以及楼顶设计荷载。

seismic response coefficient
地震响应系数
为得到地震底部剪力，结构的有效抗震重量需要乘以的系数；该系数等于设计频谱响应系数，用占用重要性因子进行加大，再用响应修正系数进行减小。

base 基底
设定地震动传递给结构所在的平面。

seismic base shear 地震底部剪力
地震时上层质量趋向于保持静止，结构基础被地震动所带动从而在基础处产生的剪切力（V）。基底剪力是作用于结构上的横向地震力总和的最低设计值，并且假设其沿结构的每个主轴方向产生非并发作用。

确定地震底部剪力（V）的基本公式：
$$V = C_s W$$

其中
C_s = 地震影响系数
W = 结构的有效抗震重量

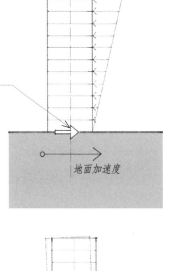

地面加速度

vertical distribution of seismic forces
地震力的垂直分布
地震基底剪力（V）沿建筑物高度的分布。对于基本振动周期＜0.5秒的结构，V值沿高度线性分布，地基处为0而顶部为最大值。当基本振动周期T＞2.5秒时，需要采用抛物线分布。对基本振动周期在二者之间的，采用线性与抛物线分布之间的线性插值方法，或者采用抛物线分布。

· 基本振动周期不超过低限（大约0.5秒）的建筑的地震基底剪力，沿高度成线性分布，地基处为0而顶部为最大值。

· 基本振动周期超过高限（大约2.5秒）的建筑的地震基底剪力，沿高度成抛物线分布，地基处为0而顶部为最大值。

· 基本振动周期在以上限度之间的建筑的地震基底剪力，沿高度成线性与抛物线分布之间的线性插值分布。

response modification coefficient
响应修正系数
根据所使用的抗震系统的性质，对设计的频谱响应系数进行修正的系数。

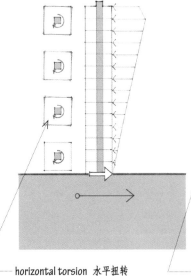

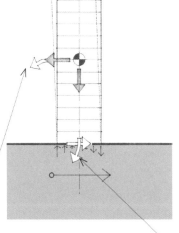

horizontal torsion 水平扭转
侧向荷载作用于质量中心与抗力中心不重合的结构而产生的扭转。为了避免破坏性的扭转效应，受侧向荷载的结构应进行对称布置与支撑，并使质量中心及抗力中心尽可能地重合。在不对称布置中，支撑构件的刚度分布应当与质量分布相称。

overturning moment 倾覆力矩
在地基以上一定距离施加侧向荷载时，对结构基底产生的外部力矩。为保持平衡，倾覆力矩必须通过外部恢复力矩和内部抵抗力矩（由柱式构件和剪力墙产生的力提供）进行抵消。

restoring moment 恢复力矩
与倾覆力矩具有相同的旋转作用点、由结构恒荷载提供的抵抗力矩。建筑规范通常要求恢复力矩比倾覆力矩至少高出50%。又称为：**纠正力矩（righting moment）**或**稳定力矩（stabilizing moment）**。

horizontal distribution of forces
力的水平分布

在x楼层的地震设计楼层剪力Vx，等于该楼层以上（含该楼层，包括楼顶）所有楼板的横向作用力之和。楼层剪力的分布基于楼板和楼顶板的横向刚度。对于柔性楼板，Vx根据每条抗力线附属的楼板面积，分布于地震抗力系统的垂直部件上。对于非柔性楼板，Vx根据垂直抗力部件和楼板的相对刚度分布，并需要考虑固有扭转和偶发扭转。

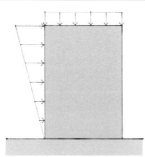 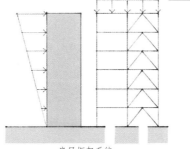

承重墙系统   房屋框架系统

story shear 楼层剪力
由横向荷载引发的结构中任意水平面的总剪力，根据横向抗力部件的不同刚度按比例分布。楼层剪力是叠加的：顶部最小，向下逐步增加，地基处最大。

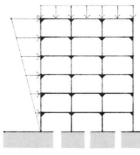 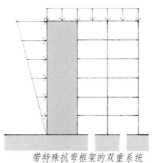

抗力矩框架系统   带特殊抗弯框架的双重系统
                           带中间抗弯框架的双重系统

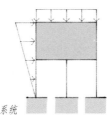

倒立摆系统

seismic-force-resisting system
地震抗力系统
用于抗衡指定地震力的那部分建筑结构系统。
- 假定地震动可沿结构的任何水平方向发生。
- 为将地震动产生的力从施力点传递到抗力点，加载路径必须连续。
- 根据结构中的横向抗力系统的固有冗余大小，需要给结构本身附加一个冗余系数。冗余为荷载从施力点传递至抗力点提供了多条路径。

P-delta effect
P-Δ效应
结构位移引发的剪切力、轴向力或力矩的继发效应。

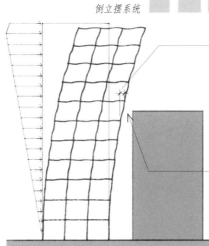

story drift 楼层侧移
结构中的一个楼层相对于上下方的其他楼层发生的水平移动。

drift index 侧移指数
建筑规范允许的楼层侧移与楼层高度的最大比值，以最大限度地减少对建筑物部件或相邻结构的损坏。又称为：drift limitation。

building separation 建筑物分隔
独立结构之间要求的距离，用来预防由于地震作用或风力导致结构弯曲而相互触碰。

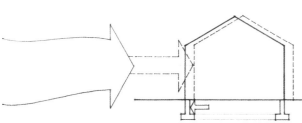  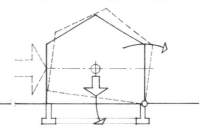 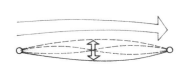

wind load 风荷载
移动气体的动能所施加的力，会导致结构中一部分空间产生压力，其他部分空间产生吸力。

sliding 滑动
结构受到侧向荷载时的水平运动。

uplift 上拔
结构或结构的一部分在倾覆力矩或风吸力的作用下向上抬升。

flutter 颤振
由风的空气动力效应导致的柔性缆索结构或薄膜结构的快速振动。又称为：气体动力摆动（aerodynamic oscillation）。

Bernoulli equation 伯努利方程[译注]
层流的能量守恒表达式，压强÷密度+流速2÷2+重力常数x垂直高度=恒量。又称为：伯努利定理（Bernoulli's theorem）。

dynamic wind pressure 动态风压
移动的气体施加的压强，从伯努利方程得到：
动态风压=密度x给定高度的流速2÷2

design wind pressure 设计风压
临界风速导致的作用于结构外立面的等效静态压力的最小设计值，等于经过若干系数修正的风滞止压，其中修正系数需要考虑以下效应：外露条件、建筑高度、阵风以及正对气流的结构的几何形状与朝向。

height factor 高度系数
考虑地面以上随高度增大的风速而添加的设计风压的增强系数。

gust factor 阵风系数
考虑阵风的动态效应而添加的关于设计风压的增强系数。

surface roughness category 表面粗糙等级
为了确定场地的暴露等级，在迎风方向的指定距离处，对每个45°扇形区域地面的粗糙程度进行分级的方法。

Surface Roughness B B级表面粗糙度
城市和郊区、树林或其他有着众多紧密高障碍物（30英尺或9144毫米以上）的地形。

Surface Roughness C C级表面粗糙度
有着分散低矮障碍物（30英尺或9144毫米以下）的开阔地形，包括平坦开阔的乡村、草地以及飓风多发区的水面。

Surface Roughness D D级表面粗糙度
平坦无障碍物的区域或者不在飓风区的水面。

importance factor 重要性系数
给予建筑物风力和地震力设计值的增强系数，根据建筑物的使用人数、潜在危险物品以及飓风或地震灾后恢复的重要性决定。

$$P = C_e \times C_q \times q_s \times I$$

pressure coefficient 压力系数
修正设计风压的系数，以反映各个结构部件的几何形状与朝向对正面气流效应的影响。内向或正系数导致风压力，而外向或负系数导致风吸力。

wind stagnation pressure 风滞止压
动态风压的静态等效值，作为计算设计风压的参考，单位是"磅/平方英尺"，等于某个地理位置基本风速平方的0.00256倍。运动气体在分开并绕过障碍物时的风速接近零。由于层流中静压力与动压力之和保持恒定，因此滞止点的气流总能量全部表现为静压力。

exposure category 暴露等级
设计风压的三个修正条件之一，取决于由自然地形、植被及建造物引起的建筑场地周围区域的地表面不规则度特征。地块越开阔，风速及其导致的设计风压越大。

basic wind speed 基本风速
计算风滞止压时用到的风速，通常为一个地理位置上有记录的33英尺（10米）标准高度的极端最速哩风速（在50年的平均发生间隔内）。又称为：设计风速（design wind velocity）。

Exposure B B级暴露
B级表面粗糙度为主的暴露状况，在迎风方向长度为至少2600英尺（792米）长或所涉及建筑高度的20倍，取两者间较大值。

fastest-mile wind speed 最速哩风速
1英里长的空气柱通过给定位置的平均速度，单位为英里/小时。

Exposure C C级暴露
不适用B级与D级条件的所有暴露状况。

Exposure D D级暴露
D级表面粗糙度为主的暴露状况，在迎风方向至少5000英尺（1524米）或建筑高度的20倍，取两者间较大值。D级外露面需要从海岸线向内陆延伸600英尺（183米）或结构高度的20倍，取两者间较大值。地块越开阔，风速及其导致的设计风压越大。

wind suction 风吸力
作用于建筑物侧立面、背风垂面以及垂直于迎风屋顶且斜率小于30°斜面的风的负压。

leeward 背风的
关于、沿着或朝向风吹向的方向的。

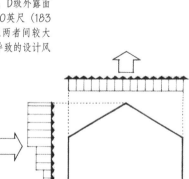

windward 迎风的
关于、沿着或朝向风来自的方向（即风向）的。

wind pressure 风压力
垂直作用于建筑物迎风垂面以及垂直于迎风屋顶且斜率大于30°斜面的风的压力。

normal force method 正交法
应用设计风压对建筑物基本框架和支撑系统进行设计的方法，假定风压对所有外立面的作用是同时正交的。此方法可用于任何结构，但对于门式钢架为必用方法。

细高建筑、非常规或复杂形状的结构以及易受颤振的轻质柔性结构，必须进行风洞试验或计算机建模，以查明其在风压分布下的响应。

projected area method 投影面积法
应用设计风压对建筑物基本框架和支撑系统进行设计的方法，其中风的总体效应被分解为：作用于建筑物完整垂直投影面积的单个内向的或正的水平压力以及作用于建筑物完整水平投影面积的外向的或负的压力。该方法可用于低于200英尺（61米）的除门式钢架之外的任何结构。

[译注] 丹尼尔·伯努利（Daniel Bernoulli，1700—1782），瑞士数学家、物理学家。在其1738年出版的《流体动力学》（Hydrodynamica）一书中首次发表了"伯努利方程"。

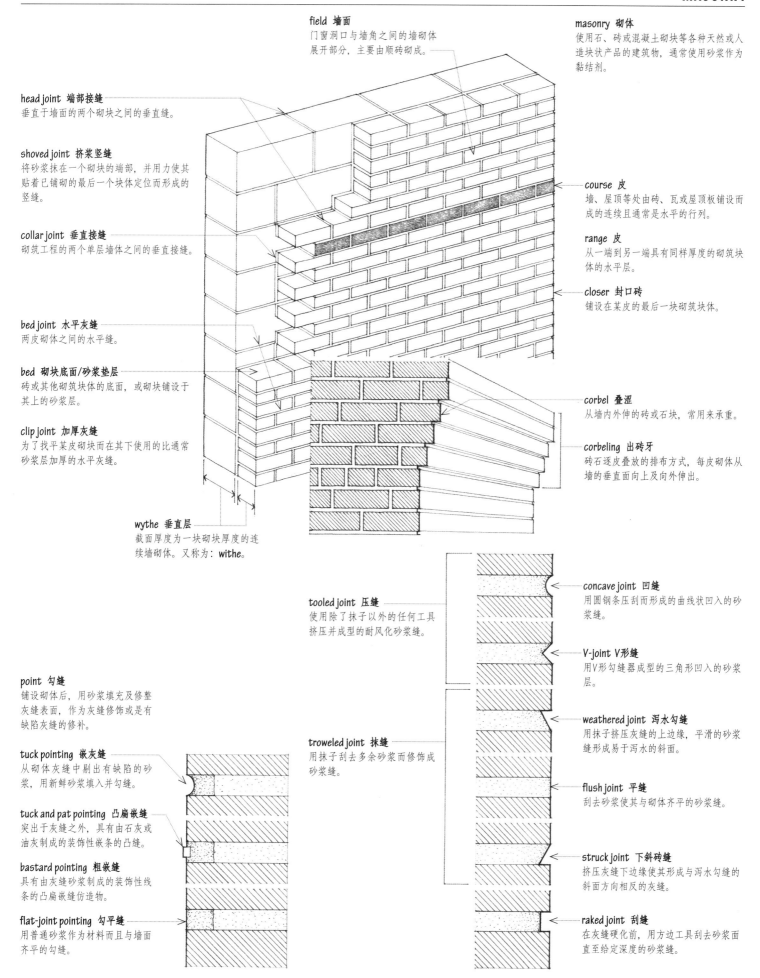

field 墙面
门窗洞口与墙角之间的墙砌体
展开部分，主要由顺砖砌成。

masonry 砌体
使用石、砖或混凝土砌块等各种天然或人
造块状产品的建筑物，通常使用砂浆作为
黏结剂。

head joint 端部接缝
垂直于墙面的两个砌块之间的垂直缝。

shoved joint 挤浆竖缝
将砂浆抹在一个砌块的端部，并用力使其
贴着已铺砌的最后一个块体定位而形成的
竖缝。

collar joint 垂直接缝
砌筑工程的两个单层墙体之间的垂直接缝。

bed joint 水平灰缝
两皮砌体之间的水平缝。

bed 砌块底面/砂浆垫层
砖或其他砌筑块体的底面，或砌块铺设于
其上的砂浆层。

clip joint 加厚灰缝
为了找平某皮砌块而在其下使用的比通常
砂浆层加厚的水平灰缝。

wythe 垂直层
截面厚度为一块砌块厚度的连
续墙砌体。又称为：withe。

course 皮
墙、屋顶等处由砖、瓦或屋顶板铺设而
成的连续且通常是水平的行列。

range 皮
从一端到另一端具有同样厚度的砌筑块
体的水平层。

closer 封口砖
铺设在某皮的最后一块砌筑块体。

corbel 叠涩
从墙内外伸的砖或石块，常用来承重。

corbeling 出砖牙
砖石逐皮叠放的排布方式，每皮砌体从
墙的垂直面向上及向外伸出。

tooled joint 压缝
使用除了抹子以外的任何工具
挤压并成型的耐风化砂浆缝。

concave joint 凹缝
用圆钢条压刮而形成的曲线状凹入的砂
浆缝。

V-joint V形缝
用V形勾缝器成型的三角形凹入的砂浆
层。

point 勾缝
铺设砌体后，用砂浆填充及修整
灰缝表面，作为灰缝修饰或是有
缺陷灰缝的修补。

troweled joint 抹缝
用抹子刮去多余砂浆而修饰成
砂浆缝。

weathered joint 泻水勾缝
用抹子挤压灰缝的上边缘，平滑的砂浆
缝形成易于泻水的斜面。

flush joint 平缝
刮去砂浆使其与砌体齐平的砂浆缝。

tuck pointing 嵌灰缝
从砌体灰缝中剔出有缺陷的砂
浆，用新鲜砂浆填入并勾缝。

tuck and pat pointing 凸扁嵌缝
突出于灰缝之外，具有由石灰或
油灰制成的装饰性嵌条的凸缝。

bastard pointing 粗嵌缝
具有由灰缝砂浆制成的装饰性线
条的凸扁嵌缝仿造物。

flat-joint pointing 勾平缝
用普通砂浆作为材料而且与墙面
齐平的勾缝。

struck joint 下斜砖缝
挤压灰缝下边缘使其形成与泻水勾缝的
斜面方向相反的灰缝。

raked joint 刮缝
在灰缝硬化前，用方边工具刮去砂浆面
直至给定深度的砂浆缝。

solid masonry 实心砌体
用砖或其他实心砌筑块体连续铺砌，并且所有接缝用砂浆填充密实而建成的墙体。相邻砌块层用丁砖或金属拉条拉结。

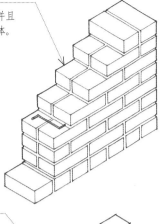

cavity wall 空心墙
除了金属拉条外，正面砌体和背面砌体完全分开，具有围合的内空间从而防止水渗入的墙体。

facing 面层
作为砌体墙外垂直断面的装饰层或保护层。

backing 背面层
形成砌体墙背面，或是对砌体墙背面提供支撑、加强或保护的物体，例如砌体墙的一个或一组室内砌块层。

weep hole 出水孔
空心墙体、挡土墙或其他结构中用以排出因凝结或渗漏所形成积水的小孔。

faced wall 镶面墙
具有与背面层黏结的砌块面层的墙体，在荷载作用下背面层与面层产生共同作用。

adhered veneer 黏结饰面
用黏结材料固定于背面层并被其支撑的饰面。

veneer 饰面
为了装饰、保护或隔热的目的，将砖、石、混凝土或面砖等非结构面层与背面层连接。

veneered wall 饰面墙板
具有与支撑结构连接而非黏结的非结构面层的墙体。

anchored veneer 锚固饰面
用机械固定件支撑并固定在背面层上的饰面墙板。

economy wall 经济墙
厚度为4英寸（102 mm）的抹灰砖墙，每隔一定间距使用8英寸（203 mm）的壁柱加强以支撑屋顶桁架。

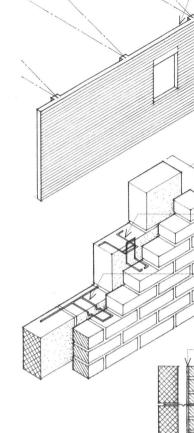

composite wall 复合墙
至少有一个砌块层在砌筑块体、砂浆类型或等级上与其他砌块层不同的砌块墙。

adjustable tie 可调节拉结件
由两个互相连接部件所组成的金属拉结件，使其能适用于不同标高的水平灰缝。

tie 拉结件
把类似墙砌体的两个砌块层这样的结构的两个部分拉结在一起的抗腐蚀金属件。

back plaster 背面抹灰
将类似空心墙外侧砌块层的背面墙这样的不可见部分抹灰以阻止空气及水分进入墙体内部。

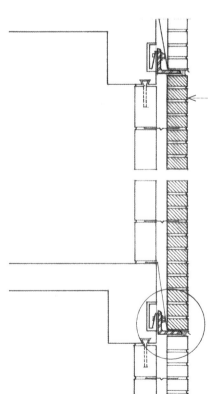

panel wall 大墙板
完全支撑在各个楼层的非承重砌块外墙。

lewis 吊楔
用于提升石材或预制混凝土板的装置，由固定在一起的若干部件所组成，安装在石材或板材的燕尾切口内。

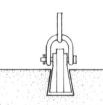

soft joint 柔性节点
直接安装在支撑架或卸荷角钢之下的可压缩节点，用来使非承重墙能膨胀或收缩，并防止更高层墙体的重量传递到下面的砌体上。

mortar 砂浆
水泥、石灰或二者混合物与砂和水的可塑混合物，用作砌筑工程的黏结剂。

cement mortar 水泥砂浆
波特兰水泥、砂和水拌和制成的砂浆。

cement-lime mortar 水泥石灰砂浆
为提高可塑性及保水性而加入石灰的水泥砂浆。

masonry cement 砌筑水泥
波特兰水泥和其他成分如消石灰、塑化剂、加气剂及石膏的专利混合物，只需加入砂和水即可制成水泥砂浆。

epoxy mortar 环氧砂浆
由环氧树脂、催化剂及细砂组成的砂浆。

nonstaining mortar 无污染砂浆
游离碱含量低的砂浆，以减少风化或由于酸溶性材料的迁移导致相邻砌件产生污渍。

lime mortar 石灰砂浆
石灰、砂及水的混合物，由于硬化速度慢及抗压强度低而很少采用。

lime 石灰
高温加热碳酸钙，如贝壳、石灰石而得到的白色或灰白色有腐蚀性的无味固体。又称为：**氧化钙**（calcium oxide）、**苛性石灰**（caustic lime）、**生石灰**（calx或quicklime）。

hydrated lime 消石灰
水作用于石灰所得到的软的结晶状粉末，用于制作砂浆、灰泥及水泥。又称为：slaked lime或**氢氧化钙**（calcium hydroxide）。

green 新拌的/新浇筑的
属于或涉及刚凝结但尚未硬化的混凝土及水泥砂浆的。

fat mix 富灰混合料
水泥或石灰含量较高，易于工作或铺开的混凝土或砂浆混合料。又称为：**稠浆拌和料**（rich mix）。

lean mix 贫混合料
水泥或石灰含量不足，不易工作或铺开的混凝土或砂浆混合料。

plasticizer 塑化剂
只需很少的水就能使混凝土或砂浆混合物可以工作的添加物。

Type M mortar M型砂浆
一种高强度砂浆，推荐用于地基和挡土墙等地面以下的加筋砌体或与土壤接触的砌体，以承受冰冻、高侧向荷载或压缩荷载作用。

Type S mortar S型砂浆
一种中高强度砂浆，推荐用于黏结强度及抗侧向力强度的重要性大于抗压强度的砌体。

Type N mortar N型砂浆
一种中等强度砂浆，推荐用于普通用途，即地面以上不要求具备高抗压强度及抗侧力强度的外露砌体。

Type O mortar O型砂浆
一种低强度砂浆，适用于室内非承重墙及隔墙。

Type K mortar K型砂浆
一种超低强度砂浆，仅适用于建筑规范允许的室内非承重墙。

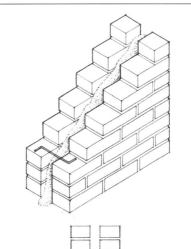

grout 灌注砂浆
易于流动的、组份材料不离析的水泥砂浆，用于填充砌体中的狭窄空隙并使相邻材料固结为整体。

bond 黏结
砂浆或灌浆材料与被黏结的砌筑块体或钢筋之间的黏连。

joint reinforcement 灰缝配筋
在水平压缝内放置的钢筋，以提高砌体墙的抗裂能力。

grouted masonry 灌浆砌体
由砖或混凝土砖所构成的墙体。在砌筑过程中，墙体所有灰缝均采用灌浆材料填充。

high-lift grouting 高层段灌浆法
建造一个楼层的砌体墙体时，单次灌浆高度不超过6英尺（1.8m）的工艺。

low-lift grouting 低层段灌浆法
当砌筑墙体时，灌浆高度不超过灌浆空间宽度的6倍或者最大高度为8英寸（203mm）的工艺。

grout pour 灌浆总高度
在继续砌筑之前，用灌浆材料填充的砌体总高度。由若干灌浆高度组成。

grout lift 灌浆层段高度
灌注砂浆的高度增量，构成灌浆总高度的一部分。

cleanout 清扫口
砌体底部的一系列临时洞口，其尺寸大小足以在灌浆前从砌体结构的空腔清除碎片及障碍物。

reinforced grouted masonry 加筋灌浆砌体
砌体施工时将水平及垂直钢筋完全埋在灌浆内的砌体墙，以提高对压屈、侧向风力及地震荷载的抵抗能力。

hollow unit masonry 空心砌块砌体
采用空心砌块并用砂浆铺砌定位的墙体，其相邻垂直截面用丁砖或金属拉结件接合。

reinforced hollow-unit masonry 加筋空心砌块砌体
空心砌块砌体具有若干空洞，在其中连续灌入混凝土或灌浆材料并填入钢筋，以提高对压屈、侧向风力及地震荷载的抵抗能力。

rubble 毛石/毛石砌体
破碎石块的粗碎片或由它们砌成的砌体。

gallet 石片嵌灰缝
将小石片埋入粗毛石砌体砂浆层内以楔紧较大石块并使之定位，或为墙体的外观增加若干细部。又称为：填塞石缝（garret）。

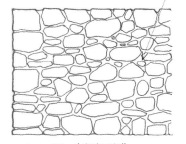

random rubble 乱砌毛石砌体
具有不连续的但大致平整的砂浆层或砌体层的毛石砌体。

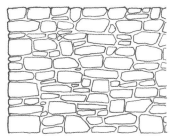

coursed rubble 层砌毛石
砂浆层大致平整、隔一定距离出现连续而且较为平整石块层的毛石墙。

squared rubble 方毛石砌体
由不同尺寸方毛石块砌成，每皮由三、四片石块组成的毛石墙。

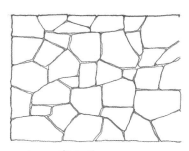

cyclopean 蛮石砌体
用大型不规则石块紧密贴紧在一起而不使用砂浆的砌体。

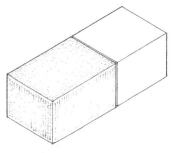

ashlar 琢石
对与其他石块相邻的所有面进行精细修整的正方形建筑石块，因此可以采用很薄的砂浆缝。

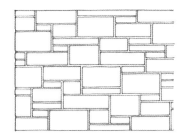

random ashlar 乱砌琢石
各皮不连续砌成的琢石砌体。

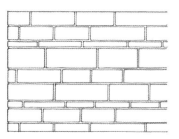

coursed ashlar 层砌琢石
同一皮内为同样厚度的琢石块，但每皮高度不同的琢石砌体。

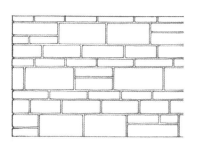

broken rangework 断层砌石
高度不同的各皮水平铺砌的琢石砌体，每隔一定距离，琢石砌体层可分为二皮或更多。

quoin 隅石
墙砌体的外角或形成该外角的石块或砖。常通过材料、纹理、颜色、尺寸或突出部分和相邻块体表面区分开。

perpend 贯石
贯通墙体整个厚度并在墙体正面及背面外露的大石块。又称为：through stone。

bondstone 系石
将面层砌体拉结到背面砌体的石块。又称为：拉结石（binder）。

long-and-short work 长短砌合
水平及垂直交替的矩形隅石或门窗侧壁石的组砌。

in-and-out bond 交错砌合
丁砖层及顺砖层垂直交替的组砌。

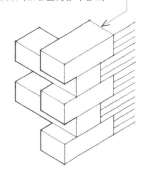

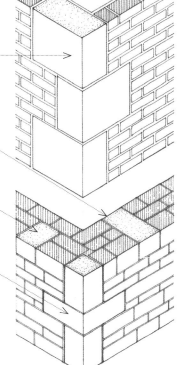

rustication 粗琢面石工
琢石砌体的可见面上是经过修整的隆起表面，或者与凹槽的、倒棱的、斜面的水平与垂直灰缝形成对比。

rustic joint 粗琢面灰缝
粗琢面石之间的灰缝，灰缝凹入相邻砌体面，位于下凹琢边或斜削之间。

rustic 粗琢面的
具有粗糙的不规则石面以及下凹或斜削的接缝的。

interlocking joint 连锁连接
将琢石的突出部分置入下一块琢石的凹槽而形成的琢石砌体的连接。

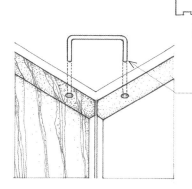

cramp iron 铁扒钉
具有弯折端部的铁条或铁棍，用于把石砌块体固定在一起。

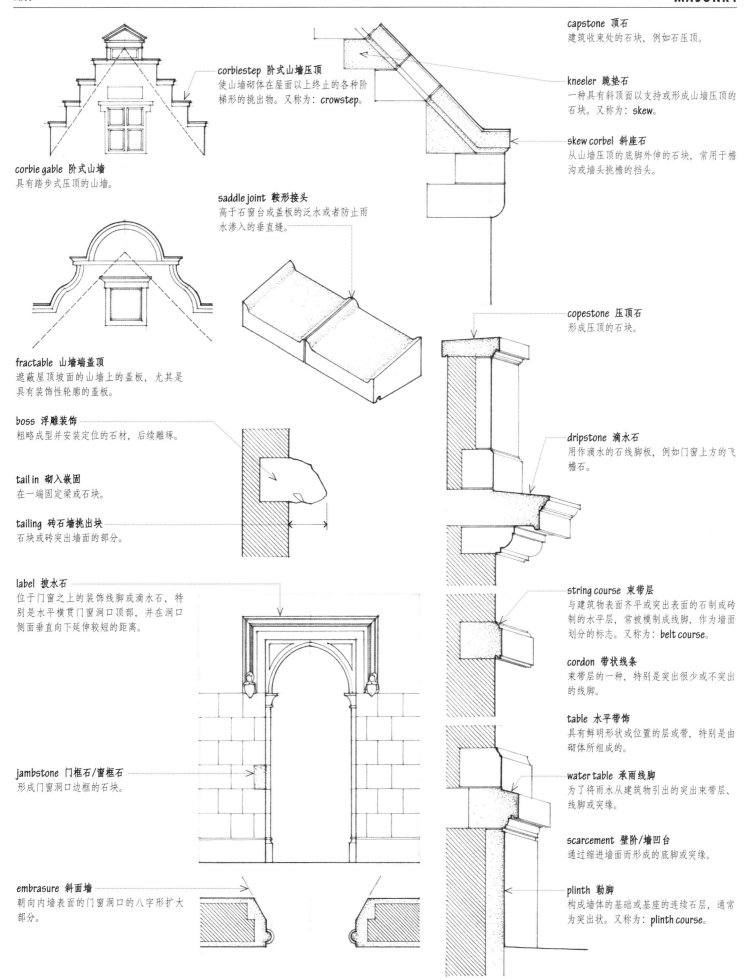

corbiestep 阶式山墙压顶
使山墙砌体在屋面以上终止的各种阶梯形的挑出物。又称为：crowstep。

corbie gable 阶式山墙
具有踏步式压顶的山墙。

saddle joint 鞍形接头
高于石窗台或盖板的泛水或者防止雨水渗入的垂直缝。

fractable 山墙端盖顶
遮蔽屋顶坡面的山墙上的盖板，尤其是具有装饰性轮廓的盖板。

boss 浮雕装饰
粗略成型并安装定位的石材，后续雕琢。

tail in 砌入嵌固
在一端固定梁或石块。

tailing 砖石墙挑出块
石块或砖突出墙面的部分。

label 披水石
位于门窗之上的装饰线脚或滴水石，特别是水平横贯门窗洞口顶部，并在洞口侧面垂直向下延伸较短的距离。

jambstone 门框石/窗框石
形成门窗洞口边框的石块。

embrasure 斜面墙
朝向内墙表面的门窗洞口的八字形扩大部分。

capstone 顶石
建筑收束处的石块，例如石压顶。

kneeler 跪垫石
一种具有斜顶面以支持或形成山墙压顶的石块。又称为：skew。

skew corbel 斜座石
从山墙压顶的底脚外伸的石块，常用于檐沟或墙头挑檐的挡头。

copestone 压顶石
形成压顶的石块。

dripstone 滴水石
用作滴水的石线脚板，例如门窗上方的飞檐石。

string course 束带层
与建筑物表面齐平或突出表面的石制或砖制的水平层，常被模制成线脚，作为墙面划分的标志。又称为：belt course。

cordon 带状线条
束带层的一种，特别是突出很少或不突出的线脚。

table 水平带饰
具有鲜明形状或位置的层或带，特别是由砌体所组成的。

water table 承雨线脚
为了将雨水从建筑物引出的突出束带层、线脚或突缘。

scarcement 壁阶/墙凹台
通过缩进墙面而形成的底脚或突缘。

plinth 勒脚
构成墙体的基础或基座的连续石层，通常为突出状。又称为：plinth course。

concrete masonry unit 混凝土砌块
由波特兰水泥、细骨料及水组成，模制成各种形状的预制砌筑块体。

stretcher block 顺砌砌块
标称尺寸为8 x 8 x 16英寸（203 x 203 x 406mm）的混凝土砌块。

partition block 隔墙砌块
通常标称厚度为4或6英寸（102或152mm），主要用于建造非承重墙的混凝土砌块。

bullnose block 圆角砌块
具有一个或更多圆外角的混凝土砌块。

corner block 墙角砌块
具有实心端的混凝土砌筑块体，用于建造墙端或墙角。

return-corner block 转角砌块
用于厚度为6、10或12英寸（152、254或305mm）墙体的墙角，以保持水平砌筑层具有半长或全长块体外观的混凝土砌块。

double-corner block 双棱砌块
两端均具有实心端面并用于砌筑支墩的混凝土砌块。

pilaster block 壁柱砌块
用于砌筑不配筋或配筋壁柱的混凝土砌块。

coping block 压顶砌块
用于砌筑墙砌体的最上皮或完成皮的混凝土砌块。

sash block 窗框砌块
砌块端部具有狭槽或凹槽，用来安放门窗框边梃的混凝土砌块。又称为：**洞口砌块（jamb block）**。

sill block 窗台砌块
具有拔水以便将雨水从窗台排走的实心混凝土砌块。

wash 拔水
倾斜的上表面以排走从建筑物流下的雨水。又称为：**weathering**。

cap block 帽状砌块
基础墙最上皮用作支撑面的具有实心顶面的混凝土砌块。又称为：**实心顶面块（solid-top block）**。

control-joint block 控制缝砌块
各种用于砌筑垂直控制缝的混凝土砌块。

bond-beam block 结合梁砌块
用于砌筑结合梁的混凝土砌块，具有下凹截面以放置钢筋并灌浆。

bond beam 结合梁
用作梁、水平拉杆或结构构件承重层的配筋并灌浆的砌筑层。

concrete block 混凝土砌块
空心或实心的混凝土砌块，常被误称为水泥砌块。

face shell 边壁
空心混凝土砌块的两个侧面。

web 肋板
连接空心混凝土砌块边壁的隔板。

core 砌块孔洞
混凝土砌块中的模制开敞空间。又称为：**孔（cell）**。

open-end block 端面开口砌块
一个端面开口从而在其中放入钢筋并灌浆的混凝土砌块。

lintel block 过梁砌块
用于砌筑过梁或结合梁的混凝土砌筑块体，具有U形截面以在其中放入钢筋并灌浆。

header block 丁头接缝砌块
切去混凝土砌块一侧边壁的一部分，来安放组合砌件墙的丁砖。

sound-absorbing masonry unit 吸声砌块
具有实心顶面及带槽边壁，有时填入纤维材料来提高吸声能力的混凝土砌块。

slump block 坍陷砌块
湿混凝土混合物养护时沉降所导致的具有不平整表面及表面纹理的混凝土砌块。

split-face block 劈裂砖
养护后用机械沿纵向切开从而形成粗糙的破裂面纹理的混凝土砌块。

faced block 饰面砌块
具有特制的陶瓷、釉面或抛光表面的混凝土砌块。

scored block 刻槽砌块
多种具有一个或更多竖槽以模拟刮缝的混凝土砌块。

shadow block 凹槽砌块
侧壁上带有斜切口图案的混凝土砌块。

screen block 网格砌块
以横向洞口形成装饰性图案的混凝土砌块，具有透气及遮挡日光的作用，特别用于热带地区的建筑。

concrete brick 混凝土砖
实心矩形混凝土砌块，通常不大于4 x 4 x 12英寸（102 x 102 x 305mm）。

sand-lime brick 灰砂砖
将湿砂和消石灰的混合物高压模制成型，并在蒸汽窑中养护加工的硬质浅色砖。

solid masonry unit 实心砌块
砌块的一种，其任一平行于承载面的净截面积＞同一平面上量测到的毛截面积的75%。

hollow masonry unit 空心砌块
砌块的一种，其大部分平行于承载面的净截面积＜同一平面上量测到的毛截面积的75%。

gross cross-sectional area 毛截面积
空心砌块在垂直于荷载方向的总截面积，包括格状和凹角空间，但被相邻部分砌体所占用的空间除外。

net cross-sectional area 净截面积
空心砌块的毛截面积减去格状空间中的未灌浆面积。

equivalent thickness 等效厚度
如果将空心混凝土砌块中的混凝土体积重新浇筑为没有格状空间的实心块体时所得到的厚度，特别用于确定块体所砌墙体的耐火性能。

absorption 吸水率
浸没水中混凝土砌块吸收水分的重量，用每立方英尺混凝土的水量（磅数）表示。

Grade N N级
适于广泛用途的承重混凝土块体的等级，例如地面下及地面上的外墙。

Grade S S级
仅适于地面上有抗风化保护涂层的外墙及地面上不暴露于大气的内墙的承重混凝土块体。

Type I I类
制作时将含水量限制到某特定值从而减少可能导致裂缝的干缩的混凝土砌块。

Type II II类
制作时不限制含水量的混凝土砌块。

normal-weight block 常规重量砌块
用砂、砾石或其他密实骨料制成的单位体积重量＞125磅/立方英尺（2000kg/m³）的混凝土砌块。

lightweight block 轻质砌块
用轻骨料（例如炉渣、膨胀矿渣）制成的单位体积重量＜125磅/立方英尺（2000kg/m³）的混凝土砌块。

surface bonding 表面黏结
混凝土砌块的黏结方式，无需抹灰和修整，而是使用水凝水泥和玻璃纤维的灰泥状混合物将块体砌筑到一起。

bond 键
分子或晶体结构中的原子、离子或原子团，通过吸引力结合在一起。又称为：化学键（chemical bond）。

ionic bond 离子键
电子从一种离子完全转移到另一种离子所形成的盐或陶瓷材料所特有的化学键。又称为：电价键（electrovalent bond）。

positive ion 正离子
失去电子而形成的带正电荷的离子，被电解反应中的阴极所吸引。又称为：阳离子（cation）。

ion 离子
失去或得到电子而形成的带电荷的原子或原子团。

covalent bond 共价键
两个原子间共有一对电子而形成的化学键。

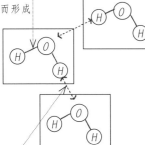

hydrogen bond 氢键
负电原子和已通过共价键与另一负电原子连接的氢原子间的静电键。

molecule 分子
显示物质所特有的物理与化学性能的最小粒子。元素的分子中包含一个或更多同样的原子，化合物的分子中包含两个或更多不同的原子。

molecular weight 分子量
按构成某分子的原子的原子量计算的元素或化合物的平均分子重量。又称为：formula weight。

mole 摩尔
用克来表示的物质的分子量，旧称"克分子"。又称为：mol。

condense 凝结
物质缩减到更密实状态，例如气体或蒸气变化为液体或固体。

heat of condensation 冷凝热
处于沸点的某单位质量气体凝结为液体时所释放的热量。

heat of vaporization 气化热
处于沸点的某单位质量液体转换为同样温度的气体时所需热量，其数值等于冷凝热。

negative ion 负离子
获得电子而产生的带负电荷的离子，受电解反应中的阳极所吸引。又称为：阴离子（anion）。

valence 原子价
原子或原子团与其他原子或原子团结合能力的指标，等于原子或原子团可形成的化学键的数量。

valence electron 原子价电子
位于原子外层的电子，可被迁移或共享从而与另一原子形成化学键。

inert gas configuration 惰性气体结构
元素的稳定结构，在其中原子或离子的外层充满最大数量电子对。通过（与相邻原子或离子）夺取、释放或共享电子的方式，自然界中的原子和离子得以形成此类结构，实现低能量的较不活泼状态。

noble gas 稀有气体
一组化学性质上最不活泼的气体元素，包括氦、氖、氩、氪、氙、氡。又称为：惰性气体（inert gas）。

fluid 流体
能流动、压力下易于形变，并能适应其容器形状的物质，例如气体或液体。

matter 物质
占有空间、可通过知觉感知，并构成实体的物体。

shell 壳层[译注]
能量大致相等的电子循同一轨道，环绕原子核旋转所形成的最多七个球面。

electron 电子
带有负电荷的物质的基本粒子。

neutron 中子
无电荷的基本粒子。

proton 质子
构成所有原子核基本组成部分的带正电荷的粒子。

6
CARBON
C
12

periodic table 周期表
化学元素按族群的列表，过去按原子量大小排列，现在按原子序数排列。

同一周期的元素由左至右从金属逐渐过渡到类金属和非金属。

同族元素从上向下由于其外壳层的电子排列特性，因此具有相近的性质和反应。

material 材料
可根据特殊性质进行分类的物质。

atom 原子
可单独存在也可在化合物中存在的元素的最小单位，由原子核及环绕原子核的电子所组成。原子核由中子及质子组成，而电子则通过电吸引力被束缚在原子核周围。

atomic number 原子序数
给定元素原子的原子核中的质子数量，等于正常环绕原子核的电子数量。又称为：质子数量（proton number）。

element 元素
不能通过化学手段分离为更简单物质的一类物质，由核中具有相同数量质子的原子构成。

atomic weight 原子量
元素原子的平均重量，以碳-12元素原子重量的1/12为单位。

gas 气体
既无独立形状又无独立体量，具有极好的分子流动性及无限膨胀趋势的物质。

solid 固体
具有较好的稳定性、粒子内聚力或形状保持力的物质。

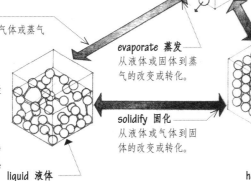

evaporate 蒸发
从液体或固体到蒸气的改变或转化。

solidify 固化
从液体或气体到固体的改变或转化。

heat of solidification 固化热
处于冰点的单位质量的液体固化时所散发出的热量。

liquid 液体
具有易流动、很少或没有扩散趋势、较高的不可压缩性等特性，从而区别于固体或气体状态的物质。

heat of fusion 熔化热
处于熔点温度的单位质量的固体转化为同样温度液体所需的热量，数值上等于固化热。

metallic bond 金属键
金属所特有的化学键，通过共享原子价电子而形成，原子价电子可以在通常为稳定晶体结构的晶格中自由穿行。

lattice 晶格
空间中孤立点构成的规则图形，体现出固体结晶中原子、离子或分子的位置。

crystal 晶体
一种固体结构，具有规则重复的原子、离子或分子的内部结构，并被对称布置的平面所封闭。

amorphous 无定形的
结构上属于非晶体的。

[译注] 按照量子力学的观点，电子具有波粒二象性，用轨道、壳层来描述电子运行模式是不恰当的。现在大多数核物理学家用电子云来描述电子出现位置的概率。

property 性能
一个事物特有的基本或显著的属性或品质。性能是事物行为的组成部分，或通过事物的行为表现出来。

mechanical property 力学性能
材料物理性能的一种，对所受力做出反应。

tension 拉伸
导致弹性体伸长的拉紧作用或拉开状态。

tensile force 拉力
在弹性体中产生拉伸或拉伸趋势的力。

axial force 轴向力
沿结构构件轴向作用并作用于截面质心，产生轴向应力而不出现弯曲、扭转或剪切的拉力或压力。又称为：**轴向荷载**（axial load）。

axial stress 轴向应力
为了抵抗轴向力而产生的拉应力或压应力。假定轴向应力垂直于并均匀分布于截面面积。又称为：**直接应力**（direct stress）或**法向应力**（normal stress）。

compression 压缩
导致弹性体的尺寸或体积减少的缩短动作或推压状态。

compressive force 压力
在弹性体中产生压缩或压缩趋势的作用力。

eccentric force 偏心力
平行于结构构件的纵轴作用，但不作用于截面质心，在构件截面产生弯曲及不均匀分布应力的力的。又称为：**偏心荷载**（eccentric load）。

strength 强度
材料抵抗施加于其上的力的能力，特别是承受高应力而不屈服或断裂的能力。

strength of materials 材料力学
研究外作用力与物体中由于这些力所产生的内部效应之间的相互关系。

stress 应力
弹性体对于作用于它的外力的内抗力或反作用。等于力和面积之比，以力的单位/截面积的单位表示。又称为：**单位应力**（unit stress）。

tensile stress 拉应力
在弹性体的截面中产生的轴向应力，以抵抗使弹性体趋向伸长的共线拉力。

tensile strain 拉应变
由于拉应力而产生的材料单位长度的伸长量。

strain 应变
在施加力的作用下物体的变形。应变是无量纲的量，等于尺寸或形状变化量和受应力构件的原始尺寸之比。

Young's modulus 杨氏模量
材料的弹性系数，表示为纵向应力与该应力所导致的纵向应变之比。

Poisson's ratio 泊松比[译注]
在纵向应力作用下，弹性体中横向应变与相应的纵向应变之比。

compressive stress 压缩应力
在弹性体的截面中产生的轴向应力，以抵抗使弹性体趋向缩短的压缩力。

compressive strain 压缩应变
由于压缩应力产生的材料单位长度的缩短值。

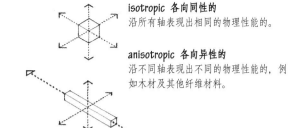

isotropic 各向同性的
沿所有轴表现出相同的物理性能的。

anisotropic 各向异性的
沿不同轴表现出不同的物理性能的，例如木材及其他纤维材料。

tensile test 抗拉试验
确定材料在轴向拉力作用下的性能，是最普通的结构材料试验。在试验中夹紧试件两端并拉开它，直到出现断裂为止。

tensile strength 抗拉强度
材料对纵向应力的抗力，用使材料断裂所需要的最小纵向应力来度量。

elongation 断裂伸张度
材料延性的尺度，以抗拉试验中试件破坏后其长度增加的百分比来表示。

reduction of area 截面缩小
材料延性的尺度，以抗拉试验中试件破坏后其截面积降低的百分比来表示。

compression test 压缩试验
确定材料在轴向压缩作用下的特性，试验中对试件持续加压到出现破裂或碎裂。压缩试验用于脆性材料，因为其抗拉强度低，因此难以准确量测。

strain gauge 应变计
量测由于拉、压、弯、扭造成的试件微小变形的仪器。又称为：**伸长计**（extensometer）。

bulk modulus 体积模量
材料的弹性系数，表示为压力与所产生的相应体积变化率之比。

compressibility 压缩率
体积模量的倒数，等于体积变化率与施加于物质的压力之比。

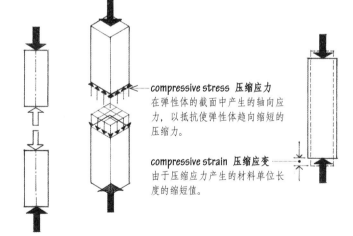

[译注] 西蒙—丹尼斯·泊松（Siméon-Denis Poisson, 1781—1840），法国数学家、几何学家和物理学家。

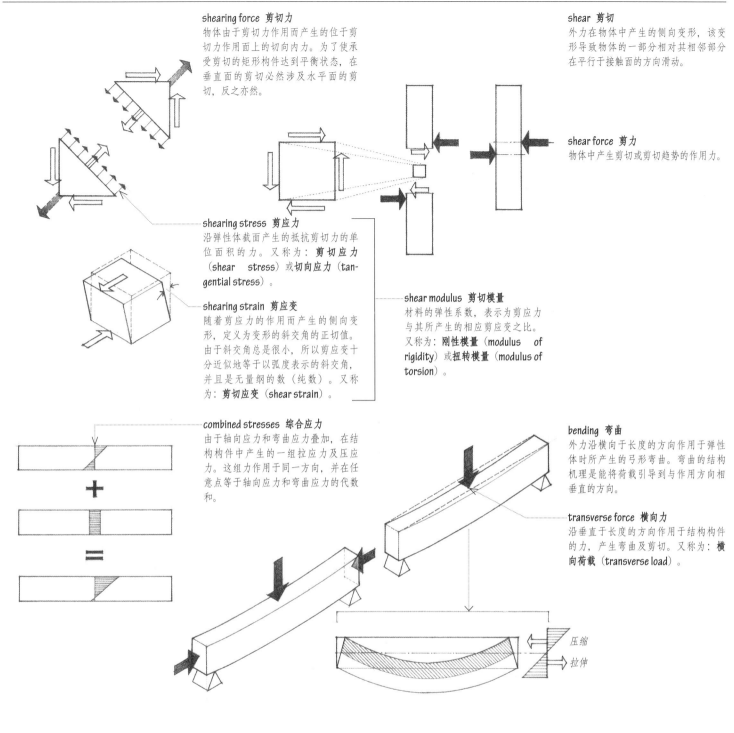

shearing force 剪切力
物体由于剪切力作用而产生的位于剪切力作用面上的切向内力。为了使承受剪切的矩形构件达到平衡状态，在垂直面的剪切必然涉及水平面的剪切，反之亦然。

shear 剪切
外力在物体中产生的侧向变形，该变形导致物体的一部分相对其相邻部分在平行于接触面的方向滑动。

shear force 剪力
物体中产生剪切或剪切趋势的作用力。

shearing stress 剪应力
沿弹性体截面产生的抵抗剪切力的单位面积的力。又称为：**剪切应力**（shear stress）或**切向应力**（tangential stress）。

shearing strain 剪应变
随着剪应力的作用而产生的侧向变形，定义为变形的斜交角的正切值。由于斜交角总是很小，所以剪应变十分近似地等于以弧度表示的斜交角，并且是无量纲的数（纯数）。又称为：**剪切应变**（shear strain）。

shear modulus 剪切模量
材料的弹性系数，表示为剪应力与其所产生的相应剪应变之比。又称为：**刚性模量**（modulus of rigidity）或**扭转模量**（modulus of torsion）。

combined stresses 综合应力
由于轴向应力和弯曲应力叠加，在结构构件中产生的一组拉应力及压应力。这组力作用于同一方向，并在任意点等于轴向应力和弯曲应力的代数和。

bending 弯曲
外力沿横向于长度的方向作用于弹性体时所产生的弓形弯曲。弯曲的结构机理是能将荷载引导到与作用方向相垂直的方向。

transverse force 横向力
沿垂直于长度的方向作用于结构构件的力，产生弯曲及剪切。又称为：**横向荷载**（transverse load）。

压缩
拉伸

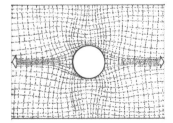

stress concentration 应力集中
材料中在不连续或缺陷部位出现的应力增大。脆性材料中的应力集中会导致裂纹，并扩展至材料破坏为止。延性材料中的应力集中会导致局部形变，从而引起应力重新分布及释放。

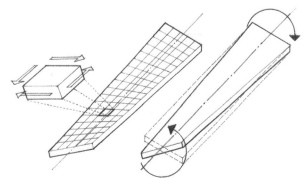

torque 扭矩
造成转动或扭转，或造成这种趋势的力矩。

torsion 扭转
两个大小相等但作用相反的扭矩所造成的弹性体围绕纵轴扭曲，在物体中产生剪应力。

stress-strain diagram
应力—应变图
表示特定材料的单位应力与单位
应变之间关系的图形。

elastic range 弹性范围
使一种材料表现出弹性形变的单
位应力区间。

deformation 形变
物体或结构由于应力导致的形状
或尺寸上的变化。

elastic deformation 弹性形变
小于材料弹性极限的应力所产生
的物体在尺寸或形状上的临时变
化。

brittleness 脆性
材料在应力作用下，没有明显形
变而突然断裂的品性。脆性材料
缺乏延性材料的塑性表现，因此
在即将破碎前没有任何预兆。

proportional limit 比例极限
超过某应力值时，应力与应变之
比不再保持常数。

stiffness 刚度
衡量在弹性区间内对材料施加应
力时的变形抵抗能力。

allowable stress 容许应力
设计结构构件时材料允许的单位
应力。通常是材料的弹性极限、
屈服强度或极限强度的比率。各
种材料的容许应力，由建筑规
范、工程师学会以及行业协会根
据美国试验及材料学会（Ameri-
can Society for Testing and Mate-
rials）所规定的试验规范和方法
来确定。又称为：**容许单位应力**
（allowable unit stress）或**工作**
应力（working stress）。

yield strength 屈服强度
材料抗拉试验时产生规定的极限
永久变形（通常为其原始长度的
0.2%）所需的应力。当不能确实
规定材料的屈服点时，使用屈服
强度来规定其可用性极限。又称
为：**弹性极限应力**（proof
stress）。

plastic range 塑性范围
某种材料显示塑性形变
的单位应力范围。

plastic deformation 塑性形变
当应力大于材料的弹性极限时，物体产生
形状或尺寸上的永久变化，而且应力小于
一定强度时仍保持刚性。施加应力超过弹
性极限时，具塑性特性材料中的分子键重
组，使材料保留一定程度的后备强度。又
称为：**塑流**（plastic flow）。

yield point 屈服点
超过称为屈服点的某应力时，在应力没有
同时增长的情况下，材料出现明显的应变
增长。对于许多没有明确屈服点的材料，
可根据应力—应变图计算其理论屈服强
度。

elastic limit 弹性极限
能施加于材料而不致于
造成永久形变的最大应
力。

elasticity 弹性
材料能够随着所施加的
力而变形，并且除去该
力时能恢复其原始尺寸
及形状的性能。

modulus of elasticity 弹性模量
材料的弹性系数，代表单位应力和该应
力所导致的相应单位应变之比，可根据
胡克定律导出，并表示为应力—应变图
中直线部分斜率。又称为：*coefficient*
of elasticity 或 *elastic modulus*。

应力（磅/平方英寸）

应变（英寸/英寸）

permanent set
永久变形
在完全除去产生变形的
应力后，材料所存留的
非弹性应变。

strain-hardening range 应变—硬化范围
在此单位应力区间内，显示出材料强度有
所增长而延性有所损失。

ultimate strength 极限强度
在不发生破坏或断裂的情况下，可预期的
材料能承受的最大拉、压或剪应力。又称
为：**极限应力**（ultimate stress）。

fracture 断裂
当对材料施加的应力超过极限强度时，由
于其原子键破坏而导致的破损。

ductility 延展性
对材料施加应力超过弹性极限但未达到破
坏之前，能产生塑性变形的性能。延展性
是结构材料的理想属性，因为它表明材料
具备的储备强度，并可以作为断裂前的可
见警告。

Hooke's law 胡克定律[译注]
表明如果应力不超过材料弹性极限，某种
物质的应力正比于所产生的应变。

强度高但性脆
延展而且坚韧

toughness 韧性
材料在破坏前能够吸收能量的性能，用拉
力试验时所得到的应力—应变曲线下的面
积来表示。延展性材料比脆性材料具有更
高的韧性。

[译注] 罗伯特·胡克（Robert Hooke，1635—1703），英国博物学家、物理学家、发明家。

moisture expansion 湿胀
吸收水分或蒸汽而产生的材料体积增大。
又称为：bulking。

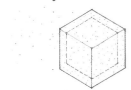

absorption 吸收作用
由于分子或化学作用而吸入或接受气体或
液体。

adsorption 吸附作用
气体、液体或溶解质的纤薄凝聚层黏附在
固体表面，通常不会伴随有材料的任何物
理或化学变化。

coefficient of expansion 膨胀系数
在给定的不变压力下，单位温度变化所引
起的材料长度、面积或体积的变化率。又
称为：膨胀率（expansivity）。

dimensional stability 尺寸稳定性
材料承受温度或湿度变化时能保持其原始
形状及尺寸的性能。

kinetic theory of heat 热动力理论
当吸热时，随着粒子平均动能的增加使物
质温度上升的理论。

thermal expansion 热膨胀
温度上升导致材料长度、面积或体积的增
长。

thermal contraction 冷收缩
温度下降导致材料长度、面积或体积的减
小。

thermal stress 温度应力
受约束材料对抗温度膨胀或收缩而产生的
拉应力或压应力。

thermal shock 热冲击
温度快速变化在材料中可能产生的突发应
力。

weatherability 抗风化性
材料受日光、风、湿度及温度变化的
影响时，能保持其外观及完整性的性
能。

weatherometer 风化仪
对材料进行加速风化试验以确定其抗
风化能力的装置。

**accelerated weathering
风雨侵蚀试验**
将材料暴露于紫外线、水喷淋及加热
部件下，以模拟太阳、雨水和温度变
化的长期效应的过程。又称为：加速
老化（accelerated aging）。

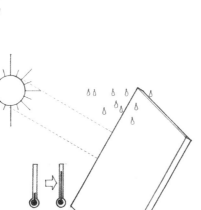

abrasion resistance 抗磨力
材料能抵抗由于与另一物体磨擦而产生
的磨耗性能。抗磨力是耐久性指标，不
是硬度指标，并且是地板材料及表面饰
层的必要质量指标。

abrasion-resistance index 耐磨指数
材料抗磨力的指标，通常表示为重型砂
轮在规定的循环次数下的切入深度或材
料损失。

hardness 硬度
材料能抵抗由于压缩、凹陷、穿透所产生
的变形能力。

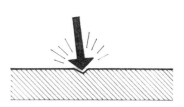

Mohs scale 莫氏硬度
衡量矿物硬度的尺度。随着硬度的提高，
其序数为：1.滑石；2.石膏；3.方解
石；4.萤石；5.磷石；6.长石；7.石英；
8.黄玉；9.蓝宝石；10.金钢石。

Brinell number 布氏硬度
将标准钢球以标准力压入试件，用荷载除
以凹陷面积得到材料硬度。布氏硬度值越
高，试件越硬。

strain-rate effect 应变率效应
提高对正常延展性材料的荷载施加
率，可导致其变成具有脆性的材料。

temperature effect 温度效应
在低温下正常延展性材料可变成具有
脆性特性的材料。

stress relaxation 应力松弛
在不变荷载作用下，受约束材料中的
应力随时间变化而降低。

creep 蠕变/徐变
由于不断施加应力或长期暴露于热环
境而产生的逐步形成的永久变形。在
混凝土结构中，徐变变形随时间而延
续发展，并可明显地大于初始弹性变
形。

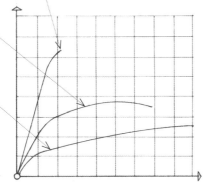

fatigue 疲劳
材料承受重复的系列应力时，在低于弹
性极限的应力作用下的强度降低或破
坏。

fatigue limit 疲劳极限
材料承受不确定循环次数而不会导致破
坏的最大应力。

fatigue ratio 疲劳系数
材料的疲劳限度与抗拉强度之间的比值。
又称为：耐久系数（endurance ratio）。

Rockwell number 洛氏硬度
用锥形金钢石刻痕器或标准钢球对材料试
件刻痕。在两个相继荷载下，量测压入深
度的净增值并代入公式计算以确定材料硬
度。数值越高，材料硬度越大。

Vickers number 维氏硬度
将给定大小的力施加到金钢石尖端对试件
刻痕，用荷载除以刻痕表面积来确定材料
硬度。数值越高，硬度越大。

measure 测量
用以确定某些事物的尺寸、数量或容积的量测单位或标准。

metric system 公制
重量和度量的十进制系统，首先在法国使用，现已广泛传播并普遍用于科学领域。

**International System of Units
国际单位制**
国际上承认的、协调一致的物理单位，使用米、千克、秒、安培、开尔文、坎德拉作为长度、质量、时间、电流、热力学温度、发光强度等基本量的基础单位。

length 长度
沿物体最大延伸方向的测量值。

conversion table 换算表
不同体系的重量或量测单位相等值的表格排列。

SI unit 国际单位
国际单位制下的基本单位。

meter 米
公制长度的基本单位，等于39.37英寸。最初的定义为量测从赤道到极点之间子午线距离的一千万分之一。后来定义为保存在巴黎附近国际计量局的铂—铱合金尺的两端刻线间的距离。现定义为光在真空中1秒时间内传播距离的$1/299792458$。缩写为：m。

kilometer 千米/公里
等于1000米的长度或距离的单位，并等于3280.8英尺或0.621英里。缩写为：km。

scale 标尺
按已知间距制定的指定标志系统，并用作量测时的基准。

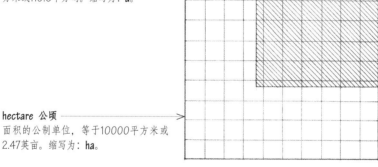

centimeter 厘米
长度的公制单位，等于$1/100$米或0.3937英寸。在建筑中不建议使用厘米。缩写为：cm。

millimeter 毫米
长度的公制单位，等于$1/1000$米或0.03937英寸。缩写为：mm。

micron 微米
1米的百万分之一。又称为：micrometer。符号为：mu或μ。

foot 英尺 [译注1]
长度单位，最初起源于人脚的长度，分成12英寸并等于304.8毫米。缩写为：ft。

inch 英寸 [译注1]
长度单位，等于$1/12$英尺，等于25.4毫米。缩写为：in。

mil 密耳
长度单位，等于0.001英寸或0.0254毫米，用于量测金属丝的直径和极薄板材的厚度。

yard 码
长度单位，等于3英尺或36英寸，并等于0.9144米。缩写为：yd。

rod 杆
长度单位，等于$5^1/2$码或$16^1/2$英尺，并等于5.029米。

mile 英里 [译注1]
地面上的距离单位，等于5280英尺或1760码，并等于1.609千米。又称为：**法定英里(statute mile)**，缩写为：mi。

nautical mile 海里 [译注2]
用于海上或航空导航的距离单位，等于1.852千米或约6076英尺。又称为：**航空里(air mile)**。

square measure 平方面积制
从直线测量单位推出的测量面积的单位或单位体系。

area 面积
平面或曲面的定量尺度。

are 公亩
面积的公制单位，等于$1/100$公顷、100平方米或119.6平方码。缩写为：a。

hectare 公顷
面积的公制单位，等于10000平方米或2.47英亩。缩写为：ha。

acre 英亩
土地面积单位，等于$1/640$平方英里、4840平方码、43560平方英尺或4047平方米。

circular mil 圆密耳
主要用于量测金属丝截面积的单位，等于直径为1密耳的圆的面积。

cubic measure 立方体积制
从直线测量单位推出的用以测量体积及容积的单位或单位体系。

volume 体积
按立方体积单位量测的三维物体或空间范围的大小或延伸程度。

liter 升
容积的公制单位，等于$1/1000$立方米或61.02立方英寸。缩写为：L。

milliliter 毫升
容积的公制单位，等于$1/1000$升或0.06102立方英寸。缩写为：mL。

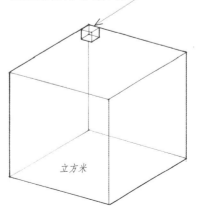

立方米

fluid ounce 液体盎司
液体的容积单位，等于1.805立方英寸或29.573毫升。缩写为：fl.oz。

pint 品脱
液体的容积单位，等于16液体盎司、28.875立方英寸或0.473升。缩写为：pt。

quart 夸脱
液体的容积单位，等于2品脱、57.75立方英寸或0.946升。缩写为：qt。

gallon 加仑
液体的容积单位，等于4夸脱、231立方英寸或3.785升。缩写为：gal。

[译注1] 英里、英尺、英寸在中国香港、澳门和台湾等地区写为英哩、英呎、英吋，并经常简写为哩、呎、吋。
[译注2] 1海里等于地球子午线上纬度1′所对应的弧长。

density 密度
单位体积物质的质量。

specific volume 比容
密度的倒数,等于单位质量的体积。

specific gravity 比重
物质密度与另一种标准物质密度的
比值。通常用蒸馏水作为液体和固
体的标准物质,空气或氢气作为气
体的标准物质。

pound 磅
力的单位,等于在重力加速度下1磅质
量的重量。缩写为:lb。

Newton 牛顿
力的标准国际制单位,等于以1米/秒² 的
加速度加速1千克质量所需的力。缩写
为:牛(N)。

kilogram 千克
力和重量的单位,等于在重力加速度
下1千克质量的重量。缩写为:kg。

atmosphere 大气压
压力的单位,等于海平面标高的空气
正常压力,等于1.01325 x 105 N/m² 或
约14.7磅/平方英寸。缩写为:atm。

standard atmosphere 标准大气压
大气压的标准单位,其值为29.92英寸
(760mm)高的水银柱。

atmospheric pressure 大气压力
在一个给定点由地球大气所施加的压
力,通常以水银柱高度表示。又称
为:barometric pressure。

barometer 气压计
量测大气压力的仪器,用于气象预测
或确定高程。

horsepower 马力
功率的单位,等于550英尺·磅/秒或
745.7瓦。缩写为:hp。

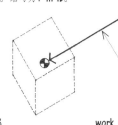

**mechanical equivalent of heat
热功当量**
热量单位与功或能量的单位之间的关
系值,例如1英国热量单位=778.2英
尺·磅,1卡路里=4.1858焦耳。[译注1]

gram 克
公制的质量单位,等于1/1000千克
或0.035盎司。缩写为:g。

metric ton 公吨
质量的单位,等于1000千克并等于
2204.62英国常衡磅。又称
为:tonne,缩写为:m.t.。

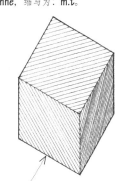

pound 磅
重量的单位,等于16盎司,并等于
0.453千克。缩写为:lb。

kip 千磅
重量的单位,等于1000磅或453.6
千克。

ton 吨
重量的单位,等于2000磅或0.907
公吨。又称为:短吨(short ton)。

Boyle's law 波义耳定律[译注2]
在相对低的压力和固定温度
下,封闭的理想气体的压力与
其体积成反比。

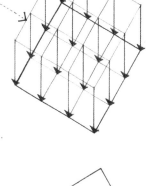

foot-pound 英尺·磅
能量的单位,等于1磅力的作用
点沿作用方向移动1英尺距离所
做的功。缩写为:ft-lb。

inch-pound 英寸·磅
1/12英尺·磅。缩写为:in-lb。

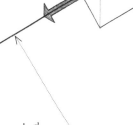

power 功率
每单位时间所做的功或所传
递的能量,通常以瓦特或马
力表示。

work 功
由于力的作用点的运动而产生的
能量转换,等于施加于作用点运
动方向的力的分力与作用点运动
所经过距离的乘积。

mass 质量
物体惯性的度量。由物体所含材料的
数量以及在不变的重力加速度场中物
体的重量所决定。缩写为:M。

kilogram 千克
标准国际单位制的质量基本单位,等
于保存在巴黎附近国际计量局中的
铂—铱圆柱体的质量,等于2.205英
国常衡磅。缩写为:kg。

weight 重量
地球施加于物体的重力,等于物体质
量乘以当地的重力加速度。

gravity 重力
由地球的质量施加于位于其表面附近
的物体中心的吸引力。

gravity 重力加速度
自由下落物体在地球的重力场中的加
速度,在海平面标高处大约为32英
尺/秒²(9.8米/秒²)。又称
为:acceleration of gravity。符号为g。

pressure 压强
施加于表面的力,以每单位面积的力
来度量。

Pascal 帕斯卡
标准国际单位制的压强单位,等于1
牛顿/米²。缩写为:Pa。

energy 能量
实体系统从其实际状态转变为特定基
准状态时所能做的功。

Joule 焦耳
标准国际单位制的功(或能量)的单
位,等于1牛顿力的作用点按力的作
用方向移动经过1米距离所做的功,
大约等于0.7375英尺·磅。又称为:
牛顿·米(Newton-meter),缩写
为:J。

Watt-hour 瓦特·小时
能量的单位,等于以1瓦特功率运转1
小时,并等效于3600焦耳。缩写
为:Wh。

[译注1] 热与功在数值上可以相互换算,或者说传热与做功可以对系统带来同等的变化,例如温度升高。两者之间只是可能对系统起到相同效果,但不能直接等同起来。
[译注2] 罗伯特·波义耳(Robert Boyle,1627—1691),英国化学家、物理学家。波义耳定律又称为:"波马定律",是由波义耳和伊丹·马略特(Edme Mariotte,1620—1684,
法国化学家、神学家)先后独立发现的。

membrane 薄膜
主要通过产生拉应力来承受荷载的柔性纤薄面层。

tent structure 帐篷结构
被外部作用力预张紧的薄膜结构，因此在所有的预期荷载作用下被完全拉紧。为了避免拉力过高，应在其相对方向具有较大的曲率。

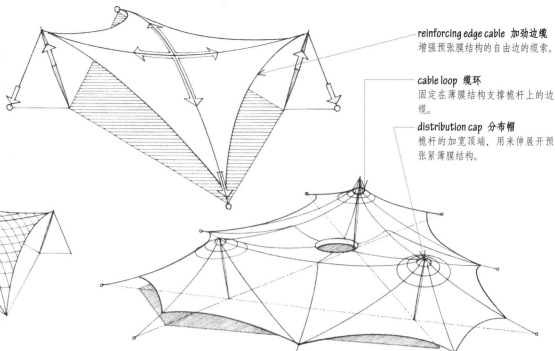

reinforcing edge cable 加劲边缆
增强预张膜结构的自由边的缆索。

cable loop 缆环
固定在薄膜结构支撑桅杆上的边缆。

distribution cap 分布帽
桅杆的加宽顶端，用来伸展开预张紧薄膜结构。

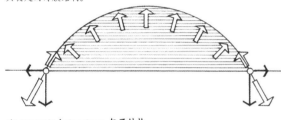

net structure 网结构
表面由密集的索而不是织物材料组成的薄膜结构。

pneumatic structure 充气结构
根据受拉情况布置并用压缩空气的压力使其稳定的薄膜结构。

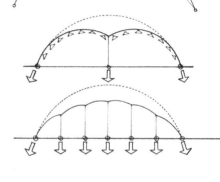

air-supported structure 气承结构
由略高于正常大气压的内压力支撑的单层膜所组成的充气结构。结构被牢固锚固并沿周边密封以防渗漏。在入口处需设置气闸来保持内部空气压力。

cable-restrained pneumatic structure 缆束充气结构
在此种空气支撑结构中使用根据受拉情况布置的索网来约束薄膜，索网因吹胀力而受拉，使其不会呈现吹胀薄膜的自然轮廓。

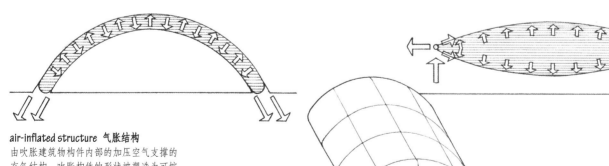

air-inflated structure 气胀结构
由吹胀建筑物构件内部的加压空气支撑的充气结构，吹胀构件的形状被塑造为可按传统方式来承受荷载，然而建筑物被围护体积内的空气仍保持正常大气压强。双薄膜结构中部的鼓胀趋势用压缩环、内拉杆或横隔膜来约束。

ingot 金属锭
在进一步加工前将金属浇铸成便于储藏和运输的大块。

blank 毛坯
有待进一步通过拉拔、轧制等机械方法加工为成品的金属块。

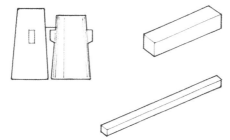

scale 鳞皮
金属在高温下表面氧化形成的鳞状形态。

mill scale 轧屑
热轧过程中在钢铁表面形成的不规则氧化铁表层。轧屑可以提高钢筋混凝土或钢结构防火混凝土结构中钢材与混凝土之间的结合力。

heat treatment 热处理
使金属受控地加热与冷却以达到特定的物理或力学性能。

anneal 退火
将金属或玻璃加热到略低于再结晶点，然后在空气或液体中逐渐冷却以消除其内应力。这一加工工艺可以提高金属的延展性。

quench 淬火
将加热的金属浸没在水中快速冷却，可以提高其硬度。

temper 回火
将材料重新加热到一个较低温度后缓慢冷却，可以提高其强度或硬度。

stress relieving 应力消除
对金属材料的回火处理，将其加热到可以消除残余应力的温度后缓慢而均匀地冷却。

residual stress 残余应力
由于不均匀的热变化、塑性变形或其他非外力原因或加热因素形成的金属材料中的微观应力。

case-harden 表面硬化
通过渗碳或热处理方式提高铁基合金外表面硬度，同时保留其内部的强度和延展性。

bloom 粗轧钢坯
钢锭初轧成尺寸适于进一步轧制的钢条。

blooming mill 初轧机
将钢锭轧制成粗轧钢坯的机器。

billet 坯段
用钢锭或粗轧钢坯制成的细小的通常界面成正方形的钢条。

hot-roll 热轧
在达到满足再结晶要求的温度下对金属进行轧制。

hot-rolled finish 热轧表面
金属通过热轧获得的深色、氧化、相对粗糙的表面。

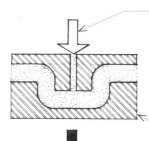
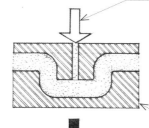

die casting 压铸
将熔化的金属在液压下注入模具实现特定形状或造型的过程或产品。

casting 铸造
将液态材料注入模具硬化成特定形状的过程或产品。

mold 模具
可以将熔化或塑性状态下的材料形成特定形状的空心形状或凹模。

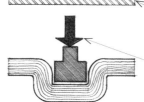

forge 锻造
用加热和击打方式加工金属。

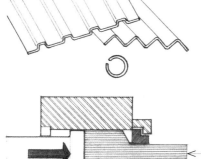

cold-roll 冷轧
在低于再结晶温度下对金属进行轧制，从而可以提高抗拉强度或改进表面光整度。

mill finish 纹状表面
冷轧或挤压成型在金属表面形成的条纹状表面。

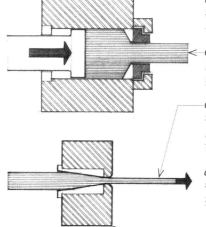

extrusion 挤出成型/挤出产品
用挤压杆强迫金属或塑料通过模具实现特定设计截面的过程或产品。

cold-draw 冷拔
在没有预先加热的情况下，将金属从一系列的模具中拔出来减小其截面面积，用于线材和管材加工。

drawn finish 拔制表面
将金属从模具中拔出形成的光滑明亮的表面。

die 挤出模具
用于对金属和塑料挤压或拉拔加工的具有小型圆锥孔洞的钢块或钢板。

metal 金属
诸如金、银、铜等这类物质，固态时为晶体，多具有不透明、可延展、能导电、新鲜断面呈现独特光泽等特点。

hot-working 热加工
在达到满足再结晶要求的温度下对金属进行加工。

recrystallize 再结晶
在塑性变形后，通过加热处理方式使颗粒结构重新形成晶格。

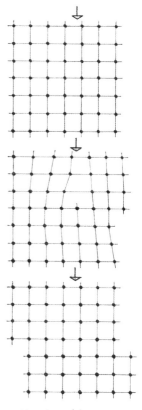

cold-working 冷加工
在低于金属再结晶温度下对金属进行加工，例如拉拔、挤压和冲压。

ferrous metal　黑色金属
以铁元素为主的金属。

iron　铁
一种可锻、具有磁性与延展性、银白色的金属元素，可制成生铁或钢。符号为：Fe。

smelt　冶炼
将矿石加热或通电熔化将其中的金属成分分离出来。

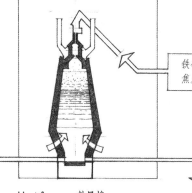

铁矿石、石灰石、焦炭的混合物

coke　焦炭
煤炭干馏后的固态剩余物，用作燃料。

pig iron　生铁
利用高炉获取的粗加工的铁，可以加工为铸铁、熟铁和钢材。

pig　块
当金属在液态时倒入砂模形成的矩形块状物，常指高炉铁水浇铸成的形状。

blast furnace　鼓风炉
用来从铁矿石中炼铁的高炉，炉中持续鼓风通过燃料以加强燃烧。

blast-furnace slag　高炉渣
高炉炼铁后留下的炉渣。

slag　炉渣
金属冶炼后剩下的玻化物。又称为：cinder。

cast iron　铸铁
一种硬、脆，不能锻打的以铁为主的合金，含有2%～4.5%的碳和0.5%～3%的硅。在砂模中浇筑后可以机械加工为多种建筑产品。

malleable cast iron　可锻铸铁
通过将碳转化为石墨或完全移除的方法来退火的铸铁。

malleable　可锻的
可以通过锤打或轧辊挤压成型的一种材料属性。

wrought iron　熟铁
一种相对较软，可锻且具有韧性的铁合金，可以锻打或焊接。熟铁具有纤维状结构，含有大约0.2%的碳和少量均匀分布的炉渣。

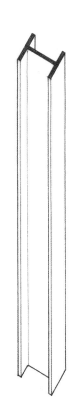

steel　钢
碳含量高于熟铁而低于铸铁，以铁为主的合金，因成分和热处理的差异具有不同的强度、硬度和弹性。

carbon steel　碳素钢
碳、锰、磷、硫、硅等残留成分可控的普通非合金钢。碳成分的增加可以提高其强度和硬度，但也会降低其延展性和可焊性。

carbon　碳
一种非金属元素，作为纯净物时表现为金刚石或石墨，或者作为煤和石油等混合物的组分之一。符号为：C。

carburize　渗碳
用碳连接铁或钢。

alloy steel　合金钢
为了获得特定的物理或化学性质，添加了适量的铬、钴、铜、锰、钼、镍、钨、钒等元素的碳素钢。

alloy　合金
由两种或两种以上金属，或一种金属、一种非金属通过熔化或电沉积方法组成的物质。

base metal　母料
合金中的主要金属，或其他金属镀膜下面的金属基体。

mild steel　软钢
碳含量为0.15%～0.25%的低碳钢。又称为：soft steel。

medium steel　中硬度钢
碳含量为0.25%～0.45%的碳素钢。

hard steel　硬钢
碳含量为0.45%～0.85%的高碳钢。

spring steel　弹簧钢
碳含量为0.85%～1.8%的高碳钢。

stainless steel　不锈钢
至少含有12%的铬，有时还含有镍、锰、钼等附加合金元素，可以大幅提高抗腐蚀能力的合金钢。

**high-strength low-alloy steel
低合金高强度钢**
合金化学成分小于2%的低碳钢，用来提高强度、延展性和抗腐蚀性。

weathering steel　耐候钢
暴露在雨水或大气水蒸气中的低合金高强度钢会在表面形成氧化层，这一氧化层会紧密附着在基体金属上从而保护其免受进一步的腐蚀。使用耐候钢的结构需要在节点设计中注意避免雨水携带的微量氧化物对相邻材料的污染。

rust 锈
铁暴露于空气和湿气时在表面形成的偏红色脆弱薄层。锈本质上是氧化作用形成的水和氧化铁。

oxidation 氧化
与氧元素结合形成氧化物的过程和结果。

oxide 氧化物
由氧和另一元素形成的化合物。

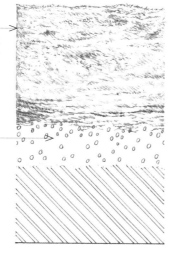

noble metal 贵金属
金、银、汞等加热时在空气中不会氧化，也不溶于无机酸的金属。

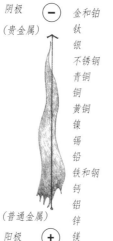

阴极　　⊖　金和铂
(贵金属)　　　钛
　　　　　　　银
　　　　　　不锈钢
　　　　　　青铜
　　　　　　铜
　　　　　　黄铜
　　　　　　镍
　　　　　　锡
　　　　　　铅
　　　　　　铁和钢
　　　　　　钙
(普通金属)　　铝
阳极　　⊕　锌
　　　　　　镁

sacrificial anode 牺牲阳极
连接到金属物体上从而代其承受电解的阳极。

corrosion 腐蚀
金属暴露于天气、湿气和其他腐蚀性因素下因为化学反应逐步锈蚀的过程。

galvanic corrosion 电偶腐蚀
因不同金属接触发生电解而加速腐蚀的作用。

galvanic series 电偶序
按照不同金属腐蚀电位从低到高排出的列表。相距越远的两个金属在一起时越容易发生电偶腐蚀。

cathodic protection 阴极保护
为保护黑色金属而将其与牺牲阳极连接。又称为：*electrolytic protection*。

cladding 包覆
将一种金属与另一种金属结合的过程或产物，常为保护里面的金属免受腐蚀。

pickle 酸洗液
用来除去金属表面锈蚀层和附着物的酸液或其他化学溶液。

bonderize 上底漆
在钢材表面涂以磷酸溶液，为涂料、封釉或清漆的涂装做准备。

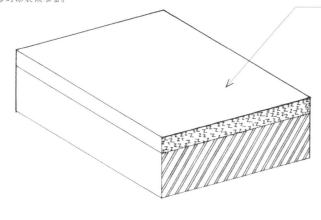

anodize 阳极氧化
使用电或化学作用在铝、镁等金属表面形成一层坚硬而耐腐蚀的薄膜。

chrome 镀铬
在金属表面镀上一层铬化合物防止腐蚀。又称为：*chromeplate*。

chromium 铬
一种有光泽的坚硬而且脆的金属，用于提高合金钢的强度和耐腐蚀性，也用于其他电镀金属。符号为：Cr。

galvanize 镀锌
在金属材料，特别是钢铁的表面镀一薄层锌，特指浸入熔化的锌水中形成锌铁合金表层。

hot-dip galvanizing 热浸镀锌
为保护黑色金属而将其浸入熔化的锌水中。

galvanized iron 镀锌铁
为防止锈蚀而镀过锌的铁。

zinc 锌
一种具备延展性和晶格结构的青白色金属。常用于钢铁镀层或制造其他合金。符号为：Zn。

tinplate 镀锡铁皮/马口铁
为防止氧化而在表面镀锡的薄钢板或薄铁板。

tin 锡
一种有光泽、熔点较低的青白色金属元素。常温下柔韧可镀，用于镀层、制造合金或软钎焊。符号为：Sn。

electroplate 电镀
用电解法在物体表面镀上金属附着层，常用来提高硬度、耐久性并改善基底金属的外观。

electrolysis 电解
电流通过电解质时，正离子和负离子向负电极和正电极连续迁移的化学反应。

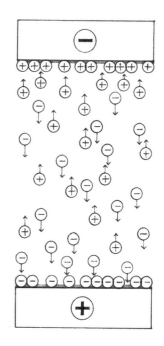

W-shape　W型钢
具有较宽平行翼缘的截面呈工字形的热轧
结构钢，编号由W开头，随后是尺寸和重
量数字。又称为：wide flange。

M-shape　M型钢
形状类似W型钢，但是没有像W型钢那样
分类的热轧结构钢。编号由M开头，随后
是尺寸和重量数字。

HP-shape　HP型钢
常用作承重柱，截面形状类似W型钢，但
是翼缘与腹板具有相同厚度的热轧结构
钢。编号由HP开头，随后是尺寸和重量
数字。

S-shape　S型钢
翼缘向内倾斜、截面呈I形的热轧结构
钢。编号由S开头，随后是尺寸和重量数
字。又称为：**美国标准梁（American
standard beam）**。

**American standard channel
美国标准槽钢**
翼缘向内倾斜、截面呈"匚"形的热
轧结构钢。编号由C开头，随后是尺
寸和重量数字。

miscellaneous channel　杂项槽钢
截面类似C型钢，编号由MC开头，随
后是尺寸和重量数字的热轧结构钢。

angle　角钢
截面呈L形，编号由L开头，随后是尺寸和
重量数字的热轧结构钢。又称为：**三角铁
（angle iron）**。

equal leg angle　等边角钢
两边长度相等的角钢。

unequal leg angle　不等边角钢
两边长度不相等的角钢。

double angle　双角钢构件
由一对背面连接的角钢组成的结构构件。
角钢平行相邻的部位可以接触或略微分
开。

structural tee　结构T型钢
从W型钢、S型钢或M型钢中截切出
的界面呈T形的结构钢。根据其来源
的不同，编号由WT、ST或MT开头，
随后是尺寸和重量数字的热轧结构
钢。

tee　T型钢
截面呈T形的轧制金属杆。又称
为：T-bar。

zee　Z型钢
截面呈Z形、具有直角内转角的轧制金属
杆。又称为：Z-bar。

bar　杆
长而实心的金属，特别是截面为正方形、
矩形或其他简单形状的。

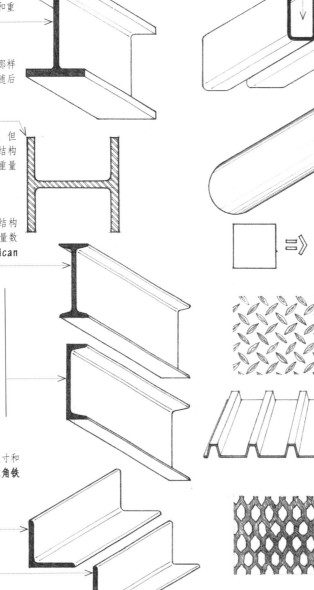

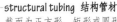

structural tubing　结构管材
截面为正方形、矩形或圆形的空心结
构钢。编号由TS开头，随后是截面边
长尺寸和壁厚的数字。

standard pipe　标准管
具有标准重量和壁厚的结构钢管，由
Pipe（公称内径）Std来命名。

extra-strong pipe　加强管
为提高强度而增加壁厚的结构钢管，
由Pipe（公称内径）X-Strong来命名。

double-extra-strong pipe　双重加强管
壁厚比加强管的壁厚更厚的结构钢
管，由Pipe（公称内径）XX-Strong来
命名。

equivalent round　等效圆
周长与非圆形管材截面周长相等的圆
形的直径。

plate　板
薄而平的金属，尤其是厚度均匀的金
属。

checkered plate　网纹板
具有类似网格状花纹的钢材或铸铁板。

sheet metal　板料
薄片或薄板状的金属，用于制作风
管、泛水及屋面。

corrugated metal　波纹金属板
为了获得更高的力学强度，采用拉制
或轧制方法制成的具有平行的眷和谷
的金属薄板。

expanded metal　钢板网
将金属薄板切口后拉制成刚性的开口
金属网或格栅，常用作板条。

blackplate　黑钢板
尚未酸洗或清洁的冷轧金属板，用来
镀锌、镀锡或镀铅锡。

gauge　厚度标准/直径标准
细小物体厚度或直径的尺寸标准，例
如金属板的厚度、金属丝或螺钉的直
径。又称为：gage。

wire gauge　线规
沿金属圆盘的边缘刻有一系列标准尺
寸开口的工具，用来测定金属丝的直
径或金属板的厚度。

wire cloth　金属丝布
用金属丝编织而成的织物，用于制作
筛子等物品。

hardware cloth　钢丝网
筛孔尺寸介于0.25~0.5英寸（6.4~
12.7毫米）的镀锌钢丝制成的网。

mesh　网目
金属网在每英寸长度里的开孔数量。

wire rope　钢丝绳
由多股金属线沿着绳芯捻绕成的重型
绳索。

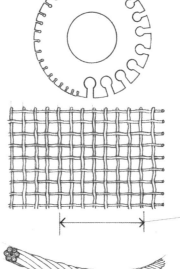

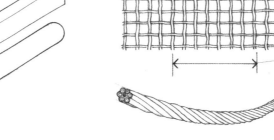

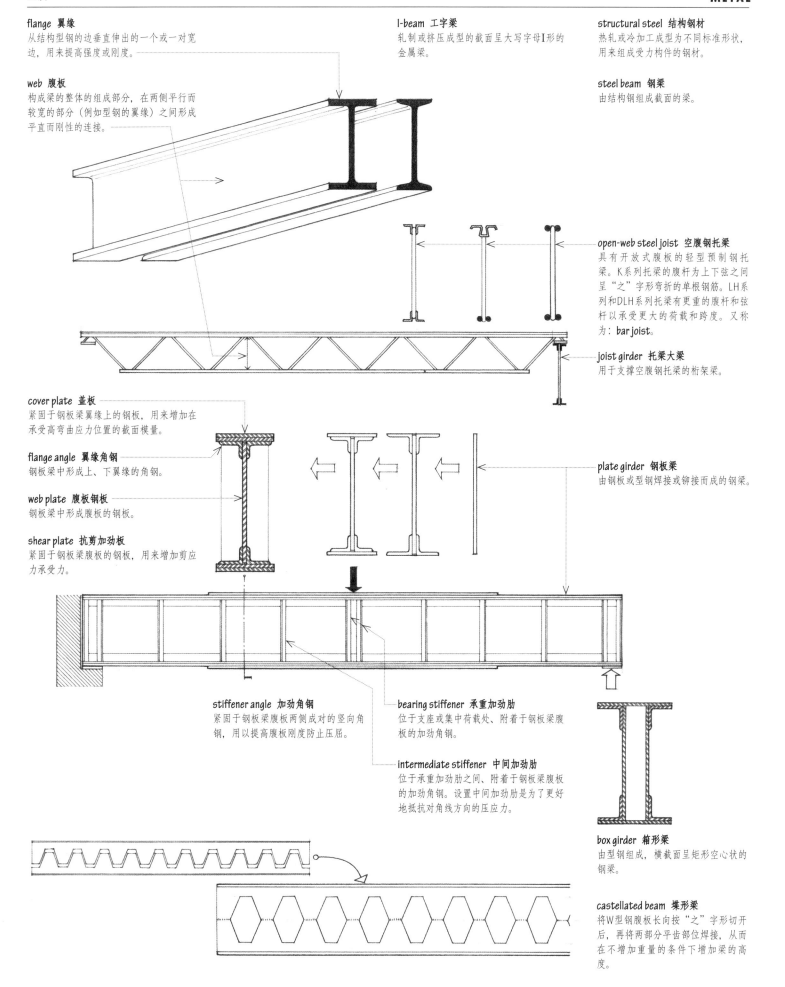

flange 翼缘
从结构型钢的边垂直伸出的一个或一对宽边，用来提高强度或刚度。

web 腹板
构成梁的整体的组成部分，在两侧平行而较宽的部分（例如型钢的翼缘）之间形成平直而刚性的连接。

I-beam 工字梁
轧制或挤压成型的截面呈大写字母I形的金属梁。

structural steel 结构钢材
热轧或冷加工成型为不同标准形状，用来组成受力构件的钢材。

steel beam 钢梁
由结构钢组成截面的梁。

open-web steel joist 空腹钢托梁
具有开放式腹板的轻型预制钢托梁。K系列托梁的腹杆为上下弦之间呈"之"字形弯折的单根钢筋。LH系列和DLH系列托梁有更重的腹杆和弦杆以承受更大的荷载和跨度。又称为：**bar joist**。

joist girder 托梁大梁
用于支撑空腹钢托梁的桁架梁。

cover plate 盖板
紧固于钢板梁翼缘上的钢板，用来增加在承受高弯曲应力位置的截面模量。

flange angle 翼缘角钢
钢板梁中形成上、下翼缘的角钢。

web plate 腹板钢板
钢板梁中形成腹板的钢板。

shear plate 抗剪加劲板
紧固于钢板梁腹板的钢板，用来增加剪应力承受力。

plate girder 钢板梁
由钢板或型钢焊接或铆接而成的钢梁。

stiffener angle 加劲角钢
紧固于钢板梁腹板两侧成对的竖向角钢，用以提高腹板刚度防止压屈。

bearing stiffener 承重加劲肋
位于支座或集中荷载处、附着于钢板梁腹板的加劲角钢。

intermediate stiffener 中间加劲肋
位于承重加劲肋之间、附着于钢板梁腹板的加劲角钢。设置中间加劲肋是为了更好地抵抗对角线方向的压应力。

box girder 箱形梁
由型钢组成，横截面呈矩形空心状的钢梁。

castellated beam 堞形梁
将W型钢腹板长向按"之"字形切开后，再将两部分平齿部位焊接，从而在不增加重量的条件下增加梁的高度。

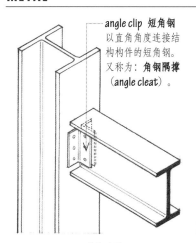

angle clip 短角钢
以直角角度连接结构构件的短角钢。
又称为：**角钢隅撑**（angle cleat）。

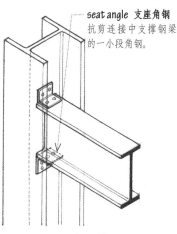

seat angle 支座角钢
抗剪连接中支撑钢梁的一小段角钢。

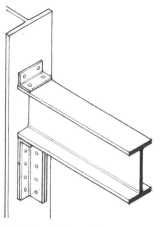

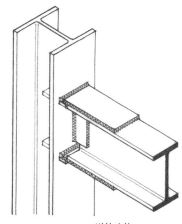

framed connection 构架连接
抗剪力的钢结构连接方式，将梁的腹板通过一对角钢焊接或栓接到承重柱或大梁上。

seated connection 托座连接
抗剪力的钢结构连接方式，将梁的翼缘通过上方的稳定角钢和支座角钢焊接或栓接到承重柱上。

stiffened seated connection 加劲肋托座连接
带有加劲肋以承受较大型梁的托座连接，通常采用托座连接的支座角钢水平翼缘下方设置竖向钢板或一对角钢的方法。

moment connection 刚性连接
可以产生特定抵抗弯矩的钢结构连接方式，常采用将钢梁的翼缘用钢板焊接或铆接到支撑柱的方式。

steel column 钢柱
含有单根或组合结构型钢的柱子。钢柱的容许压荷载不仅取决于其横截面面积，还与其形状有关。主要柱子的长细比不应超过120。支撑杆或次要构件的长细比不应超过200。

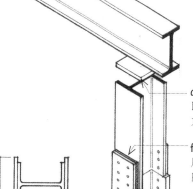

built-up column 组合柱
由W型钢、槽钢、角钢、钢板等型钢组合构成的钢柱。组合柱中各个构件的安排和横截面的形状不仅需要满足构造与美学方面的需要，还必须提供尽可能大的回转半径来防止构件压屈破坏。

box column 箱形柱
含有由缀件或顶板固接而成的空心组合柱。

lacing 缀件
用来连接组合钢柱、钢梁或撑杆中角钢或翼缘的构件。

pipe column 钢管柱
用于竖向支撑的结构钢管。

Lally column 拉莱柱
通常填充混凝土的钢管柱的商标。

cap plate 柱顶盖板
固定于柱顶的钢板，用来为大梁或梁提供支撑面。

filler plate 填板
用于翼缘厚度不同的钢柱连接时的钢制填隙片。

splice plate 拼接板
在拼接钢柱时沿翼缘设置的将钢柱翼缘连接起来的钢板。需要打磨水平接触面来提供完整的受力面积。为避免与梁或大梁连接节点的冲突，拼接节点常设置于距楼面2~3英尺（610~914毫米）处。

butt plate 对接钢板
为较小钢柱连接到较大钢柱提供完整受力面的水平钢板。

base plate 底板
将柱子荷载传递并分布到基础的钢板。

dry-pack 干填充
将高强度、低收缩的干硬性混凝土或砂浆充塞到受力钢板之下等受限空间内，来传递压荷载。

high-strength bolt 高强度螺栓
用低合金高强度钢制成的，用于钢结构连接的螺栓。

high-tension bolt 高强抗拉螺栓
用设定过的扭矩扳手上紧的高强度螺栓，可以为被连接构件表面通过摩擦力传递荷载提供必要的夹紧力。

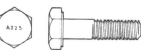

tension-control bolt 张力控制螺栓
带有花键末端的高强度螺栓，当达到设计扭矩时花键末端会被拧落。

bauxite 矾土
主要的铝矿石,含有45%~60%的氧化铝、氧化铁和多种其他杂质。

alumina 刚玉
天然形成或人工合成的铝氧化物,用于铝制品、陶瓷和电气绝缘。又称为:**氧化铝**(aluminum oxide)。

Bayer process 拜耳法[译注1]
从矾土中提炼铝的主要方法。

reduction 还原
通过除去非金属成分的方法达到金属状态的过程,例如从氧化铝中电解提炼铝的过程。

nonferrous metal 有色金属
不含铁的金属。

aluminum 铝
一种具有延展性可锻的银白色金属元素,可用来制造多种坚硬轻质合金。常做氧化处理来获得更好的防腐、颜色和表面硬度。符号为:Al。

heat-treatable alloy 可热处理合金
可通过热处理提高强度的铝合金。

non-heat-treatable alloy 非热处理合金
可通过冷处理提高强度的铝合金。又称为:**普通合金**(common alloy)。

alclad 包铝
一种铝制品,外面是铝合金制成的包覆层,同时作为牺牲阳极可以保护内核合金免受腐蚀。

duralumin 硬铝
由铝、铜、锰、镁组成的一种轻质高强合金。

patina 铜锈
老旧青铜或铜的表面因氧化而产生的绿色薄膜或结壳,常因其装饰价值受到欣赏。

antimony 锑
一种主要用在合金里的易碎晶态银白色金属元素。符号为:Sb。

cadmium 镉
一种与锡类似的白色可锻金属元素,用于电镀或某些合金。符号为:Cd。

carbide 硬质合金
碳化钨等用碳与重金属制成的非常坚硬的材料,用于刃具或模具。

magnesium 镁
一种轻质可锻的银白色金属元素,用于轻质合金。符号为:Mg。

manganese 锰
一种硬而脆的金属元素,主要作为合金成分用于增加钢材的硬度和韧性。符号为:Mn。

nickel 镍
一种坚硬的银白色可锻而且延展性良好的金属元素,用于钢材和铸铁合金以及需要防腐蚀金属的电镀。符号为:Ni。

silicon 硅
一种具备晶态或非晶态形式的非金属元素,常用于电子设备或提高低合金钢的强度。符号为:Si。

tungsten 钨
一种具有高熔点的较重、易碎的灰白色金属元素,用于电气设备或提高合金的硬度。符号为:W。

vanadium 钒
一种可锻而且具备延展性的灰色金属元素,用于提高合金的硬度。符号为:V。

bronze 青铜
以铜和锡为主要成分的多种合金。或含有大量铜以及少量或不含锡的多种合金。

silicon bronze 硅青铜
含有97%的铜和3%硅的合金。

gold bronze 金青铜
含有90%的铜、5%锌、3%铅和2%锡的合金。

phosphor bronze 磷青铜
含有80%的铜、10%锡、9%锑和1%磷的合金。

aluminum bronze 铝青铜
含有较多铜、5%~11%铝以及少量铁、镍和锰的多种合金。又称为:**albronze**。

brass 黄铜
以铜和锌为主要成分的多种合金,用于窗、扶手、边条和装修五金件。部分合金按照定义属于黄铜,但是其名字中可能出现青铜字眼,例如建筑青铜。

commercial bronze 工业青铜
含有90%的铜和10%锌的合金。

red brass 赤黄铜
含有77%~86%的铜以及相应比例锌的合金。

aluminum brass 铝黄铜
含有75%的铜、2%铝、相应比例锌以及少量其他成分的合金。

common brass 普通黄铜
含有65%的铜和35%锌的合金。

naval brass 海军铜
含有60%的铜和40%锌的合金。

architectural bronze 建筑青铜
含有57%的铜、40%锌、2.75%铅和0.25%锡的合金。

Muntz metal 孟兹合金[译注2]
含有55%~61%的铜和39%~45%锌的合金。又称为:**熟铜**(alpha-beta brass)。

manganese bronze 锰青铜
含有55%的铜、40%锌以及不超过3.5%锰的合金。

copper 铜
一种具有延展性可锻的红棕色金属元素,是热和电的良导体,广泛用于电线、水管及青铜、黄铜等合金的制造。符号为:Cu。

lead 铅
一种重而且软、可锻的蓝灰色金属元素,用于焊料和放射线防护。符号为:Pb。

terne metal 铅锡合金
一种由约80%的铅和20%锡组成的合金,用于镀层。

terneplate 镀铅锡钢板
用作屋面材料的外镀铅锡合金的薄钢板。

[译注1]卡尔·约瑟夫·拜耳(Carl Josef Bayer,1847—1904),奥地利化学家。1888年由他发明的拜耳法与其他技术一起促成铝的价格从1854年到1890年时下降了约80%。
[译注2]乔治·弗雷德里克·孟兹(George Frederick Muntz,1794—1857),英国实业家。他首先生产的铜锌合金以其姓名命名。

moisture protection 防水防潮
通过各种措施防止水或水蒸气从建筑物构件或构造中通过或迁移。

saturated air 饱和空气
在给定温度下，含有最大可能水蒸气含量的空气。

vapor migration 蒸气渗透
由于蒸气压力差及温度差而导致的水蒸气通过多孔介质的移动。

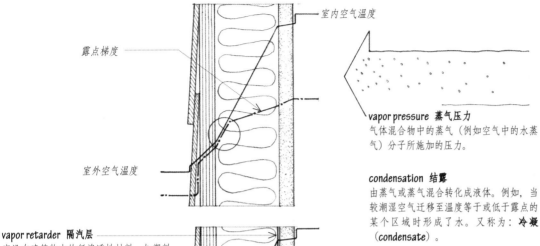

室内空气温度

露点梯度

室外空气温度

water vapor 水蒸气
水分子在空气中的扩散，特别是在环境温度下而不是煮沸所产生的扩散。

vapor 蒸气
温度低于其临界温度的气体。

vapor pressure 蒸气压力
气体混合物中的蒸气（例如空气中的水蒸气）分子所施加的压力。

condensation 结露
由蒸气或蒸气混合转化成液体。例如，当较潮湿空气迁移至温度等于或低于露点的某个区域时形成了水。又称为：**冷凝**（condensate）。

mildew 霉变
暴露于潮湿环境中时表面上所出现的真菌造成的污点。

vapor retarder 隔汽层
安设在建筑物内的低渗透性材料，如塑料薄膜或铝箔，可以阻止水蒸气移动到它可凝结为水的位置。又称为：vapor barrier。

surface condensation 表面结露
当较潮湿的空气与等于或低于露点的表面接触时所发生的凝结。

permeance 透汽率
在单位压力差下单位时间内移动通过给定厚度的单位面积材料的水蒸气的质量。

sweating 结露
通过冷凝作用将周围空气中的水分聚集在表面上。

Perm 泊姆
透汽率的单位，等于在每英寸水银柱压力差下，每小时内每平方英尺移动通过1格令[译注]水蒸气。

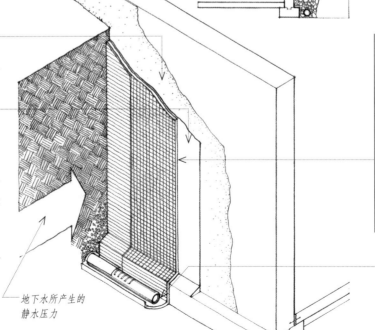

dampproofing 防潮处理
通过敷贴防水面层或使用合适的外加剂对砌体结构或混凝土表面进行处理，防止吸收水分或水蒸气渗透。

gravel drain 砾石排水
铺设或填充碎石层或砾石层，来保证在防止泥砂及淤泥进入及流动的情况下，适当地排放地下水。

parging 砂浆抹光
用来使粗糙的砌体结构表面光滑，或为了使砌体结构墙面防潮的水泥砂浆薄层。又称为：parget。

drainage mat 排水垫
一种用于排除基础或挡土墙背面等处地下水的建筑材料，由合成垫芯或格状疏水芯以及外罩的单面或双面过滤织物两部分组成。

waterproofing 防水处理
铺贴薄膜或罩面层来防止透水。

filter fabric 过滤织物
允许水自由通过织物进入地下排水设施，同时可以防止细土颗粒进入及堵塞排水系统的土工织物。

asphalt mastic 沥青玛琋脂
沥青、级配矿物骨料及细矿粉的混合物，当加热时可浇筑，而当暴露在空气中时可硬化。用作黏结剂、密封胶及用作防水处理。

geotextile 土工织物
用于分离土壤材料、过滤并防止细土颗粒进入排水设施或控制水土流失的合成织物。

地下水所产生的静水压力

mastic 玛琋脂
含有沥青材料并用作黏结剂或密封胶的各种浆糊状配制品。

foundation drain 基础排水
用于收集及输送地下水至排水点，围绕建筑物基础铺设的疏铺排水陶管或多孔管。

[译注]格令为英制质量单位，1格令＝64.8毫克。

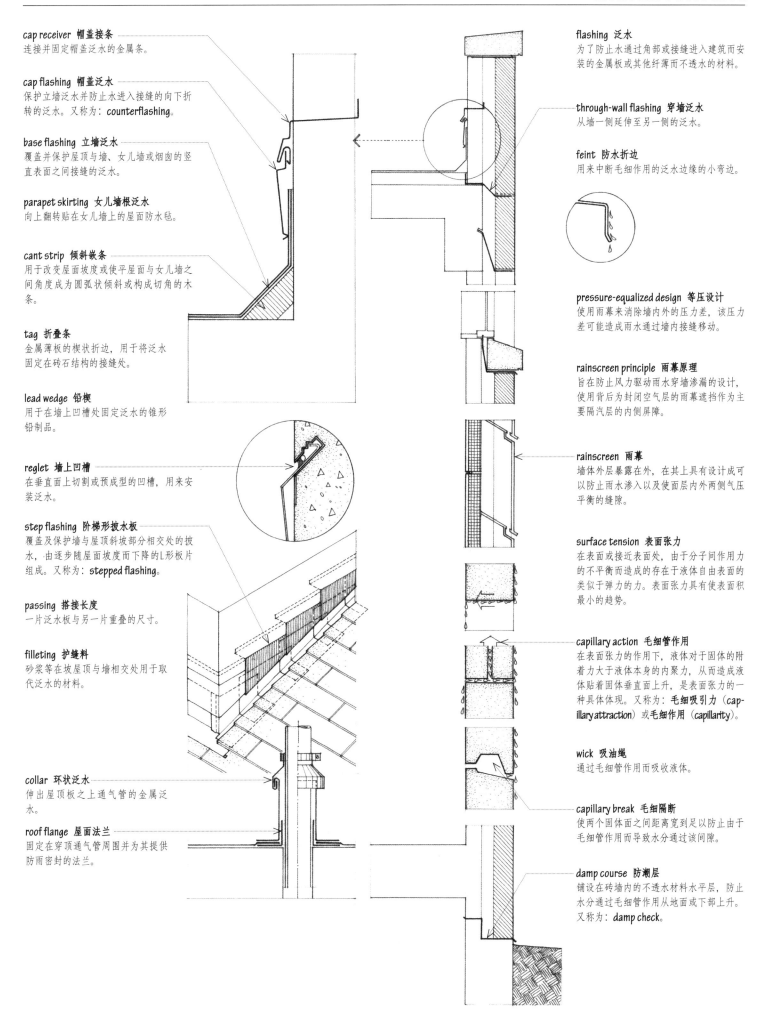

cap receiver 帽盖接条
连接并固定帽盖泛水的金属条。

cap flashing 帽盖泛水
保护立墙泛水并防止水进入接缝的向下折转的泛水。又称为：counterflashing。

base flashing 立墙泛水
覆盖并保护屋顶与墙、女儿墙或烟囱的竖直表面之间接缝的泛水。

parapet skirting 女儿墙根泛水
向上翻转贴在女儿墙上的屋面防水毡。

cant strip 倾斜嵌条
用于改变屋面坡度或使平屋面与女儿墙之间角度成为圆弧状倾斜或构成切角的木条。

tag 折叠条
金属薄板的楔状折边，用于将泛水固定在砖石结构的接缝处。

lead wedge 铅楔
用于在墙上凹槽处固定泛水的锥形铅制品。

reglet 墙上凹槽
在垂直面上切割或预成型的凹槽，用来安装泛水。

step flashing 阶梯形拔水板
覆盖及保护墙与屋顶斜坡部分相交处的拔水，由逐步随屋面坡度而下降的L形板片组成。又称为：stepped flashing。

passing 搭接长度
一片泛水板与另一片重叠的尺寸。

filleting 护缝料
砂浆等在坡屋顶与墙相交处用于取代泛水的材料。

collar 环状泛水
伸出屋顶板之上通气管的金属泛水。

roof flange 屋面法兰
固定在穿顶通气管周围并为其提供防雨密封的法兰。

flashing 泛水
为了防止水通过角部或接缝进入建筑而安装的金属板或其他纤薄而不透水的材料。

through-wall flashing 穿墙泛水
从墙一侧延伸至另一侧的泛水。

feint 防水折边
用来中断毛细作用的泛水边缘的小弯边。

pressure-equalized design 等压设计
使用雨幕来消除墙内外的压力差，该压力差可能造成雨水通过墙内接缝移动。

rainscreen principle 雨幕原理
旨在防止风力驱动雨水穿墙渗漏的设计，使用背后为封闭空气层的雨幕遮挡作为主要隔汽层的内侧屏障。

rainscreen 雨幕
墙体外层暴露在外，在其上具有设计成可以防止雨水渗入以及使面层内外两侧气压平衡的缝隙。

surface tension 表面张力
在表面或接近表面处，由于分子间作用力的不平衡而造成的存在于液体自由表面的类似于弹力的力。表面张力具有使表面积最小的趋势。

capillary action 毛细管作用
在表面张力的作用下，液体对于固体的附着力大于液体本身的内聚力，从而造成液体贴着固体垂直面上升，是表面张力的一种具体体现。又称为：**毛细吸引力**（capillary attraction）或**毛细作用**（capillarity）。

wick 吸油绳
通过毛细管作用而吸收液体。

capillary break 毛细隔断
使两个固体面之间距离宽到足以防止由于毛细管作用而导致水分通过该间隙。

damp course 防潮层
铺设在砖墙内的不透水材料水平层，防止水分通过毛细管作用从地面或下部上升。又称为：**damp check**。

joint sealant　填缝胶
一种注入建筑物接缝的黏性物质，经过养护而形成黏附于周围表面的柔软材料，用于防止空气及水分进入建筑物接缝。

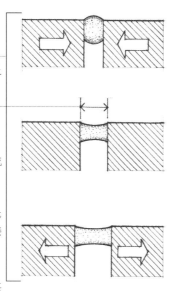

joint movement　缝宽变量
由于温度变化而导致建筑物接缝在宽度上的变化。

extensibility　延伸性
密封胶受拉后的延伸能力。

high-range sealant　高弹性密封胶
用于幕墙体系密封的能伸长达25%的聚硫化物、聚氨酯或硅树脂等填缝胶。

medium-range sealant　中弹性密封胶
能伸长达10%的异丁橡胶或丙烯酸树脂等填缝胶，用于密封固定接缝或机械紧固接缝。

caulk　填缝料
用于填充或封闭接缝、裂隙或裂缝，使其不透水或气的低弹性填缝胶。又称为：caulking。

bead　勾缝
用于建筑物接缝处的狭长密封胶。

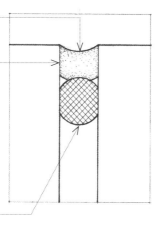

bond face　黏结面
作为密封胶基层并使密封胶粘贴在其上的建筑物部件或接缝的表面。

substrate　基层
位于下方并作为基底的材料。

primer　底层胶黏材料
用于提高密封胶与基层黏结性的液体。

joint filler　嵌缝条
用于填充接缝并控制密封胶深度的由氯丁橡胶、丁基橡胶等弹性材料制成的条棒管。又称为：backup rod。

bond breaker　分隔料
聚乙烯带等各种用于防止密封剂和接缝底部黏结的材料。

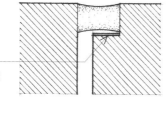

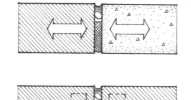

construction joint　施工缝
逐次浇筑的两部分混凝土之间的接缝，常采用键槽或暗销结合，为接缝两侧提供侧向稳定性。

dowel　传力杆
以相等长度嵌入两个平接的混凝土段的短钢筋棒，用来防止二者的相对移动。

expansion sleeve　伸缩套筒
允许置于其内的构件沿纵向自由移动的管状套筒。

waterstop　止水带
在混凝土或砌体结构接缝处嵌入的柔性橡胶或塑料条，用来预防接缝处渗水。[译注]

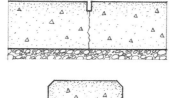

expansion joint　伸缩缝
建筑或结构两部分之间的接缝，用来防止温度或湿气膨胀损坏建筑物。伸缩缝也能起到隔离缝和控制缝的作用。

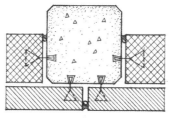

expansion joint cover　伸缩缝盖
在被允许连接的两部分之间相对移动的条件下，用于保护伸缩缝的预制盖板。

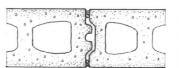

control joint　控制缝
在混凝土或砖石结构内通过锯割或修整而产生的连续槽或间隙，以形成薄弱面从而可控制由于干缩及热应力所产生的裂缝的位置及数量。

contraction joint　收缩缝
结构两个部分之间的接缝，用于补偿两个部分的收缩。

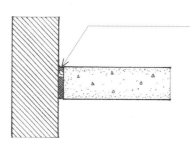

isolation joint　隔离缝
使结构的两个区段分离开的接缝，从而使两部分之间可产生不同的移动或沉降。

[译注] 金属板止水带也是成熟、常用的建筑材料。

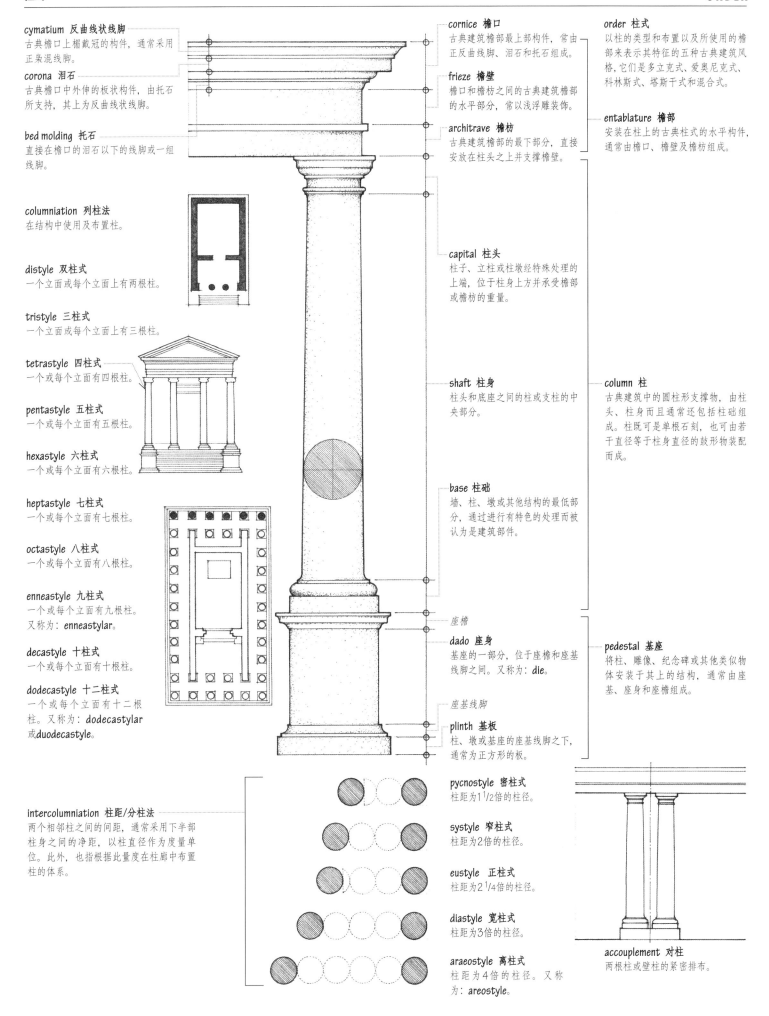

cymatium 反曲线状线脚
古典檐口上榴戴冠的构件, 通常采用正枭混线脚。

corona 泪石
古典檐口中外伸的板状构件, 由托石所支持, 其上为反曲线状线脚。

bed molding 托石
直接在檐口的泪石以下的线脚或一组线脚。

columniation 列柱法
在结构中使用及布置柱。

distyle 双柱式
一个立面或每个立面上有两根柱。

tristyle 三柱式
一个立面或每个立面上有三根柱。

tetrastyle 四柱式
一个或每个立面有四根柱。

pentastyle 五柱式
一个或每个立面有五根柱。

hexastyle 六柱式
一个或每个立面有六根柱。

heptastyle 七柱式
一个或每个立面有七根柱。

octastyle 八柱式
一个或每个立面有八根柱。

enneastyle 九柱式
一个或每个立面有九根柱。
又称为: enneastylar.

decastyle 十柱式
一个或每个立面有十根柱。

dodecastyle 十二柱式
一个或每个立面有十二根柱。又称为: dodecastylar 或duodecastyle。

intercolumniation 柱距/分柱法
两个相邻柱之间的间距, 通常采用下半部柱身之间的净距, 以柱直径作为度量单位。此外, 也指根据此量度在柱廊中布置柱的体系。

cornice 檐口
古典建筑檐部最上部构件, 常由正反曲线脚、泪石和托石组成。

frieze 檐壁
檐口和檐枋之间的古典建筑檐部的水平部分, 常以浅浮雕装饰。

architrave 檐枋
古典建筑檐部的最下部分, 直接安放在柱头之上并支撑檐壁。

capital 柱头
柱子、立柱或柱墩经特殊处理的上端, 位于柱身上方并承受檐部或檐枋的重量。

shaft 柱身
柱头和底座之间的柱或支柱的中央部分。

base 柱础
墙、柱、墩或其他结构的最低部分, 通过进行有特色的处理而被认为是建筑部件。

座檐

dado 座身
基座的一部分, 位于座檐和座基线脚之间。又称为: die。

座基线脚

plinth 基板
柱、墩或基座的座基线脚之下, 通常为正方形的板。

pycnostyle 密柱式
柱距为1¹/₂倍的柱径。

systyle 窄柱式
柱距为2倍的柱径。

eustyle 正柱式
柱距为2¹/₄倍的柱径。

diastyle 宽柱式
柱距为3倍的柱径。

araeostyle 离柱式
柱距为4倍的柱径。又称为: areostyle。

order 柱式
以柱的类型和布置以及所使用的檐部来表示其特征的五种古典建筑风格, 它们是多立克式、爱奥尼克式、科林斯式、塔斯干式和混合式。

entablature 檐部
安装在柱上的古典柱式的水平构件, 通常由檐口、檐壁及檐枋组成。

column 柱
古典建筑中的圆柱形支撑物, 由柱头、柱身而且通常还包括柱础组成。柱既可是单根石刻, 也可由若干直径等于柱身直径的鼓形物装配而成。

pedestal 基座
将柱、雕像、纪念碑或其他类似物体安置于其上的结构, 通常由座基、座身和座檐组成。

accouplement 对柱
两根柱或壁柱的紧密排布。

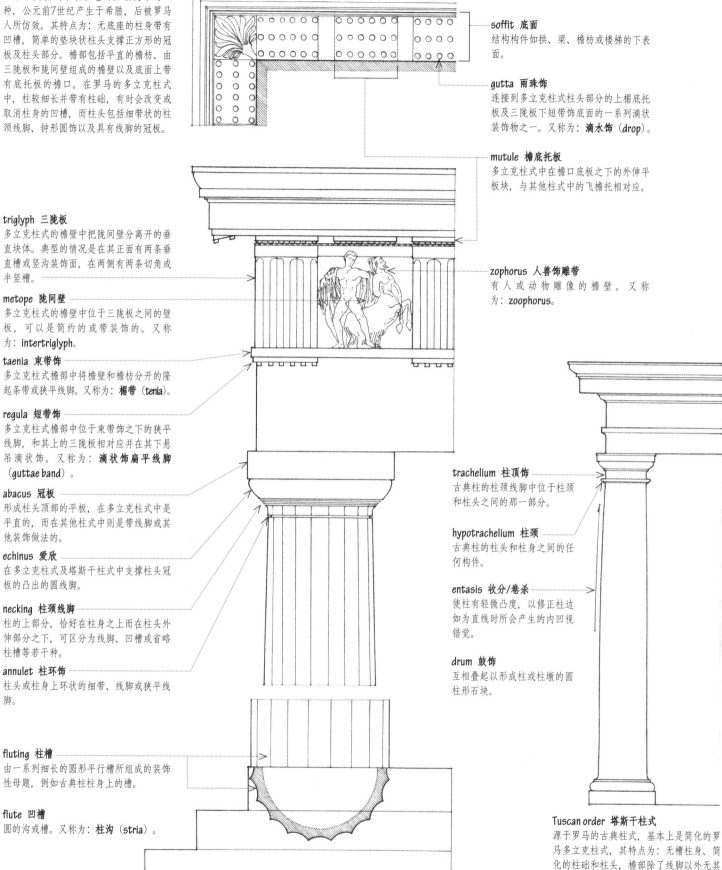

Doric order 多立克柱式
五个古典柱式中最古老而且最简单的一种，公元前7世纪产生于希腊，后被罗马人所仿效。其特点为：无底座的柱身带有凹槽，简单的垫块状柱头支撑正方形的冠板及柱头部分。檐部包括平直的檐枋、由三陇板和陇间壁组成的檐壁以及底面上带有底托板的檐口。在罗马的多立克柱式中，柱较细长并带有柱础，有时会改变或取消柱身的凹槽，而柱头包括细带状的柱颈线脚、钟形圆饰以及具有线脚的冠板。

soffit 底面
结构构件如拱、梁、檐枋或楼梯的下表面。

gutta 雨珠饰
连接到多立克柱式柱头部分的上楣底托板及三陇板下短带饰底面的一系列滴状装饰物之一。又称为：**滴水饰（drop）**。

mutule 檐底托板
多立克柱式中在檐口底板之下的外伸平板块，与其他柱式中的飞檐托相对应。

triglyph 三陇板
多立克柱式的檐壁中把陇间壁分离开的垂直块体。典型的情况是在其正面有两条垂直槽或竖沟装饰面，在两侧有两条切角或半竖槽。

zophorus 人兽饰雕带
有人或动物雕像的檐壁。又称为：zoophorus。

metope 陇间壁
多立克柱式的檐壁中位于三陇板之间的壁板，可以是简约的或带装饰的。又称为：intertriglyph。

taenia 束带饰
多立克柱式檐部中将檐壁和檐枋分开的隆起条带或狭平线脚。又称为：**楣带（tenia）**。

regula 短带饰
多立克柱式檐部中位于束带饰之下的狭平线脚，和其上的三陇板相对应并在其下悬吊滴状饰。又称为：**滴状饰扁平线脚（guttae band）**。

trachelium 柱顶饰
古典柱的柱颈线脚中位于柱颈和柱头之间的那一部分。

abacus 冠板
形成柱头顶部的平板，在多立克柱式中是平直的，而在其他柱式中则是带线脚或其他装饰做法的。

hypotrachelium 柱颈
古典柱的柱头和柱身之间的任何构件。

echinus 爱欣
在多立克柱式及塔斯干柱式中支撑柱头冠板的凸出的圆线脚。

entasis 收分/卷杀
使柱有轻微凸度，以修正柱边如为直线时所会产生的内凹视错觉。

necking 柱颈线脚
柱的上部分，恰好在柱身之上而在柱头外伸部分之下，可区分为线脚、凹槽或省略柱槽等若干种。

drum 鼓饰
互相叠起以形成柱或柱墩的圆柱形石块。

annulet 柱环饰
柱头或柱身上环状的细带、线脚或狭平线脚。

fluting 柱槽
由一系列细长的圆形平行槽所组成的装饰性母题，例如古典柱柱身上的槽。

flute 凹槽
圆的沟或槽。又称为：**柱沟（stria）**。

Tuscan order 塔斯干柱式
源于罗马的古典柱式，基本上是简化的罗马多立克柱式，其特点为：无槽柱身、简化的柱础和柱头，檐部除了线脚以外无其他装饰。

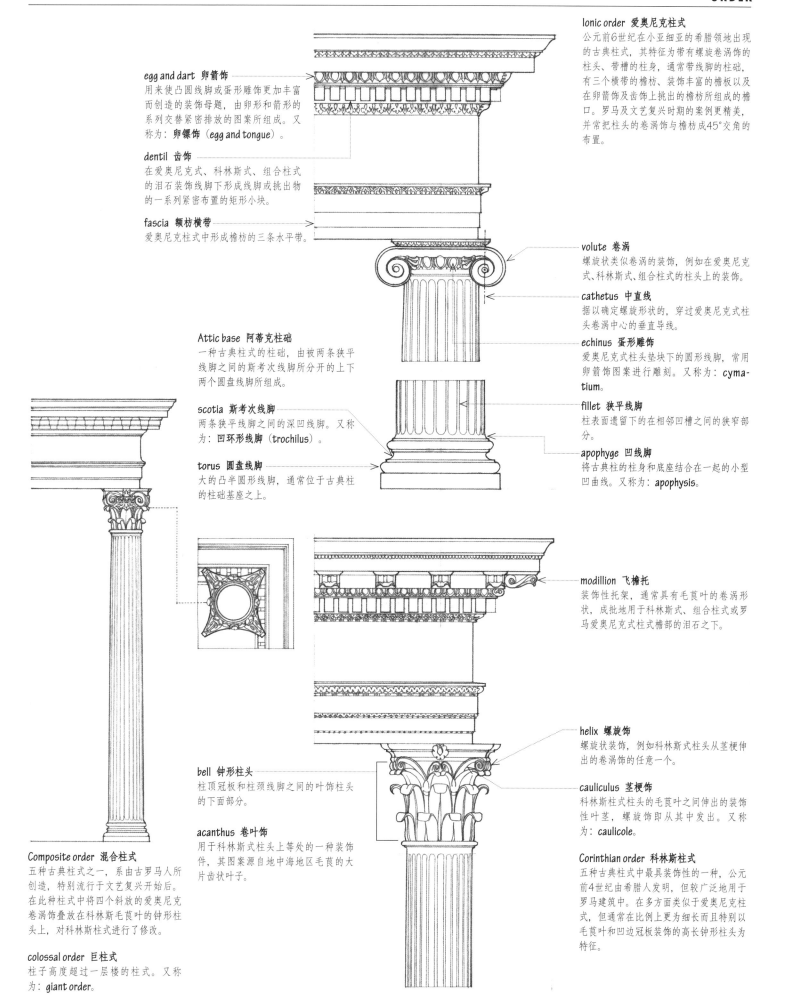

Ionic order 爱奥尼克柱式
公元前6世纪在小亚细亚的希腊领地出现的古典柱式，其特征为带有螺旋卷涡饰的柱头、带槽的柱身，通常带有线脚的柱础，有三个横带的檐枋、装饰丰富的檐板以及在卵箭饰及齿饰上挑出的檐枋所组成的檐口。罗马及文艺复兴时期的案例更精美，并常把柱头的卷涡饰与檐枋成45°交角的布置。

egg and dart 卵箭饰
用来使凸圆线脚或蛋形雕饰更加丰富而创造的装饰母题，由卵形和箭形的系列交替紧密排放的图案所组成。又称为：**卵镖饰（egg and tongue）**。

dentil 齿饰
在爱奥尼克式、科林斯式、组合柱式的泪石装饰线脚下形成线脚或挑出物的一系列紧密布置的矩形小块。

fascia 额枋横带
爱奥尼克柱式中形成檐枋的三条水平带。

volute 卷涡
螺旋状类似卷涡的装饰，例如在爱奥尼克式、科林斯式、组合柱式的柱头上的装饰。

cathetus 中直线
据以确定螺旋形状的，穿过爱奥尼克式柱头卷涡中心的垂直导线。

echinus 蛋形雕饰
爱奥尼克式柱头垫块下的圆形线脚，常用卵箭饰图案进行雕刻。又称为：**cymatium**。

Attic base 阿蒂克柱础
一种古典柱式的柱础，由被两条狭平线脚之间的斯考次线脚所分开的上下两个圆盘线脚所组成。

scotia 斯考次线脚
两条狭平线脚之间的深凹线脚。又称为：**凹环形线脚（trochilus）**。

torus 圆盘线脚
大的凸半圆形线脚，通常位于古典柱的柱础基座之上。

fillet 狭平线脚
柱表面遗留下的在相邻凹槽之间的狭窄部分。

apophyge 凹线脚
将古典柱的柱身和底座结合在一起的小型凹曲线。又称为：**apophysis**。

modillion 飞檐托
装饰性托架，通常具有毛茛叶的卷涡形状，成批地用于科林斯式、组合柱式或罗马爱奥尼克式柱式檐部的泪石之下。

Composite order 混合柱式
五种古典柱式之一，系由古罗马人所创造，特别流行于文艺复兴开始后。在此种柱式中将四个斜放的爱奥尼克卷涡饰叠放在科林斯毛茛叶的钟形柱头上，对科林斯柱式进行了修改。

colossal order 巨柱式
柱子高度超过一层楼的柱式。又称为：**giant order**。

bell 钟形柱头
柱顶冠板和柱颈线脚之间的叶饰柱头的下面部分。

acanthus 卷叶饰
用于科林斯式柱头上等处的一种装饰件，其图案源自地中海地区毛茛的大片齿状叶子。

helix 螺旋饰
螺旋状装饰，例如科林斯式柱头从茎梗伸出的卷涡饰的任意一个。

cauliculus 茎梗饰
科林斯柱式柱头的毛茛叶之间伸出的装饰性叶茎，螺旋饰即从其中发出。又称为：**caulicole**。

Corinthian order 科林斯柱式
五种古典柱式中最具装饰性的一种，公元前4世纪由希腊人发明，但较广泛地用于罗马建筑中。在多方面类似于爱奥尼克柱式，但通常在比例上更为细长而且特别以毛茛叶和凹边冠板装饰的高长钟形柱头为特征。

ornament 装饰
为某物提供优雅或美观的附件、制成品或
零件。这些装饰物是附加于某物的或是其
组成部分。

pictograph 古代石壁画
用图形表示的符号或记号。

graffito 古代刻画
刻划于岩石、墙壁抹灰或其他硬质表面的
古代文字及图画。

graffiti 涂鸦
喷涂或画在走道、墙壁等公共场所的题词
或画作。

sgraffito 刮花
对油漆或抹灰面层进行切割或刻痕，露出
与面层不同颜色的底色。

mosaic 马赛克
用砂浆铺贴小块，通常为彩色的瓷片、釉
面片或玻璃片，而形成的一幅装饰性图
案。

tessera 镶嵌物
用于马赛克制品的彩色小片大理石、玻璃
片或面砖。

smalto 马赛克小片
用于马赛克制品的带颜色玻璃片或珐琅
片，特别是小的正方形形状的。

Cosmati work 科斯玛蒂工艺
由罗马建筑师在12-13世纪发明的一种建
筑表面马赛克装饰技术，在由彩色石头和
玻璃组成的复杂几何图案与单色石板和条
带组成的简单区域之间达成平衡。"科斯
玛蒂"这一名称源自与这一技术有关的几
个家族。又称为：Cosmatesque work。

relief 浮雕
突起于其所构成的平面背景的图像或形象。

cavo-relievo 凹雕
所塑造形象的最高点低于或相平于原始平
面的浮雕品。又称为：sunk relief。

alto-relievo 高凸浮雕
所塑造的形象突起于背景之上，至少为形
象真实厚度一半的浮雕品。又称为：凸雕
（high relief）。

mezzo-relievo 半浮雕
介于高浮雕和浅浮雕之间的浮雕品。又称
为：demirelief或half relief。

bas-relief 浅浮雕
所塑造的形象略突起于背景之上的浮雕
品。又称为：basso-relievo或low relief。

anaglyph 浮雕装饰物
成为浅浮雕装饰物的雕刻或压纹。

mural 壁画
画在或直接贴在墙体或顶棚上的大型
画作。

fresco 湿壁画
将以水或石灰水研磨的颜料在新涂沫
的潮湿抹灰表面上进行绘画的工艺或
技术以及采用这一工艺绘出的画作或
设计图。

opus sectile 嵌小块马赛克
用规则切割成的材料拼成的马赛克。

opus Alexandrinum 亚历山大马赛克
用黑与白，或深绿色与红色等少数几
种颜色所形成的具有几何图案的嵌小
块马赛克。

opus reticulatum 方石网眼筑墙
一种古罗马砌块墙，将小块的四棱锥
形石块的方形底面向外成对角线方向
排列从而形成一种网状图案。

opus vermiculatum 虫迹马赛克
排列成类似于蠕虫的形状或踪迹的波
状线的小块马赛克装饰。

Florentine mosaic 佛罗伦萨马赛克
将细小精美的带色石子镶嵌入白色或
黑色大理石面而制成的马赛克。

appliqué 贴托
切出图样并将其固定在较大块材料上
而制成的饰物或装饰品。

inlay 镶嵌
将木片、象牙片或类似物品镶入平面
（通常在同一标高）进行装饰。

emboss 凸饰
将表面图案隆起，通过模制或雕刻而
形成凸纹。

engrave 雕刻
在金属、石头或木材端纹面等坚硬表
面上雕刻、切割或蚀刻形成图案。

intaglio 凹雕
将图案或图样刻入石面或金属面之
下，因此其所形成的痕迹产生轮廓鲜
明的图形。

openwork 透孔装饰
具有类似于格栅性质或显示出穿透其
实体的孔眼式装饰件或结构件。

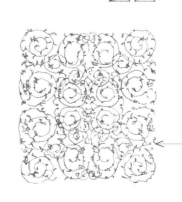

filigree 金银丝细工饰品
精美或复杂图样的装饰性透孔饰品。
又称为：filagree。

pastiche 集仿作品
模仿其他不同来源的形式及主题要点的艺术作品。

postiche 多余装饰
人造、仿造或伪造的，例如多余或不适宜添加的建筑装饰。

star 星形
从中心辐射的通常有五角或更多个尖角的图形，常用作装饰品或符号标志。

Star of David 大卫之星
作为犹太教标记的六角星。又称为：Magen David 或 Mogen David。

hexagram 六角星
把正六边形的每个边延长为等边三角形而形成的具有六个尖角的星状图形。

glory 宝光
发光的圆环、圆周或向周边辐射的光线，例如光环、灵光、光轮。

halo 光环
环绕头部或头部以上辐射光的光盘或光环，传统上是在宗教画或雕刻中象征神仙及受崇拜人物的神圣。又称为：nimbus。

aureole 光轮
环绕受崇拜人物圣像的头或身体的光环或光晕。

vesica piscis 椭圆光轮
有尖端的椭圆图形，特别用于早期基督教艺术，作为基督的象征。又称为：mandorla。

Chi-Rho 基督符号
基督教的字母组合符号，由基督的希腊文头两个字母叠加而成。又称为：chrismon。

table 平板
墙上凸出或凹进的板材，用铭文、绘画或雕刻特殊地处理或装饰。

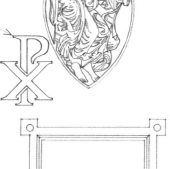

tablet 牌匾
具有适于置放或带有铭文、雕刻或类似内容表面的平板或匾额。

medallion 圆雕饰
通常为椭圆形或圆形的牌匾，常刻有图案或装饰。

cartouche 椭圆形装饰框
椭圆形或长圆形的稍凸表面，常用旋涡装饰带围绕，用于安放绘画或浅浮雕装饰。又称为：cartouch。

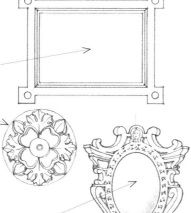

grotesque 穴怪图 [译注]
此种装饰风格的特色为奇异的造型以及将不相称的人及动物的形象与植物或类似图像综合在一起，常将自然事物扭曲到夸张或荒诞的程度。

antic 怪异雕像
人、动物或植物形状的穴怪风格雕刻，例如滴水兽。

mask 怪脸饰
用作建筑装饰的头部或面部的雕刻，常为穴怪风格。又称为：mascaron。

griffin 狮翼兽
一种神话动物，通常具有鹰的头和翼以及狮的身体和尾。又称为：griffon 或 gryphon。

griffe 虎爪饰
从柱的圆形基座向正方形或多边形底座角部外伸的装饰物。又称为：叶形角饰（spur）。

ballflower 圆球花饰
中世纪的英国装饰物，使人联想起包覆着球体并将其部分露出的三片或四片花瓣的花。

cross 十字
主要由成直角的竖体及横体所组成，常用作基督教标志。

Latin cross 拉丁十字
垂直杆在接近顶部处被较短的水平杆所交叉的十字。

Celtic cross 凯尔特十字
形状类似于拉丁十字并在垂直杆与水平杆相交处有一个环的十字。

Greek cross 希腊十字
在中点被同样长度的水平件所交叉的垂直件所组成的十字。

Jerusalem cross 耶路撒冷十字
此种十字四臂中的每一个的末端都有一个短条与其交叉，并常在十字所组成的四个象限中的每一个的中心有一个小型希腊十字。

Maltese cross 马耳他十字
每个臂的外端面刻成V字槽的扁形十字。

cross formée 扁形十字
四个臂等长，每个臂从中心向外伸展的十字。

[译注] 这一词汇来自意大利语"Grotto"，含义为"洞穴"。1480年在罗马近郊地下挖掘到尼禄黄金宫（Domus aurea），此后这种来自神秘洞穴的罗马时代的各种奇异幻想的装饰图案再度流行。

motif 母题
图案中富有特色并反复出现的形状、形式及颜色。

checker 棋盘格
用正方形图案标示并装饰。

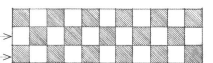

reticulate 网状纹饰
类似于用有规律的交叉线组成的网格或用该类图案覆盖。

diaper 菱形纹饰
使细小重复的图形一个接一个地连接或扩展的图案，最早在中世纪时用于蚕丝和金丝的编织。

imbrication 鳞状纹饰
类似于有规律地重叠的瓦或木板屋面的图案或设计。

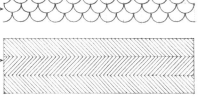

herringbone 人字纹
由成行的平行短线组成，任意两个相邻的行在相反方向倾斜的图案，用于砌筑、地板或编织。

chevron V形条纹
用于纹章以及作为装饰物的V形图案。

dancette 曲折饰
装饰性的"之"字形线条，例如在线脚中。

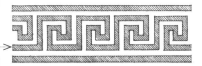

fret 回纹饰
由重复的几何图形构成的条形或镶边装饰图案。又称为：key pattern。

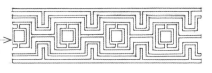

meander 回纹波状饰
由回纹饰的错综复杂变化所构成的连续的装饰图形。

guilloche 扭索饰
由围绕一系列空洞的两条或更多互相交错的带所组成的装饰边条。

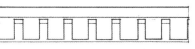

dentil band 齿饰带
由一排齿组成的线脚，并经常通过雕刻使之成为线脚。

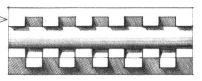

Venetian dentil 威尼斯齿饰[译注]
在拱门饰上或线脚上的与斜面交替的一系列小矩形块。

scroll 旋涡形装饰
类似于部分地或松散地卷起的羊皮纸的螺旋状或盘旋状装饰物。

Vitruvian scroll 波状涡纹
以固定风格表现的波形图案的一系列旋涡饰。又称为：Vitruvian wave或wave scroll。

banderole 飘带饰
类似于长带或纸卷的雕刻带，适于放置铭文。又称为：banderol。

strapwork 带状饰
由折叠的、交叉的和交错的带所组成的装饰件，有时用叶瓣饰将之分割。

foliated 叶形饰的
用叶形物或叶子图画来装饰的。又称为：foliate。

wreath 花环
花、植物叶或其他装饰材料构成的装饰带或花环。

festoon 垂花雕饰
悬挂在两点之间曲线上的成串的花、叶、缎带和类似物或花环的装饰品。

fleur-de-lis 鸢尾花饰
用于代表法国贵族家族的固定风格的纹章，图案为用环带扎束的三花瓣鸢尾花。又称为：fleur-de-lys。

lotus 荷花饰
用作古埃及和印度教艺术以及建筑艺术的装饰性主题花纹的各种水百合族的水生植物图案。

anthemion 棕叶饰
成辐射簇状的忍冬花或棕榈叶的装饰物。又称为：希腊建筑花饰（honeysuckle ornament）。

palmette 棕叶饰
在古典艺术和建筑艺术中作为装饰元素的，形成固定风格的棕榈叶形状。

rosette 圆花饰
由具有类似于花或植物的部分所组成的常规圆形组合体的装饰物。又称为：rose。

dogtooth 犬牙饰
由从凸起的中心点辐射出的叶状雕刻物所形成的一系列小间距的四棱锥形装饰物，特别用于早期英国哥特建筑。

arabesque 阿拉伯花饰
使用花、叶，有时还使用动物图案与几何形以产生交错线条的错综纷繁图案的复杂且装饰华丽的图形。

calf's-tongue 牛舌饰
在平面或曲面上以浮雕形式出现的下垂舌状元素的线脚。

scallop 扇形图案
形成装饰花边的一系列曲线投影。

purfle 镶边
用微型建筑物形状对神龛或犹太人神堂进行装饰从而产生花边效果。

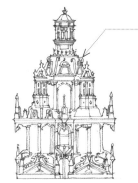

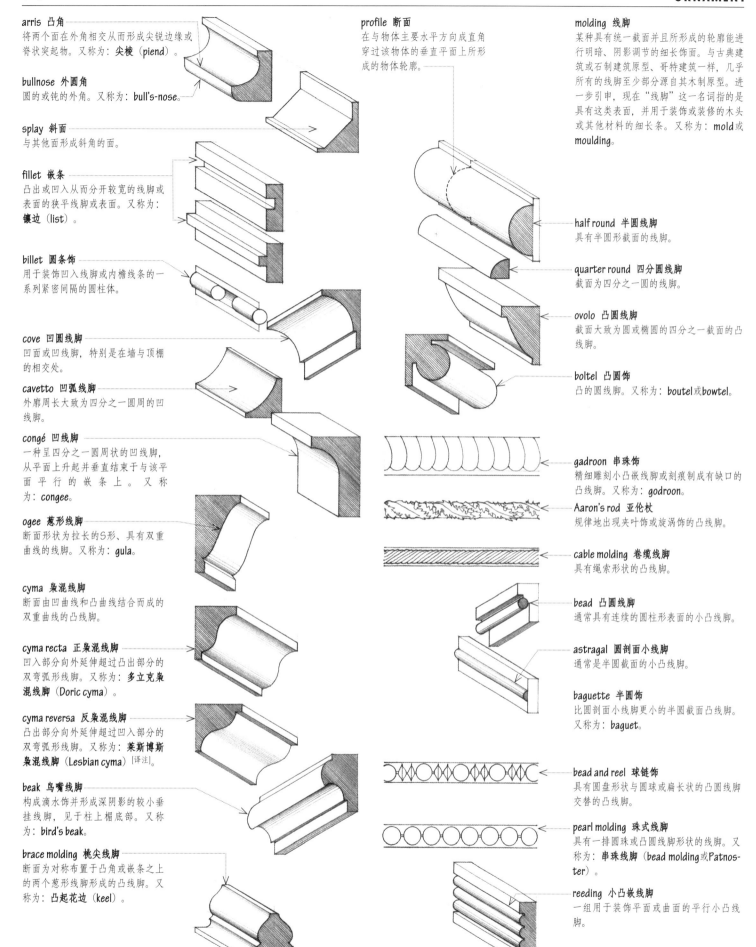

arris 凸角
将两个面在外角相交从而形成尖锐边缘或脊状突起物。又称为：**尖棱**（piend）。

bullnose 外圆角
圆的或钝的外角。又称为：bull's-nose。

splay 斜面
与其他面形成斜角的面。

fillet 嵌条
凸出或凹入从而分开较宽的线脚或表面的狭平线脚或表面。又称为：**镶边**（list）。

billet 圆条饰
用于装饰凹入线脚或内檐线条的一系列紧密间隔的圆柱体。

cove 凹圆线脚
凹面或凹线脚，特别是在墙与顶棚的相交处。

cavetto 凹弧线脚
外廓周长大致为四分之一圆周的凹线脚。

congé 凹线脚
一种呈四分之一圆周状的凹线脚，从平面上升起并垂直结束于与该平面平行的嵌条上。又称为：congee。

ogee 葱形线脚
断面形状为拉长的S形、具有双重曲线的线脚。又称为：gula。

cyma 枭混线脚
断面由凹曲线和凸曲线结合而成的双重曲线的凸线脚。

cyma recta 正枭混线脚
凹入部分向外延伸超过凸出部分的双弯弧形线脚。又称为：**多立克枭混线脚**（Doric cyma）。

cyma reversa 反枭混线脚
凸出部分向外延伸超过凹入部分的双弯弧形线脚。又称为：**莱斯博斯枭混线脚**（Lesbian cyma）[译注]。

beak 鸟嘴线脚
构成滴水饰并形成深阴影的较小垂挂线脚，见于柱上楣底部。又称为：bird's beak。

brace molding 桃尖线脚
断面为对称布置于凸角或嵌条之上的两个葱形线脚形成的凸线脚。又称为：凸起花边（keel）。

profile 断面
在与物体主要水平方向成直角穿过该物体的垂直平面上所形成的物体轮廓。

molding 线脚
某种具有统一截面并且所形成的轮廓能进行明暗、阴影调节的细长饰面。与古典建筑或石制建筑原型、哥特建筑一样，几乎所有的线脚至少部分源自其木制原型。进一步引申，现在"线脚"这一名词指的是具有这类表面，并用于装饰或装修的木头或其他材料的细长条。又称为：mold或moulding。

half round 半圆线脚
具有半圆形截面的线脚。

quarter round 四分圆线脚
截面为四分之一圆的线脚。

ovolo 凸圆线脚
截面大致为圆或椭圆的四分之一截面的凸线脚。

boltel 凸圆饰
凸的圆线脚。又称为：boutel或bowtel。

gadroon 串珠饰
精细雕刻小凸嵌线脚或刻痕制成有缺口的凸线脚。又称为：godroon。

Aaron's rod 亚伦杖
规律地出现夹叶饰或旋涡饰的凸线脚。

cable molding 卷缆线脚
具有绳索形状的凸线脚。

bead 凸圆线脚
通常具有连续的圆柱形表面的小凸线脚。

astragal 圆剖面小线脚
通常是半圆截面的小凸线脚。

baguette 半圆饰
比圆剖面小线脚更小的半圆截面凸线脚。又称为：baguet。

bead and reel 球链饰
具有圆盘形状与圆球或扁长状的凸圆线脚交替的凸线脚。

pearl molding 珠式线脚
具有一排圆珠或凸圆线脚形状的线脚。又称为：**串珠线脚**（bead molding或Patnoster）。

reeding 小凸嵌线脚
一组用于装饰平面或曲面的平行小凸线脚。

[译注] Lesbos即莱斯博斯岛，是位于爱琴海东北端的一个希腊岛屿。岛上的古代建筑多使用混枭线脚，因此这种线脚又称为："莱斯博斯线脚"。

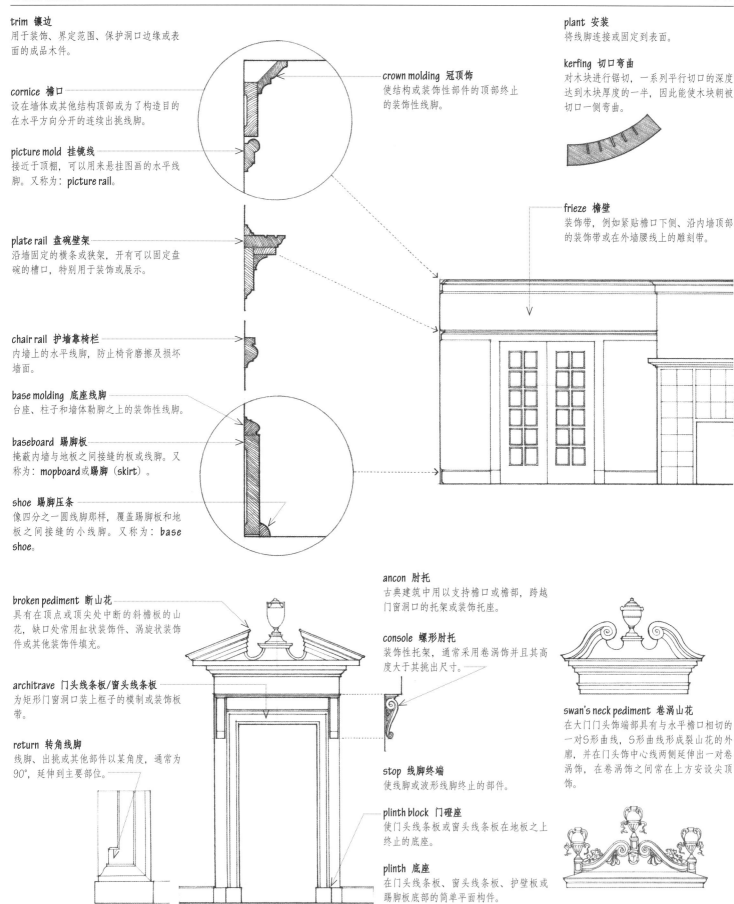

trim 镶边
用于装饰、界定范围、保护洞口边缘或表面的成品木件。

cornice 檐口
设在墙体或其他结构顶部或为了构造目的的在水平方向分开的连续出挑线脚。

picture mold 挂镜线
接近于顶棚，可以用来悬挂图画的水平线脚。又称为：picture rail。

plate rail 盘碗壁架
沿墙固定的横条或狭架，开有可以固定盘碗的槽口，特别用于装饰或展示。

chair rail 护墙靠椅栏
内墙上的水平线脚，防止椅背磨擦及损坏墙面。

base molding 底座线脚
台座、柱子和墙体勒脚之上的装饰性线脚。

baseboard 踢脚板
掩蔽内墙与地板之间接缝的板或线脚。又称为：mopboard或踢脚（skirt）。

shoe 踢脚压条
像四分之一圆线脚那样，覆盖踢脚板和地板之间接缝的小线脚。又称为：base shoe。

crown molding 冠顶饰
使结构或装饰性部件的顶部终止的装饰性线脚。

plant 安装
将线脚连接或固定到表面。

kerfing 切口弯曲
对木块进行锯切，一系列平行切口的深度达到木块厚度的一半，因此能使木块朝被切口一侧弯曲。

frieze 檐壁
装饰带，例如紧贴檐口下侧、沿内墙顶部的装饰带或在外墙腰线上的雕刻带。

broken pediment 断山花
具有在顶点或顶尖处中断的斜檐板的山花，缺口处常用缸状装饰件、涡旋状装饰件或其他装饰件填充。

architrave 门头线条板/窗头线条板
为矩形门窗洞口装上框子的模制或装饰板带。

return 转角线脚
线脚、出挑或其他部件以某角度，通常为90°，延伸到主要部位。

tabernacle frame 壁龛框
围绕门或龛的框，具有安设在基座上的两根柱子或壁柱，用于支持山花。

ancon 肘托
古典建筑中用以支持檐口或檐部，跨越门窗洞口的托架或装饰托座。

console 螺形肘托
装饰性托架，通常采用卷涡饰并且其高度大于其挑出尺寸。

stop 线脚终端
使线脚或波形线脚终止的部件。

plinth block 门碇座
使门头线条板或窗头线条板在地板之上终止的底座。

plinth 底座
在门头线条板、窗头线条板、护壁板或踢脚板底部的简单平面构件。

swan's neck pediment 卷涡山花
在大门门头饰端部具有与水平檐口相切的一对S形曲线，S形曲线形成裂山花的外廓，并在门头饰中心两侧延伸出一对卷涡饰，在卷涡饰之间常在上方安设尖顶饰。

coronet 门头线饰
加工成浮雕的跨越门窗的山花。

gloss 光泽
已干的油漆表面光泽，按光泽度降低顺序排列，依次为高光泽、半光泽、蛋壳光泽和无光泽。

high gloss 高光泽
有明亮的光泽或色泽。

enamel 瓷漆面
某些油漆或清漆干燥后形成的平滑、坚硬而且经常是带光泽的表面。

semigloss 半光泽
带有中等光泽，所产生的饰面在高光泽和蛋壳光泽之间。又称为：无光饰面（satin finish）。

eggshell 蛋壳光泽
有很少的光泽或者无光泽，所产生的饰面在半光泽与无光泽之间。

flat 无光泽
没有光泽。

colorfast 不褪色
不会随着雨水冲刷、时间流逝或暴露于光线，特别是阳光而褪色或掉色的能力。

actinic ray 光化射线
紫外线等造成油漆面层变黄、粉化或开裂等光化学效应的光射线。

photochemical 光化学的
属于辐射能量，特别是光的化学作用的或与之有关的。

coverage 覆盖范围
1加仑油漆在给定厚度条件下可涂敷的面积的数量，通常以平方英尺每加仑表示。

hiding power 遮盖力
油漆能掩盖其所涂敷表面上的任何标记、图案或颜色的能力。又称为：覆盖力（covering power）。

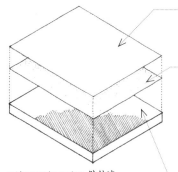

anticorrosive paint 防蚀漆
用防锈颜料特殊配制的油漆或底漆，用来防止或减少金属表面腐蚀。又称为：防锈漆（rust-inhibiting paint）。

fire-retardant paint 耐火涂料
用硅、聚氯乙烯或其他物质特殊配制的涂料，用来减少可燃材料的火焰扩散。

heat-resistant paint 耐热油漆
用硅树脂特殊配方的油漆，可以承受高温。

binder 结合料
油漆载色体中的不挥发部分，在干燥过程中黏结料与颜料微粒相结合成为有黏结力的膜。

solvent 溶剂
油漆载色体中的可挥发部分，在干燥过程中溶剂蒸发。

thinner 稀释剂
使油漆或清漆稀释到所需要的或适当的程度便于涂敷。

mineral spirits 矿物油
石油的挥发提纯物，用作油漆和清漆的溶剂及稀释剂。

turpentine 松节油
蒸馏各种针叶树木的含油松脂，而得到的无色可挥发油，用作油漆、清漆的稀释剂及溶剂。又称为：oil of turpentine 或 spirits of turpentine。

paint system 涂装体系
考虑到相互间的相容性和所涂敷的表面以及对预期暴露环境的适用性与要求的装饰效果而选择的一个或多个涂层的组合。

glaze coat 透明面层
涂抹在已油漆表面上的透明色薄层以增强其颜色效果。

mistcoat 薄层漆單面
涂抹在面漆上的薄层（有时是带颜色的）油漆，来改进其光泽。

topcoat 面漆
涂敷在表面上的最后一层油漆。又称为：單面层（finish coat）。

undercoat 内涂层
底层或中间层，用来遮蔽基层的颜色并改善面漆的黏结性。

ground coat 底漆
透过面漆所显露出来的底层或底涂油漆。又称为：底色（ground color）。

basecoat 底漆
涂在表面上的第一层油漆或其他液态涂料。

primer 首涂底漆
涂抹在表面以改进随后的油漆或清漆黏结性的底涂层。又称为：首涂油漆（prime coat）。

sealer 封闭底漆
涂抹到表面以减少后续油漆、清漆层被吸收或避免透过單面层透底的底漆。

pigment 颜料
悬浮在液态载色体中赋予油漆颜色及不透明性的磨得极细的不可溶物质。

＋

vehicle 媒液
使颜料被涂抹到表面前分散开的液体，从而控制稠度、黏结力、光泽和耐久性。

drying oil 干性油
以薄层暴露在空气中时，氧化并硬化从而形成坚韧弹性膜的各种油状有机液体，例如亚麻仁油。

alkyd resin 醇酸树脂
多价醇与有机酸反应得到的合成树脂，主要用于黏结剂及油漆。

latex 乳液
合成橡胶或通过聚合得到的塑性液滴的水乳液，主要用于油漆及黏结剂。

dye 染料
通过吸收而赋予颜色的可溶着色材料。

water stain 水着色剂
染料溶解在水载色体中制成的渗透性着色剂。

spirit stain 汽油着色剂
染料溶解在酒精或汽油载色体中制成的渗透性着色剂。

oil stain 油性着色剂
染料或悬浮状颜料溶解在干性油或油性清漆载色体中形成的着色剂。

copal 硬树脂
从各种热带树林获得的硬质、有光泽的树脂，主要用于制作清漆。

spar varnish 清光漆
耐久的抗风雨清漆，用耐久性好的树脂和亚麻仁油或桐油制成。又称为：marine varnish。

polyurethane varnish 聚氨酯清漆
用聚氨酯树脂制成的非常坚硬、耐磨并抗化学侵蚀的清漆。

lac 紫胶
雌紫胶虫的树脂状分泌物，用于制作虫胶漆。

Chinese lacquer 中国漆
从亚洲漆树获得的天然清漆，用在木材上产生高度抛光光泽的表面。又称为：日本漆（Japanese lacquer）。

paint 油漆
悬浮于液体载色体中的固体颜料混和物，用于对表面涂刷薄的、通常不透明的罩面来进行保护及装饰。

oil paint 油漆
载色体是干性油的漆。

alkyd paint 醇酸漆
载色体是醇酸树脂的涂料。

epoxy paint 环氧涂料
用环氧树脂作为结合料，以增加耐磨力、抗腐蚀及抗化学侵蚀能力的涂料。

latex paint 乳胶漆
当水分从悬浮液中蒸发时凝聚的，带有乳胶结合料的油漆。又称为：rubber-base paint 或 water-base paint。

stain 着色剂
染料在载色体中的溶液或颜料在载色体中的悬浮液，用于渗入木表面并着色从而不致使木纹黯然不清。

penetrating stain 渗透着色剂
渗入木材表面并在木材表面留下很薄的膜的着色剂。

pigmented stain 颜料着色剂
能使木材表面纤维和纹理模糊不清的含颜料的油性着色剂。又称为：不透明着色剂（opaque stain）。

varnish 清漆/凡立水
由树脂溶解在油中（油性清漆）或酒精中（酒精清漆）所形成的液体，当涂敷在表面并使其干燥后形成坚硬、有光泽而且通常是透明的罩面层。

shellac 虫胶漆
将纯净的虫胶片溶解在改性酒精中制成的酒精清漆。又称为：虫胶清漆（shellac varnish）。

lacquer 硝基漆
硝化纤维素或其他纤维衍生物溶解在溶剂中制成，通过挥发并干燥形成高光泽漆膜，是一种合成罩面层。

plaster 灰浆
石膏或石灰、水、砂，有时还有麻刀或其他纤维的混合物，以浆糊状涂抹在墙体或顶棚表面，涂抹后处于可塑状态，然后使之干燥及硬化。

gypsum plaster 石膏灰浆
由锻烧石膏与砂、水以及控制凝结及施工质量的其他外加剂拌和制成的底层灰浆。

calcined gypsum 烧石膏
经过加热失掉大部分化学结合水的石膏。

plaster of Paris 熟石膏[译注]
白色粉状锻烧石膏不含控制凝结的外加剂，用作石膏灰浆的基本组分以及石灰灰浆的外加剂，并用于加工模制石膏花饰。

gypsum 石膏
软质的水化硫酸钙矿物质，在波特兰水泥中用作缓凝剂，用于制作石膏灰浆。

alabaster 雪花石膏
细粒状纯石膏，通常是白色半透明的，用于制作装饰品。

lime plaster 掺砂石灰膏
石灰和砂，有时还有纤维的混合物，用作底层灰浆。

cement temper 水泥石灰灰浆
为提高强度及耐久性而添加了波特兰水泥的石灰灰浆。

three-coat plaster 三层抹灰
依次分三层涂抹的抹灰层，包括底层抹灰、中层抹灰及面层抹灰。

two-coat plaster 两道抹灰
分两层涂抹的抹灰工序，即底层灰及面层灰。

finish coat 面层抹灰
最后的抹灰层，既可作为最后的抹灰面层，也可作为装饰工程的底层。

skim coat 薄涂层
薄的抹平或罩面的灰浆层。

brown coat 罩面基层灰
粗抹灰浆找平层，既可作为三层抹灰中的第二层，也可作为两层抹灰中在石膏板条或砖墙上的底层灰。又称为：**二道抹灰层**（floating coat）。

basecoat 底层抹灰
面层抹灰之下的抹灰层。

scratch coat 划毛灰浆层
三层抹灰中的第一层，对该抹灰层进行划毛从而为中层抹灰层提供较好的黏结。

gauged plaster 罩面细磨灰浆
拌有石灰膏的一种罩面抹灰灰浆，将细磨石膏灰浆加入其中来控制凝结时间及抵偿收缩。

gauging plaster 细磨石膏灰浆
特殊磨细的石膏灰浆，用于与石灰膏拌和制成罩面层灰浆。对于此种灰浆，既有快干灰浆配方，也有慢干的配方。

hard finish 硬质罩面
石灰膏和硬石膏胶结料或石灰膏和罩面层石膏灰浆混和后涂抹形成的光滑密实的罩面层。

lime putty 石灰膏
用足够数量的水使生石灰熟化所形成的浓稠灰膏。又称为：**筛滤灰膏**（plaster's putty）。

Keene's cement 金氏水泥
白色无水石膏灰浆的一种品牌商标，用于制作高强度密实的抗裂罩面层。

anhydrous 无水的
除去所有结晶水的。

white coat 白色罩面层
石灰膏与白色罩面层石膏灰浆混合，涂抹形成光滑密实的罩面层。

veneer plaster 表层饰面灰
预拌石膏灰浆，用于极薄的、涂抹在石膏饰面基层上的单层罩面层或二层抹灰层。又称为：**薄层灰浆**（thin-coat plaster）。

acoustical plaster 吸音灰膏
为增强吸音能力而添加蛭石或其他多孔材料的低密度灰膏。

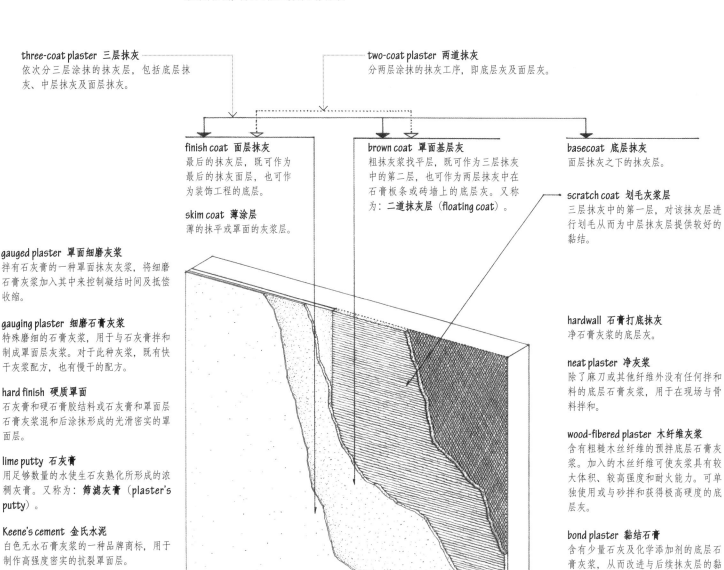

hardwall 石膏打底抹灰
净石膏灰浆的底层灰。

neat plaster 净灰浆
除了麻刀或其他纤维外没有任何拌和料的底层石膏灰浆，用于在现场与骨料拌和。

wood-fibered plaster 木纤维灰浆
含有粗糙木丝纤维的预拌底层石膏灰浆。加入的木丝纤维可使灰浆具有较大体积、较高强度和耐火能力。可单独使用或与砂拌和获得极高硬度的底层灰。

bond plaster 黏结石膏
含有少量石灰及化学添加剂的底层石膏灰浆，从而改进与后续抹灰层的黏结能力，形成密实无孔表面。

gypsum-perlite plaster 石膏珍珠岩灰浆
骨料中含有珍珠岩的底层石膏灰浆，来降低重量并提高保温及防火性能。

gypsum-vermiculite plaster 石膏蛭石灰浆
骨料中含有蛭石的底层石膏灰浆，来降低重量并提高保温及防火性能。

ready-mixed plaster 预拌灰浆
由制造商提供配方并干拌的灰浆，在施工现场仅需加水拌和。

[译注] 因巴黎北部蒙马特尔地区（Montmartre）盛产石膏而得名。

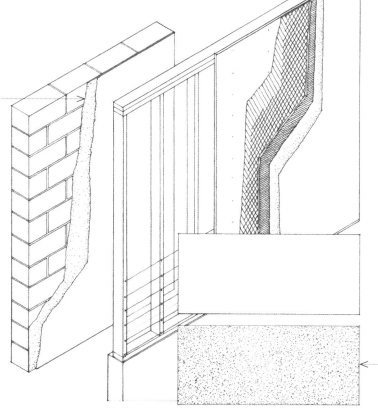

stucco　毛面抹灰
由波特兰水泥或砌筑水泥、砂、熟石灰组成的粗糙灰浆料，用水拌和后在塑性状态下涂抹从而形成外墙的硬罩面。

Portland cement stucco　水泥抹灰
由砌筑水泥或波特兰水泥与少于水泥体积50%的石灰拌和的灰浆所制成的毛面抹灰。

Portland cement-lime stucco
水泥石灰抹灰
灰浆中的石灰数量大于或等于水泥体积的50%的毛面抹灰，可改善混合物的塑性。

albarium　大理石灰浆
古代的抹灰灰浆，由大理石粉及石灰砂浆拌和制成，常做磨光处理。

intonaco　壁画表层
用白大理石粉制成的抹灰罩面层以便在其上绘制湿壁画。

scagliola　人造大理石
模仿花岗岩或大理石的抹灰工作。

sand-float finish　浮砂罩面
含有砂的有纹理的抹灰罩面层，用抹子抹平并使之光滑。

float finish　抹光面
用毛毡覆面或橡胶覆面的抹子抹平，形成纹理细腻的光滑抹灰罩面层。

combed finish　齿纹面层
罩面层硬化前用细齿工具沿表面曳拉从而形成的抹灰罩面层。又称为：拉毛面层（dragged finish）。

dash-troweled finish　泼涂—抹平罩面
泼涂抹灰层，在其硬化前将突起点抹平的装饰性抹灰层。

stipple-troweled finish
凹凸纹—抹平罩面
在有凹凸纹的抹灰层硬化前，将突起点抹平的装饰性抹灰层。

daubing　灰浆抛毛
向墙面抛甩灰浆形成粗抹灰层的过程。

pebble dash　干粘石
将细石抛掷到未硬化的抹灰层上，并压平从而形成的外墙抹灰层。

roughcast　毛面饰层
抹灰灰浆与细石拌和后，泼到墙上形成的外墙抹灰层。又称为：spatter dash。

rendering coat　打底抹灰
砖墙上涂抹的第一道抹灰层。又称为：粗抹层（rough coat）。

spatter dash　甩灰打底
将潮湿而富含波特兰水泥的水泥砂浆混合物甩到平整的砖墙或混凝土墙面上，硬化后成为第一层抹灰的结合层。

key　结合层
对表面进行划槽或拉毛处理，用来增强与其他表面的结合程度。

molding plaster　线脚用灰浆
由磨细石膏和熟石灰组成，用于装饰工作的灰浆。

running mold　滑动线脚放样板
将薄钢板按照设计外廓进行切割，用木板作为背衬而制成的样板。沿临时的木衬条或导轨推动样板从而形成墙体与顶棚相交处的抹灰线脚。又称为：horsed mold。

horse　放样板托架
滑动线脚放样板中薄钢板的木支托。

pargeting　装饰抹灰
精致的装饰性抹灰作业，特别是以浅浮雕手法表现设计的外墙抹灰。又称为：parget。

lath 板条
任何适于抹灰的表面，如石膏板条、金属网、木板条、石砌体或砖砌体。

wood lath 木板条
由薄的狭木条构成的网格结构，用作抹灰层、装饰抹灰基层、屋面板瓦或其他屋面材料的支撑结构。

furring 衬条
将木板条或槽钢固定于墙面或其他表面，以便为板条或装饰材料提供平整的基底，或在墙体装饰材料之间提供空气间隙。

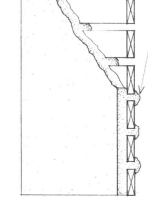

plaster bond 灰浆结合
借助于机械或化学方式而产生的灰浆与基层的黏结。

mechanical bond 机械结合
灰浆罩面层与基层之间的结合固定作用，或通过划痕使其他灰浆层表面粗糙而产生的机械性连结。

bonding agent 黏结剂
涂在合适的基底上的化学物质以改进基底与后续层的黏结。

suction 吸水
底层灰或石膏条板吸收罩面层或灰浆中的水分从而导致较好的黏结。

metal lath 金属网
作为抹灰基层的涂漆或镀锌防腐钢板网或金属丝布。

expanded-metal lath 钢板网板条
切割并拉开合金板从而形成菱形孔的刚性网格的金属板条。

rib lath 带肋钢板网
有V形肋的钢板网，其刚度更大因此可以增加支撑构件的间距。

self-centering lath 自立式钢板网
覆盖钢龙骨或搁栅之上的带肋钢板网，可作为混凝土楼板施工的模板或实心抹灰隔墙的板条。

self-furring lath 自垫高金属拉网
包括钢板网、焊接的以及编织的金属板条。其自身距支撑面有一定距离，因此构成了抹灰灰浆与装饰抹灰形成结合层所需的空间。

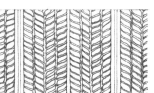

wire lath 钢丝网板条
通常具有纸背衬的焊接或编织的金属网织品，用作抹灰灰浆或装饰抹灰的基层。

paper-backed lath 有衬纸板条
具有纸背衬的钢板网或钢板网板条，用作抹灰灰浆或装饰灰浆的基层。

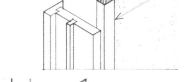

ground 靠尺
安装在洞口处的木条或金属挡条，用作控制给定抹灰厚度的标尺或是抹灰层到此终止的挡尺。

screed 准条/分隔条
安在抹灰基层上的木制、塑料或金属条，作为形成平整抹灰面及控制抹灰厚度的标尺。

base screed 底分隔条
沿着墙体的底面将抹灰面和其他材料分开的预成型金属分隔条。

vented screed 通风分隔条
用来使抹灰面背面的隐蔽空间透气的穿孔金属分隔条。

expansion screed 伸缩分隔条
用来控制裂缝而覆盖在石膏条板接缝上的预成型金属分隔条。

control joint 控制缝分隔条
为了减少在大的抹灰面范围内的收缩应力、温度应力或结构应力而安装的预成型金属分隔条。

corner lath 转角板条
将金属拉网板条弯折90°，固定于内墙角来防止抹灰层开裂。又称为：**转角加强**（corner reinforcement）。

strip lath 窄板条
窄的钢板网板条，用来增强石膏条板接缝或者不同类型抹灰基层的交接处。

scrim 粗纹网眼织物
未加工的棉花、玻璃纤维或金属网，用于连接或增强接缝，或用于抹灰层的基层。

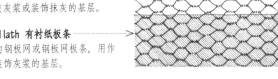

corner bead 墙角护条
用于抹灰或石膏板墙面阳角处的预成型金属条，可以加强并保护墙角，或使其更加挺直。墙角护条中间是各种形状的突出部，两侧是拉伸板网制成的或穿孔的翼缘，施工中翼缘被抹灰或石膏板压住。又称为：**护角**（angle bead）。

bullnose corner bead 圆形护角
具有圆形边缘的护角。

gypsum lath 石膏板条
具有用吸水纸覆面的加气芯板的石膏板，用于抹灰基层。又称为：**抹灰用石膏硬底**（rock lath）。

perforated gypsum lath 穿孔石膏板条
穿有小孔的石膏板条，小孔为抹灰层提供结合层。

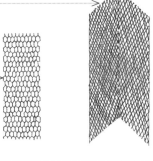

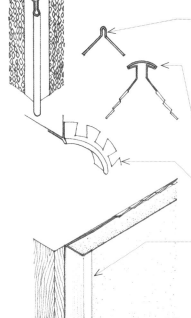

arch corner bead 拱券护角
用于形成或增强拱形洞口曲线部分的可弯曲调整的护角。

casing bead 收头装饰条
用于抹灰或石膏板墙面收边处的预成型金属条，可以加强并保护收边，或使其更加挺直。收头装饰条具有各种形状的端部以及拉伸板网制成的或穿孔的翼缘，施工中翼缘被抹灰或石膏板压住。

insulating gypsum lath
绝热石膏板条
具有起到隔汽和绝热作用的带铝箔背衬的石膏板条。

veneer base 石膏饰面基层
具有特殊纸覆面的石膏板条，用以涂抹高强饰面灰。

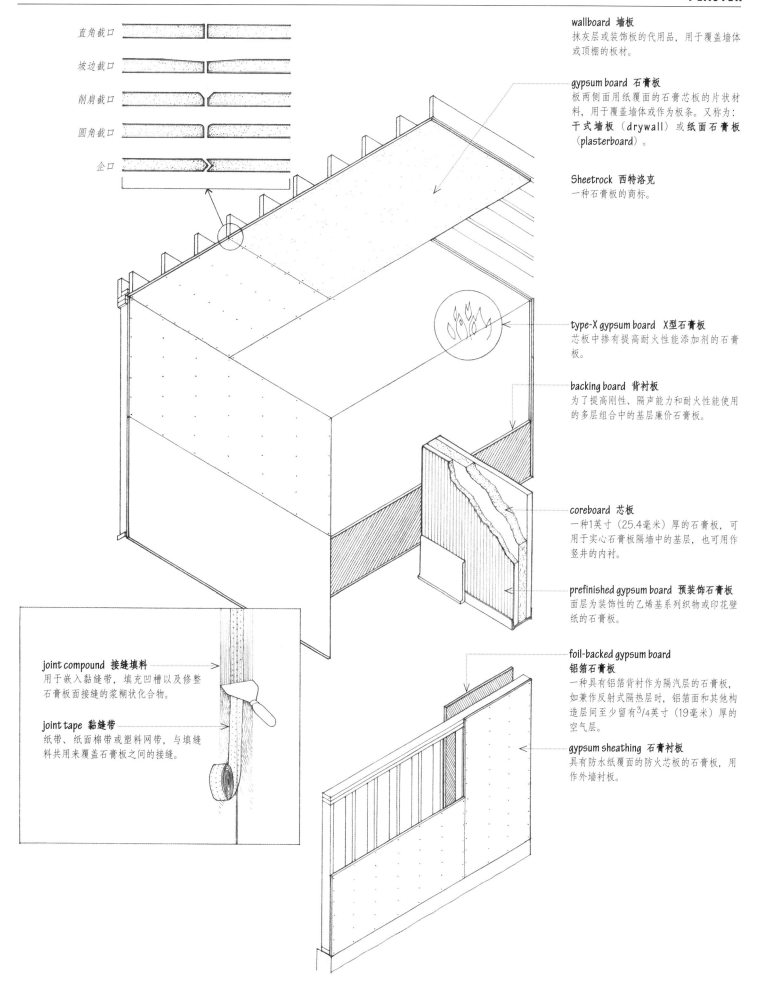

直角截口

坡边截口

削肩截口

圆角截口

企口

wallboard 墙板
抹灰层或装饰板的代用品，用于覆盖墙体或顶棚的板材。

gypsum board 石膏板
板两侧面用纸覆面的石膏芯板的片状材料，用于覆盖墙体或作为板条。又称为：**干式墙板（drywall）**或**纸面石膏板（plasterboard）**。

Sheetrock 西特洛克
一种石膏板的商标。

type-X gypsum board X型石膏板
芯板中掺有提高耐火性能添加剂的石膏板。

backing board 背衬板
为了提高刚性、隔声能力和耐火性能使用的多层组合中的基层廉价石膏板。

coreboard 芯板
一种1英寸（25.4毫米）厚的石膏板，可用于实心石膏板隔墙中的基层，也可用作竖井的内衬。

prefinished gypsum board 预装饰石膏板
面层为装饰性的乙烯基系列织物或印花壁纸的石膏板。

**foil-backed gypsum board
铝箔石膏板**
一种具有铝箔背衬作为隔汽层的石膏板，如兼作反射式隔热层时，铝箔面和其他构造层间至少留有3/4英寸（19毫米）厚的空气层。

gypsum sheathing 石膏衬板
具有防水纸覆面的防火芯板的石膏板，用作外墙衬板。

joint compound 接缝填料
用于嵌入黏缝带，填充凹槽以及修整石膏板面接缝的浆糊状化合物。

joint tape 黏缝带
纸带、纸面棉带或塑料网带，与填缝料共用来覆盖石膏板之间的接缝。

plastic 塑料
多具有热塑性或热固性的高分子量聚合物，并能被模塑、挤出或抽拔为物件、薄膜或单纤维的多种合成或天然有机材料。

polymerization 聚合作用
单体分子结合成含有其重复结构单元的更大分子的化学反应。

monomer 单体
可通过化学反应结合成聚合物单元的低分子量分子。

polymer 聚合物
通过聚合作用而成的高分子量化合物，主要由重复的结构单元组成。

high polymer 高聚物
由较多倍数的单体分子所组成的聚合物。

copolymer 共聚物
使多于一种的单体聚合在一起而成的高分子量化学物质。

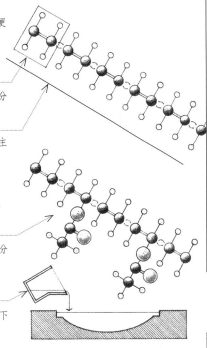

casting 浇铸
把材料倒入模内，在不使用压力的情况下塑料物品硬化成型的方法。

blow molding 吹模法
把空气在压力下注入热塑性聚合物或玻璃等熔化体中，并在模型中成型空心器具的方法。

injection molding 注模法
热塑性聚合物、热固性聚合物、金属或陶瓷材料的成型方法，通过使其在热的容器中形成液体然后在高压下迫使其进入密闭模型而成型。

compression molding 压模法
将模具压住热固性塑料，在高温及压力下使材料成型的方法。

transfer molding 传递模塑法
在容器内使热固性塑料软化然后迫使其流入相邻模具，在高温及压力条件下养护的成型方法。

thermoforming 热成型
热塑性板的成型方法，通过加热以及在压力及高温下迫使热塑性塑料依模具轮廓而成型。

pressure forming 压力成型
塑料板的热成型方法，用压缩空气迫使塑料依模具轮廓成型。

vacuum forming 真空成型
通过抽吸塑料板与模具轮廓之间空间内的空气来热成型塑料板的方法。

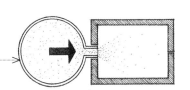

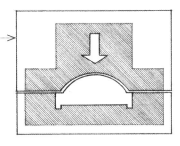

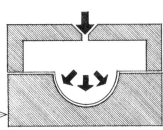

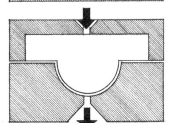

resin 树脂
通过聚合反应制备并与填充料、稳定剂以及其他组分一起形成塑料的多种固体或半固体有机物质。

filler 填充剂
加入树脂中，改变其体积、强度、耐热性、电阻或工作性能的较惰性物质。

stabilizer 稳定剂
添加防止或延缓当塑料受紫外线辐射或受其他环境影响条件时变质退化的物质。

plasticizer 塑化剂
在树脂中加入提高其可加工性及柔韧性的一类物质。

catalyst 催化剂
能导致或加速化学变化，但自身组分上不会发生永久变化的物质。

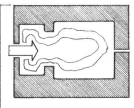

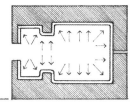

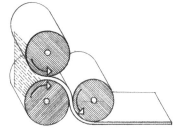

calendering 压延
将材料通过一系列转动的热滚子生产出塑料薄膜或塑料板的方法。

sheeting 片
与长度及宽度相比厚度很小的薄塑料形状。

film 膜
公称厚度不大于10密耳（0.01英寸）的片。

thermoplastic 热塑性塑料
加热时能软化或熔化而不改变任何固有性能，冷却时又重新硬化的塑料。

acrylic resin 丙烯酸树脂
用于浇铸或模制特别透明、有韧性且能抵抗风化及化学物质腐蚀的塑料部件或作为罩面层、黏结剂或墙缝剂主要组分的一类热塑性材料。

Lucite 卢赛特
透明丙烯酸树脂的一种品牌商标。

Plexiglas 普雷
轻质透明的抗老化丙烯酸树脂的商标品牌。

polycarbonate 聚碳酸酯
坚韧透明的热塑性塑料，其特征为高抗冲击强度，用于照明器材、安全玻璃及硬件制品。

Lexan 勒罕
有韧性的聚碳酸酯的一种商标品牌，用于耐震动玻璃窗。

polyethylene 聚乙烯
坚韧、轻质、柔性的热塑性塑料，常以片、膜形式用作包装、防潮和隔汽层。又称为：polythene。

polypropylene 聚丙烯
耐热且耐化学腐蚀，用于管道配件、电子绝缘及地毯纤维材料的坚韧热塑性材料。

polystyrene 聚苯乙烯
易于着色、模塑、膨胀及卷为薄片的硬质、坚韧、稳定的热塑性塑料。

acrylonitrile-butadiene-styrene 氰基丙烯—丁二烯—苯乙烯共聚物
坚韧、刚性、耐热、耐化学腐蚀的热塑性塑料，用于塑料管道及制品。缩写为：ABS。

vinyl 乙烯基塑料
由聚乙烯树脂制成的各种坚韧、可弯曲的塑料。

polyvinyl resin 聚乙烯树脂
对乙烯基化合物聚合或共聚而成的一类热塑性树脂的任意一种。又称为：乙烯基树脂（vinyl resin）。

polyvinyl chloride 聚氯乙烯
白色不溶于水的热塑性树脂，广泛用于制造地板罩面层、绝缘材料及管道。缩写为：PVC。

polyvinyl butyral 聚乙烯醇缩丁醛
主要用于夹层玻璃中间层的热塑性树脂。[译注]

nylon 尼龙
以特别高的韧性、强度及弹性为特征，并能抽拔成单丝、纤维及片状的一类热塑性塑料。

[译注] 聚乙烯醇缩丁醛常用其英文缩写**PVB**来表示。

thermosetting plastic 热固性塑料
加热时变得永久刚硬而不会再变软的塑料。又称为：thermoset。

polyurethane 聚氨酯
用于柔性和硬性泡沫塑料、弹性体以及制作密封剂、黏结剂及罩面层的多种热固性或热塑性树脂。

polyester 聚酯
某些制造塑料及织物纤维的热固性树脂。

fiberglass-reinforced plastic
玻璃纤维增强塑料/玻璃钢
用玻璃纤维增强的聚酯，用于半透明屋顶及天窗、复合夹心墙板的面层以及模制卫生设备。

Dacron 涤纶
高强、防皱褶的聚酯纤维的商标品牌。

Mylar 迈拉
用于相片、录音带及电绝缘材料的高强聚酯薄片的商标品牌。

epoxy resin 环氧树脂
能形成以坚韧、黏结力强且具高抗腐及抗化学腐蚀能力为特征的热固性树脂，特别用于表面罩面层及黏结剂。

melamine resin 三聚氰胺甲醛树脂
三聚氰胺和甲醛相互作用而成的热固性树脂，用于模制产品、黏结剂及表面罩面层。

phenolic resin 酚醛树脂
苯酚和甲醛缩合而成的一类硬质、耐热的热固性树脂，用于模制产品、黏结剂及表面罩面层。又称为：phenoplast。

Bakelite 电木
黑酚醛树脂的商标品牌，由里奥·巴克兰博士发明并于1916年上市[译注]，用于制作电话机、收音机箱、电绝缘体及模制塑料产品。

urea-formaldehyde resin 脲醛树脂
尿素与甲醛缩合而制成的热固性合成树脂，用于设备箱、电气装置、黏结剂及表面罩面层。

postforming 后成型
在衬模上通过加热及加压对全部或部分养护的热固性叠层制品进行成型的方法。

service temperature 使用温度
塑料仍可连续使用而且各方面的固有性能没有明显降低的最高温度。

softening point 软化点
塑料从刚硬变为柔软状态的温度。

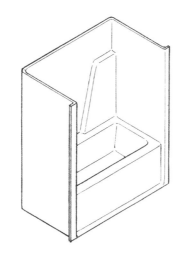

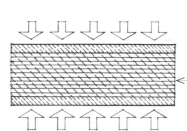

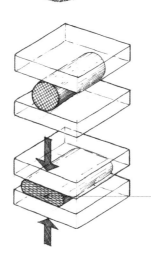

laminate 层压制品
若干层材料借助黏结剂或其他方式结合在一起而制成的产品，如胶合板和塑料层压制品。

plastic laminate 塑料层压制品
用三聚氰胺和酚醛树脂浸渍的纸叠层在热压作用下熔合而成的表面坚硬的材料。

high-pressure laminate 高压层压板
在压力为1200～2000磅/平方英寸（84～140千克/平方厘米）范围内模制及养护的塑料层压制品，用于台面及橱柜等。

low-pressure laminate 低压层压板
在最大压力400磅/平方英寸（28千克/平方厘米）下模压及养护的塑料层压制品。

Formica 胶木
塑料层压板的品牌商标。

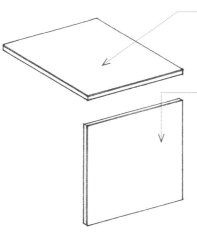

rubber 橡胶
天然橡胶经过化学处理使之强韧，由于其具有弹性、绝缘、抗冲击能力及不透水性而受到重视。

natural rubber 天然橡胶
高弹性固体物质，主要是异戊二烯聚合物，由橡胶树汁及植物的汁液凝固获得。又称为：india rubber。

foam rubber 泡沫橡胶
在硫化作用前由橡胶乳液发泡制成的轻质、海绵状或蜂窝状橡胶。

vulcanization 硫化作用
加热并同时用硫对橡胶进行处理，使其具有更大的弹性、强度及耐久性。

synthetic rubber 合成橡胶
性能及用途类似于天然橡胶的高弹性体，对不饱和碳氢化合物，如丁烯或异戊二烯进行聚合作用或将碳氢化合物与丙烯或丁二烯共聚而成。

elastomer 高弹体
具有天然橡胶弹性性能的各种聚合物，如丁基橡胶、氯丁橡胶。

butyl rubber 丁基橡胶
一种具备高度抗日晒、极低气体渗透性的合成橡胶。由丁烯进行聚合而成，用于屋面卷材及防水层。

Butyl 必优提尔
丁基橡胶的商标品牌。

neoprene 氯丁橡胶
一种人造橡胶，其特性是对油及日光具备高抵抗能力，用于油漆、屋面卷材、泛水、垫圈和支座。

silicone rubber 硅酮橡胶
用硅酮弹性体制成的橡胶，由于其可在很宽的温度范围内保持柔韧性、回弹性能及抗拉强度而受到重视。

silicone 硅酮
含有交替的硅和氧原子的聚合物，具备热稳定性、化学惰性和优异的防水能力等特点，用于黏结剂、润滑剂、保护性罩面及人造橡胶。

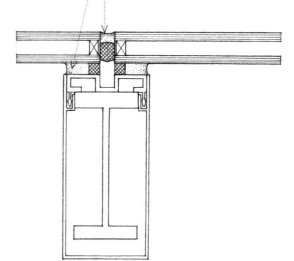

[译注] 里奥·巴克兰（Leo Baekeland，1863—1944），美国化学家。

plate 板

一种刚性平面结构，常为一片整体结构。板结构使荷载沿各向分布，通常荷载会沿着距离最短和刚度最大的路径传导至支座。

plate action 平板效应

被施加的荷载以多方向的模式传递到板的支点。

不妨把板看作一系列相邻的彼此沿长向连接的梁带。

当荷载通过使其中一条梁带弯曲的方式传到支座时，该荷载会因为弯曲梁带与邻近梁带之间产生的竖向剪力而分配到整块板上。

一条梁带的弯曲还能造成垂直梁带发生扭转，垂直梁带的抗扭提升了板的整体刚度。因此，弯曲和剪力沿受荷载梁带方向传递荷载，剪力和扭转则沿受荷载梁带垂直方向传递荷载。可把板看成沿长度方向连续地相互连接的一系列相邻的梁带。

continuous plate 连续板

在给定方向延伸跨越三个或更多支座的作为结构单元的一块板。连续板所受的弯矩小于一系列不连续的简支板。

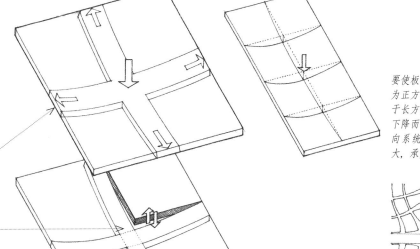

要使板作为双向结构工作，其形状应为正方形或接近正方形。当板更接近于长方形而不是正方形时，双向作用下降而逐渐形成沿较短跨度方向的单向系统，这是因为短向板带刚度更大，承受荷载的比例也就更高。

isostatic plate 等应力板

沿着结构的等静力线布置曲线增强肋的板。

isostatics 等应力线

表明弯曲应力流的主应力迹线，并且沿着主应力迹线方向扭曲剪切应力为0。

folded plate 折板

由薄而深的构件沿边缘刚性连接而成的板结构，连接处形成折角是为了互相支撑以抵抗侧向弯曲。横截面刚度提高的结果是折板结构可以提供较大的跨度。

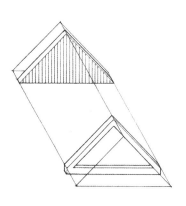

每块板在纵向发挥梁的作用。

在短向由于每个折角发挥刚性支座的作用从而减小了跨度。

横向的板带类似于由折角作为支座支撑起的连续梁。

垂直隔板或刚性构架使折板沿着弯折的轮廓抵抗变形的能力增强。

skew grid 斜网格
按与矩形底边成斜交方向布置梁或平行弦桁架的网格结构，从而使网格结构两个方向的跨度及刚度均衡。梁在角部的跨度较小从而带来附加刚度。

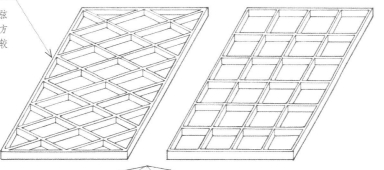

grid structure 井字梁结构
在交叉点处用刚性结点连接，并将所施加的荷载按梁构件的物理性能及尺寸在两个方面传递的十字交叉梁结构。

所有的梁构件通过弯曲和扭转的组合来参与承受荷载。如相互垂直的梁是相同的，它们在受弯方面相等地分担荷载。但是如果其长度不等，较短的梁将会承受较多荷载。因为梁的刚度与其长度的3次方成反比，而荷载通常遵循最小阻力的途径传递到支座。例如，如两根梁的跨度比为1:2，那么其刚度比为1:8，较短的梁将会承受8/9的荷载。梁抵抗由于横向梁弯曲引起的扭转力矩的抗扭能力，可以增大井字梁结构的刚度。

lamella roof 网格屋顶
由短材组成的拱形屋顶，短材形成与被覆盖空间的边成斜向平行拱的十字交叉图形。

lamella 短材
形成网格屋顶的较短的木材、金属或钢筋混凝土构件。

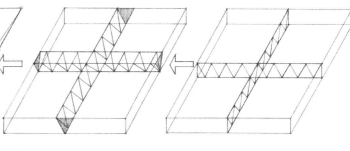

space frame 空间网架
基于三角形的稳定性，由直的杆件组成的三维结构构架。杆件仅承受轴向拉力或压力。空间网架的最简空间单元是拥有四个节点和六根杆件的四面体。因为空间网架的结构工况类似于板结构，其支座柱网应为正方形或接近正方形以保证网架按照双向结构模式工作。又称为：**space truss**。

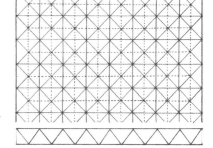

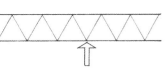

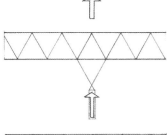

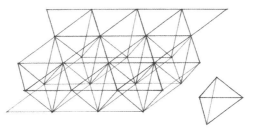

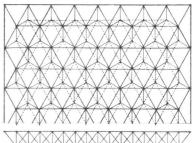

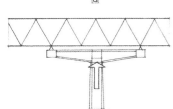

加大支座的受力面积，使传递剪力的杆件数量增加并减少这些杆件中的内力。

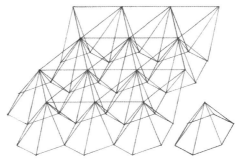

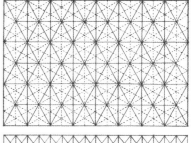

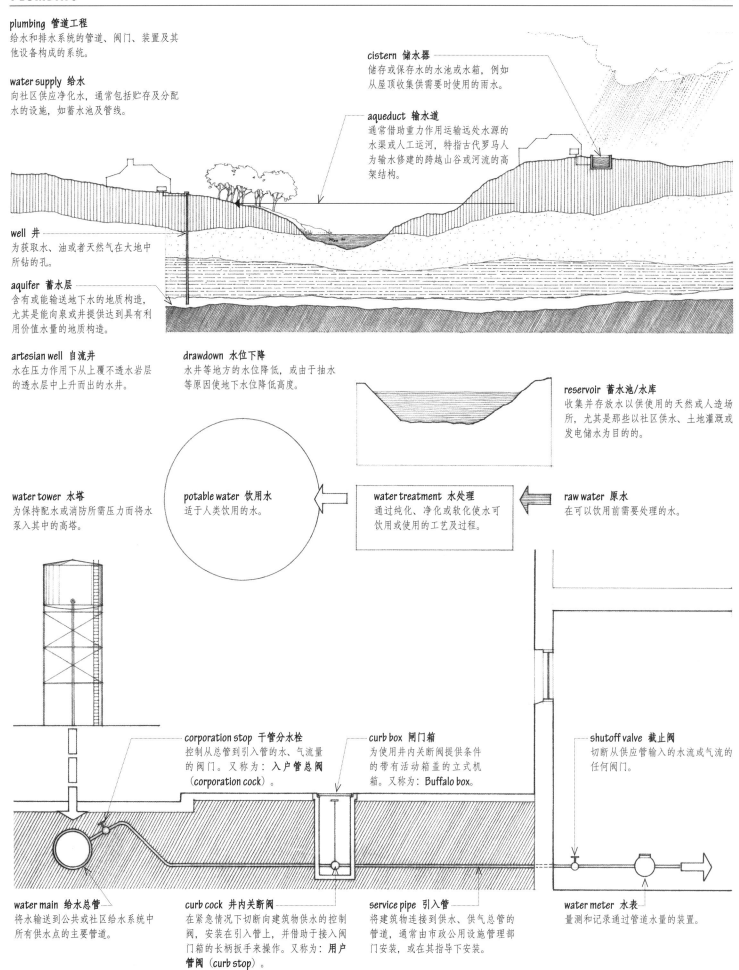

plumbing 管道工程
给水和排水系统的管道、阀门、装置及其他设备构成的系统。

water supply 给水
向社区供应净化水，通常包括贮存及分配水的设施，如蓄水池及管线。

cistern 储水器
储存或保存水的水池或水箱，例如从屋顶收集供需要时使用的雨水。

aqueduct 输水道
通常借助重力作用运输远处水源的水渠或人工运河，特指古代罗马人为输水修建的跨越山谷或河流的高架结构。

well 井
为获取水、油或者天然气在大地中所钻的孔。

aquifer 蓄水层
含有或能输送地下水的地质构造，尤其是能向泉或井提供达到具有利用价值水量的地质构造。

artesian well 自流井
水在压力作用下从上覆不透水岩层的透水层中上升而出的水井。

drawdown 水位下降
水井等地方的水位降低，或由于抽水等原因使地下水位降低高度。

reservoir 蓄水池/水库
收集并存放水以供使用的天然或人造场所，尤其是那些以社区供水、土地灌溉或发电储水为目的的。

water tower 水塔
为保持配水或消防所需压力而将水泵入其中的高塔。

potable water 饮用水
适于人类饮用的水。

water treatment 水处理
通过纯化、净化或软化使水可饮用或使用的工艺及过程。

raw water 原水
在可以饮用前需要处理的水。

corporation stop 干管分水栓
控制从总管到引入管的水、气流量的阀门。又称为：入户管总阀（corporation cock）。

curb box 闸门箱
为使用井内关断阀提供条件的带有活动箱盖的立式机箱。又称为：Buffalo box。

shutoff valve 截止阀
切断从供应管输入的水流或气流的任何阀门。

water main 给水总管
将水输送到公共或社区给水系统中所有供水点的主要管道。

curb cock 井内关断阀
在紧急情况下切断向建筑物供水的控制阀，安装在引入管上，并借助于接入阀门箱的长柄扳手来操作。又称为：用户管阀（curb stop）。

service pipe 引入管
将建筑物连接到供水、供气总管的管道，通常由市政公用设施管理部门安装，或在其指导下安装。

water meter 水表
量测和记录通过管道水量的装置。

gravity water system 重力给水系统
一种将水源设置在能使整个系统保持适供水压力高度的水供应及分配系统。

head 水头
液体中两个给定点中较低点处的压力，以两点间的垂直距离来表示。又称为：**压力水头**（pressure head）。

pressure drop 压力下降
管道两点之间或通过阀门时，由于水力摩阻造成水头或液压损失。

fixture unit 卫生器具单位
一套卫生器具可能的需水量或从设备可能排出的废水量的度量单位，相当于每分钟$7^1/2$加仑或每分钟1立方英尺。

water system 给水系统
建筑中为了配水及用水由管道、阀门和卫生器具组成的系统。

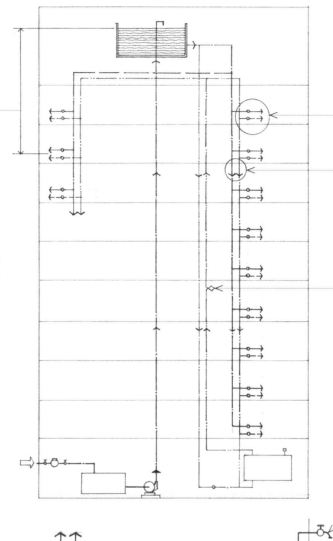

branch 支管
管线系统中除了总管和立管之外的任何管道。

riser 立管
公用设施系统中垂直的管道、管线和风道。

main 干管
公用设施系统中主要的管道、管线和风道。

expansion bend 胀缩弯管
长距离热水管道中允许产生热膨胀的管道伸缩节点和管道装置。又称为：**伸缩圈**（expansion loop）。

pneumatic water supply 气压供水
从总供水管或用压缩空气加压的封闭贮水箱配水的给水系统。又称为：**上供系统**（upfeed distribution system）。

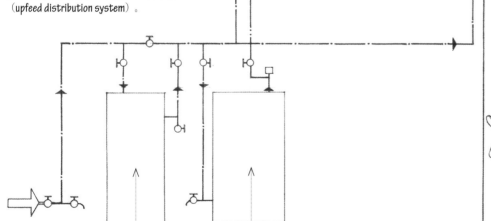

hose bibb 软管接嘴
螺纹接口的室外管道接嘴，例如用于连接花园用软管，常安置在住宅侧面位于窗台高度处。又称为：**水龙带龙头**（hose-cock）或**洒水栓**（sillcock）。

faucet 龙头
通过开或关管口来控制管道中液体流动的配件。又称为：**阀门**（spigot）或**旋塞**（tap）。

flow pressure 液流压力
当水在流动且龙头开到最大时，阀门或出口处供水管中的液体压力，以磅/平方英寸或牛顿/平方米表示。

water softener 软水器
通过离子交换除去硬水中的钙盐和镁盐的设备，可以使水在接触肥皂时具有更好的起泡能力。

hard water 硬水
含有可溶性钙盐或镁盐，因此难以形成肥皂泡沫的水。

water heater 热水器
用来将水加热到120°F～140°F（50℃～60℃）之间并贮存起来以供使用的电力或燃气装置。

mixing faucet 混合龙头
不必分别控制热水龙头和冷水龙头，只需控制单独水出口的龙头。又称为：mixer。

aerator 起泡器
将空气和水龙头端部流出的水混合的类似筛网的装置。

anti-scald faucet 防烫伤龙头
具有恒温控制阀，无论水压及流量如何变化均可保持所需水温的龙头。

plumbing fixture　卫生器具
用来接收给水系统输送的水并将生活废水排入排水系统的各种容器。

sanitary ware　卫生洁具
由陶瓷或搪瓷制成的卫生器具，如洗脸盆、抽水马桶。

wall-hung　壁挂式
设计成能固定在墙上或悬挂在墙上。

low-flow toilet　节水大便器
每次冲水量不大于1.6加仑（6公升）的抽水马桶。这一要求来自《1992年美国能源政策法案》。

high-efficiency toilet　高效节水大便器
每次冲水量不大于1.28加仑（4.8公升）的抽水马桶，这一水量比1.6加仑节省20%。缩写为：HET。

maximum performance score　最佳性能分数
用以度量抽水马桶单次冲水冲走人类排泄物性能的分数。美国环境署要求该分数最少应达到350。缩写为：MaP。

water hammer　水锤
在管中移动的一定体积的水突然停止或失去冲力而导致的震动和噪音。

air chamber　气箱
给水系统中含有空气的隔仓，里面的空气可以弹性地压缩及膨胀以平衡系统中水的压力及流量。又称为：air cushion。

overflow　溢流
排出过剩液体的出口、管道或雨水斗。

backflow　回流
与通常的或预计的方向相反的液流。

back-siphonage　反虹吸
由于管道中的负压，已用过的或已污染的水从卫生器具回流到供应饮用水的管道。

backwater valve　逆止阀
用于污水管道等处，一种防止液体逆向流动的阀门。又称为：backflow valve。

flow rate　流量
从卫生器具排出水的速率，等于每分钟排出的总加仑数除以7.5并以卫生器具水量单位表示。

ball cock　浮球阀
借助于空心球上升及下降来关闭或开启供水阀来控制冲洗水箱中水供应的设备。又称为：float valve。

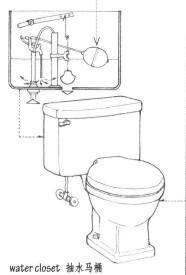

water closet　抽水马桶
由可拆卸的铰接着马桶座和盖子的陶瓷便器及供水冲洗装置所组成的器具用于排便及净化。又称为：冲水式大便器（toilet）。

flushometer valve　冲洗定量阀
当用直接水压驱动时，供应固定量的水到冲洗式马桶的阀门。

backsplash　防溅挡板
为预防溅出的液体，垂直固定于台面或炉灶后部墙面上的防水板。

air gap　气隙
龙头的水嘴或供水管出口到器具的溢流水位之间的垂直净距离。

flood level　溢流水位
使水溢出器具边缘的水位。

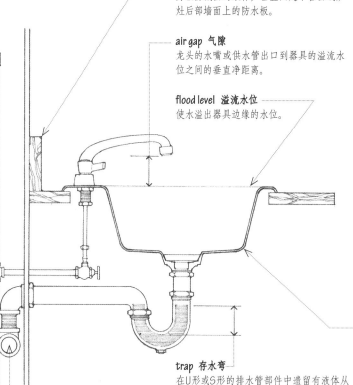

trap　存水弯
在U形或S形的排水管部件中遗留有液体从而达到阻止下水道臭气通过又不影响废水及污物正常流动通过的密封效果。又称为：air trap。

drum trap　鼓形存水弯
在底部连接，入口处有盖板的圆柱形存水弯，通常安装在从浴缸引出的排水管路上。

siphon-jet　虹吸喷射式
冲洗水通过便盆边缘进入便盆，而且由于水喷射器的虹吸作用，把便盆中的污物通过存水弯抽出。

reverse-trap　反水弯式
类似于虹吸喷射式，但水表面及存水弯通路均较小的便盆。

siphon-vortex　虹吸漩涡式
类似于虹吸喷射式，但冲洗水直接经过便盆边缘来产生洗净便盆的涡流。

wash-down　下冲式
具有简单冲刷作用的便盆，并且通过小的不规整通道排空。

bidet　净身盆
跨坐以洗浴身体的外阴及臀部，类似于盆浴的装置。

urinal　小便器
供男性排尿的可冲洗器具。

waterless urinal　无水小便器
不需要冲洗用水的小便器。浮在收集尿液的存水弯上方的油封可以在让尿液流过的同时阻止散发气味。

toilet partition　卫生间隔板
公共厕所中为了保护隐私，用于围绕抽水马桶形成隔间的隔板。

bathtub　浴盆
用于洗浴的长圆形盆，特指在浴室中的固定器具。

shower　淋浴器
在这种浴器中，水从头顶以上的喷嘴或淋浴喷头喷洒到身体上。

grab bar　抓杆
安装在接近浴盆或淋浴喷头的墙上的杆，为洗浴者提供把手。

receptor　淋浴浅池
淋浴隔间的浅底池。

lavatory　盥洗盆
带有流动水的盆或槽供洗脸、洗手。

sink　洗池
厨房或洗衣房中与供水及排水系统相连接供洗涤的盆。

disposal　污物碾碎器
安装在洗涤水槽排水管内的电动装置，用以磨碎将要被冲洗到排水沟内的食物废渣。又称为：disposer。

laundry tray　洗衣槽
洗衣用的深槽。

service sink　墩布池
保洁员所使用的深盆。又称为：slop sink。

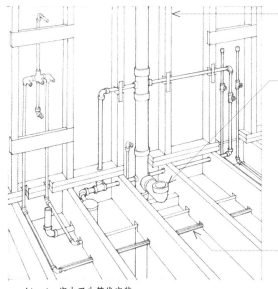

plumbing wall　卫生设备墙
带有用来安装给排水主管的垂直空间的墙体或隔墙。又称为：stack partition。

closet bend　厕所弯管
直接安装在抽水马桶下的90°排污管。

developed length　展开长度
沿着管道或配件中心线量测的管线长度。

molded insulation　模制隔热层
安装在管道及配件周围的预先模制的隔热制品。

roughing-in　室内卫生管线安装
对于所有后来将被隐蔽的管道工程部分进行安装的工艺及过程，通常到器具连接件为止。

valve　阀门
通过可以移动的部件来开启、部分阻塞或关闭通路、管道、入口、出口，以控制或停止气流或液流的装置。

bonnet　阀盖
阀体的一个组成部分，被阀杆穿过并为阀杆提供引导及密封。

seat　阀座
阀门的一个组成部分或阀门表面，阀杆与之闭合以完全阻止液流通过。

globe valve　球阀
具有球形阀体的阀门，用阀盘封闭内部的洞口来关闭阀门。

gate valve　闸阀
一种截流阀，将楔形闸门横穿通道以关闭阀门。

angle valve　角阀
出口和入口垂直的球阀。

alignment valve　调节阀
一种无垫圈的阀门，通过对准阀盘、阀筒或球体上的孔洞来开启阀门。

mixing valve　混合阀
用于控制分别从热水管和冷水管进入的相应数量冷热水的阀门。

check valve　止回阀/单向阀
仅允许液体或气体在一个方向流动的阀门。

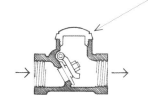

bell-and-spigot　承插接合
把一个管口（插口）安入另一个管的扩大端部（承口）并用嵌缝材料或可压缩环密封而形成的管道接合。

gasket　垫圈
插入两个接触面之间使接口不渗漏的橡胶或金属环。

male　外丝接头
用来装入相应的洞口或凹入部分的插头。

female　内丝接头
具有允许接入相应部件凸出部分的插头。

pipe　管道
用于输送水、蒸汽、天然气或其他流体材料的金属或塑料的空心圆柱体。

pipe fitting　水管配件
用以连接两个或更多管道的标准配件，例如弯管接头、活接头或三通。

elbow　弯管接头
具有一定角度，通常为90°的管道配件。又称为：ell或el。

drop elbow　起柄弯头
具有能固定到墙体或搁栅上的带凸缘弯管接头。又称为：drop ell。

sweep fitting　弯曲管件
具有大曲率半径的弧形管件。

return bend　U形弯头
管道中的180°弯头。

tee　三通
形成三向接头的T形管道配件。

drop tee　起柄三通
具有可固定到墙体或搁栅上的带凸缘三通。

sanitary tee　污水三通
在90°过渡段有轻微曲线的三通，以引导从支管来的水流通向主管流向。

wye　Y形管接头
通常以45°角将支管与主管结合的Y形管道配件。

cross　十字接头
可四向连接的管道配件。

sanitary cross　污水十字接头
每个90°过渡段有轻微曲线的十字接头，以引导从支管来的水流通向主管流向。

crossover　跨越弯头
用于跨过其他管线的U形管。

nipple　螺纹接头
用来连接管箍或其他管件两端的带有螺纹的短管。

coupling　管箍
每端内侧均有螺纹的短管以连接同样直径的两根管。

increaser　扩径管
一端加大直径的管箍。

reducer　缩径管
一端减小直径的管箍。

union　活接头
用于连接两根均不能转动管道的管箍，它由与拟连接的管子拧紧的两个端件及单侧有内螺纹的一个中心件所组成。转动中心件时使两个端件牵引在一起。

plug　管堵
封闭管线端头的有外螺纹的配件。

cap　管帽
封闭管线端头的有内螺纹的配件。

drainage system 排水系统
输送污水、废水或雨水至公共排水管或私人污水处理装置的管道、存水弯及其他装置的系统。

drain 排水管
将液体排走的管道或水沟。

fixture drain 器具支管
位于卫生器具存水弯和废水立管或污水立管之间的管道。

branch drain 排水支管
将卫生器具连接到污水立管或废水立管的排水管。

stack 立管
服务于若干楼层的垂直废水管或通气管。

soil stack 污水立管
垂直的污水管。

soil pipe 污水管
从大便器或小便器携带污物到建筑物排水管或污水管的管道。

waste stack 废水立管
垂直的废水管。

waste pipe 废水管
携带从大便器、小便器之外其他卫生器具排出物的管道。

indirect waste pipe 间接废水管
没有直接与排水系统连接，而是通过恰当安装存水弯的卫生器具排放至排水系统的废水管。

branch interval 支管间隔
指污水或废水立管对应建筑层高的长度。支管间距不能少于8英尺（2.4米），同层横支管在这一长度范围内与立管连接。

fall 坡度
管道、导管或水沟的倾斜度，以百分比或每英尺下降的英寸数表示。

wet vent 湿式通气管
功能上既是污水管或废水管，又是通气管的大口径管道。

cleanout 清扫口
污水或废水管上的具有可拆卸管塞的管道配件，用于检查及清通。

sump pump 污水泵
将积聚的液体从污水池抽出的泵。

sump 污水池
作为水或其他液体的排出口或容器的坑或贮池。

invert 管道内底
排水管或排水沟中水位最深处的最低点。

vent system 通气系统
为排水系统排出或供应气流，或在系统中提供空气循环以保护存水弯的水封免受虹吸作用或负压破坏的系统。

building drain 房屋排水管
位于排水系统的最低点，将建筑物内产生的污水和废水通过重力流输送到房屋污水管。又称为：住户排水管（house drain）。

stack vent 伸顶通气管
污水或废水立管的延长部分，位于最高横支管的接入口以上。又称为：soil vent或waste vent。

battery 卫生器具组
排入共同的废水或污水支管的两个或更多的一组类似的卫生器具。

building trap 房屋存水弯
安装于建筑排水横干管上的存水弯，其目的是防止有害气体从建筑生活排水系统进入建筑雨水排水系统。并不是所有排水规范都要求设置房屋存水弯。又称为：住户排水管存水弯（house trap）。

vent 通气管
将接近存水弯的排水管连接到通气立管或伸顶通气管的管道。

relief vent 减压通气管
在排水管道和通气管道之间建立起空气流通的通气管。其一端连接通气立管，另一端连接在排水横支管上第一件卫生器具与污水或废水立管之间的位置。

loop vent 环形通气管
环形通气管是回连到伸顶通气管而非通气主管的回路通气管。

common vent 公共通气管
为在同一标高连接的两个器具支管服务的单个通气管。又称为：成双并置通气管（dual vent）。

vent stack 通气主管
为使排水系统各部分之间的空气能够来回流动而安装的垂直通气管。

branch vent 通气支管
将独立的通气管连接到通气主管或伸顶通气管的通气管。

individual vent 独用通气管
将器具支管连接到通气主管或通气支管的通气管。又称为：revent。

circuit vent 环路通气管
用于两个或更多回水弯，从最后一件卫生器具与横支管的接口之前连接到通气主管的通气管。

back vent 背部通气管
安装于存水弯连接排水管一侧的通气管。

continuous vent 延伸通气管
将排水管延长而形成的竖通气管。

fresh-air inlet 空气引入口
使室外空气进入建筑排水系统的通气管道。空气引入口在建筑存水弯位置或在存水弯之前与建筑横排水干管相连。

building sewer 房屋污水管
将房屋排水管连接到市政排水管或专用污水处理设施的排水管。又称为：住户污水管（house sewer）。

sewer 排水管
将污水或其他液体废弃物运送到污水处理厂或排放点的管线或管道，常位于地下。

sanitary sewer 生活排水管
仅输送从卫生器具产生的排水而不考虑输送雨水径流的污水管。

sewage 污水
通过排水管输送的含有悬浮或溶解状态的动、植物物质的废水。

scum 浮渣
化粪池中上浮到污水表面的污水废物层。

scum clear space 浮渣净距
化粪池中浮渣层底部与排出口底部之间的距离。

sludge clear space 污泥净距
化粪池中污泥顶部与排出口底部之间的距离。

sludge 污泥
从污水中沉淀出来、在化粪池底部形成的半固体状沉淀物。

sewage treatment plant 污水处理厂
容纳生活污水排放系统的排出物并减少废水中有机物及细菌含量的结构及装置，以降低其污浊度及危害性。

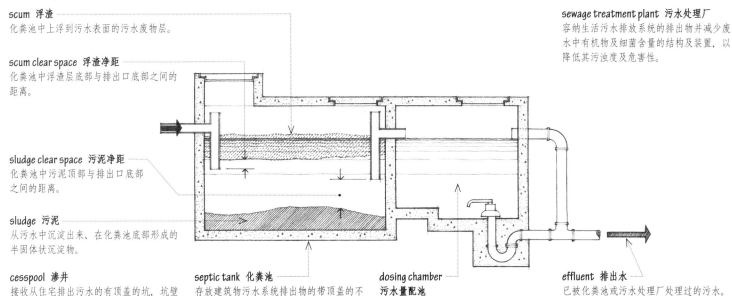

cesspool 渗井
接收从住宅排出污水的有顶盖的坑，坑壁有开孔衬砌，以便使污水中的液体部分渗入土中，而半固体沉积物则存留在井中分解。污水渗井作为污水处理措施，已不再被采用。

septic tank 化粪池
存放建筑物污水系统排出物的带顶盖的不透水池子，分离出的固体有机物质被厌氧菌分解及净化，从而为排出被净化的液体提供最后处理创造条件。

dosing chamber 污水量配池
大化粪池中的小池，当已汇集达到预先确定的废水量后，使用虹吸作用自动地排出大量废水的装置。

effluent 排出水
已被化粪池或污水处理厂处理过的污水。

seepage pit 渗水坑
坑壁用多孔的砖或混凝土衬砌，可使化粪池排出水渗入或渗滤入周围土壤，有时作为排污场的代用装置。

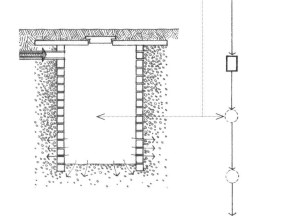

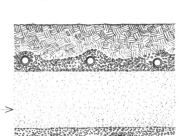

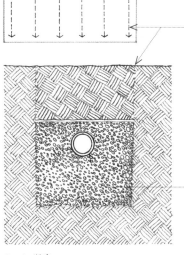

grease trap 隔油器
安放在厨房洗涤槽和住宅污水管之间的贮槽，用来阻止并除去废水中的油脂。又称为：grease interceptor。

distribution box 污水分流井
来自化粪池的排出水通过该井分流到排污场的排污陶管。又称为：**污水分流箱**（diversion box）。

drainfield 排污场
安放排列好吸收槽的露天场地，从化粪池排出的废水可以通过吸收槽渗入或渗滤入周围土壤。又称为：**下水排放场地**（absorption field）或**处理场**（disposal field）。

absorption trench 下水沉积排放沟
安放粗骨料及污水分布管，宽度为12~36英寸（305~914毫米）的窄沟槽，允许化粪池排出的污水经由之渗滤进入土壤。

absorption bed 下水沉积排放层
安放粗骨料及两根或更多污水分布管，宽度大于36英寸（914毫米）的沟槽，化粪池排出的污水可以经由之渗滤进入土壤。又称为：seepage bed。

sand filter 砂滤层
为了使水清洁或使排出水净化而设置的滤层，由粗石层、粗砾石层及砂层组成，越到顶部越细。

subsurface sand filter 地下砂滤层
由级配砾石所包围的若干分布管、清洁粗砂中间层及排出已过滤废水的地下排水系统所组成的废水过滤系统。

distribution pipe 污水分布管
具有开敞接头的排水陶管或多孔陶管，开口数量足够用于分流化粪池排出的污水。又称为：**污水分布管线**（distribution line）。

serial distribution 串联式布置
按照吸收沟、吸水层或渗水坑的顺序来排列废水过滤系统，从而使污水在流入下层前，已充分利用该层的有效吸收面积。

percolation test 渗滤试验
在土中掘坑后用水充满，测量水位下降速率，以确定土壤吸收废水速率的试验。

leach 沥滤
水或其他液体通过某些物体进行渗滤从而使可溶成分溶解。

drain tile 排水瓦管
端部相接的开敞接头的中空管，用来分散开排污场中的废水或排出水饱和土中的水。又称为：**排水陶管**（drainage tile）。

reinforced concrete 钢筋混凝土
埋入钢筋以两种材料共同作用承受外力的混凝土。又称为：béton armé或ferroconcrete。

reinforcement 钢筋
用来在混凝土构件或结构中承受拉应力、剪应力，有时还有压应力的钢筋、钢绞线或钢丝的体系。

reinforcing bar 混凝土内配筋
增强混凝土的钢筋，通常用等于八分之几英寸的直径来说明其规格。又称为：rebar。

deformed bar 变形钢筋/螺纹钢筋
为和混凝土产生较大的黏结力在热轧中改变表面形状的钢筋。

tension reinforcement 受拉钢筋
用于承担拉应力的钢筋。

compression reinforcement 受压钢筋
用来承担压应力的钢筋。

plain concrete 素混凝土
没有钢筋或仅为承受干缩、温度应力而配筋的混凝土。

ferrocement 钢丝网水泥
在用模型预先成型的钢丝网上以水泥砂浆覆盖制成。

fiber-reinforced concrete 纤维增强混凝土
用分散的、方向随机的玻璃或塑料纤维增强的混凝土。

gfrc 玻纤增强混凝土
玻璃纤维增强混凝土（glass-fiber-reinforced concrete）的英文缩写。

welded-wire fabric 焊接钢丝网
所有交叉点焊接在一起的纵向及横向的钢丝或钢筋的网格，常用网格的英寸尺寸及钢丝直径来说明其规格。又称为：welded-wire mesh。

woven-wire fabric 编织钢丝网
将冷拔钢丝用机械扭结在一起形成六边形网孔的钢丝网。

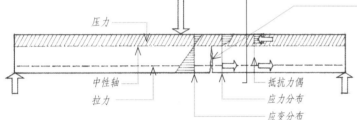

压力

中性轴

拉力

抵抗力偶

应力分布

应变分布

cracked section 开裂截面
基于混凝土没有抗拉能力的假设来设计并分析的混凝土截面。

cracking load 开裂荷载
导致混凝土构件中拉应力超过混凝土抗拉强度的荷载。

balanced section 平衡截面
在该混凝土截面中，当受压混凝土达到其假设的极限应变时，受拉钢筋理论上达到其规定的屈服强度。

overreinforced section 超筋截面
在该混凝土截面中，受压混凝土达到其假设的极限应变早于受拉钢筋达到其规定的屈服强度。这是一种危险的状态，因为可能会瞬时无预警地发生混凝土截面破坏。

underreinforced section 少筋截面
在该混凝土截面中，受拉钢筋达到规定的屈服强度早于受压混凝土达到假设的极限应变。这是我们希望的状态，因为截面破坏之前会有明显的变形，从而为即将发生的倒坍提供预警。

effective depth 有效高度
从受压面量测到受拉钢筋形心的混凝土截面高度。

bar spacing 钢筋距离
平行钢筋间中心到中心的距离。由此而来的钢筋净距由钢筋直径、粗骨料最大粒径及混凝土截面高度所限定。

cover 保护层
为了保护钢筋免遭腐蚀及火灾损伤所需要的混凝土，其厚度为钢筋表面量到混凝土截面外皮。

effective area of concrete 混凝土有效面积
混凝土受压面和受拉钢筋形心之间的混凝土截面面积。

effective area of reinforcement 钢筋有效面积
钢筋正截面和其有效方向与钢筋方向间夹角余弦的乘积。

percentage reinforcement 配筋率
钢筋混凝土构件任意截面处钢筋有效面积与混凝土有效面积的比值，以百分比表示。

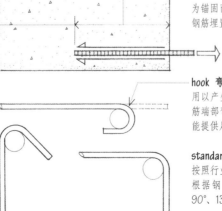

bond 黏结
两种物质之间的黏连，例如混凝土和钢筋。

bond stress 黏结应力
在受弯构件任何截面所产生，钢筋和周围混凝土之间的单位接触面积的黏结力。

embedment length 锚固长度
为锚固而提供的超出临界截面的钢筋埋置长度。

hook 弯钩
用以产生等效埋置长度的受拉钢筋端部弯折或弯曲，用于空间不能提供足够埋置长度的情况。

standard hook 标准弯钩
按照行业标准在钢筋端部加工的根据钢筋直径确定弯曲半径的90°、135°或180°弯曲。

anchorage 锚固
为了在临界截面每一侧的钢筋中形成拉力或压力以防止黏结破坏或开裂而采取的各种措施，如锚固长度或弯钩。

critical section 临界截面
在受弯构件中，在最大应力点、反弯点或在跨中不需受拉钢筋承受应力点等位置的截面。

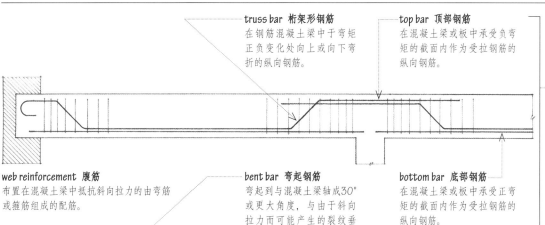

truss bar　桁架形钢筋
在钢筋混凝土梁中于弯矩正负变化处向上或向下弯折的纵向钢筋。

top bar　顶部钢筋
在混凝土或板中承受负弯矩的截面内作为受拉钢筋的纵向钢筋。

reinforced concrete beam　钢筋混凝土梁
纵向钢筋及腹筋能和混凝土共同发挥作用以抵抗所施加外力的混凝土梁。

longitudinal reinforcement　纵向钢筋
基本上与板的水平面或混凝土梁或柱的长轴平行的钢筋。

web reinforcement　腹筋
布置在混凝土梁中抵抗斜向拉力的由弯筋或箍筋组成的配筋。

bent bar　弯起钢筋
弯起到与混凝土梁轴成30°或更大角度，与由于斜向拉力而可能产生的裂纹垂直相交的纵向钢筋。

bottom bar　底部钢筋
在混凝土或板中承受正弯矩的截面内作为受拉钢筋的纵向钢筋。

deep beam　深梁
承受非线性应力分布及侧向压屈的高跨比大于2:5的连续梁，或高跨比大于4:5的简支梁。

T-beam　T形梁
一种整体式钢筋混凝土梁。梁两侧板的一部分作为梁的翼缘来抵抗压应力，而梁突出于板之下的部分作为腹板来抵抗弯曲及剪切应力。

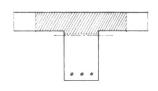

stirrup　箍筋
布置于和混凝土梁的长向钢筋相垂直位置的U形或闭环形钢筋，用于抵抗斜向拉力的垂直分力。

diagonal tension　斜向拉力
作用在与梁的纵轴成一定角度方向的主拉应力。

vertical reinforcement　垂直配筋
布置在混凝土中，承受压应力、抵抗弯曲应力及减少柱中徐变及收缩效应的纵向钢筋。垂直配筋的有效截面积不应小于0.01倍，也不应大于0.08倍的柱截面积。采用普通箍筋的柱子至少应有4根5号钢筋，采用螺旋箍筋的柱子至少应有6根5号钢筋。

reinforced concrete column　钢筋混凝土柱
垂直以及横向钢筋能与混凝土共同发挥作用来抵抗所施加荷载的混凝土柱。作为楼板或屋顶主要支托的钢筋混凝土柱最小直径10英寸（254毫米），如果是矩形截面柱则最小厚度为8英寸（203毫米），最小毛面积为96平方英寸（61935平方毫米）。

lateral reinforcement　横向钢筋
布置在混凝土柱中的螺旋筋或横向箍筋，从侧向约束垂直钢筋并防止压屈。

lap splice　搭接接头
从一根纵向钢筋传递拉应力或压应力到另一根的接头，根据按钢筋直径而规定的长度将两根钢筋的端部搭接制成接头。

spiral reinforcement　螺旋钢筋
由垂直定位件牢固定位的等距连续螺旋横向钢筋。箍筋直径至少$3/8$英寸（9.5毫米），螺旋最大中心距为$1/6$柱芯直径，螺旋净距不大于3英寸（76毫米），而且不小于$1\,3/8$英寸（35毫米）或$1\,1/2$倍粗骨料直径。

butt splice　对接接头
从一根纵向钢筋传递拉应力或压应力到另一根的接头，通过可靠的方式将其端部对接在一起的接头。

welded splice　焊接接头
将两根钢筋的端部用电弧焊进行焊接的对接接头。

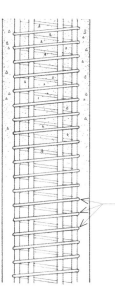

compression splice　压力接头
用套筒夹具等机械固定件连接钢筋端部制成的对接接头。

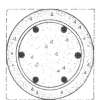

tied column　普通箍筋柱
配筋使用垂直筋和单个箍筋的混凝土柱。箍筋直径至少为$3/8$英寸（9.5毫米），间距不超过48倍箍筋直径、不超过16倍主筋直径以及柱截面中的短边尺寸。角部纵向钢筋和其他每两根纵向钢筋中的一根应由内夹角不超过135°的箍筋提供侧向支撑，获得与未获得侧向支撑的纵向钢筋之间的净距不应超过6英寸（152毫米）。

spiral column　螺旋箍筋柱
使用螺旋箍筋封闭圆形柱芯并配有垂直筋的混凝土柱。

compound column　复合柱
被厚度至少为$2\,1/2$英寸（64毫米）并用钢丝网加强的混凝土所包覆的结构钢柱。

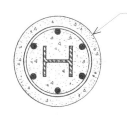

composite column　组合柱
被带有垂直钢筋及螺旋筋的混凝土柱完全包覆的结构钢柱。

offset bend　平移弯筋
对纵向钢筋端头的一部分进行弯曲加工，将其弯至略错开的平行位置，多用于混凝土柱的垂直钢筋接头。

reinforced concrete slab 钢筋混凝土板
主筋和辅筋协同作用抵抗外力的刚性平面混凝土结构。

principal reinforcement 主钢筋
用来吸收外加荷载及弯矩所产生应力的钢筋。

shrinkage reinforcement 抗收缩钢筋
在单向板中用于承受由于收缩及温度变化所产生的应力而与主筋垂直布置的钢筋。
又称为：**温度钢筋**（temperature reinforcement）。

topping 面层
浇筑在混凝土基层上形成楼面的薄层高质量混凝土。

bonding layer 结合层
在浇筑新混凝土板之前，在湿润的已清理干净的现有混凝土表面摊铺的砂浆薄层。

one-way slab 单向板
厚度均匀、在一个方向配筋并与平行的支撑梁整体浇筑的板。单向板仅适用于较短跨度。

beam-and-girder slab 主次梁楼板
由次梁支撑的单向板，次梁又被主梁或大梁所支撑。

ribbed slab 密肋板
与一系列间距很小的搁栅整体浇筑的钢筋混凝土板，而搁栅又被一组平行的梁所支持。密肋板作为一系列平行的T形梁进行设计，对于中等跨度、轻度到中等活荷载较为经济实用。又称为：**joist slab**。

distribution rib 分布肋
为将可能出现的集中荷载分布到较大面积范围，垂直于密肋板的搁栅方向所布置的肋。对于20～30英尺（6～9米）的跨度要求布置一根分布肋，跨度超过30英尺要求布置两根分布肋。

joist band 密肋板扁梁
用于支撑密肋板的宽且扁的梁。因为其高度和密肋板的搁栅相同，所以支模时较经济。

pan 模壳
用作密肋板支模的可重复使用的玻璃纤维或金属模板，有标准宽度20英寸和30英寸（508毫米和762毫米）及多种高度可供选择。

tapered endform 楔形端模板
支模时使搁栅端部加宽以提供更大抗剪能力的楔形模壳。

two-way slab 双向板
厚度均匀，在两个方向配筋并与支撑的边梁或承重墙在四个边整体浇筑的混凝土板。对于中等跨度具有中等到重荷载的情况，双向板是经济实用的。

continuous slab 连续板
作为一个结构单元，在给定方向延伸跨越三个或更多支座的钢筋混凝土板。连续板比一系列不连续的简支板所承受的弯矩要小。

panel 板格
钢筋混凝土板的一部分，其所有的边均位于柱、梁、墙的中心线上。

panel strip 板带
沿双向板某一个方向延伸的条带。板带中每英尺弯矩是假设不变的。

middle strip 跨中板带
对称于板中心线，在宽度上占据一半板宽的板带。

column strip 柱上板带
在柱中心线两侧各占据四分之一板宽的板带。

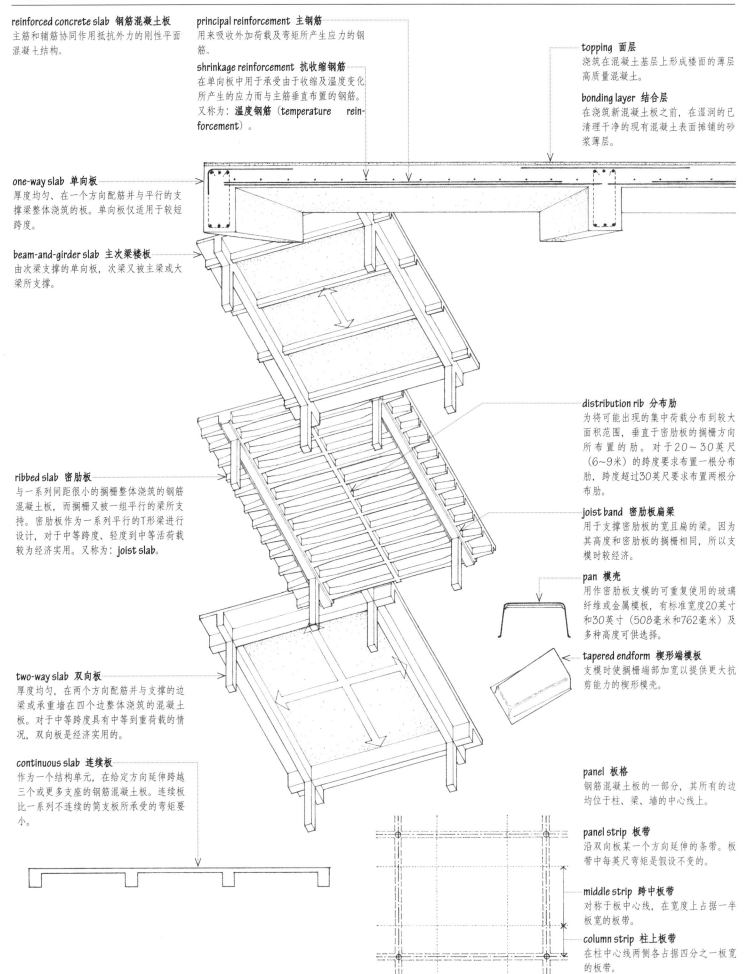

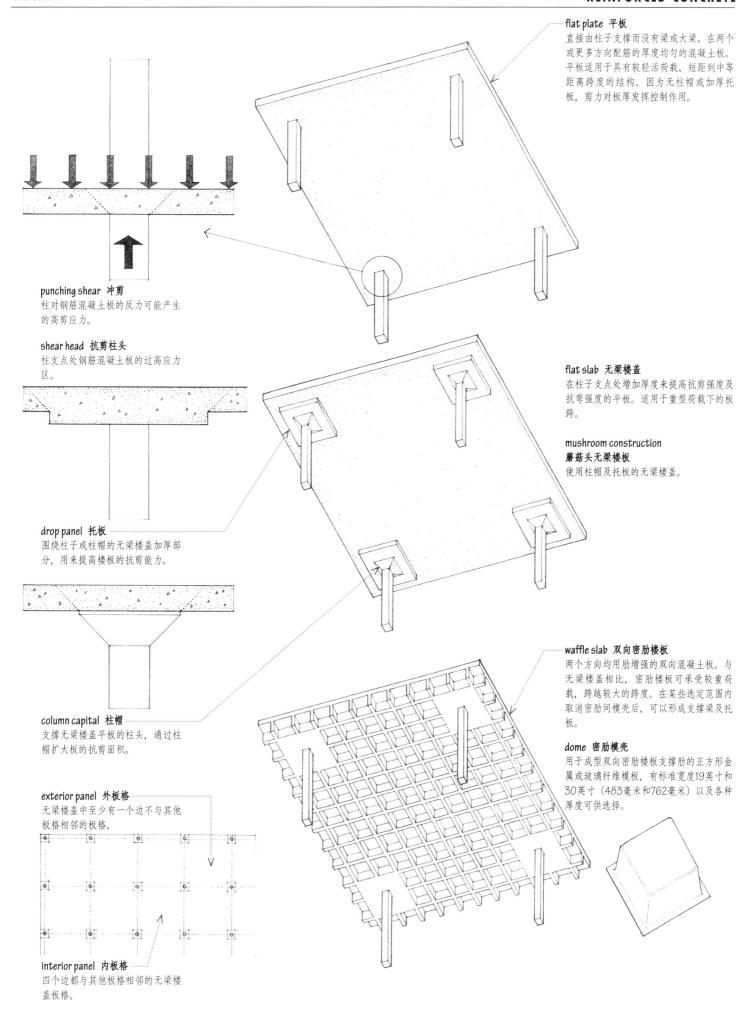

flat plate 平板

直接由柱子支撑而没有梁或大梁、在两个或更多方向配筋的厚度均匀的混凝土板。平板适用于具有较轻活荷载、短距到中等距离跨度的结构。因为无柱帽或加厚托板，剪力对板厚发挥控制作用。

punching shear 冲剪

柱对钢筋混凝土板的反力可能产生的高剪应力。

shear head 抗剪柱头

柱支点处钢筋混凝土板的过高应力区。

flat slab 无梁楼盖

在柱子支点处增加厚度来提高抗剪强度及抗弯强度的平板。适用于重型荷载下的板跨。

mushroom construction 蘑菇头无梁楼板

使用柱帽及托板的无梁楼盖。

drop panel 托板

围绕柱子或柱帽的无梁楼盖加厚部分，用来提高楼板的抗剪能力。

column capital 柱帽

支撑无梁楼盖平板的柱头，通过柱帽扩大板的抗剪面积。

waffle slab 双向密肋楼板

两个方向均用肋增强的双向混凝土板。与无梁楼盖相比，密肋楼板可承受较重荷载，跨越较大的跨度。在某些选定范围内取消密肋间模壳后，可以形成支撑梁及托板。

dome 密肋模壳

用于成型双向密肋楼板支撑肋的正方形金属或玻璃纤维模板，有标准宽度19英寸和30英寸（483毫米和762毫米）以及各种厚度可供选择。

exterior panel 外板格

无梁楼盖中至少有一个边不与其他板格相邻的板格。

interior panel 内板格

四个边都与其他板格相邻的无梁楼盖板格。

precast concrete 预制混凝土
非现场浇筑及养护的混凝土构件或产品。

solid flat slab 实心平板
适于短跨度及均匀分布的楼面或屋面荷载的预制板及预应力混凝土板。

hollow-core slab 空心板
内部空心以减少恒荷载的预制预应力混凝土板。空心板适用于中等到长跨度及均匀分布的楼面及屋面荷载。

topping 面层
浇筑一层钢筋混凝土，从而与预制混凝土楼面或屋顶板形成组合结构构件。

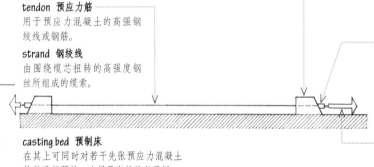

single tee 单T板
具有较宽T形截面的预制预应力混凝土板。

double tee 双T板
具有两个腹板及一个较宽横截面，类似于大写字母TT的预制预应力混凝土板。

inverted tee 倒T梁
具有截面类似于上下颠倒的大写字母T的带突出边缘的预制预应力梁。

L-beam L形梁
具有截面类似于大写字母L的带突出边缘的预制预应力梁。

ledger beam 花篮梁
具有外伸突出边缘，可以安放搁栅或楼板端部的梁。

prestressed concrete 预应力混凝土
通过对高强预应力钢筋在其弹性极限范围内进行先张拉或后张拉来进行配筋，来主动地抵抗使用荷载的混凝土。预应力钢筋中的拉应力传递给混凝土，使受弯构件的整个截面受压。所得到的压应力抵消了所施加的荷载导致的拉应力。因此预应力构件与同样尺寸、相同高跨比和同等重量的常规钢筋混凝土构件相比，变形更小，承载更多，跨度更大。

prestress 预应力施加
使混凝土构件产生内应力，以抵消外加荷载导致的应力。

pretension 先张法
在混凝土浇筑前通过张拉预应力筋对混凝土构件施加预应力。首先把预应力筋固定在两个支墩之间并张拉到预定拉力值，然后在模板内的预应力筋周围浇筑混凝土并充分养护，最后切断预应力筋，预应力筋内的拉力通过黏结应力传递给混凝土。

tendon 预应力筋
用于预应力混凝土的高强钢绞线或钢筋。

strand 钢绞线
由围绕缆芯扭转的高强度钢丝所组成的缆索。

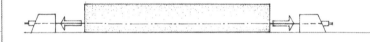

casting bed 预制床
在其上可同时对若干先张预应力混凝土构件进行预拉、支模及浇筑的长平板。

abutment 支墩
在先张法制造预应力混凝土构件时，用于锚固预应力筋的结构。

anchor 锚具
将已张拉的预应力钢筋锁位，并将预应力传递给混凝土的机械装置。在后张法构件中锚具为永久性的，在先张法混凝土构件中锚具只是硬化期间的临时性装置。又称为：anchorage。

jacking force 张拉力
对混凝土构件施加预应力时，由千斤顶临时施加的拉力。

jack 千斤顶
对混凝土构件施加预应力时，用来对预应力钢筋张拉及施加应力的液压装置。

initial prestress 初始预应力
张拉时传递给混凝土构件的在预应力筋中的拉力。

loss of prestress 预应力损失
由于徐变、收缩、混凝土弹性压缩、钢筋松弛、弯起的预应力筋的曲率所产生的摩擦力损失、锚具滑动等综合效应而导致的初始预应力降低。

final prestress 最终预应力
所有的预应力损失发生后，在预应力混凝土构件中存在的内应力。

effective prestress 有效预应力
包括构件重量影响在内，但是不包括附加荷载影响的预应力混凝土构件中的最终预应力。

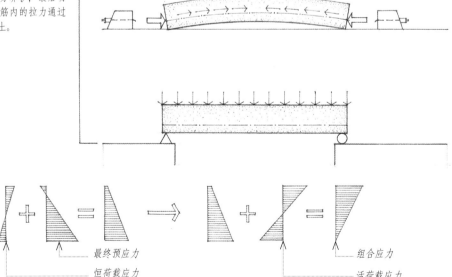

最终预应力
恒荷载应力
组合应力
活荷载应力

partial prestressing 部分张拉
对混凝土构件施加预应力，使预应力在设计或使用荷载下能够达到标称拉应力的程度。

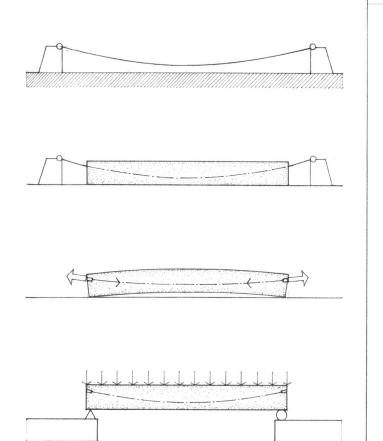

posttension 后张法

混凝土凝结后对预应力钢筋张拉从而对混凝土构件施加预应力。在将混凝土浇筑在鞘管周围之前,尚未张拉的预应力筋已放置在模板内的鞘管中。混凝土养护完毕后,固定住预应力筋的一端而用千斤顶靠紧混凝土构件张拉另一端,直到达到要求的力为止,然后将钢筋张拉端锚固并移去千斤顶。

bonded posttensioning 黏结后张法

用水泥浆注压入预应力钢筋周围的环状空间中使预应力钢筋与周围混凝土黏结的后张法。

unbonded posttensioning 无黏结后张法

预应力钢筋周围的环状空间不灌浆,预应力钢筋可相对于周围混凝土移动的后张法。

sheath 鞘管

将预应力钢筋封闭在后张法构件中的套管,可以防止浇筑混凝土时预应力钢筋与混凝土发生黏结。

pre-posttension 先后张拉

对某些预应力钢筋使用先张法而对另一些预应力筋进行后张法,从而对混凝土构件施加预应力。

concentric tendon 同心预应力筋

具有和预应力混凝土构件中心轴重合的直线形预应力钢筋。当张拉时预应力钢筋产生贯穿混凝土截面的均匀分布的压应力,该压力抵消由于弯曲产生的拉应力。

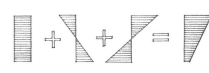

eccentric tendon 偏心预应力筋

具有和预应力混凝土构件中心轴不重合的直线形预应力钢筋。当张拉时预应力钢筋产生的偏心预应力使贯穿混凝土截面的压应力减少到仅有弯曲产生的压应力值。

draped tendon 下垂预应力筋

反映均布重力荷载下的梁弯矩图,呈抛物线形的后张法预应力钢筋。张拉时沿预应力筋长度方向产生的可变偏心度与外加荷载产生的弯矩变化一致。

load balancing 荷载平衡法

对于具有下垂预应力钢筋的混凝土构件施加预应力的概念,理论上导致在给定荷载条件下零变形状态。

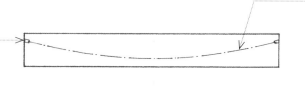

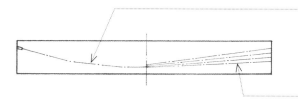

depressed tendon 下凹预应力筋

采用与下垂预应力筋形状大致相同的下凹折线形的先张法预应力筋。由于先张的预拉力使预应力筋难以呈下垂状态,因此在先张法中采用这种形状。

harped tendon 弯曲式预应力筋

一系列不同倾斜度的下凹预应力筋。

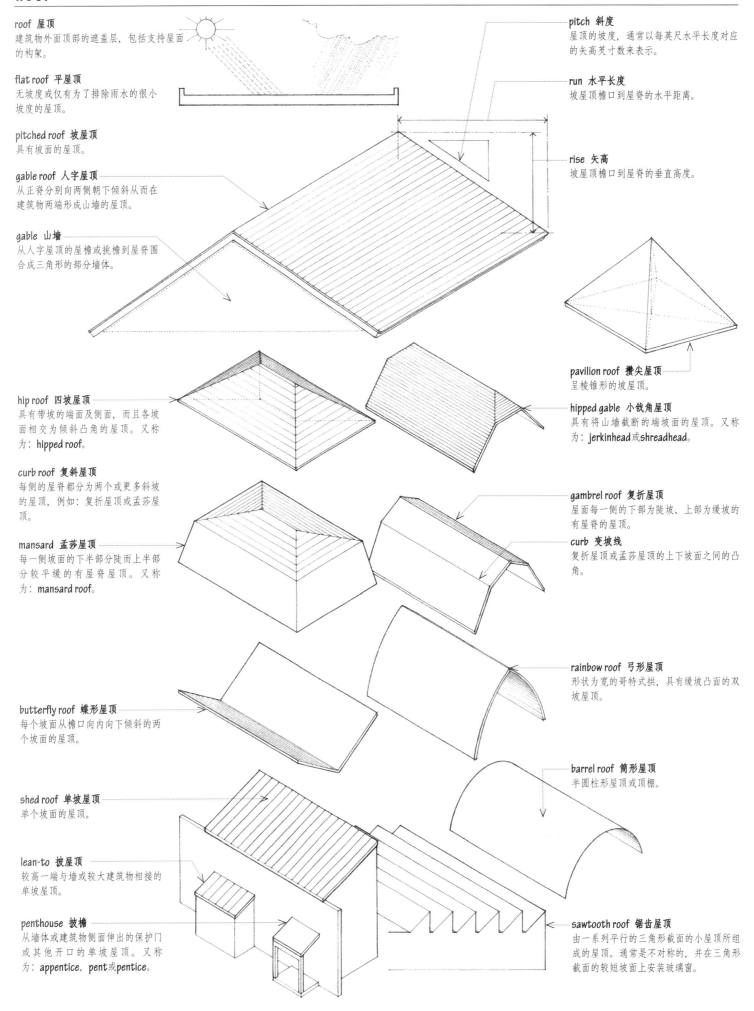

roof 屋顶
建筑物外面顶部的遮盖层，包括支持屋面的构架。

flat roof 平屋顶
无坡度或仅有为了排除雨水的很小坡度的屋顶。

pitched roof 坡屋顶
具有坡面的屋顶。

gable roof 人字屋顶
从正脊分别向两侧朝下倾斜从而在建筑物两端形成山墙的屋顶。

gable 山墙
从人字屋顶的屋檐或挑檐到屋脊围合成三角形的部分墙体。

hip roof 四坡屋顶
具有带坡的端面及侧面，而且各坡面相交为倾斜凸角的屋顶。又称为：hipped roof。

curb roof 复斜屋顶
每侧的屋脊都分为两个或更多斜坡的屋顶，例如：复折屋顶或孟莎屋顶。

mansard 孟莎屋顶
每一侧坡面的下半部分陡而上半部分较平缓的有屋脊屋顶。又称为：mansard roof。

butterfly roof 蝶形屋顶
每个坡面从檐口向内向下倾斜的两个坡面的屋顶。

shed roof 单坡屋顶
单个坡面的屋顶。

lean-to 披屋顶
较高一端与墙或较大建筑物相接的单坡屋顶。

penthouse 披檐
从墙体或建筑物侧面伸出的保护门或其他开口的单坡屋顶。又称为：appentice，pent 或 pentice。

pitch 斜度
屋顶的坡度，通常以每英尺水平长度对应的矢高英寸数来表示。

run 水平长度
坡屋顶檐口到屋脊的水平距离。

rise 矢高
坡屋顶檐口到屋脊的垂直高度。

pavilion roof 攒尖屋顶
呈棱锥形的坡屋顶。

hipped gable 小戗角屋顶
具有将山墙截断的端坡面的屋顶。又称为：jerkinhead 或 shreadhead。

gambrel roof 复折屋顶
屋面每一侧的下部为陡坡、上部为缓坡的有屋脊的屋顶。

curb 变坡线
复折屋顶或孟莎屋顶的上下坡面之间的凸角。

rainbow roof 弓形屋顶
形状为宽的哥特式拱，具有缓坡凸面的双坡屋顶。

barrel roof 筒形屋顶
半圆柱形屋顶或顶棚。

sawtooth roof 锯齿屋顶
由一系列平行的三角形截面的小屋顶所组成的屋顶。通常是不对称的，并在三角形截面的较短坡面上安装玻璃窗。

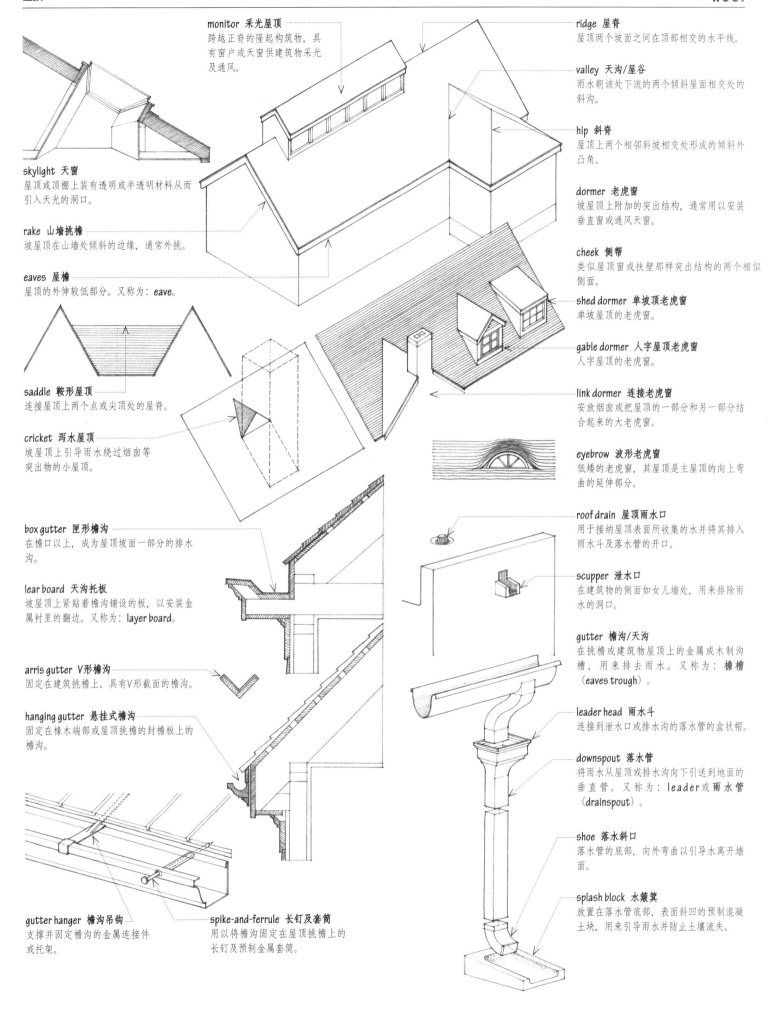

monitor 采光屋顶
跨越正脊的隆起构筑物，具有窗户或天窗供建筑物采光及通风。

skylight 天窗
屋顶或顶棚上装有透明或半透明材料从而引入天光的洞口。

rake 山墙挑檐
坡屋顶在山墙处倾斜的边缘，通常外挑。

eaves 屋檐
屋顶的外伸较低部分。又称为：eave。

saddle 鞍形屋顶
连接屋顶上两个点或尖顶处的屋脊。

cricket 泻水屋顶
坡屋顶上引导雨水绕过烟囱等突出物的小屋顶。

box gutter 匣形檐沟
在檐口以上，成为屋顶坡面一部分的排水沟。

lear board 天沟托板
坡屋顶上紧贴着檐沟铺设的板，以安装金属衬里的翻边。又称为：layer board。

arris gutter V形檐沟
固定在建筑挑檐上、具有V形截面的檐沟。

hanging gutter 悬挂式檐沟
固定在椽木端部或屋顶挑檐的封檐板上的檐沟。

gutter hanger 檐沟吊钩
支撑并固定檐沟的金属连接件或托架。

spike-and-ferrule 长钉及套筒
用以将檐沟固定在屋顶挑檐上的长钉及预制金属套筒。

ridge 屋脊
屋顶两个坡面之间在顶部相交的水平线。

valley 天沟/屋谷
雨水朝该处下流的两个倾斜屋面相交处的斜沟。

hip 斜脊
屋顶上两个相邻斜坡相交处形成的倾斜外凸角。

dormer 老虎窗
坡屋顶上附加的突出结构，通常用以安装垂直窗或通风天窗。

cheek 侧帮
类似屋顶窗或扶壁那样突出结构的两个相似侧面。

shed dormer 单坡顶老虎窗
单坡屋顶的老虎窗。

gable dormer 人字屋顶老虎窗
人字屋顶的老虎窗。

link dormer 连接老虎窗
安放烟囱或把屋顶的一部分和另一部分结合起来的大老虎窗。

eyebrow 波形老虎窗
低矮的老虎窗，其屋顶是主屋顶的向上弯曲的延伸部分。

roof drain 屋顶雨水口
用于接纳屋顶表面所收集的水并将其排入雨水斗及落水管的开口。

scupper 泄水口
在建筑物的侧面如女儿墙处，用来排除雨水的洞口。

gutter 檐沟/天沟
在挑檐或建筑物屋顶上的金属或木制沟槽，用来排去雨水。又称为：檐槽（eaves trough）。

leader head 雨水斗
连接到泄水口或排水沟的落水管的盒状帽。

downspout 落水管
将雨水从屋顶或排水沟向下引送到地面的垂直管。又称为：leader或雨水管（drainspout）。

shoe 落水斜口
落水管的底部，向外弯曲以引导水离开墙面。

splash block 水簸箕
放置在落水管底部，表面斜凹的预制混凝土块，用来引导雨水并防止土壤流失。

double roof 复式屋顶
在此种屋顶中，纵向构件如脊檩和檩条用作椽木的中间支点。又称为：**双承式屋盖**（double-framed roof）。

purlin 檩条
屋顶构架的纵向构件，用于支撑屋脊和挑檐之间的普通椽木。又称为：**purline** 或 **binding rafter**。

subpurlin 副檩条
承受屋面材料荷载的轻型结构的构件，由檩条支撑并且垂直于檩条铺设。

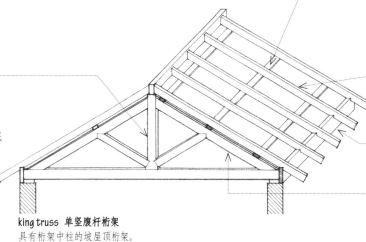

king post 桁架中柱
从坡屋顶桁架顶点到下弦的垂直杆件。

joggle post 榫接桁架中柱
有齿槽或突出部分以容纳或支持斜腹杆底脚的桁架中柱。又称为：**joggle piece**。

joggle 粗榫头
用来支撑斜杆或斜撑的中腹杆扩大部分。

common rafter 普通椽木
从墙上托梁垫板标高处延伸到脊梁或脊板的椽木，除支撑屋顶望板及覆盖层外无其他功能。

pole plate 承椽板
桁架式屋顶中垂直于拉梁端部的梁，并在普通椽木下端附近对其提供支撑。

principal rafter 主椽
屋顶主构架的斜构件，通常形成桁架的一部分并且支撑安放普通椽木的檩条。

king truss 单竖腹杆桁架
具有桁架中柱的坡屋顶桁架。

auxiliary rafter 辅助椽木
加强主椽木或双柱桁架斜腹杆的椽木。又称为：**cushion rafter**。

principal 主构架
构架结构的一个构件，依靠它来支撑或增强相邻构件或类似构件。

straining piece 系杆
连接双竖腹杆顶部的水平拉梁。又称为：**系梁**（straining beam）。

queen post 双竖腹杆
安装在距坡屋顶桁架的顶点等距离处的两个垂直腹构件。

tie beam 拉梁
连接两个结构构件使其不致于分离开的水平木杆，例如在屋顶桁架中连接两根主椽木底脚的梁。

queen truss 双柱桁架
具有由系杆连接的双竖腹杆的坡屋顶桁架。

straining sill 分柱木
沿着双柱桁架的拉梁铺设并用钩钉固定在其上，把双竖腹杆分开的受压构件。

arch brace 拱支撑
靠拱作用支撑屋顶构架、通常成对使用的曲线撑架。

hammer post 椽梁支柱
安装在椽尾梁内端并用斜撑或其上的系梁连接来支撑檩条的立木。

hammer beam 椽尾小梁
在墙顶托梁板标高处连接到主椽木底脚处的一对短的水平构件，用于代替拉梁。

hammer brace 椽尾梁斜撑
支持椽尾小梁的斜撑。

bracket 托座
从墙面水平伸出的支点来承受悬臂的重量或增强角部的支撑件。

pendant post 壁架柱
在其下端由叠涩支撑而在其上端承受椽尾梁或拉梁荷载的立木。

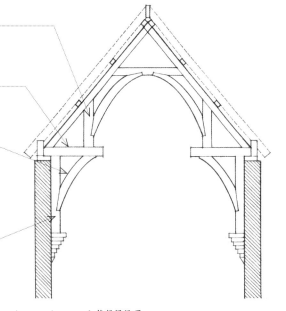

hammer-beam roof 椽尾梁屋顶
由椽尾小梁所支撑的屋顶。

cruck 曲木屋架
天然形成的弯曲木材，两两使用形成数个拱式构架来支撑老式英国仓库或乡村建筑的屋顶。

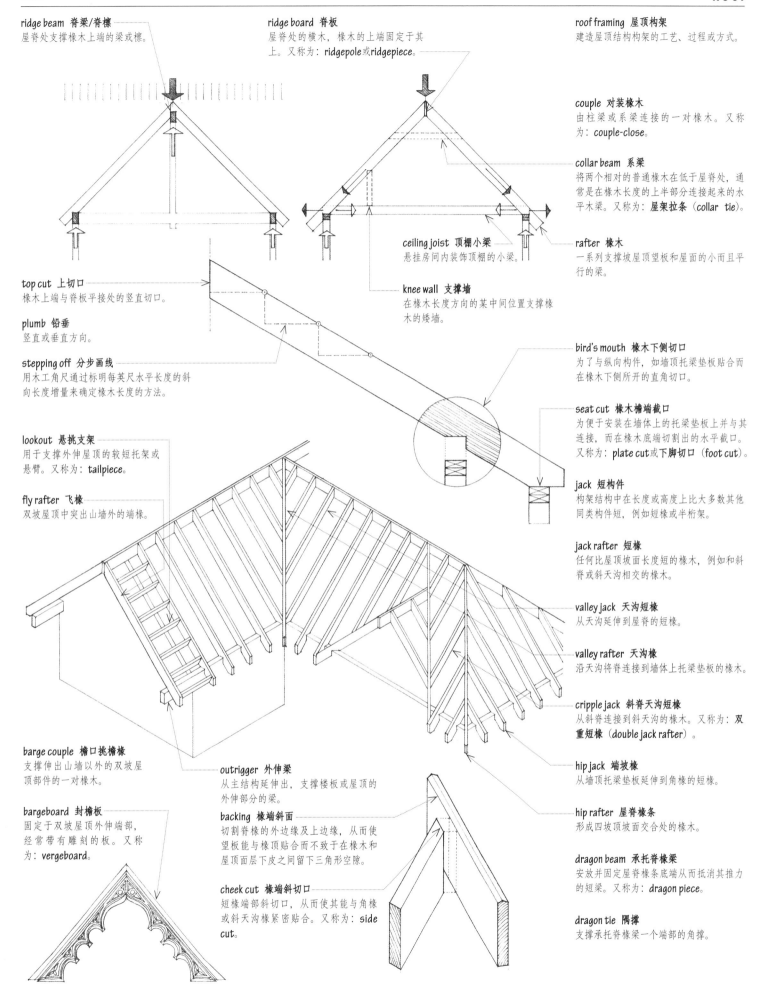

ridge beam 脊梁/脊檩
屋脊处支撑椽木上端的梁或檩。

ridge board 脊板
屋脊处的横木,椽木的上端固定于其上。又称为:**ridgepole** 或 **ridgepiece**。

roof framing 屋顶构架
建造屋顶结构构架的工艺、过程或方式。

couple 对装椽木
由柱梁或系梁连接的一对椽木。又称为:**couple-close**。

collar beam 系梁
将两个相对的普通椽木在低于屋脊处,通常是在椽木长度的上半部分连接起来的水平木梁。又称为:**屋架拉条(collar tie)**。

ceiling joist 顶棚小梁
悬挂房间内装饰顶棚的小梁。

rafter 椽木
一系列支撑坡屋顶望板和屋面的小而且平行的梁。

top cut 上切口
椽木上端与脊板平接处的竖直切口。

plumb 铅垂
竖直或垂直方向。

stepping off 分步画线
用木工角尺通过标明每英尺水平长度的斜向长度增量来确定椽木长度的方法。

knee wall 支撑墙
在椽木长度方向的某中间位置支撑椽木的矮墙。

bird's mouth 椽木下侧切口
为了与纵向构件,如墙顶托梁垫板贴合而在椽木下侧所开的直角切口。

seat cut 椽木檐端截口
为便于安装在墙体上的托梁垫板上并与其连接,而在椽木底端切割出的水平截口。又称为:**plate cut** 或下脚切口(**foot cut**)。

lookout 悬挑支架
用于支撑外伸屋顶的较短托架或悬臂。又称为:**tailpiece**。

fly rafter 飞椽
双坡屋顶中突出山墙外的端椽。

jack 短构件
构架结构中在长度或高度上比大多数其他同类构件短,例如短椽或半桁架。

jack rafter 短椽
任何比屋顶坡面长度短的椽木,例如和斜脊或斜天沟相交的椽木。

valley jack 天沟短椽
从天沟延伸到屋脊的短椽。

valley rafter 天沟椽
沿天沟将脊连接到墙体上托梁垫板的椽木。

cripple jack 斜脊天沟短椽
从斜脊连接到斜天沟的椽木。又称为:**双重短椽(double jack rafter)**。

barge couple 檐口挑檐椽
支撑伸出山墙以外的双坡屋顶部件的一对椽木。

outrigger 外伸梁
从主结构延伸出,支撑楼板或屋顶的外伸部分的梁。

backing 椽端斜面
切割脊的外边缘及上边缘,从而使望板能与椽顶贴合而不致于在椽木和屋顶层下皮之间留下三角形空隙。

hip jack 端坡椽
从墙顶托梁垫板延伸到角椽的短椽。

hip rafter 屋脊椽条
形成四坡顶坡面交合处的椽木。

bargeboard 封檐板
固定于双坡屋顶外伸端部,经常带有雕刻的板。又称为:**vergeboard**。

cheek cut 椽端斜切口
短椽端部斜切口,从而使其能与角椽或斜天沟椽紧密贴合。又称为:**side cut**。

dragon beam 承托脊椽梁
安放并固定屋脊椽条底端从而抵消其推力的短梁。又称为:**dragon piece**。

dragon tie 隅撑
支撑承托脊椽梁一个端部的角撑。

roofing 屋面材料
铺设在屋顶上以遮蔽或排除雨水的各种不透水材料，如屋面板、石板或瓦。

shingle 屋面板/墙面板
以搭接的行列铺放，用来覆盖建筑物的屋顶和墙面的薄片状木板、沥青材料、石板、金属或混凝土，通常为长方形。

imbrication 搭接叠覆
错缝搭接屋面板或屋面瓦从而形成不透水的覆盖层。

break joints 错缝
用以保证建筑物部件，如砌块、屋面板或墙面板在相邻层的垂直缝处错开而不会形成连续通道的排列方法。又称为：**staggered joint**。

common lap 半宽错缝搭接
各层板材交替地偏移其宽度的一半来铺设板的方法。

toplap 搭接长度
屋面板、石板或瓦紧邻的下一层的搭接尺寸。

exposure 暴露长度
当铺设定位屋面板、石板或瓦时，裸露在大气环境下部分的长度。又称为：**外露长度**（gauge 或 margin）。

headlap 隔层搭接长度
屋面板、石板或瓦隔层的搭接尺寸。

ridgecap 脊盖
覆盖屋顶的脊的屋面材料层。

ridge course 屋脊层
切割到要求长度、紧接屋脊顶层的屋面板、石板或瓦。

ribbon course 带状层
交替铺设外露尺寸较长或较短的屋面板或石板的交替层之一。

staggered course 交错层
在一层内所铺设的某块层面板的端面，略高于或低于相邻板。

doubling course 双瓦层
在屋顶坡面的底部或垂直墙面板的底部铺设的双层瓦片或屋面板。

starting course 檐口铺底层
在常规的第一层开始铺设前，沿屋顶檐口铺设的首层面板、石板或瓦。

drip edge 滴水檐
为便于排水而沿坡顶屋面的挑檐和山墙挑檐布置金属线脚。

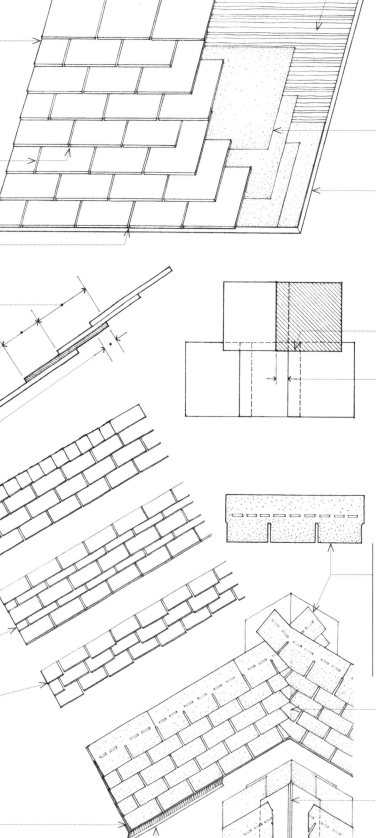

sheathing 望板
作为铺设覆面层或屋面材料的基层，固定在屋顶或墙体构架上的木板、胶合板或结构板。

panel clip 板夹
在无支撑节点处将胶合板材的屋面望板结合在一起的H型金属件。

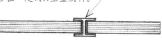

underlayment 衬垫层
在层面板铺设前覆盖并保护望板的屋面油毡等耐候材料。

eaves flashing 檐口泛水
黏结到屋面板上的附加的衬垫材料层，防止溶化的冰雪在屋面材料下沿着屋檐回流。

ice dam 冰坝
由冰雪沿着坡屋顶的檐口积滞而形成。

Dutch lap 荷兰式搭接
铺设每块板时与其侧面的板及其下面的板分别搭接的铺设屋面板及石板的方法。

sidelap 侧边搭接长度
屋面板、石板或屋面瓦沿其侧边与其他相邻板的搭接尺寸。又称为：**endlap**。

coverage 覆盖范围
通过屋面板或石板重叠搭接从而提供的挡风雨的保护范围。

square 方
量度屋面材料的单位，等于100平方英尺（9.3平方米）的覆盖范围。

asphalt shingle 沥青油毡瓦
具有沥青浸渍毛毡基层以及在受风雨侵袭一侧用带色矿物粒料嵌入热沥青覆盖层所组成的组合屋面片材。

fiberglass shingle 玻纤油毡瓦
具有用沥青饱和浸透的无机玻璃纤维基层，而且在挡风雨一侧用彩色陶瓷小颗粒罩面的组合屋面片材。

closed valley 封闭式天沟
在交替方向依次对屋面板层进行搭接而形成的天沟。又称为：**搭瓦天沟**（woven valley, laced valley）。

open valley 开敞式天沟
屋面板或石板未铺设到交接点，外露于天沟表面的是金属薄板或卷铺屋面材料的衬层。

valley flashing 天沟泛水
用作屋顶天沟层的宽条金属薄片或屋面卷材。

blue label 蓝标签
无节疤的径向纹理芯材的优等红松板。

red label 红标签
具有有限数量平直纹理及边材的中等红松板。

black label 黑标签
实用级的红松板。

undercourse 檐口垫底层
沿坡屋顶的山墙挑檐铺设的一排屋面板，厚端面外露使面层屋面板有向内的坡度。又称为：undercloak。

spaced sheathing 疏铺望板
有间隔地铺设屋面望板，以便于面层木板或木板瓦通风。又称为：间隔面板（open boarding）或跳行望板（skip sheathing）。

Boston hip 波士顿屋脊
屋脊或斜脊处的屋面板交叉铺叠。又称为：Boston ridge。

weaving 交叉铺叠
在屋顶或墙面的相邻面上铺设面板的方法，以使每个面上的屋面板交替地搭接。

cornice return 挑檐转向
围绕房屋山墙处挑檐端部的延续。

diagonal slating 对角铺砌
使每块石板瓦的对角线保持水平的铺设屋面石板方法。又称为：吊脚铺石板（drop-point slating）。

honeycomb slating 蜂窝状铺石板
切去石板瓦的外露下端的斜铺方法。

open slating 疏铺石板法
在一层内的相邻石板之间有间隔地铺设屋面石板方法。又称为：spaced slating。

diminishing course 尺寸递减层
从屋檐到屋脊的一系列屋顶石板层中的某一层减少其外露尺寸，有时在宽度方向也缩减。

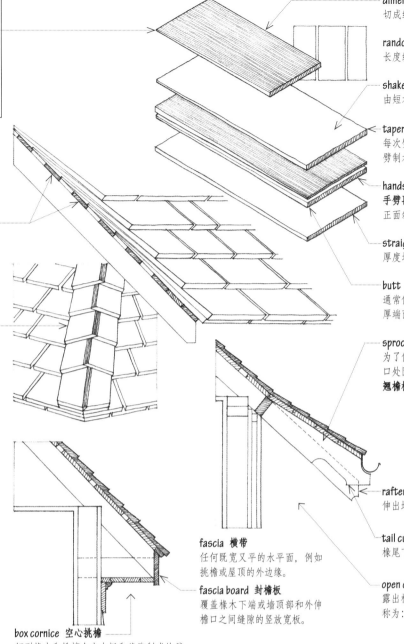

dimension shingles 规格木板材
切成统一尺寸的木板材。

random shingles 不规格木板材
长度统一但宽度随机不等的木板材。

shake 木板瓦
由短木块径向劈成的楔形厚屋面瓦。

tapersplit shake 斜破木板瓦
每次劈后把木块倒转从而获得楔形的手工劈制木板瓦。

handsplit-and-resawn shake 手劈再锯木板瓦
正面斜劈、背面锯开的斜破木板瓦。

straightsplit shake 直破木板瓦
厚度均一的手工劈制木板瓦。

butt 粗端
通常位于底端的木屋面板或木板瓦的外露厚端面。

sprocket 椽头垫块[译注]
为了使坡屋顶以较平缓的坡度延伸而在檐口处固定在每个椽木上的木条。又称为：翘檐板（cocking piece）。

fascia 横带
任何既宽又平的水平面，例如挑檐或屋顶的外边缘。

fascia board 封檐板
覆盖椽木下端或墙顶部和外伸檐口之间缝隙的竖放宽板。

box cornice 空心挑檐
钉到椽木和挑檩上由木板和线脚制成的稍微外挑的空心挑檐。又称为：封闭式挑檐（closed cornice）。

rafter tail 椽尾端
伸出墙外有时外露的椽木下端。

tail cut 椽尾锯口
椽尾下端的装饰性切口。

open cornice 散檐
露出椽尾及屋面望板下侧的悬挑屋檐。又称为：露明屋檐（open eaves）。

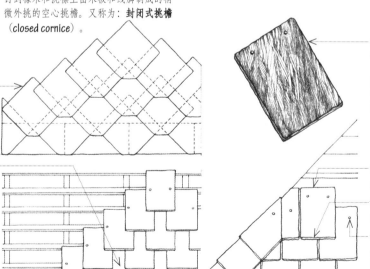

sized slates 规格石板
统一宽度的屋面石板。

random slates 非规格石板
宽度不等的屋面石板，常在递减行距板层中使用。又称为：rustic slates。

head 瓦头
屋面石板瓦的上端部。

tail 瓦尾
屋面石板瓦的下端外露部分。

slating nail 石板瓦钉
具有大的平钉帽及中等菱形钉尖的铜钉，特别用于固定石板瓦。

[译注] 椽头垫块的功能及其位置都和中国传统木构建筑中的飞檐椽类似，但是形状和外挑长度不同。

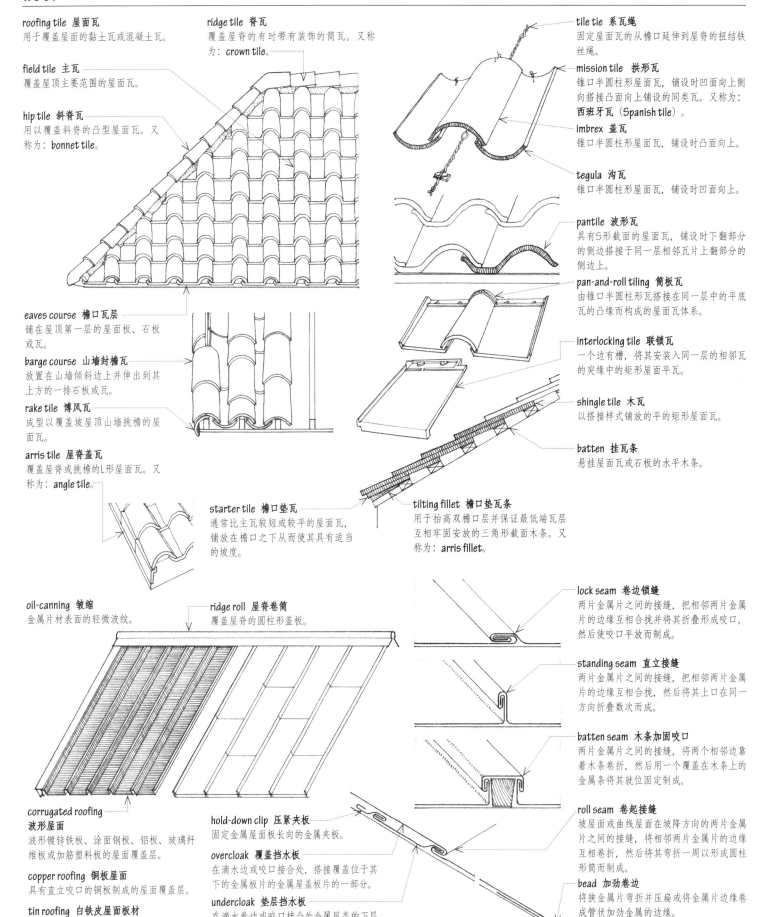

roofing tile 屋面瓦
用于覆盖屋面的黏土瓦或混凝土瓦。

field tile 主瓦
覆盖屋顶主要范围的屋面瓦。

hip tile 斜脊瓦
用以覆盖斜脊的凸型屋面瓦。又
称为：bonnet tile。

ridge tile 脊瓦
覆盖屋脊的有时带有装饰的筒瓦。又称
为：crown tile。

eaves course 檐口瓦层
铺在屋顶第一层的屋面板、石板
或瓦。

barge course 山墙封檐瓦
放置在山墙倾斜边上并伸出到其
上方的一排石板或瓦。

rake tile 博风瓦
成型以覆盖坡屋顶山墙挑檐的屋
面瓦。

arris tile 屋脊盖瓦
覆盖屋脊或挑檐的L形屋面瓦。又
称为：angle tile。

starter tile 檐口垫瓦
通常比主瓦较短或较平的屋面瓦，
铺放在檐口之下从而使其具有适当
的坡度。

tilting fillet 檐口垫瓦条
用于抬高双檐口瓦层并保证最低端瓦层
互相牢固安放的三角形截面木条。又
称为：arris fillet。

tile tie 系瓦绳
固定屋面瓦的从檐口延伸到屋脊的扭结铁
丝绳。

mission tile 拱形瓦
锥口半圆柱形屋面瓦，铺设时凹面向上侧
向搭接凸面向上铺设的同类瓦。又称为：
西班牙瓦（Spanish tile）。

imbrex 盖瓦
锥口半圆柱形屋面瓦，铺设时凸面向上。

tegula 沟瓦
锥口半圆柱形屋面瓦，铺设时凹面向上。

pantile 波形瓦
具有S形截面的屋面瓦，铺设时下翻部分
的侧边搭接于同一层相邻瓦片上翻部分的
侧边上。

pan-and-roll tiling 筒板瓦
由锥口半圆柱形瓦搭接在同一层中的平底
瓦的凸缘而构成的屋面瓦体系。

interlocking tile 联锁瓦
一个边有槽，将其安装入同一层的相邻瓦
的突缘中的矩形屋面平瓦。

shingle tile 木瓦
以搭接样式铺放的平的矩形屋面瓦。

batten 挂瓦条
悬挂屋面瓦或石板的水平木条。

oil-canning 皱缩
金属片材表面的轻微波纹。

ridge roll 屋脊卷筒
覆盖屋脊的圆柱形盖板。

**corrugated roofing
波形屋面**
波形镀锌铁板、涂面钢板、铝板、玻璃纤
维板或加筋塑料板的屋面覆盖层。

copper roofing 铜板屋面
具有直立咬口的铜板制成的屋面覆盖层。

tin roofing 白铁皮屋面板材
柔性镀锡铁皮或镀铅锡铁皮制成的屋面覆
盖层。

Monel metal 蒙乃尔合金
主要由镍和铜组成的合金商标品牌。

hold-down clip 压紧夹板
固定金属屋面板长向的金属夹板。

overcloak 覆盖挡水板
在滴水边或咬口接合处，搭接覆盖位于其
下的金属板片的金属盖板片的一部分。

undercloak 垫层挡水板
在滴水卷边或咬口接合处金属屋盖的下层
板片。

cleat 加劲条
固定在部件表面约束或支撑部件或构件的
金属条或木条。

lock seam 卷边锁缝
两片金属片之间的接缝，把相邻两片金属
片的边缘互合拢并将其折叠形成咬口，
然后使咬口平放而制成。

standing seam 直立接缝
两片金属片之间的接缝，把相邻两片金属
片的边缘互合拢，然后将其上口在同一
方向折叠数次而成。

batten seam 木条加固咬口
两片金属片之间的接缝，将两个相邻靠
着木条卷折，然后用一个覆盖在木条上的
金属条将其就位固定制成。

roll seam 卷起接缝
坡屋面或曲线屋面在坡降方向的两片金属
片之间的接缝，将相邻两片金属片的边缘
互相卷折，然后将其弯折一周以形成圆柱
形筒而制成。

bead 加劲卷边
将狭金属片弯折并压扁或将金属片边缘卷
成管状加劲金属的边缘。

Hypalon 海帕伦
聚氯乙烯的品牌商标。

EPDM 三元乙丙橡胶
乙烯—丙烯—二烯烃单体共聚物（ethylene propylene diene monomer），一种用作屋面防水卷材的片状合成橡胶。

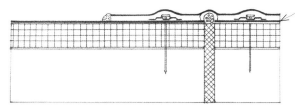

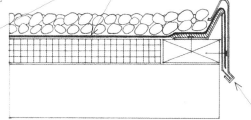

single-ply roofing 单层屋面
用黏结剂、机械固定件或砾石压重的重量将氯丁橡胶、三元乙丙橡胶或聚氯乙烯等单片弹性材料固定到屋面板，接缝则用加热或溶剂溶化。又称为：**弹性屋面**（elastomeric roofing）。

elastomeric 有弹性的
具有天然橡胶弹性性质的。

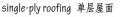

gravel stop 砾石挡条
用以保护屋面上的履面骨料并防止组合屋顶边缘渗漏的具有垂直边的金属条。

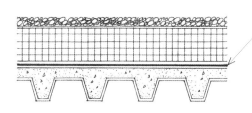

protected membrane roof 有保护层的卷材屋面
用刚性隔热板和砾石压重覆盖层来保护单层薄膜，使其不受日光和极端气温的影响。

fluid-applied roofing 液浇屋面材料
复杂几何形状的连续覆盖层，由弹性材料（如氯丁橡胶、海帕伦或丁基橡胶）用滚子或喷枪进行多层涂敷并经过养护形成连续薄膜。

selvage 屋面卷材边缘
卷材不黏结绿豆石的边缘部分，常用沥青罩面，以便于和下一片卷材搭接时提供较好的黏结。

roll roofing 卷材屋面
用沥青浸渍的毛毡，并在暴露于室外的一侧用较硬沥青和矿棉或玻璃纤维混合物罩面以及绿豆石覆盖层所组成的屋面材料。

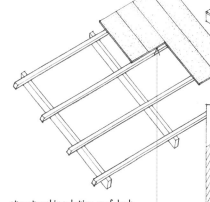

bitumen 地沥青
沥青或煤焦油等天然或者从煤或石油蒸馏产生的碳氢化合物的混合物，用于路面罩面、防水涂层及屋面。铺贴前必须用溶剂溶解、乳化或加热，使半固体的沥青成为液态。

asphalt 石油沥青
从天然沉积物或作为石油副产品而获得的棕黑色混合物，用于路面、防水涂层及屋面。

coal tar 煤沥青
蒸馏煤时形成的黏性黑色液体，用于涂料、防水及屋面。

structural insulating roof deck 隔热结构屋面板
用波特兰水泥将轻骨料或木纤维在压力下黏结而制成的水泥基隔板。下表面为工厂预制装饰面，用于具有外露梁的屋顶。

硬性隔热板

wear course 保护层
用于保护屋面卷材不受机械磨损并抵抗上举风力的砾石层。

cap sheet 面层卷材
表面上有矿物颗粒材料的罩面油毡，用于柔性防水屋面的顶层。

base sheet 底层卷材
沥青或煤焦油浸渍的油毡，用于柔性防水屋面最下面的第一层。

cold-process roofing 冷铺屋面
用冷沥青玛琋脂或水泥黏结并封缝的屋面油毡或合成纤维织物所组成的屋面覆盖层。

built-up roofing 柔性防水屋面
平屋顶或坡屋顶的连续覆盖材料，包括交替铺叠的屋面卷材层及热沥青层以及由顶层露明屋面卷材或沥青绿豆石所构成的表层。

roofing bond 屋面材料保函
担保公司的保证书，说明在担保合同所列条件下，屋面材料制造商将负责修理屋面卷材或覆盖层。

roofing felt 屋面油毡
用沥青原材料浸渍以提高韧性而且具有抗风化能力的毡片状纤维材料。又称为：**纸底油毡**（roofing paper）。

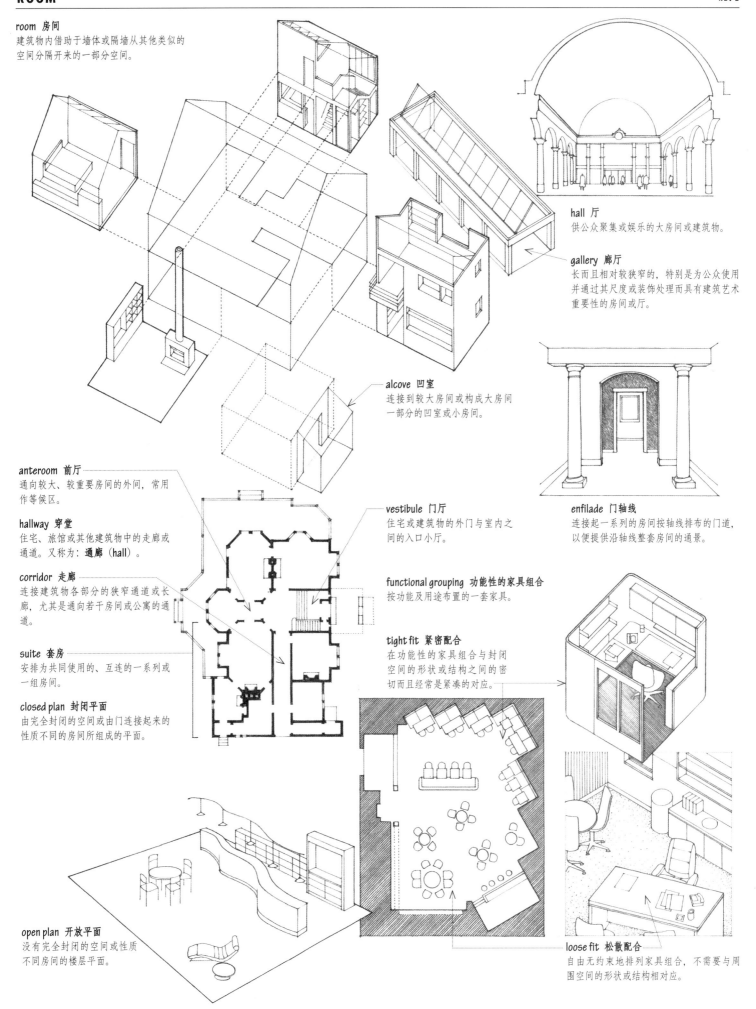

room 房间
建筑物内借助于墙体或隔墙从其他类似的空间分隔开来的一部分空间。

hall 厅
供公众聚集或娱乐的大房间或建筑物。

gallery 廊厅
长而且相对较狭窄的，特别是为公众使用并通过其尺度或装饰处理而具有建筑艺术重要性的房间或厅。

alcove 凹室
连接到较大房间或构成大房间一部分的凹室或小房间。

anteroom 前厅
通向较大、较重要房间的外间，常用作等候区。

hallway 穿堂
住宅、旅馆或其他建筑物中的走廊或通道。又称为：通廊（hall）。

corridor 走廊
连接建筑物各部分的狭窄通道或长廊，尤其是通向若干房间或公寓的通道。

suite 套房
安排为共同使用的、互连的一系列或一组房间。

closed plan 封闭平面
由完全封闭的空间或由门连接起来的性质不同的房间所组成的平面。

vestibule 门厅
住宅或建筑物的外门与室内之间的入口小厅。

enfilade 门轴线
连接起一系列的房间按轴线排布的门道，以便提供沿轴线整套房间的通景。

functional grouping 功能性的家具组合
按功能及用途布置的一套家具。

tight fit 紧密配合
在功能性的家具组合与封闭空间的形状或结构之间的密切而且经常是紧凑的对应。

open plan 开放平面
没有完全封闭的空间或性质不同房间的楼层平面。

loose fit 松散配合
自由无约束地排列家具组合，不需要与周围空间的形状或结构相对应。

mass 实体
固态的实体体积或容积。

space 空间
事物和事件出现于其中并有相对的位置及方向的三维场所，特别是在给定情况下或为了特定目的所划出的一部分场所。

Euclidean space 欧几里得空间
适用欧几里得的定义和定理的正常二维或三维空间。又称为：笛卡儿空间（Cartesian space）。

void 虚体
包含在实体内或由实体所限定的未占用的空间。

place 场所
具有特定特征或用于特定目的的自然环境。

ambiance 氛围
宏观或微观环境下的心态、特性或情绪。又称为：ambience。

animated 活跃的
充满生命、活力、运动或精力的。

refuge 庇护所
为躲避危险或灾难而提供庇护、保护及安全的地方。

repose 休息场所
休息及安宁的地方。

center 中心
兴趣、活动及情感所集中的点或场所。

focus 焦点
吸引力、注意力或活动的中心点。

outlook 景观
从某一特定场所或提供视野的场所见到的景色。

prospect 景象
在一个区域范围内或沿特定方向或在提供该视野的场所见到的景观。

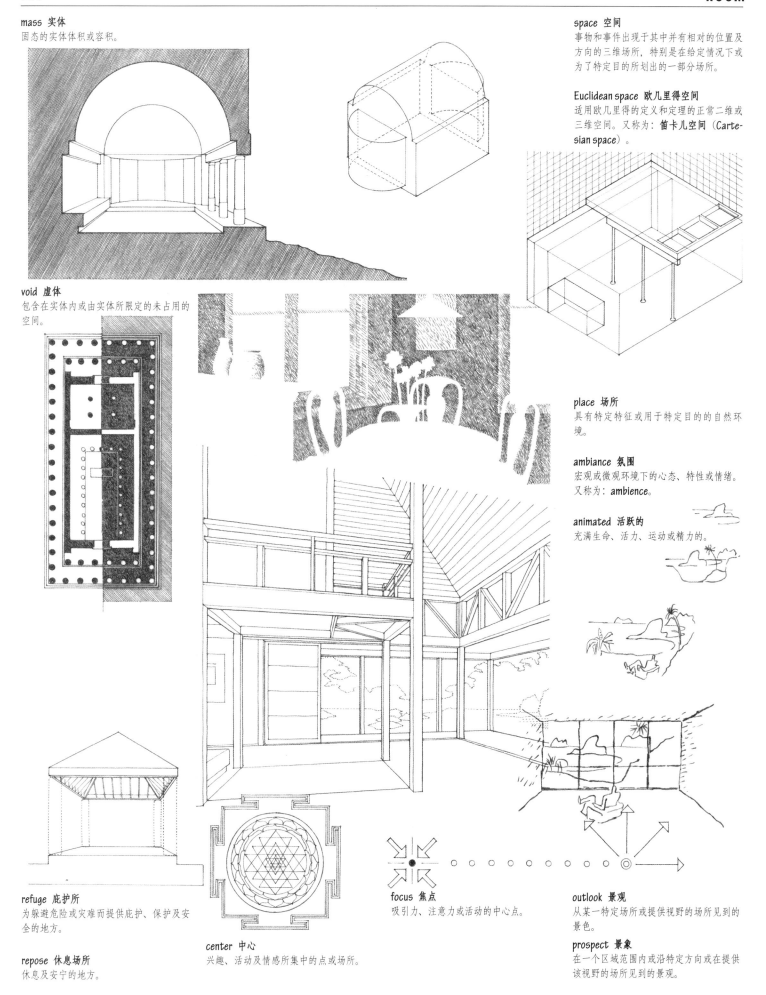

adjacent spaces 相邻空间
两个相邻的或彼此接近的空间，特别是有共同边界或分界线的。

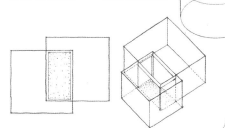

transition 过渡
从一个形式、场所或状态进入另一个的移动、前进及变化。

linked spaces 相连空间
被第三个插入空间结合在一起或连接的两个空间。

interlocking spaces 交错空间
互相交织或彼此可容的两个空间，因此形成一个共有空间范围或场所。

interstice 间隙
事物或组成部分之间的窄小插入空间。

mediating space 居间空间
占据中间地点或位置的空间，特别是作为在不同形式、结构或功能之间的中介物。

edge 边缘
一个区域在此开始或结束的线或狭窄的部位。

threshold 起始点
进入或开始的地方或点。

embedded space 嵌入空间
一个空间被包含或被合并作为一个较大空间的基本部分。

**linear organization
直线式空间组织**
沿直线、通道或走廊延伸、排布或连接的诸个空间。

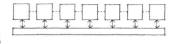

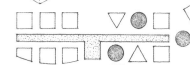

circulation 流动
人或物从一个地点到另一地点或经过一个区域的通路。

path 路径
沿着它进行运动的路线或路程，或者此类运动模式。

**centralized organization
集中式空间组织**
一个大的或主要的中心空间周围所聚集或汇合的诸个空间。

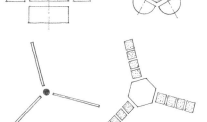

**radial organization
辐射式空间组织**
从一个中心空间或核心以辐射状或射线状来布置诸个空间。

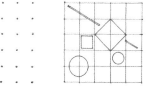

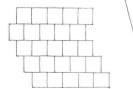

**grid organization
网格式空间组织**
依据参照线和坐标的直角坐标体系来组织诸个空间。

**clustered organization
聚落式空间组织**
空间成群组、集中、收拢而紧密聚合在一起，并且是由于邻近而不是由于几何图形而产生相互关联。

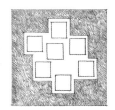

membrane stresses 薄膜应力
作用于薄壳结构面内的压、拉、剪应力。如果均匀施力，薄壳可承受较大的力。不过由于它较薄而缺乏抵抗弯矩的能力，因此并不适于承受集中荷载。

thin shell 薄壳
钢筋混凝土制成的壳结构。

shell 薄壳
薄而弯曲的板结构，其造型能够使施加于结构的力可以通过作用于结构面内的压应力、拉应力及剪应力来传递。

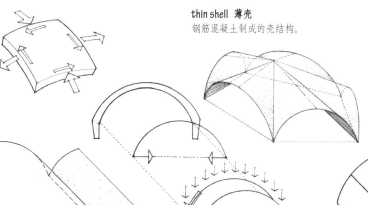

translational surface 平移曲面
一条平面曲线沿一直线或另一条平面曲线滑动所产生的曲面。

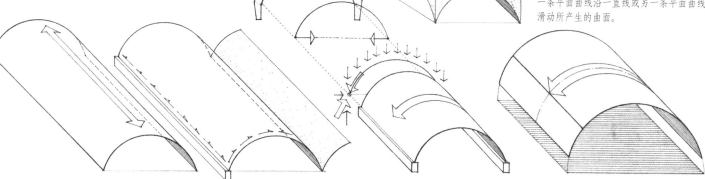

barrel shell 筒壳
刚性的圆柱形壳结构。

如果筒壳的长度是其横向跨度的三倍或三倍以上，其特性类似于沿其纵向跨越的具有曲线截面的深梁。

如果筒壳较短则显示出类似拱的作用，需要有拉杆、横向刚性框架或类似措施来抵抗拱作用产生的水平推力。

cylindrical surface 筒形曲面
一条直线沿平面曲线滑动（或相反使一条曲线沿直线滑动）而产生的曲面。根据平面曲线的形状不同，筒形曲面可以是圆形、椭圆形或抛物线形的。由于其直线的几何特性，既可把筒形曲面看成为平移曲面，也可看成为直纹曲面。

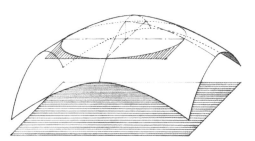

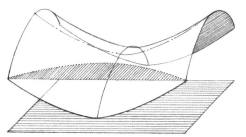

elliptic paraboloid 椭圆抛物面
使垂直平面内向下弯曲的抛物线沿着与其正交的向下弯曲的抛物线滑动而产生的曲面。其水平截面的轮廓线是椭圆的，而其垂直截面的轮廓线是抛物线。

hyperbolic paraboloid 双曲抛物面
使向下弯曲的抛物线沿着向上弯曲的抛物线滑动，或使一条直线段的两个端点在两条斜交直线上滑动而产生的曲面。它可被认为是既是平移曲面又是直纹曲面。又称为：hypar。

paraboloid 抛物面
此种曲面与平面的相交线为抛物线及椭圆，或为抛物线及双曲线。

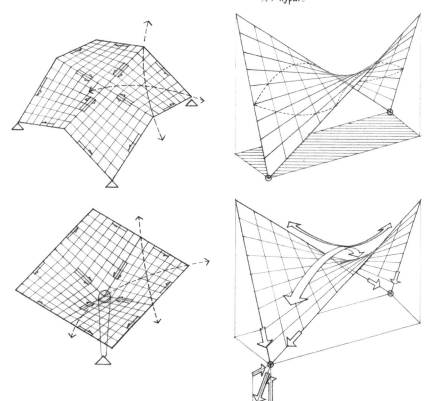

saddle surface 鞍形表面
在一个方向向上弯曲，而在正交方向向下弯曲的曲面。在鞍形曲面构成的壳结构中，向下弯曲部分显示出类似拱的作用，向上弯曲部分的特性类似于索结构，如曲面边缘无支撑，也可能显示梁的特性。

anticlastic 鞍形的
在给定点上具有相反曲率的。

ruled surface 直纹曲面
使直线移动而产生的曲面，由于其直线的
几何特性，直纹曲面通常比旋转曲面或平
移曲面较易成型及施工。

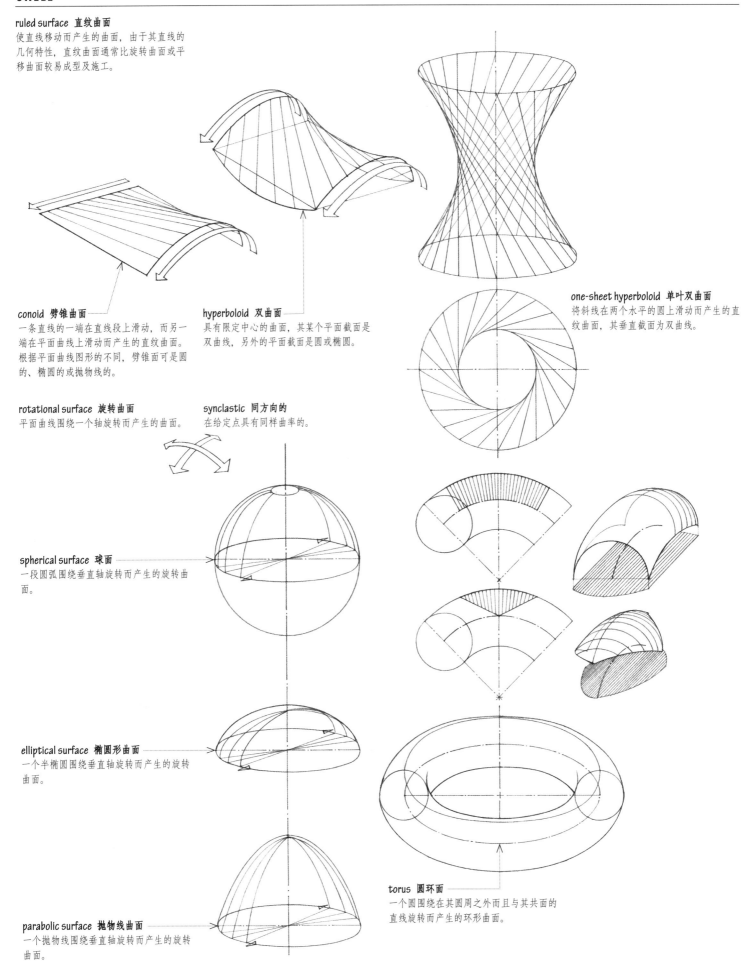

conoid 劈锥曲面
一条直线的一端在直线段上滑动，而另一
端在平面曲线上滑动而产生的直纹曲面。
根据平面曲线图形的不同，劈锥面可是圆
的、椭圆的或抛物线的。

hyperboloid 双曲面
具有限定中心的曲面，其某个平面截面是
双曲线，另外的平面截面是圆或椭圆。

one-sheet hyperboloid 单叶双曲面
将斜线在两个水平的圆上滑动而产生的直
纹曲面，其垂直截面为双曲线。

rotational surface 旋转曲面
平面曲线围绕一个轴旋转而产生的曲面。

synclastic 同方向的
在给定点具有同样曲率的。

spherical surface 球面
一段圆弧围绕垂直轴旋转而产生的旋转曲
面。

elliptical surface 椭圆形曲面
一个半椭圆围绕垂直轴旋转而产生的旋转
曲面。

torus 圆环面
一个圆围绕在其圆周之外而且与其共面的
直线旋转而产生的环形曲面。

parabolic surface 抛物线曲面
一个抛物线围绕垂直轴旋转而产生的旋转
曲面。

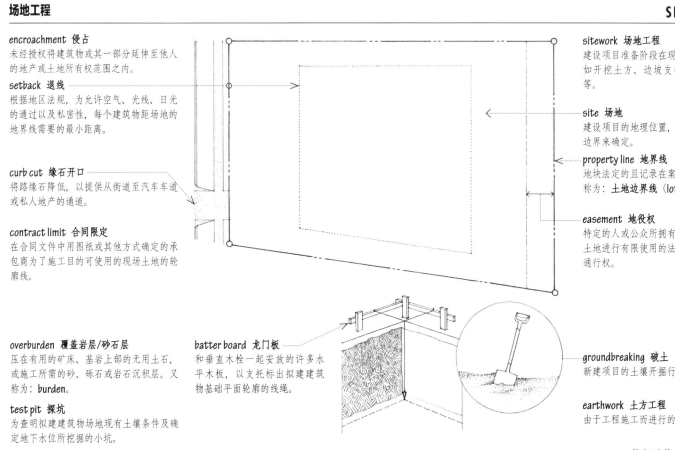

encroachment 侵占
未经授权将建筑物或其一部分延伸至他人的地产或土地所有权范围之内。

setback 退线
根据地区法规，为允许空气、光线、日光的通过以及私密性，每个建筑物距场地的地界线需要的最小距离。

curb cut 缘石开口
将路缘石降低，以提供从街道至汽车车道或私人地产的通道。

contract limit 合同限定
在合同文件中用图纸或其他方式确定的承包商为了施工目的可使用的现场土地的轮廓线。

sitework 场地工程
建设项目准备阶段在现场所做的工作，如开挖土方、边坡支护及场地平整等。

site 场地
建设项目的地理位置，通常根据法定边界来确定。

property line 地界线
地块法定的且记录在案的边界线。又称为：土地边界线（lot line）。

easement 地役权
特定的人或公众所拥有的对其他人的土地进行有限使用的法定权利，例如通行权。

overburden 覆盖岩层/砂石层
压在有用的矿床、基岩上部的无用土石，或施工所需的砂、砾石或岩石沉积层。又称为：burden。

test pit 探坑
为查明拟建建筑物场地现有土壤条件及确定地下水位所挖掘的小坑。

batter board 龙门板
和垂直木栓一起安放的许多水平木板，以支托标出拟建建筑物基础平面轮廓的线绳。

groundbreaking 破土
新建项目的土壤开掘行为或典礼。

earthwork 土方工程
由于工程施工而进行的挖土和填土。

excavation 挖方/土坑
从其自然位置挖掘并运走土壤或由于运出土壤而留下的空穴。

shoring 支护
用于斜撑、支撑墙体或其他结构的保护体系。

shore 支撑
临时的支撑杆，特别是斜顶在挖土坑壁、模板或结构上的支撑体系。

tieback 锚杆
为防止挡土墙或模板侧移，连接到锚桩、稳固基础或土石锚点的钢杆或钢索。

raker 斜撑
支撑墙体的斜支撑。又称为：raking shore。

flying shore 横撑
固定在地表以上的两面墙体之间并支撑它们的水平撑杆。

sheet pile 板桩
将若干木、钢或预制混凝土板并列地垂直打入土中，以挡土或防止水渗入基坑。又称为：sheath pile。

lagging 挡土板
并列结合在一起的多行板，用以保持挖土坑壁。

cofferdam 围堰
建在水下或含水土壤中的不透水围墙，用泵抽干以便人员进入围堰内施工或维修。

soldier pile 支挡桩
支持水平护板或挡土板的垂直打入土中的工字钢。又称为：soldier beam。

tremie 混凝土导管
用于在水下浇筑混凝土的具有导管的漏斗状装置。

dewater 降水
从已开挖的工作地点排出水，通常是借助于排水系统或用泵抽吸。

boil 冒水翻砂
由于外部水压过高而发生的水及固体物流入基坑的不利事件。又称为：涌水（blow）。

Abyssinian well 阿比西尼亚井 [译注]
将带孔的管打入地下，以聚集并抽取地下水。

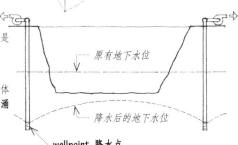

slurry wall 地下连续墙
在沟槽内浇筑的混凝土墙，用作挡土板，并常常作为永久性的基础墙。施工时先开挖长度较短的沟槽，向沟槽内填入膨润土和水拌成的泥浆来防止槽壁坍落，然后用混凝土导管浇筑混凝土以代替泥浆。

wellpoint 降水点
打入土中的多孔管以聚集周围区域的水并将其抽出。例如为了降低地下水或防止挖土坑内灌入地下水。

[译注] 19世纪英国军队入侵阿比西尼亚（今埃塞俄比亚）时接触到的当地水井，后来在世界各地广泛使用。

fill 填方
用土、石或其他材料提高现有地平面标高，或用于提高一个区域的标高所需材料数量。

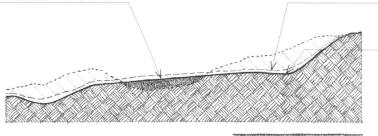

rough grading 初步整平
为最终整平做准备的挖土、填土及修整。

fine grading 精细整平
初步整平后，为铺砌、播种、种植做准备而对一个区域进行精确平整。

made ground 填成地
通过填以破碎砖石等坚硬材料来提高标高的场地。又称为：made-up ground。

grade stake 标桩
标明了为了使地面达到指定标高所需的挖或填的高度的标准桩。

borrow pit 取土坑
用来挖取砂、砾石或其他建筑材料用于其他地点填方的坑。

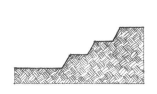

controlled fill 控制填方
填方材料分层铺放、压实，并在每层压实后在铺放下一层前进行土壤含水量、各填土层厚度及承载能力试验。

vertical curve 竖曲线
连接两个不同坡度的斜坡时，为了避免突然不连贯的转折面而把垂直断面修整成光滑的抛物线。

cut and fill 随挖随填
在挖土工作中将被挖出的材料运到其他地点并用作填方。

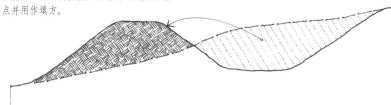

bench terrace 阶地
横跨陡峭坡地修建的条状土方工程。

grade 室外地坪
施工现场任一特定点地面的高程，特别是与建筑基础相交处的地面。又称为：**地面标高**（grade line）。

existing grade 现有标高
开挖前或场地平整前的地表面原始高程。又称为：**自然标高**（natural grade）。

finish grade 完成面标高
施工或平整工作完成后，车道、人行道、草坪或其他已修整改进的面的高程。又称为：finished grade。

below grade 地下
出现于或位于地面以下。

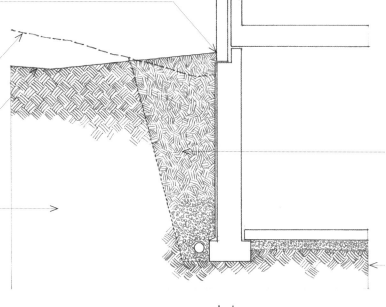

backfill 回填
用土、石或其他材料重新填入挖土坑，特别是基础外墙周围的空间。

subgrade 地基
为在其上进行路面、混凝土板或基础施工而准备好的土地表面。地基应稳定牢固、排水良好并且较少遭受冻土作用。

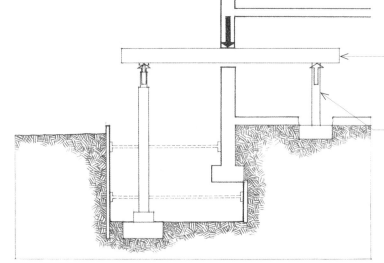

needle 托梁
当修理更换或加固基础或其下部件时，穿过墙体作为临时支撑的短梁。又称为：**箍梁**（needle beam）。

dead shore 固墙撑木
当进行建筑物的结构改建时，用以支持静载的直立木杆，特指支撑托梁的两个支柱。

underpinning 托换基础
为了使现有基础能够加固或加深的支撑体系，特别是当相邻地段新的挖土深度比现有基础要深时。

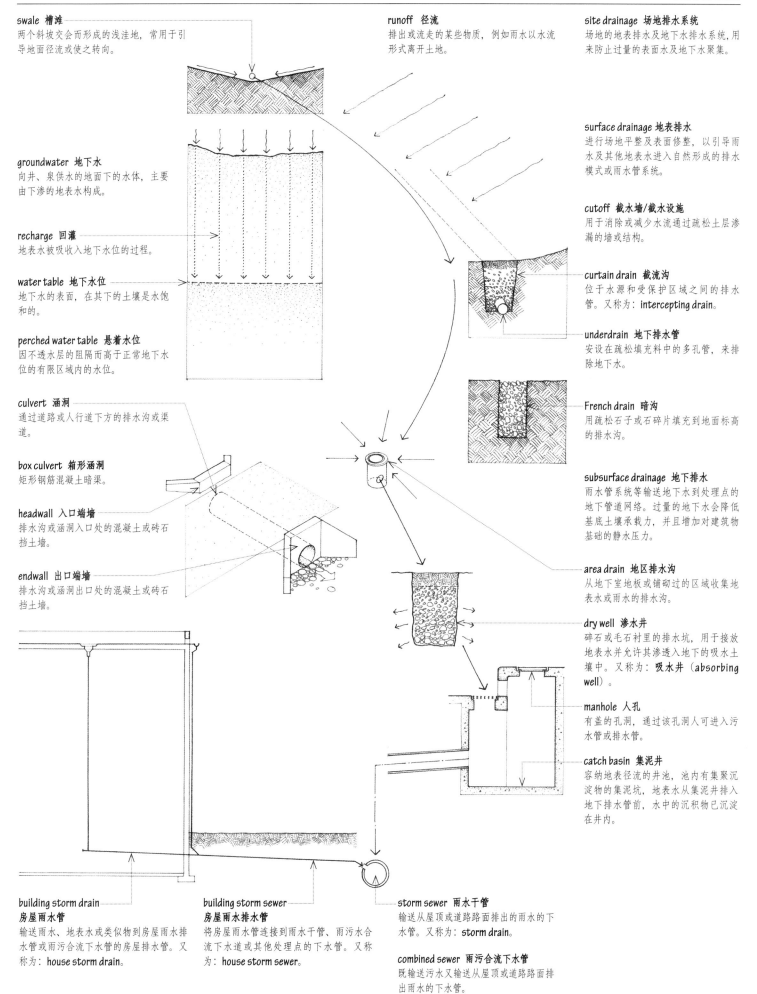

swale 槽滩
两个斜坡交会而形成的浅洼地，常用于引导地面径流或使之转向。

groundwater 地下水
向井、泉供水的地面下的水体，主要由下渗的地表水构成。

recharge 回灌
地表水被吸收入地下水位的过程。

water table 地下水位
地下水的表面，在其下的土壤是水饱和的。

perched water table 悬着水位
因不透水层的阻隔而高于正常地下水位的有限区域内的水位。

culvert 涵洞
通过道路或人行道下方的排水沟或渠道。

box culvert 箱形涵洞
矩形钢筋混凝土暗渠。

headwall 入口端墙
排水沟或涵洞入口处的混凝土或砖石挡土墙。

endwall 出口端墙
排水沟或涵洞出口处的混凝土或砖石挡土墙。

runoff 径流
排出或流走的某些物质，例如雨水以水流形式离开土地。

site drainage 场地排水系统
场地的地表排水及地下水排水系统，用来防止过量的表面水及地下水聚集。

surface drainage 地表排水
进行场地平整及表面修整，以引导雨水及其他地表水进入自然形成的排水模式或雨水管系统。

cutoff 截水墙/截水设施
用于消除或减少水流通过疏松土层渗漏的墙或结构。

curtain drain 截流沟
位于水源和受保护区域之间的排水管。又称为：intercepting drain。

underdrain 地下排水管
安设在疏松填充料中的多孔管，来排除地下水。

French drain 暗沟
用疏松石子或石碎片填充到地面标高的排水沟。

subsurface drainage 地下排水
雨水管系统等输送地下水到处理点的地下管道网络。过量的地下水会降低基底土壤承载力，并且增加对建筑物基础的静水压力。

area drain 地区排水沟
从地下室地板或铺砌过的区域收集地表水或雨水的排水沟。

dry well 渗水井
碎石或毛石衬里的排水坑，用于接放地表水并允许其渗透入地下的吸水土壤中。又称为：吸水井（absorbing well）。

manhole 人孔
有盖的孔洞，通过该孔洞人可进入污水管或排水管。

catch basin 集泥井
容纳地表径流的井池，池内有集聚沉淀物的集泥坑，地表水从集泥井排入地下排水管前，水中的沉积物已沉淀在井内。

building storm drain 房屋雨水管
输送雨水、地表水或类似物到房屋雨水排水管或雨污合流下水管的房屋排水管。又称为：house storm drain。

building storm sewer 房屋雨水排水管
将房屋雨水管连接到雨水干管、雨污水合流下水道或其他处理点的下水管。又称为：house storm sewer。

storm sewer 雨水干管
输送从屋顶或道路路面排出的雨水的下水管。又称为：storm drain。

combined sewer 雨污合流下水管
既输送污水又输送从屋顶或道路路面排出雨水的下水管。

soil 土壤
地球表面的最上层，由破碎的岩石及适于
植物生长的腐败有机物组成。

topsoil 表土
肥沃的表层土，有别于底土。

subsoil 底土
紧接在表土之下的土层。

permafrost 永冻土
寒带及亚寒带地区中终年冻结的下层土。
又称为：**多年冻土（pergelisol）**。

bedrock 基岩
支持地球表面所有未固结材料，如土、黏
土、砂或破碎岩石的整体的坚固岩石层。

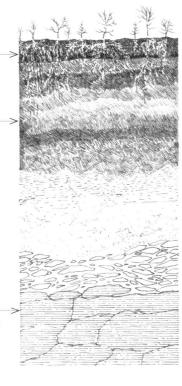

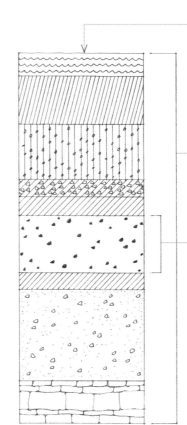

organic soil 有机土
含大量有机物的土壤，通常压缩性大而承
载能力低。

soil profile 土层剖面图
从地表面到下卧土层的垂直剖面图，表明
由于风化、沉积或两者均有而产生的水平
土层的顺序性。

horizon 土层
在土层垂直剖面中找到的一系列相对有区
别的土壤层或其下卧材料。

stratum 地层
位于其他种类地层之间的自始至终具有同
样组成成分的一个沉积土（岩）层。

soil analysis 土壤分析
确定骨料、土、砂、破碎石中的颗料粒径
分布的过程。

soil class 土壤分类
美国农业部所使用的根据构成对土壤进行
数值分类：（1）砾石；（2）砂；（3）
黏土；（4）壤土；（5）砂壤土；（6）
粉壤土；（7）黏壤土。

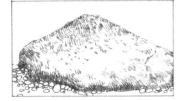

boulder 漂石
大块的天然圆形岩石，位于地表上或部分
掩埋。

cobble 卵石
天然的圆形石块，比漂石小，比中砾大，
用于粗铺砌路面、砌墙及基础。又称为：
圆石（cobblestore）。

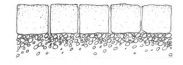

gravel 砾石
小的卵石和碎石或它们的混合物，天然形
成或对岩石进行破碎而获得，特别是指可
通过3英寸（76毫米）筛而不能通过4号
筛（4.8毫米）的材料。

crushed gravel 破碎砾石
有一个或更多破碎面，通过机械破碎而获
得的砾石。

crushed stone 碎石
有分明轮廓边缘的碎石，通过对岩石或漂
石破碎而获得。又称为：**crushed rock**。

pea gravel 豆砾石
小直径天然砾石，通常粒径$^1/_4$~$^3/_8$英寸
（6.4~9.5毫米），根据要求规格进行筛
选。

pebble 卵石
小块圆形石头，特指由于水的作用而磨圆
的圆石。

sand 砂
由于岩石的破碎而产生的疏松粒状材料，
由粒径小于砾石而大于粉土的颗料组成。

sand clay 含黏土砂
良好级配天然产生的砂，常用作直接支撑
基础或基础下卧层的材料，含有10%黏土
或黏土含量仅足以使压实时混合物紧密黏
结。

silt 粉土
由粒径0.002~0.05毫米之间的细矿物颗
料组成的松散沉淀材料。

clay 黏土
天然的泥土状材料，潮湿时是可塑的，熔
烧时变硬，因此用于制造砖瓦和陶器，主
要由粒径小于0.002毫米的水化硅酸铝颗
料组成。

clay loam 黏壤土
含27%~40%的黏土以及20%~45%的砂。

bentonite 膨润土
由火山灰分解而形成的黏土，具有能大量
吸收水分并且可以膨胀到其天然体积若干
倍的特点。

loam 壤土
含有大约相等数量的砂和粉土以及较少量
黏土与有机物混合物的肥沃土壤。

loess 黄土
不成层的黏性壤土质的风化沉积土。

Atterberg limits 阿特贝尔格界限[译注]
划定塑性或黏性土不同稠度状态之间界限的含水量值，通过标准试验来确定。

liquid limit 液限
表示为毛重百分比的含水量，在液限含水量时，土壤从塑性状态转变为液体状态。

plasticity index 塑性指数
土壤的液限与塑限间的数值差。

plastic limit 塑限
表示为干重百分比的含水量，在塑限含水量时，土壤失去塑性开始表现出固体的性质。

plastic soil 塑性土
可搓成直径1/8英寸（3.2毫米）的土条而不会断裂的土。

shrinkage limit 缩限
表示为干重百分比的含水量，在此含水量时，降低土壤含水量不会导致其体积进一步减小。

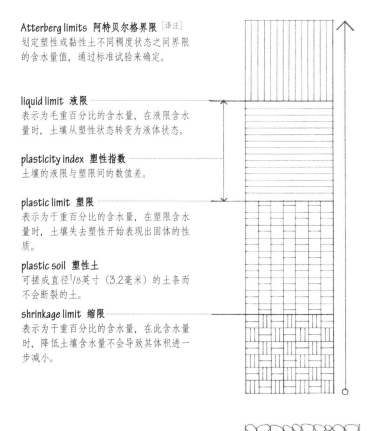

granular material 颗粒材料
显示出无黏结性或塑性的砾石、砂或粉土。

permeability 渗透性
允许气体或液体通过多孔材料中孔隙空间的性能。

void ratio 孔隙比
土体中孔隙空间体积与固体颗粒体积之比。

critical void ratio 临界孔隙率
对应于土体临界密度的孔隙比。

critical density 临界密度
饱和颗粒材料的单位体积重量。当承受快速变形时，高于临界密度的饱和颗粒材料将提高强度，低于它时将降低强度。

pervious soil 透水土壤
允许水较自由地移动的渗透性土壤。

impervious soil 不透水土壤
任何细粒土壤如黏土，因孔隙太小造成除了缓慢的毛细作用外，水分无法通过。

geotechnical 土壤工程学的
属于或关于地质科学在土木工程中的实际应用的。

foundation investigation 地基勘查
根据观察及对于通过钻孔或挖掘所取得的试样进行试验的结果，对地基土进行勘察及分类，从而得到进行基础体系设计所必需的信息，包括土的抗剪强度、可压缩性、黏着性、膨胀性、透水性以及含水量、地下水位标高、设计总沉降及不均匀沉降量。又称为：**工程地质勘探**（subsurface investigation）。

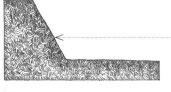

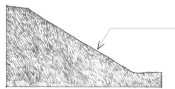

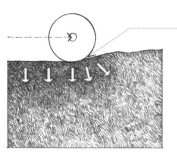

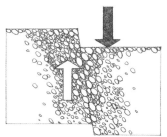

soil mechanics 土力学
土木工程的分支，涉及受压、受剪以及水流通过时土的力学性质。

soil structure 土壤结构
在土体中土壤颗粒的分布及聚集。

core 芯样
借助于空心钻而获得的未扰动岩土试样，用于分析试验承载能力。又称为：boring。

cohesive soil 黏性土
非承压并且风干时有很高的强度，而当浸没时黏聚性很强的土壤。

cohesionless soil 无黏性土
非承压并且风干时强度很小或无强度，浸没时黏聚性很差的土壤。

compaction 压实
在沉积层上铺设覆盖层，借助于覆盖层的自重使沉积层密实。此外，通过滚压、夯打、浸水使土壤、骨料或水泥基材料获得类似的压实。

optimum moisture content 最佳含水量
土壤在此含水量时，可以通过压实获得最大密度。

penetration test 贯入度试验
测量钻孔底部颗粒状土壤的密度及某些黏土稠度的试验，试验方法为记录将钢钎锤入标准土样的次数。

penetration resistance 贯入阻力
在规定的贯入速率下产生规定的入土贯入度所需的单位荷载。

shearing strength 抗剪强度
施加外力时使土壤颗粒抵抗彼此间相对位移的属性，土壤的抗剪强度在很大程度上取决于黏聚力及内摩阻力的综合效应。又称为：shearing resistance。

[译注] 阿尔伯特·摩尔提兹·阿特贝尔格（Albert Maurtiz Atterberg，1846—1916），瑞典化学家、农业科学家。

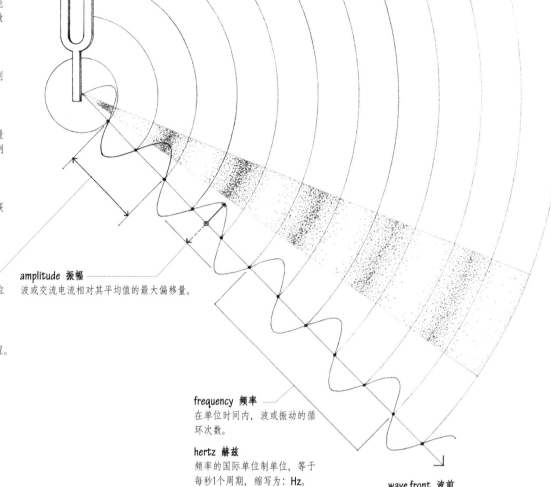

sound 声音
由于作为纵向压力波而传播的机械辐射能经过空气或其他介质在听力器官中的刺激而产生的感觉。

sound wave 声波
在空气或弹性介质中的纵向压力波，特别是产生听觉感觉的纵向压力波。

wave 波
在介质或空间中从点到点逐步地传递能量的扰动和振动，而质点本身并不前进，例如声或光的传递。

waveform 波型
绘制出一个固定点随时间偏移的曲线而获得的波形图形表述。

wavelength 波长
在波的传播方向量测的从任一点到同相位的下一点的距离。

amplitude 振幅
波或交流电流相对其平均值的最大偏移量。

phase 相位
一个周期性循环或过程中特定的点或位置。

frequency 频率
在单位时间内，波或振动的循环次数。

hertz 赫兹
频率的国际单位制单位，等于每秒1个周期，缩写为：Hz。

pitch 音调
人耳能感觉到的声音的主导频率。

wave front 波前
任何瞬时所有同相位的点组成的传播波的面，通常垂直于传播方向。

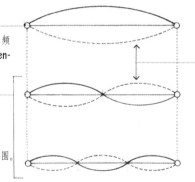

fundamental 基本频率
振动元件或体系可以自由振荡的最低频率。又称为：基频(fundamental frequency)。

harmonic 谐波
频率为基本频率整倍数的振动。

band 波段/频带
介于两个确定限值之间的波长或频率范围。

octave 倍频程
音程比为2:1的频率。

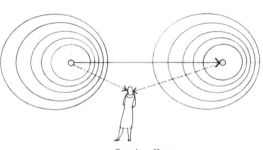

Doppler effect
多普勒效应 [译注]
声源与听者相互间相对移动时频率发生的明显变化，当声源与听者互相趋近时频率越高，远离时则降低。

speed of sound 声速
声音传播的速度，

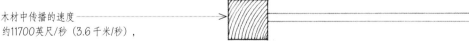

在海平面上通过空气传播的声速
约1087英尺/秒（0.3千米/秒），

在水中传播的速度
约4500英尺/秒（1.4千米/秒），

在木材中传播的速度
约11700英尺/秒（3.6千米/秒），

在钢中传播的速度
约18000英尺/秒（5.5千米/秒）。

[译注] 克里斯蒂安·安德烈·多普勒（Christian Andreas Doppler，1803—1853），奥地利数学家、物理学家。

loudness 响度
对于声音的主观响应，表明声波振幅所产生的听觉大小。

phon 方
声音表现响度的度量单位，其数值等于由一组听众评定与给定声音的响度相等的1000赫兹基准声的分贝数。[译注]

sone 宋
声音表现响度的度量单位，声强为40分贝、频率为1000赫兹的基准声的响度为1宋。

decibel 分贝
用等分标尺表示相对声压或相对声强的单位，等分标尺从可闻阈值0分贝到痛阈平均值130分贝。缩写为：dB。

分贝的度量是以对数等级为基准的，这是因为当声强连续变化之间的比率保持不变时，感觉到的声压（或声强）增量是相同的，因而两个声源的分贝值不能算术相加。例如60dB+60 dB=63 dB，而不是120 dB。

hearing 听觉
感受声音的感觉，包括内耳、中耳、外耳的整个机理以及将物理作用转化为有意义信号的神经及大脑作用。

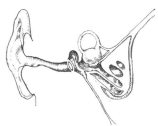

threshold of pain 痛阈
高到足以在人耳中产生痛觉的声强，通常为130分贝。

auditory fatigue 听觉疲劳
由于长时间面临喧闹的噪声而造成的生理或心理疲劳。

hearing loss 听力损失
由于年老、疾病或听觉器官受伤而造成在特定频率时听阈的上升。

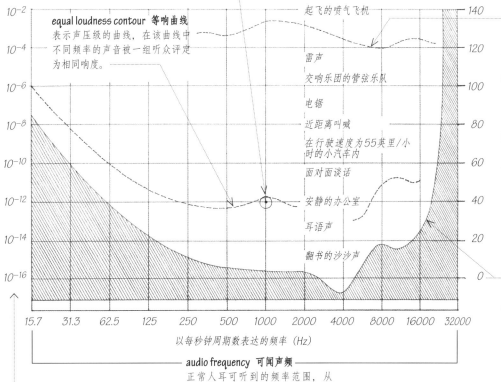

equal loudness contour 等响曲线
表示声压级的曲线，在该曲线中不同频率的声音被一组听众评定为相同响度。

起飞的喷气飞机

雷声

交响乐团的管弦乐队

电锯

近距离叫喊

在行驶速度为55英里/小时的小汽车内

面对面谈话

安静的办公室

耳语声

翻书的沙沙声

threshold of hearing 听阈
能激发听觉的最小声压，通常为20微帕斯卡或0分贝。

以每秒钟周期数表达的频率（Hz）

audio frequency 可闻声频
正常人耳可听到的频率范围，从15Hz~20000Hz。

sound intensity 声强
单位时间内通过与声波传播方向相垂直的单位面积上的声能，以瓦特/平方米表示。

sound intensity level 声强级
用分贝度量的声强，等于声强与基准声强比值的常用对数乘以10，基准声强通常为10^{-12}瓦特/平方米或10^{-16}瓦特/平方厘米。

sound pressure 声压
声波场内任一点的实际声压与该点静态大气压的差值，以帕斯卡表示。

sound pressure level 声压级
以分贝值度量的声压，等于10乘以声压和基准声压比值的常用对数，基准声压通常为20微帕斯卡。

micropascal 微帕斯卡
帕斯卡的百万分之一（10^{-6}）。符号为：μPa。

sound power 声功率
声源在单位时间内发射的声能，以瓦特表示。

sound power level 声功率级
用分贝值度量的声源功率，等于10乘以声功率和基准声功率比值的常用对数，基准声功率通常为10^{-12}瓦特。

logarithm 对数
表明为了达到给定数值，底数必须自乘到某次幂的指数。

common logarithm 常用对数
以10为底的对数。

sound level meter 声级计
测量声压级的电子仪器，为了补偿人们能感觉到的不同声频的相对响度范围，仪器有3个计权网络，即A、B、C网络。这些网络对于不同频率的记录进行加权，并将结果综合为一个读数，A网络是最通常使用的，因为A网络对于较低频率不敏感，这正如人耳在中等声级时一样，测得声级记为dBA。

[译注] 例如一组听众评定某一声音的听觉响度与频率1000赫兹、声强30分贝的响度相同，那么这一声音的听觉响度就是30方。

acoustics 声学
研究声的产生、控制、传播、收听与效应的物理学分支。

room acoustics 室内声学
决定演讲清晰度或音乐保真度的房间、会堂或音乐厅的品质或特征。

sounding board 声音反射板
布置在演说者或乐队上方或后上方的装置，用来朝听众方向反射声音。

reflecting surface 反射面
用来将入射声反射出去的不吸音面，常用于在一个空间内重新引导声音。为了有效，反射面的最小尺寸应≥被反射的最低频率的波长。

acoustical cloud 浮云式反射板
音乐厅中安装在顶棚附近的反射板，用来反射声音以提高音乐的声学品质。

acoustical analysis 声学分析
对建筑物用途、位置和空间朝向、可能的噪声源以及在每个使用区域内所需声学环境的详细研究。

acoustical design 音质设计
对封闭空间的规划、形状、装修及家具进行设计以建立清晰听觉所需的声学环境。

acoustical treatment 声学处理
为了改变或提高封闭空间的声学性能而在其墙面、顶棚、地板等处应用吸音或反射材料。

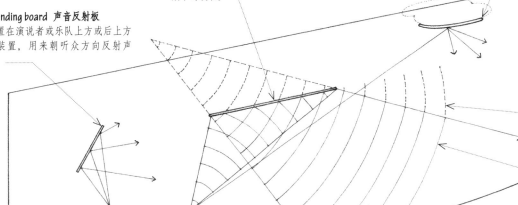
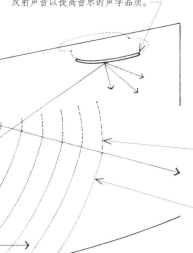

diffracted sound 衍射声
空气载声在其传播途径中通过衍射而绕过障碍物的声波。

reflected sound 反射声
空气载声在撞击一个表面后以与入射角相等的角度返回的未被吸收的声波。

airborne sound 空气声
直接辐射入并传播进入空气的声。

live 活跃
高度混响或共鸣，例如在音乐厅或大会堂。

dead 寂静
没有共鸣，例如没有回声和混响的房间。

soundproof 隔声
可闻声不能穿过的。

resonance 共鸣
由于共振而产生的声音的增强及延长。

sympathetic vibration 共振
邻近物体以完全相同的周期振动而引发物体的振动。

direct sound 直达声
从声源直接传播到听者的空气载声。在房间中人们常可在听到反射声前听到直达声。由于直达声会损失强度，因而反射声的重要性得以提高。

attenuation 衰减
单位面积声波能量或压力的降低。当声源距离增加时，由于在三维方向的吸收、分散或扩散而出现此种情况。

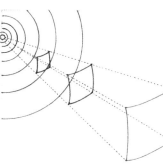

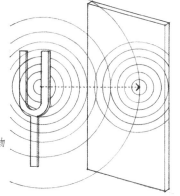
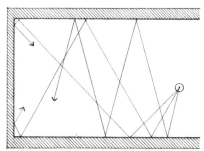

echo 回声
由于声波从障碍面反射而产生的声的重复，其响度与延迟度都足以使听众觉察到直接声与反射声的区别。

flutter 颤振
声波在两个平行面之间来回反射而造成快速连续回声，每次反射之间有足够时间使听者察觉到单独的离散信号。

reverberation 混响
在声源停止发声后，由于声的多次反射而造成在一个封闭室内声音的延续。

decay rate 衰减率
声源停止发声后，声压级的降低率，以分贝每秒表示。

reverberation time 混响时间
封闭空间内声音减弱60分贝所需的秒数。

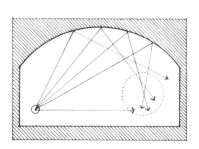

focusing 聚焦
从凹面反射回的声波的汇聚。

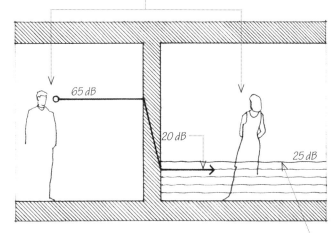

noise criteria curve 噪声标准曲线
表示在不同环境下，背景噪声在频率谱中最大声压级的一组曲线。因为人耳对于低频率的声音较不敏感，所以在低频率时允许较高的噪声声压级。又称为：*NC curves*。

noise 噪声
不想要的、令人讨厌的、不和谐或对某人对某事的听觉造成妨碍的声音。

noise reduction 噪声降低
由于分隔挡板的隔音质量以及接收室内已有的吸声设施而导致的两个封闭空间之间可以觉察到的声压级的差别，以分贝表示。

对连续噪声的近似听觉阈值

background noise level 背景噪声级
正常存在于空间中的环境声的声级。讲话、音乐或其他声音必须高于它才能被听到。

background noise 背景噪声
环境中正常存在的声，通常是内部声和外部声的综合，这二者没有哪一种可被听者清楚地识别。又称为：**环境声（ambient sound）**。

standing wave 驻波
在这种波中推进波与反射波的合成波形随着时间的推移是固定的，其振幅变化在波节处为0，波腹处最大。

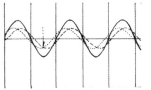

interference 干涉
同样频率的两个或更多的声波或光波通过合成互相增强或互相抵消的现象，合成后的波的振幅等于进行合成的波的振幅代数和或矢量和。

white noise 白噪声
在给定频带的所有频率上具有相同声强的恒定的不吵人的声音，用于掩盖或抹除不需要的声音。又称为：*white sound*。

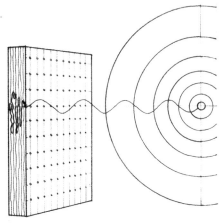

absorption 吸声
通过材料结构截取声能并使其转化为热能或其他能的形式，用赛宾或米赛宾来量度。

sabin 赛宾
吸声单位，等于1平方英尺（0.09平方米）的理想吸声面的吸声效果。

metric sabin 米赛宾
吸声单位，等于1平方米的理想吸声面的吸声效果。又称为：*absorption unit*。

absorption coefficient 吸声系数
材料吸收特定频率声音效率的量度，等于入射声在该频率上被材料吸收能量的比例。

noise reduction coefficient 降噪系数
材料吸声效率的量度，等于在250、500、1000和2000赫兹4个频率下的吸声系数的平均值，以0.05尾数取整。

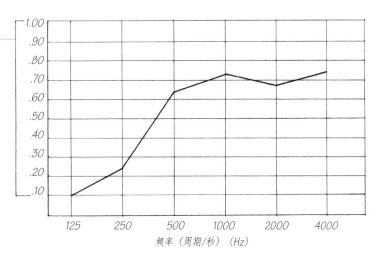

sound isolation 隔声
使用建筑材料及建筑物部件以减少空气
载声和结构载声从一个房间到另一房间
或从建筑物外部到其内部的传播。又称
为：sound insulation。

airborne sound transmission
空气载声传播
入射声波导致的气压变化使墙体等表面产
生振动而造成的声音传播。

structure-borne sound transmission
结构噪声传播
由于直接的物质接触或冲击（如振动设备
或脚步）使声音通过建筑结构的固体介质
传播。

transmission loss 声透射损失
建筑材料或构造部件阻止空气载声传播性
能的量度，等于当在从125~4000赫兹的
所有1/3倍频程带的中心频率下进行试验
的声音通过材料或部件时的声强损失。缩
写为：TL。

增大建筑组件声透射损失额定值的三个因
素：重量、多层分隔、吸声能力。

average transmission loss
平均声透射损失
建筑材料或构造部件阻止空气载声传播性
能的单数值额定值，等于在9个试验频率
下其声透射损失的平均数。

sound transmission class
声透射等级
建筑材料或构造部件阻止空气载声传播性
能的单数值额定值，通过对材料或部件的
实验室传声损失曲线与标准频率曲线的比
较而获得。缩写为：STC。

声透射等级数值越高，材料或部件的隔声
值就越大。开敞大门的声透射等级为10，
正常结构的声透射等级为30~60，当声
透射等级要求高于60时，需要采用特殊
构造。

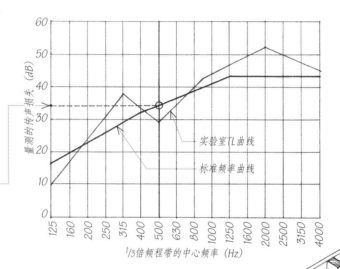

impact noise 冲击噪声
由于物体冲击而产生结构载声，例如人的
脚步或家具移动。

impact insulation class 冲击隔声等级
评估楼板—顶棚构造防止冲击噪声传播性
能的单一数值。缩写为：IIC。

冲击隔声等级数值越高，在隔离冲击噪声
方向的建筑构造越有效。冲击隔声等级数
值代替了原先使用的冲击噪声数值（INR,
Impact Noise Rating）。对于一个给定构
造，冲击隔声等级数值大致上等于冲击噪
声数值+51分贝。

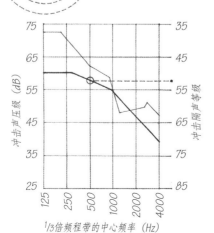

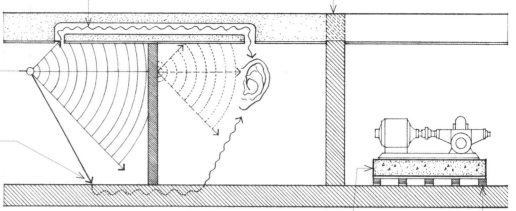

flanking path 迂回传声途径
不是通过楼板、墙体或顶棚构造，而是沿着风
道、水管等互相连接结构来传播声音的通道。

plenum barrier 吊顶内隔声屏障
安装在吊顶内隔墙顶上的隔声屏障，用
来减少相邻房间之间的声传播。

acoustic mass 传声质量
由于传导介质的惯性及弹性造成的声的传播阻
力。一般来说，物质越重越密实，它对声传播
的阻力越大。

vibration isolator 隔振器
为了减少传播给支撑结构的振动和
噪声而安装的弹性基座。又称为：
隔振底座（isolation mount）。

inertia block 惯性减震块
与隔振器互相配合使用，用于振动机械
设备的重型混凝土台座，增加设备的质
量来减少振动。

discontinuous construction 不连续构造
用以切断结构载声从一个空间到另一空
间连续性传播途径的构造方法，如错列
立筋板条隔墙、弹性支座等。

staggered-stud partition
错列立筋板条隔墙
用于降低房间之间声传播的隔墙，使用
两排分开的方木立筋作为框架，立筋按
"之"字形排列并支撑相对的隔墙面，
有时在方木间放置玻璃纤维毡。

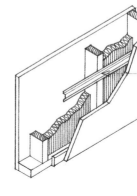

resilient mounting 弹性支座
柔性连接件或支座体系，允许房间内正
常的振动而不将振动运动及与之有关的
噪声传播给支撑结构。

resilient channel 弹性槽钢
槽钢作为将墙板安装在立柱或搁栅上的
弹性固定件，用作隔声装置以减少振动
和噪声传播。

resilient clip 弹性卡箍
将墙板或金属条板安装在立柱或搁栅上
的柔性金属装置，用作隔声装置来减少
振动和噪声传播。

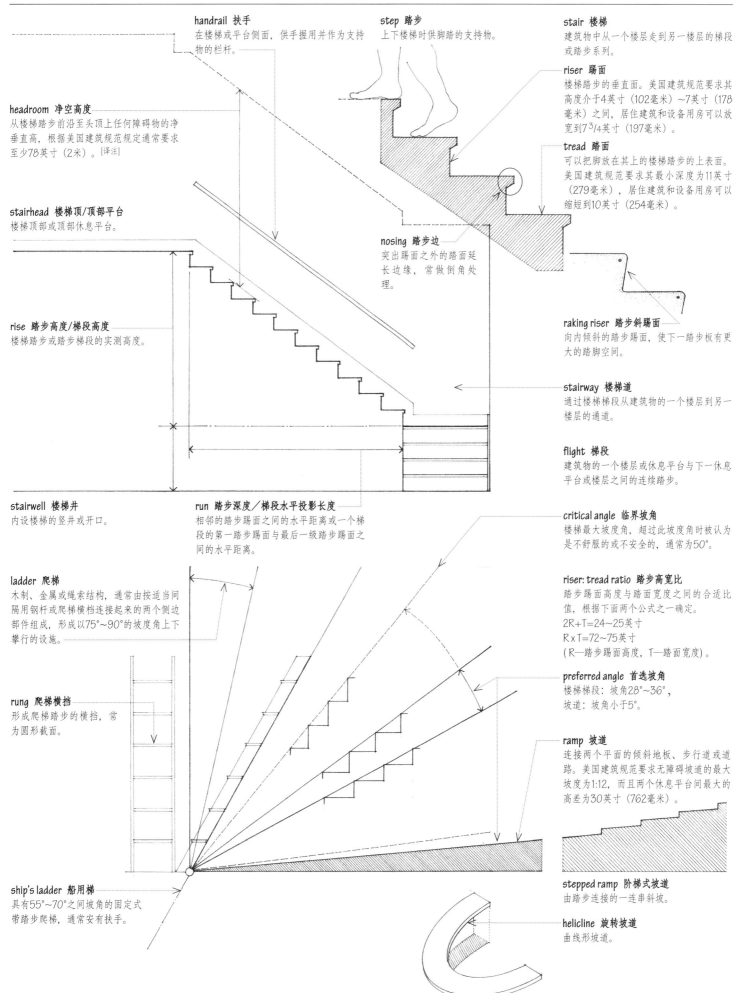

handrail 扶手
在楼梯或平台侧面，供手握用并作为支持物的栏杆。

step 踏步
上下楼梯时供脚踏的支持物。

stair 楼梯
建筑物中从一个楼层走到另一楼层的梯段或踏步系列。

riser 踢面
楼梯踏步的垂直面。美国建筑规范要求其高度介于4英寸（102毫米）~7英寸（178毫米）之间，居住建筑和设备用房可以放宽到7 3/4英寸（197毫米）。

tread 踏面
可以把脚放在其上的楼梯踏步的上表面。美国建筑规范要求其最小深度为11英寸（279毫米），居住建筑和设备用房可以缩短到10英寸（254毫米）。

headroom 净空高度
从楼梯踏步前沿至头顶上任何障碍物的净垂直高，根据美国建筑规范规定通常要求至少78英寸（2米）。[译注]

stairhead 楼梯顶/顶部平台
楼梯顶部或顶部休息平台。

nosing 踏步边
突出踢面之外的踏面延长边缘，常做倒角处理。

rise 踏步高度/梯段高度
楼梯踏步或踏步梯段的实测高度。

raking riser 踏步斜踢面
向内倾斜的踏步踢面，使下一踏步板有更大的踏脚空间。

stairway 楼梯道
通过楼梯梯段从建筑物的一个楼层到另一楼层的通道。

flight 梯段
建筑物的一个楼层或休息平台与下一休息平台或楼层之间的连续踏步。

stairwell 楼梯井
内设楼梯的竖井或开口。

run 踏步深度／梯段水平投影长度
相邻的踏步踢面之间的水平距离或一个梯段的第一踏步踢面与最后一级踏步踢面之间的水平距离。

critical angle 临界坡角
楼梯最大坡度角，超过此坡度角时被认为是不舒服的或不安全的，通常为50°。

ladder 爬梯
木制、金属或绳索结构，通常由按适当间隔用钢杆或爬梯横档连接起来的两个侧边部件组成，形成以75°~90°的坡度角上下攀行的设施。

riser: tread ratio 踏步高宽比
踏步踢面高度与踏面宽度之间的合适比值，根据下面两个公式之一确定。
2R+T=24~25英寸
R x T=72~75英寸
（R—踏步踢面高度，T—踏面宽度）。

rung 爬梯横档
形成爬梯踏步的横挡，常为圆形截面。

preferred angle 首选坡角
楼梯梯段：坡角28°~36°，
坡道：坡角小于5°。

ramp 坡道
连接两个平面的倾斜地板、步行道或道路。美国建筑规范要求无障碍坡道的最大坡度为1:12，而且两个休息平台间最大的高差为30英寸（762毫米）。

ship's ladder 船用梯
具有55°~70°之间坡角的固定式带踏步爬梯，通常安有扶手。

stepped ramp 阶梯式坡道
由踏步连接的一连串斜坡。

helicline 旋转坡道
曲线形坡道。

[译注] 中国要求这一尺寸不应小于2.2米。本书后续内容中关于楼梯和坡道的各控制尺寸与中国规范多有不同之处不再赘述，请读者注意区分并注意不要直接使用。

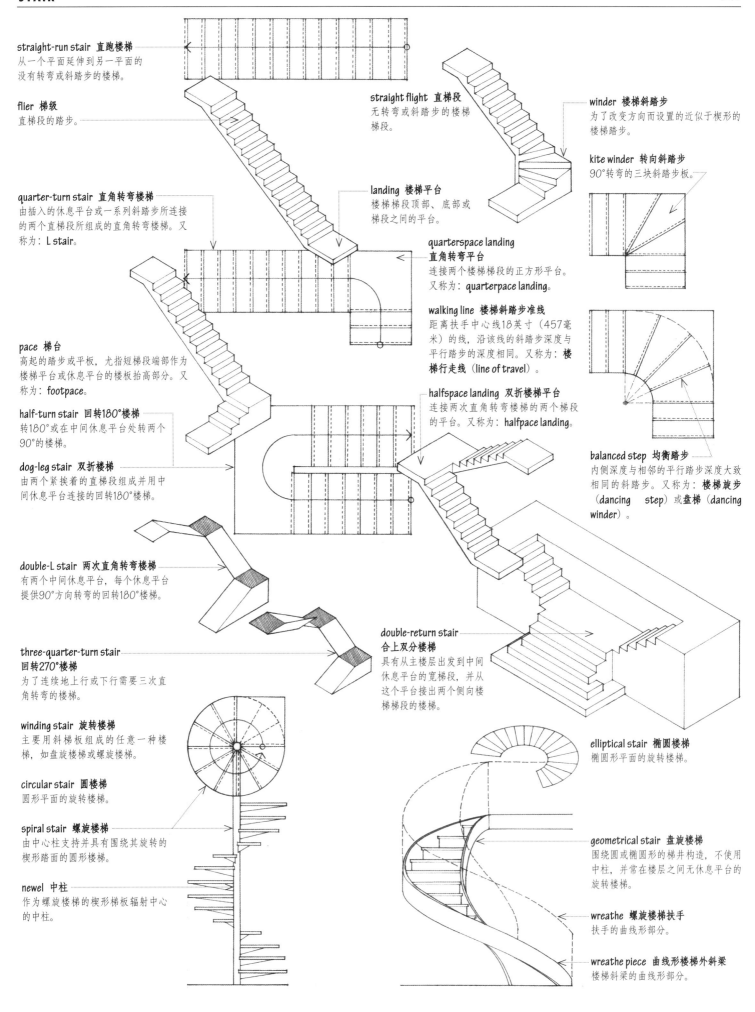

straight-run stair 直跑楼梯
从一个平面延伸到另一平面的没有转弯或斜踏步的楼梯。

flier 梯级
直梯段的踏步。

quarter-turn stair 直角转弯楼梯
由插入的休息平台或一系列斜踏步所连接的两个直梯段所组成的直角转弯楼梯。又称为：L stair。

pace 梯台
高起的踏步或平板，尤指短梯段端部作为楼梯平台或休息平台的楼板抬高部分。又称为：footpace。

half-turn stair 回转180°楼梯
转180°或在中间休息平台处转两个90°的楼梯。

dog-leg stair 双折楼梯
由两个紧挨着的直梯段组成并用中间休息平台连接的回转180°楼梯。

double-L stair 两次直角转弯楼梯
有两个中间休息平台，每个休息平台提供90°方向转弯的回转180°楼梯。

three-quarter-turn stair 回转270°楼梯
为了连续地上行或下行需要三次直角转弯的楼梯。

winding stair 旋转楼梯
主要用斜梯板组成的任意一种楼梯，如盘旋楼梯或螺旋楼梯。

circular stair 圆楼梯
圆形平面的旋转楼梯。

spiral stair 螺旋楼梯
由中心柱支持并具有围绕其旋转的楔形踏面的圆形楼梯。

newel 中柱
作为螺旋楼梯的楔形梯板辐射中心的中柱。

straight flight 直梯段
无转弯或斜踏步的楼梯梯段。

landing 楼梯平台
楼梯梯段顶部、底部或梯段之间的平台。

quarterspace landing 直角转弯平台
连接两个楼梯梯段的正方形平台。又称为：quarterpace landing。

walking line 楼梯斜踏步准线
距离扶手中心线18英寸（457毫米）的线，沿该线的斜踏步深度与平行踏步的深度相同。又称为：**楼梯行走线（line of travel）**。

halfspace landing 双折楼梯平台
连接两次直角转弯楼梯的两个梯段的平台。又称为：halfpace landing。

double-return stair 合上双分楼梯
具有从主楼层出发到中间休息平台的宽梯段，并从这个平台接出两个侧向楼梯梯段的楼梯。

winder 楼梯斜踏步
为了改变方向而设置的近似于楔形的楼梯踏步。

kite winder 转向斜踏步
90°转弯的三块斜踏步板。

balanced step 均衡踏步
内侧深度与相邻的平行踏步深度大致相同的斜踏步。又称为：**楼梯旋步（dancing step）**或**盘梯（dancing winder）**。

elliptical stair 椭圆楼梯
椭圆形平面的旋转楼梯。

geometrical stair 盘旋楼梯
围绕圆或椭圆形的梯井构造，不使用中柱，并常在楼层之间无休息平台的旋转楼梯。

wreathe 螺旋楼梯扶手
扶手的曲线形部分。

wreathe piece 曲线形楼梯外斜梁
楼梯斜梁的曲线形部分。

string 楼梯斜梁
沿楼梯梯段侧边布置的,用于支撑或覆盖踏面板及踢面板端部的斜板。又称为: stringboard 或 stringer。

wall string 附墙斜梁
贴着墙体安装的楼梯斜梁,通常开槽以承插踏面板和踢面板的端部。

carriage 楼梯踏步梁
支持楼板踏步的斜梁。又称为: **楼梯斜梁(horse)**或**木楼梯中间斜梁(rough stringer)**。

box stair 箱形楼梯
两侧有供嵌入楼梯斜梁的楼梯,因此有可能在楼梯安装到最后位置之前不同程度地进行全面装修。

housed string 嵌入式楼梯斜梁
开有洞口以安放楼梯踢面板及踏面板的楼梯斜梁。又称为: **封闭式楼梯斜梁(closed stringer)**。

apron piece 支承小梁
在其上放置楼梯斜梁、踏步梁、平台搁栅的横梁。又称为: **梯口梁(pitching piece)**。

kick plate 止推板
锚固并承受楼梯踏步梁等倾斜构件推力的支座板。

railing 栏杆
由一定间距的主柱或栏杆立柱支撑的水平扶手所组成的屏障。

stanchion 立柱
用于窗户或栏杆等处的直立柱子或支柱。

balustrade 楼梯扶手
由栏杆立柱支撑的栏杆。

baluster 栏杆立柱
若干紧排列用于支撑扶手的构件。又称为: banister。

newel drop 立柱垂饰
扶手端柱的装饰性下垂外伸物,常延伸至楼板底面之下。

safety nosing 防滑条
与梯段水平踏面板齐平的耐磨、防滑小突沿。

safety tread 防滑踏步
具有粗糙防滑表面的水平踏板。

waist 梯段板厚度
钢筋混凝土楼段板的最小厚度。

hanging step 悬臂踏步
从墙体伸出,在其外端没有真正或明显支撑物的踏步。又称为: cantilevered step。

landing tread 平台踏步板
梯段中直接安在最上一级踢面板之上的板,其边缘与踏面板突沿的边缘相匹配。

ramp 鹤颈扶手
倾斜或弯曲的短凹构件,用于楼梯休息平台处连接扶手的较高及较低部分。

bracket 踏步边压缝条
遮挡楼梯踢面与外伸踏面边缘之间夹角缝隙的装饰条。

stair rod 楼梯压毯棍
靠在楼梯踢面板根部固定地毯的金属棒。

staircase 楼梯
包括支撑构架、覆盖层以及栏杆扶手在内的楼梯的一个或若干梯段。

open-string stair 露明斜梁楼梯
在一侧或两侧具有露明斜梁的楼梯。

open string 木楼梯露明斜梁
上缘沿着踢面板和踏面板轮廓切割的楼梯斜梁。又称为: **明楼梯梁(cut string)**。

face string 露面楼梯斜梁
楼梯靠外侧的外露斜梁,通常比楼梯踏步梁使用更优质的材料并具有更精美的装修。又称为: **装饰斜梁(finish string)**。

tread return 探头踏步板
踏步板圆边突沿的延续部分,超出露明斜梁的侧面。

cut-and-mitered string 斜接踢面明楼梯梁
切口垂直边缘与踢面板端部斜接的露明楼梯斜梁。

curtail 卷形扶手端头
楼梯扶手下端的水平卷形末端。又称为: **卷涡饰(volute)**。

curtail step 卷形起步踏步
一端或两端具有涡旋形末端的起步踏步。

newel cap 柱顶装饰
扶手端柱以装饰方式模制或旋制的尽端处理。

newel 扶手端柱
在楼梯梯段顶部或底部支撑扶手端的立柱。又称为: newel post。

open-riser stair 空踢面板楼梯
两个相邻踏面板之间有开敞空间可以使光线通过的楼梯。

open riser 空踢面板间距
两个相邻踏面板之间的空间,美国建筑规范对此有尺寸限制。

pan tread 盘状踏面板
用填混凝土的金属盘作为踏面板或作为踏面板与踢面板的组合体。

plate tread 金属板踏面板
用金属板制成的踏面板,常有突起花纹以提供防滑表面。

stone 石材
岩石或为了特定目的而开采和加工成特定
尺寸与形状的石块。

rock 岩石
由于热或水的作用天然形成的大大小小的
固体矿物质。

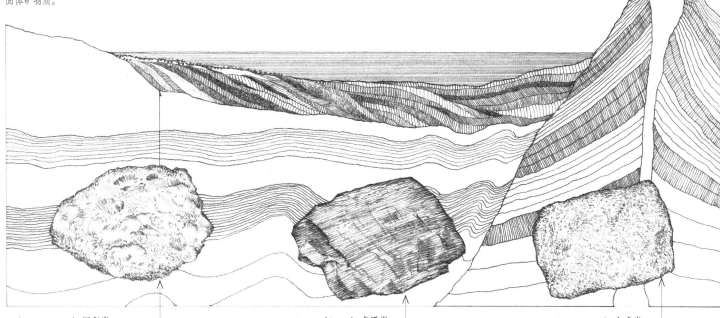

sedimentary rock 沉积岩
由沉淀物沉积形成的岩石，如石灰
石、砂岩或页岩。

metamorphic rock 变质岩
由于受高温、高压等自然因素而在结
构、纹理或组成成分上经历过变化的
一类岩石，尤指变得更硬并且更为结
晶化的岩石。

igneous rock 火成岩
由熔化的岩浆结晶而成的岩石，如花岗
岩。

limestone 石灰石
主要由诸如贝壳、珊瑚等有机残留物
堆积形成的沉积岩，主要成分是碳酸
钙，用于建筑物石材以及制作石灰。

travertine 凝灰岩
由泉水，特别是温泉水沉积的石灰石的
变种，在建材中作为大理石进行交易。

dolomite 白云石
富含碳酸镁的石灰石。

oolite 鲕石
由小而圆、形状类似鱼子的钙状颗粒
组成的石灰石。又称为：**鱼卵石（egg
stone）**。

sandstone 砂岩
由二氧化硅、黏土或碳酸钙等物质把
砂（通常是石英砂）黏结在一起而形
成的沉积岩。

bluestone 蓝灰砂岩
一种颗粒细密、含有黏土的砂岩，易
于沿层面劈裂形成薄板。

brownstone 褐石/褐砂岩
被广泛开采并作为建筑材料使用的红
褐色砂岩。

soapstone 皂石/滑石
云母含量高的大块软岩石，用作壁炉
地面、桌面等规格石料以及雕刻装饰
品。又称为：**块滑石（steatite）**。

marble 大理石
石灰石结晶化形成的变质岩，主要由
方解石或白云石组成，能进行高度磨
光而被特别用于建筑及雕刻。多种矿
物的存在及分布造就了大理石丰富多
样而且各具特色的外观。商业上的大
理石概念包括多种密实的石灰石以及
某些粗粒白云石。

verd antique 古绿石
可以高度磨光、斑驳杂色的暗绿色蛇
纹石，常作为大理石进行交易。又称
为：verde antique。

slate 板岩
由各种沉积物，如黏土或页岩受压而
形成的颗粒细密的变质岩，沿平行面
具有良好的劈裂性。

quartzite 石英岩
主要由来源于砂岩的石英所组成的致
密粒状变质岩。

gneiss 片麻岩
与花岗岩在组成上相似，具有条状或
片状构造、矿物成层排列的变质岩。

granite 花岗岩
坚硬、粗晶粒的火成岩，主要由石英、长
石及云母或其他有色矿物组成。

obsidian 黑曜岩
在成分上类似于花岗岩的火山玻璃，通常
呈有光泽的黑色，成薄片状时透明。

malachite 孔雀石
一种颜色介于绿色到墨绿色的矿物，成分
为碳酸铜，可用作高度磨光饰面层以及制
作装饰件。

serpentine 蛇纹石
由含水硅酸镁构成的矿物或岩石，通常为
绿色并有花斑纹外观。

grain 纹理
岩石的外观或颗粒状肌理。

bedding plane 层面
将层状岩石的一个层与其他层分开的面。

cleavage plane 劈裂面
某些岩石倾向于沿着较光滑的面劈开，这种面称为"劈裂面"。

split-faced 具有劈裂面的
对通过劈裂而露出构成层面的粗糙石料表面的一种描述。

freestone 软质石
石灰石和砂岩等容易开采、加工的细颗粒岩石，特别是在各个方向都容易切割的石材。

carved work 砖石雕刻
在砖石砌体中手工雕刻的特色装饰。

cast stone 铸石
经过硬化的细石骨料混凝土混合物，采用研磨、抛光或倒模制作表面以模仿天然石料。

cut stone 琢石
经过切割或机械加工，具有较精致表面的建筑石材。

chat-sawn 燧石屑锯面
锯切石材后获得的细砾状粗糙表面，锯切过程中使用水和松散琢料作为研磨剂。

shot-sawn 粗石面
锯切石材后获得的细砾状或波纹状表面，锯切过程中使用水和硬钢珠作为研磨剂。

flame finish 火烧面
超高温加热石面使之裂出小碎片而产生有纹理的表面。又称为：热加工面（thermal finish）。

honed finish 细磨加工面
用琢料研磨而获得基本没有光泽的平滑石面。

polished work 磨光面
研磨并抛光诸如大理石、花岗岩等有结晶体纹理的石面以获得玻璃状表面。又称为：glassed surface。

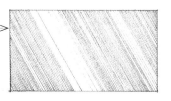

building stone 建筑石材
适用于建筑工程的石料，如石灰石、大理石、花岗岩。

fieldstone 散石
在地面上或土中找到的、松散未修饰的石材，特别是用于建筑物的石材，例如用于干砌体。

dimension stone 规格石料
经过开采、方成为长宽达到2英尺（610毫米）或以上、厚度达标的石块。

dressed stone 料石
加工成所需的形状并具有光滑表面的石块。

pitch-faced 凿面的
将所有边棱修琢到同一平面而且石面用尖凿粗糙地加工过的石块的一种描述。

draft 琢边
在石料边缘凿出线或边界线，用来指导切石工人找平石面。

drafted margin 块石琢边
围绕石面进行加工获得的光滑均匀的边缘。

sunk draft 凹琢边
低于石面其他部分的石块边缘。

quarry-faced 粗面的
在石材或石工可见面上属于或关于用锤加工形成粗糙表面的。又称为：rock-faced。

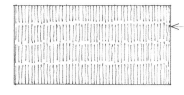

boasted surface 粗琢面
横穿石料表面雕凿大致平行的凹槽而获得的完成面。

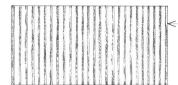

batted surface 凿琢面
石面磨光后用凿加工成刻痕石面。又称为：tooled surface。

structure 结构
结构构件的稳定组合体，设计并建造成为一个整体，可以承受荷载并将其安全地传递到大地，同时在构件内应力不超过容许应力。

linear structure 线结构
和其他两个方向尺寸相比，构件的长度发挥支配作用的结构构件。

surface structure 面结构
与厚度相比，长度及宽度发挥支配作用的结构构件。

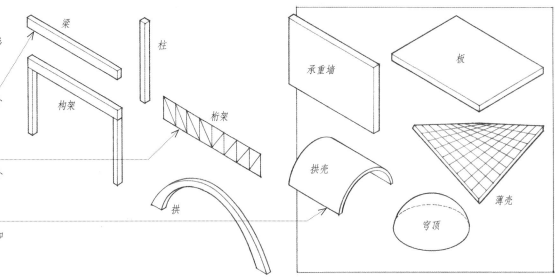

rigid 刚性的
属于或关于结构或结构构件的一种属性，其在施加荷载或变动荷载的作用下，在形状上没有可觉察的变化。

bulk-active structure 体效应结构
主要通过体积及其材料的连续性来改变外力方向的结构或结构构件，如梁、柱。

vector-active structure 矢量效应结构
主要通过受压和受拉构件的配合来改变外力方向的结构或结构构件，如桁架。

surface-active structure 面效应结构
主要沿连续表面改变外力方向的结构，如板、壳。

梁
柱
构架
桁架
拱
拱壳
穹顶
承重墙
板
薄壳

flexible 柔性的
属于或关于结构或结构构件的一种属性，特点是缺乏刚度、形状随荷载的变化而变化。

form-active structure 形状效应结构
主要通过部件的形状来改变外力方向的结构或结构构件，如拱、索。

tensegrity 张拉整体
布克敏斯特·富勒[译注]创造的一个术语，用于描述稳定性是基于张力和压力平衡的结构。

tensegrity structure 张拉整体结构
由位于一组拉索网内三个或更多不连续压杆所组成的闭合结构框架。没有任何受弯构件。

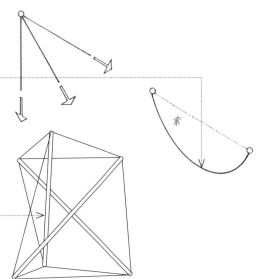

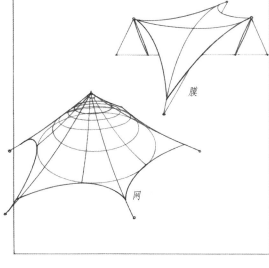

索
膜
网

structural member 结构构件
通过力学分析可以从结构中分解出的组成部件，具有一致的特征并对施加荷载做出独特反应。

compression member 受压构件
主要承受压力的结构构件。

strut 压杆
主要用于抵抗长向压力的结构构件。

tension member 受拉构件
主要承受拉力的结构构件。

tie 拉杆
用于保持两个结构构件不致于分开或分离的结构构件。

bending member 受弯构件
主要承受横向力的结构构件。

one-way 单向的
仅在一个方向具有承受荷载作用机理的结构或结构构件的。

two-way 双向的
在两个或更多方向具有承受荷载作用机理的结构或结构构件的。

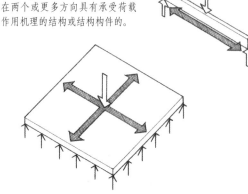

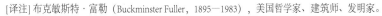

[译注] 布克敏斯特·富勒（Buckminster Fuller, 1895—1983），美国哲学家、建筑师、发明家。

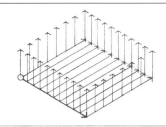

structural unit 结构单元
形成空间体积的独立结构或结构构件的组合体。

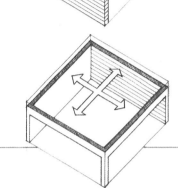

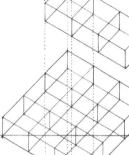

bay 开间
主要的空间组成部分，通常由结构的主要垂直支撑物来区分或分隔开的一系列组成部分。

structural grid 结构网格
确定结构体系的主要支撑点或支撑线的网格。

regular grid 规则网格
两个方向都是规律重复开间的结构网格。

double grid 双网格
由彼此偏移的两种网格组成的结构图形，并在开间之间形成中间空间。

interstitial 中间的
形成插入空间的。

slipped grid 滑变网格
支撑点或线的间距在一个方向是统一均匀的，而在另一个方向是变化多样的结构网格。

structural pattern 结构模式
结构主要垂直支撑构件的布置，对于合理选择跨度体系以及对空间与功能秩序的排布可能性具有影响。

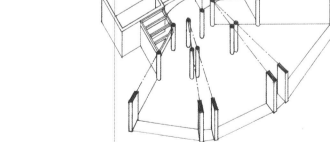

**transition structure
过渡结构**
介于两个或更多不同结构模式之间的结构。

irregular grid 不规则网格
一个方向或更多方向具有不规则形状开间的结构网格。

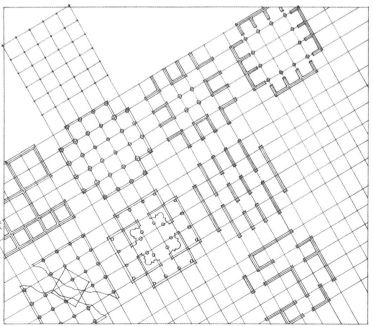

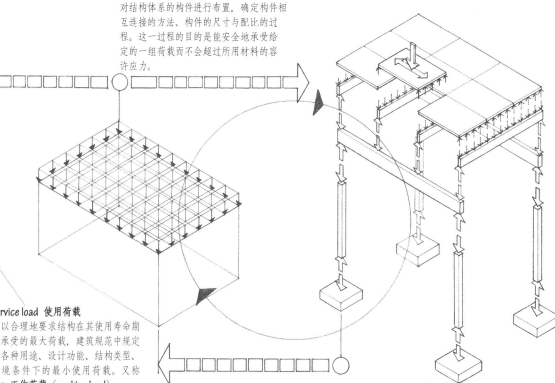

structural design 结构设计
对结构体系的构件进行布置，确定构件相互连接的方法、构件的尺寸与配比的过程。这一过程的目的是能安全地承受给定的一组荷载而不会超过所用材料的容许应力。

**allowable stress design
容许应力设计**
根据使用荷载将不会使材料所承受的应力超出其容许应力的假设来确定构件尺寸及配比的过程。又称为：**弹性设计**（elastic design）、**应力设计**（stress design）或**工作应力设计**（working stress design）。

design load 设计荷载
在结构设计计算中所使用的荷载。

$$DL = AL = SL$$

**allowable load
容许荷载**
使结构构件中的临界截面产生容许应力的荷载。

service load 使用荷载
可以合理地要求结构在其使用寿命期间承受的最大荷载，建筑规范中规定了各种用途、设计功能、结构类型、环境条件下的最小使用荷载。又称为：**工作荷载**（working load）。

structural analysis 结构分析
确定结构或其任意一种组成构件能安全承受给定的一组荷载而不会使材料损坏或过度变形的能力，给出构件的布置、形状和尺寸、所使用的支撑和连接点的型式及所使用材料的容许应力的过程。对于现有结构而言，此过程也被称为**结构评估**（structural rating）。

limit state design 极限状态设计
根据预期荷载、材料强度、构件种类、施工方式等可变因素，运用统计可能性建立结构可接受可靠度的结构设计方法。在混凝土结构中又称为：**极限强度设计**（ultimate strength design）。在美国的钢结构、木结构设计中又称为：**荷载抗力系数设计**（load and resistance factor design，缩写为：LRFD）。

在极限状态设计中假设，极限设计荷载不会使材料的应力超出其极限强度。

limit state 极限状态
结构或结构构件在荷载下必须满足的一系列性能标准，否则将由于挠度、震动、摆动发生失效（**正常使用极限状态**，serviceability limit state）或由于扭转、压屈、崩塌发生危险（**承载能力极限状态**，ultimate limit state）。

极限设计荷载（FL, factored load）≤ 极限强度（FS, factored strength）或设计强度（DS, design strength）

（对荷载 x 荷载组合系数求和）≤ [抗力（选用材料或构件的标称强度）x 抗力系数]

factored load 极限设计荷载
等于使用荷载或标称荷载乘以安全系数的设计荷载。又称为：**极限荷载**（ultimate load）。

load factor 荷载系数
因为无法避免的实际荷载与标称数值之间的偏差以及荷载分析中的不确定性，被指定与使用荷载或标称荷载相乘的系数。

1.4D
1.2D+1.6L+0.5 (Lr或S或R)
1.2D+1.6 (Lr或S或R) + (0.5L或0.8W)
1.2D+1.6W+0.5L+0.5 (Lr或S或R)
1.2D+1.0E+0.5L+0.2S
0.9D+ (1.6W或1.0E)

D=恒载 (dead load)
L=活载 (live load)
Lr=屋面活载 (roof live load)
W=风荷载 (wind load)
S=雪荷载 (snow load)
R=雨水或冰荷载 (rainwater or ice load)
E=地震荷载 (earthquake load)

resistance factor 抗力系数
基于不同材料性质与破坏机制，反映不同种类结构构件标称强度变化、结构破坏方式与后果的系数。抗力系数通常会降低结构材料与构件的标称强度。

factor of safety 安全系数
结构构件能承受的最大应力与设计时所估计的该构件最大使用应力的比值。又称为：**safety factor**。

load combination factors 荷载组合系数
基于所有活载不会同时达到最大值、并经合理分析其组合效应小于诸独立效应之和的假设，调整施加于结构的恒载、活载的一系列荷载系数。在考虑所有可能的荷载组合后，结构被设计为可以承受最严重但实际的均布荷载、集中荷载及其组合。

resistance 抗力
结构材料或构件抵抗荷载效应的能力，由特定材料的强度、尺寸、经由公认的结构受力原则导出的公式计算后确定。

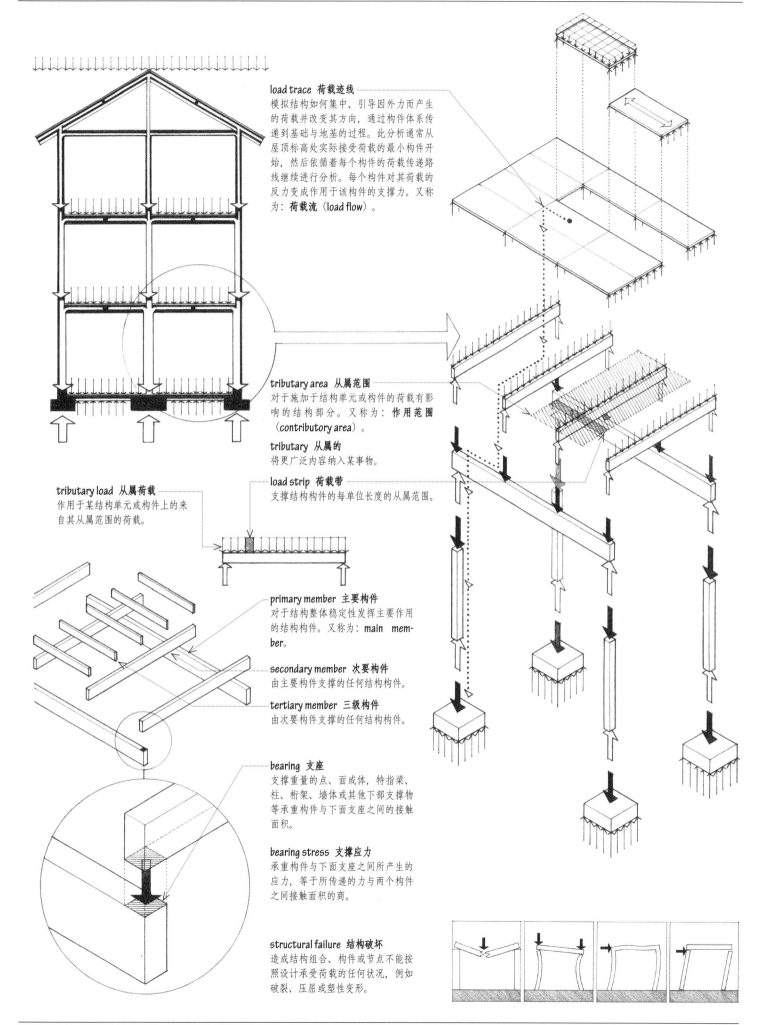

load trace 荷载迹线
模拟结构如何集中、引导因外力而产生的荷载并改变其方向，通过构件体系传递到基础与地基的过程。此分析通常从屋顶标高处实际接受荷载的最小构件开始，然后依循着每个构件的荷载传递路线继续进行分析。每个构件对其荷载的反力变成作用于该构件的支撑力。又称为：**荷载流**（load flow）。

tributary area 从属范围
对于施加于结构单元或构件的荷载有影响的结构部分。又称为：**作用范围**（contributory area）。

tributary 从属的
将更广泛内容纳入某事物。

tributary load 从属荷载
作用于某结构单元或构件上的来自其从属范围的荷载。

load strip 荷载带
支撑结构构件的每单位长度的从属范围。

primary member 主要构件
对于结构整体稳定性发挥主要作用的结构构件。又称为：main member。

secondary member 次要构件
由主要构件支撑的任何结构构件。

tertiary member 三级构件
由次要构件支撑的任何结构构件。

bearing 支座
支撑重量的点、面或体，特指梁、柱、桁架、墙体或其他下部支撑物等承重构件与下面支座之间的接触面积。

bearing stress 支撑应力
承重构件与下面支座之间所产生的应力，等于所传递的力与两个构件之间接触面积的商。

structural failure 结构破坏
造成结构组合、构件或节点不能按照设计承受荷载的任何状况，例如破裂、压屈或塑性变形。

STRUCTURE

support condition 支撑条件
结构构件被支撑或被连接到其他构件的方式，会影响承受荷载构件的反作用力的性质。

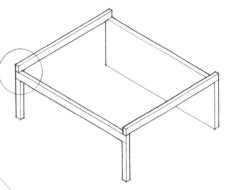

point of support 支撑点
结构构件上的一个点，在该点处构件对于荷载的反作用力作为一个力传递到支撑构件上。

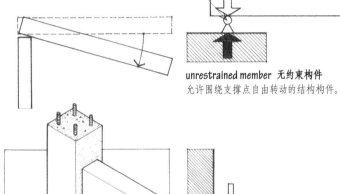

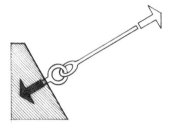

unrestrained member 无约束构件
允许围绕支撑点自由转动的结构构件。

roller support 滚轴支座
允许被支撑体转动但不允许其在支撑面垂直方向靠近或脱离的支座。又称为：**滚轴节点**（roller joint）。

cable support 索支座
允许转动而仅在缆索方向阻止平移的索锚。

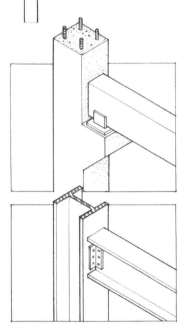

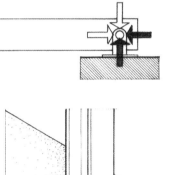

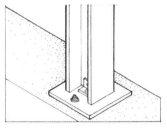

pin joint 铰节点
允许转动但阻止在任何方向平移的结构节点。又称为：**hinge joint** 或 **pinned connection**。

pin 铰
钉入相邻部件的孔洞中的细长圆棒，从而保持部件连接在一起或允许它们在同一平面内相对运动。

rigid joint 刚节点
保持被接合构件之间的相对角度，约束构件在任何方向的移动或转动，并提供反力及反弯矩的结构节点。又称为：**固定节点**（fixed joint）、**固定连接**（fixed connection）或**刚性连接**（rigid connection）。

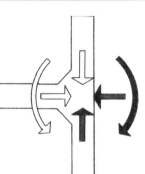

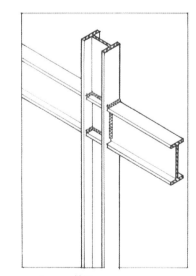

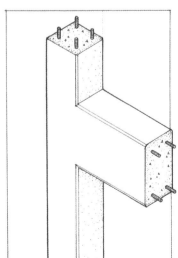

fixed-end connection 固端连接
将结构构件端部连接到支座的刚性节点连接。

anchorage 锚固
结构在抵抗侧向力作用下不会发生滑动、倾斜、压屈或倒坍的能力。

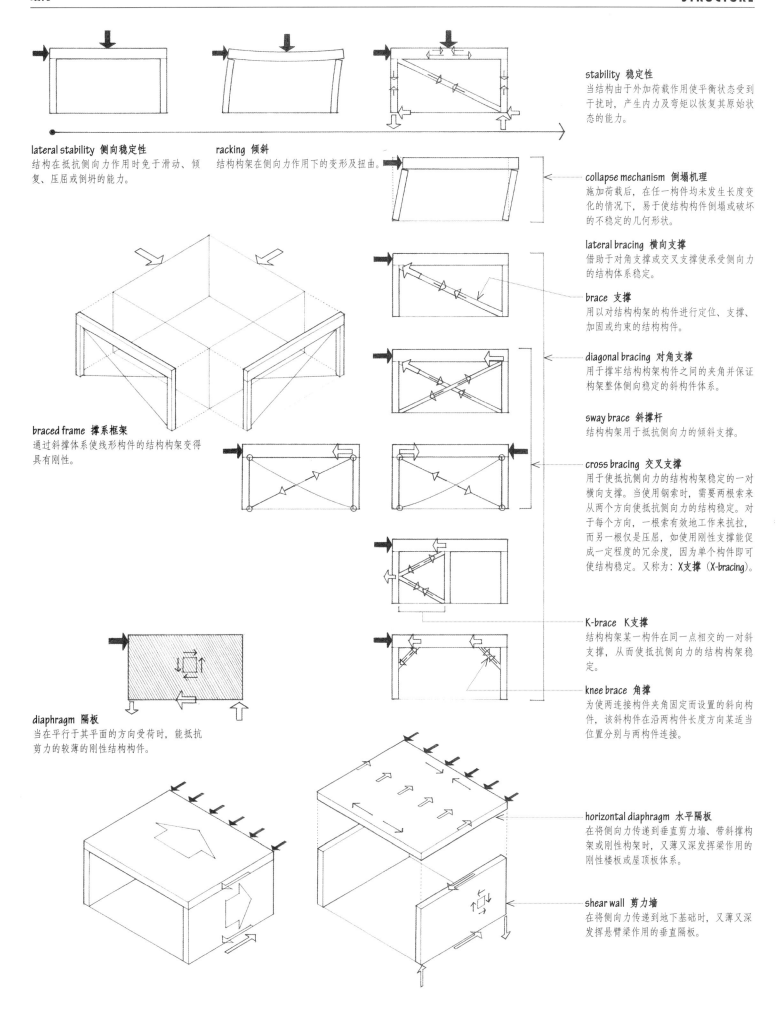

stability 稳定性
当结构由于外加荷载作用使平衡状态受到干扰时，产生内力及弯矩以恢复其原始状态的能力。

lateral stability 侧向稳定性
结构在抵抗侧向力作用时免于滑动、倾复、压屈或倒坍的能力。

racking 倾斜
结构构架在侧向力作用下的变形及扭曲。

collapse mechanism 倒塌机理
施加荷载后，在任一构件均未发生长度变化的情况下，易于使结构构件倒塌或破坏的不稳定的几何形状。

lateral bracing 横向支撑
借助于对角支撑或交叉支撑使承受侧向力的结构体系稳定。

brace 支撑
用以对结构构架的构件进行定位、支撑、加固或约束的结构构件。

braced frame 撑系框架
通过斜撑体系使线形构件的结构构架变得具有刚性。

diagonal bracing 对角支撑
用于撑牢结构构架构件之间的夹角并保证构架整体侧向稳定的斜构件体系。

sway brace 斜撑杆
结构构架用于抵抗侧向力的倾斜支撑。

cross bracing 交叉支撑
用于使抵抗侧向力的结构构架稳定的一对横向支撑。当使用钢索时，需要两根索来从两个方向使抵抗侧向力的结构稳定。对于每个方向，一根索有效地工作来抗拉，而另一根仅是压屈，如使用刚性支撑能促成一定程度的冗余度，因为单个构件即可使结构稳定。又称为：X支撑（X-bracing）。

K-brace K支撑
结构构架某一构件在同一点相交的一对斜支撑，从而使抵抗侧向力的结构构架稳定。

knee brace 角撑
为使两连接构件夹角固定而设置的斜向构件，该斜构件是沿两构件长度方向某适当位置分别与两构件连接。

diaphragm 隔板
当在平行于其平面的方向受荷时，能抵抗剪力的较薄的刚性结构构件。

horizontal diaphragm 水平隔板
在将侧向力传递到垂直剪力墙、带斜撑构架或刚性构架时，又薄又深发挥梁作用的刚性楼板或屋顶板体系。

shear wall 剪力墙
在将侧向力传递到地下基础时，又薄又深发挥悬臂梁作用的垂直隔板。

regular structure 规则结构
以质量布局及抗侧向力构件的对称性、无明显的刚度或强度的不连续性为特征的结构体系，可用静力方法来确定侧向力对规则结构的效应。

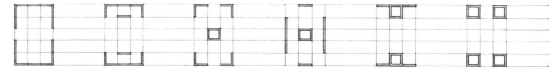

dual system 双重体系
将抗弯矩构架的延展性与剪力墙的刚性结合起来的抗侧向力结构体系。

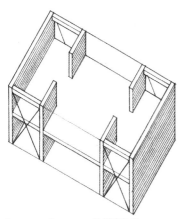

bearing wall system 承重墙体系
由支撑重力荷载的垂直平面构件及抵抗侧向力的剪力墙或带斜撑构架所组成的结构体系。

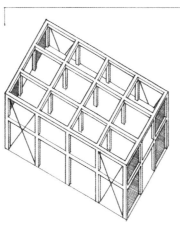

frame system 构架体系
以三维布局互相连接的线性构件组成的结构体系，可以作为完整的独立结构单元用于支撑重力荷载、剪力墙或支撑构架以抵抗侧向力。

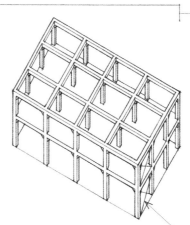

moment-resisting frame 抗弯矩框架
被设计成主要通过构件及节点内的弯曲来抵抗侧向力的结构体系。

eccentric bracing 偏心支撑
将抗弯矩构架的延展性与支撑构架的刚性结合起来的抵抗侧向力的结构体系。

irregular structure 不规则结构
以各种平面或垂直不规则性（例如软弱楼层、不连续剪力墙或隔板、体块或抗侧向力构件的非对称布置）为特征的结构体系，通常要求对不规则结构进行动力分析以确定由于侧向力所造成的扭转效应。

center of resistance 抗力中心
侧向力抵抗体系的垂直构件的重心，对侧向力的剪切反作用力通过该重心。又称为：**刚度中心**（center of rigidity）。

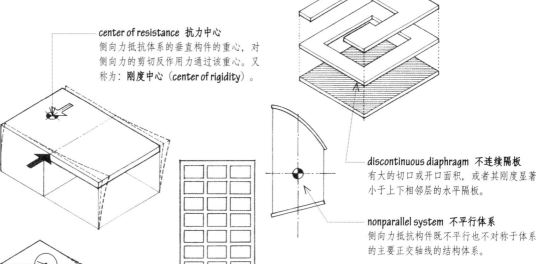

torsional irregularity 扭转不规则性
质量或抗侧力构件体系的不对称布置导致质量中心与抗力中心不重合，并造成结构一端的层间位移大于结构两端层间位移的平均值。[译注]

discontinuous diaphragm 不连续隔板
有大的切口或开口面积，或者其刚度显著小于上下相邻层的水平隔板。

nonparallel system 不平行体系
侧向力抵抗构件既不平行也不对称于体系的主要正交轴线的结构体系。

reentrant corner 凹角
角部外伸长度显著大于结构平面给定方向长度的形状及其抗侧向力体系。凹角往往会导致结构的不同部分产生差异运动，并导致位于角部的局部应力集中。解决办法包括布置抗震缝把建筑物分成几个简单的形状，在角部把建筑物更有力地拉在一起或将角部展开。

soft story 软楼层
抗侧力刚度显著小于上方楼层的楼层。

weak story 弱楼层
侧向强度显著小于上方楼层的楼层。

irregular mass 不规则质量
有效质量显著大于相邻楼层的楼层。

discontinuous shear wall 不连续剪力墙
水平尺寸具有巨大平移或显著变化的剪力墙。

seismic joint 抗震缝
把两个相邻的建筑物实体分开的接缝，使每个实体可产生独立于其他实体的自由震动。

[译注] 由于结构两端平均层间位移是一个平均数，所以除非平面布置绝对对称，否则总会有一端的层间位移大于平均层间位移。一般认为最大层间弹性位移超过两端平均层间位移1.2倍以上时会构成不规则扭转结构。

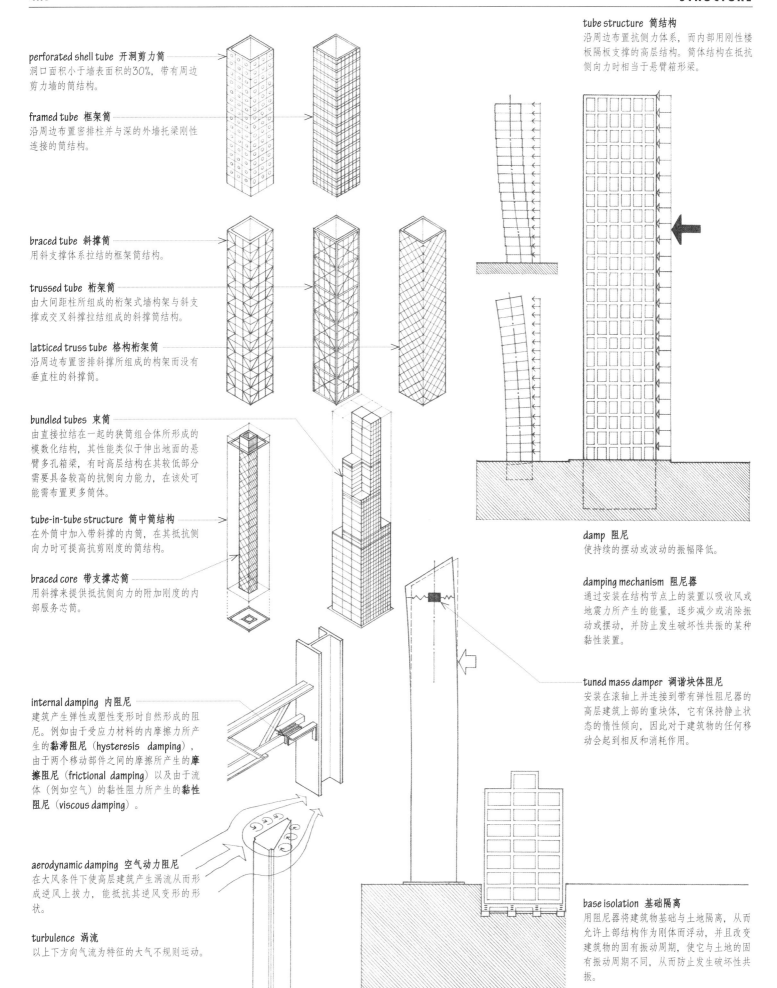

perforated shell tube 开洞剪力筒
洞口面积小于墙表面积的30%，带有周边剪力墙的筒结构。

framed tube 框架筒
沿周边布置密排柱并与深的外墙托梁刚性连接的筒结构。

braced tube 斜撑筒
用斜支撑体系拉结的框架筒结构。

trussed tube 桁架筒
由大间距柱所组成的桁架式墙构架与斜支撑或交叉斜撑拉结组成的斜撑筒结构。

latticed truss tube 格构桁架筒
沿周边布置密排斜撑所组成的构架而没有垂直柱的斜撑筒。

bundled tubes 束筒
由直接拉结在一起的狭筒组合体所形成的模数化结构，其性能类似于伸出地面的悬臂多孔箱梁，有时高层结构在其较低部分需要具备较高的抗侧向力能力，在该处可能需布置更多筒体。

tube-in-tube structure 筒中筒结构
在外筒中加入带斜撑的内筒，在其抵抗侧向力时可提高抗剪刚度的筒结构。

braced core 带支撑芯筒
用斜撑来提供抵抗侧向力的附加刚度的内部服务芯筒。

internal damping 内阻尼
建筑产生弹性或塑性变形时自然形成的阻尼。例如由于受应力材料的内摩擦力所产生的**黏滞阻尼（hysteresis damping）**，由于两个移动部件之间的摩擦所产生的**摩擦阻尼（frictional damping）**以及由于流体（例如空气）的黏性阻力所产生的**黏性阻尼（viscous damping）**。

aerodynamic damping 空气动力阻尼
在大风条件下使高层建筑产生涡流从而形成逆风上拔力，能抵抗其逆风变形的形状。

turbulence 涡流
以上下方向气流为特征的大气不规则运动。

tube structure 筒结构
沿周边布置抗侧力体系，而内部用刚性楼板隔板支撑的高层结构。筒体结构在抵抗侧向力时相当于悬臂箱形梁。

damp 阻尼
使持续的摆动或波动的振幅降低。

damping mechanism 阻尼器
通过安装在结构节点上的装置以吸收风和地震力所产生的能量，逐步减少或消除振动或摆动，并防止发生破坏性共振的某种黏性装置。

tuned mass damper 调谐块体阻尼
安装在滚轴上并连接到带有弹性阻尼器的高层建筑上部的重块体，它有保持静止状态的惯性倾向，因此对于建筑物的任何移动会起到相反和消耗作用。

base isolation 基础隔离
用阻尼器将建筑物基础与土地隔离，从而允许上部结构作为刚体而浮动，并且改变建筑物的固有振动周期，使它与土地的固有振动周期不同，从而防止发生破坏性共振。

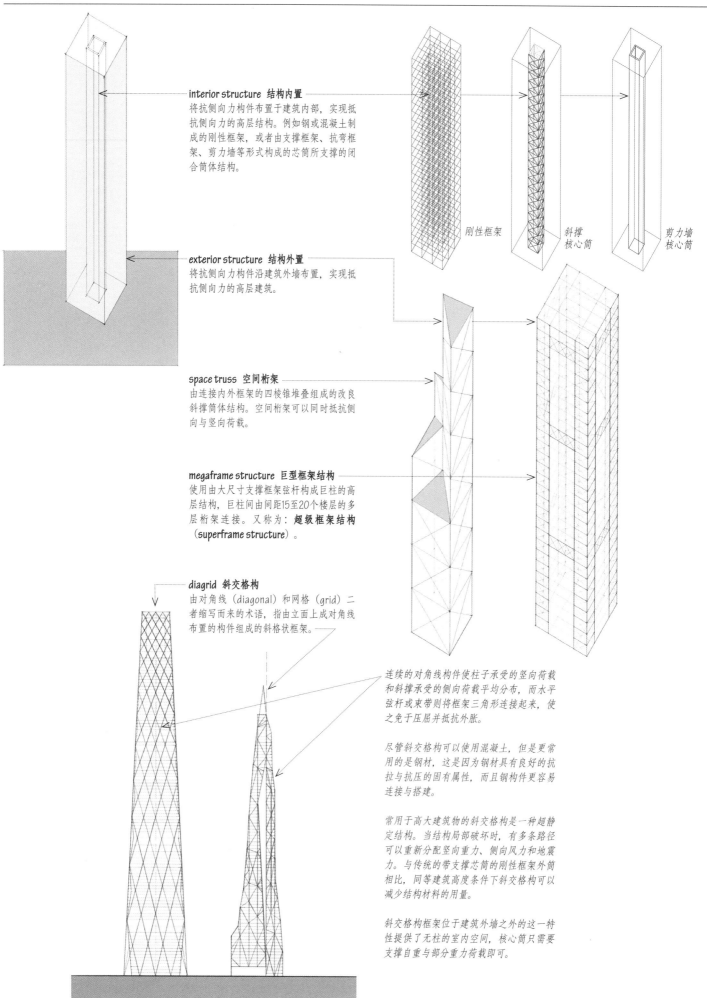

interior structure 结构内置

将抗侧向力构件布置于建筑内部，实现抵抗侧向力的高层结构。例如钢或混凝土制成的刚性框架，或者由支撑框架、抗弯框架、剪力墙等形式构成的芯筒所支撑的闭合筒体结构。

刚性框架

斜撑核心筒

剪力墙核心筒

exterior structure 结构外置

将抗侧向力构件沿建筑外墙布置，实现抵抗侧向力的高层建筑。

space truss 空间桁架

由连接内外框架的四棱锥堆叠组成的改良斜撑筒体结构。空间桁架可以同时抵抗侧向与竖向荷载。

megaframe structure 巨型框架结构

使用由大尺寸支撑框架弦杆构成巨柱的高层结构，巨柱间由间距15至20个楼层的多层桁架连接。又称为：**超级框架结构**（superframe structure）。

diagrid 斜交格构

由对角线（diagonal）和网格（grid）二者缩写而来的术语，指由立面上成对角线布置的构件组成的斜格状框架。

连续的对角线构件使柱子承受的竖向荷载和斜撑承受的侧向荷载平均分布，而水平弦杆或束带则将框架三角形连接起来，使之免于压屈并抵抗外胀。

尽管斜交格构可以使用混凝土，但是更常用的是钢材，这是因为钢材具有良好的抗拉与抗压的固有属性，而且钢构件更容易连接与搭建。

常用于高大建筑物的斜交格构是一种超静定结构。当结构局部破坏时，有多条路径可以重新分配竖向重力、侧向风力和地震力。与传统的带支撑芯筒的刚性框架外筒相比，同等建筑高度条件下斜交格构可以减少结构材料的用量。

斜交格构框架位于建筑外墙之外的这一特性提供了无柱的室内空间，核心筒只需要支撑自重与部分重力荷载即可。

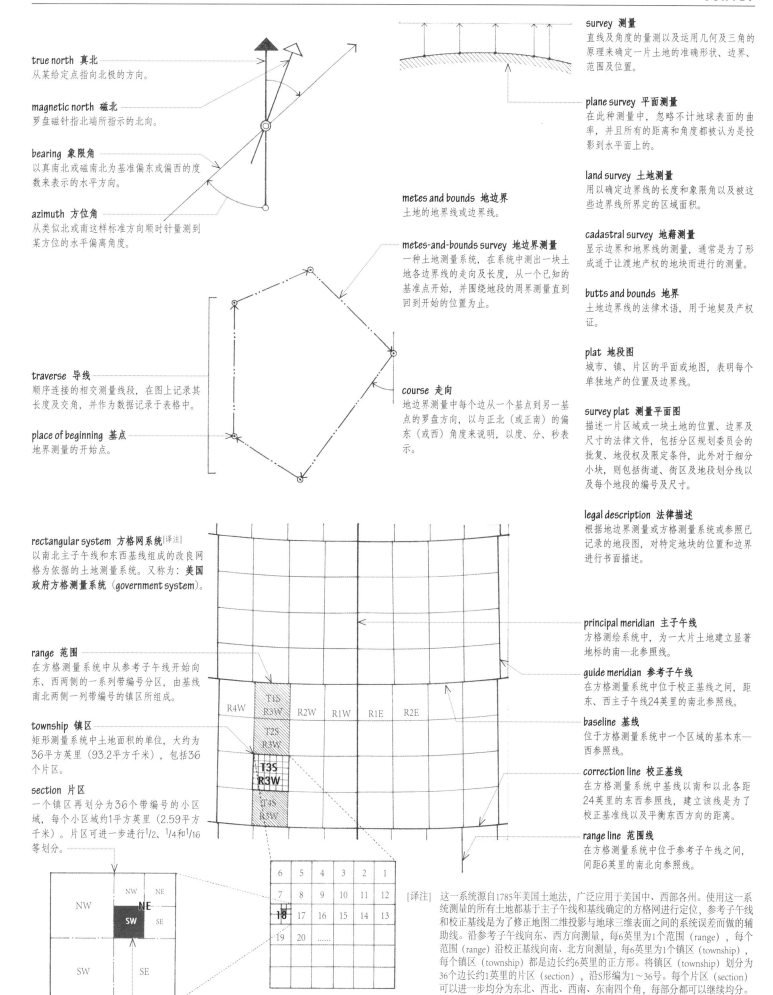

true north 真北
从某给定点指向北极的方向。

magnetic north 磁北
罗盘磁针指北端所指示的北向。

bearing 象限角
以真南北或磁南北为基准偏东或偏西的度数来表示的水平方向。

azimuth 方位角
从类似北或南这样标准方向顺时针量测到某方位的水平偏离角度。

traverse 导线
顺序连接的相交测量线段,在图上记录其长度及交角,并作为数据记录于表格中。

place of beginning 基点
地界测量的开始点。

metes and bounds 地边界
土地的地界线或边界线。

metes-and-bounds survey 地边界测量
一种土地测量系统,在系统中测出一块土地各边界线的走向及长度,从一个已知的基准点开始,并围绕地段的周界测量直到回到开始的位置为止。

course 走向
地边界测量中每个边从一个基点到另一基点的罗盘方向,以与正北(或正南)的偏东(或西)角度来说明,以度、分、秒表示。

survey 测量
直线及角度的量测以及运用几何及三角的原理来确定一片土地的准确形状、边界、范围及位置。

plane survey 平面测量
在此种测量中,忽略不计地球表面的曲率,并且所有的距离和角度都被认为是投影到水平面上的。

land survey 土地测量
用以确定边界线的长度和象限角以及被这些边界线所界定的区域面积。

cadastral survey 地籍测量
显示边界和地界线的测量,通常是为了形成适于让渡地产权的地块而进行的测量。

butts and bounds 地界
土地边界线的法律术语,用于地契及产权证。

plat 地段图
城市、镇、片区的平面或地图,表明每个单独地产的位置及边界线。

survey plat 测量平面图
描述一片区域或一块土地的位置、边界及尺寸的法律文件,包括分区规划委员会的批复、地役权及限定条件,此外对于细分小块,则包括街道、街区及地段划分线以及每个地段的编号及尺寸。

legal description 法律描述
根据地边界测量或方格测量系统或参照已记录的地段图,对特定地块的位置和边界进行书面描述。

rectangular system 方格网系统[译注]
以南北主子午线和东西基线组成的改良网格为依据的土地测量系统。又称为:**美国政府方格测量系统**(government system)。

range 范围
在方格测量系统中从参考子午线开始向东、西两侧的一系列带编号分区,由基线南北两侧一列带编号的镇区所组成。

township 镇区
矩形测量系统中土地面积的单位,大约为36平方英里(93.2平方千米),包括36个片区。

section 片区
一个镇区再划分为36个带编号的小区域,每个小区域约1平方英里(2.59平方千米)。片区可进一步进行1/2、1/4和1/16等划分。

R4W	T1S R3W	R2W	R1W	R1E	R2E
	T2S R3W				
	T3S R3W				
	T4S R3W				

principal meridian 主子午线
方格测绘系统中,为一大片土地建立显著地标的南—北参照线。

guide meridian 参考子午线
在方格测量系统中位于校正基线之间,距东、西主子午线24英里的南北参照线。

baseline 基线
位于方格测量系统中一个区域的基本东—西参照线。

correction line 校正基线
在方格测量系统中基线以南和以北各距24英里的东西参照线,建立该线是为了校正基准线以及平衡东西方向的距离。

range line 范围线
在方格测量系统中位于参考子午线之间,间距6英里的南北向参照线。

NW		NE	
	NW	NE	
NW		**NE**	
	SW	SE	
SW		SE	

6	5	4	3	2	1
7	8	9	10	11	12
18	17	16	15	14	13
19	20	……			

[译注] 这一系统源自1785年美国土地法,广泛应用于美国中、西部各州。使用这一系统测量的所有土地都基于主子午线和基线确定的方格网进行定位,参考子午线和校正基线是为了修正地图二维投影与地球三维表面之间的系统误差而做的辅助线。沿参考子午线向东、西方向测量,每6英里为1个范围(range),每个范围(range)沿校正基线向南、北方向测量,每6英里为1个镇区(township),每个镇区(township)都是边长约6英里的正方形。将镇区(township)划分为36个边长约1英里的片区(section),沿S形编为1~36号。每个片区(section)可以进一步均分为东北、西北、西南、东南四个角,每部分都可以继续均分。例如SW1/4 NE1/4 S18, T3SR3W是指主子午线西侧第3个范围(range)基线南侧第3个镇区(township)中第18个片区(section)的东北角的西南角。

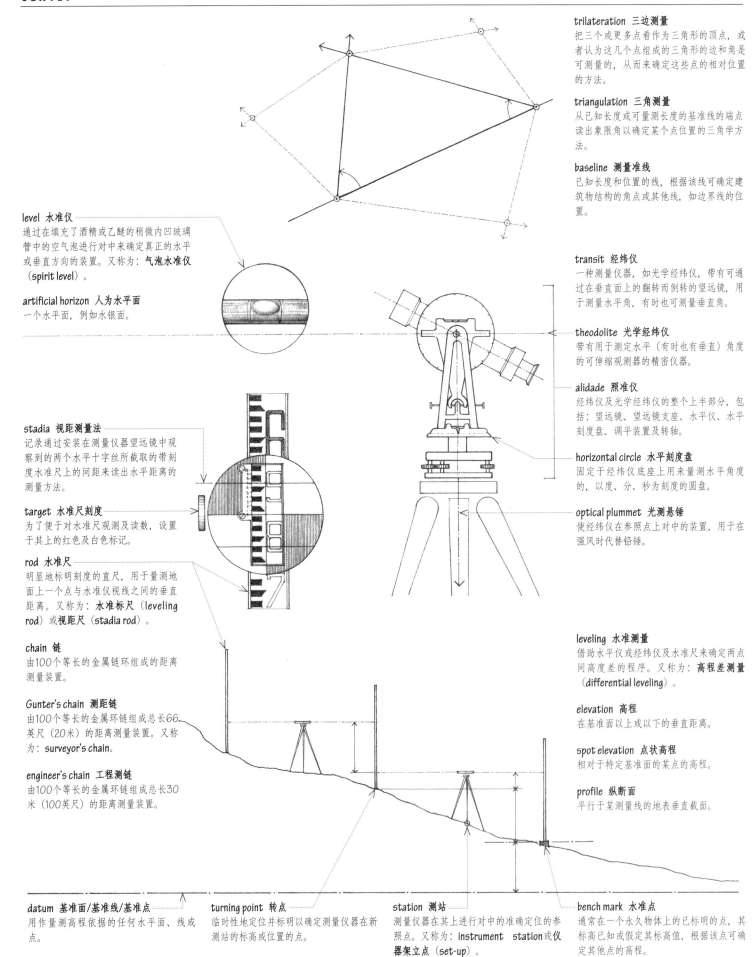

trilateration 三边测量
把三个或更多点看作为三角形的顶点，或者认为这几个点组成的三角形的边和角是可测量的，从而来确定这些点的相对位置的方法。

triangulation 三角测量
从已知长度或可量测长度的基准线的端点读出象限角以确定某个点位置的三角学方法。

baseline 测量准线
已知长度和位置的线，根据该线可确定建筑物结构的角点或其他线，如边界线的位置。

transit 经纬仪
一种测量仪器，如光学经纬仪，带有可通过在垂直面上的翻转而倒转的望远镜，用于测量水平角，有时也可测量垂直角。

theodolite 光学经纬仪
带有用于测定水平（有时也有垂直）角度的可伸缩观测器的精密仪器。

alidade 照准仪
经纬仪及光学经纬仪的整个上半部分，包括：望远镜、望远镜支座、水平仪、水平刻度盘、调平装置及转轴。

horizontal circle 水平刻度盘
固定于经纬仪底座上用来量测水平角度的，以度、分、秒为刻度的圆盘。

optical plummet 光测悬锤
使经纬仪在参照点上对中的装置，用于在强风时代替铅锤。

level 水准仪
通过在填充了酒精或乙醚的稍微内凹玻璃管中的空气泡进行对中来确定真正的水平或垂直方向的装置。又称为：**气泡水准仪（spirit level）**。

artificial horizon 人为水平面
一个水平面，例如水银面。

stadia 视距测量法
记录通过安装在测量仪器望远镜中观察到的两个水平十字丝所截取的带刻度水准尺上的间距来读出水平距离的测量方法。

target 水准尺刻度
为了便于对水准尺观测及读数，设置于其上的红色及白色标记。

rod 水准尺
明显地标明刻度的直尺，用于量测地面上一个点与水准仪视线之间的垂直距离。又称为：**水准标尺（leveling rod）**或**视距尺（stadia rod）**。

chain 链
由100个等长的金属链环组成的距离测量装置。

Gunter's chain 测距链
由100个等长的金属链环组成总长66英尺（20米）的距离测量装置。又称为：**surveyor's chain**。

engineer's chain 工程测链
由100个等长的金属链环组成总长30米（100英尺）的距离测量装置。

leveling 水准测量
借助水平仪或经纬仪及水准尺来确定两点间高度差的程序。又称为：**高程差测量（differential leveling）**。

elevation 高程
在基准面以上或以下的垂直距离。

spot elevation 点状高程
相对于特定基准面的某点的高程。

profile 纵断面
平行于某测量线的地表垂直截面。

datum 基准面/基准线/基准点
用作量测高程依据的任何水平面、线或点。

turning point 转点
临时性地定位并标明以确定测量仪器在新测站的标高或位置的点。

station 测站
测量仪器在其上进行对中的准确定位的参照点。又称为：**instrument station**或**仪器架立点（set-up）**。

bench mark 水准点
通常在一个永久物体上的已标明的点，其标高已知或假定其标高值，根据该点可确定其他点的高程。

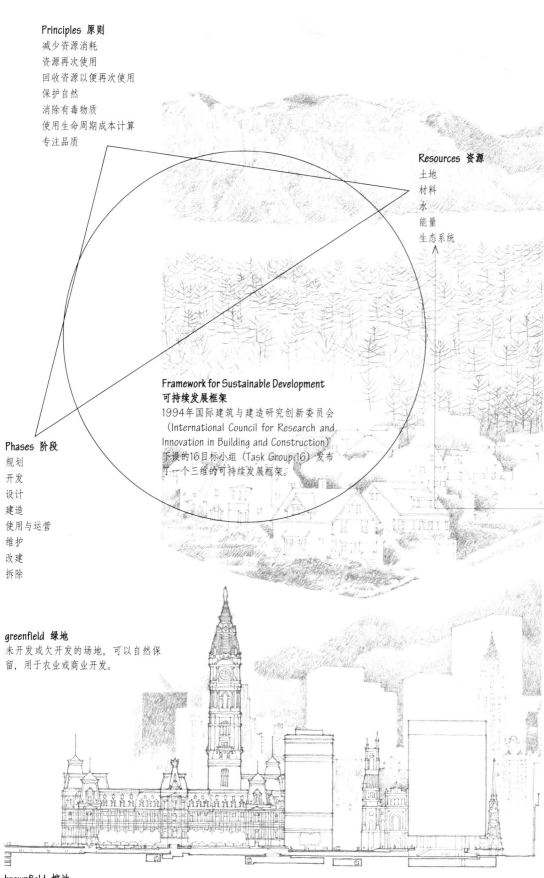

Principles 原则
减少资源消耗
资源再次使用
回收资源以便再次使用
保护自然
消除有毒物质
使用生命周期成本计算
专注品质

Resources 资源
土地
材料
水
能量
生态系统

Framework for Sustainable Development
可持续发展框架
1994年国际建筑与建造研究创新委员会
（International Council for Research and
Innovation in Building and Construction）
下设的16目标小组（Task Group 16）发布
了一个三维的可持续发展框架。

Phases 阶段
规划
开发
设计
建造
使用与运营
维护
改建
拆除

greenfield 绿地
未开发或欠开发的场地，可以自然保
留，用于农业或商业开发。

brownfield 棕地
废弃或者之前的工业或商业用场地，
其未来的使用会受到真实可见环境污
染的影响。

sustainability 可持续性
"既能满足当前需要，又能兼顾后世子孙
需求的一种发展模式。"引自1987年格
罗·哈莱姆·布伦特兰（Gro Harlem Brundt-
land，1939—，挪威政治家）为主席的联
合国环境与发展委员会（United Nations
World Commission on Environment and
Development）题为《我们的共同未来》
（Our Common Future）的报告。

为了应对资源枯竭与气候变化为表征的环
境挑战，可持续发展呼唤一种整体考虑社
会、经济与开发对环境冲击的方法，并且
需要规划者、建筑师、开发商、业主、建
造商、制造商、政府和非政府机构的全面
参与。

environmentalism 环境主义
一种广义的哲学思想和社会运动，呼吁或
支持保护并维持自然资源和生态系统免受
污染或被其影响，特别是通过政治行动或
教育手段。

conservation 环境保护
对自然资源、生态系统、未来栖息地的保
存、保护或复原。

ecology 生态学
生物学的分支，研究有机体之间及有机体
与周边物质环境之间的关系与相互作用。

human ecology 人类生态学
对人类与环境相互作用的研究。

ecosystem 生态系统
由生物群体与其物质环境相互作用形成的
系统。

biodiversity 生物多样性
特定群落或生态系统中生命的多样化，常
用来衡量其健康程度。较高的生物多样性
意味着更加健康的生态系统。

hydrology 水文学
研究地球上水的产生、分配与循环，特别
是水的运动与大地关系的科学分支。

blackwater 污水
大小便器排出的废水。

gray water 中水
由洗碗、洗澡、洗衣等日常活动产生的相
对清洁的废水，可以就地循环用于冲厕所
或植物灌溉，以减少洁净水的消耗量。

global warming 全球变暖
由于燃烧化石燃料和排放温室气体，温室效应加强造成自20世纪中期以来地球低层大气和海洋平均温度的逐渐上升。

greenhouse gas 温室气体
大气中可以吸收并辐射热能的气体，包括甲烷、二氧化碳、氧化亚氮和臭氧。虽然部分自然产生的温室气体为地球上生命保持一定环境温度是必要的，但是不断增长的人口以及人类活动累积的温室气体对温室效应和全球变暖起到了促进作用。缩写为：GHG。

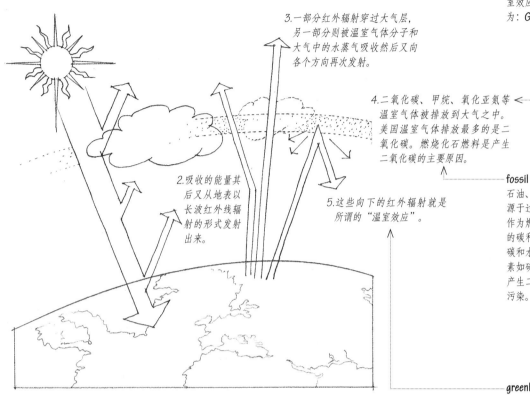

3.一部分红外辐射穿过大气层，另一部分则被温室气体分子和大气中的水蒸气吸收然后又向各个方向再次发射。

4.二氧化碳、甲烷、氧化亚氮等温室气体被排放到大气之中。美国温室气体排放最多的是二氧化碳。燃烧化石燃料是产生二氧化碳的主要原因。

2.吸收的能量其后又从地表以长波红外线辐射的形式发射出来。

5.这些向下的红外辐射就是所谓的"温室效应"。

1.尽管一部分太阳辐射被地表和大气层反射，但是大部分辐射还是被吸收进而提高了地表和大气的温度。

fossil fuel 化石燃料
石油、煤、天然气等碳氢化合物矿藏。来源于过去地质时代的有机残留物，现在则作为燃料燃烧。化石燃料在燃烧时，其中的碳和氢与氧结合形成二氧化碳、一氧化碳和水，并释放出能量。燃料中的其他元素如硫和氮，与氧结合后释放到空气中，产生二氧化硫和氧化氮气体形成进一步的污染。

greenhouse effect 温室效应
由于红外辐射在穿过大气层时被其中的温室气体分子和水蒸气吸收后再辐射出来，造成低层大气和地表温度上升。

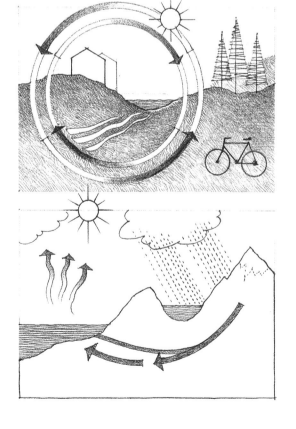

renewable energy 再生能源
太阳能、风能、海浪能、潮汐能、水电和地热能等理论上可以通过自然过程随着消耗以相同速率补充的自然能源。尽管在能量消耗与能源再生之间实现恰当的、成本可控的平衡是我们的目标，必要的第一步还是将能源使用最小化，尽管事实上这些能量或许来自再生能源。

carbon footprint 碳足迹
对于与燃烧化石燃料有关的人类活动所产生的温室气体的一种衡量方法。

carbon neutral 碳中和
一条描述某些活动既没有增加又没有减少释放到大气中碳含量的术语。这些活动通常指通过使用可再生能源、碳固化项目、购买碳排放指标来平衡或补偿相等数量的大气碳排放行为。

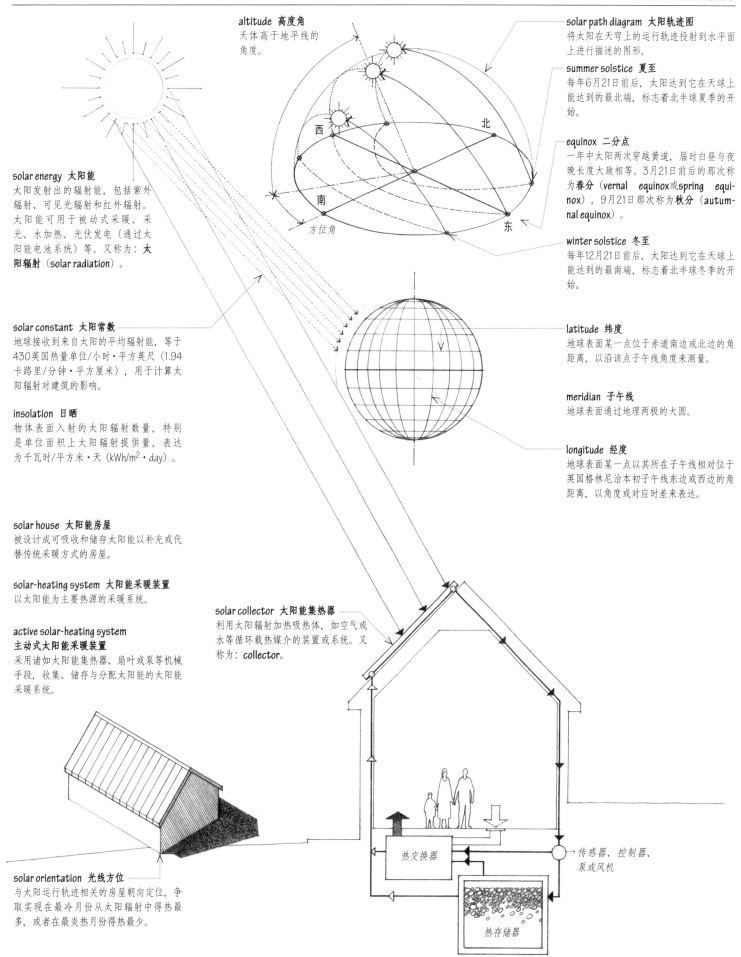

altitude 高度角
天体高于地平线的角度。

solar path diagram 太阳轨迹图
将太阳在天穹上的运行轨迹投影到水平面上进行描述的图形。

summer solstice 夏至
每年6月21日前后，太阳达到它在天球上能达到的最北端，标志着北半球夏季的开始。

equinox 二分点
一年中太阳两次穿越黄道，届时白昼与夜晚长度大致相等。3月21日前后的那次称为**春分**（vernal equinox或spring equinox），9月21日那次称为**秋分**（autumnal equinox）。

winter solstice 冬至
每年12月21日前后，太阳达到它在天球上能达到的最南端，标志着北半球冬季的开始。

latitude 纬度
地球表面某一点位于赤道南边或北边的角距离，以沿该点子午线角度来测量。

meridian 子午线
地球表面通过地理两极的大圆。

longitude 经度
地球表面某一点以其所在子午线相对位于英国格林尼治本初子午线东边或西边的角距离，以角度或对应时差来表达。

solar energy 太阳能
太阳发射出的辐射能，包括紫外辐射、可见光辐射和红外辐射。太阳能可用于被动式采暖、采光、水加热、光伏发电（通过太阳能电池系统）等。又称为：**太阳辐射**（solar radiation）。

solar constant 太阳常数
地球接收到来自太阳的平均辐射能，等于430英国热量单位/小时·平方英尺（1.94卡路里/分钟·平方厘米），用于计算太阳辐射对建筑的影响。

insolation 日晒
物体表面入射的太阳辐射数量，特别是单位面积上太阳辐射提供量，表达为千瓦时/平方米·天（kWh/m² · day）。

solar house 太阳能房屋
被设计成可吸收和储存太阳能以补充或代替传统采暖方式的房屋。

solar-heating system 太阳能采暖装置
以太阳能为主要热源的采暖系统。

**active solar-heating system
主动式太阳能采暖装置**
采用诸如太阳能集热器、扇叶或泵等机械手段，收集、储存与分配太阳能的太阳能采暖系统。

solar collector 太阳能集热器
利用太阳辐射加热吸热体，如空气或水等循环载热媒介的装置或系统。又称为：collector。

solar orientation 光线方位
与太阳运行轨迹相关的房屋朝向定位，争取实现在最冷月份从太阳辐射中得热最多，或者在最炎热月份得热最少。

西 北 南 东
方位角

传感器、控制器、泵或风机

热交换器

热存储器

passive system 被动式系统
通过非机械、非电动方法，例如辐射、传导和自然对流等来分配热能及采光的多种技术方法。

passive solar-heating 被动式太阳能采暖
尽量少使用风机或泵，而运用建筑设计、构造和自然热流来收集、存储和分配太阳能的采暖系统。

balance point temperature 温度平衡点
使得太阳得热和室内得热的总和刚好等于通过建筑外维护结构、通风和空气渗透造成的热损失的室外温度。当气温低于温度平衡点时，需要补充采暖来维持需要的室内温度。

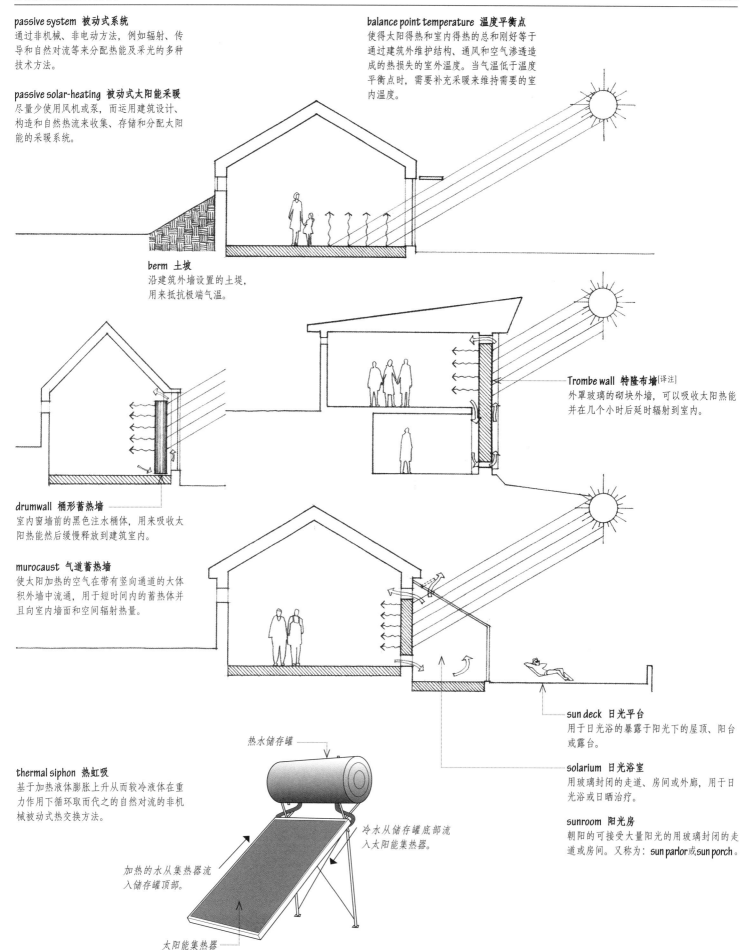

berm 土坡
沿建筑外墙设置的土堤，用来抵抗极端气温。

Trombe wall 特隆布墙[译注]
外罩玻璃的砌块外墙，可以吸收太阳热能并在几个小时后延时辐射到室内。

drumwall 桶形蓄热墙
室内窗墙前的黑色注水桶体，用来吸收太阳热能然后缓慢释放到建筑室内。

murocaust 气道蓄热墙
使太阳加热的空气在带有竖向通道的大体积外墙中流通，用于短时间内的蓄热体并且向室内墙面和空间辐射热量。

sun deck 日光平台
用于日光浴的暴露于阳光下的屋顶、阳台或露台。

solarium 日光浴室
用玻璃封闭的走道、房间或外廊，用于日光浴或日晒治疗。

sunroom 阳光房
朝阳的可接受大量阳光的用玻璃封闭的走道或房间。又称为：**sun parlor**或**sun porch**。

热水储存罐

thermal siphon 热虹吸
基于加热液体膨胀上升从而较冷液体在重力作用下循环取而代之的自然对流的非机械被动式热交换方法。

冷水从储存罐底部流入太阳能集热器。

加热的水从集热器流入储存罐顶部。

太阳能集热器

[译注] 菲利克斯·特隆布（Felix Trombe，1906—1985），法国工程师。

passive cooling 被动式降温
诸如自然通风、蒸发制冷或高蓄热墙体等不消耗能源就可以为建筑降温的技术和方法。

vent 通风口
用于排出气体、烟雾、油烟或类似物体的墙体上的开口。

ventilate 通风
向房间提供新鲜空气以取代被使用或污染过的空气。

natural ventilation 自然通风
通过空气的自然流通而不是利用机械方法的通风过程。

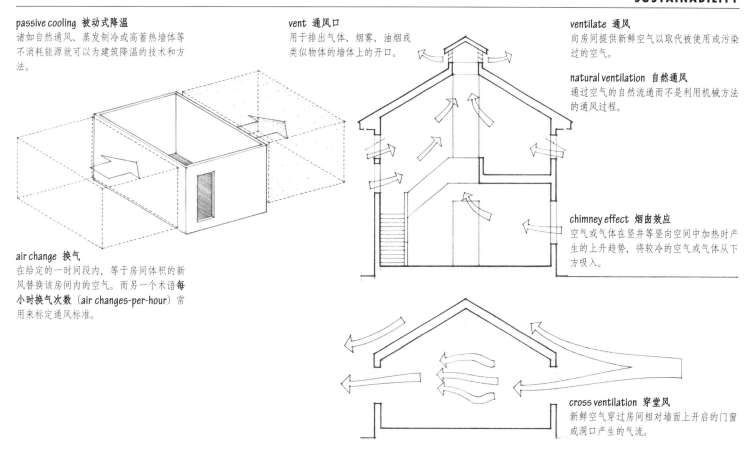

air change 换气
在给定的一时间段内，等于房间体积的新风替换该房间内的空气。而另一个术语每小时换气次数（air changes-per-hour）常用来标定通风标准。

chimney effect 烟囱效应
空气或气体在竖井等竖向空间中加热时产生的上升趋势，将较冷的空气或气体从下方吸入。

cross ventilation 穿堂风
新鲜空气穿过房间相对墙面上开启的门窗或洞口产生的气流。

ventilator 通风孔/通风机
为了将污浊空气替换为新鲜空气的带百叶墙洞或电机驱动的风扇。

attic ventilator 屋顶通风机
用来协助阁楼空间内空气自然流通的风力或电动驱动的风扇。

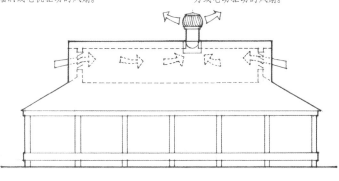

solar chimney 太阳能烟囱
一种改善建筑自然通风的方法，包含可以让空气在其中被太阳能加热从而对流上升的烟囱，在烟囱底部吸入来自地下或热交换管中的较冷空气。又称为：thermal chimney。

solar updraft tower 太阳能烟囱发电塔
利用太阳能烟囱内上升气流驱动发电机的可再生能源电厂。

downdraft cooling tower 下吸式冷却塔
使温暖干燥的空气通过蒸发冷却板或喷水嘴实现降温加湿并下沉到下方的使用空间，与此同时从塔顶部吸入更多空气的冷却系统。

高温推动空气上升

保温层

黑色金属吸热体

风门

来自室内较冷侧的替换空气

mechanical ventilation　机械通风
使用风扇等机械手段供应新鲜空气或排出污浊空气的过程。

**whole-house ventilator
全建筑通风机**
包含一个或多个风机和风管，为建筑生活空间不断引入新风并同时排出等量污浊空气，为建筑物的使用区域提供可控制的、统一的通风设备。

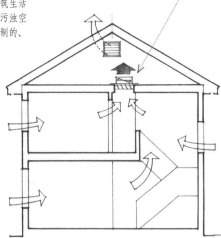

whole-house fan　全建筑风机
从开启窗户进风并通过阁楼和屋顶排风口排风，为建筑制冷和阁楼通风提供每小时30～60次换气的电机驱动风扇。

**exhaust ventilation system
排气式通风系统**
适宜于寒冷气候的全建筑通风系统，通常用单一风机抽出建筑室内空气，与此同时室外空气通过外围护结构的缝隙或可调节被动式风口进入室内。

**supply ventilation system
供风式通风系统**
由风机和风管系统将新风引入建筑房间内，同时空气从建筑外维护结构的缝隙、排气风管和风机、外窗或墙面排气口排出的全建筑通风系统。

plenum ventilation　送气通风
一种机械通风系统，将新鲜空气压入一个气箱或吊顶空间中并保持其中的压力略高于大气压力，从而排出污浊空气。

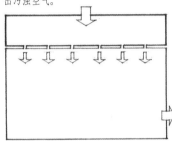

fan　风机
围绕中轴旋转一系列扇叶从而产生气流的设备。

exhaust fan　排风机
将空气从室内吸出并排放到外部，从而为室内空间通风的风机。

centrifugal fan　离心式风机
沿机轴吸入空气并放射状排出的风机。

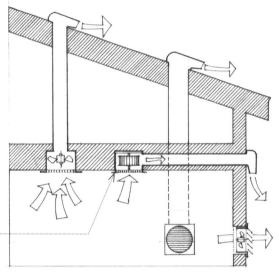

**balanced ventilation system
平衡通风系统**
含有进风与排风两套风机及风管系统，因而可以在引入室外新鲜空气的同时排出相同数量污浊空气的全建筑通风系统。平衡通风系统在把室外空气引入室内之前可以使用滤网过滤其中的灰尘和花粉。

HEPA filter　高效空气微粒滤网
包括随机排布的通常是玻璃纤维制成的过滤垫组成的过滤装置，使用以下技术之一来捕获污染颗粒物。拦截式滤网：引导微粒在气流中沿一定线路流动，进入纤维的特定半径范围内并黏附于其上。碰撞式滤网：引导大于纤维间距的颗粒沿气流运动并直接嵌入纤维之中。扩散式滤网：通过折流器或其他构件将最小的微粒和气体分子聚集并增加其碰撞，使滤网单元中的气流受阻或减缓。

**volatile organic compound
挥发性有机化合物**
由诸如涂料、溶剂、胶水、制冷剂等制品产生的多种碳氢化合物，在常温下可以具有足够的蒸气压而作为一种气体释放到环境中。多种挥发性有机化合物具有毒性并可能致癌，而且可在日光下通过光化学氧化造成空气污染和雾霾。缩写为：VOC。

off-gassing　废气释放
正常气压下挥发性化学物质的蒸发。多种建筑材料，如涂料、颜料、地毯、保温层、胶合板和颗粒板等都可以在初始安装后的连续几年内通过蒸发释放化学物质。又称为：out-gassing。

radon　氡
土壤、岩石和水中铀元素自然裂变产生的无气味、致癌的放射性气体。

**heat-recovery ventilator
热回收通风机**
通过热交换机芯用排风的剩余能量在冬季加热、在夏季冷却已过滤新风的能源回收通风系统。缩写为：HRV。

**energy-recovery ventilator
能源回收通风机**
通过可以交换热量和湿汽的热交换器，在夏季为进气新风气流降温除湿、冬季为寒冷且干燥的进气气流加热、加湿的能源回收通风系统。又称为：enthalpy-recovery ventilator。缩写为：ERV。

**energy-recovery ventilation system
能源回收通风系统**
通过使用热回收或能源回收通风机，提供可控制的建筑通风并同时将能源损耗降到最低的全建筑通风系统。

**demand-controlled ventilation
按需通风**
基于建筑空间或区域内的人数所需求的通风来调节进风量的通风系统，需要结合相关硬件、软件与控制传感器。

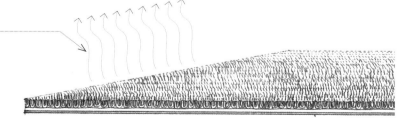

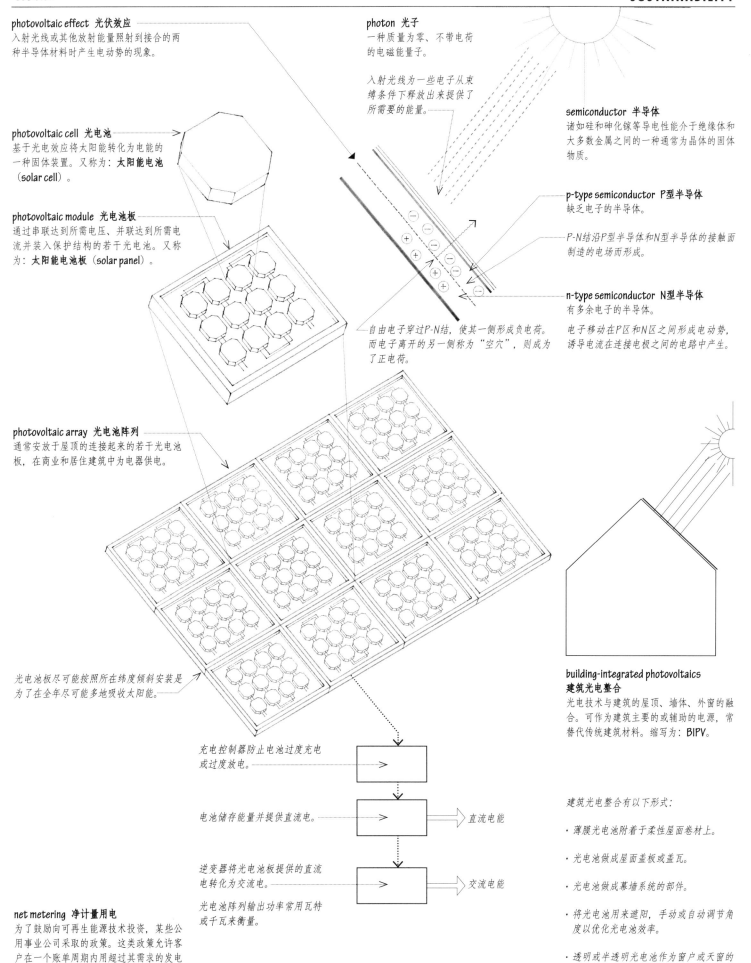

photovoltaic effect 光伏效应
入射光线或其他放射能量照射到接合的两
种半导体材料时产生电动势的现象。

photon 光子
一种质量为零、不带电荷
的电磁能量子。

入射光线为一些电子从束
缚条件下释放出来提供了
所需要的能量。

semiconductor 半导体
诸如硅和砷化镓等导电性能介于绝缘体和
大多数金属之间的一种通常为晶体的固体
物质。

photovoltaic cell 光电池
基于光电效应将太阳能转化为电能的
一种固体装置。又称为：**太阳能电池**
（solar cell）。

p-type semiconductor P型半导体
缺乏电子的半导体。

P-N结沿P型半导体和N型半导体的接触面
制造的电场而形成。

photovoltaic module 光电池板
通过串联达到所需电压、并联达到所需电
流并装入保护结构的若干光电池。又称
为：**太阳能电池板（solar panel）**。

n-type semiconductor N型半导体
有多余电子的半导体。

自由电子穿过P-N结，使其一侧形成负电荷，
而电子离开的另一侧称为"空穴"，则成为
了正电荷。

电子移动在P区和N区之间形成电动势，
诱导电流在连接电极之间的电路中产生。

photovoltaic array 光电池阵列
通常安放于屋顶的连接起来的若干光电池
板，在商业和居住建筑中为电器供电。

光电池板尽可能按照所在纬度倾斜安装是
为了在全年尽可能多地吸收太阳能。

**building-integrated photovoltaics
建筑光电整合**
光电技术与建筑的屋顶、墙体、外窗的融
合。可作为建筑主要的或辅助的电源，常
替代传统建筑材料。缩写为：BIPV。

充电控制器防止电池过度充电
或过度放电。

建筑光电整合有以下形式：

· 薄膜光电池附着于柔性屋面卷材上。

电池储存能量并提供直流电。

直流电能

· 光电池做成屋面盖板或盖瓦。

逆变器将光电池板提供的直流
电转化为交流电。

交流电能

· 光电池做成幕墙系统的部件。

· 将光电池用来遮阳，手动或自动调节角
度以优化光电池效率。

光电池阵列输出功率常用瓦特
或千瓦来衡量。

net metering 净计量用电
为了鼓励向可再生能源技术投资，某些公
用事业公司采取的政策。这类政策允许客
户在一个账单周期内用超过其需求的发电
量抵扣其电力使用量。

· 透明或半透明光电池作为窗户或天窗的
替代品。

hydropower 水电能
河流上由水坝创造与控制的能量。水坝后储存的水以高压释放，其动能被转化为机械能，通过发电机叶片产生电能。又称为：**水力发电**（hydroelectric power）。

ocean energy 海洋能
地球上海洋储存的源自太阳的热能以及潮汐和海浪的机械能。

ocean thermal energy conversion 海洋热能转换
用海洋储存的能量发电的过程。利用表层温暖海水和深层低温海水温度差驱动热能引擎，也就是将浅表温暖海水泵入热交换器，将低沸点液体如液氨蒸发膨胀并驱动发电机涡轮旋转，再将深层低温海水泵入第二个热交换器使得蒸汽冷凝恢复为液体以便在系统中循环。缩写为：OTEC。

tidal power 潮汐能
利用潮汐的自然运动填充蓄水池然后通过发电机排空这一过程所产生的能量。又称为：tidal energy。

wave energy 波浪能
海浪中蕴含的在海岸边或大海中被利用转化发电的能源。离岸系统适用于深水情况，利用海浪起伏运动驱动水泵，或由海浪漏斗驱动浮动平台上的内置涡轮来发电。离岸式波浪发电系统沿海岸修建，利用封闭空气柱压缩与膨胀的往复运动驱动涡轮实现从碎波中提取能量。

geothermal energy 地热能
地球内部的热量，用于直接为建筑供暖或降温，或者从深层地热储藏位置处抽取热水或蒸汽用来推动发电机涡轮而发电。

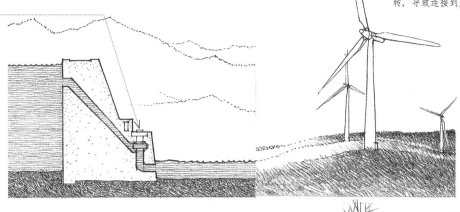
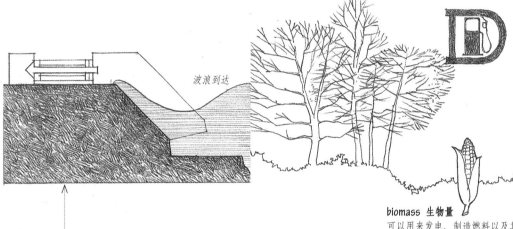
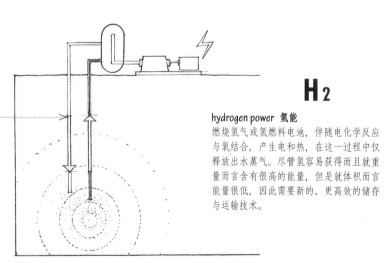

波浪到达

波浪退去

wind power 风能
涡轮将风中蕴含的动能转化为机械能从而使发电机可以利用其发电的能量。这一技术包括叶片和帆或空鼓来捕捉风流并旋转，导致连接到发电机的传动轴旋转。

biomass 生物量
可以用来发电、制造燃料以及其他本来需要从化石燃料中提取化学物质的任何有机物，诸如植物材料或动物粪便。

恰当地植树是自然可持续生物量的一个例子，不过其燃烧会制造空气污染并危害室内空气质量。其他可行的生物量来源包括食物庄稼，例如用于制造乙醇的玉米或用于制造生物柴油的大豆、草本和木本植物、树木或农作物的落叶、城市和工业废料中的有机质等。

一些人认为生物量是一种碳中和燃料，因为其燃烧比起自然降解并未释放更多的二氧化碳。然而生物量转化为燃料的过程，如果比获得该产品需要更多的能量，从能量角度来讲是一种损失。使用玉米等谷物制造燃料也使之无法再用作食物或饲料。

hydrogen power 氢能
燃烧氢气或氢燃料电池，伴随电化学反应与氧结合，产生电和热，在这一过程中仅释放出水蒸气。尽管氢容易获得而且就重量而言含有很高的能量，但是就体积而言能量很低，因此需要新的、更高效的储存与运输技术。

biogas 沼气
有机物在缺乏氧气情况下腐败形成的可燃烧气体，主要由甲烷、二氧化碳和硫化氢组成。

green roof 绿化屋顶
建筑屋顶部分或全部被植物、生长介质，有时还有在防水层之上安装的防根系保护层和排水层覆盖的建筑屋顶。绿化屋顶可以降低建筑室温、减少热岛效应、降低雨水径流、吸收空气中的二氧化碳。

green wall 绿化墙体
部分或全部被植物覆盖的墙体，有时候覆盖层还包括土壤或其他无机生长介质。

green facade 绿化立面
绿植根系在地面直接生长，而在墙面上或在特殊设计的支撑结构上攀爬的绿化墙体。

living wall 活体墙
一种安装在建筑室内外墙面上独立自持的垂直花园，包括结构框架、土工织物材料层、土壤或其他生长介质、自动灌溉系统和植物。又称为：**生物墙**（biowall）、**垂直花园**（vertical garden）。

活体墙通过吸收二氧化碳、重金属颗粒和尾气来净化并冷却空气，通过调节温度来减少能源消耗，遮蔽建筑免受紫外线、天气和温度波动的影响。

smart building 智能建筑
利用电脑控制的传感器网络和其他电气设备来统一不同建筑自动化任务的建筑物。自动化任务的例子包括监控与控制暖通空调系统、照明系统、通信系统、门禁及安保系统、消防灭火系统、电梯运行系统。

smart facade 智能立面
为保护与降低建筑采暖、降温、照明能源需求而设计的立面，其装配需要整合被动式太阳能收集、遮阳、采光、隔热和自然通风。其组成部件通常有双层或三层玻璃的室内侧玻璃、具有可调节百叶窗的吸收热量空气夹层、具有可开启扇的室外侧安全或夹胶玻璃，外侧玻璃有时还会采用太阳能电池技术。又称为：**气候墙**（climate wall）、**双层立面**（double-skin facade）。

smart roof 智能屋顶
使用可以产生能量的运用光电池技术的盖板、瓦、卷材，或者根据室外气候和室内条件将屋顶着色以反射或吸收太阳能热量的屋顶。

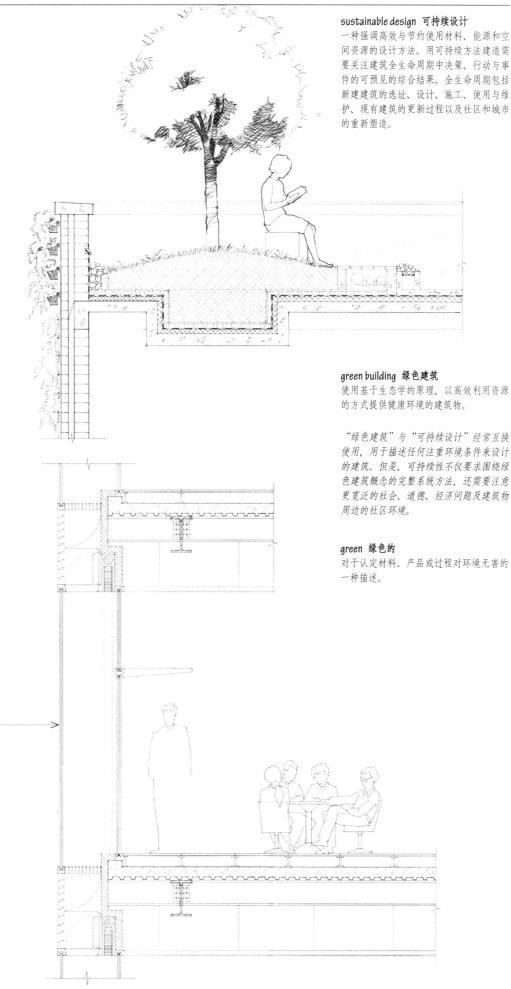

sustainable design 可持续设计
一种强调高效与节约使用材料、能源和空间资源的设计方法。用可持续方法建造需要关注建筑全生命周期中决策、行动与事件的可预见的综合结果。全生命周期包括新建建筑的选址、设计、施工、使用与维护、现有建筑的更新过程以及社区和城市的重新塑造。

green building 绿色建筑
使用基于生态学的原理，以高效利用资源的方式提供健康环境的建筑物。

"绿色建筑"与"可持续设计"经常互换使用，用于描述任何注重环境条件来设计的建筑。但是，可持续性不仅要求围绕绿色建筑概念的完整系统方法，还需要注意更宽泛的社会、道德、经济问题及建筑物周边的社区环境。

green 绿色的
对于认定材料、产品或过程对环境无害的一种描述。

daylight harvesting 日光采集

一种照明控制方法，通过使用光敏传感器探测采光强度并自动调整电光源输出等级从而为空间创造理想的或推荐的照度。如果窗户采光足以满足使用者的需求，照明控制系统会自动关闭全部或部分电光源或者调暗照明，如果照度变得低于当前值，系统会立即重启照明。日光采集控制可以与人员活动感应探头整合实现自动开关来进一步节能，同时也可以允许使用人员手动优先控制来调整照明等级。一些控制系统还可以通过变化头顶灯具中不同颜色LED灯泡发光强度的方法来调整照明色彩平衡。

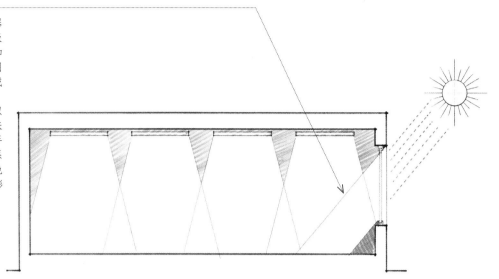

bi-level switching 三电平开关

除关闭功能外，提供两个级别照明强度的照明控制系统。开关系统可以交替控制整流器、灯头或灯具，或通过以下方法交替变换独立的照明回路：探测采光照明强度的光敏传感器、探测使用者的感应传感器、定时控制面板、由使用者或设施操作人员控制的手动开关。美国很多节能规范要求在特定用途的室内空间提供诸如三电平开关等不同照明等级的节能控制。

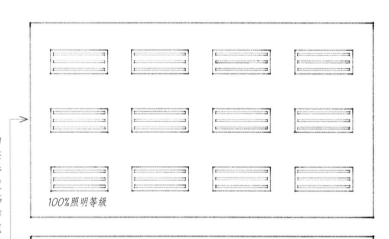

100%照明等级

multi-level switching 多电平开关

三电平开关的一种形式，一个灯具内的多个灯头可以彼此独立地开关，从而允许在全开和全关之间有一到两个中间级别，而同时又可以保持适于工作所需求照明的均匀分布。例如，一系列按照独立整流器配线的三管灯具可以提供四个照明等级：100%（所有灯管全打开）、66%（每个灯具打开两个灯管）、33%（每个灯具打开一个灯管）及0%（所有灯管全关闭）。多电平开关提供了更大的灵活性并减少了三电平开关转换照明强度的突变。又称为：**step switching**。

66%照明等级

continuous dimming 连续调暗

通过按光敏探头探测的可用采光数量成比例地调节电灯和灯具输出强度，从而维持某空间理想或推荐照度的一种照明控制方法。连续调暗系统将三电平或多电平开关系统造成的突变最小化。

occupancy control 感应控制

使用监视器或感应传感器在探测到人员活动时开启照明、在空间无人时关闭照明的自动照明控制系统。感应传感器可以取代墙上的照明开关，也可以远程安装并保持常规的开关作为优先开关使用，这样即使在空间内有人时依然可以关闭照明。

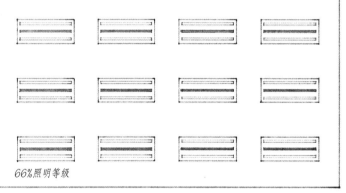

33%照明等级

user-controlled lighting 用户控制照明

在某一空间或区域任何允许使用者控制照明等级、强度或色彩平衡的照明系统。

LEED 能源与环境设计先锋
能源与环境设计先锋（Leadership in Energy & Environmental Design）的英文缩写和注册商标，一个由美国绿色建筑委员会（USGBC, U.S. Green Building Council）开发的绿色建筑认证系统。

LEED certification　LEED证书
由绿色建筑认证协会（GBCI, Green Building Certification Institute）颁发的证明某人具备LEED评估系统所需要知识的证书。

Green Building Rating System 绿色建筑评估体系
提升建筑环境可持续性的一套量化标准，由美国绿色建筑委员会建立并经过其成员一致同意，囊括全美/各州/地方分部、供应商、建筑师、工程师、承包商和业主。

针对不同的建筑类型和建筑生命周期的不同阶段，有以下不同的条件系列：
- *LEED-NC*: 针对新建建筑和重大改造
- *LEED-CI*: 针对商业室内
- *LEED-CS*: 针对核心筒与外墙
- *LEED-EB*: 针对现有建筑
- *LEED-Homes*: 针对住宅
- *LEED-ND*: 针对邻里开发
- *LEED for Schools*: 针对学校
- *LEED for Healthcare*: 针对医疗
- *LEED for Labs*: 针对实验室
- *LEED for Retail*: 针对商业零售

针对新建建筑的绿色建筑评估体系涉及开发的六个主要领域。

· 可持续性场址
减少开发建设带来的污染，选择适当的建设场地，保护环境敏感区域并恢复受伤害的动植物栖息地，鼓励其他交通方式以减少汽车使用带来的影响，尊重场地自然水文状态，并减少热岛效应。

· 节水
通过使用节水洁具降低对饮用水的需求并减少污水产生，收集雨水或使用中水系统来提供卫生间冲洗用水，在场地内处理污水。

· 能源与大气
鼓励提高建筑及其场地获取及使用能源的效率，增加可再生无污染能源来减少石燃料使用带来的环境与经济冲击，尽量减少造成臭氧层分解和全球变暖的气体排放。

· 材料与资源
尽量使用当地具备的、可快速再生的、可回收的材料，减少浪费以及对原材料的需求，保护文化资源，将新建建筑对环境的影响降到最低。

· 室内环境质量
通过提高室内空气质量，尽量增加室内空间的自然采光，提供使用者可控的、适于工作任务及个人偏好的照明和空调系统，尽量减少使用者暴露于诸如胶水、涂料和合成木材料中脲醛树脂等潜在有害物质，特别是挥发性有机化合物，从而为建筑使用者提供舒适、高效和健康的环境。

· 创新与设计
对超出LEED-NC绿色建筑评估体系要求和/或展现出对这一体系未包括的其他创造性表现的奖励。

为了获得LEED认证，建筑项目需要在上述每个领域达到基本合格要求并对照性能基准获得相应分数[译注]。按照获得的分数，项目可以获得不同级别的认证。

认证级: 26~32分

银级: 33~38分

金级: 39~51分

白金级: 52~69分

BREEAM 英国建筑研究院环境评估方法
英国建筑研究院环境评估方法（Building Research Establishment Environmental Assessment Method）英文的首字母缩写，由建筑研究院于1990年在英国为度量和评估以下领域英国本土项目的可持续性和环境性能而建立的一个体系：管理、健康与福利、能源、交通、水源、材料与废弃物、土地使用与生态、污染控制。英国建筑研究院国际项目环境评估方法（BREEAM International）是为欧洲和波斯湾地区开发的版本。

HQE 高质量环境标准
高质量环境标准（Haute Qualité Environnementale）的法文首字母缩写，是法国评定建筑物可持续性和环境性能的一套标准，基于可持续开发的原则是在1992年地球峰会首次建立，由位于巴黎的高质量环境标准委员会（ASSOHQE, Association pour la Haute Qualité Environnementale）负责管控。

SB Tool 可持续建造工具
由可持续建造环境国际倡议组织（iiSBE, International Initiative for a Sustainable Built Environment）管理，用于评定和评估建筑能源与环境性能、考虑了区域特性和场地特性等周边因素的基于软件的方法。

DGNB Certification System
德国可持续建筑委员会评估体系
由德国可持续建筑委员会（DGNB, Deutsche Gesellschaft für Nachhaltiges Bauen）为可持续建筑及开发建立并推进的评价与认证体系，内容涉及生态、经济与社会目标以及建筑全生命周期整体观。

Green Star 绿星
由澳大利亚绿色建筑委员会（GBCA, Green Building Council of Australia）开发的评价建筑物设计与建造的环境性能的评估体系。

CASBEE 建筑环境效率综合评价体系
建筑环境效率综合评价体系（Comprehensive Assessment System for Built Environment Efficiency）的英文字头缩写。这是一个由日本绿色建筑委员会（JaGBC, Japan GreenBuild council）和日本可持续建筑商团（JSBC, Japan Sustainable Building Consortium）共同开发，由日本建筑环境与能源保护协会（IBEC, Institute for Building Environment and Energy Conservation）负责管理的，对建设项目从设计前、设计中到设计后各阶段环境性能进行评价的体系。这一体系将建筑环境效率（BEE, Building Environmental Efficiency）作为建筑环境质量性能（Q, Building Environmental Quality and Performance）与建筑环境负担（L, Building Environmental Loadings）的比值来进行评价。

Green Globes 绿色地球
一个在线环境评估与认证系统的注册商标，关注建筑设计、运营和管理的生命周期中的以下方面：建筑管理、场地、能源、水资源、建筑材料与废弃物、废气与污水排放、室内环境。绿色地球起初来源于英国建筑研究院环境评估系统，但是目前在加拿大和美国分别由建筑业主和管理者协会（BOMA, Building Owners and Managers Association）和绿色建筑倡议（GBI）进行开发。

Green Building Initiative 绿色建筑倡议
拥有并运行绿色地球环境评价与评估工具的一个非营利性组织的注册商标。缩写为：GBI。

IGBC Rating System
印度绿色建筑委员会评估体系
由印度绿色建筑委员会（Indian Green Building Council）开发，基于当前可用的材料与技术，注重与环境所有相关方面的建筑环境性能评估体系。

Cradle to Cradle Certification
全过程认证
从材料健康、材料再利用、可再生能源使用、水资源管理和社会责任感五个方面进行评价后，标明一种材料、构件或装置对人与环境无害并可回收利用或降解为生物养分的标签商标。

Energy Star 能源之星
为了减少温室气体排放和空气污染，同时也为了使节能产品易于识别，由美国环保署和美国能源部为节能产品和实践共同开发的标准。尽管这一标准在美国开发，但是该方案也被澳大利亚、加拿大、日本、新西兰、中国台湾地区与欧盟所采用。

TCO Certification 瑞典专业职员联盟认证
由瑞典专业职员联盟（TCO, Tjänstemännens Centralorganisation）所开发，结合能源使用与人体工学，为诸如显示器、键盘、打印机等办公设备制定的评估标准。

life-cycle costing 生命周期分析
对给定产品的原材料生产、分配、使用、废弃以及各环节中必要的运输进行全面的环境与社会影响分析与评估。又称为：cradle-to-grave analysis。

life-cycle assessment 生命周期评价
对一种产品、过程或服务从摇篮到坟墓全周期的环境与社会后果进行分析。例如建筑产品，要从其原材料收集到材料处理、加工生产、配送、使用、维护与维修、废弃与回收，直到各环节间必要的运输步骤进行其影响分析。缩写为：LCA。又称为：life-cycle analysis, cradle-to-grave analysis。

embodied energy 自含能量
一种材料或产品在寿命周期中所消耗的全部能量，是以下能量的总和：生长、提炼、制造、合成、运输、安装、拆除、拆散、降解。一个结构的自含能量等于各构件自含能量之和再加上组合时所消耗的能量。

[译注] LEED评估体系还在不断发展完善，例如新版的评估体系中新增加了区域优先这一得分领域。此外各级别分数也有变化。2016年LEED v4规定各级别的分数分别是40~49分、50~59分、60~79分、80分及以上。

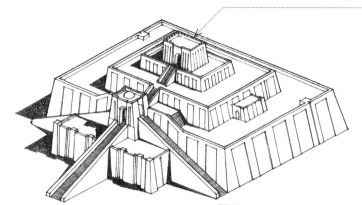

temple 寺庙
专用于安放或供奉神灵的大型建筑物或地点。

sacred 神圣的
属于或关于宗教的事物、仪式或实践的，与现世的或世俗的相对。

secular 世俗的
属于或关于暂时的或物质的，而不是神圣的或精神的。又称为: profane。

menhir 糙石巨柱
由直立巨石组成的史前纪念物，通常独自竖立，有时也和其他石柱列成一行。

megalith 巨石
原状形态或经过粗加工的特大石块，尤指用于古代构筑物中的。

monolith 独块巨石
方尖碑或柱状的巨大尺寸的单块石。

cairn 圆锥状石堆
作为纪念碑或地标的石堆。又称为: carn。

passage grave 通道型墓穴
在不列颠列岛及欧洲发现的新石器时代及青铜时代的早期墓室，由带屋顶墓室及狭窄入口通道所组成，其上覆盖坟丘。据信是用于一个家族跨越若干世代的亲族墓室。又称为: **墓室型墓穴 (chamber grave)**。

ziggurat 庙塔
苏美尔和亚述建筑中的庙塔，逐层收进的塔台由草上砖砌成，并带有用烧制砖罩面的扶壁。其顶部是圣坛或庙宇，可经由一系列台阶到达。据认为可溯源至公元前2000年以前，起源于苏美尔建筑。又称为: zikkurat。

Tower of Babel 巴别塔
推定属于巴比伦的大型庙塔，虽然古希腊历史学家希罗多德在公元前5世纪曾见过并加以描述，但现已不存在。

> "他们彼此商量说，来吧，我们要作砖，把砖烧透了。他们就拿砖当石头，又拿石漆当灰泥。他们说，来吧，我们要建造一座城和一座塔，塔顶通天，为要传扬我们的名，免得我们分散在全地上。"——《创世纪》11:4

Lamassu 拉玛苏
守卫美索不达米亚宫殿和庙宇入口处的人首带翼牛或狮的纪念性石雕像。

dolmen 史前石牌坊
由两个或更多直立大块石支撑一块水平石板所组成的史前纪念物，特别是在英国及法国发现的，常认为是坟墓。

tumulus 坟丘
人造的土丘或石丘，尤指古墓上的小丘。又称为: barrow。

trilithon 巨石纪念碑
两块直立巨石支撑一块水平石块。又称为: trilith。

cromlech 环列石柱
将巨石按圆形排列以包围石牌坊或坟丘。

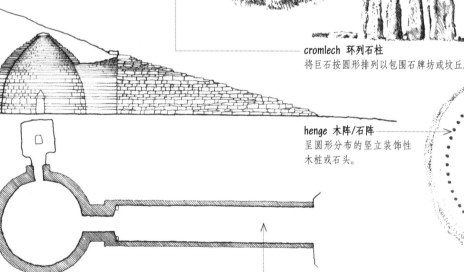

henge 木阵/石阵
呈圆形分布的竖立装饰性木桩或石头。

shaft grave 竖穴坟墓
爱琴文明时代的坟墓，由切成斜坡的矩形深石坑和木制或石制屋顶组成。

beehive tomb 地下蜂窝式墓室
古希腊迈锡尼文明时代石料砌成的地下室，由穹顶覆盖的圆形小室所组成，并循着穿过山坡的带围墙通道进入。又称为: tholos。

dromos 墓道
进入古代地下坟墓的长且深的通道。

Stonehenge 巨石阵
约公元前2700年青铜时代早期，建立于英国威尔特郡索尔兹伯里平原的巨石纪念碑，由巨石牌坊和糙石组成的四个同心圆环环绕祭坛石，据信曾用于膜拜太阳或天文观测。

mastaba 玛斯塔巴
用草泥砖建造，平面呈矩形并具有平屋顶和倾斜侧面的古埃及坟墓，经垂直墓道引入地下墓室及祭室。

serdab 遗像室
古埃及坟墓中存放死者雕像的小室。

uraeus 眼镜蛇冠饰
专供古埃及统治者与神的头饰使用的圣蛇图像，作为至高无上权力的象征。

pharaoh 法老
古埃及统治者的称号，被认为具有神赐予的绝对权力。

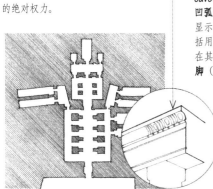

rock-cut tomb 石窟墓
从原石中雕凿而成的墓室。仅立面呈现出经过建筑艺术处理而内室是黑暗的，墓室由大块石材组成的实心墩状柱支撑。

necropolis 古代墓地
历史上的墓地，特别是古代城市中完善的大型墓地。

cavetto 凹弧线脚
具有大致为 1/4 圆周轮廓的凹线脚。

cavetto cornice 凹弧形檐口
显示埃及古建筑物特征的弧形檐口，包括用垂直叶饰装饰的大型凹弧屋檐以及在其下的卷叶饰。又称为：**埃及凹圆线脚**（Egyptian gorge）。

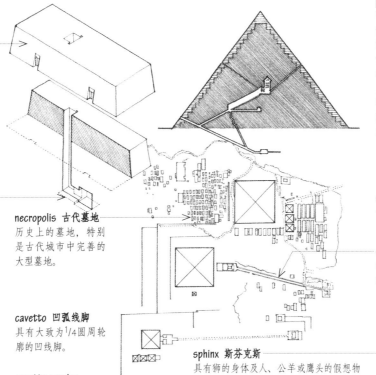

obelisk 方尖碑
起源于古埃及作为太阳神"瑞"的神圣象征[译注]，并常常成对竖立于庙宇入口两侧，柱碑为高大的四侧面石柱，向上逐渐缩减断面在顶部呈金字塔状。

pylon 埃及塔门
通往古埃及庙宇的纪念性门，由一对高的截头棱锥及在其间的门，或中间开有门道的大型砖砌体组成，常用彩绘浮雕装饰。

propylon 埃及式牌楼
和埃及塔门形状相同，并在古埃及庙宇或圣境主门之前的独立入口。

hypostyle hall 多柱厅
由排列成行的许多柱支撑平屋顶的大厅，有时带有盛行于古埃及和阿契美尼德建筑方式的高侧窗。

pyramid 金字塔
带有矩形基座及四个光滑陡坡面的大型砌体结构，坡面朝向方位基点并在顶点相遇。在古埃及是用于设置墓室及法老木乃伊的陵墓。金字塔常常是被围墙包围的建筑物组合体的一部分。该组合体包括皇族成员的石墓室、祭室及祭祀帝王伟人的庙宇，从围墙引出的抬高的神道下降到尼罗河上的河谷神庙，在神庙中举行净化仪式以及制作木乃伊。

syrinx 墓道
古埃及陵墓中狭窄的石通道。

causeway 堤道
按礼仪需要将河神庙和古埃及金字塔连接起来的抬高通道。

sphinx 斯芬克斯
具有狮的身体和人、公羊或鹰头的假想塑像，通常沿引向古埃及庙宇或坟墓的大道布置。

cult temple 神庙
古埃及供奉神的寺庙，不同于祭祀帝王伟人的庙。

mortuary temple 帝王庙
古埃及用于供奉及祭祀逝去的人——通常是被神化了的国王的庙宇。在新王国时期，神庙和葬礼庙有许多共同特点：一条斯芬克斯大道（avenue of sphinxes）引向由塔门所拱卫的高大入口，具有轴对称平面的柱廊式前厅以及设置在黑暗狭小的圣殿之前的多柱厅，圣殿中矗立着神的塑像以及用大量深浅浮雕象形文字装饰的墙面。由于后继法老的虔诚雄心，许多主要庙宇不断扩建，法老们相信有来世，因此决定通过他们的建筑物来创造持久的声誉。

New Kingdom 新王国时期
古埃及历史上公元前约1550年—公元前1200年期间，包括第十八至第二十王朝，其特征为都城底比斯占主导地位。

Osirian column 奥希利斯神像柱
柱身刻有古埃及死亡与复活之神"奥希利斯"（Osiris）雕像的柱子。

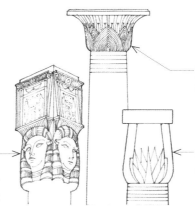

Hathor-headed 爱神头像柱
柱头为古埃及爱情与快乐女神哈拉尔头像的古埃及柱。这一女神往往用牛头和牛角来代表。又称为：哈索尔头像柱（Hathoric）。

palm capital 棕榈柱头
形状像棕榈树树冠的古埃及柱头。

lotus capital 莲花柱头
具有莲花花蕾形状的古埃及柱头。

[译注] 古埃及第四王朝时期人们笃信太阳神——主导着埃及的文化及社会意识形态。太阳神"瑞"（Re，又译为"拉"）是由前王国时期各地的保护神合一而来，是埃及统一的产物，被视作世界万物的创造及保护神。

megaron 中央大厅
从迈锡尼时代开始的希腊传统建筑，据信是多立克庙宇的起源，它是一座建筑物或建筑物中的一个半独立单元，一般具有带中央火坑的矩形主室，常有成行排列柱子的门廊。

Greek temple 希腊神庙
古希腊为了供奉神明而建造的圣殿。由于不准备将神庙用于室内礼拜仪式，建造时特别注意外部效果。希腊神庙矗立于三级或更多级的台座上，包含有陈列神像的神像室以及前后柱廊，整个神庙由缓坡人字屋顶覆盖，屋面材料为陶板或大理石板。

altar 神坛
用于供奉祭品、焚香或在其前举行宗教仪式的高台或抬高的结构。

cella 内殿
古典庙宇的主室或封闭部分，在其中安放神像。又称为：正殿（naos）。

adyton 内殿内间
希腊或罗马神庙中圣堂的最里间，是留给祭司或先知的房间。

pediment 山花/山墙饰
柱廊上方宽阔的低坡山墙，或立面的主要部分。

tympanum 三角面
被山墙的水平与倾斜檐口所包围的三角形空间，常凹入并用雕刻来装饰。

stylobate 柱列台座
形成柱列基础的砖砌体，特指古典神庙最外面柱廊的台座。

stereobate 台基基座
地表面以上可见的实心砖砌体，用作建筑物基础，特别是指形成古典庙宇的地板或基础的平台。又称为：神庙基座（crepidoma）、基座（podium）。

acropolis 卫城
古希腊城市加强戒备的高地或城堡。

propylaeum 山门
进入神庙或类似建筑之前，强调建筑重要性的前室或大门。例如雅典卫城的入口。

epinaos 殿后室
古典庙宇的后门。又称为：后室（opisthodomos或posticum）。

pronaos 门廊
古典庙宇主殿前开敞的门厅。又称为：anticum。

acroterium 山墙饰物底座
位于山墙顶部及其两个下角的雕刻或装饰物的基座。又称为：acroterion。

agora 广场
古希腊城市中的市场或公共广场，通常被公共建筑物及柱廊所环绕，并常用作公众及政治活动的场地。

stoa 柱廊
古希腊圆柱柱廊，通常是单独的，并且长度很大，用作公共场地周围的散步场地及会议场所。

temenos 神圣围地
古希腊用作宗教场所的围合土地。

stele 石碑
表面上雕刻或书写文字的直立石板或石柱，用作纪念碑或标志物或在建筑物正面作为纪念物。又称为：stela。

antefix 瓦檐饰
瓦屋顶屋檐的立面装饰，用来封闭盖瓦底部，盖瓦是为了覆盖平瓦接缝而铺设的。

atlas 男雕像柱
用作柱子的男性雕像。又称为：男像柱（telamon）。

caryatid 女雕像柱
用作柱子的女性雕像。又称为：顶篮女像饰（canephora）。

Tabernacle 神堂
可移动的圣坛，在其中放置着圣约柜。在所罗门王建成耶路撒冷圣殿之前，希伯来人携带着圣约柜穿越沙漠四处征战。

holy of holies 圣约所
《圣经》中记载的犹太神堂以及耶路撒冷圣殿中最内部的小室，圣约柜保存在其中。又称为：sanctum或sanctorum。

ark of the covenant 圣约柜
希伯来人在出埃及后流浪于沙漠中时所携带的木箱，内装刻有十诫的两块石碑。

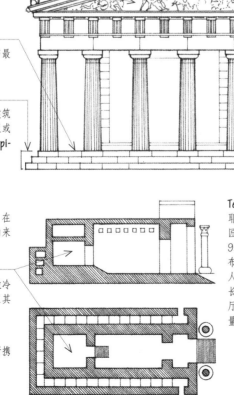

Temple of Solomon 所罗门庙
耶路撒冷的第一座庙宇，由腓尼基工匠们在所罗门王的指导下于公元前950年完成，但于公元前586年被尼布甲尼撒二世摧毁。庙宇根据腓尼基人及迦南人庙宇的原型建造，形状为长圆形，并由三个部分组成，即外厅、主圣堂及圣约所，所有房间用大量象牙、黄金及雪松雕刻装饰。

synagogue 犹太教堂
从事犹太教礼拜仪式及宗教训导用的建筑物或集会场所。

bimah 讲经台
在该处从事宗教服务的讲台。又称为：almemar或bema。

Holy Ark 律法书藏书柜
犹太教堂中，嵌入或紧靠朝耶路撒冷方向墙面的柜子，用于存放律法书的经卷。

basilica 巴西利卡
古罗马时用作审判厅或公众集会大厅，其典型布置是具有由天窗采光并用木屋盖覆盖的中央空间以及在半圆形后殿中用作显要席位的高台，罗马巴西利卡是早期基督教堂的原型。

tribunal 法官席
古罗马巴西利卡中用作治安官座位的高台。又称为：tribune。

triumphal arch 凯旋门
为欢迎即将凯旋而归的军队，在他们行进的道路上跨越路线安设巨大的纪念拱门。

arch order 拱柱式
像凯旋门那样，由附墙柱和檐部将圆拱框起。

clithral 有顶的
属于或关于被屋顶覆盖的古典庙宇的。

hypethral 露天的
属于或关于全部或部分露天的古典庙宇的。又称为：hypaethral。

pseudoperipteral 仿单廊式
侧面具有附墙柱的。

dipteral 四周双列柱廊式
各侧面有两排柱子的。

pseudodipteral 仿双排柱廊式
具有使人联想起四周双列柱廊式的柱子排列形式，但没有内柱廊的。

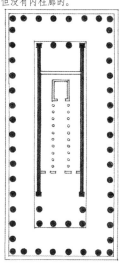

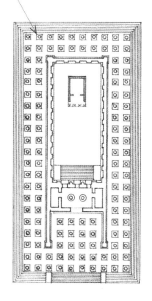

forum 广场
古罗马城市的司法审判及贸易场所以及民众集会场所，通常包括巴西利卡及庙宇。

pantheon 万神庙
民众供奉众神的庙宇。

cenotaph 纪念碑
为遗体埋葬在他处的死者建造的纪念性构筑物。

cyrtostyle 圆形凸出门廊
凸出的，通常为半圆形的柱廊。

cyclostyle 环列柱廊
圆形柱廊或在中央露天的列柱圆廊。

monopteron 环形单柱廊建筑
带有包围中央结构或庭院的单排柱的圆形建筑物。又称为：monopteros。

distyle in antis 双柱式门廊
建筑正面处于墙角墩之间有两根柱的门廊。

anta 墙角墩
将外伸的墙端部加厚形成的矩形墩或壁柱。

prostyle 前柱式
仅在前立面有柱廊。

apteral 无侧柱式
沿两侧面无柱廊。

amphiprostyle 前后排柱式
前后两面均为列柱式。

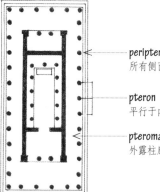

peripteral 四周单柱式
所有侧面均有单排柱。

pteron 外露柱廊
平行于内殿但在内殿之外的柱廊。

pteroma 柱廊空间
外露柱廊和内殿之间的通道。

mosque 清真寺
穆斯林公众礼拜的建筑物或场所。又称
为: masjid或musjid。

jami masjid 迦密清真寺
礼拜五清真寺: 供公众信徒聚集, 尤其是
在星期五聚集的清真寺。

ulu Jami 乌鲁迦密
在7—11世纪, 带有广场让大量人群聚集
的星期五清真寺。

madrasah 经院
从公元11世纪在埃及、安纳托利亚及波斯
建立的穆斯林神学学校, 围绕庭院布置并
与清真寺相邻。又称为: 马德拉沙 (ma-
drasa)。

maidan 广场
城市的大型露天广场, 用作贸易场所或阅
兵场。又称为: meidan或meydan。

ziyada 屏院
用以遮挡清真寺使其不与世俗建筑物直接
接触的院子。

minbar 讲坛
清真寺的布道台, 使人回想起穆罕默德向
其追随者布道所坐的带三道台阶的讲
坛。又称为: mimbar。

qibla 圣地朝向的墙
清真寺内安放圣龛并朝向麦加的墙。又称
为: qiblah, kibla或kiblah。

mihrab 圣龛
清真寺内标明圣地朝向的壁龛或装饰板。

Mecca 麦加
沙特阿拉伯的一个城市, 穆罕默德的出生
地, 伊斯兰的宗教中心。

Ka'ba 天房
麦加大清真寺庭院内的小立方体石造建筑
物, 内部放置黑色圣石, 这里被穆斯林认
为是安拉的住宅, 它是穆斯林的朝圣目标
及祈祷的中心。又称为: 克尔白
(Ka'aba) 或卡巴天房 (Ka'abah)。

caravansary 篷车旅店
近东地区供大篷车过夜住宿的旅馆, 通常
有坚固的围墙环绕着庭院并通过壮观的门
道进入。又称为: caravanserai。

pyramid 金字塔
具有矩形底座及四个阶梯状直达顶点的斜
面, 在古埃及以及哥伦布到达前的中美洲
作为陵墓或寺庙平台。

minaret 宣礼塔/邦克楼
附属于清真寺并与清真寺连
接的高耸细塔, 有楼梯向上
通到一个或几个外伸平台,
宣礼师从平台上召唤穆斯林
民众来做礼拜。

iwan 穹顶门廊
通往清真寺庭院的大型穹拱正
门洞口。又称为: ivan或liwan。

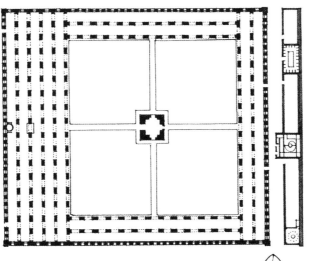

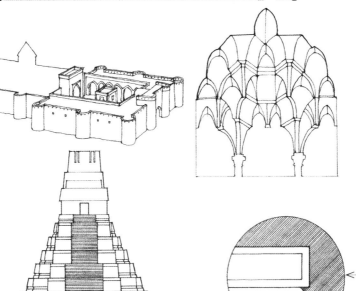

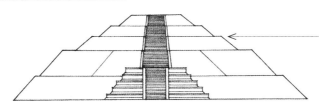

Muslim 穆斯林
属于伊斯兰法律、宗教及文化的或与其有
关的; 伊斯兰教的信仰者。又称
为: Moslem或Muslem。

Muhammad 穆罕默德
公元570年—632年, 阿拉伯先知和伊斯
兰教的创始人。又称为: Mohammed。

Koran 《古兰经》/《可兰经》
伊斯兰教的神圣经文, 被崇敬为由安拉通
过天使向穆罕默德透露并被接受为伊斯兰
教法律、宗教、文化与政治的基础。

sahn 中心庭院
清真寺的中央庭院。

riwaq 四面拱廊
清真寺带拱廊的大厅。

melon dome 瓜形圆屋顶
球状带肋穹顶, 尤其是在伊斯兰建筑中修
建的。

stalactite work 钟乳形饰
伊斯兰建筑中的装饰体系, 由复杂的悬臂
托架、突角拱及倒金字塔所组成, 有时用
石料加工, 但更多采用抹灰。又称为: 蜂
窝状装饰 (honeycomb work)、钟乳状装
饰 (muqarnas)。

pendentive bracketing 帆拱托架
大体为帆拱形状的悬臂托架, 常见于摩尔
式建筑中。

maksoorah 围屏
清真寺中为了在一定范围内掩藏祷告者或
墓葬而使用的网格细工装饰屏幕或隔断
墙。

tablero 板台
从斜墙出挑的坚固架构的矩形板。作为特
奥蒂瓦坎建筑的原创, 斜墙—板台组合在
约公元150年至此后各个发展阶段的阶梯
状金字塔及祭坛平台中均有使用。整个中
美洲地区广泛模仿此种构造形式, 但因地
区不同而有所变化。

talud 斜墙
中美洲建筑中随着高度上升而不断向内倾
斜的外墙。约公元前800年首先出现于墨
西哥塔巴斯科州 (Tabasco State) 拉本塔
(La Venta) 的奥尔梅克遗址 (Olmec)。

Hinduism 印度教

印度的主流信仰，正如在吠陀经中阐明并演化的那样源自原先雅利安殖民者的宗教，拥有复杂多样的哲学内容与文化实践、多重民间信仰以及具有多种外形及性格的万能神明。佛教虽然不是印度的传统宗教，但被认为与印度教有一定的联系。

pantheon 众神

官方承认的某个群体的诸神。

Vedas 吠陀 [译注]

印度最古老的宗教著作，创作于公元前1500年—公元前800年之间，包含四本诗歌、祷文和咒语的文集：《梨俱吠陀》《耶柔吠陀》《娑摩吠陀》及《阿闼婆吠陀》。

stamba 司坦巴

印度建筑艺术中的纪念性独立柱墩，在其上刻有碑文、宗教符号或雕像。又称为：stambha。

lât 拉特

独石司坦巴，区别于用若干石块分层砌筑的司坦巴。

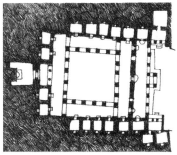

vihara 佛寺（印度）

印度建筑艺术中的佛教寺庙，往往从坚实岩石中开凿出来，由开有小卧室的走廊所环绕的中央柱厅组成。与其相邻的是安设主要窣堵波的庭院。

chaitya 支提窟

印度的佛殿，通常在山侧挖掘坚实岩石而成，形成一端为窣堵波的带走廊的巴西利卡样式。

wat 佛寺（泰東）

泰国或柬埔寨的佛教寺院或寺庙。

gompa 佛寺（中国西藏）

依照曼荼罗形状布局的西藏寺庙或尼姑庵，中央摆有多排长凳的祈祷大厅连接着喇嘛或尼姑的禅房。

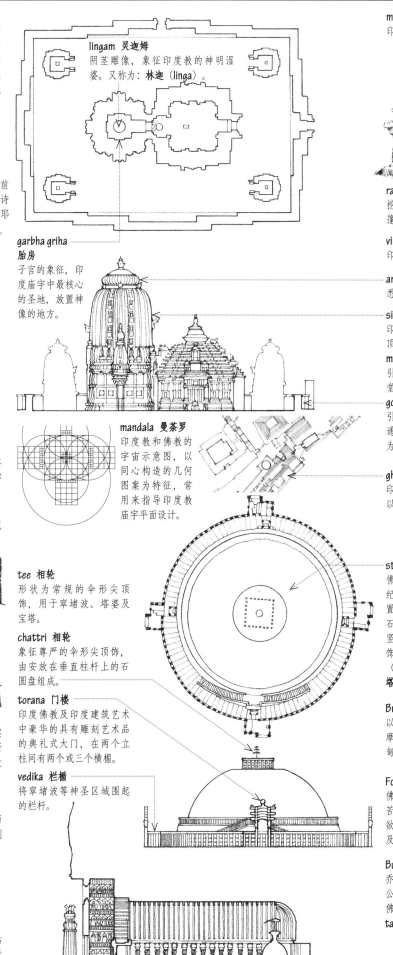

lingam 灵迦姆

阴茎雕像，象征印度教的神明湿婆。又称为：林迦（linga）。

garbha griha 胎房

子宫的象征，印度庙宇中最核心的圣地，放置神像的地方。

mandala 曼荼罗

印度教和佛教的宇宙示意图，以同心构造的几何图案为特征，常用来指导印度教庙宇平面设计。

tee 相轮

形状为常规的伞形尖顶饰，用于窣堵波、塔婆及宝塔。

chattri 相轮

象征尊严的伞形尖顶饰，由安放在垂直柱杆上的石圆盘组成。

torana 门楼

印度佛教及印度建筑艺术中豪华的具有雕刻艺术品的典礼式大门，在两个立柱间有两个或三个横楣。

vedika 栏楯

将窣堵波等神圣区域围起的栏杆。

mandira 印度教庙宇

印度庙宇。

rath 马车庙

挖掘坚固岩石而成的印度教庙宇，状如敞篷双轮马车。又称为：ratha。

vimana 圣殿

印度教庙宇的圣殿，其中供奉着神像。

amalaka 阿摩洛迦/馒头顶

悉卡罗的球形石尖顶饰。

sikhara 悉卡罗

印度教庙宇中的塔，通常呈曲线形收缩，顶上为阿摩洛迦。又称为：sikra。

mandapa 曼达坡

引导入印度教庙宇的类似于门廊的大型厅堂，用于表演宗教舞蹈及音乐。

gopuram 塔门

引导入印度教庙宇圈地具有纪念性的而且通常装饰华丽的塔，尤其在南印度。又称为：gopura。

ghat 石阶码头

印度临河而设的宽阔台阶，特别是那些可以进行神圣沐浴的河流。又称为：ghaut。

stupa 窣堵波/浮屠

佛教纪念性小塔，为了供奉佛祖的遗物、纪念某些事件以及作为地点的标志物而设置，仿效坟冢并由以下部分组成，被具有石杆和四个门的外围廊所包围的从平台上竖起的人造圆穹状小丘，其顶上安设伞形饰。斯里兰卡称窣堵波为**舍利子塔**（dagoba），中国西藏及尼泊尔称为**喇嘛塔**（chorten）。又称为：**塔婆**（tope）。

Buddhism 佛教

以四谛为基础的宗教，源于印度，由乔达摩佛陀创立，并在后来传播到中国、缅甸、日本及东南亚部分地区。

Four Noble Truths 四圣谛

佛教教义：所有生命都在受苦（苦）、受苦的原因是欲爱（集）、通过涅槃即消除欲望会使痛苦寂灭（灭）、可以通过心理及生理的自我修行到达涅槃境界（道）。

Buddha 佛陀

乔达摩·悉达多的尊号，公元前563年—公元前483年，印度哲学家、宗教领袖和佛教创始人。又称为：乔达摩佛陀（Gautama Buddha）。

[译注] 吠陀是梵文"知识"的音译。《梨俱吠陀》为颂诗，《耶柔吠陀》为祭祀咒语和歌偈，《娑摩吠陀》为歌曲，《阿闼婆吠陀》为颂诗与咒语。

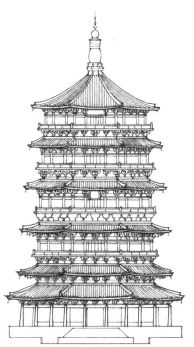

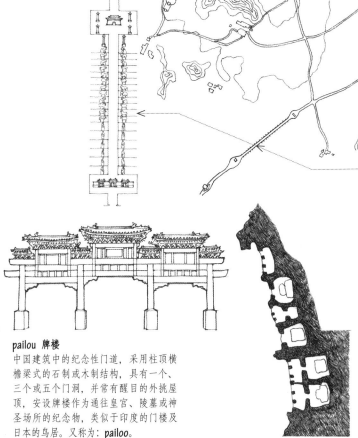

pagoda 佛塔
为了纪念或存放圣者遗物，采用矩形或多边形平面的高耸形式，逐层挑出屋顶的多层佛教建筑。塔的原型为印度窣堵波，当它和佛教一起在中国与日本传播时，其形状逐渐改变为类似于传统的多层望塔。起初塔是木制的，但从公元6世纪开始，可能由于印度的影响，更多地使用砖石结构。

ta 塔
中国建筑型制的佛塔。

dougong 斗拱
中国传统建筑中所使用的支撑系统，用来支持房梁、出挑屋檐或支撑天花。由于中国建筑中没有带拉杆的三角屋架，需要增加椽木下的支撑点数量。为了满足常见的减少柱子数量的要求，通过采用斗拱使每个支柱所能承受的支撑面积有所增加。通过一系列檩、椽和短柱，大梁所支撑的屋顶呈向上的弧形。据信这种独特的曲线是在唐代初年发展起来的，可能是为了使屋顶看起来较为轻盈，同时可以为室内提供更多的光线。又称为：tou-kung。

ang 昂
中国传统建筑结构中的杠杆臂，平行于椽木布置并倾斜一定角度来平衡内、外檩条所施加的力。昂通过托架或交叉梁来支撑最外面的檩条并在内端与其他檩条连接。

pailou 牌楼
中国建筑中的纪念性门道，采用柱顶横檐梁式的石制或木制结构，具有一个、三个或五个门洞，并常有醒目的外挑屋顶，安设牌楼作为通往皇宫、陵墓或神圣场所的纪念物，类似于印度的门楼及日本的鸟居。又称为：pailoo。

zhonglou 钟楼
中国建筑中安放钟的塔或楼阁，位于城门、皇宫入口或寺庙前院的右侧。[译注]

gulou 鼓楼
中国建筑中安放鼓的塔或楼阁，位于城门、皇宫入口或寺庙前院的左侧。

yingbi 影壁
中国建筑中保护楼阁或住宅主要入口的屏蔽墙。因为古代人们相信邪灵只能沿直线移动。

lingdao 灵道
从南门通向唐朝皇家坟墓的神道，两侧排列着石柱、动物雕刻及人物雕像。

Tang 唐
中国古代王朝，公元618—907年，以开疆拓土、绘画创作、贸易繁荣、诗歌昌盛而著称。又称为：T'ang。

Yungang 云岗
中国西北大型佛教修道中心，始于公元460年。该处有许多石窟，每个石窟内部是浅的椭圆形，其中供奉有一大尊佛像，两尊较小佛像位于两侧，在悬崖雕刻的构思据信源于印度。又称为：Yün-kang。

Yingzao Fashi 《营造法式》
关于中国建筑传统及其建造方法的纲要，作者李诫，成书于公元1103年。全书分为34章，包括技术术语、施工方法、建筑构件尺寸和比例、施工计划、建筑材料、建筑装饰等内容。

gong 拱
中国传统建筑中的悬臂托架。又称为：kung。

dou 斗
中国传统建筑中的承重木块。又称为：tou。

[译注] 钟、鼓二楼，通常钟楼位于东侧，鼓楼位于西侧。中国传统以坐北向南为尊，因此左右概念与现在指北针向上的地图相反，例如左祖右社，太庙在东而社稷坛居西。读者需要注意：原著此处左右概念与中国传统上的左右方位不同。

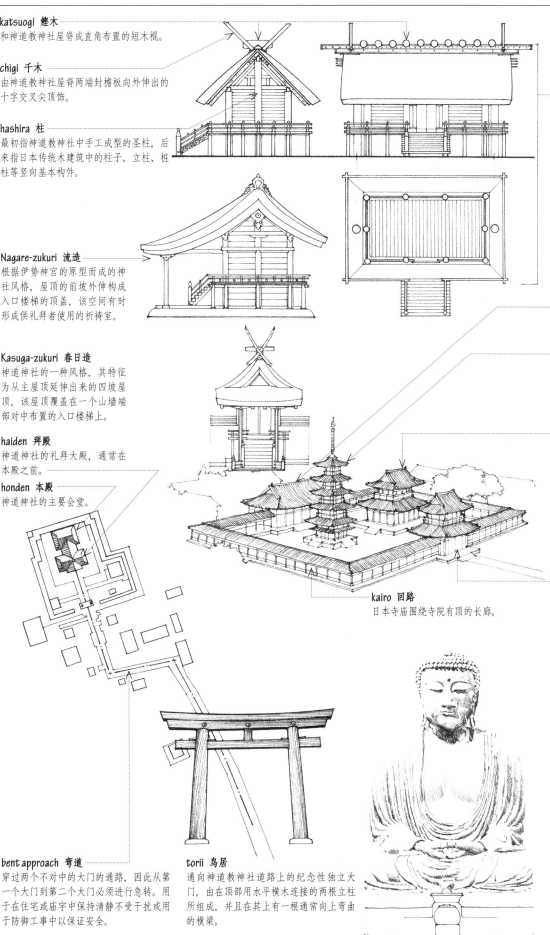

katsuogi 鲣木
和神道教神社屋脊成直角布置的短木棍。

chigi 千木
由神道教神社屋脊两端封檐板向外伸出的十字交叉尖顶饰。

hashira 柱
最初指神道教神社中手工成型的圣柱，后来指日本传统木建筑中的柱子、立柱、桩柱等竖向基本构件。

Nagare-zukuri 流造
根据伊势神宫的原型而成的神社风格，屋顶的前坡外伸构成入口楼梯的顶盖，该空间有时形成供礼拜者使用的祈祷室。

Kasuga-zukuri 春日造
神道神社的一种风格，其特征为从主屋顶延伸出来的四坡屋顶，该屋顶覆盖在一个山墙端部对中布置的入口楼梯上。

haiden 拜殿
神道神社的礼拜大殿，通常在本殿之前。

honden 本殿
神道神社的主要会堂。

bent approach 弯道
穿过两个不对中的大门的通路，因此从第一个大门到第二个大门必须进行急转。用于在住宅或庙宇中保持清静不受干扰或用于防御工事中以保证安全。

torii 鸟居
通向神道教神社道路上的纪念性独立大门，由在顶部用水平横木连接的两根立柱所组成，并且在其上有一根通常向上弯曲的横梁。

Shinto 神道教
日本的本土宗教，其特征为对自然力的虔诚崇拜，对祖先崇拜，把天皇看成太阳神（天照大神）的后代而崇拜。

Shimmei-zukuri 神明造
体现在佛教引入前日本建筑原始形式的神道神社的风格。主要由支撑在直接插入土中的柱子上的高于地面标高的小型无油漆的矩形结构所组成。在地板标高处设置环绕结构的栏杆，每个山墙端部由独立柱支撑屋脊，而山墙封檐板从加厚的茅草屋顶外伸，在两端形成千木。

kodo 讲经堂
日本佛寺中僧人诵读佛经的会堂。

to 塔
保存佛教神圣遗物的日本宝塔。

sorin 相轮
日本宝塔顶部的尖顶。

kondo 会堂
金色大厅或圣殿，日本佛寺中存放主要佛像之处。日本佛教的净土宗、真宗、日轮宗等教派称其为**本堂**（hondo），真言宗、天台宗等教派称之为**中殿**（chudo），禅宗教派称之为**佛殿**（butsuden）。

nandaimon 南大门
日本庙宇或神社的主要南门。

chumon 中门
日本佛寺中通向寺院的内门。

shoro 钟楼
悬挂钟的结构，例如在日本佛寺中一对相同而且对称布置的小亭阁。

kyozo 经库
日本佛寺中一对相同而且对称布置的小亭阁。

haniwa 埴轮
日本古坟时代葬礼上使用的陶制塑像，用作陪葬品。

kairo 回路
日本寺庙围绕寺院有顶的长廊。

butsu 佛像
佛的雕像。

daibutsu 大佛像
佛的大型雕像。

theater 剧场
为戏剧表演、舞台演出或电影放映所使用的建筑物、建筑物的一部分或一块室外场地。

Greek theater 希腊剧场
常在山侧斜坡上挖掘而成的具有成排坐席的露天剧场，座位区面对着音乐演奏台，演奏台背后是供演员使用的后台建筑物。

orchestra 音乐演奏台
古希腊剧场中，在舞台之前为合唱团所保留的圆形空间。

chorus 合唱团
古希腊剧演出中的主要表演或旁白的演员团。

skene 后台
古希腊剧场中作为表演背景的面对观众的建筑物。

parodos 侧廊
古希腊剧院中的两个侧通道，位于舞台和座位区之间，合唱团通过它进入演奏台。

parascenium 侧凸台
位于古希腊剧场后台侧面并向前伸出的两翼，内有演员用房间。

diazoma 横过道
古希腊剧场中上排座位与下排座位之间的圆弧状过道，与演奏台及外墙同心并与幅射状走道相连通。

cercis 座位区
古希腊剧场中位于两个阶梯通道之间的楔形座位群。

Roman theater 罗马剧场
源于古希腊剧场的露天剧场，但常建造在水平地面上并带有柱廊，具有半圆演奏台以及以精致的建筑为背景的抬高的舞台。

orchestra 贵宾席
古罗马剧院舞台之前的半圆空间，是为元老院议员及其他贵宾观众预留的。

scaenae frons 门面
在罗马剧场的舞台背景中高度装饰的墙面或幕布。

proscenium 前台
古希腊或罗马剧场中，演员演出舞台的前半部分。

gradin 梯级状座位
一系列阶梯或成排的座位，例如圆形竞技场中的座位。又称为：gradine。

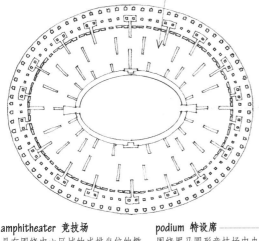

amphitheater 竞技场
具有围绕中心区域的成排坐位的椭圆形或圆形建筑物，例如在古罗马用于角斗士竞技或表演的建筑。

hippodrome 赛马场
古希腊和古罗马时期有椭圆形马匹赛道或战车赛道的露天体育场。

podium 特设席
围绕罗马圆形竞技场中央平地的抬高的平台，设置享有特权的观看者的座位。

velarium 天篷
覆盖古罗马圆形竞技场，使观众免受日晒雨淋的帆布帐篷。

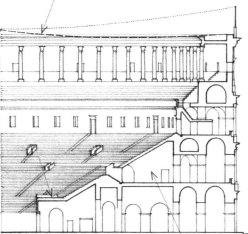

vomitory 看台入口
允许大量人员进入及离去的大洞口，例如在古罗马圆形竞技场或体育场。又称为：vomitorium。

supercolumniation 叠柱式
将一个柱式放在另一个柱式上，通常将较精致的柱式放在顶部。

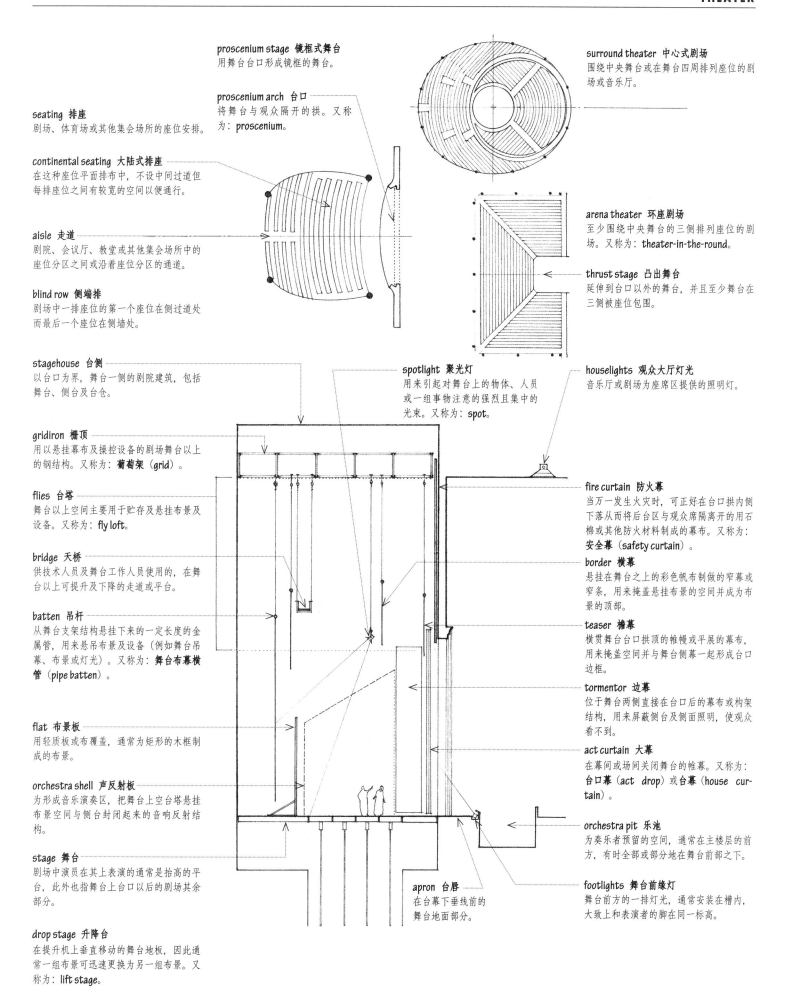

proscenium stage 镜框式舞台
用舞台台口形成镜框的舞台。

proscenium arch 台口
将舞台与观众隔开的拱。又称
为：proscenium。

surround theater 中心式剧场
围绕中央舞台或在舞台四周排列座位的剧
场或音乐厅。

seating 排座
剧场、体育场或其他集会场所的座位安排。

continental seating 大陆式排座
在这种座位平面排布中，不设中间过道但
每排座位之间有较宽的空间以便通行。

aisle 走道
剧院、会议厅、教堂或其他集会场所中的
座位分区之间或沿着座位分区的通道。

blind row 侧端排
剧场中一排座位的第一个座位在侧过道处
而最后一个座位在侧墙处。

arena theater 环座剧场
至少围绕中央舞台的三侧排列座位的剧
场。又称为：theater-in-the-round。

thrust stage 凸出舞台
延伸到台口以外的舞台，并且至少舞台在
三侧被座位包围。

stagehouse 台侧
以台口为界，舞台一侧的剧院建筑，包括
舞台、侧台及台仓。

spotlight 聚光灯
用来引起对舞台上的物体、人员
或一组事物注意的强烈且集中的
光束。又称为：spot。

houselights 观众大厅灯光
音乐厅或剧场为座席区提供的照明灯。

gridiron 栅顶
用以悬挂幕布及操控设备的剧场舞台以上
的钢结构。又称为：葡萄架（grid）。

fire curtain 防火幕
当万一发生火灾时，可正好在台口拱内侧
下落从而将后台区与观众席隔离开的用石
棉或其他防火材料制成的幕布。又称为：
安全幕（safety curtain）。

flies 台塔
舞台以上空间主要用于贮存及悬挂布景及
设备。又称为：fly loft。

border 横幕
悬挂在舞台之上的彩色帆布制做的窄幕或
窄条，用来掩盖悬挂布景的空间并成为布
景的顶部。

bridge 天桥
供技术人员及舞台工作人员使用的，在舞
台以上可提升及下降的走道或平台。

teaser 檐幕
横贯舞台台口拱顶的帷幔或平展的幕布，
用来掩盖空间并与舞台侧幕一起形成台口
边框。

batten 吊杆
从舞台支架结构悬挂下来的一定长度的金
属管，用来悬吊布景及设备（例如舞台吊
幕、布景或灯光）。又称为：舞台布幕横
管（pipe batten）。

tormentor 边幕
位于舞台两侧直接在台口后的幕布或构架
结构，用来屏蔽侧台及侧面照明，使观众
看不到。

flat 布景板
用轻质板或布覆盖，通常为矩形的木框制
成的布景。

act curtain 大幕
在幕间或场间关闭舞台的帷幕。又称为：
台口幕（act drop）或台幕（house cur-
tain）。

orchestra shell 声反射板
为形成音乐演奏区，把舞台上空台塔悬挂
布景空间与侧台封闭起来的音响反射结
构。

orchestra pit 乐池
为奏乐者预留的空间，通常在主楼层的前
方，有时全部或部分地在舞台前部之下。

stage 舞台
剧场中演员在其上表演的通常是抬高的平
台，此外也指舞台上台口以后的剧场其余
部分。

footlights 舞台前缘灯
舞台前方的一排灯光，通常安装在槽内，
大致上和表演者的脚在同一标高。

apron 台唇
在台幕下垂线前的
舞台地面部分。

drop stage 升降台
在提升机上垂直移动的舞台地板，因此通
常一组布景可迅速更换为另一组布景。又
称为：lift stage。

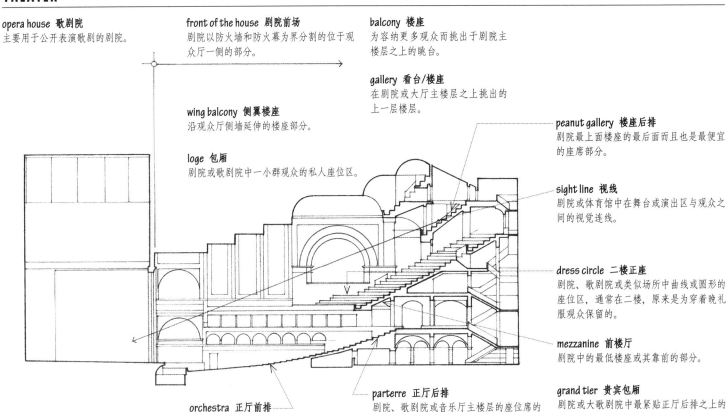

opera house 歌剧院
主要用于公开表演歌剧的剧院。

front of the house 剧院前场
剧院以防火墙和防火幕为界分割的位于观众厅一侧的部分。

balcony 楼座
为容纳更多观众而挑出于剧院主楼层之上的眺台。

gallery 看台/楼座
在剧院或大厅主楼层之上挑出的上一层楼层。

wing balcony 侧翼楼座
沿观众厅侧墙延伸的楼座部分。

peanut gallery 楼座后排
剧院最上面楼座的最后面而且也是最便宜的座席部分。

loge 包厢
剧院或歌剧院中一小群观众的私人座位区。

sight line 视线
剧院或体育馆中在舞台或演出区与观众之间的视觉连线。

dress circle 二楼正座
剧院、歌剧院或类似场所中曲线或圆形的座位区，通常在二楼，原来是为穿着晚礼服观众保留的。

mezzanine 前楼厅
剧院中的最低楼座或其靠前的部分。

orchestra 正厅前排
剧院或音乐厅中服务观众的整个主楼层空间。

parterre 正厅后排
剧院、歌剧院或音乐厅主楼层的座位席的后排，有时也包括侧面部分。又称为：parquet circle。

grand tier 贵宾包厢
剧院或大歌剧院中最紧贴正厅后排之上的第一排包厢。

tier 楼座层
剧院中一系列阶梯式楼座层中的一层。

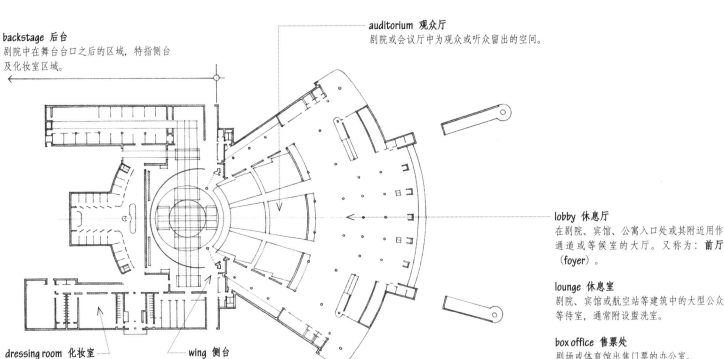

backstage 后台
剧院中在舞台台口之后的区域，特指侧台及化妆室区域。

auditorium 观众厅
剧院或会议厅中为观众或听众留出的空间。

lobby 休息厅
在剧院、宾馆、公寓入口处或其附近用作通道或等候室的大厅。又称为：前厅（foyer）。

dressing room 化妆室
进行化妆的房间，特指在剧院后台或电视演播室的化装室。

wing 侧台
舞台本身左侧或右侧的平台或空间。

lounge 休息室
剧院、宾馆或航空站等建筑中的大型公众等待室，通常附设盥洗室。

box office 售票处
剧场或体育馆出售门票的办公室。

green room 演员休息室
剧院、音乐厅或播音室中的休息室，供演职员不上舞台时使用。

runway 走道
从舞台延伸进入乐池或观众厅走道的狭窄平台或坡道。

marquee 剧场入口遮檐
高出剧场、酒店或其他建筑入口处的类似于屋顶的挑出层，连接到建筑上并由建筑支撑，悬挑至公共道路的上方。

panel 节间
桁架中某弦杆的任意两个节点和与其相对弦杆上相应的一对节点或一个单节点之间在腹杆范围内的空间。

panel point 节点
桁架上两个或更多杆件之间的连接点。如果桁架的构件仅承受轴向压力或拉力，荷载必须仅施加于节点上。又称为: **node**。

panel length 节间长度
桁架弦杆上由主要腹杆和弦杆形成的任意两相邻节点之间的间距。

chord 弦杆
从桁架一端延伸到另一端并且由腹杆所连接的两个主要杆件。

web 腹杆
连接桁架上弦杆及下弦杆从而构成整体结构体系的杆件。

truss 桁架
以三角形的几何稳定性为基础，由仅承受轴向拉力或压力的线性杆件所组成的结构构架。

plane truss 平面桁架
所有杆件都在同一平面上的桁架。

trussing 桁架系统
组成桁架的刚性构件，其所承受的轴向力反比于桁架的高度。通常压屈对于压杆尺寸发挥控制作用，而最薄弱点（通常在连接处）的拉应力对于受拉杆件尺寸发挥控制作用。

heel 撑脚
直立木杆、椽木或桁架的下部支撑端。

shoe 桁架支座垫板
支撑桁架或大梁并抵抗其推力的支板。

panel load 节间荷载
施加于桁架节点上的集中荷载。为了避免出现次应力，桁架杆件形心轴与节点荷载应交于一点。

direct stress 直接应力
承受轴向拉力或压力的结构杆件在截面上整个高度数值不变的拉应力或压应力。

zero-force member 零杆
理论上不承受直接荷载而且将其取消也不会改变桁架形状的稳定状态的杆件。

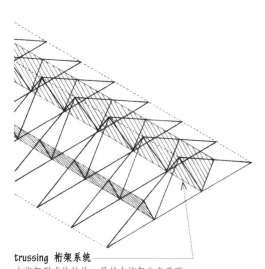

trussing 桁架系统
由桁架形成的结构，虽然在桁架自身平面上是稳定的，但必须在垂直方向对它施以支撑以避免侧向压屈。

local buckling 局部压屈
结构构件中偏薄的受压单元被压屈，导致整个构件破坏。

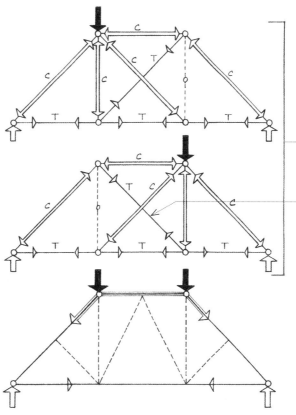

secondary stresses 次应力
由于杆件偏心连接或固定节点阻碍相对转动而导致的在桁架杆件中的附加弯曲应力及剪切应力。虽然假设桁架节点是理想的铰连接，但实际上杆件连接可能是栓接、焊接或铆接，因此节点具有一定程度的刚性。

stress reversal 应力反向
由于荷载模式的改变，桁架杆件中的力从拉力改为压力或者相反。

counterbrace 平衡对角撑
在各种荷载条件下承受拉力或者压力的杆件。

funicular truss 索桁架
桁架整体形状在特定一组荷载下具有索的形状。索桁架的内杆件为零杆，仅用于支撑受压杆件。但是如荷载的模式或大小发生变化时，内杆件将受力。

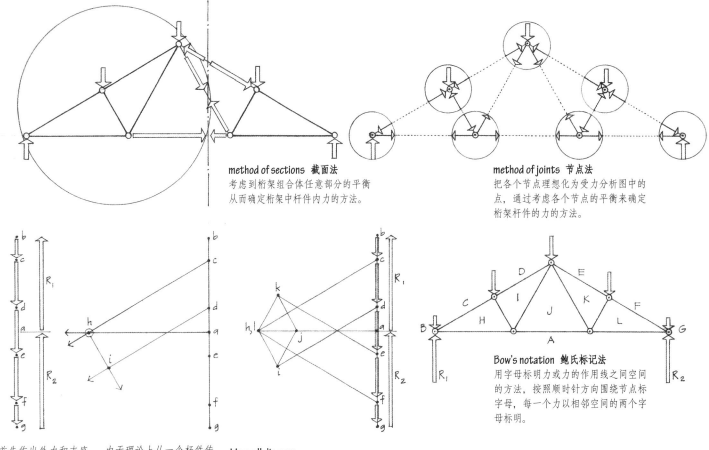

method of sections 截面法
考虑到桁架组合体任意部分的平衡从而确定桁架中杆件内力的方法。

method of joints 节点法
把各个节点理想化为受力分析图中的点，通过考虑各个节点的平衡来确定桁架杆件的力的方法。

Bow's notation 鲍氏标记法
用字母标明力或力的作用线之间空间的方法，按照顺时针方向围绕节点标字母，每一个力以相邻空间的两个字母标明。

首先作出外力和支座反力的力多边形，然后作出各个节点处杆件内力的多边形。

由于理论上从一个杆件传递到另一杆件的只有轴向力，可以将杆件的力的方向画成平行于杆件的方向。先从两个已知点开始绘制，可以通过把已知方向的力线延长来获得与第三个力的交点。

**Maxwell diagram
马克斯威尔示意图**
确定桁架杆件中应力大小及特性的图解方法。

节间空间用大写字母标明，而力向量的端部以小写字母标明。

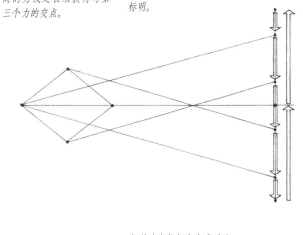

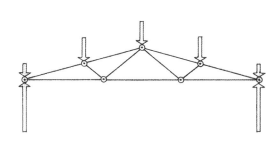

杆件力与桁架高度成反比。

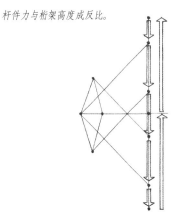

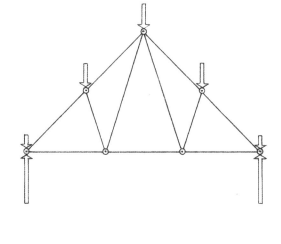

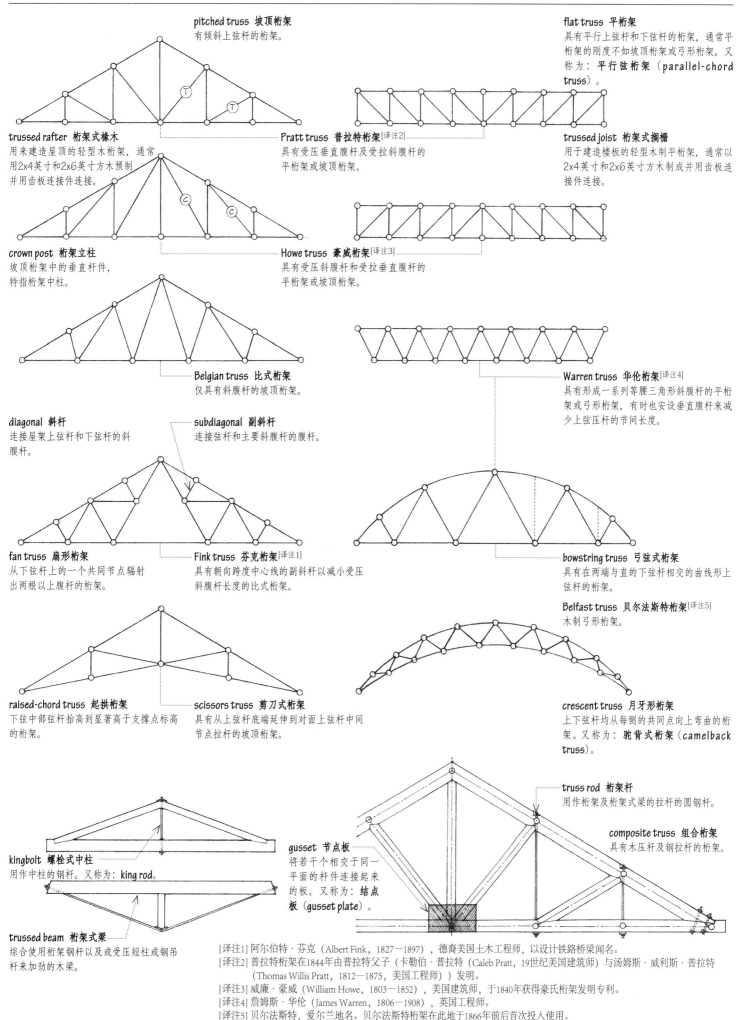

pitched truss 坡顶桁架
有倾斜上弦杆的桁架。

flat truss 平桁架
具有平行上弦杆和下弦杆的桁架，通常平桁架的刚度不如坡顶桁架或弓形桁架。又称为：**平行弦桁架**（**parallel-chord truss**）。

trussed rafter 桁架式椽木
用来建造屋顶的轻型木桁架，通常用2x4英寸和2x6英寸方木预制并用齿板连接件连接。

Pratt truss 普拉特桁架[译注2]
具有受压垂直腹杆及受拉斜腹杆的平桁架或坡顶桁架。

trussed joist 桁架式搁栅
用于建造楼板的轻型木制平桁架，通常以2x4英寸和2x6英寸方木制成并用齿板连接件连接。

crown post 桁架立柱
坡顶桁架中的垂直杆件，特指桁架中柱。

Howe truss 豪威桁架[译注3]
具有受压斜腹杆和受拉垂直腹杆的平桁架或坡顶桁架。

Belgian truss 比式桁架
仅具有斜腹杆的坡顶桁架。

diagonal 斜杆
连接屋架上弦杆和下弦杆的斜腹杆。

subdiagonal 副斜杆
连接弦杆和主要斜腹杆的腹杆。

Warren truss 华伦桁架[译注4]
具有形成一系列等腰三角形斜腹杆的平桁架或弓形桁架，有时也安设垂直腹杆来减少上弦压杆的节间长度。

fan truss 扇形桁架
从下弦杆上的一个共同节点辐射出两根以上腹杆的桁架。

Fink truss 芬克桁架[译注1]
具有朝向跨度中心线的副斜杆以减小受压斜腹杆长度的比式桁架。

bowstring truss 弓弦式桁架
具有在两端与直的下弦杆相交的曲线形上弦杆的桁架。

Belfast truss 贝尔法斯特桁架[译注5]
木制弓形桁架。

raised-chord truss 起拱桁架
下弦中部弦杆抬高到显著高于支撑点标高的桁架。

scissors truss 剪刀式桁架
具有从上弦杆底端延伸到对面上弦杆中间节点拉杆的坡顶桁架。

crescent truss 月牙形桁架
上下弦杆均从每侧的共同点向上弯曲的桁架。又称为：**驼背式桁架**（**camelback truss**）。

kingbolt 螺栓式中柱
用作中柱的钢杆。又称为：**king rod**。

trussed beam 桁架式梁
综合使用桁架钢杆以及或受压短柱或钢吊杆来加劲的木梁。

gusset 节点板
将若干个相交于同一平面的杆件连接起来的板。又称为：**结点板**（**gusset plate**）。

truss rod 桁架杆
用作桁架及桁架式梁的拉杆的圆钢杆。

composite truss 组合桁架
具有木压杆及钢拉杆的桁架。

[译注1] 阿尔伯特·芬克（Albert Fink, 1827—1897），德裔美国土木工程师，以设计铁路桥梁闻名。
[译注2] 普拉特桁架在1844年由普拉特父子（卡勒伯·普拉特（Caleb Pratt, 19世纪美国建筑师）与汤姆斯·威利斯·普拉特（Thomas Willis Pratt, 1812—1875，美国工程师））发明。
[译注3] 威廉·豪威（William Howe, 1803—1852），美国建筑师，于1840年获得豪氏桁架发明专利。
[译注4] 詹姆斯·华伦（James Warren, 1806—1908），英国工程师。
[译注5] 贝尔法斯特，爱尔兰地名。贝尔法斯特桁架在此地于1866年前后首次投入使用。

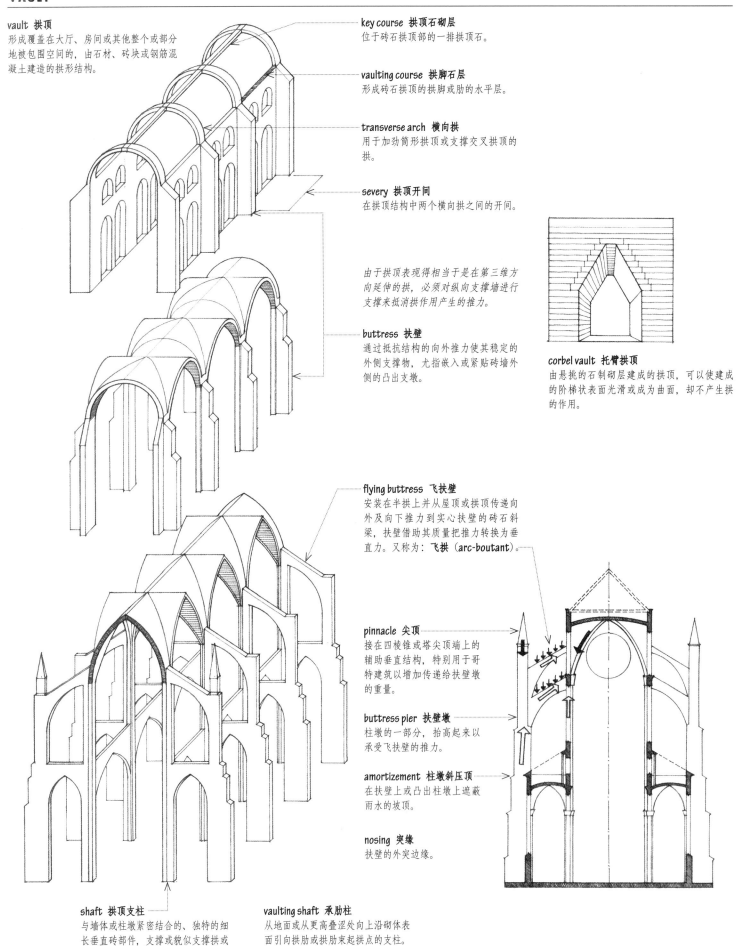

vault 拱顶
形成覆盖在大厅、房间或其他整个或部分地被包围空间的，由石材、砖块或钢筋混凝土建造的拱形结构。

key course 拱顶石砌层
位于砖石拱顶部的一排拱顶石。

vaulting course 拱脚石层
形成砖石拱顶的拱脚或肋的水平层。

transverse arch 横向拱
用于加劲筒形拱顶或支撑交叉拱顶的拱。

severy 拱顶开间
在拱顶结构中两个横向拱之间的开间。

由于拱顶表现得相当于是在第三维方向延伸的拱，必须对纵向支撑墙进行支撑来抵消拱作用产生的推力。

buttress 扶壁
通过抵抗结构的向外推力使其稳定的外侧支撑物，尤指嵌入或紧贴砖墙外侧的凸出支墩。

corbel vault 托臂拱顶
由悬挑的石制砌层建成的拱顶，可以使建成的阶梯状表面光滑或成为曲面，却不产生拱的作用。

flying buttress 飞扶壁
安装在半拱上并从屋顶或拱顶传递向外及向下推力到实心扶壁的砖石斜梁，扶壁借助其质量把推力转换为垂直力。又称为：飞拱（arc-boutant）。

pinnacle 尖顶
接在四棱锥或塔尖顶端上的辅助垂直结构，特别用于哥特建筑以增加传递给扶壁墩的重量。

buttress pier 扶壁墩
柱墩的一部分，抬高起来以承受飞扶壁的推力。

amortizement 柱墩斜压顶
在扶壁上或凸出柱墩上遮蔽雨水的坡顶。

nosing 突缘
扶壁的外突边缘。

shaft 拱顶支柱
与墙体或柱墩紧密结合的、独特的细长垂直砖直部件，支撑或貌似支撑拱或带肋拱顶。

vaulting shaft 承肋柱
从地面或从更高叠涩处向上沿砌体表面引向拱肋或拱肋束起拱点的支柱。

barrel vault 筒拱
具有半圆形截面的拱顶。又称为：**筒形拱顶**（cradle vault, tunnel vault 或 wagon vault）。

conical vault 锥形拱顶
一端的半圆形截面比另一端大的穹顶。

rampant vault 高低肩拱顶
一侧拱座比另一侧高的拱顶。

annular vault 环形拱顶
具有圆形平面的环状筒形拱顶。

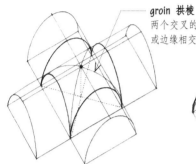

groin 拱棱
两个交叉的穹顶面沿着该曲线或边缘相交。

groin vault 棱拱
由两个垂直交叉的拱顶组成的复合拱顶，其斜向拱形棱线叫做"拱棱"。又称为：**交叉拱顶**（cross vault）。

underpitch vault 高低交叉拱顶
中心拱顶被矢高较低拱顶交叉的组合拱顶。又称为：**威尔士拱顶**（Welsh vault）。

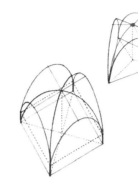

stilted vault 上心拱顶
组合拱顶中的横向拱顶较窄但拱脚线标高高于纵向拱顶，因此组合拱顶的脊在同一高度。

tripartite vault 三联拱顶
由三个筒形拱顶交叉而成，用于覆盖三角形空间的组合拱顶。

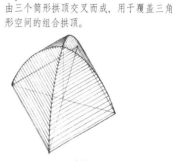

cloister vault 回廊拱顶
由四个拱面沿对角垂直平面相交形成的组合拱顶。又称为：**凹圆拱顶**（coved vault）。

web 拱膜
由带肋拱顶的肋作为边框而形成的面。

rib vault 带肋拱顶
由拱或对角肋支撑或用它进行装饰的拱顶。又称为：**ribbed vault**。

quadripartite vault 四分拱顶
由交叉对角肋分为四部分的带肋拱顶。

sexpartite vault 六分拱顶
由两个对角肋及一个横肋分为六个分割部分的带肋拱顶。

rib 肋
在拱顶拱棱处支撑拱顶，为有区别的表面划定界线或将其表面划分成为板块的类似于拱的构件。

arc doubleau 横向拱肋
跨越带肋拱顶的纵轴并将其划分为开间或分隔部分的肋。又称为：**transverse rib**。

tierceron 居间拱肋
从带肋拱顶的斜肋或横向肋的任一侧的支撑点升起的肋。又称为：**居间肋**（intermediate rib）。

formeret 附墙拱肋
平行于带肋拱顶的纵轴，紧靠着墙的拱肋。又称为：**arc formeret** 或 **wall rib**。

boss 凸饰
装饰性的球状凸出物，例如在斜肋交叉点处雕刻的拱心石。

key 拱顶石
在拱的拱冠处或位于拱顶拱肋交叉处的拱顶石。

ridge rib 脊肋
标明拱顶分隔部分的拱冠的水平肋。

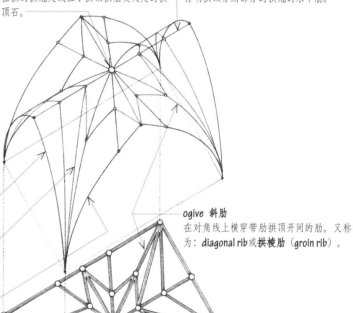

ogive 斜肋
在对角线上横穿带肋拱顶开间的肋。又称为：**diagonal rib** 或**拱棱肋**（groin rib）。

lierne 拱顶副肋
那些不是从柱墩或脊肋升起的装饰性拱肋。

fan vault 扇形锥状拱顶
由若干个（通常是4个）凹的锥形部件组成的穹顶，由穹顶分隔部分的角部升起，常常用从起拱点处辐射出的肋来装饰，如同扇子骨架。

pendant 垂饰
从屋架、拱顶或顶棚悬吊下来的雕刻饰件。又称为：**吊饰**（drop）。

star vault 星状肋拱顶
具有排列为星状图形的肋、拱顶副肋、居间拱肋的拱顶。又称为：**星形拱**（stellar vault）。

sight 视力
用眼睛去感觉的行为或能力。

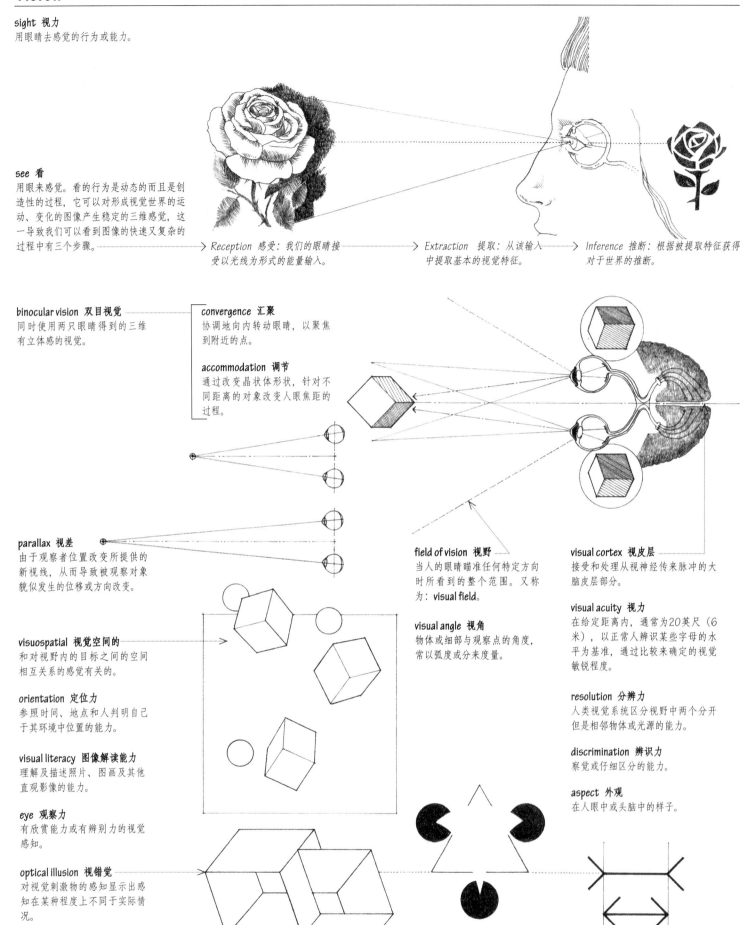

see 看
用眼来感觉。看的行为是动态的而且是创造性的过程，它可以对形成视觉世界的运动、变化的图像产生稳定的三维感觉，这一导致我们可以看到图像的快速又复杂的过程中有三个步骤。

→ *Reception* 感受：我们的眼睛接受以光线为形式的能量输入。

→ *Extraction* 提取：从该输入中提取基本的视觉特征。

→ *Inference* 推断：根据被提取特征获得对于世界的推断。

binocular vision 双目视觉
同时使用两只眼睛得到的三维有立体感的视觉。

convergence 汇聚
协调地向内转动眼睛，以聚焦到附近的点。

accommodation 调节
通过改变晶状体形状，针对不同距离的对象改变人眼焦距的过程。

parallax 视差
由于观察者位置改变所提供的新视线，从而导致被观察对象貌似发生的位移或方向改变。

visuospatial 视觉空间的
和对视野内的目标之间的空间相互关系的感觉有关的。

orientation 定位力
参照时间、地点和人判明自己于其环境中位置的能力。

visual literacy 图像解读能力
理解及描述照片、图画及其他直观影像的能力。

eye 观察力
有欣赏能力或有辨别力的视觉感知。

optical illusion 视错觉
对视觉刺激物的感知显示出感知在某种程度上不同于实际情况。

field of vision 视野
当人的眼睛瞄准任何特定方向时所看到的整个范围。又称为：visual field。

visual angle 视角
物体或细部与观察点的角度，常以弧度或分来度量。

visual cortex 视皮层
接受和处理从视神经传来脉冲的大脑皮层部分。

visual acuity 视力
在给定距离内，通常为20英尺（6米），以正常人辨识某些字母的水平为基准，通过比较来确定的视觉敏锐程度。

resolution 分辨力
人类视觉系统区分视野中两个分开但是相邻物体或光源的能力。

discrimination 辨识力
察觉或仔细区分的能力。

aspect 外观
在人眼中或头脑中的样子。

camouflage 伪装
当形状或图形的外形、花纹、质感、配色与周围环境或背景类似时产生的模糊不清。

projection 投射
感知的特性，即在脑海中通过把已知或熟悉的影像投放到一个图形（或似乎无定形的形状）上来寻找意义，直到二者的匹配合乎常理为止。这种使图形完整化或寻找其中隐含意义图案的尝试，需要和已知的或期待的相印证。一旦看到并理解了，这一影像就会难以消除。

similarity 类似性
感知的特性，即有把具有某些共同特性的事物组成在一起的倾向，例如形状、大小、颜色、方位或细节的相似性。

proximity 接近性
感知的特性，即把彼此贴近在一起的单元聚集起来，而将那些距离较远的排除在外的倾向。

continuity 连续性
感知的特性，即把沿着相同路线或在相同方向的单元组织在一起的倾向。这种寻求路线或方向上连续性的做法会导致我们对图形和图像所形成的综合感觉更简单、更规则。

constancy 恒定性
感知的现象，为便于对事物进行识别与分类，忽略了它们在大小上的明显区别，不考虑它们之间的间距，导致对一类对象产生诸如大小统一、颜色和纹理质感不变之类的感觉。

closure 封闭性
感知的特性，即把开放的或不完整的图像看成似乎是封闭的或完整的以及稳定形状的倾向。

perception 感知
通过知觉或用头脑进行理解的行为或能力。

visual perception 视觉
通过视觉系统对外部刺激的反应所获得的意识。

figure-ground 图底性
感知的特性，即把视野中的局部看成为轮廓分明、由模糊背景醒目反衬出物体的倾向。

figure 图形
通过轮廓或外表面来确定的形状或形式。

ground 背景
在视野后面逐渐隐退的部分，图像相对于它而获感觉。又称为：background。

background 背景
景象位于后面的那一部分，与前景相反。

foreground 前景
景象位于前面的那一部分，距观察者最近。

Gestalt psychology 格式塔心理学
这种理论或学说认为生理或心理现象无法通过对反射或感觉等个别要素的汇总而产生，而要通过格式塔作用分别地或相互联系地产生。又称为：完形主义（configurationism）。

gestalt 格式塔构形
通过对组成部分进行汇总不能推论出统一的构形模式或特定属性的区域。

pattern 模式
根据组成部分的相互联系获得的一致的、典型的、连贯的排布。

simultaneous contrast 同时对比
视觉的一种现象，一种颜色或明度的刺激会同时导致对与其并置的颜色或明度产生互补色的感觉。同时对比会强化互补色，使近似色的色调向着各自的互补色偏移，尤其当并置的颜色具有相近的明度时。当并置两个具有对比性明度的颜色时，较浅色会使较深色更深，而较深色将使较浅色更浅。

successive contrast 继时对比
视觉的一种现象，强烈暴露于某种颜色或明度时，会对随后立即观看的其他颜色或表面上的余像产生互补色的感觉。

afterimage 余象
在造成视觉的刺激不再发挥作用或不再存在时，继续存在的视觉。

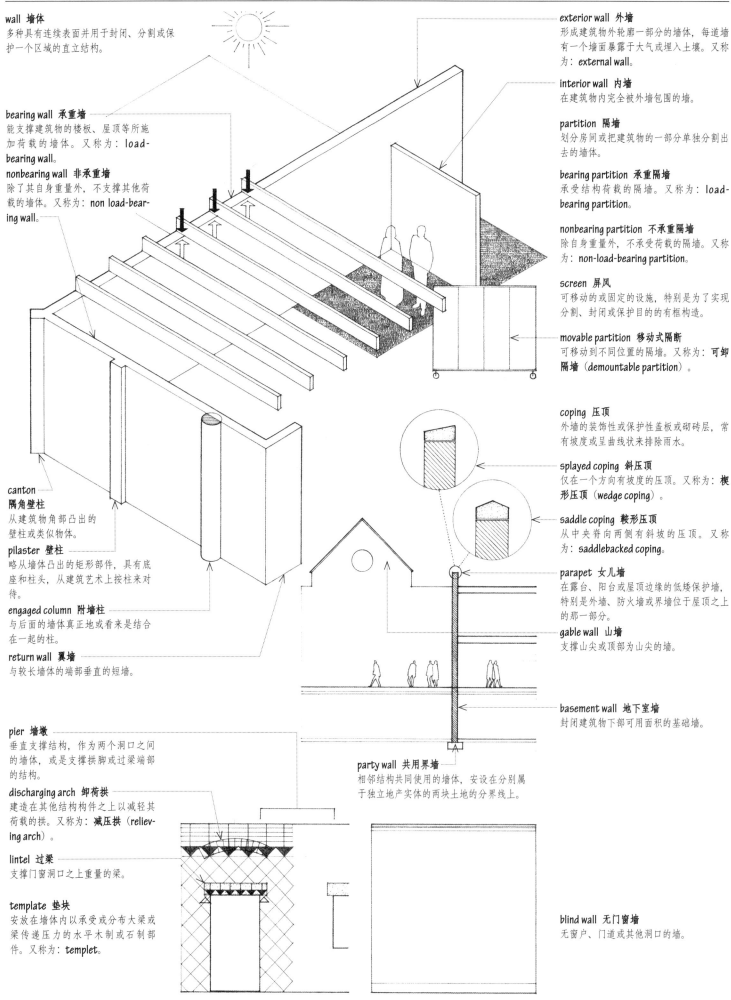

wall 墙体
多种具有连续表面并用于封闭、分割或保护一个区域的直立结构。

bearing wall 承重墙
能支撑建筑物的楼板、屋顶等所施加荷载的墙体。又称为：load-bearing wall。

nonbearing wall 非承重墙
除了其自身重量外，不支撑其他荷载的墙体。又称为：non load-bearing wall。

canton 隔角壁柱
从建筑物角部凸出的壁柱或类似物体。

pilaster 壁柱
略从墙体凸出的矩形部件，具有底座和柱头，从建筑艺术上按柱来对待。

engaged column 附墙柱
与后面的墙体真正地或看来是结合在一起的柱。

return wall 翼墙
与较长墙体的端部垂直的短墙。

pier 墙墩
垂直支撑结构，作为两个洞口之间的墙体，或是支撑拱脚或过梁端部的结构。

discharging arch 卸荷拱
建造在其他结构构件之上以减轻其荷载的拱。又称为：减压拱（relieving arch）。

lintel 过梁
支撑门窗洞口之上重量的梁。

template 垫块
安放在墙体内以承受或分布大梁或梁传递压力的水平木制或石制部件。又称为：templet。

exterior wall 外墙
形成建筑物外轮廓一部分的墙体，每道墙有一个墙面暴露于大气或埋入土壤。又称为：external wall。

interior wall 内墙
在建筑物内完全被外墙包围的墙。

partition 隔墙
划分房间或把建筑物的一部分单独分割出去的墙体。

bearing partition 承重隔墙
承受结构荷载的隔墙。又称为：load-bearing partition。

nonbearing partition 不承重隔墙
除自身重量外，不承受荷载的隔墙。又称为：non-load-bearing partition。

screen 屏风
可移动的或固定的设施，特别是为了实现分割、封闭或保护目的的有框构造。

movable partition 移动式隔断
可移动到不同位置的隔墙。又称为：可卸隔墙（demountable partition）。

coping 压顶
外墙的装饰性或保护性盖板或砌砖层，常有坡度或呈曲线状来排除雨水。

splayed coping 斜压顶
仅在一个方向有坡度的压顶。又称为：楔形压顶（wedge coping）。

saddle coping 鞍形压顶
从中央脊向两侧有斜坡的压顶。又称为：saddlebacked coping。

parapet 女儿墙
在露台、阳台或屋顶边缘的低矮保护墙，特别是外墙、防火墙或界墙位于屋顶之上的那一部分。

gable wall 山墙
支撑山尖或顶部为山尖的墙。

basement wall 地下室墙
封闭建筑物下部可用面积的基础墙。

party wall 共用界墙
相邻结构共同使用的墙体，安设在分别属于独立地产实体的两块土地的分界线上。

blind wall 无门窗墙
无窗户、门道或其他洞口的墙。

frame house 构架房屋
用木骨架建造的房屋，通常用覆墙板或墙面板覆盖。

corner brace 角斜撑
为加固构架的角部位置，在木骨墙中嵌入的斜向支撑。

let in 嵌入
插入木墙骨、墙体或其他类似部件表面作为永久的附加部件。

corner post 角柱
在两个骨架墙相交处用两根或三根木墙骨钉在一起的组合件，为装饰材料提供承钉面。

backing 衬条
固定于构架隔墙转角位置的狭木条，为装饰材料提供承钉面。

firestop 防火分隔
嵌入建筑物构架内的材料或构件，用来堵塞可能使火灾从建筑物的一部分扩散到另一部分的封闭空洞。

ledger strip 搁栅横托木
作为搁栅端部支点，并且连接到梁底表面的木条。

ribbon 嵌墙搁栅托木
嵌入木墙骨的水平薄板，来支撑搁栅端部。又称为：ledger，ribband或ribbon strip。

balloon frame 轻型木构架[译注1]
一种木建筑构架，拥有从地梁到屋顶板构架全高的木墙骨，而且将木搁栅钉于木墙骨上并由地梁或嵌入木墙骨的嵌墙搁栅托木来支撑搁栅。

plate 垫板
各种横穿木墙骨顶端或在楼板上平放铺设的水平材料，从端部或端部附近[译注2]支持搁栅、椽木或木墙骨。

wall plate 墙顶承重板
嵌入或沿墙顶部铺设的水平构件，来支撑及分散从搁栅或椽木传递来的荷载。又称为：raising plate。

top plate 顶板
安放搁栅或横梁的构架式墙最上面的水平构件。

anchor bolt 锚栓
埋在砖砌体或混凝土中各种各样的螺杆或螺栓，用来锚固、保护或支撑结构构件。

sill sealer 地梁垫
放置在地梁与基础墙之间，用来减少空气渗透的弹性纤维材料。

termite shield 防蚁板
安放在基础墙顶部或管道周围，防止白蚁通过的金属薄板。

blocking 木填块
塞入建筑物构架的空隙、接合处或加劲构件的许多小木块，填充它们之间的空隙并提供装饰材料的钉入面。

stud wall 木骨墙
用木墙骨作为骨架并用盖板、护墙板、墙板或塑料板覆盖其表面的墙体或隔墙。又称为：stud partition。

stud 墙骨/立筋
形成墙体或隔墙骨架的一系列直立的木制或金属制构件。

cripple 短构件
比通常的构件要短的骨架构件，例如在门洞口以上或窗洞口以下的立筋。

center-to-center 中心距
从一个构件或部件的中心线到相邻构件或部件的中心线。又称为：on center。

soleplate 底梁板
一排木墙骨安装在其上的木骨墙的底部水平构件。又称为：shoe，sole或sole piece。

platform frame 平台式木构架
不管建造的层数有多少，木墙骨仅为一层楼高，每层木墙骨安设在下一层的顶板上或者在基础墙的底木板上。又称为：western frame。

pony wall 地板用小墙
支撑地板搁栅的矮墙。

dwarf wall 矮墙
小于一个楼层高度的墙。

sill 地梁板
构架结构最底部的水平构件，安放并锚固在基础墙上。又称为：mudsill或sill plate。

box sill 盒状地梁
一种建筑物构架的地梁，由安放在基础墙上的垫板、垫板边缘的搁栅或端板以及用于安放木墙骨的底梁所组成。底梁可以直接位于搁栅之上，也可以位于毛地板之上。

L sill 直角地梁
一种建筑物构架的地梁，由安放在基础墙上的地梁板和地梁板外侧的搁栅或端板所组成。

[译注1] balloon出自法语boulin，意为"脚手架横撑"。也有人认为出自一个赌注，因为18世纪初诞生的该结构比起当时的传统结构形式要轻盈很多，有人认为这样的房子就像一个气球，打赌它撑不过一场大风。
[译注2] 椽木或搁栅有时会挑出垫板之外。

siding 覆墙板/壁板
用于覆盖构架建筑物外墙的防风雨材料，例如木板、墙面板、金属薄板构件。

corner board 墙角板
在骨架结构角部的木板，覆墙板固定于其上。

batten 板条
用于各种建筑物构造的小板材或木板条，例如用于覆盖墙面板接缝、支撑木瓦或屋面瓦或作为钉板条的基层。

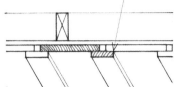

board and batten 盖缝覆墙板
垂直安装，用木板条盖缝，而且由宽的板材或胶合板片组成的覆墙板。

rake 压边板
沿山墙斜边铺设的木板或线脚来盖住覆墙板的顶端。

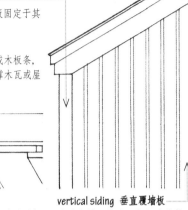

vertical siding 垂直覆墙板
由垂直铺设的企口板组成的护墙板。

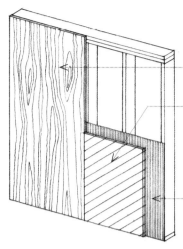
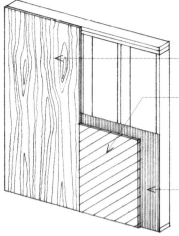

sheathing 衬板
铺设在构架结构上的由木板、胶合板或其他板材材料组成的粗覆面层，用作覆墙板、地板或屋面板的基层。

structural sheathing 结构衬板
能加固构架式墙体或屋顶的平面衬板。

diagonal sheathing 斜护板
为了提高侧向强度而斜向铺设的由木板组成的衬板。

boarding 安设木板
木板构造，例如用作衬板或毛地板。

building paper 防潮纸
用于建筑物，防止空气及水分通过的各种纸质、毛毡或类似的片状材料。

colonial siding 殖民地风格覆墙板
由水平铺设的四边刨方的平板组成、上下逐层重叠搭接的覆墙板。

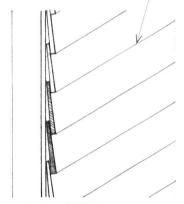

bevel siding 斜覆墙板
由楔形覆墙板（例如楔形墙面板）水平铺放组成，以每块覆墙板较厚的下边缘叠搭下一块板较薄的上边缘。又称为：**互搭覆墙板（lap siding）**。

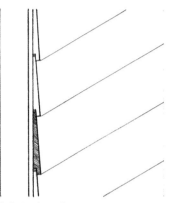

clapboard 楔形墙面板
一个边比另一边厚的长且薄的覆墙板，水平铺设用作互搭壁板。

Dolly Varden siding 多莉·瓦登覆墙板[译注]
下边缘带有切口从而与下面一块板咬接的互搭壁板。

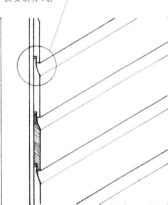

shiplap 搭叠
外皮齐平的两块搭接板之间的接缝，例如用半槽边接缝。或者采用该接缝接合的木板安装方式。

drop siding 互搭覆墙板
由上边缘变狭的板装入上一块板下边缘的槽或切口中所组成，板水平铺设，其背面平贴在衬板或木墙骨上。又称为：**下垂披叠板（novelty siding）**或**互搭板（rustic siding）**。

---

paneling 木镶板装饰
拼接成连续表面的一系列镶板，特别是具有装饰性的镶板。

surround 镶边
环绕周边的范围或边界。

panel 镶板
墙体、护壁板、顶棚或门的特定部分、分段或分部，特别是高出或低于周围表面并用边框围绕的部分。

wainscot 护壁镶板
木镶板的表面，特别是当其覆盖室内墙面的下半部分时。

mullion 竖框
铺设镶板时分隔护壁镶板的垂直部件。

dado 墙裙
对内墙下半部分进行与上半部分不同的罩面或处理，例如采用镶板或铺贴壁纸。

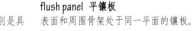
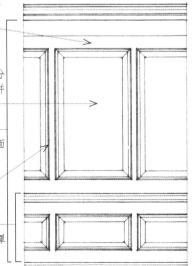

flush panel 平镶板
表面和周围骨架处于同一平面的镶板。

raised panel 凸镶板
中间部分比边缘部分厚或凸出于周围镶边的镶板。又称为：**隆起镶板（fielded panel）**。

sunk panel 凹镶板
带有比周围构架或板面低的凹入面的镶板。

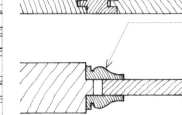

flush bead 外皮平半圆线脚
线脚其外表面与相邻表面在同一水平的凸圆线脚。

cock bead 凸缘半圆线脚
凸出或超过相邻表面的半圆线脚。

quirk 线脚槽
把半圆或其他线脚与相邻部件或表面分开的凹槽或锐角。

bolection 凸出嵌线
形成镶板、门道、壁炉边框的凸出线脚，特别是当相交的表面处于不同高度时。又称为：**bilection**。

[译注] 多莉·瓦登是英国作家查尔斯·狄更斯（Charles Dickens，1812—1870）在1839年的小说《巴纳比·拉奇》（Barnaby Rudge）中的人物，以衣着时尚著称。除了这种护壁板，还有一些其他物品也以她的名字命名，例如一种宽边花帽。

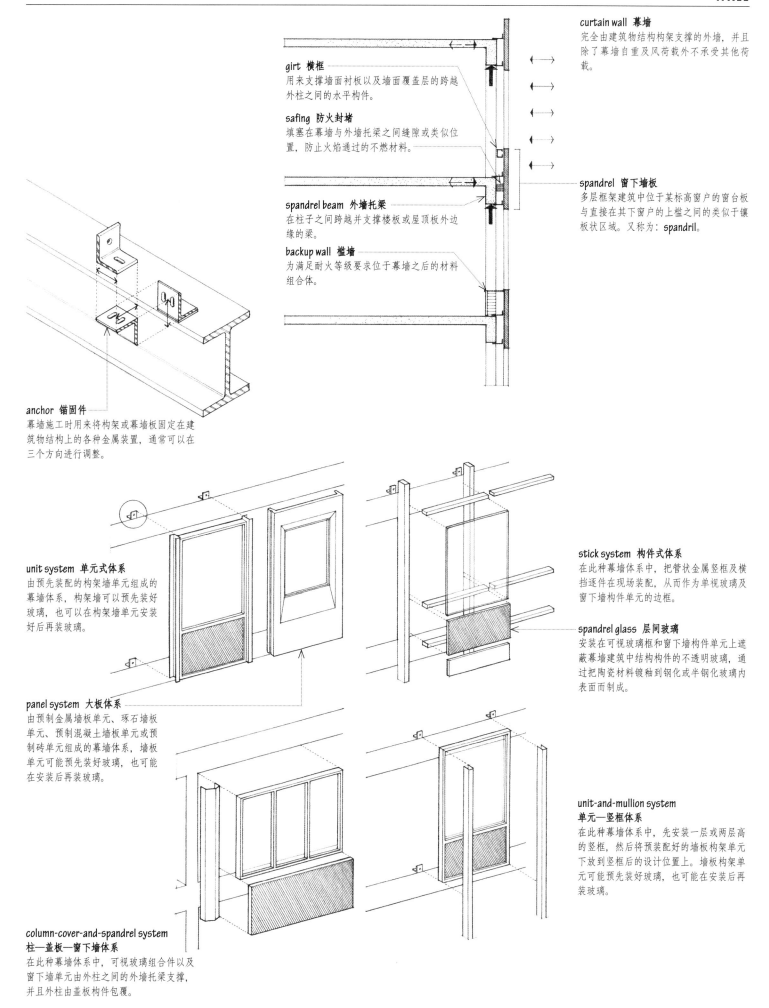

girt 横框
用来支撑墙面衬板以及墙面覆盖层的跨越外柱之间的水平构件。

safing 防火封堵
填塞在幕墙与外墙托梁之间缝隙或类似位置，防止火焰通过的不燃材料。

spandrel beam 外墙托梁
在柱子之间跨越并支撑楼板或屋顶板外边缘的梁。

backup wall 槛墙
为满足耐火等级要求位于幕墙之后的材料组合体。

curtain wall 幕墙
完全由建筑物结构构架支撑的外墙，并且除了幕墙自重及风荷载外不承受其他荷载。

spandrel 窗下墙板
多层框架建筑中位于某标高窗户的窗台板与直接在其下窗户的上槛之间的类似于镶板状区域。又称为：spandril。

anchor 锚固件
幕墙施工时用来将构架或幕墙板固定在建筑物结构上的各种金属装置，通常可以在三个方向进行调整。

unit system 单元式体系
由预先装配的构架墙单元组成的幕墙体系，构架可以预先装好玻璃，也可以在构架墙单元安装好后再装玻璃。

panel system 大板体系
由预制金属墙板单元、琢石墙板单元、预制混凝土墙板单元或预制砖单元组成的幕墙体系，墙板单元可能预先装好玻璃，也可能在安装后再装玻璃。

**column-cover-and-spandrel system
柱—盖板—窗下墙体系**
在此种幕墙体系中，可视玻璃组合件以及窗下墙单元由外柱之间的外墙托梁支撑，并且外柱由盖板构件包覆。

stick system 构件式体系
在此种幕墙体系中，把管状金属竖框及横挡逐件在现场装配，从而作为单视玻璃及窗下墙构件单元的边框。

spandrel glass 层间玻璃
安装在可视玻璃框和窗下墙构件单元上遮蔽幕墙建筑中结构构件的不透明玻璃，通过把陶瓷材料镀釉到钢化或半钢化玻璃内表面而制成。

**unit-and-mullion system
单元—竖框体系**
在此种幕墙体系中，先安装一层或两层高的竖框，然后将预装配好的墙板构架单元下放到竖框后的设计位置上。墙板构架单元可能预先装好玻璃，也可能在安装后再装玻璃。

retaining wall 挡土墙
由处理过的木料、砖石或混凝土制成，将土体固定在适当位置的墙体。挡土墙可能由于倾覆、滑动或下沉而遭破坏。又称为：breast wall。

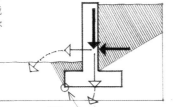

toe 基趾
基础或挡土墙底座前下部的凸出物，向前延伸以获得较宽的支撑面及较大的稳定性。

surcharge 超载
附加或超额的荷载与负荷，例如挡土墙顶标高以上的荷载。

cantilever wall 悬臂式挡土墙
钢筋混凝土或钢筋加强混凝土砌块材质的挡土墙，从放宽底脚伸出悬臂并且与底脚牢固结合，挡土墙放宽底脚的形状能抵抗倾覆和滑动。

counterfort 扶垛
以规则间距将混凝土挡土墙与基底连接的三角形横墙。扶壁建造在被阻挡材料一侧，来加固垂直挡土墙并增加底板的重量。

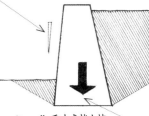

batter 收分
墙面随着升高逐渐向后倾斜。

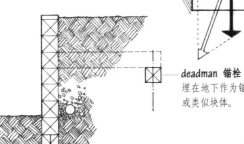

deadman 锚栓
埋在地下作为锚定物的圆木、混凝土块或类似块体。

gravity wall 重力式挡土墙
通过净重及其块体体积来阻止倾覆及滑移的砌体或混凝土挡土墙。

bin wall 隔仓式挡土墙
由预制混凝土块互锁堆叠模块组成，并在空隙中填以碎石或砾石的重力挡土墙。又称为：cellular wall。

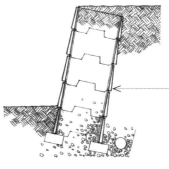

cribbing 笼式填石框体系
用于挡土、建筑移位或基础重建的笼式填石框体系。又称为：石笼框垛（cribwork）。

crib 笼式填石框
方木或类似形状的钢制或混凝土构件制成的单元骨架，分层并直角组装，常填土石，用于基础及挡土墙施工。

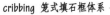

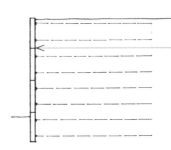

earth tieback wall 锚锭挡土墙
由固定在压实回填土中埋入的镀锌钢索上的预制混凝土板所组成的挡土墙。

critical height 临界高度
在此高度下切成垂直面的黏性土能继续保持直立面而不需支撑。

angle of repose 休止角
以从水平面量起的度数来度量的最大坡度，在此坡度下松散的固体材料可保持在应有位置而不会滑动。

angle of slide 滑动角
以从水平面量起的度数来度量的最小坡度，在此坡度时松散的固体材料开始滑动或流动。

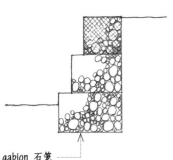

riprap 碎石护坡
为防止冲刷造成破坏，不规则地一起置放到堤坡上的碎石层。

gabion 石笼
填以石块的热镀锌钢丝笼，用于桥墩或挡土结构施工。

revet 护坡
用石块或其他材料对坡面或堤岸进行覆面。

revetment 护坡
保护堤岸免受侵蚀的砌体或其他适宜材料的覆面。

soil binder 植被
通过覆盖土地形成固定土壤的密集根系来阻止侵蚀并涵养水土的植物。

soil stabilizer 土壤固化剂
保持或提高土体稳定性的化学外加剂。

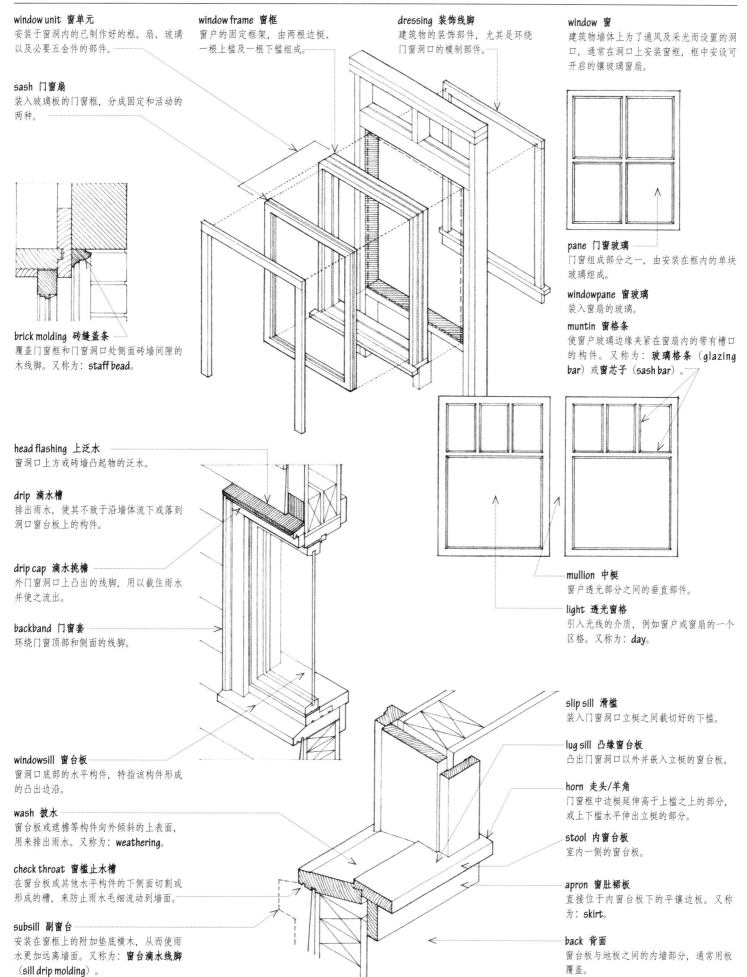

window unit 窗单元
安装在窗洞内的已制作好的框、扇、玻璃以及必要五金件的部件。

sash 门窗扇
装入玻璃板的门窗框，分成固定和活动的两种。

brick molding 砖缝盖条
覆盖门窗框和门窗洞口处侧面砖墙间隙的木线脚。又称为：**staff bead**。

head flashing 上泛水
窗洞口上方或砖墙凸起物的泛水。

drip 滴水槽
排出雨水，使其不致于沿墙体流下或落到洞口窗台板上的构件。

drip cap 滴水挑檐
外门窗洞口上凸出的线脚，用以截住雨水并使之流出。

backband 门窗套
环绕门窗顶部和侧面的线脚。

windowsill 窗台板
窗洞口底部的水平构件，特指该构件形成的凸出边沿。

wash 拔水
窗台板或遮檐等构件向外倾斜的上表面，用来排出雨水。又称为：**weathering**。

check throat 窗槛止水槽
在窗台板或其他水平构件的下侧面切割或形成的槽，来防止雨水毛细流动到墙面。

subsill 副窗台
安装在窗框上的附加垫底横木，从而使雨水更加远离墙面。又称为：**窗台滴水线脚**（**sill drip molding**）。

window frame 窗框
窗户的固定框架，由两根边梃、一根上槛及一根下槛组成。

dressing 装饰线脚
建筑物的装饰部件，尤其是环绕门窗洞口的模制部件。

window 窗
建筑物墙体上为了通风及采光而设置的洞口，通常在洞口上安装窗框，框中安设可开启的镶玻璃窗扇。

pane 门窗玻璃
门窗组成部分之一，由安装在框内的单块玻璃组成。

windowpane 窗玻璃
装入窗扇的玻璃。

muntin 窗格条
使窗户玻璃边缘夹紧在窗扇内的带有槽口的构件。又称为：**玻璃格条**（**glazing bar**）或**窗芯子**（**sash bar**）。

mullion 中梃
窗户透光部分之间的垂直部件。

light 透光窗格
引入光线的介质，例如窗户或窗扇的一个区格。又称为：**day**。

slip sill 滑槛
装入门窗洞口立梃之间截切好的下槛。

lug sill 凸缘窗台板
凸出门窗洞口以外并嵌入立梃的窗台板。

horn 走头/羊角
门窗框中边梃延伸高于上槛之上的部分，或上下槛水平伸出立梃的部分。

stool 内窗台板
室内一侧的窗台板。

apron 窗肚裙板
直接位于内窗台板下的平镶边板。又称为：**skirt**。

back 背面
窗台板与地板之间的内墙部分，通常用板覆盖。

double-hung window 双悬窗
两个垂直滑动窗扇分别设置在一对窗槽或导轨内，可以分别关闭不同部分的窗。

hung sash 悬挂窗扇
用吊窗锤或在每一侧的预拉紧弹簧来平衡窗扇重量的垂直滑动窗扇，因而可用较少的力来提升或下降窗扇。又称为：**平衡式窗扇**（balanced sash）。

meeting rail 碰头横挡
当窗户关闭时，双悬窗中的一个窗扇与另一个窗扇相遇的横挡。

sash fast 窗扇闩扣
窗扇碰头横挡上的闩旋转到另一窗扇的碰头横挡一侧并与该横挡上的突起物相连接。又称为：sash fastener。

check rail 企口碰头横挡
双悬窗的碰头横挡，尤指关窗时与其对应横挡以斜面或企口重叠的横挡。

plain rail 平横挡
厚度与窗框中其他构件相同的碰头横挡。

box-head window 箱头窗
窗框上槛有凹槽的双扇垂直推拉窗，一个或两个窗扇可进入凹槽以增加通风面积。

drop window 吊窗
窗台板以下有凹槽的窗，窗扇可滑入其中以增加通风面积。

horizontally sliding window 水平推拉窗
具有两个或更多窗扇的窗户，至少有一个窗扇可沿水平窗槽或导轨滑动。

sliding sash 滑动窗扇
沿窗框顶部和底部窗槽或导轨水平滑动开启的窗扇。

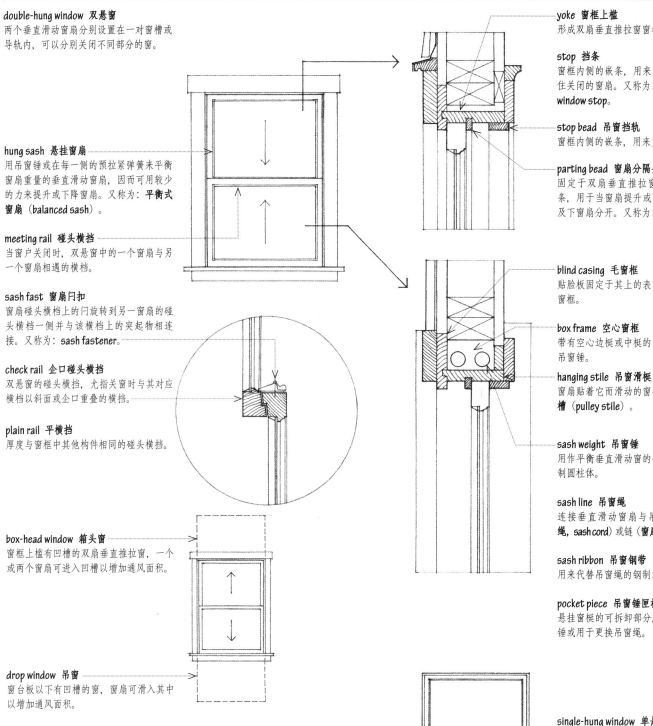

yoke 窗框上槛
形成双扇垂直推拉窗窗框顶部的水平部件。

stop 挡条
窗框内侧的嵌条，用来支持滑动窗扇或顶住关闭的窗扇。又称为：sash stop 或 window stop。

stop bead 吊窗挡轨
窗框内侧的嵌条，用来支持滑动窗扇。

parting bead 窗扇分隔条
固定于双扇垂直推拉窗窗框每一侧的嵌条，用于当窗扇提升或下降时保持上窗扇及下窗扇分开。又称为：parting strip。

blind casing 毛窗框
贴脸板固定于其上的表面未加修饰的空心窗框。

box frame 空心窗框
带有空心边框或中梃的窗框，来放置窗扇吊窗锤。

hanging stile 吊窗滑梃
窗扇贴着它而滑动的窗梃。又称为：**滑窗槽**（pulley stile）。

sash weight 吊窗锤
用作平衡垂直滑动窗的平衡重的铸铁或铅制圆柱体。

sash line 吊窗绳
连接垂直滑动窗扇与吊窗锤的绳（**窗扇绳，sash cord**）或链（**窗扇链，sash chain**）。

sash ribbon 吊窗钢带
用来代替吊窗绳的钢制或铝合金带。

pocket piece 吊窗锤匣板
悬挂窗梃的可拆卸部分，可用于安装吊窗锤或用于更换吊窗绳。

single-hung window 单悬窗
有两个窗扇的窗，其中只有一个是可移动的。

vertically sliding window 垂直推拉窗
有若干垂直移动窗扇的窗户，并借助于摩擦力或棘轮装置而不是靠复位弹簧或吊窗锤来保持各个开启位置。

sash balance 复位弹簧
用以代替吊窗锤来平衡垂直活动窗扇的弹簧加载装置。又称为：spring balance。

extension casement hinge　闿隙窗铰
外开平开窗的铰链，其定位使得窗户在开启位置时能从室内进行窗外侧的清洁。

casement stay　风撑
在任意开闭位置时，固定住平开窗扇的撑条。

lever operator　横杆控制器
开启平开窗扇并使其固定于开启位置的非传动机构装置。

cam handle　转动把手
可以顶住锁扣板楔牢从而将平开窗窗扇固定在关闭位置的把手。又称为：**锁紧把手**（locking handle）。

roto operator　开窗摇柄
用来开闭上悬窗、平开窗及百叶窗的曲轴驱动蜗轮传动装置。

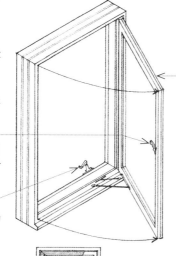

wicket screen　子纱窗
大纱窗上的一个小的可滑动或安有铰链的纱窗，可以通过该窗口开启窗扇。

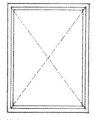

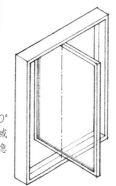

pivoted window　旋转窗
具有可围绕水平或垂直轴旋转90°或180°窗扇的窗户，用于带有空调设备的多层或高层建筑，并且仅为了清扫、维护或应急通风时才开启。

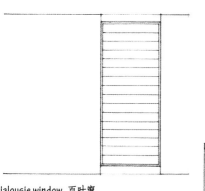

jalousie window　百叶窗
带有在共同窗框内同时转动的水平的玻璃或木制百叶，主要在温暖气候条件下控制通风并切断从外面的视线。

jalousie　百叶
带有可调节的水平板条，从而透光、进气并遮挡日晒雨淋的遮挡装置。

shielding angle　遮挡角
低于该角度时可透过百叶窗观看。

fixed light　固定窗
不能打开通风的窗户或窗扇。又称为：**固定扇**（fixed sash）。

operable window　可开启窗
带有可开启以供通风窗扇的窗户。

casement window　平开窗
至少带有一个平开扇的窗户，常配有固定扇。

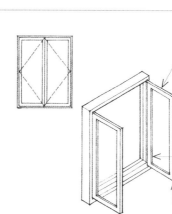

casement　平开扇
铰链通常固定在窗框竖边上的窗扇。

folding casement　双扇平开窗扇
悬挂在没有中框窗框上的一对带有槽口接合碰头窗框的竖铰链窗框。

hanging stile　铰链梃
窗扇悬挂在其上的窗框边梃。

meeting stile　碰头窗梃
一对竖铰链窗扇的对接窗梃。

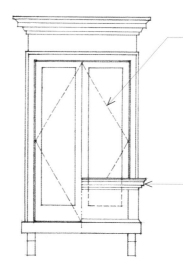

French window　落地窗
延伸到地板并作为门的带有一对竖铰链窗扇的窗，特别是从房间到室外门廊或阳台、露台的落地窗。

cremorne bolt　长梃销
用于落地窗或类似窗户的垂直插销，由通过球形把手的移动伸入窗框上、下槛插锁孔中的两根插销杆所组成，用来固定窗扇。又称为：**长插销**（cremone bolt）。

balconet　眺台式窗栏
略凸出窗户平面之外并达到楼面的栏杆，当窗户完全打开时，从外观上类似于阳台。又称为：**balconette**。

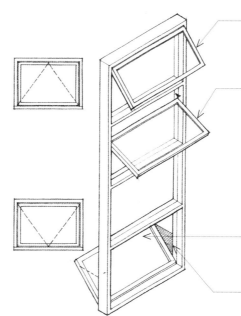

awning window　上悬窗
窗扇围绕窗框顶部铰链并向外开启的窗户。

projected window　滑轴窗
在平开窗或上悬窗中，当窗扇向外开启时，窗扇内端沿安设在边框或下槛的轨道上滑动。

hopper window　下悬内开窗
窗扇围绕通常固定在底部的铰链向内开启的窗。又称为：**hospital window**。

hopper light　下悬内开扇
底部铰接并向内摆动的窗扇。又称为：**hospital light**。

hopper　风罩
下悬内开扇两侧的三角形防穿堂风装置。

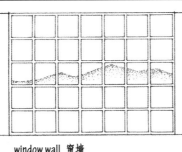

picture window 借景窗
安设在与引人入胜的外景相配合位置的大型固定窗，常采用单块玻璃。

window wall 窗墙
主要由装有固定及活动窗扇组合体的垂直与水平窗框构件组成的非承重墙。

ribbon window 带形窗
仅被中梃分隔的窗带。

clerestory 侧天窗
建筑室内高出相邻屋面并设有采光窗的部位。又称为：**高侧窗**（clearstory）。

bay window 凸窗/飘窗
从建筑物主墙体向外凸出并在房间内形成附室或凸出结构物的窗户，特指本身带基础的窗户。

borrowed light 间接采光
在内隔墙上开窗洞以便光线从一个空间传导入另一空间。

window seat 窗座
嵌入边框之间凹入部分的座位。

pass-through 穿墙洞口
墙体或隔墙上类似于窗户的洞口以传送物件，例如厨房与餐厅之间的洞口。

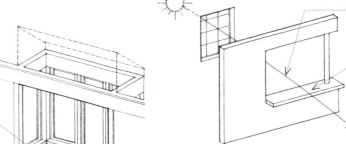

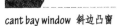

cant bay window 斜边凸窗
带有倾斜边的凸窗。

bow window 凸肚窗
带有圆形凸出部分的凸窗。

gable window 山墙窗
位于山墙中或在山墙之下的窗户。

dormer window 屋顶窗
凸出坡屋顶的垂直窗户。又称为：luthern。

internal dormer 内凹屋顶窗
坡屋顶线之下的垂直窗。

oriel 突窗
从下面被撑架或托架支撑的凸窗。

lucarne 塔顶窗
在屋顶上或尖塔上的屋顶窗。

meshrebeeyeh 花格窗
被镂空窗板所屏蔽的凸窗，空气能自由流通但看不到室内，可在沿开罗及地中海东部城镇的街道上发现此种建筑风格。又称为：mashrebeeyeh 或 mashrebeeyah。

oxeye 牛眼窗
较小的圆形或椭圆形的窗户，例如在饰带上的开窗或屋顶窗。又称为：**小圆窗**（oeil-de-boeuf）。

lychnoscope 教堂矮窗
中世纪教堂墙体下部的小窗，可从室外看到室内。又称为：**低侧窗**（lowside window）。

hood mold 门窗头出檐线脚
门窗拱券上方的凸出线脚，特别是室内门窗上的。又称为：hood molding。

awning 凉篷
为避免日晒雨淋而像屋顶那样伸展于门道窗户之前，由帆布或其他材料制成的顶盖。

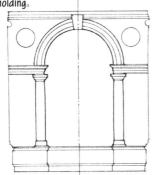

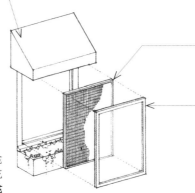

screen 纱窗
安设在窗户、大门或门廊周围，能透气并阻止蚊虫进入的金属或玻璃纤维网窗扇。

storm window 风雨窗
放置在现有窗户外侧以应对恶劣气候条件进行附加防护的辅助窗扇。又称为：storm sash。

Palladian motif 帕拉迪奥母题 [译注]
圆顶拱券形状的门窗或过道被夹在两侧较窄开间之中，两侧开间上方为供中央开间拱券起拱的檐部。又称为：**塞利奥母题**（Serlian motif）或**威尼斯母题**（Venetian motif）。

aedicule 圣龛框
设计成建筑形状的小型构筑物，例如凹龛或柱子等组成的开放框架，上面冠以山花来强调龛内物品的重要性。又称为：**壁龛**（aedicula 或 edicule）。

window box 窗台花箱
在窗台上安设存放种植土壤的箱子。

combination window 冬夏两用窗
装设有可互相更换的供夏季与冬季使用的纱扇及玻扇的窗户。

[译注] 安德烈·帕拉迪奥（Andrea Palladio，1508—1580），文艺复兴时期意大利建筑大师。

tracery 花式窗棂
具有分枝状线条的装饰, 特指哥特式窗上部精致的透空雕工。

plate tracery 石板窗棂
将穿孔石板竖放形成的早期哥特式窗棂, 其设计关注于开口的形状和位置。又称为: perforated tracery。

geometric tracery 几何形窗棂
以几何形图案为特征的哥特式窗棂。

mouchette 剑状花格
由椭圆形及S形曲线所形成, 特别在哥特式建筑中可找到的类似短剑花纹的图案。

curvilinear tracery 曲线窗花格
以无规律的鲜明曲线形状为特征的哥特式窗花格。又称为: flowing tracery。

bar tracery 石条窗棂
在石板窗棂之后出现, 由填充在窗户上部刻出线脚形状及各种分支构件的石头窗棂组成。

reticulated tracery 网式窗棂
主要由重复几何图形的网格状排列组成的哥特式窗棂。又称为: net tracery。

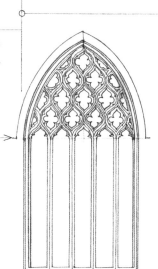

angel light 天使窗
哥特式窗中的三角形小窗, 由窗拱券窗棂、下排拱券窗棂及窗花格上排竖梃所组成。

perpendicular tracery 垂直式窗棂
中棂高度达到拱券曲线并与水平横挡按一定间距交叉排布的垂直哥特式窗花格。又称为: rectilinear tracery。

foil 叶形花格
被尖头分割、与更大弧线 (例如圆弧或圆形) 相切的若干弧形或圆形空间。

foliation 叶瓣饰
用卷曲花格或叶饰的艺术作品来装饰的拱门、窗户或其他洞口。

cusp 尖头
由两个相交的弧形成的尖状凸出物, 特别用于形成卷曲花格或使内弧线轮廓有所变化。

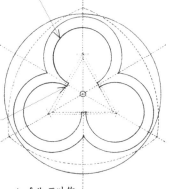

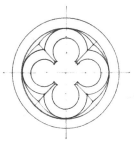

cuspidation 尖形饰
具有尖头的装饰件。

trefoil 三叶饰
由尖头划分并从共同中心辐射出的三个卷曲花格的布置形式。

quatrefoil 四叶饰
由尖头划分并从共同中心辐射的四个卷曲花格组成的装饰件。

cinquefoil 五叶饰
由尖头划分并从共同中心辐射的五个卷曲花格组成的花饰。

multifoil 多叶饰
拥有超过五个卷曲花格的花饰。

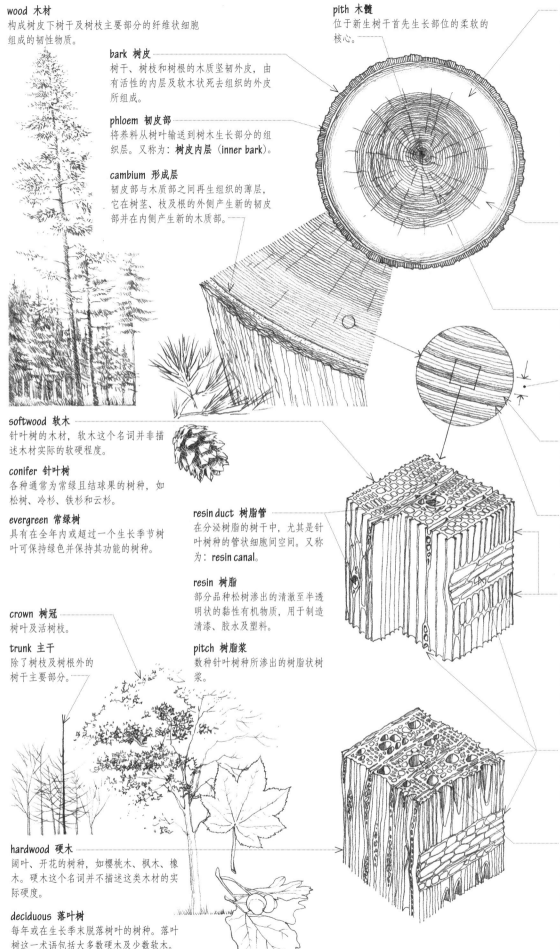

wood 木材
构成树皮下树干及树枝主要部分的纤维状细胞组成的韧性物质。

bark 树皮
树干、树枝和树根的木质坚韧外皮，由有活性的内层及软木状死去组织的外皮所组成。

phloem 韧皮部
将养料从树叶输送到树木生长部分的组织层。又称为：**树皮内层**（inner bark）。

cambium 形成层
韧皮部与木质部之间再生组织的薄层，它在树茎、枝及根的外侧产生新的韧皮部并在内侧产生新的木质部。

softwood 软木
针叶树的木材，软木这个名词并非描述木材实际的软硬程度。

conifer 针叶树
各种通常为常绿且结球果的树种，如松树、冷杉、铁杉和云杉。

evergreen 常绿树
具有在全年内或超过一个生长季节树叶可保持绿色并保持其功能的树种。

crown 树冠
树叶及活树枝。

trunk 主干
除了树枝及树根外的树干主要部分。

hardwood 硬木
阔叶、开花的树种，如樱桃木、枫木、橡木。硬木这个名词并不描述这类木材的实际硬度。

deciduous 落叶树
每年或在生长季末脱落树叶的树种。落叶树这一术语包括大多数硬木及少数软木。

pith 木髓
位于新生树干首先生长部位的柔软的核心。

resin duct 树脂管
在分泌树脂的树干中，尤其是针叶树种的管状细胞间空间。又称为：**resin canal**。

resin 树脂
部分品种松树渗出的清澈至半透明状的黏性有机物质，用于制造清漆、胶水及塑料。

pitch 树脂浆
数种针叶树种所渗出的树脂状树浆。

xylem 木质部
支撑树木并从根部向上输送水及矿物质营养的木质组织。

lignin 木质素
与纤维素一起形成植物木质细胞壁以及在这些细胞之间使之黏牢的有机物。

cellulose 纤维素
惰性碳水化合物，植物以及干木、大麻、黄麻、棉的细胞壁的主要组成成分，用于制造品种繁多的人造建材。

sapwood 边材
形成层与心材之间较新、较软的木材活性部分，在强度方面可与心材相当，但通常颜色偏淡，更易渗透，较不耐久。又称为：**alburnum**。

heartwood 心材
较老、较硬、停止生长的树芯，通常比周围边材颜色更暗、更密实和耐久。又称为：**duramen**。

annual ring 年轮
温带树木在一年生长期中产生的一层同心圆形的木头。又称为：**growth ring**。

springwood 春材
在生长季节期间较早形成的年轮中较软、较多孔部分，以大的薄壁细胞为特征。又称为：**早材**（early wood）。

summerwood 夏材
在生长季节期间较晚形成的年轮中较硬、较暗、孔隙较小部分，以密实、厚壁细胞为特征。又称为：**晚材**（late wood）。

tracheid 管胞
木质组织中平行于树干或树枝的轴线，具有锥形封闭端及木质化细胞壁的细长的、发挥支撑及传导作用的细胞。

vessel 导管
木质组织中通过一系列相邻细胞的端壁融合而形成的管状结构，用来输送水分及矿物质营养。

ray 髓心线
用来贮藏及水平输送营养成分，在髓心与树皮之间呈放射状分布的由横向细胞形成的垂直带。

pore 孔
用来输送树浆的较大垂直细胞，尤见于硬木中。

sap 树浆
在植物内循环的由水、氮和矿物质营养成分组成的、维护生命不可缺少的液体。

fiber 纤维
聚集在一起来强化植物组织的细长的厚壁细胞。

timber 木料
适用于作建筑材料的木材。

log 原木
已伐倒准备锯切的一段树干或大枝干。

rough lumber 毛料
经过锯切、修边及整平但未经刨光的锯材。

lumber 锯材
经过初锯、再锯、纵刨、横切达到要求长度并经等级评定所制成的木制品。

dressed lumber 刨光木料
用平刨机刨光后表面光滑、尺寸统一的锯木。

surfaced green 表面湿润的
属于或关于在加工时含水率超过19%的刨光木材的。

seasoned 干燥的
属于或关于已经干燥处理以降低其含水率并改善其适用性的锯材的。

kiln-dried 窑干的
属于或关于锯材在可控制热空气循环及湿度条件的干燥窑中进行烘干的。

equilibrium moisture content 平衡含水量
当周围空气处于给定的温度及相对湿度时，木材既不吸收也不失去水分的含水量。

fiber-saturation point 纤维饱和点
木材干燥或加湿过程的某一阶段，在此阶段木材细胞壁完全饱和但细胞腔中则没有水分，对于常用的木种，此时含水率在25%~32%的范围内。进一步干燥会导致收缩并且通常具有更高的强度、韧性及密实度。

surfaced dry 表面干燥的
属于或关于在加工时含水率小于等于19%的刨光木材的。

air-dried 风干的
属于或关于经过暴露在大气下干燥锯材的。

oven-dry 烘干的
属于或关于在干燥炉中处于214°F~221°F（101°C~105°C）条件下烘干到不可能再排出水分的某水率锯材的。

moisture content 含水量
木块中水分的含量，以占烘干后木材重量的百分比表示。

shrinkage 收缩
当木材的含水率下降到低于纤维饱和点时所发生的尺寸上的收缩。在顺纹方向的收缩很小，但横纹方向的收缩显著。

tangential shrinkage 切向收缩
木材收缩方向正切于生长年轮方向，切向收缩大约为径向收缩的两倍。

working 胀缩交变
由于环境中空气相对湿度的变化，木材含水率相应变化而导致风干木材交替性地膨胀及收缩。

acclimatize 适应环境
将预制木构件、地板材等木制品存放于室内，直到材料适应新环境的含水率及温度为止。

radial shrinkage 径向收缩
木材收缩方向垂直于木纹方向，与生长年轮方向相交。

longitudinal shrinkage 纵向收缩
木材收缩方向平行于木纹方向，纵向收缩量约为径向收缩量的2%。

nominal dimension 标称尺寸
干燥及刨光前的锯材尺寸，为了规定尺寸及计算数量时方便而使用。标称尺寸书写时不加英寸单位标记。又称为：**nominal size**。

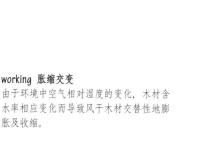

board foot 板英尺
锯材的数量单位，等于标称尺寸为12x12英寸（304.8x304.8毫米）见方，厚度为1英寸（25.4毫米）的木材体积。

board measure 板尺计算
用板英尺量测锯材。

dressed size 净尺寸
干燥及刨光后的锯材尺寸，比标称尺寸小³/₈~³/₄英寸（9.5mm~19.1mm），净尺寸总是用英寸单位标记（"）来书写。又称为：**dressed dimension**。

grain 木纹
已刨光木材中，纤维的方向、尺寸、排列及外观。

edge grain 直纹
四开锯产生的木纹，年轮与木块的板面形成45°以上的角度。又称为：**垂直木纹**（vertical grain）。

flat grain 山纹
由于平锯木材而形成的木纹，具有与板面夹角小于45°的年轮。

mixed grain 混合木纹
直纹和山纹的混合。

end grain 端纹
横贯木材切割而成的木纹。

crosscut 横切
横贯木材纹理的切割。

diagonal grain 长向斜纹理
木料木纹的年轮与木料长向成一定的角度，是由于与圆木轴线成一个角度锯开而造成的。

cross grain 斜木纹
由于锯割或生长上的不规则造成细胞和纤维与木材长度方向成横向或斜向相交的纹理。

close grain 密木纹
此类木材纹理的特征是春材与夏材孔的尺寸差别不大，年轮狭小且不明显。

coarse grain 粗木纹
此类木材纹理的特征是春材与夏材之间孔的尺寸差别很大，年轮宽且显著。

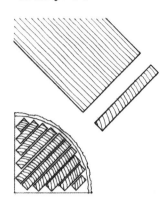
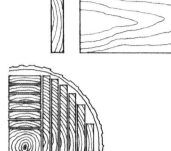
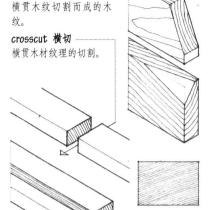

quartersaw 四开锯
以与年轮大约成直角的角度，四分之一地锯开圆木。

plain-saw 平锯
将正方形木料以均匀间距切割而成木板。又称为：bastard-saw。

rip 直锯
沿木纹方向锯开木材。又称为：**纵向切割**（ripsaw）。

coarse texture 稀疏纹理
具有大孔隙的木材纹理。又称为：**疏木纹**（open grain）。

fine texture 细木纹
细小而紧密的木材纹理。

raised grain 隆起的木纹
刨光的木材表面上较密实的夏材鼓起而高于较软的春材。

warp 翘曲
木材或板材的表面与应有的准确表面之间出现不一致，通常是由于风干过程中的不均匀干燥或由于含水率变化造成的。

cup 卷弯
沿木块宽度方向的弯曲，从木材一个端部到另一端部拉一条直线，在距此直线最大偏差点来量测翘弯数值。

knot 节疤
被树干后来的生长所包围的树枝根部。在划分结构用材等级时对于节疤的尺寸及位置有所规定。

bow 顺弯
沿木块长度方向的弯曲，从木材一个端部到另一端部拉一条直线，在距此直线最大偏差点来量测顺弯数值。

live knot 活节疤
与周围木材共生的带年轮的节疤。在一定的尺寸限制下，结构木材允许有活节疤。又称为：**内生节疤**（intergrown knot）。

crook 横弯
沿木块侧边方向的弯曲，沿木材侧面从一端到另一端拉直线，在距此直线最大偏差点来量测横弯数值。

sound knot 硬节疤
节疤具有牢固的横切面，至少与周围木材硬度相同而且未腐朽。

twist 扭曲
木材边缘以相反方向转动造成的翘曲。

tight knot 紧密节疤
节疤生长上（或位置上）牢固保持在应有的位置上。

shake 环裂
由于树木在生长期间或砍倒期间的应力而造成的沿木块木纹方向开裂，通常位于年轮之间。

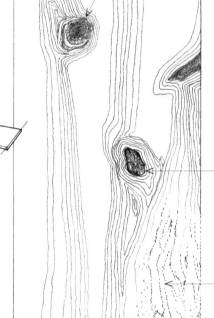

dead knot 腐节
腐节的年轮不与周围木材共生。腐节的外皮既可能是完整的，也可能是不完整的，不过一般都认为是一种缺陷，因为它易于松动或敲掉。又称为：**死节**（encased knot）或**松节疤**（loose knot）。

pitch pocket 树脂囊
含有或曾含有固体或液态树脂的软木在其年轮之间轮廓分明的孔洞。

check 径裂
由于干燥过程不均匀或快速收缩而造成木材横贯年轮的纵向开裂。

decay 腐烂
木材被霉菌或其他微生物分解，导致软化、失去强度及重量，并且颜色及纹理经常会发生改变。

dry rot 干腐病
由于霉菌消耗掉纤维素而造成风干木材的腐朽，留下松脆且易于减缩成粉末的骨架。

split 劈裂
贯穿整个木板或木片的径裂。又称为：**贯穿裂**（through check）。

wane 钝棱
沿木块边缘或角部出现树皮或缺角、缺边。

skip 漏刨
木材或板材表面上被刨床漏刨的范围。

machine burn 机械磨焦
对材料进行整形或修饰时，由于刀片或研磨带过热造成表面烧焦。

pecky 霉斑
由霉菌产生的单个的早期腐烂斑点，例如有霉斑的柏树或雪松。

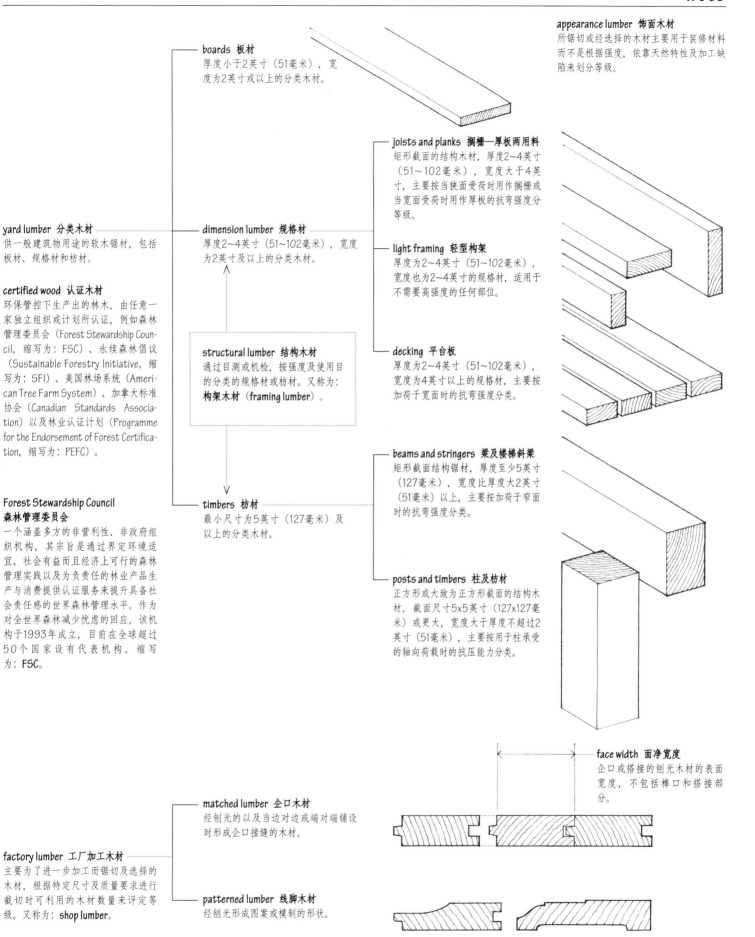

boards 板材
厚度小于2英寸（51毫米），宽度为2英寸或以上的分类木材。

appearance lumber 饰面木材
所锯切或经选择的木材主要用于装修材料而不是根据强度，依靠天然特性及加工缺陷来划分等级。

joists and planks 搁栅—厚板两用料
矩形截面的结构木材，厚度2~4英寸（51~102毫米），宽度大于4英寸，主要按当狭面受荷时用作搁栅或当宽面受荷时用作厚板的抗弯强度分等级。

yard lumber 分类木材
供一般建筑物用途的软木锯材，包括板材、规格材和枋材。

dimension lumber 规格材
厚度2~4英寸（51~102毫米），宽度为2英寸及以上的分类木材。

light framing 轻型构架
厚度为2~4英寸（51~102毫米），宽度也为2~4英寸的规格材，适用于不需要高强度的任何部位。

certified wood 认证木材
环保管控下生产出的林木，由任意一家独立组织或计划所认证，例如森林管理委员会（Forest Stewardship Council，缩写为：FSC）、永续森林倡议（Sustainable Forestry Initiative，缩写为：SFI）、美国林场系统（American Tree Farm System）、加拿大标准协会（Canadian Standards Association）以及林业认证计划（Programme for the Endorsement of Forest Certification，缩写为：PEFC）。

structural lumber 结构木材
通过目测或机检，按强度及使用目的分类的规格材或枋材。又称为：**构架木材（framing lumber）**。

decking 平台板
厚度为2~4英寸（51~102毫米），宽度为4英寸以上的规格材，主要按加荷于宽面时的抗弯强度分类。

beams and stringers 梁及楼梯斜梁
矩形截面结构锯材，厚度至少5英寸（127毫米），宽度比厚度大2英寸（51毫米）以上，主要按加荷于窄面时的抗弯强度分类。

Forest Stewardship Council 森林管理委员会
一个涵盖多方的非营利性、非政府组织机构，其宗旨是通过界定环境适宜、社会有益而且经济上可行的森林管理实践以及为负责任的林业产品生产与消费提供认证服务来提升具备社会责任感的世界森林管理水平。作为对全世界森林减少忧虑的回应，该机构于1993年成立，目前在全球超过50个国家设有代表机构。缩写为：FSC。

timbers 枋材
最小尺寸为5英寸（127毫米）及以上的分类木材。

posts and timbers 柱及枋材
正方形或大致为正方形截面的结构木材，截面尺寸5x5英寸（127x127毫米）或更大，宽度大于厚度不超过2英寸（51毫米），主要按用于柱承受的轴向荷载时的抗压能力分类。

face width 面净宽度
企口或搭接的刨光木材的表面宽度，不包括榫口和搭接部分。

matched lumber 企口木材
经刨光的以及当边对边或端对端铺设时形成企口接缝的木材。

factory lumber 工厂加工木材
主要为了进一步加工而锯切及选择的木材，根据特定尺寸或质量要求进行截切时可利用的木材数量来评定等级。又称为：shop lumber。

patterned lumber 线脚木材
经刨光形成图案或模制的形状。

visual grading 目测分级
由受过训练的检查员根据会影响强度、外观、耐久性及适用性的质量降低特征进行目测与分级。

machine rating 机器分级
借助于抗弯试验机械量测试件抗弯强度，计算其弹性模量，并考虑节疤的影响、木纹斜度、成长率、密度及含水率等因素，通过计算机计算其适当的强度等级，从而对结构木材分类。又称为：machine stress-rating。

grademark 等级标志
印在每块锯材上的戳记，标明指定的强度等级、生产厂家、制作时的含水率、树种或种群以及定级管理机构。

slope of grain 木纹斜度
木纹与木制品长度方向平行线的夹角。

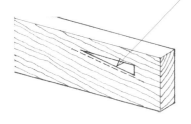

treated wood 经处理的木材
用化学制品涂敷或浸渍过的木材，以改善其防腐、防虫或防火能力。

pressure-treated wood 加压处理木材
在压力下用化学制剂浸渍木材以提高其防腐防昆虫感染的能力。

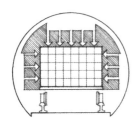

non-pressure-treated wood 无压处理木材
在大气压力下用防腐材料对木材涂敷、沉浸或浸渍。

fire-retardant wood 阻燃木材
用矿物盐在压力下对木料进行浸渍处理以降低其易燃性或可燃性。矿物盐在低于木材燃点的温度下进行化学反应，使木材中通常会产生的可燃气体分解为水和二氧化碳。

stress grade 应力等级
由分级机构确定树种或种群的结构木材其强度基本值及相应的弹性模量。

design value 设计值
通过和尺寸及使用条件有关的系数来修正基本值，从而得到一个树种和等级的结构木材的允许单位应力值。

MACHINE RATED
(WWP)® 12 HEM FIR
S-DRY
1650 Fb 1.5E

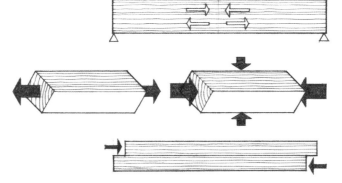

full-cell process 满细胞法
压力处理木材的一种方法，首先抽真空，即从木纤维中抽出空气使防腐剂被细胞壁吸收，然后施加压力使增加的防腐剂进入细胞空腔。满细胞法使木材中的防腐剂量最大。

empty-cell process 空细胞法
压力处理木材的一种方法，在使防腐剂进入木材的压力作用下，空气被挤夹在木纤维中。当除去压力后，被挤夹的空气膨胀使过量的防腐剂从细胞空腔中挤出。空细胞法在确保防腐剂均匀深入渗透的前提下，提供了较干的产品。

preservative 防腐剂
各种用于涂敷或浸渍木材的物质来保护其不受真菌及昆虫的破坏。

vacuum process 真空处理
一种无压力处理，通过施加真空或局部施加真空，从木材的细胞及空腔中抽吸空气，在此同时，大气压迫使防腐剂进入木材。

size-adjusted value 尺寸修正值
按截面尺寸进行修正后的某种树种或种群的结构锯材的基本值。

base value 基本值
定级机构对各类树种及等级的结构木材所确定的抗弯、顺纹或横纹抗压、顺纹抗拉、水平抗剪的允许单位应力值及相应的弹性模量。基本值必须首先按尺寸进行修正，然后按各种使用条件加以修正。

X

size factor 尺寸系数
根据制品横截面尺寸，对于某一树种及等级的木材其基本值进行修正的系数。

repetitive member factor 重复构件系数
提高重复构件的尺寸修正值的系数，由于若干部件分摊荷载从而提高整体强度。

repetitive member 重复构件
三个或更多轻型构架构件所组成的若干构件组，例如中心距不大于24英寸（610毫米）并由覆面墙板、地面板或其他荷载分布构件连接在一起的搁栅或椽木。

duration of load factor 持续荷载系数
提高承受短期荷载的木构件尺寸系数的修正值，因为木材具有承受短期作用最大荷载值大于长期作用荷载的特点。

horizontal shear factor 水平抗剪系数
对于具有环裂、径裂或贯穿裂的木构件，当裂纹长度已知并且预期不会有任何增加时，提高其水平抗剪尺寸的修正系数。

flat use factor 水平状态下使用系数
提高面宽为4英寸（102毫米）或以上厚板的抗弯尺寸修正系数。

wet use factor 湿润状态下使用系数
对于使用时含水率可能超过19%的木构件，降低其尺寸修正系数。

water-borne preservative 水性防腐剂
用作木材防腐剂的无机水溶性化合物，如亚砷酸铜液（ACA, ammoniacal copper arsenite）或加铬亚砷酸铜（CCA, chromated copper arsenite），ACA和CCA通过化学作用附着于细胞壁上以抗浸出。铜发挥杀菌作用，而亚砷酸盐对于破坏木材的昆虫有毒性作用。用ACA和CCA处理过的木材无气味，可油漆。

oil-borne preservative 油性防腐剂
溶解在石油载体中的有机化合物，例如作为木材防腐剂的五氯苯酚或环烷酸铜。五氯苯酚是最常用的油溶性防腐剂，有持久气味，不溶于水，不仅对菌类及昆虫有毒性，对于人类及植物也有毒性。

creosote 木材防腐油
通过对煤焦油蒸馏而得到的香烃油状液体，用作船舶设备或严重暴露在对木材有破坏作用的真菌或昆虫侵蚀下的木材防腐剂。防腐油及防腐剂有刺激性气味并使木材不可油漆。

ferrule 箍环
安装在实心柱或手柄端部的防开裂金属环或金属帽。

bracket load 托座荷载
在低于木柱上端的某点施加的偏心荷载，理论上认为其静力效应等效于轴心作用荷载加上施加于柱高一半处的附加侧面荷载。

box column 箱形柱
正方形或矩形空心截面的组合柱。

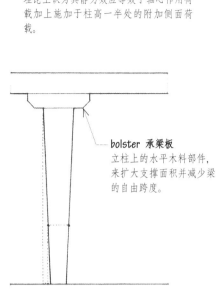
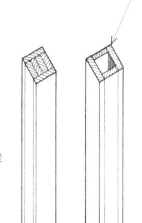

bolster 承梁板
立柱上的水平木料部件，来扩大支撑面积并减少梁的自由跨度。

solid column 实心柱
由单件实心木材或胶合层压木材组成的木柱，截面通常为正方形或矩形。

tapered column 锥形柱
沿长度方向截面逐渐减小的木柱，在确定锥形柱的长细比时取最小直径（或最小尺寸）加上最大直径与最小直径差值（或最大尺寸与最小尺寸的差值）的$1/3$之和作为锥形柱的最小结构尺寸。

built-up column 组合柱
两块盖板固定或黏合在两块或更多平行木板上面形成的木柱，或者由厚木板围绕实心的芯柱而形成，组合柱的强度远不及类似材料及轮廓的实心柱。

spaced column 格架柱
由两根或更多平行构件所组成的木柱，平行构件两端及中间用木块分开，并在平行构件端部能产生符合要求的具有抗剪能力的木结构连接件连接。

flitchplate 组合板
用来加固组合梁的钢板。

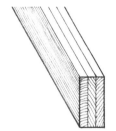
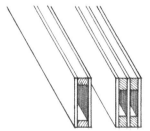
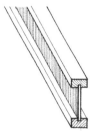

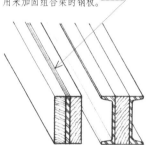

built-up beam 组合梁
两块或更多小部件用铆钉、螺栓或长钉垂直地层叠，如果组合件没有接头，其强度等于每个单件强度的总和。

box beam 箱形梁
矩形空心截面的梁，将两块或更多胶合板或定向纤维板制成的腹板黏接在锯切的或叠压胶合板木料翼缘上而制成。

l-beam 工字梁
由单块胶合板或定向纤维板制成腹板，沿腹板的顶部及底部边缘和锯切或层叠的胶合板木料制成的翼缘黏结而制成的梁。又称为：工字搁栅（l-joist）。

flitch beam 钢木组合板梁
由与钢板或型钢一起用螺栓连接的木材所组成的垂直叠层梁。又称为：叠合梁（sandwich beam）或组合板大梁（flitch girder）。

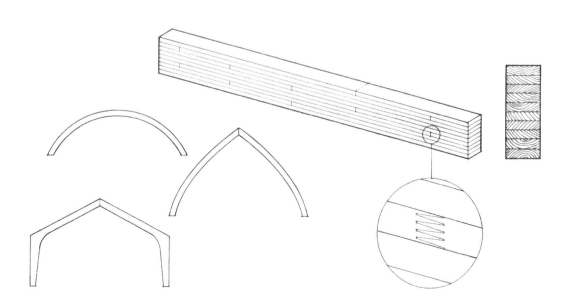

glued-laminated timber 胶合层积木
将符合应力等级要求的木材用黏结剂在控制条件下层叠而制成的结构木材产品。通常所有层片的木纹是平行的，与规格木料相比，胶合层积木有以下优越性：通常有较高的允许单位应力、改进的外观、可使用各种各样的截面形状。胶合层积木可用榫接或指接接合来获得所需要的长度或者从边缘胶接获得更大的宽度或深度。又称为：glulam。

appearance grade 外观等级
根据表面外观，胶合层积木分为三个等级：特优级、建筑级和工业级，表面外观可受若干因素的影响，如生长特性、木材嵌填料、刨光操作等。

plywood 胶合板
将木皮加热、加压黏结在一起而形成的木板材产品，通常使相邻层木纹互相垂直，并且相对于中心层对称。

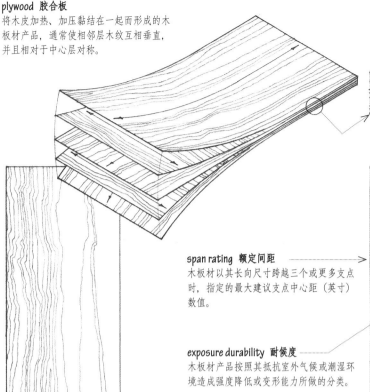

group number 组号
标明用于胶合板面层及背面层木皮的五组板材种属之一的号码。材种按抗弯强度及刚度划分，第1组是刚度最大的树种，第5组是刚度最差的树种。

span rating 额定间距
木板材以其长向尺寸跨越三个或更多支点时，指定的最大建议支点中心距（英寸）数值。

APA
RATED SHEATHING ← **panel grade 板材等级**
32/16 15/32 INCH
SIZED FOR SPACING
EXPOSURE 1
___**000**___
NRB·108

panel grade 板材等级
根据胶合板面层及背面层木皮的等级或者其指定用途来规定的木板材制品等级。

exposure durability 耐候度
木板材产品按照其抵抗室外气候或潮湿环境造成强度降低或变形能力所做的分类。

engineered grade 设计等级
根据结构木板材的指定用途，例如用作衬板、地板毛板、制作箱梁或外层受力板来规定的结构木板材等级。

exterior plywood 室外用胶合板
由C级或更好的木皮采用完全防水的胶层制成的胶合板，可以永久地暴露于室外气候或潮湿环境。

interior plywood 室内用胶合板
由D级或更好的木皮制成的胶合板，其胶层可能采用室外胶、中级胶或室内胶。

exterior 外用级
用防水胶层制作，用作护墙板或其他连续暴露于室外用途的结构木板材的耐候度级别。

exposure 1 耐候1级
用室外胶层制作，用于保护重复承受室外潮湿环境作用构造的结构木板材的耐候度级别。

exposure 2 耐候2级
用中级别胶层制作，用于充分保护承受最小潮湿作用构造的结构木板材的耐候度级别。

gradestamp 等级戳记
美国胶合板协会（APA, American Plywood Association）的商标，盖在结构木板材产品的背面。用来区别板材等级、厚度、额定间距、耐候度级别、工厂代码以及国家研究委员会（NRB, National Research Board）报告号码。

veneer grade 木皮等级
根据生长特征及生产中可能进行修补的次数和尺寸来规定的木皮外观等级。

N-grade N级
均由芯木或均由边材制成的光滑软木木皮，没有穿透性缺陷，只有少量适当的修补。

A-grade A级
光滑可油漆的软木木皮，带有数量有限的、平行于木纹的修补。

B-grade B级
有坚实表面的软木木皮，带有圆形的修补填充物、坚固的节疤，允许存在小裂纹。

C-grade C级
有坚固节疤及有限尺寸的节孔、合成或木材修补及不减弱板材强度的变色和砂纸打磨缺陷的软木木皮。

C-plugged grade C+级
带有小节疤及节孔，若干破裂木纹及合成修补改造的C级软木木皮。

D-grade D级
带有大节疤及节洞、树脂囊和楔形裂纹的软木木皮。

high-density overlay 高密度贴面胶合板
两侧有树脂纤维覆盖层的室外用木板，具有光滑、坚硬、耐磨的表面，用于混凝土模板、橱柜及台面。缩写为：HDO。

medium-density overlay 中密度贴面胶合板
一侧或两侧有酚醛树脂或密胺树脂覆盖层的室外用木板，为油漆涂装提供光滑的基层。缩写为：MDO。

specialty panel 特制墙板
木板材产品，例如刻槽或粗锯[译注]胶合板，可用于护墙板或镶板工程。

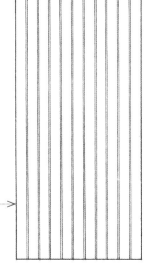

texture 1-11 纹理1-11
具有深$^1/_4$英寸（6.4毫米）、宽$^3/_8$英寸（9.5毫米）、中心距4或8英寸（102或203毫米）凹槽的室外用胶合板。

[译注] 板材表面用锯划线来产生装饰效果。

premium grade 优质级
硬木皮的最高等级，仅允许少量的小树瘤、极小木节及难以觉察的色斑。

good grade 良好级
除了不要求胶合板面木皮匹配外，类似于优质级的硬木皮等级。

sound grade 正常级
没有明显缺陷，但含有条纹、变色、斑点及小硬节的光滑硬木皮等级。

utility grade 实用级
允许变色、条痕、色斑、硬节、小节疤及裂痕的硬木皮等级。

backing grade 内衬级
类似于实用等级，但允许含有不影响板材强度及耐久性的、带较大缺陷的硬木皮等级。

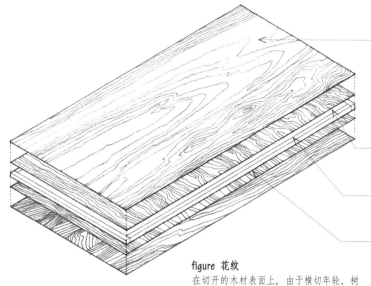

decorative plywood 装饰用胶合板
将硬木板作为面层的胶合板，用于饰面板、橱柜制品及家具。

veneer 木皮
对圆木或条板进行旋削、切割或锯切而获得的薄木片，将它用作劣质木材的高级面层或胶接在一起形成胶合板。

crossband 木纹交叉黏接
在胶合板板材中紧贴着面层板片并与之成90°的木皮层。

core 芯层
由木皮、锯材或人造板组成的胶合板板材板芯。

banding 封边木料
围绕胶合板板材四周的木料，用来封闭芯层而且便于板材边缘造型。

figure 花纹
在切开的木材表面上，由于横切年轮、树节、树瘤、髓心线及其他生长特征而产生的天然图形。

matching 配板
为了强调木材的颜色及花纹而对胶合板的木皮加以排布。

book matching 反正配板法
将出自同一条板的木皮表面朝向上下交替，使相邻木皮之间的接缝处产生镜面对称效果。

rotary cutting 旋削
圆木对着车床刀片的切削边旋转，会产生具有醒目多样化波纹的连续木皮。

herringbone matching 人字形配板法
相邻木皮朝相反方向倾斜的反正配板法。

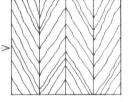 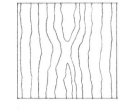 

flat slicing 平切
与穿过圆木中心的线相平行地对半圆木进行纵向切割，会产生具有多样化波纹状圆形的木皮。又称为：**plain slicing**。

slip matching 顺序配板法
将出自同一条板的相邻木皮并排排列而且不加翻转使图案重复出现。

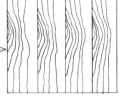  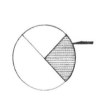

quarter slicing 四开切
对于垂直年轮的四分之一圆木进行纵向切割，会在木皮中产生一系列直的或多变化的条纹。

diamond matching 菱形配板法
将四片斜切的木皮进行排列，形成围绕一个中心的菱形图案。

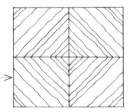 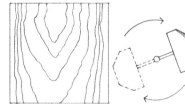

half-round slicing 半圆切
对偏心安放在车床上的条板进行切割，稍微横切过年轮，会产生旋削及平切两者的特点。

flitch 条板
准备切成木皮的圆木纵向段块。

random matching 随机配板法
排列木皮时故意形成不规则、不匹配的外观。

 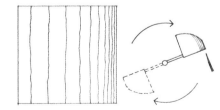

rift cutting 斜径刨切
将栎木或类似树种沿垂直于其明显的放射状髓心线方向切片，可以最小程度地显露髓心线。

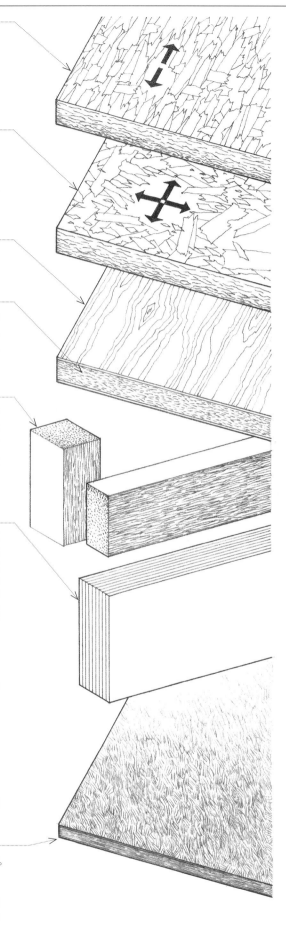

oriented strandboard 定向刨花板
非木皮的木板材制品，通常用于衬板及地板毛板，将三层或五层细长木纤维在热压下使用不透水黏结剂制成。表面纤维定向平行于板的长向，使板材沿长度方向强度较高。缩写为：OSB。

waferboard 木屑板
非木皮的板材制品，由大而薄的木屑用防水黏结剂经加热、加压黏结制成。木屑的平面平行于板材平面，但木纹方向是随机的，因此在板材平面内所有方向的强度及刚度大致相等。

composite panel 复合板
由两片面层木皮黏结在人造木芯板上制成的木板材制品。

particleboard 颗料板
非木皮的木板材制品，由小的木颗料经加热、加压制成。通常用作装饰板及细木家具芯板和地板的衬垫层。又称为：**刨花板**（chipboard）。

parallel strand lumber 平行纤维束木材
将又长又狭的木纤维使用防水黏结剂经加热、加压黏结而成的结构木材产品。这是一种以"Parallam"商标标明的专利产品，用作柱梁结构中的柱和梁及轻型构架结构中的梁、横梁、过梁。缩写为：PSL。

laminated veneer lumber 单板层积材
将防水黏结剂和木皮经加热、加压黏接制成的结构木材。板材所有板片的木纹都在同一纵向方向，使之无论作为梁在边缘受荷还是作为板在表面受荷均具有较高强度。这种产品用各种商标名称标示，例如麦克罗拉姆（Microlam），并被用作横梁、梁或预制木工字搁栅的翼缘。缩写为：LVL。

fiberboard 纤维板
由木纤维或其他植物纤维和黏结剂加压形成的刚硬板片制成的建筑材料。

hardboard 硬质纤维板
一种非常密实、高度压缩的木纤维板。

**tempered hardboard
钢化硬质纤维板**
用干性油或其他氧化树脂浸渍的硬质纤维板，从而改进其硬度及抗潮湿能力。

Masonite 美松尼特
经硬化处理的硬质纤维板的一种品牌商标。

Peg-Board Peg板
经钢化处理的硬质纤维板的一种品牌商标，具有规律性间距的孔，当存放或展示物品时可将挂钩塞入孔中。

air change 换气 259

air changes-per-hour 每小时换气次数 259

air conditioner 空调器 126

air conditioning 空气调节 126

air curtain 气幕 64

air cushion 气箱 206

air duct 风道 124

air gap 气隙 206

air mile 航空里 174

air switch 空气开关 81

air trap 存水弯 206

airborne sound 空气声 236

airborne sound transmission
　空气载声传播 238

air-dried 风干的 295

air-entraining agent 加气剂 41

air-entraining Portland cement 加气水泥 40

air-handling unit 空气调节装置 127

air-inflated structure 气胀结构 176

air-supported structure 气承结构 176

air-water system 空气水系统 128

airway 气道 121

aisle 侧廊 27, 走道 275

Al 铝 183

alabaster 雪花石膏 196

alameda 林荫步道 19

albarium 大理石灰浆 197

albedo 反照率 147

albronze 铝青铜 183

alburnum 边材 294

Alcazar 阿卡乍 134

alclad 包铝 183

alcove 凹室 224

alidade 照准仪 254

aligning punch 定线器 88

alignment 对齐 54

alignment valve 调节阀 207

alkyd paint 醇酸漆 195

alkyd resin 醇酸树脂 195

all-air system 全空气系统 128

allée 林荫宽步道 19

Allen head 内六角钉头 85

allowable bearing capacity 容许承载力 102

allowable bearing pressure
　容许支撑压强 102

allowable load 容许荷载 246

allowable pile load 容许桩荷载 104

allowable soil pressure 容许土壤压强 102

allowable stress 容许应力 172

allowable stress design 容许应力设计 246

allowable unit stress 容许单位应力 172

alloy 合金 178

alloy steel 合金钢 178

allure 院廊 29

all-water system 全水系统 128

almemar 讲经台 268

alpha-beta brass 熟铜 183

altar 圣餐台 27, 神坛 268

alternating current 交流电 77

alternative 备选方案 60

alternator 交流发电机 77

altitude 高度 111, 高度角 257

alto-relievo 高凸浮雕 190

alumina 刚玉 183

aluminum 铝 183

aluminum brass 铝黄铜 183

aluminum bronze 铝青铜 183

aluminum oxide 氧化铝 183

alure 院廊 29

amalaka 阿摩洛迦/馒头顶 271

ambiance 氛围 225

ambience 氛围 225

ambiguity 歧义 61

ambo 诵经台 27

ambon 诵经台 27

ambulatory 回廊 27, 曲廊/步廊 29

amenity 舒适 60

American bond 美国砌式 12

American standard beam 美国标准梁 180

American standard channel
　美国标准槽钢 180

Americans with Disabilities Act
　《美国残疾人法案》58

amorphous 无定形的 169

amortizement 柱墩斜压顶 280

amperage 电流强度 76

Ampere 安培 76

amphiprostyle 前后排柱式 269

amphitheater 竞技场 274

amplitude 振幅 158, 234

anaglyph 浮雕装饰物 190

analogous color 类似色 31

analogy 类推 61

analysis 分析 60

analytical drawing 分析图 68

analytique 立面分析 69

anamorphosis 歪像 75

Anatolia 安纳托利亚 129

anchor 铁脚 67, 锚具 214, 锚固件 287

anchor bolt 锚栓 285

anchor building 主力店建筑 51

anchorage 锚固 210, 248, 锚具 214

anchored veneer 锚固饰面 164

ancon 肘托 194

ang 昂 272

angel light 天使窗 293

angle 角/角度 110, 角钢 180

angle bead 护角 198

angle cleat 角钢隔撑 182

angle clip 短角钢 182

angle iron 三角铁 180

angle joint 角接 144

angle of incidence 入射角 147

angle of reflection 反射角 147

angle of refraction 折射角 147

angle of repose 休止角 288

angle of slide 滑动角 288

angle tile 屋脊盖瓦 222

angle valve 角阀 207

Anglo-Saxon architecture
　盎格鲁—撒克逊建筑 133

angstrom 埃 146

anhydrous 无水的 196

animated 活跃的 225

anion 阴离子 169

anisotropic 各向异性的 170

anneal 退火 177

annealed glass 退火玻璃 114

annual ring 年轮 294

annular vault 环形拱顶 281

annulet 柱环饰 188

annunciator 楼层指示灯 83

anode 阳极 76

anodize 阳极氧化 179

anomaly 差异 54

anse de panier 三心拱 6

anta 墙角墩 269

antefix 瓦檐饰 268

anteroom 前厅 224

anthemion 棕叶饰 192

anthropology 人类学 3

anthropometry 人体测量学 57

anthropomorphize 拟人化 57

antic 怪异雕像 191

anticlastic 鞍形的 227

anticorrosive paint 防蚀漆 195

anticum 门廊 268

antimony 锑 183

anti-scald faucet 防烫伤龙头 205

anvil 铁砧 104

apadana 大厅 131

apartment building 公寓大楼 143

apartment house 公寓式住宅 143

apophyge 凹线脚 189

apophysis 凹线脚 189

apothem 边心距 111

appearance grade 外观等级 299

appearance lumber 饰面木材 297

appentice 披檐 216

appliance circuit 电器支路 79

applied force 作用力 99

appliqué 贴托 190

apron 台唇 275, 窗肚裙板 289

apron piece 支承小梁 241

apse 半圆形壁龛 27

apsis 半圆室 27

apteral 无侧柱式 269

aqueduct 输水道 204

aquifer 蓄水层 204

arabesque 阿拉伯花饰 192

araeostyle 离柱式 187

arbor 花架凉亭 19

arc 电弧 88, 弧 112

arc doubleau 横向拱肋 281

arc formeret 附墙拱肋 281

arc welding 弧焊 88

arcade 拱廊 28

arcature 实心连拱 28

arc-boutant 飞拱 280

arch 拱 4

arch action 拱作用 5

arch axis 拱轴 5

arch brace 拱支撑 218

arch corner bead 拱券护角 198

arch order 拱柱式 269

archetype 范式 61

arching 土拱效应 102

architect 建筑师 46

architectonics 建筑学 3

architectural bronze 建筑青铜 183

architectural concrete 装饰用混凝土 45

architectural hardware 建筑小五金 116

architectural terra cotta 建筑陶砖 26

architecture parlante 说话的建筑 137

architrave 檐枋 187,
　门头线条板/窗头线条板 194

archivolt 拱门饰 4

arcuate 拱式的 28, 108

arcuated 拱式的 28, 108

are 公亩 174

area 面积 174

area drain 地区排水沟 231

area of refuge 避难区 93

area of rescue assistance 协助救援区 93

area plan 区域平面图 71

area source 面光源 152

areaway 窗井 15

arena theater 环座剧场 275

areostyle 离柱式 187

ark of the covenant 圣约柜 268

armature 电枢 77

armored cable 铠装电缆 80

arris 凸角 193

arris fillet 檐口垫瓦条 222

arris gutter V形檐沟 217

arris tile 屋脊盖瓦 222

art 艺术 2

Art Deco 装饰艺术风格 139

Art Nouveau 新艺术派 138

Arts and Crafts Movement
　工艺美术运动 138

ashlar 琢石 166

ashpit 灰坑 89

ashpit door 灰坑门 89

aspect 方面 61, 外观 282

aspect ratio 长宽比 111

asphalt 石油沥青 223

asphalt mastic 沥青玛琋脂 184

asphalt shingle 沥青油毡瓦 220

Assyrian architecture 亚述建筑 130

astragal 盖缝条 64, 圆剖面小线脚 193

asymptote 渐近线 112

atlas 男雕像柱 268

atm 大气压 175

atmosphere 大气压 175

atmospheric pressure 大气压力 175

atmospheric perspective 空气透视法 74

atom 原子 169

atomic number 原子序数 169

atomic weight 原子量 169

atrium 中庭 18, 141, 前院 27

attenuation 衰减 236

Atterberg limits 阿特贝尔格界限 233

attic 阁楼 15

Attic base 阿蒂克柱础 189

attic ventilator 屋顶通风机 259

audio frequency 可闻声频 235

auditorium 观众厅 276

auditory fatigue 听觉疲劳 235

aureole 光轮 191

automatic door 自动门 64

automatic door bottom 自动门底密封条 116

automatic fire-extinguishing system
　自动灭火系统 92

automatic-closing fire assembly
　自动关闭防火部件 91

autumnal equinox 秋分 257

auxiliary rafter 辅助椽木 218

avant-garde 先锋的 139

average transmission loss
　平均声透射损失 238

award 中标 47

awning 凉蓬 292

awning window 上悬窗 291

axial force 轴向力 170

axial load 轴向荷载 170

[1] 王秀军, 王增胜.英汉建筑工程词汇[M].北京: 科学出版社, 2005.
[2] 化学工业出版社.英汉建筑词汇[M].北京: 化学工业出版社, 2009.
[3] 台湾教育研究院.土木工程名词[M].3版.台北: 台湾教育研究院, 2015.
[4] 彭一刚.建筑空间组合论[M].北京: 中国建筑工业出版社, 1983.
[5] 王文卿.西方古典柱式[M].南京: 东南大学出版社, 1999.
[6] 罗小未, 蔡琬英.外国建筑历史图说[M].上海: 同济大学出版社, 1986.
[7] 美国建筑师协会.最新建筑标准图集[M].香港: 香港国际文化出版社, 2006.
[8] 李星荣, 秦斌.钢结构连接节点设计手册[M].4版.北京: 中国建筑工业出版社, 2019.
[9] 聂圣哲.美制木结构住宅导轮[M].北京: 科学出版社, 2011.
[10] 美国自然资源保护委员会.LEED—NC 绿色建筑评估体系[M].靳瑞冬, 译.2005.
[11] （英）彼得默里.文艺复兴建筑[M].王贵祥, 译.北京: 中国建筑工业出版社, 1999.
[12] 长沙有色冶金设计研究院.挡土墙: 04J008[S].北京: 中国计划出版社, 2006.
[13] 总参三部设计研究所.混凝土小型空心砌块墙体建筑构造: 05J102-1[S].北京: 中国计划出版社, 2006.
[14] 中国建筑标准设计研究院.木结构建筑: 14J924[S].北京: 中国计划出版社, 2015.
[15] 中国钢铁工业协会.钢筋混凝土用钢 第1部分: 热轧光圆钢筋: GB 1499.1—2017[S].北京: 中国标准出版社, 2008.
[16] 中国地震局.中国地震动参数区划图: GB 18306—2015[S].北京: 中国标准出版社, 2016.
[17] 中华人民共和国建设部.木结构设计规范（2005年版）: GB 50005—2003[S].北京: 中国建筑工业出版社, 2004.
[18] 中华人民共和国住房和城乡建设部.建筑结构荷载规范: GB 50009—2012[S].北京: 中国建筑工业出版社, 2012.
[19] 中华人民共和国住房和城乡建设部.混凝土结构设计规范: GB 50010—2010[S].北京: 中国建筑工业出版社, 2011.
[20] 中华人民共和国住房和城乡建设部.建筑抗震设计规范: GB 50011—2010[S].北京: 中国建筑工业出版社, 2010.
[21] 上海市城乡建设和交通委员会.建筑给水排水设计规范（2009年版）: GB 50015—2003[S].北京: 中国计划出版社, 2010.
[22] 中华人民共和国公安部.建筑设计防火规范: GB 50016—2014[S].北京: 中国计划出版社, 2015.
[23] 中华人民共和国建设部.钢结构设计规范: GB 50017—2003[S].北京: 中国计划出版社, 2003.
[24] 中华人民共和国住房和城乡建设部.建筑照明设计标准: GB 50034—2013[S].北京: 中国建筑工业出版社, 2014.
[25] 中华人民共和国公安部.自动喷水灭火系统设计规范（2009年版）: GB 50084—2001[S].北京: 中国计划出版社, 2005.
[26] 中华人民共和国住房和城乡建设部.民用建筑隔声设计规范: GB 50118—2010[S].北京: 中国建筑工业出版社, 2010.
[27] 中华人民共和国住房和城乡建设部.公共建筑节能设计标准: GB 50189—2015[S].北京: 中国建筑工业出版社, 2015.
[28] 中华人民共和国住房和城乡建设部.钢结构焊接规范: GB 50661—2011[S].北京: 中国建筑工业出版社, 2012.
[29] 中华人民共和国住房和城乡建设部.混凝土结构工程施工规范: GB 50666—2011[S].北京: 中国建筑工业出版社, 2012.
[30] 中华人民共和国住房和城乡建设部.无障碍设计规范: GB 50763—2012[S].北京: 中国建筑工业出版社, 2012.
[31] 中华人民共和国公安部.消防给水及消火栓系统技术规范: GB 50974—2014[S].北京: 中国计划出版社, 2014.
[32] 中国机械工业联合会.圆头方颈螺栓: GB/T 12—2013[S].北京: 中国标准出版社, 2014.
[33] 全国颜色标准化技术委员会.颜色术语: GB/T 5698—2001[S].北京: 中国标准出版社, 2001.
[34] 全国电梯标准化技术委员会.电梯, 自动扶梯, 自动人行道术语: GB/T 7024—2008[S].北京: 中国标准出版社, 2009.
[35] 中国建筑材料联合会.普通混凝土小型砌块: GB/T 8239—2014[S].北京: 中国标准出版社, 2014.
[36] 中华人民共和国住房和城乡建设部.预应力筋用锚具, 夹具和连接器: GB/T 14370—2015[S].北京: 中国标准出版社, 2016.
[37] 中华人民共和国住房和城乡建设部.采暖, 通风, 空调, 净化设备术语: GB/T 16803—2018[S].北京: 中国标准出版社, 2018.
[38] 中华人民共和国水利部.水文基本术语和符号标准: GB/T 50095—2014[S].北京: 中国计划出版社, 2015.
[39] 中华人民共和国住房和城乡建设部.建筑制图标准: GB/T 50104—2010[S].北京: 中国计划出版社, 2011.
[40] 上海市城乡建设和交通委员会.给水排水工程基本术语标准: GB/T 50125—2010[S].北京: 中国计划出版社, 2010.
[41] 中国有色金属工业总公司.供暖通风与空气调节术语标准: GB/T 50155—2015[S].北京: 中国建筑工业出版社, 2015.
[42] 中国有色金属工业协会.工程测量基本术语标准: GB/T 50228—2011[S].北京: 中国计划出版社, 2012.
[43] 中华人民共和国水利部.岩土工程基本术语标准: GB/T 50279—2014[S].北京: 中国建筑工业出版社, 2015.
[44] 中华人民共和国建设部.城市规划基本术语标准: GB/T 50280—1998[S].北京: 中国建筑工业出版社, 1991.
[45] 中国电力企业联合会.电力工程基本术语标准: GB/T 50297—2006[S].北京: 中国计划出版社, 2006.
[46] 中华人民共和国住房和城乡建设部.民用建筑设计术语标准: GB/T 50504—2009[S].北京: 中国建筑工业出版社, 2009.
[47] 中华人民共和国住房和城乡建设部.建筑地基基础术语标准: GB/T 50941—2014[S].北京: 中国建筑工业出版社, 2014.
[48] 中华人民共和国住房和城乡建设部.剧场建筑设计规范: JGJ 57—2016[S].北京: 中国建筑工业出版社, 2016.
[49] 上海市建筑施工技术研究所.建筑施工高处作业安全技术规范: JGJ 80—91[S].北京: 中国计划出版社, 1999.
[50] 中华人民共和国住房和城乡建设部.钢结构高强度螺栓连接技术规程: JGJ 82—2011[S].北京: 中国建筑工业出版社, 2011.
[51] 中华人民共和国住房和城乡建设部.建筑施工模板安全技术规范: JGJ 162—2008[S].北京: 中国建筑工业出版社, 2008.
[52] 中国建筑科学研究院.工程抗震术语标准: JGJ/T 97—2011[S].北京: 中国建筑工业出版社, 2011.
[53] 中国建筑科学研究院.建筑照明术语标准: JGJ/T 119—2008[S].北京: 中国建筑工业出版社, 2009.
[54] 中国建筑科学研究院.建筑材料术语标准: JGJ/T 191—2009[S].北京: 中国建筑工业出版社, 2010.
[55] 中华人民共和国住房和城乡建设部.建筑门窗及幕墙用玻璃术语: JG/T 354—2012[S].北京: 中国标准出版社, 2012.
[56] 哈尔滨工业大学.供热术语标准: CJJ/T 55—2011[S].北京: 中国建筑工业出版社, 2012.
[57] 中国钢结构协会空间结构分会.膜结构技术规程: CECS 158:2004[S].北京: 中国计划出版社, 2004.
[58] 术语在线[OL].http://www.termonline.cn
[58] 术语在线[OL].http://www.termonline.cn
[59] 艺术与建筑索引典[OL].http://aat.teldap.tw
[60] 双语词汇、学术名词及辞书资讯网[OL].http://terms.naer.edu.tw
[61] 维基百科英文版[OL].http://en.wikipedia.org
[62] 维基百科中文版[OL].http://zh.wikipedia.org
[63] 维基百科日文版[OL].http://jp.wikipedia.org
[64] 佛缘网[OL].http://www.foyuan.net